Ansys 工程师系列丛书

ANSYS Workbench 2022 实例详解

鲁义刚　胡明明　武文帅　许铭锋
王　帅　辛任杰　耿楠楠　舒翰儒　编著
唐佳宾　刘继涛　李国强　束叶玄

机械工业出版社
CHINA MACHINE PRESS

本书基于 ANSYS Workbench 2022 R1 平台，分别对 ANSYS Workbench 平台、几何建模、网格划分、Mechanical 处理、结构线性静力学分析、结构线性动力学分析、结构非线性分析、热力学分析、结构优化设计、复合材料分析、结构显式动力学分析、疲劳分析、刚体动力学分析、LS-DYNA 动力学分析和 HyperMesh 与 Workbench 联合仿真分析进行了介绍。实例与相关理论基础相结合，可帮助初学者快速入门，熟悉有限元分析流程，评估分析结果，处理分析过程中出现的错误，在实践中掌握解决结构领域工程实际问题的思路和方法。

本书可供机械工程、土木工程、水利水电、能源动力、石油化工、航空航天、汽车、日用家电等领域从事产品设计、仿真和优化的工程技术人员参考，也可作为工科类专业本科生、研究生和教师的参考及教学用书。

图书在版编目（CIP）数据

ANSYS Workbench2022 实例详解/鲁义刚等编著. —北京：机械工业出版社，2022.10（2024.1 重印）
（Ansys 工程师系列丛书）
ISBN 978-7-111-71593-1

Ⅰ.①A… Ⅱ.①鲁… Ⅲ.①有限元分析-应用软件 Ⅳ.①O241.82-39

中国版本图书馆 CIP 数据核字（2022）第 171248 号

机械工业出版社（北京市百万庄大街 22 号 邮政编码 100037）
策划编辑：雷云辉 责任编辑：雷云辉
责任校对：张 薇 王 延 封面设计：马精明
责任印制：邓 博
北京盛通数码印刷有限公司印刷
2024 年 1 月第 1 版第 3 次印刷
184mm×260mm · 23.25 印张 · 574 千字
标准书号：ISBN 978-7-111-71593-1
定价：89.00 元

电话服务	网络服务
客服电话：010-88361066	机 工 官 网：www.cmpbook.com
010-88379833	机 工 官 博：weibo.com/cmp1952
010-68326294	金 书 网：www.golden-book.com
封底无防伪标均为盗版	机工教育服务网：www.cmpedu.com

前言

PREFACE

随着计算机技术的不断发展与进步，有限元分析在各工程领域广泛应用，已成为广泛使用的通用分析方法，其分析结果也被大众所认同，各种商业化有限元分析软件也应运而生。

ANSYS 软件是一款比较著名的商业有限元分析软件，它是美国 ANSYS 公司研制的大型通用有限元分析软件，它能与多数计算机辅助设计（Computer Aided Design，CAD）软件接口，实现数据的共享和交换，是融结构、流体、电场、磁场、声场分析于一体的大型通用有限元分析软件，在机械工程、土木工程、水利水电、能源动力、石油化工、航空航天、汽车、日用家电等领域有着广泛应用。现在，ANSYS 软件已成为国际流行的有限元分析软件，在国内，100 多所理工院校采用 ANSYS 软件进行有限元分析或者将其作为标准教学软件。

Workbench 是 ANSYS 的主力产品之一，与 ANSYS 经典界面相比，Workbench 以项目流程图的形式，将复杂的操作简单化，降低了入门门槛，能够方便地进行多物理场耦合分析，实现了与多个 CAD 软件数据的共享和交换，给产品研发流程带来了革命性的变化。

针对初学者对 ANSYS Workbench 的入门学习需求，本书基于结构领域，将实例与理论知识相结合，详细介绍了 ANSYS Workbench 2022 R1 的功能和操作方法。通过本书的学习，读者可以掌握软件的操作方法，熟悉有限元分析流程，评估分析结果，处理分析过程中出现的错误，在实践中掌握解决结构领域工程实际问题的思路和方法。

本书共 15 章，分别对 ANSYS Workbench 平台、几何建模、网格划分、Mechanical 处理、结构线性静力学分析、结构线性动力学分析、结构非线性分析、热力学分析、结构优化设计、复合材料分析、结构显式动力学分析、疲劳分析、刚体动力学分析、LS-DYNA 动力学分析和 HyperMesh 与 Workbench 联合仿真分析进行了介绍。

本书由鲁义刚、胡明明、武文帅、许铭锋、王帅、辛任杰、耿楠楠、舒翰儒、唐佳宾、刘继涛、李国强、束叶玄编著。虽然在本书编写过程中力求内容丰富、结构严谨、叙述清晰，但是限于作者水平，书中难免有不妥之处，还望各位读者批评指正。

本书配套模型文件下载链接：

https://pan.baidu.com/s/1_InMckCpe0-F-ShJ4sYtpQ?pwd=ct3i

提取码：ct3i。同时，欢迎扫描以下二维码进群交流。

目录

CONTENTS

第 1 章 ANSYS Workbench 平台介绍

本章基于 ANSYS Workbench 2022 R1 版本，主要介绍 Workbench 界面、功能、模拟流程及与 CAD 建模软件的集成。通过本章的学习，读者可以初步认识 Workbench 软件及基本分析流程。

1.1 Workbench 平台界面

启动 ANSYS Workbench 2022 R1，进入图 1-1 所示界面，其中①区为菜单栏，②区为工具栏，③区为工程示意窗口，④区为工具箱，⑤区为消息窗口，⑥区为进度窗口。

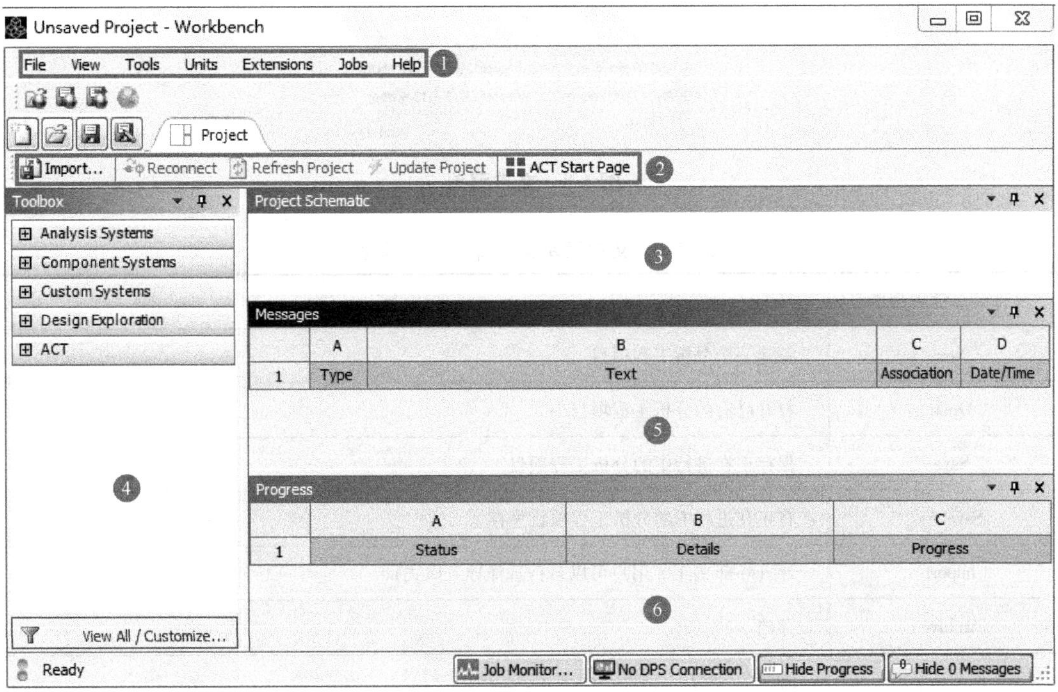

图 1-1 ANSYS Workbench 2022 R1 界面

其中，⑤区消息窗口和⑥区进度窗口需要用户单击界面右下角对应按钮才会弹出，该按钮如图 1-2 所示。

图 1-2 进度及消息按钮

1.1.1 菜单栏

菜单栏包括文件（File）、视图（View）、工具（Tool）、单位（Units）、扩展（Extensions）、任务（Jobs）和帮助（Help），以下将对这七项内容进行详细介绍。

1. 文件（File）菜单

文件菜单中的命令如图 1-3 所示，常用命令使用说明见表 1-1。

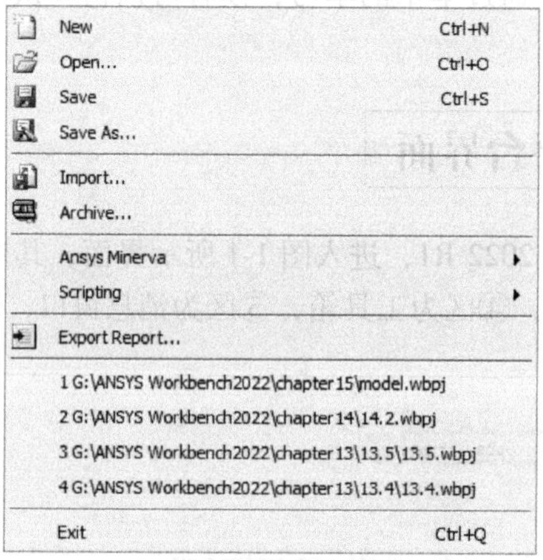

图 1-3 文件菜单

表 1-1 文件菜单常用命令使用说明

文件菜单常用命令	使用说明
New	新建一个分析工程项目
Open	打开已有的分析工程项目
Save	保存正在进行中的分析工程项目
Save As	将正在进行中的分析工程项目另存为
Import	导入外部文件（用户可以自行选择导入格式）
Archive	存档
Scripting	脚本
Export Report	导出报告

2. 视图（View）菜单

视图菜单中的命令如图 1-4 所示，常用命令使用说明见表 1-2。

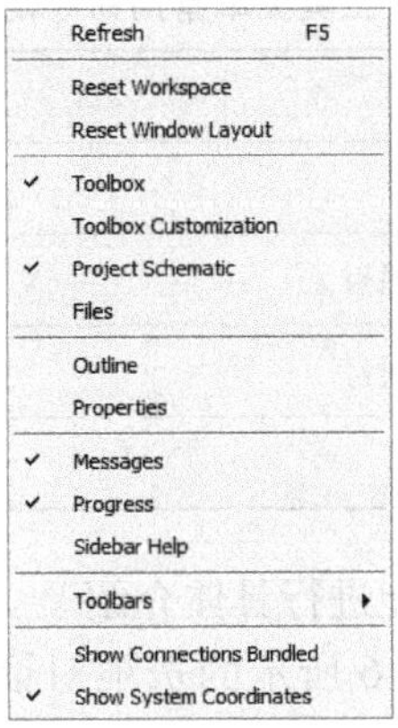

图 1-4　视图菜单

表 1-2　视图菜单常用命令使用说明

视图菜单常用命令	使用说明
Refresh	刷新窗口显示
Reset Workspace	将界面恢复为默认界面
Reset Window Layout	将界面恢复为默认界面，同时恢复默认窗口布局
Toolbox	显示工具箱（默认为勾选显示）
Toolbox Customization	自定义工具箱内容
Project Schematic	显示工程示意窗口（默认为勾选显示）
Files	显示工程示意窗口所有文件及其路径等信息
Properties	显示某一个项目的属性
Messages	显示消息窗口
Progress	显示进度窗口
Sidebar Help	显示侧边栏的帮助
Show Connections Bundled	显示工程项目之间的连接捆绑信息
Show System Coordinates	显示系统坐标

3. 工具（Tool）菜单

工具菜单中的主要命令如图 1-5 所示，常用命令使用说明见表 1-3。

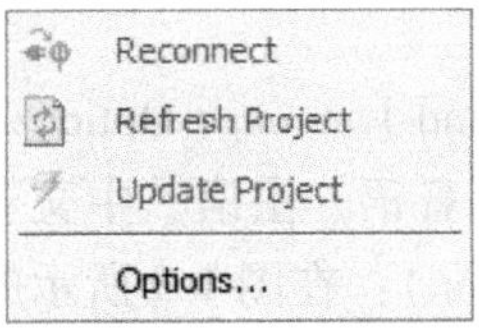

图 1-5　工具菜单

表 1-3 工具菜单常用命令使用说明

工具菜单常用命令	使用说明
Reconnect	重新连接
Refresh Project	刷新工程项目
Update Project	更新工程项目
Options	选项

下文将针对 Options 命令常用功能进行具体介绍。

单击【Options】命令，弹出图 1-6 所示的选项对话框，该对话框主要包括以下几个选项卡。

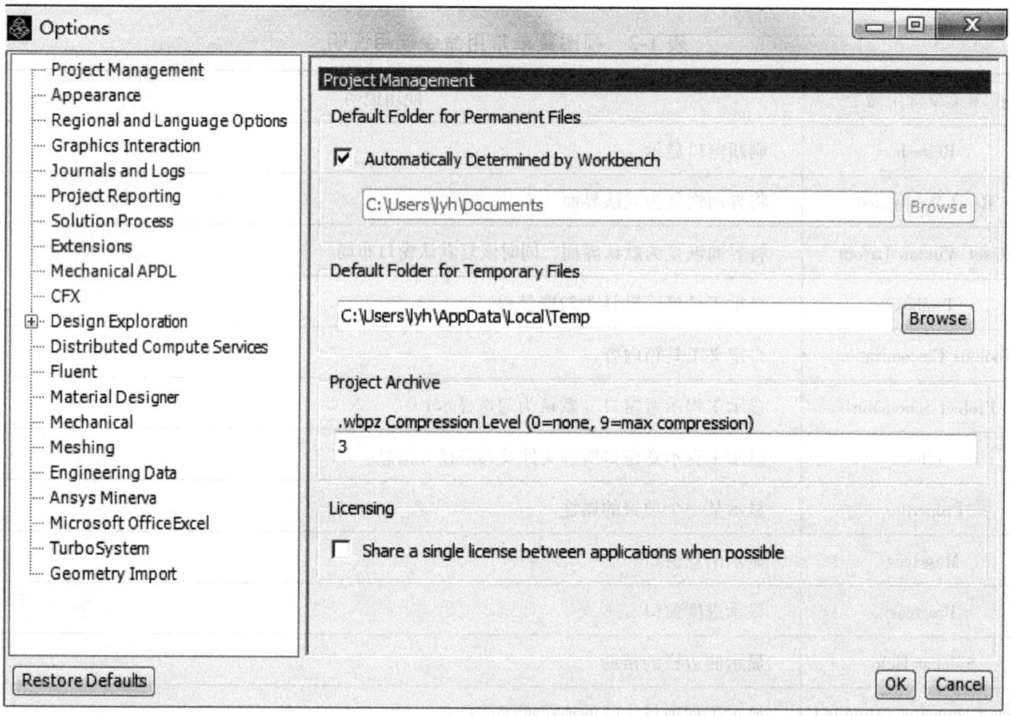

图 1-6 选项对话框

1）项目管理（Project Management）：在图 1-6 所示的窗口中可以设置软件默认启动路径和临时文件存储路径等选项。

2）外观（Appearance）：在图 1-7 所示的窗口中可以对软件界面的背景风格、背景颜色、Logo 颜色等外观进行设置。

3）区域和语言选项（Regional and Language Options）：在图 1-8 所示的窗口中可以进行语言的设置，其中包括英语、德语、日语、法语、中文五种语言，默认为英语。

4）图形交互（Graphics Interaction）：在图 1-9 所示的窗口中，可以设置鼠标与键盘所能够实现的功能，如平移、旋转、放大、缩小等操作。

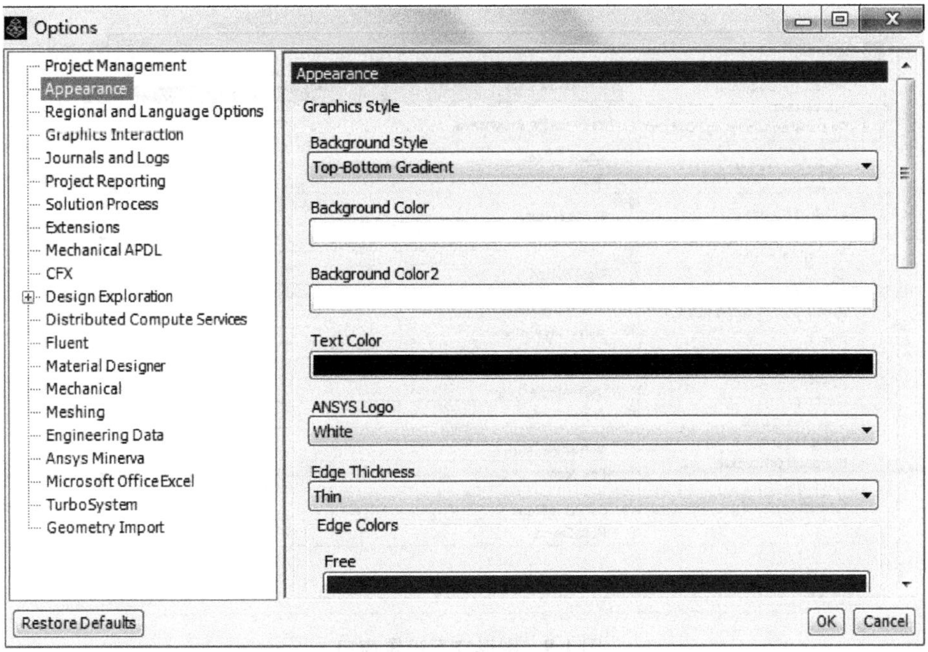

图 1-7　外观设置窗口

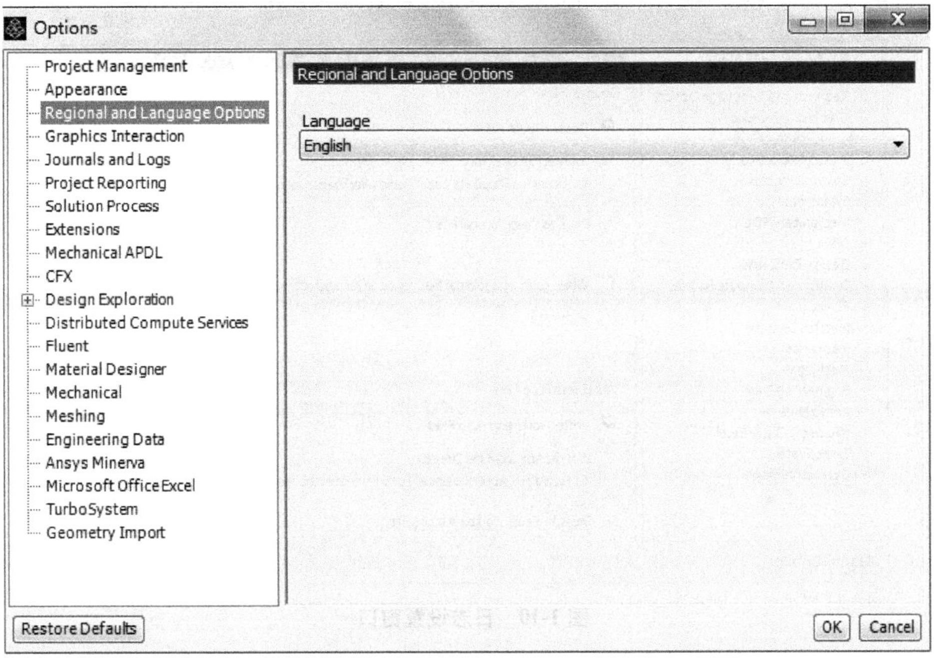

图 1-8　区域和语言设置窗口

5）脚本与日志（Journals and Logs）：在图 1-10 所示的窗口中可以设置脚本和日志文件的存储位置、保存天数及其他的一些设置。

6）求解过程（Solution Process）：在图 1-11 所示的窗口中可以对各种求解器类型进行设置，用户可根据需求进行相应设置。

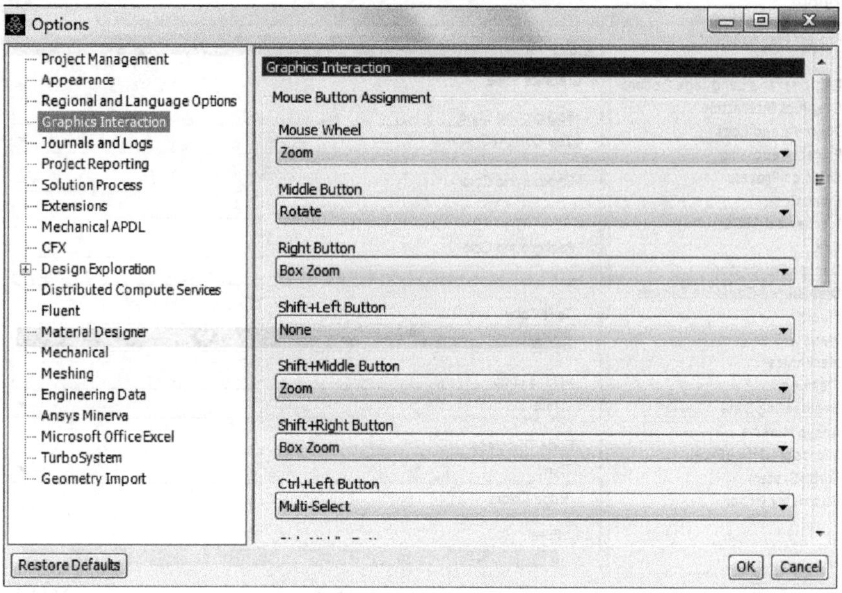

图 1-9 图形交互设置窗口

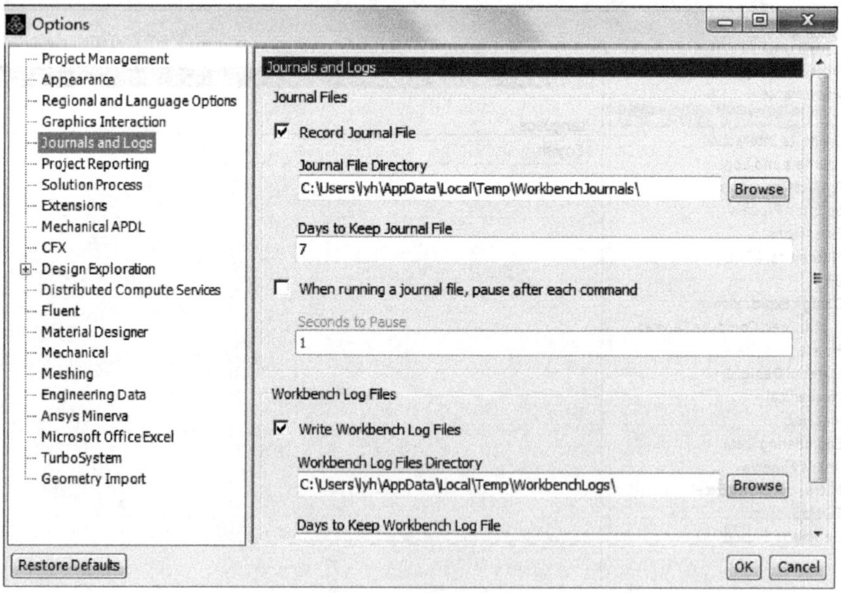

图 1-10 日志设置窗口

7）几何模型导入（Geometry Import）：在图 1-12 所示的窗口中可以设置打开 Geometry 模块的默认软件（DesignModeler 或 SpaceClaim Direct Modeler），以及一些基本选项的设置，用户可以根据自身的使用习惯进行选择。

8）恢复默认值（Restore Defaults）：在选项对话框左下角，如图 1-13 所示，单击【Restore Defaults】便可以将 Options 选项卡中所有的设置恢复为默认。

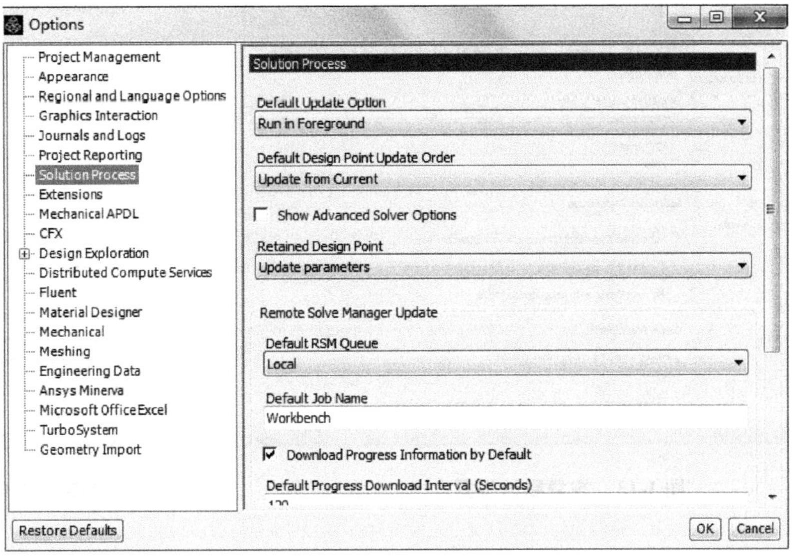

图 1-11　求解过程设置窗口

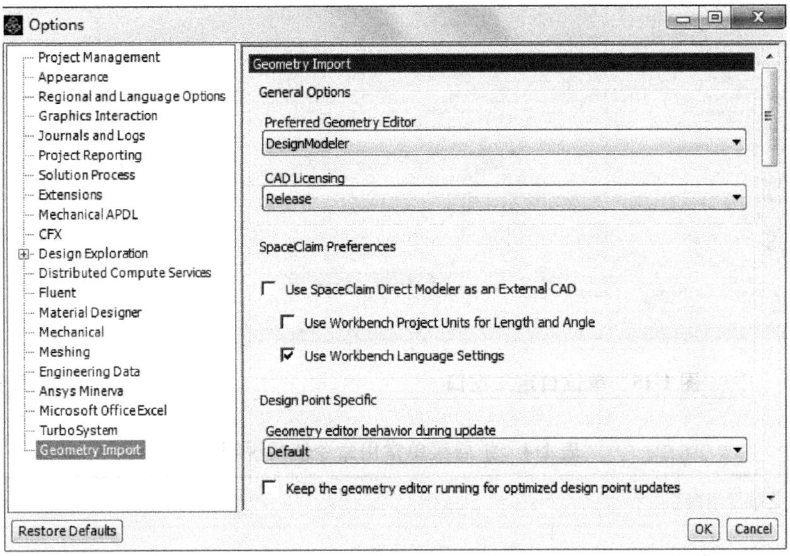

图 1-12　几何导入设置窗口

4. 单位（Units）菜单

单位菜单中的主要命令如图 1-14 所示，用户可以选择提供的单位或自定义单位。ANSYS Workbench 2022 R1 提供了国际单位制（SI）、米制单位（Metric）、寸制单位（U. S.），若选择单位系统（Unit Systems）则会弹出图 1-15 所示的单位自定义窗口，用户可以自定义所需单位。

5. 扩展（Extensions）菜单

扩展菜单中的主要命令如图 1-16 所示，常用命令使用说明见表 1-4。

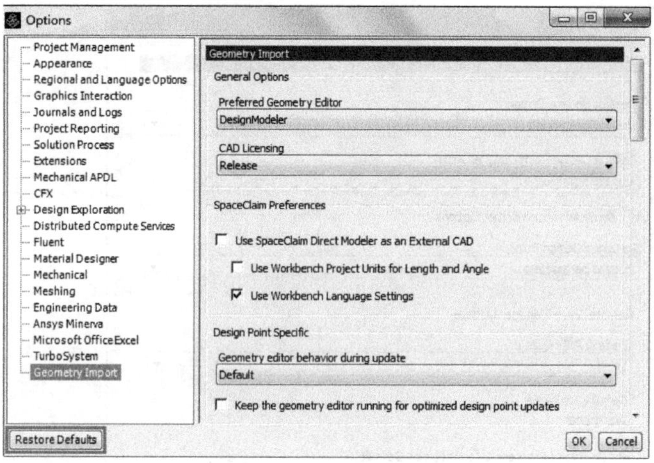

图 1-13　恢复默认设置

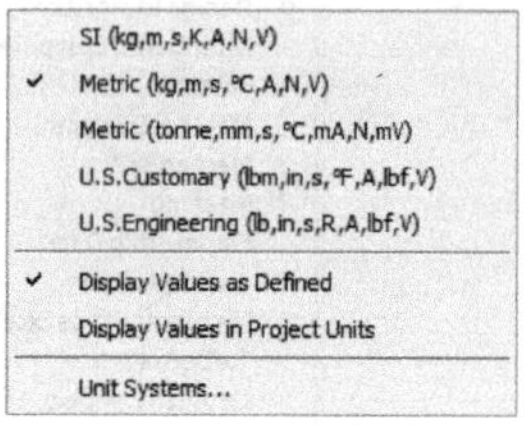

图 1-14　单位菜单

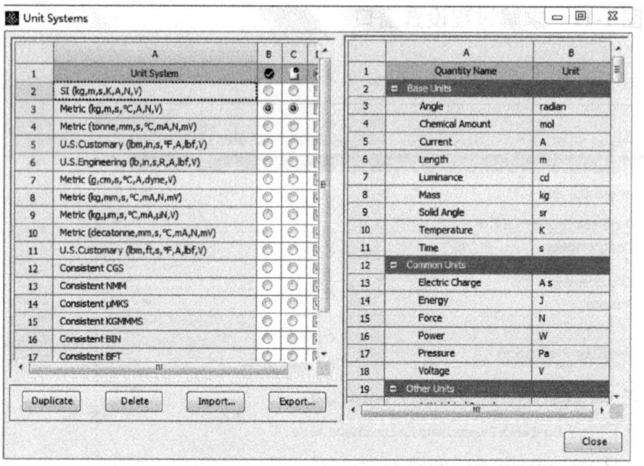

图 1-15　单位自定义窗口

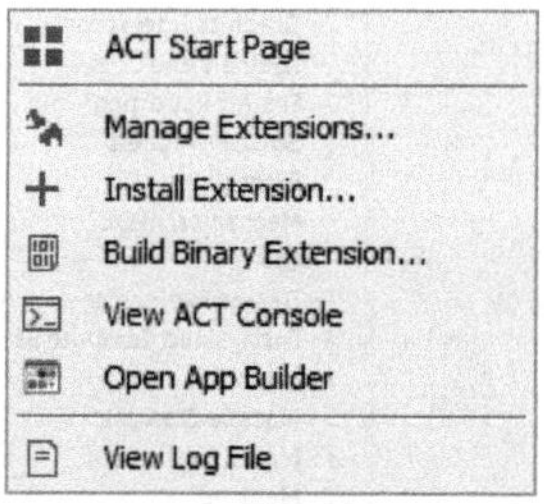

图 1-16　扩展菜单

表 1-4　扩展菜单常用命令使用说明

扩展菜单常用命令	使用说明
ACT Start Page	打开 ACT 开始界面
Manage Extensions	打开扩展管理器
Install Extension	提供将二进制扩展安装到应用程序数据文件夹中的功能
Build Binary Extension	打开二进制扩展生成器进行编译
View ACT Console	打开 ACT 控制台，在开发或调试过程中交互地测试命令
Open App Builder	打开应用构建器，在可视化环境中创建 ACT 扩展
View Log File	查看文件扩展名所生成的消息

6. 任务（Jobs）菜单

任务菜单的命令如图 1-17 所示，单击【Open Job Monitor】会显示图 1-18 所示的任务监控器对话框，通过该对话框可以查看已提交到当前项目的远程求解管理器的作业状态（目前没有远程求解管理器，因此任务监控器对话框无内容）。

图 1-17 任务菜单

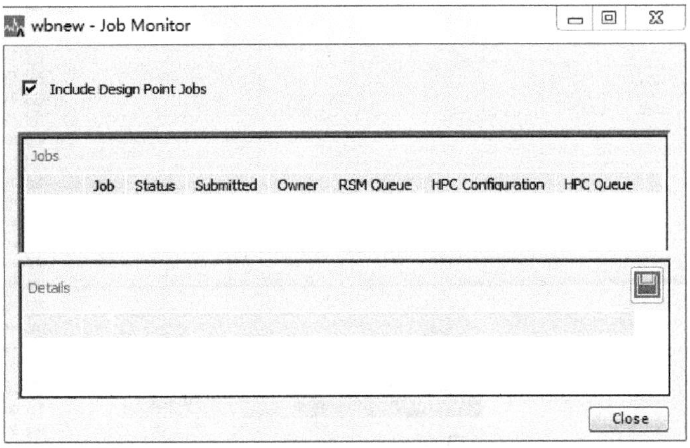

图 1-18 任务监控器对话框

7. 帮助（Help）菜单

帮助菜单中的命令如图 1-19 所示，可以通过帮助菜单打开官方提供的相关帮助文档，为用户提供操作或理论上的相关帮助。

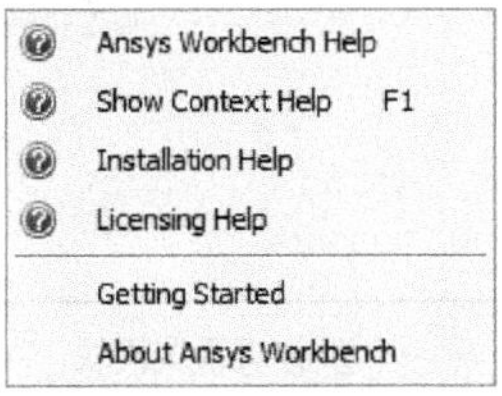

图 1-19 帮助菜单

1.1.2 工具栏

工具栏如图 1-20 所示，包括导入外部文件、重新连接、刷新工程项目、更新工程项目和 ACT 开始界面，这些命令的使用说明已在前面菜单栏介绍，此处不再赘述。

图 1-20 工具栏

1.1.3 工具箱

工具箱（Toolbox）位于 ANSYS Workbench 2022 R1 界面左侧，图 1-21 所示为工具箱中的五大部分，分别是分析系统（Analysis Systems）、组件系统（Component Systems）、自定义系统（Custom Systems）、优化设计（Design Exploration）及 ACT。

1. 分析系统（Analysis Systems）

分析系统包括不同的分析模块，如图 1-22 所示，各个模块使用说明见表 1-5。

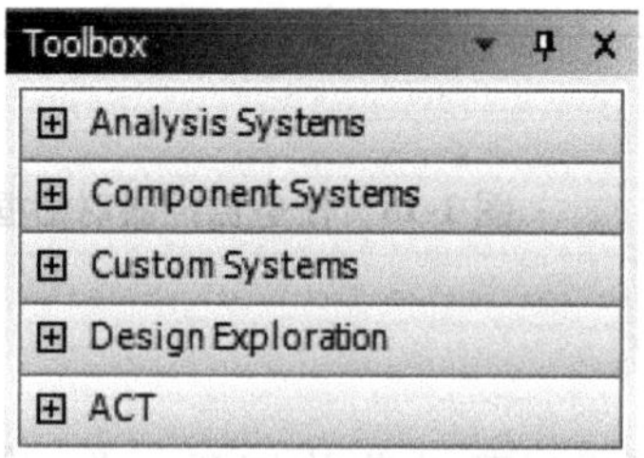

图 1-21 工具箱

图 1-22 分析系统

表 1-5 分析系统模块使用说明

分析系统模块	使用说明
Coupled Field Harmonic	谐响应耦合场分析
Coupled Field Modal	模态耦合场分析
Coupled Field Static	静态耦合场分析
Coupled Field Transient	瞬态耦合场分析
Eigenvalue Buckling	屈曲分析
Electric	电场分析
Explicit Dynamics	显式动力学分析
Fluid Flow-Blow Molding (Polyflow)	吹塑成形分析
Fluid Flow-Extrusion (Polyflow)	挤压成形分析
Fluid Flow (CFX)	CFX 流体分析
Fluid Flow (Fluent with Fluent Meshing)	Fluent 流体分析（带有 Fluent 流体网格模块）
Fluid Flow (Fluent)	Fluent 流体分析

（续）

分析系统模块	使用说明
Fluid Flow（Polyflow）	Polyflow 流体分析
Harmonic Acoustics	谐波声学分析
Harmonic Response	谐响应分析
Hydrodynamic Diffraction	水动力衍射分析
Hydrodynamic Response	水动力响应分析
LS-DYNA	LS-DYNA 动力学分析
LS-DYNA Restart	LS-DYNA 重启动
Magnetostatic	静磁分析
Modal	模态分析
Modal Acoustics	声模态分析
Random Vibration	随机振动分析
Response Spectrum	响应谱分析
Rigid Dynamics	刚体动力学分析
Speos	Speos 光学分析
Static Acoustics	静力波分析
Static Structural	静力学分析
Steady-State Thermal	稳态热力学分析
Structural Optimization	结构优化分析
Substructure Generation	子结构生成分析
Thermal-Electric	热电耦合分析
Throughflow	通流分析
Throughflow（BladeGen）	通流（BladeGen）分析
Transient Structural	瞬态动力学分析
Transient Thermal	瞬态热力学分析
Turbomachinery Fluid Flow	涡轮机械流体流动分析

2. 组件系统（Component Systems）

组件系统中包含各种允许独立使用的分析功能，如图 1-23 所示，各个模块使用说明见表 1-6。

图 1-23 组件系统

表 1-6 组件系统模块使用说明

组件系统模块	使用说明
ACP（Post）	复合材料后处理模块
ACP（Pre）	复合材料前处理模块
Autodyn	Autodyn 显式动力学分析
BladeGen	涡轮机械叶栅的几何生成工具
CFX	CFX 流体分析
Chemkin	化学动力学模拟
Discovery	实时设计仿真
Engineering Data	工程数据库
EnSight（Forte）	后处理可视化
External Data	外部数据

（续）

组件系统模块	使用说明
External Model	外部模型
Fluent	Fluent 流体分析
Fluent（with Fluent Meshing）	Fluent 流体分析（带有 Fluent 流体网格模块）
Forte	内燃机燃烧过程模拟
Geometry	几何建模
Granta MI	材料数据管理系统
Granta Selector	材料选择器
ICEM CFD	CFD 网格划分
Icepak	电子设计传热及流体分析
Injection Molding Data	注塑成型数据
Material Designer	材料设计
Mechanical APDL	经典界面 APDL
Mechanical Model	结构分析模型
Mesh	网格划分
Microsoft Office Excel	微软表格工具
Performance Map	涡轮机机械性能
Polyflow	模流分析
Polyflow-Blow Molding	模流吹塑成形
Polyflow-Extrusion	模流挤压成形
Results	结果后处理
Sherlock（Post）	失效可靠性分析（后处理）
Sherlock（Pre）	失效可靠性分析（前处理）
System Coupling	系统耦合
Turbo Setup	离心压缩机分析
TurboGrid	涡轮叶栅通道网格生成
Vista AFD	轴流风扇设计
Vista CCD	离心压缩机设计
Vista CCD（with CCM）	离心压缩机设计（可以预测压缩机的整体性能）
Vista CPD	离心泵设计
Vista RTD	向心蜗轮机的初级设计
Vista TF	旋转机械快速分析工具

3. 自定义系统（Custom Systems）

自定义系统中允许用户根据自己的实际需求定义多物理场耦合分析，如图 1-24 所示，也可以使用软件自带的多物理场耦合分析，各个模块使用说明见表 1-7。

表 1-7　自定义系统模块使用说明

自定义系统模块	使用说明
AM Inherent Strain	AM 固有应变分析
AM Thermal-Structural	AM 热-结构耦合分析
FSI：Fluid Flow（CFX）→Static Structural	CFX 流体-结构耦合分析
FSI：Fluid Flow（FLUENT）→Static Structural	Fluent 流体-结构耦合分析
Pre-Stress Modal	预应力模态分析
Random Vibration	随机振动分析
Response Spectrum	响应谱分析
Thermal-Stress	热-应力耦合分析

4. 优化设计（Design Exploration）

优化设计模块所包含的内容如图 1-25 所示，各个模块使用说明见表 1-8。

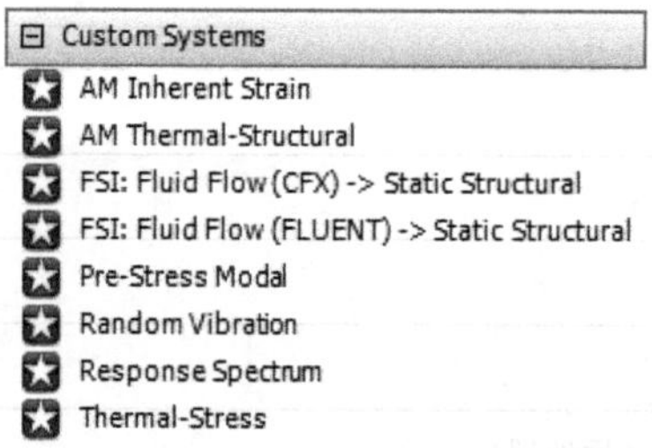

图 1-24　自定义系统

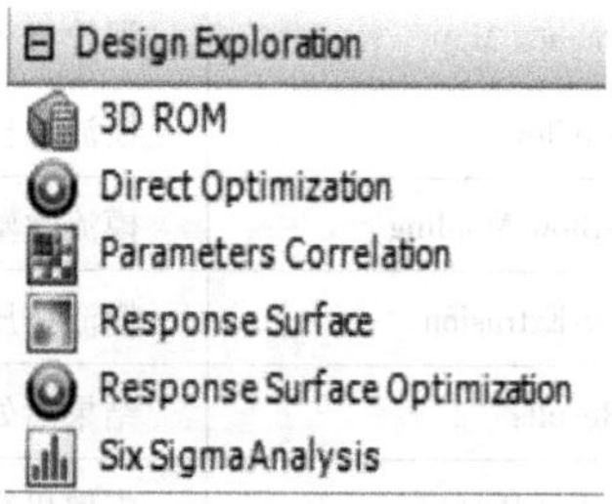

图 1-25　优化设计

表 1-8　优化设计模块使用说明

优化设计模块	使用说明
Direct Optimization	直接优化
Parameters Correlation	参数相关性（灵敏度分析）
Response Surface	响应面
Response Surface Optimization	响应面优化
Six Sigma Analysis	6σ 分析

下面通过一个简单的例子演示如何在 Workbench 中建立分析模块。

步骤 1：启动 ANSYS Workbench 2022 R1 后，在工具箱（Toolbox）的分析系统

（Analysis Systems）中，双击【Static Structural】创建一个静力学分析模块，此时便会在工程示意窗口（Project Schematic）中生成一个图 1-26 所示的静力学分析（Static Structural）工程项目。

图 1-26　创建静力学分析工程项目

步骤 2：在工具箱（Toolbox）中用鼠标左键长按模态分析【Modal】，便可以在工程示意窗口（Project Schematic）中看到图 1-27 所示的绿色矩形框，鼠标左键长按模态分析【Modal】拖动到静力学分析（Static Structural）右侧的绿色矩形框中，便会出现图 1-28 所示的两个工程项目。

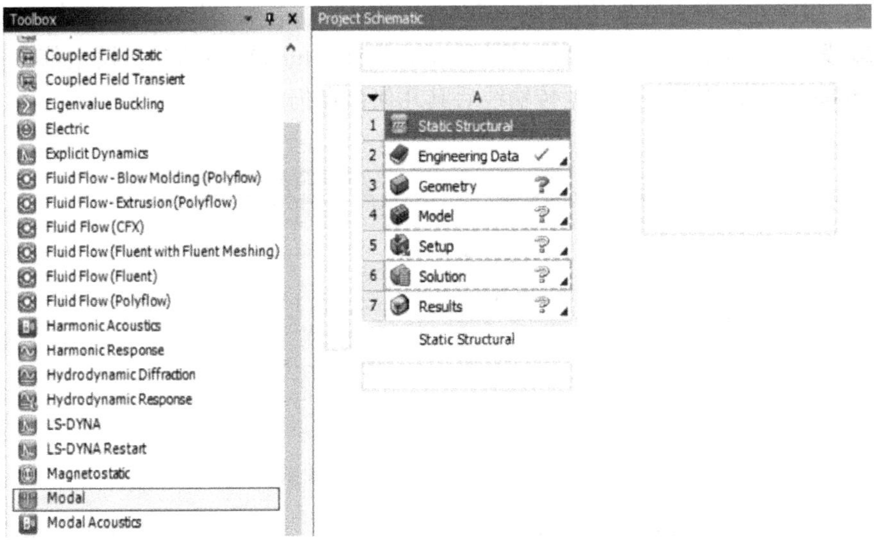

图 1-27　添加模态分析

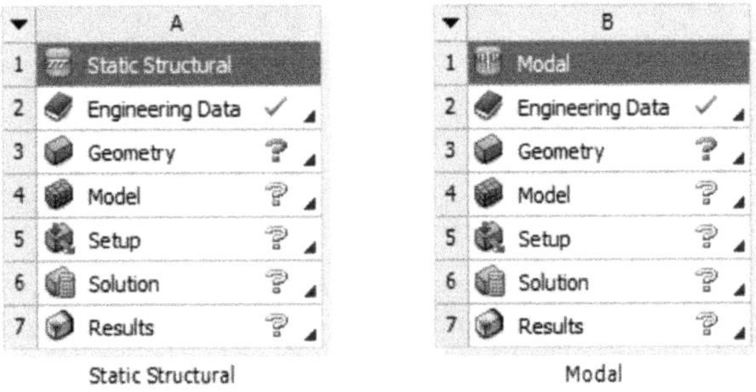

图 1-28　创建模态分析工程项目

步骤 3：长按静力学分析（Static Structural）工程项目中的几何建模【Geometry】单元，并拖动到模态分析（Modal）中的几何建模【Geometry】单元，如图 1-29 所示，会在静力学分析（Static Structural）和模态分析（Modal）的几何建模（Geometry）单元间生成一条数据传输线，表明此时已经将静力学分析（Static Structural）工程项目中的几何模型信息传输到模态分析（Modal）中了。

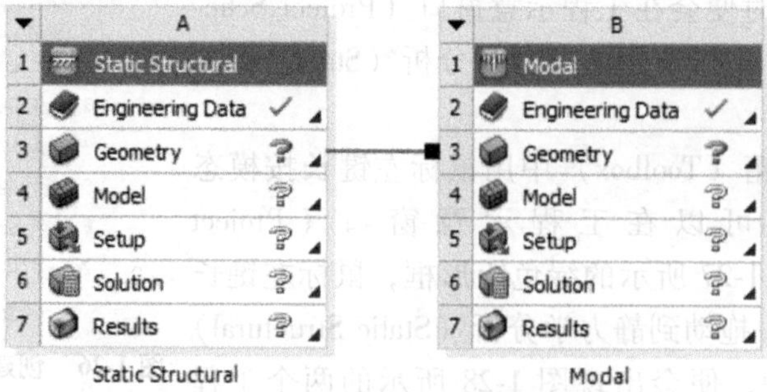

图 1-29 几何模型数据共享

步骤 4：鼠标右键单击数据传输线，便会出现图 1-30 所示的菜单，选择【Delete】可删除数据传输线。由于此时已经将静力学分析（Static Structural）中的几何模型信息传输到模态分析（Modal）中，因此删掉数据传输线后其几何信息仍然保留。

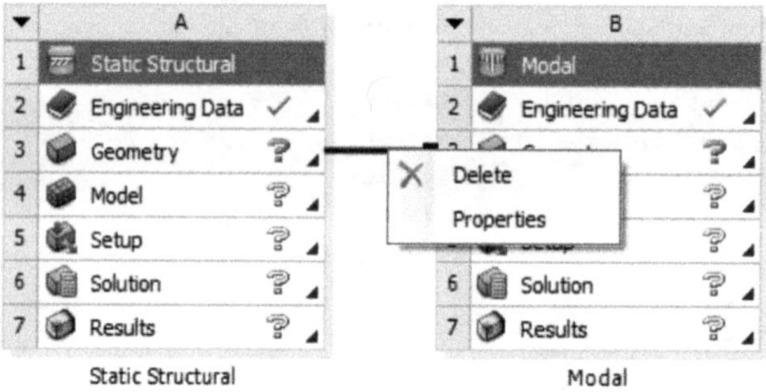

图 1-30 断开数据传输连接关系

步骤 5：鼠标左键单击静力学分析（Static Structural）工程项目左上角的倒三角，便会出现图 1-31 所示的菜单，单击【Delete】，可删除该工程项目。

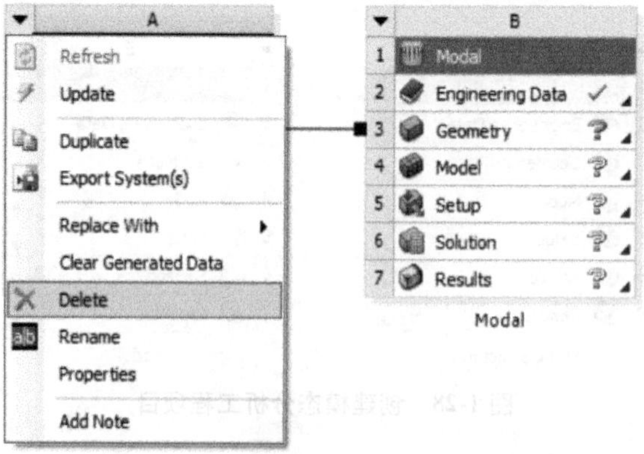

图 1-31 删除静力学分析工程项目

步骤 6：在工具箱（Toolbox）中左键单击并长按谐响应分析【Harmonic Response】，拖动到工程示意窗口（Project Schematic）中的模态分析（Modal）的模型【Model】单元，便会显示图 1-32 所示的窗口，放开鼠标左键，在工程示意窗口（Project Schematic）中生成图 1-33 所示的显示信息。

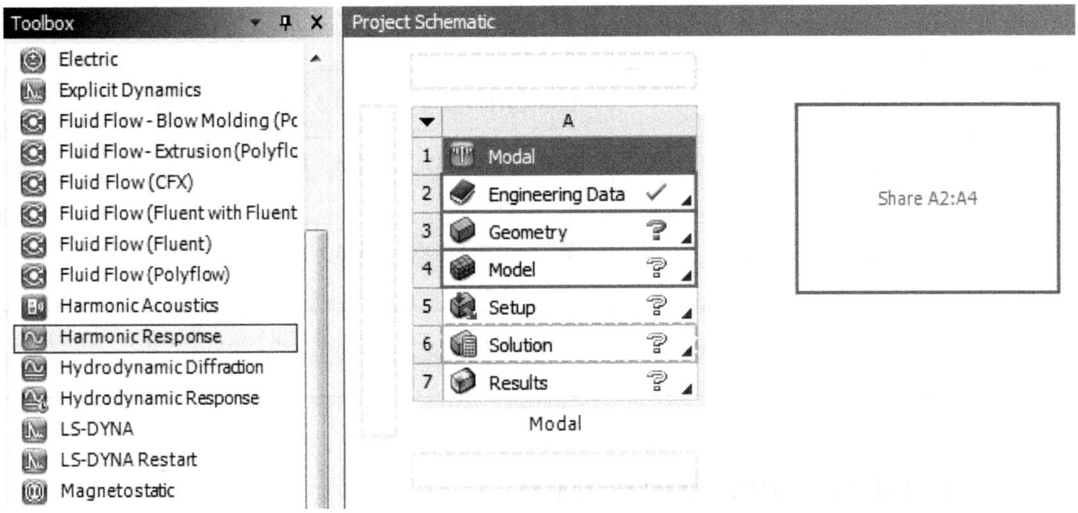

图 1-32　添加谐响应分析

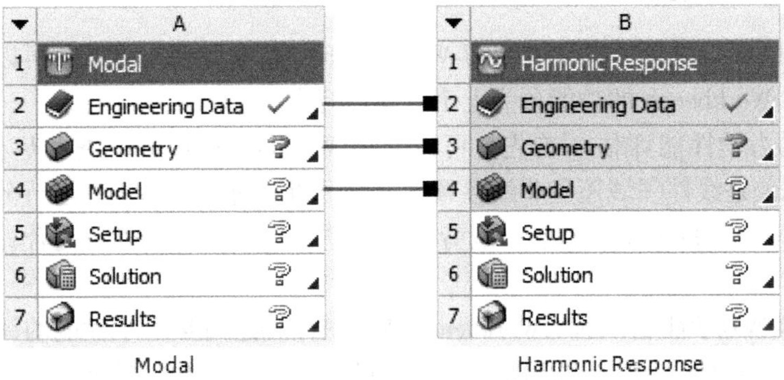

图 1-33　谐响应分析创建完成

下面针对每个工程项目的单元状态进行介绍（见表 1-9），有利于读者通过不同的单元状态直接读取相关的信息，从而进行下一步操作。

表 1-9　单元状态介绍

图标	状态	说明
	未定义	上一单元的数据不存在，大多数工程项目不允许单元在该状态下打开
	待刷新	上一单元数据发生了变化，该单元的数据需要随之刷新
	存在错误	该单元内的数据存在错误，需要进行纠正操作
	待更新	该单元的数据已经发生改变，需要更新单元的内容

（续）

图标	状态	说明
	正确	该单元数据内容正确，可以进行编辑，也可以对其他单元进行数据传递
	等待输入变化	该单元数据内容正确，但可能会由于上一单元的更改而更改
	刷新失败、待刷新	最近一次刷新单元数据失败，单元仍处于待刷新的状态，需要重新进行刷新
	更新失败、待更新	最近一次更新单元数据失败，单元仍处于待更新的状态，需要重新进行更新
	更新失败、需要注意	最近一次更新单元数据和计算数据失败，单元仍处于错误的状态，需要注意

1.2 Workbench 功能及模拟流程

1.2.1 Workbench 功能

在使用 Workbench 之前，需要先了解 Workbench 具备哪些基本功能，可以进行哪些方面的分析，下面将 Workbench 的功能分为七个方面进行介绍。

（1）结构的力学性能评估　首先，可以通过 Workbench 对结构进行基本静力学分析、动力学分析。无论是线性领域还是非线性领域，都可以通过 Workbench 进行分析评估。同时 Workbench 可以对结构的冲击、断裂、疲劳等性能进行分析，还可以对复合材料的力学性能进行评估。

（2）结构的热力学性能评估　Workbench 支持对结构进行热力学性能的评估，无论是稳态还是瞬态，线性还是非线性，均可以通过 Workbench 进行相关的性能评估。

（3）流体的动力学性能评估　Workbench 可以利用 CFX、CFD 和 Fluent 模块对流体的动力学性能进行评估，主要评估的是流场的流速、压力等相关性能。

（4）结构的电磁场性能评估　Workbench 中的 Maxwell 可以进行结构的电磁场性能评估，得到电场或磁场中电感、电容、磁通量、涡流等相关参数。

（5）NVH 性能　在 Workbench 中可以计算结构的噪声、振动、声振粗糙度的相关内容，得到声场中的声压、声功率等相关性能参数。

（6）耦合场性能评估　Workbench 可以对多个物理场进行耦合计算相关性能，其中耦合场主要包含热-结构耦合、热-流耦合、热-电耦合、流-固耦合等。

（7）结构的优化评估　无论是确定性优化、不确定性优化，还是通过确定性优化去进行拓扑优化，以及相应的可靠性评估均可以在 Workbench 中进行。

1.2.2 Workbench 模拟流程

新手刚接触 Workbench 时可能会觉得有较大的难度，因此，为了更好地帮助读者快速形成良性的有限元分析思路，以下总结出了一个数值模拟分析流程。无论是基于任何类型的数值模拟分析，其流程均可分成三大步、三小步和七要素。三大步指的是前处理、求解和后处理，不管是瞬态动力学分析、复合材料非线性分析，或者是结构冲击类问题等的求解分析，均可以分成这三大步。每一大步又分成三小步，其中前处理包含几何模型构建、材料定义和赋予、有限元系统模型构建；求解包含载荷边界条件设置、位移边界条件设置和求解设置；后处理包含结果显示、结果评估及结果图导出。七要素指的是有限元系统模型构建中的构建对象，包括单元类型、材料本构、网格划分、连接关系、边界条件、载荷条件、求解设置，当然其中有很多参数都是由程序控制的。

读者只要在使用过程中牢记这三大步、三小步和七要素，按照这样“337”的流程进行分析，学习过程会非常轻松，即使出现了错误也可以快速定位错误的位置，得到一个收敛性的结果。

1.3 Workbench 与建模软件关联

ANSYS Workbench 2022 R1 软件可以与绝大多数的 CAD 软件进行关联，实现数据的共享，例如 Dassault Systemes 公司的 CATIA 和 SOLIDWORKS、Siemens PLM Software 公司的 UG 和 SolidEdge、Autodesk 公司的 AutoCAD 和 Inventor 及 PTC 公司的 Pro/E（CREO）软件等。

ANSYS Workbench 2022 R1 和其他的 CAE 软件也可以进行很好的数据交换，如 ABAQUS、NASTRAN 等。

同时，ANSYS Workbench 2022 R1 依旧支持第三方格式的导入功能，主要的格式有 x_t、Stp/Step、IGS/IGES 等。

下面对 ANSYS Workbench 2022 R1 与 Dassault Systemes 公司的 SOLIDWORKS 软件的关联进行简单介绍。

步骤 1：在 Windows 系统下单击【开始】，在所有程序的位置找到 ANSYS 2022 R1 文件夹并打开，找到【CAD Configuration Manager 2022 R1】，单击鼠标右键，如图 1-34 所示在“更多”中选择【以管理员身份运行】，便弹出图 1-35 所示的 CAD 关联管理器。

图 1-34 CAD 关联管理器打开方式

步骤 2：在 CAD Selection 菜单下找到 SOLIDWORKS，并且在其对应的复选框内打钩，如图 1-36 所示，然后单击【Next】按钮进行下一步，进入 CAD Configuration 界面。

步骤 3：单击【Display Configuration Log File】，便会显示出图 1-37 所示相关配置信息。

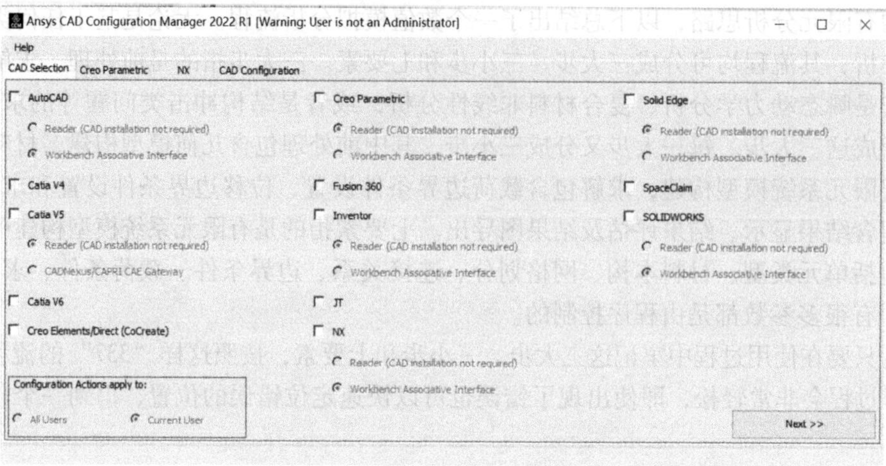

图 1-35　CAD 关联管理器界面

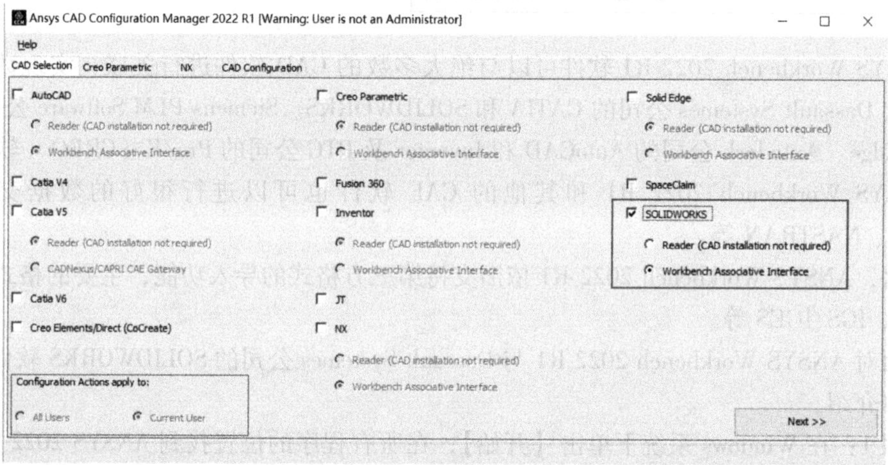

图 1-36　SOLIDWORKS 与 ANSYS Workbench 关联设置

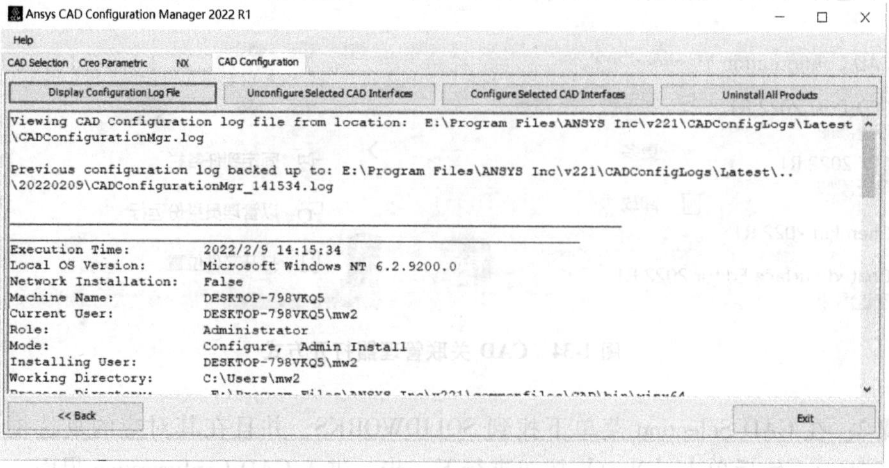

图 1-37　电脑相关配置信息

步骤 4：单击【Configure Selected CAD Interfaces】，稍等片刻，当出现图 1-38 所示关联成功的提示，此时便已经关联成功，退出 CAD 关联管理器。

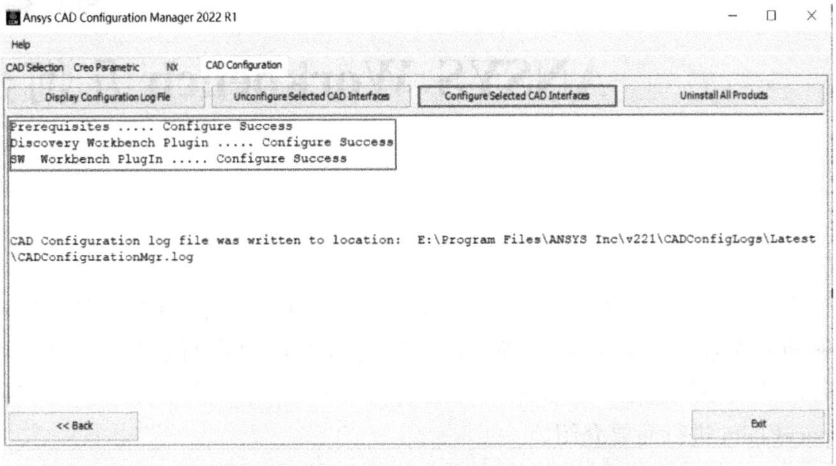

图 1-38　SOLIDWORKS 软件关联成功界面

步骤 5：打开 SOLIDWORKS 软件，便可以在插件的位置找到 Ansys 2022 R1，如图 1-39 所示，确认 SOLIDWORKS 已经与 ANSYS Workbench 2022 R1 成功关联。

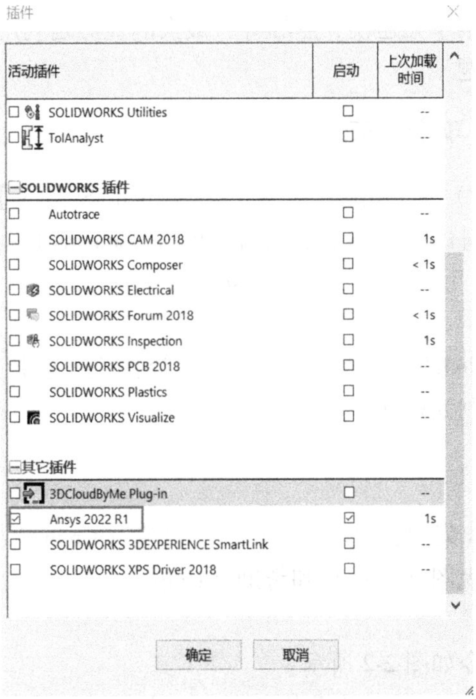

图 1-39　SOLIDWORKS 插件界面

上述简单介绍了 ANSYS Workbench 2022 R1 与 SOLIDWORKS 2018 进行关联的方法。ANSYS Workbench 2022 R1 与其他 CAD 软件关联的操作与上述相似，此处不再赘述。

第 2 章 ANSYS Workbench 几何建模

在进行有限元分析之前，需要先进行几何建模，可以先在三维建模软件完成建模再导入 Workbench 中进行分析，也可以通过 Workbench 自带的模块进行建模。ANSYS Workbench 2022 R1 自带的建模模块包括 DesignModeler 和 SpaceClaim，本章主要介绍 DesignModeler 的使用，并对 SpaceClaim 进行简要介绍。

2.1 DesignModeler 平台概述

DesignModeler 是 ANSYS Workbench 的几何建模模块，和大多数几何建模软件相似，DesignModeler 的主要作用是几何建模。和传统的三维建模软件相比，该模块除了拥有传统三维建模软件的功能，如梁单元建模、点焊等，最大的优势是利用该模块建立的几何模型不会出现几何模型缺陷的问题。

2.1.1 DesignModeler 平台界面

单击工具箱（Toolbox）中的组件系统【Component Systems】，双击其中的几何建模【Geometry】，在工程示意窗口中右键单击几何建模【Geometry】，在弹出的快捷菜单栏中单击选择新的 DesignModeler 几何建模（New DesignModeler Geometry）便可进入 DesignModeler 界面。

图 2-1 所示为 DesignModeler 启动后的界面，该界面主要包括菜单栏、工具栏、图形操作窗口、模型树、草图绘制面板和参数设置窗口。

2.1.2 菜单栏

菜单栏包括七个基本菜单：文件（File）、创建（Create）、概念（Concept）、工具（Tools）、单位（Units）、视图（View）和帮助（Help）。

1. 文件（File）菜单

文件菜单中常用的命令如图 2-2 所示。

1）刷新输入（Refresh Input）：当几何数据发生变化时，单击此命令可以保持几何文件同步。

2）保存文件（Save Project）：单击此命令保存工程文件。

3）输出（Export）：单击此命令后，DesignModeler 平台会弹出图 2-3 所示的另存为对话

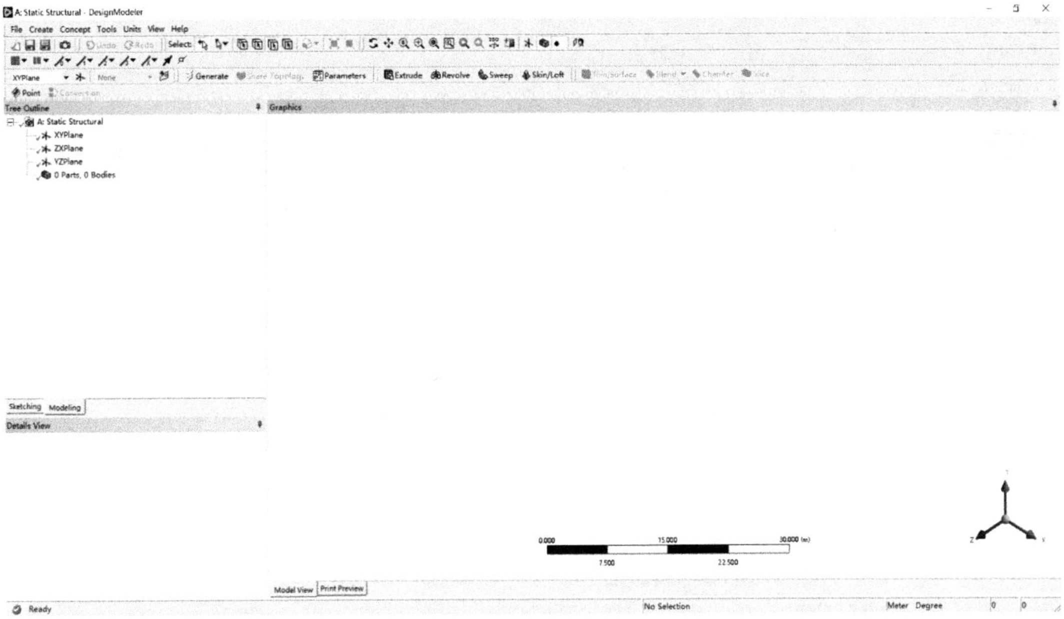

图 2-1　DesignModeler 平台

框，读者可以根据自己的需求选择所需要的几何文件保存类型。

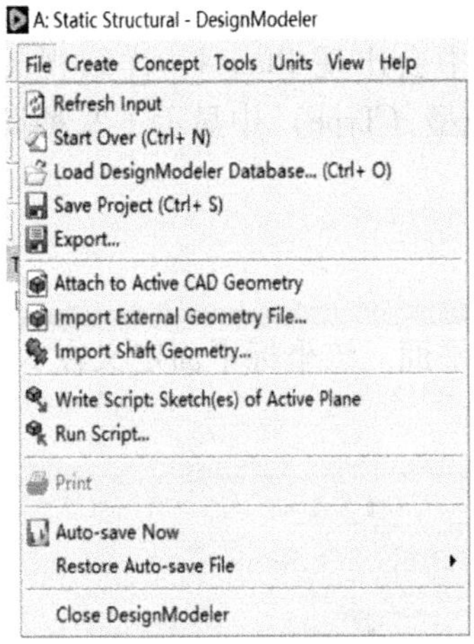

图 2-2　文件菜单

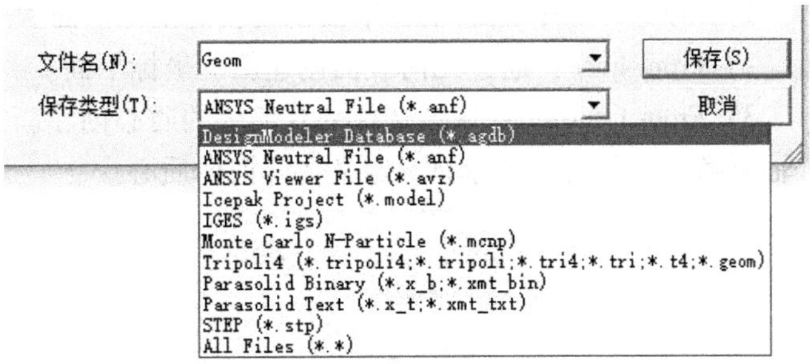

图 2-3　另存为对话框

4）动态连接开启的 CAD 几何模型（Attach to Active CAD Geometry）：单击此命令，DesignModeler 平台会将当前活动的 CAD 软件中的几何模型读入图形操作窗口。

5）导入外部几何模型文件（Import External Geometry File）：单击此命令，在弹出的图 2-4 所示的打开对话框中可以选择想要导入的几何模型文件。

2. 创建（Create）菜单

创建菜单中常用的命令如图 2-5 所示。

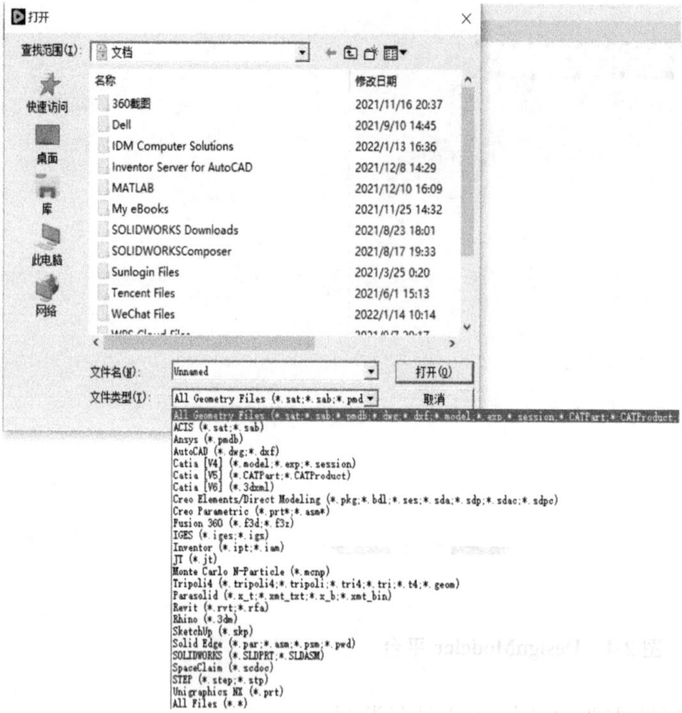

图 2-4 打开对话框

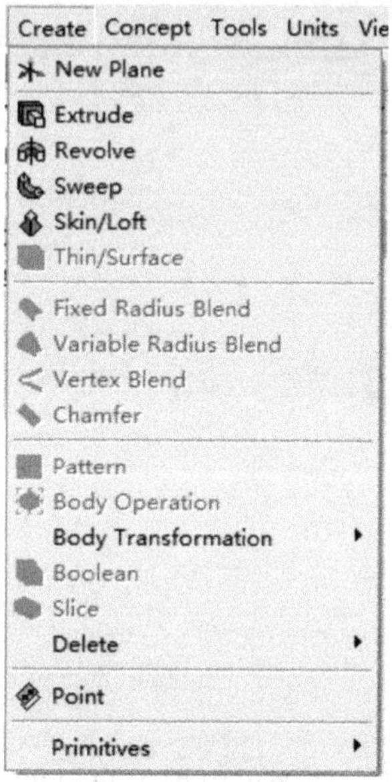

图 2-5 创建菜单

（1）创建坐标平面（New Plane） 单击此命令，模型树中会出现 Plane4，详细视图（Details View）窗口中会出现图 2-6 所示的设置面板，其中，类型（Type）中显示了八种设置坐标平面的方法，分别是：

1）From Plane：通过坐标平面创建新的坐标平面。

2）From Face：通过几何表面创建新的坐标平面。

3）From Centroid：从被选择的几何体的质心创建新的坐标平面。该坐标平面定义在 X、Y 轴所确定的平面，坐标原点定义在几何体质心。

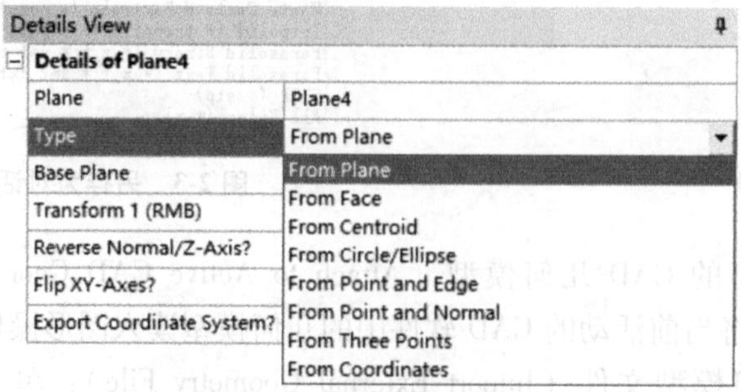

图 2-6 创建坐标平面

4）From Circle/Ellipse：新的坐标平面基于一个圆形或者椭圆形的二维或者三维边创建。坐标原点是圆心或者椭圆的中心，若选择圆形的边，则 X 轴与全局坐标系的 X 轴一致；若选择椭圆的边，则 X 轴与椭圆的长轴对齐，Z 轴是圆或椭圆的法线。

5）From Point and Edge：通过一个点和一条边创建整个坐标平面。

6）From Point and Normal：通过一个点和边界方向的法线创建新的坐标平面。

7）From Three Points：通过三个点创建坐标平面。

8）From Coordinates：通过设置与现有坐标系的相对位置创建新的坐标平面。

（2）拉伸（Extrude）　拉伸设置如图 2-7 所示，该命令可以将二维草图转为三维图，操作方式如下。

1）在操作（Operation）选项中选择拉伸的操作方式，方式有三种：Add Material 为将实体拉伸并合并实体，Add Frozen 为拉伸出实体但不合并，Slice Material 为切除实体。

2）在方向（Direction）选项中选择拉伸方向，方式有四种：第一种是 Normal，即默认沿着坐标轴正方向拉伸；第二种是 Reversed，即与 Normal 方式相反方向进行拉伸；第三种是 Both-Symmetric，即沿着两个方向同时拉伸指定的深度；第四种是 Both-Asymmetric，即沿着两个方向同时拉伸不同的深度。

3）在 As Thin/Surface？选项中确定拉伸是否为薄壳拉伸，如果选择 Yes，则需要确定薄壳的内壁和外壁厚度。

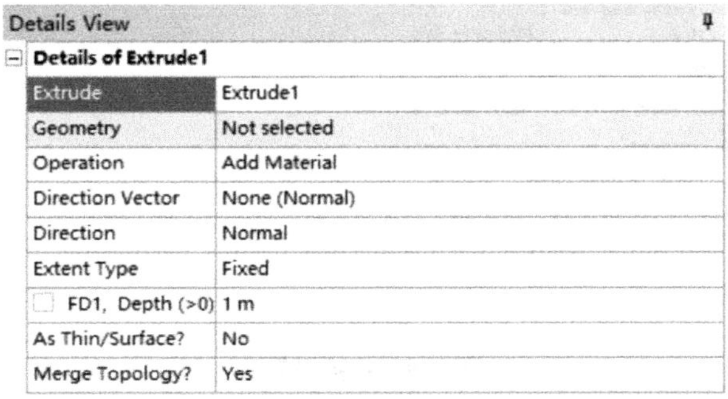

Details View	
Details of Extrude1	
Extrude	Extrude1
Geometry	Not selected
Operation	Add Material
Direction Vector	None (Normal)
Direction	Normal
Extent Type	Fixed
☐ FD1, Depth (>0)	1 m
As Thin/Surface?	No
Merge Topology?	Yes

图 2-7　拉伸设置

（3）旋转（Revolve）　旋转设置如图 2-8 所示，该命令用来确定旋转体。

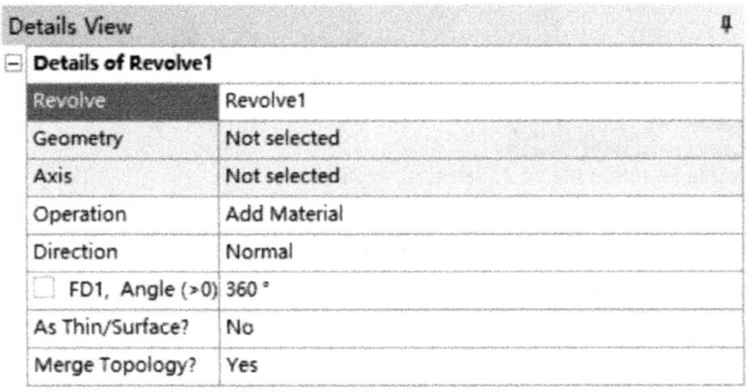

Details View	
Details of Revolve1	
Revolve	Revolve1
Geometry	Not selected
Axis	Not selected
Operation	Add Material
Direction	Normal
☐ FD1, Angle (>0)	360°
As Thin/Surface?	No
Merge Topology?	Yes

图 2-8　旋转设置

1）Geometry：用来确定作为扫掠图像的二维几何图形。

2）Axis：用来确定已经选中二维几何图形的旋转轴。

3）Operation、Direction、As Thin/Surface?：参考第（2）点拉伸说明。

4）Direction：用来确定旋转体的旋转角度。

（4）扫掠（Sweep） 扫掠设置如图 2-9 所示，该命令用来确定通过扫掠的方式确定几何体。

1）Profile：用来选择二维几何图形作为扫掠对象。

2）Path：用来确定扫掠路径，路径可以为直线或者曲线。

3）Alignment：用来选择扫掠方式，其中，Path Tangent 选项为沿着路径的切线方向，Global Axes 选项为沿着坐标轴方向。

4）FD4，Scale（>0）：用来确定扫掠比例的比例因子。

5）Twist Specification：用来确定扭曲方式，其中扭曲方式有三种：第一种是 No Twist，即扫掠图形沿着扫掠路径进行扫掠；第二种是 Turns，可在扫掠过程中设置二维图形绕扫掠路径旋转的圈数，如果扫掠路径为闭合环路，则扫掠圈数必须为整数，如果扫掠路径为开环，则扫掠圈数可以为任意值；第三种是 Pitch，用来设置扫掠螺距的大小。

Details View	
Details of Sweep1	
Sweep	Sweep1
Profile	Not selected
Path	Not selected
Operation	Add Material
Alignment	Path Tangent
FD4, Scale (>0)	1
Twist Specification	No Twist
As Thin/Surface?	No
Merge Topology?	No

图 2-9 扫掠设置

（5）蒙皮/放样（Skip） 蒙皮/放样设置如图 2-10 所示，单击此命令后，可以在轮廓选择方法（Profile Selection Method）栏中选择所有轮廓（Select All Profiles）或者选择单个轮廓（Select Individual Profiles）。

Details View	
Details of Skin1	
Skin/Loft	Skin1
Profile Selection Method	Select All Profiles
Profiles	Not selected
Operation	Add Material
As Thin/Surface?	No
Merge Topology?	No

图 2-10 蒙皮/放样设置

（6）抽壳（Thin/Surface） 抽壳设置如图 2-11 所示，顾名思义，此命令用于抽壳。

1）Selection Type：抽壳的选择方式，抽壳方式有三种：第一种是 Faces to Keep，为对保留面进行抽壳处理；第二种是 Faces to Remove，为对选中面进行去除处理；第三种是

Bodies Only，为对选中的实体进行抽壳处理。

2）Direction：抽壳的方向，抽壳的方向有三种：第一种是 Inward，为对实体进行壁面向内部抽壳处理；第二种是 Outward，为对实体进行壁面向外部抽壳处理；第三种是 Mid-Plane，为对实体进行中间壁面抽壳处理。

Details View	
Details of Thin1	
Thin/Surface	Thin1
Selection Type	Faces to Keep
Geometry	Not selected
Direction	Inward
FD1, Thickness (>=0)	0.05 m
Preserve Bodies?	No

图 2-11 抽壳设置

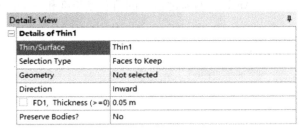

（7）固定半径倒圆（Fixed-Radius Blend） 固定半径倒圆如图 2-12 所示，此命令用于倒圆。

1）FD1，Radius（>0）：用来输入倒圆半径。

2）Geometry：用来选择要倒圆的棱边或者平面，如果选择的是平面，会将平面周围的几个棱边全部倒圆。

Details View	
Details of FBlend1	
Fixed-Radius Blend	FBlend1
FD1, Radius (>0)	0.1 m
Geometry	Not selected

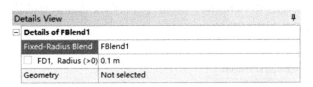

图 2-12 固定半径倒圆设置

（8）变化半径倒圆（Variable Radius Blend） 变化半径倒圆设置如图 2-13 所示，此命令同样用于倒圆。

1）Transition：用来选择倒圆过渡的方式，可以选择平滑（Smooth）与线性（Linear）两种过渡方式。

2）Edges：选择要倒圆的棱边。

3）FD1，Radius（>=0）：用来设置倒圆初始半径。

4）FD2，Radius（>=0）：用来设置倒圆结束半径。

Details View	
Details of VBlend1	
Variable-Radius Blend	VBlend1
Transition	Smooth
Edges	0

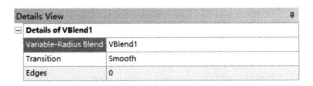

图 2-13 变化半径倒圆设置

（9）倒角（Chamfer） 倒角设置如图 2-14 所示，此命令用来设置倒角。

1）Geometry：用来选择要倒角的棱边或者平面，如果选择的是平面，会将平面周围的几个棱边全部倒角。

2）Type：用来形成倒角，倒角方式有三种：第一种是 Left-Right，即通过输入倒角两边长度的方式确定倒角大小；第二种是 Left-Angle，即通过输入倒角左侧长度和一个倒角来确定倒角大小；第三种是 Right-Angle，即通过输入倒角右侧长度和一个倒角来确定倒角大小。

Details View	
Details of Chamfer1	
Chamfer	Chamfer1
Geometry	Not selected
Type	Left-Right
FD1, Left Length (>0)	0.1 m
FD2, Right Length (>0)	0.1 m

图 2-14　倒角设置

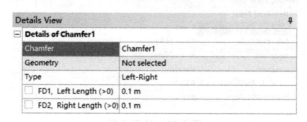

（10）阵列（Pattern）　阵列设置如图 2-15 所示，此命令用来通过阵列的方式建立几何图形。

Pattern Type：用来选择阵列的方式，阵列方式有三种：第一种是 Linear，即通过选择沿着某一方向的方式进行阵列，要求在 Direction 栏选择阵列方向、偏移距离和阵列数量；第二种是 Circular，即通过沿着某一轴线阵列的方式进行阵列，要求在 Axis 栏选择轴线、偏移距离和阵列数量；第三种是 Rectangular，即通过沿着两根相互垂直的边进行阵列，要求选择两个阵列方向、偏移距离和阵列数量。

Details View	
Details of Pattern1	
Pattern	Pattern1
Pattern Type	Linear
Geometry	Not selected
Direction	Not selected
FD1, Offset	1 m
FD3, Copies (>=0)	1

图 2-15　阵列设置

（11）体操作（Body Operation）　体操作设置如图 2-16 所示，此命令用来对几何体进行操作。

Details View	
Details of BodyOp1	
Body Operation	BodyOp1
Type	Sew
Bodies	0
Create Solids?	No
Tolerance	Normal
Merge Bodies	Yes

图 2-16　体操作设置

Type：用来选择对几何体操作的方式，操作方式有六种：第一种是 Sew，即通过对有缺陷的几何体面修补复原后，对几何体缝合使其实体化的一种修补体操作方式；第二种是

Simplify，即对选中材料进行简化操作；第三种是 Cut Material，即对选中的几何体进行去除操作；第四种是 Slice Material，即对选中的几何体进行材料切片操作，此命令需要在一个完全冻结的几何体上进行；第五种是 Imprint Face，即对选中的几何体进行表面印记；第六种是 Clean Bodies，即对选中的几何体进行清理操作。

（12）布尔运算（Boolean）　布尔运算设置如图 2-17 所示，此命令用来对几何体进行布尔运算。

1）Unite：用来将多个实体合并形成一个实体，此命令需要在 Tools Bodies 栏中选中所有需要合并的实体。

2）Subtract：用来将一个实体（Tools Bodies）从另外一个实体（Target Bodies）中去除，此命令需要在 Tools Bodies 栏中选择被切除材料的实体，在 Target Bodies 栏中选择需要切除的实体。

3）Intersect：用来将两个实体相交的部分保留，其余删除。

4）Imprint Faces：用来生成一个实体（Tools Bodies）与另外一个实体（Target Bodies）的相交面，此命令需要在 Tools Bodies 与 Target Bodies 栏中分别选择两个实体。

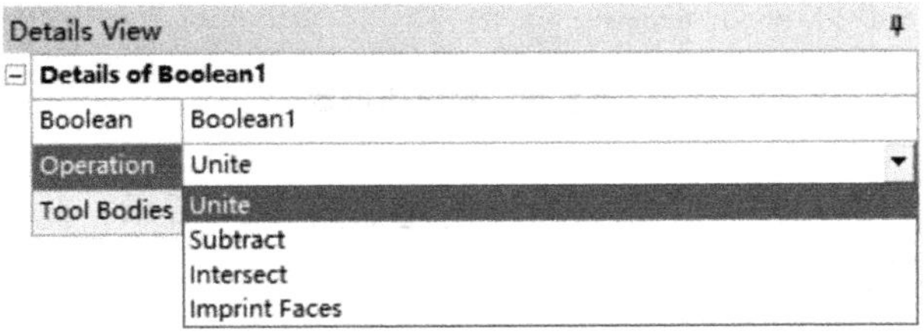

图 2-17　布尔运算设置

（13）切片（Slice）　切片设置如图 2-18 所示，此命令用来切分几何体，当命令完全冻结时，该命令才有用。

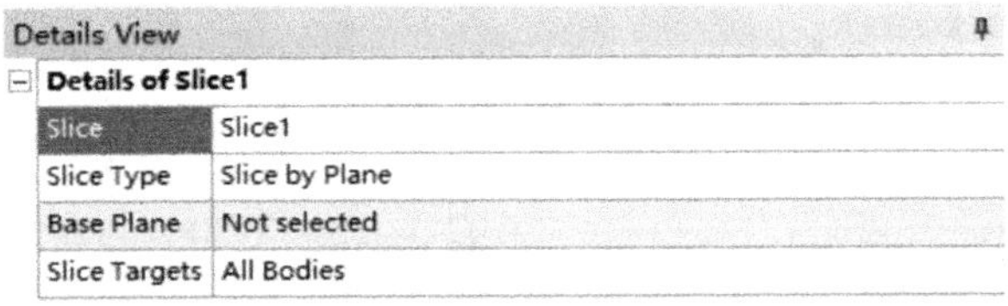

图 2-18　切片设置

Slice Type：用来设置切片的类型，对体进行切片操作的方式有五种：第一种是 Slice By Plane，即通过利用已有的平面对实体进行切片操作（平面必须经过实体），此命令需要在 Base Plane 栏中选择平面；第二种是 Slice off Faces，即通过选中模型中的一些面来切分面；第三种是 Slice by Surface，即通过已有的曲面对实体进行切分，此命令需要在 Target Face 栏中选择目标曲面；第四种是 Slice off Edges，即通过选择切分边创建分离体；第五种是 Slice by Edge Loop，即通过在实体上选择一条封闭的棱边创建切片。

（14）删除面（Face Delete）　删除面设置如图 2-19 所示，此命令用于撤销倒角和去除材料等操作，可以将倒角和材料等特征从体上去除。

Healing Method：用来设置删除面的操作方式，删除面的操作方式有四种：第一种是 Au-

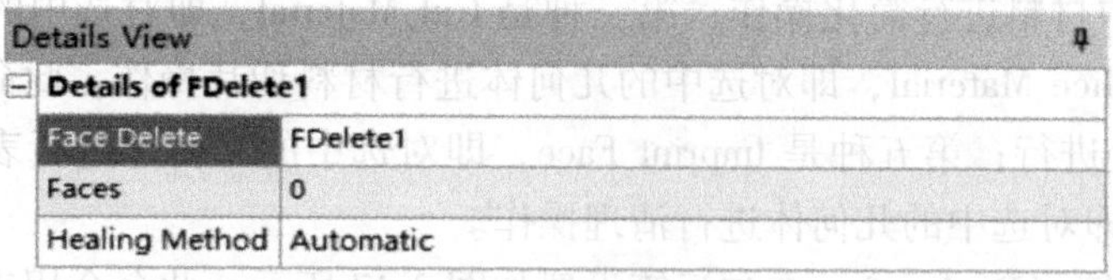

图 2-19 删除面设置

tomatic，即通过在 Face 栏中选中要删除的面的方式将面删除；第二种是 Natural Healing，即对几何体进行自然修复；第三种是 Patch Healing，即对几何实体进行修补处理；第四种是 No Healing，即不进行任何处理。

（15）删除边（Edge Delete） 删除边设置如图 2-20 所示，此命令用来设置删除边的操作方式，其删除边的操作方式和删除面的方式相比少一种。

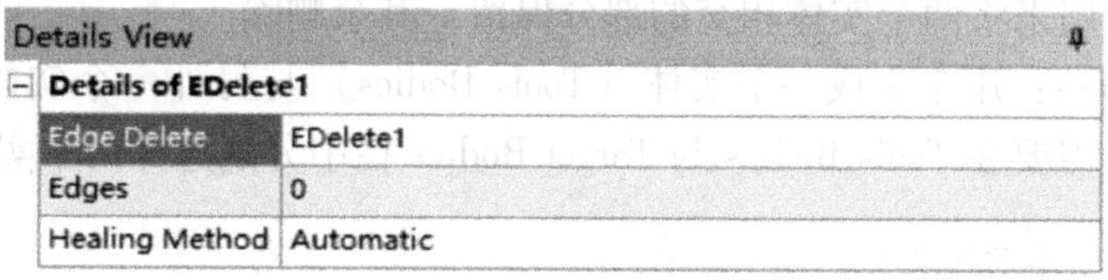

图 2-20 删除边设置

（16）原始图形（Primitives） 原始图形创建如图 2-21 所示，此命令用来创建原始图形，如球体、六面体等。

3. 概念（Concept）菜单

概念菜单如图 2-22 所示，主要用于创建或修改线体和面体，以实现梁单元和壳单元的概念建模，具体内容见 2.4 节。

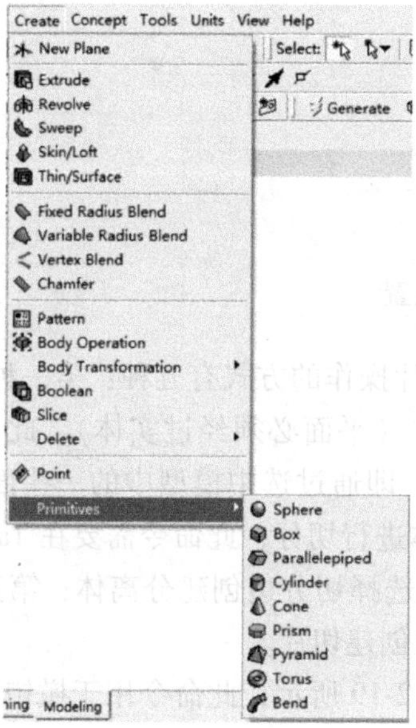

图 2-21 原始图形创建

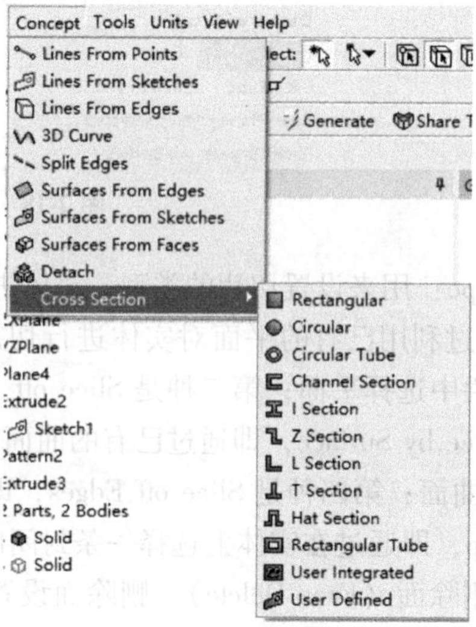

图 2-22 概念菜单

4. 工具（Tools）菜单

工具菜单如图 2-23 所示，工具菜单中的命令主要用于对线、面和体的冻结、解冻、选择命名、设置属性、设置包含和填充等操作。下面对部分常用功能进行介绍。

1）冻结（Freeze）：DesignModeler 平台会默认将新建的几何体和已有的几何体合并为一个零件，因此如果想在工程环境下建立新的几何体，需要将已有的几何体冻结，在工具菜单下单击【Freeze】命令即可完成体的冻结。

2）解冻（Unfreeze）：此命令用于将冻结的体解冻，其操作为：在工具菜单下单击【Unfreeze】命令，然后选中要解冻的体，单击【Generate】即可完成体的解冻。

3）选择命名（Named Selection）：此命令用于对几何体中的节点、边、线、面和体进行命名，方便后续有限元分析的约束和载荷添加。其操作为：在工具菜单下单击【Name Selection】命令，然后选中要命名的特征，单击【Generate】即可完成几何特征的命名。

4）抽中面（Mid-Surface）：此命令用于对等厚度薄壁模型进行抽壳处理。其操作为：在工具菜单下单击【Mid-Surface】命令，在详细视图窗口的 Face Pairs 栏中选中要抽中面几何体的上下表面，单击【Generate】即可完成中面的抽取。

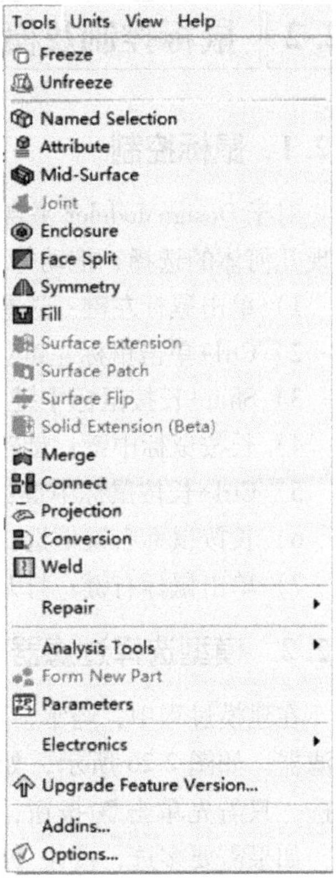

图 2-23　工具菜单

5. 视图（View）菜单

视图菜单如图 2-24 所示，视图菜单中的命令主要用于几何体显示的操作。

6. 帮助（Help）菜单

帮助菜单如图 2-25 所示，帮助菜单中的命令主要用来提供在线帮助。

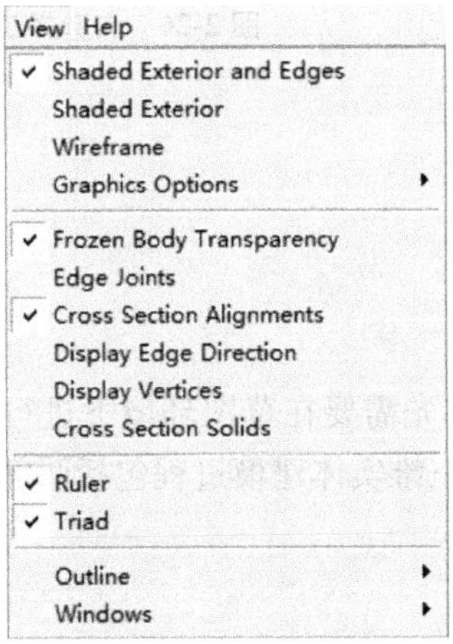

图 2-24　视图菜单

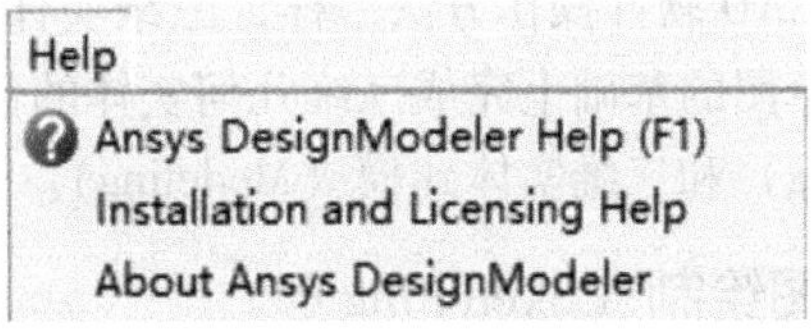

图 2-25　帮助菜单

2.2　鼠标控制及模型选择过滤器

2.2.1　鼠标控制

对于 DesignModeler 平台而言，鼠标是对几何体进行操作的主要方式。通过鼠标左键可实现几何体的选择、拖动等，并且配合键盘部分按键可以实现对几何体的不同操作。其中：

1）单击鼠标左键：选择单个几何体。

2）Ctrl+单击鼠标左键：多选。

3）Shift+长按鼠标中键：放大或缩小。

4）长按鼠标中键：旋转几何体。

5）Ctrl+长按鼠标中键：平移几何体。

6）长按鼠标右键框选：快速放大几何体。

7）单击鼠标右键：打开快捷菜单。

2.2.2　模型选择过滤器

在建模过程中，经常会用到几何体的点选、线选、面选和体选操作，而这需要模型选择过滤器。如图 2-26 所示，如果需要对几何体的点进行点选，只需先单击按钮，然后选中所需点即可。当然，如果需要多选，按住【Ctrl】键点选即可。

如果需要对几何体的一条线进行线选，只需先单击，然后选中所需的线即可。当然，如果需要多选，按住【Ctrl】键选择即可。

如果需要对几何体的一个面进行面选，只需先单击，然后选中所需的面即可。当然，如果需要多选，按住【Ctrl】键选择即可。

如果需要对一个几何体进行体选，只需先单击，然后选中所需的体即可。当然，如果需要多选，按住【Ctrl】键选择即可。

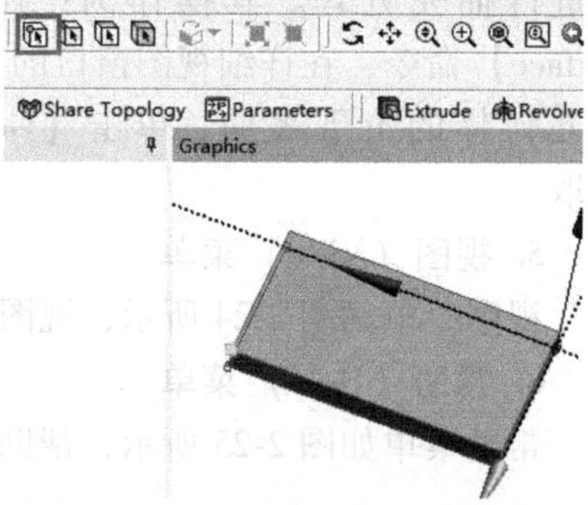

图 2-26　点选择工具

2.3　DesignModeler 三维实体建模

和其他 CAD 软件操作方法一样，三维实体建模首先需要在草图环境下进行二维草图绘制，其次在草图的基础上完成三维几何实体的创建。三维实体建模过程包括两部分：草图绘制（Sketching）和三维实体建模（Modeling）。

2.3.1　草图绘制（Sketching）

1）绘制（Draw）：如图 2-27 所示，绘制菜单中包括二维草图绘制所需要的工具，其操作方式和其他 CAD 软件一致。

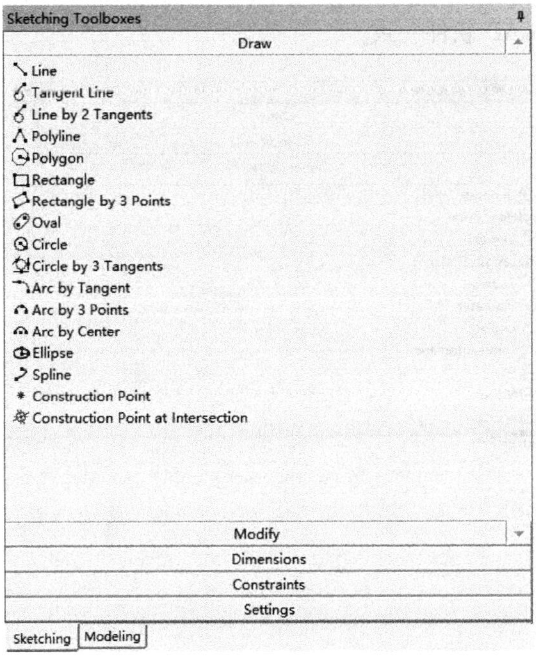

图 2-27　绘制菜单

2）修改（Modify）：如图 2-28 所示，修改菜单中包含草图修改所需的工具，其操作方式和其他 CAD 软件一致。

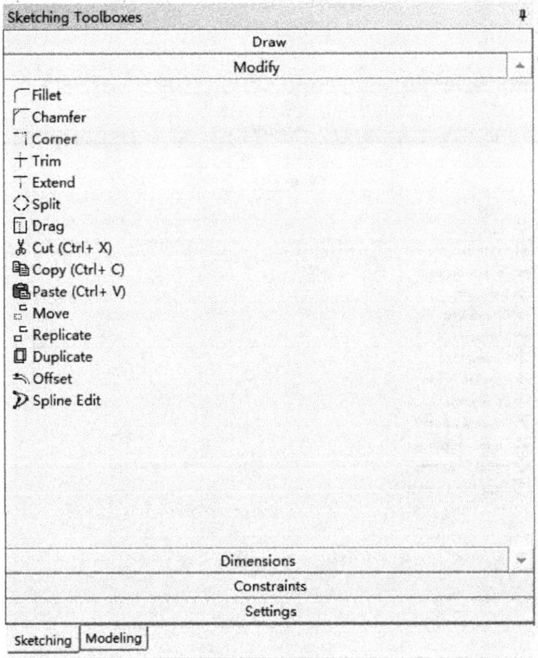

图 2-28　修改菜单

3）尺寸标注（Dimensions）：如图 2-29 所示，尺寸标注菜单中包括草图尺寸标注的工具，其操作方式和其他 CAD 软件一致。

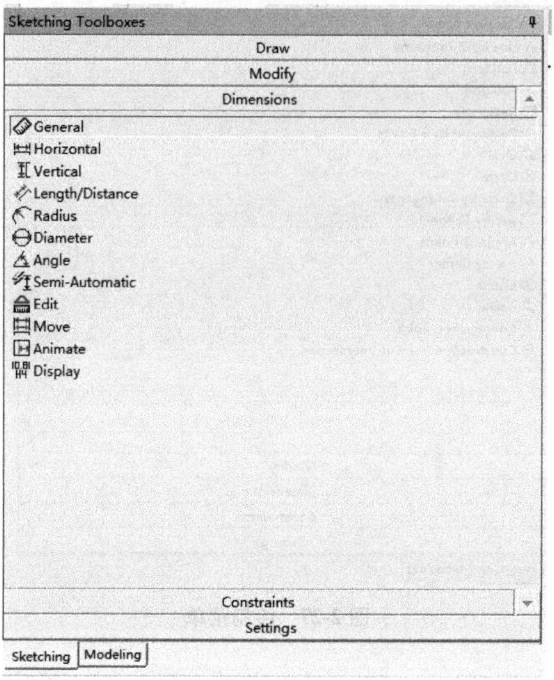

图 2-29 尺寸标注菜单

4）约束（Constraints）：如图 2-30 所示，约束菜单中包括草图约束的工具，其操作方式和其他 CAD 软件一致。

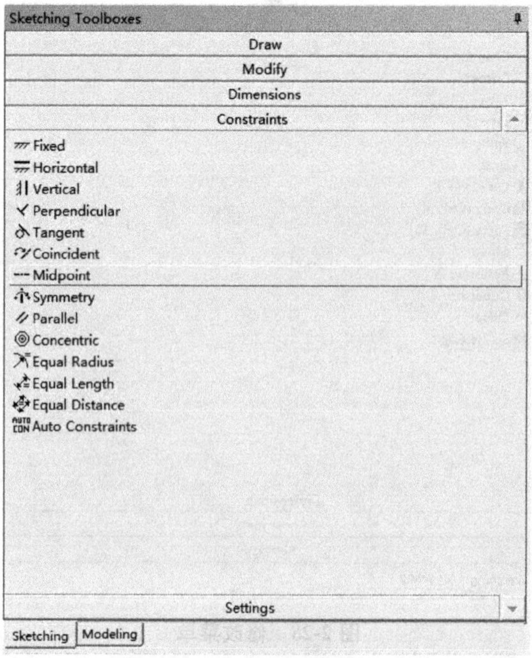

图 2-30 约束菜单

5）设置（Settings）：如图 2-31 所示，设置菜单主要用来设置草图绘制界面的栅格大小及移动捕捉步大小。

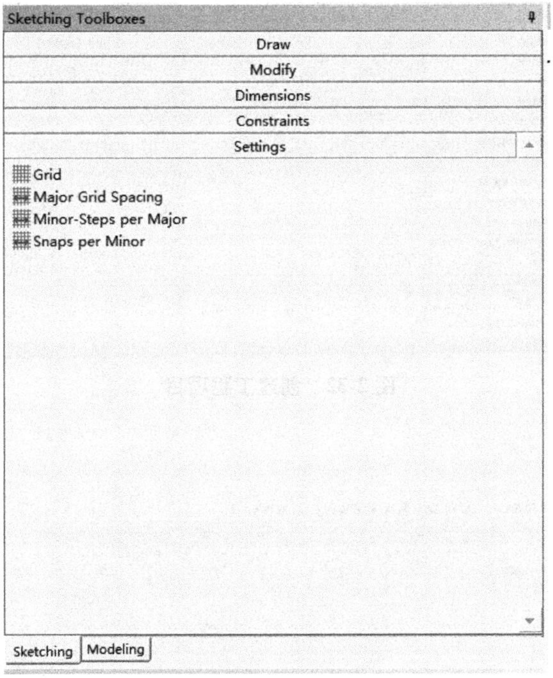

图 2-31 设置菜单

2.3.2 三维实体建模（Modeling）

三维实体建模模块包括零部件建模和装配体建模。下面通过实例详述三维实体建模的过程。

1. 零部件建模

1）创建项目：启动 ANSYS Workbench 2022 R1，在主界面工具箱（Toolbox）的组件系统（Component Systems）下双击几何建模【Geometry】选项，即可在工程示意窗口（Project Schematic）创建工程项目 A，如图 2-32 所示。

2）启动 DesignModeler：双击工程项目 A 中的几何建模【Geometry】，此时会进入图 2-33 所示的 DesignModele 界面。

3）创建草图 1：如图 2-34 所示，在模型树（Tree Outline）下双击【XYPlane】，然后单击工具栏中的按钮，再单击的按钮，即可完成草图 1 的创建。

4）草图绘制：如图 2-35 所示，单击模型树（Tree Outline）左下方的草图绘制【Sketching】按钮进入草图绘制面板，单击绘制（Draw）菜单下的圆【Circle】按钮，移动鼠标至绘图区域中的坐标原点，单击坐标原点和绘图区域坐标原点外的任意一点即可完成圆的创建。

5）尺寸标注：如图 2-36 所示，单击尺寸标注（Dimensions）菜单下的常规【General】按钮，移动鼠标至上一步创建的圆处并且单击，然后在详细视图（Details View）窗口中尺

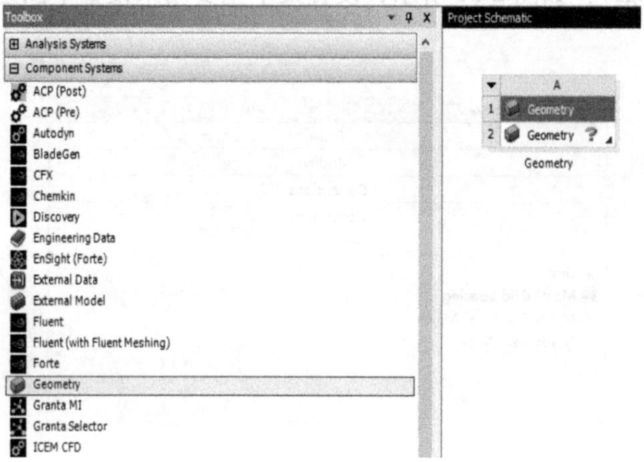

图 2-32 创建工程项目

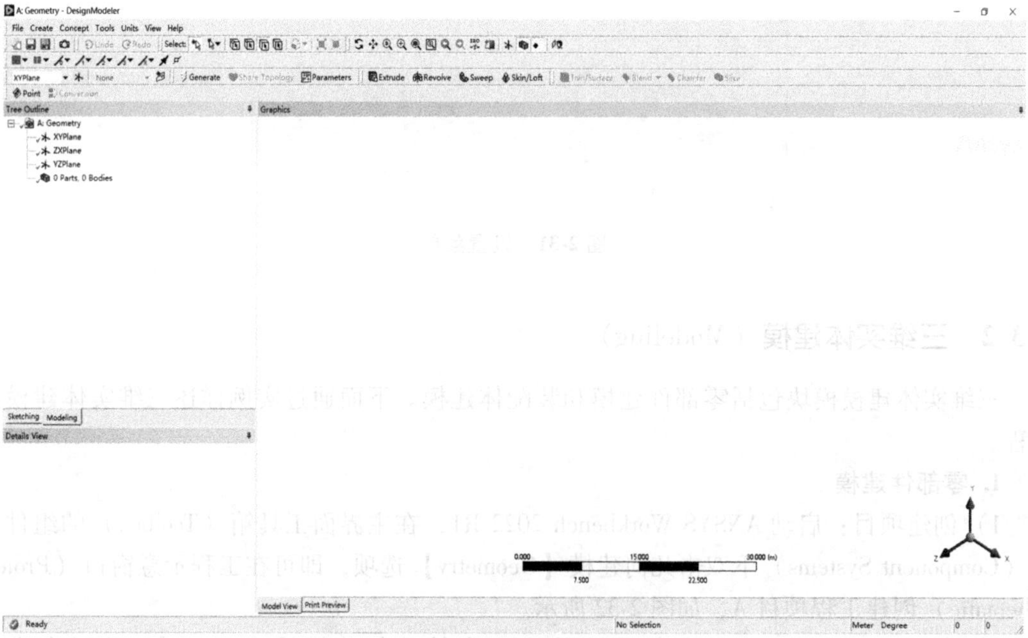

图 2-33 启动 DesignModeler

寸（Dimensions）下的 D1 栏输入 50，按下【Enter】键，此时即完成圆的尺寸标注。

6）拉伸草图：如图 2-37 所示，单击草图绘制（Sketching）右侧的三维实体建模【Modeling】按钮，将草图绘制工具箱（Sketching Toolboxes）切换到模型树（Tree Outline）下，单击工具栏中的拉伸【Extrude】按钮，在详细视图（Details View）窗口中的拉伸 1 详细信息（Details of Extrude1）下进行如下设置：

① 在几何结构（Geometry）栏中选择草图 Sketch1。

② 在操作（Operation）栏中选择 Add Material。

③ 在长度类型（Extent Type）下 FD1，Depth（>0）栏中输入 100。

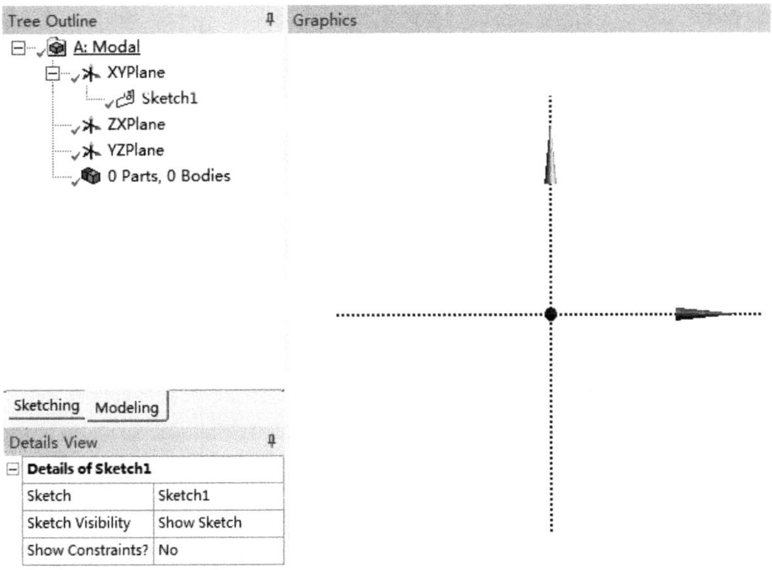

图 2-34　草图 1 创建

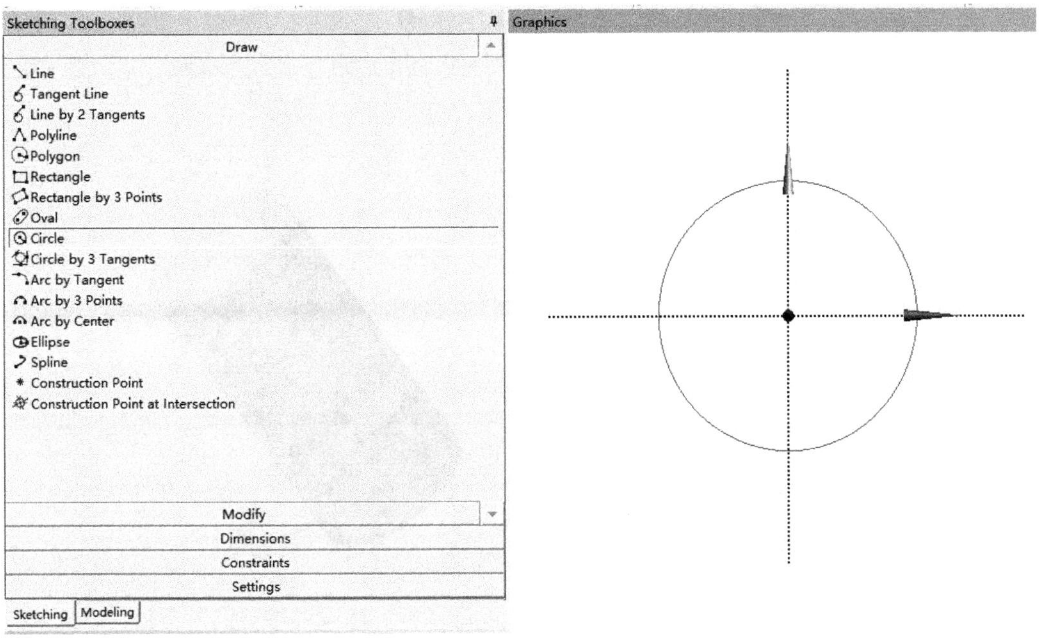

图 2-35　圆的创建

完成上述设置后，单击工具栏中的生成【Generate】按钮，即完成实例的圆柱部分建模。

7）创建草图 2：如图 2-38 所示，在模型树（Tree Outline）下单击【XYPlane】，然后单击工具栏中的按钮，此时会在 XYPlane 创建草图 2，如图 2-38 所示。

8）草图绘制：如图 2-39 所示，单击模型树（Tree Outline）下的【Sketch2】，单击草图

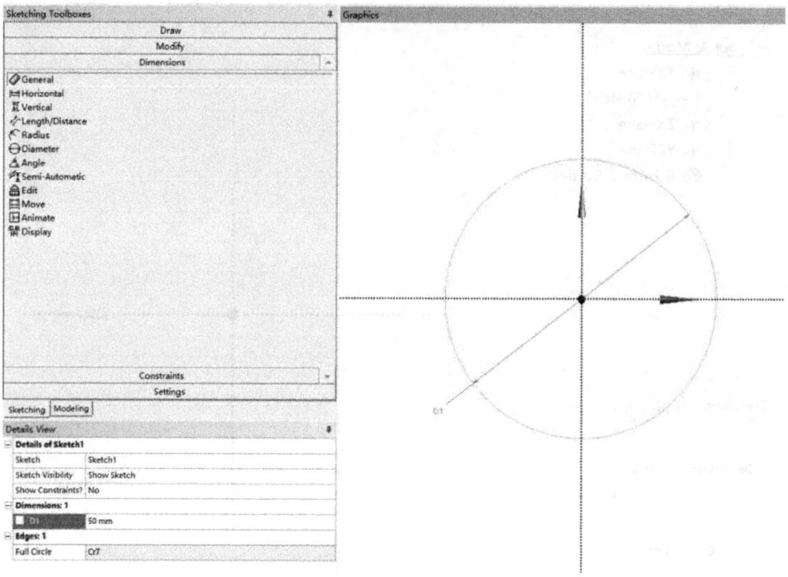

图 2-36 尺寸标注

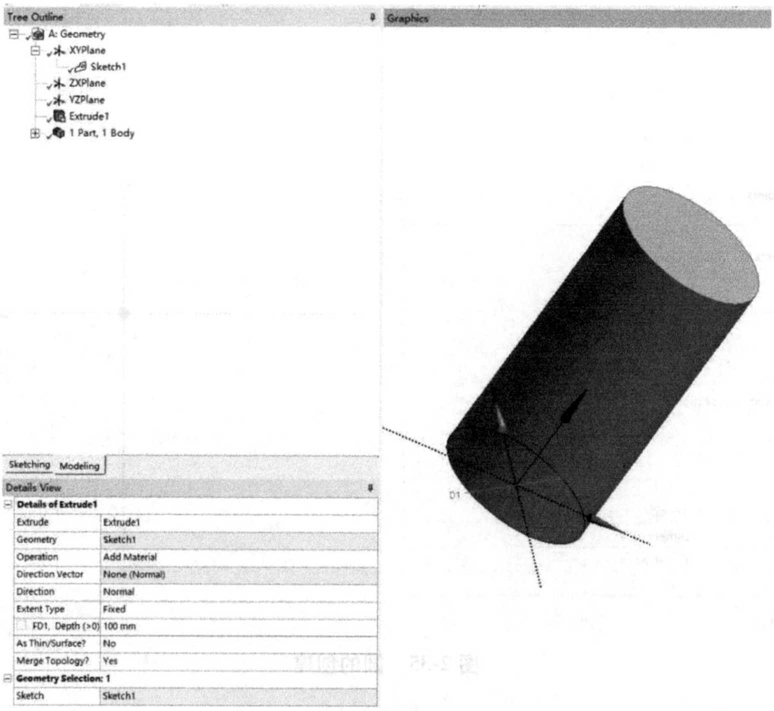

图 2-37 拉伸 1 创建

绘制（Sketching）按钮进入草图绘制面板，单击绘制（Draw）下的矩形【Rectangle】按钮，移动鼠标至绘图区域任意单击两点，即可完成矩形草图创建。

9）尺寸标注：如图 2-40 所示，单击尺寸标注（Dimensions）菜单下的长度/距离

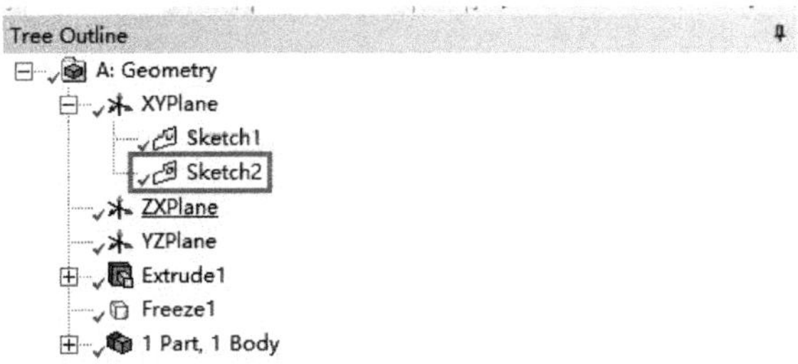

图 2-38 草图 2 创建

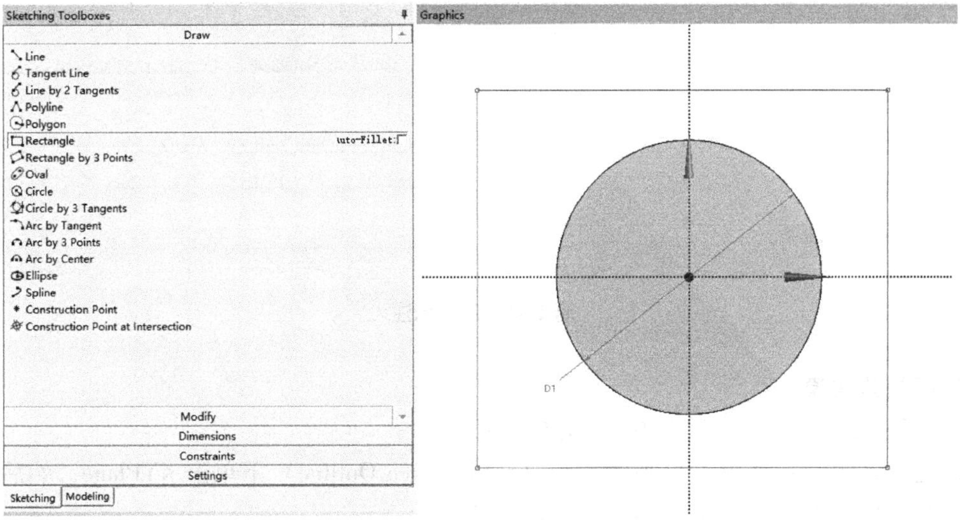

图 2-39 矩形草图创建

【Length/Distance】按钮。单击矩形长度方向的两个端点，在详细视图（Details View）窗口中尺寸（Dimensions）下的 V2 栏输入 100；单击矩形宽度方向的两个端点，在详细视图（Details View）窗口中尺寸（Dimensions）下的 H3 栏输入 100；单击原点和矩形的长边，在详细视图（Details View）窗口中尺寸（Dimensions）下的 H4 栏输入 50；单击原点和矩形的宽边，在详细视图（Details View）窗口中尺寸（Dimensions）下的 V6 栏输入 50；按下【Enter】键，即可完成圆柱底部正方体台阶草图的绘制。

10）拉伸草图 2：如图 2-41 所示，重复步骤 6），在详细视图（Details View）窗口中的拉伸 2 详细信息（Details of Extrude2）下进行如下设置：

① 在几何结构（Geometry）栏中选择草图 Sketch2。

② 在操作（Operation）栏中选择 Add Material。

③ 在方向（Direction）栏中选择 Reversed。

④ 在长度类型（Extent Type）下 FD1，Depth（>0）栏中输入 10。

完成上述设置后，单击工具栏中的生成【Generate】按钮，即完成图 2-41 所示的零部件建模。

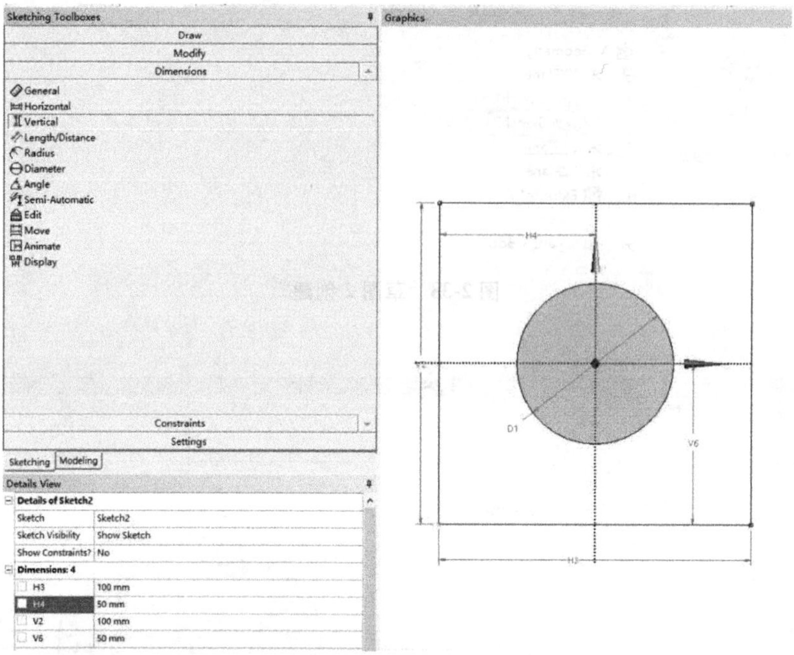

图 2-40　尺寸标注

2. 装配体建模

1）打开在零部件建模过程中创建好的零部件。

2）创建草图 3：如图 2-42 所示，在模型树（Tree Outline）下单击 XYPlane，然后单击工具栏中的按钮，此时会在 XYPlane 创建草图 3。

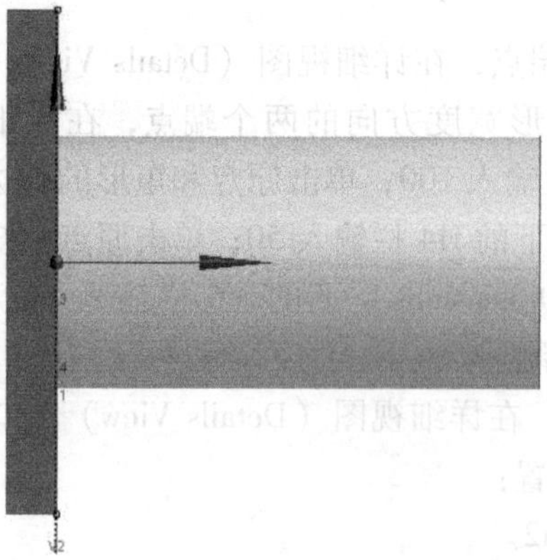

图 2-41　拉伸 2 创建

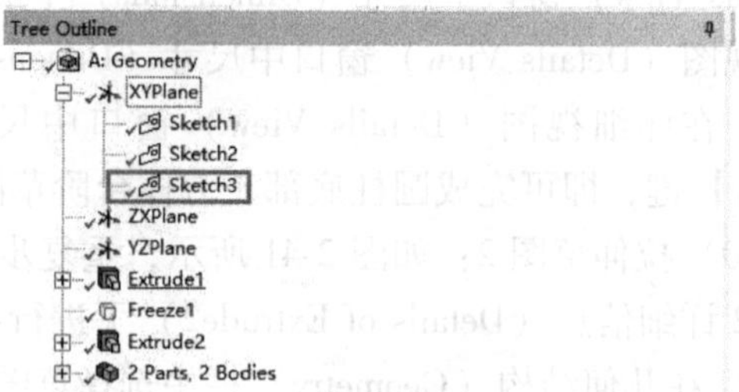

图 2-42　草图 3 创建

3）草图绘制：如图 2-43 所示，单击模型树（Tree Outline）左下方的草图绘制【Sketching】按钮进入草图绘制面板，单击绘制（Draw）菜单下的圆【Circle】按钮，移动鼠标至绘图区域中的坐标原点，单击坐标原点和绘图区域坐标原点外的任意一点即可完成圆的创建。

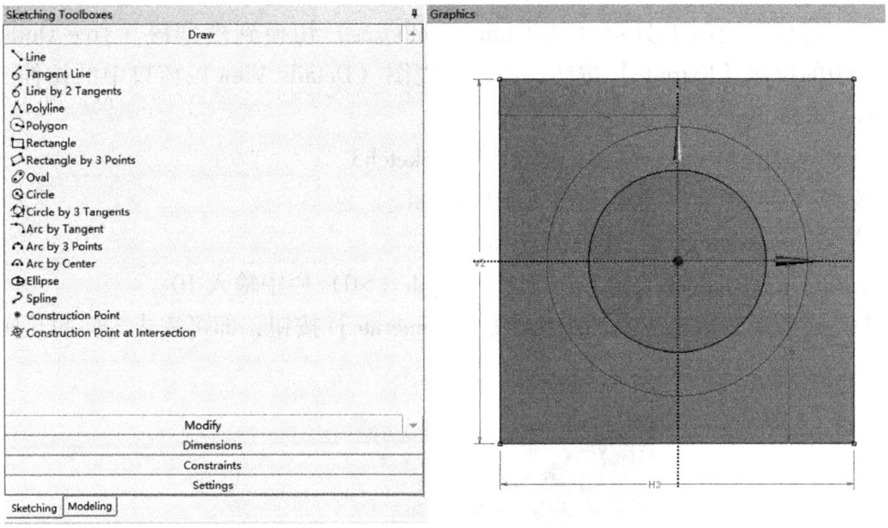

图 2-43　圆的创建

4）尺寸标注：如图 2-44 所示，单击尺寸标注（Dimensions）菜单下的常规【General】按钮，移动鼠标至上一步创建的圆处并且单击，然后在详细视图（Details View）窗口中尺寸（Dimensions）下的 D7 后面输入 50，按下【Enter】键，此时即完成圆的尺寸标注。

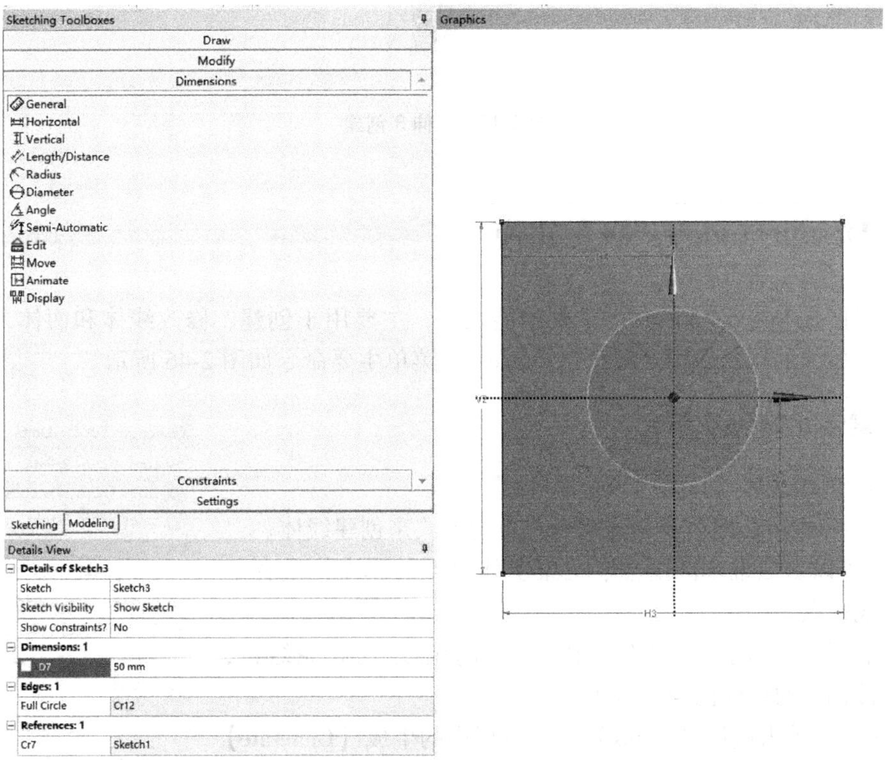

图 2-44　尺寸标注

5）拉伸草图：如图 2-45 所示，单击草图绘制（Sketching）右侧的三维实体建模【Modeling】按钮，将草图绘制工具箱（Sketching Toolboxes）切换到模型树（Tree Outline）下，单击工具栏中的拉伸【Extrude】按钮，在详细视图（Details View）窗口中的拉伸 3 详细信息（Details of Extrudes3）下进行如下设置：

① 在几何结构（Geometry）栏中选择草图 Sketch3。

② 在操作（Operation）栏中选择 Cut Material。

③ 在方向（Direcction）栏中选择 Reversed。

④ 在长度类型（Extent Type）下 FD1，Depth（>0）栏中输入 10。

完成上述设置后，单击工具栏中的生成【Generate】按钮，即可完成零件的几何建模。

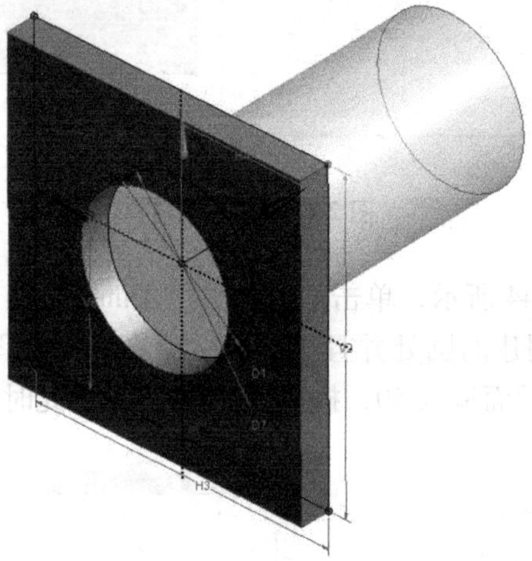

图 2-45　拉伸 3 创建

2.4 DesignModeler 概念建模

概念建模是 DesignModeler 的重要功能之一，主要用于创建、修改线体和面体，以实现梁单元和壳单元的概念建模。概念（Concept）菜单主要命令如图 2-46 所示。

2.4.1 梁单元概念建模

1. 由点创建线体（Lines From Points）

如图 2-47 所示，此命令是通过确立点的方式来创建线体。

1）点可以是二维草图的点、三维实体模型的顶点，或者是点特征生成的点。

2）当选择了点确立线段后，该线体将会显示为高亮绿色，此时表示被创建的线体已经被选中。

3）按顺序单击应用【Apply】和工具栏中的生成【Generate】按钮即完成线体的创建。

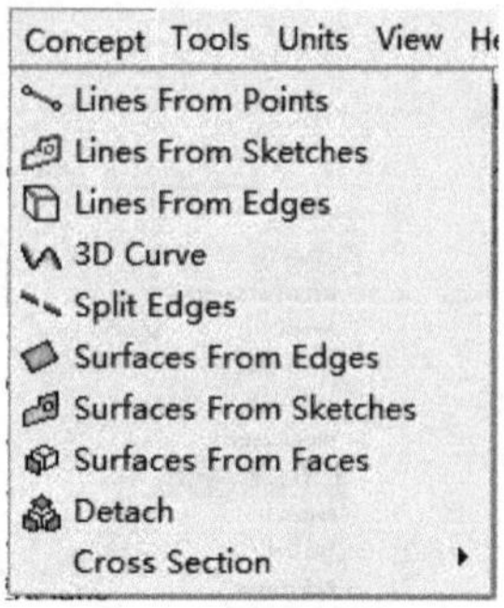

图 2-46　概念菜单

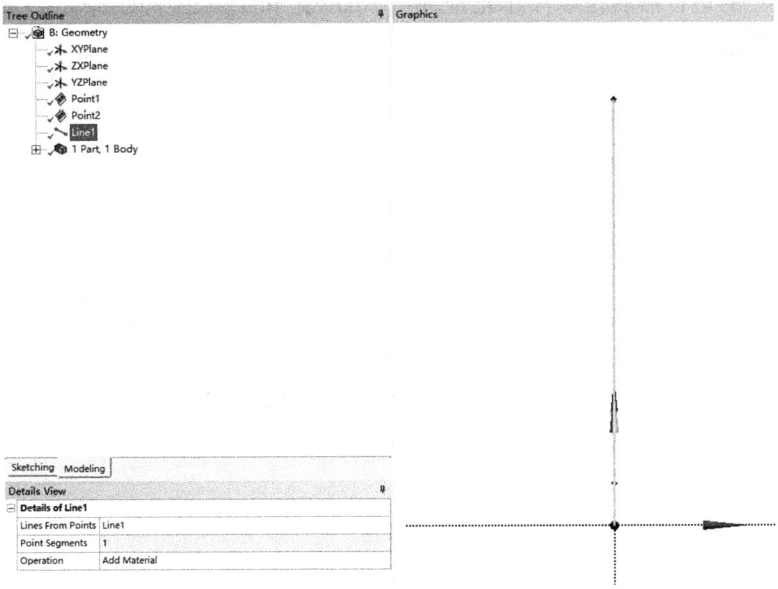

图 2-47　由点创建线体

2. 由草图创建线体（Lines From Sketches）

如图 2-48 所示，此命令是通过草图的方式来创建线体。

1）首先创建草图。

2）单击此命令后选中草图，然后按顺序单击应用【Apply】和工具栏中的生成【Generate】按钮即完成线体的创建。

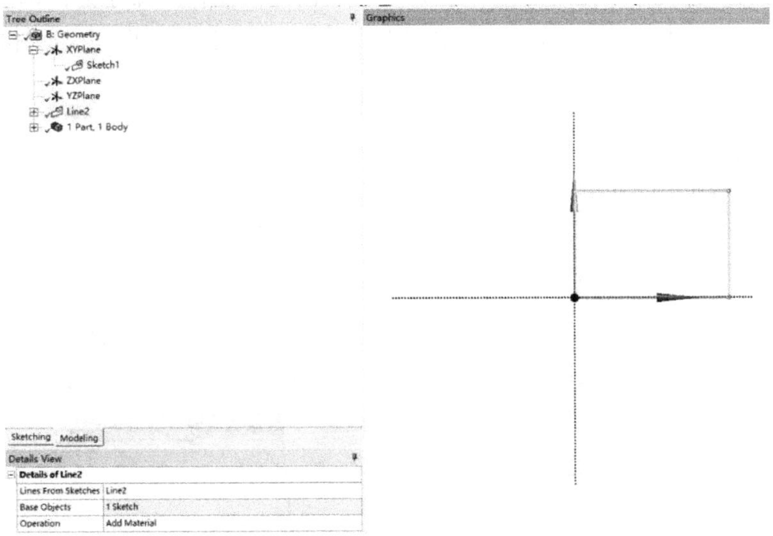

图 2-48　由草图创建线体

3. 由边创建线体（Lines From Edges）

如图 2-49 所示，此命令是通过模型边界的方式创建线体，其操作为：选中二维模型或者三维立体模型的边，然后按顺序单击应用【Apply】和工具栏中的生成【Generate】按钮即完成线体的创建。

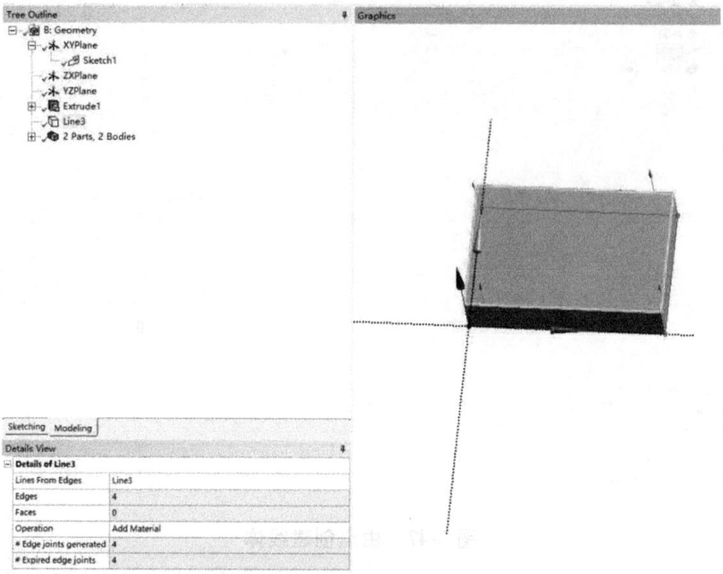

图 2-49　由边创建线体

2.4.2　壳单元概念建模

1. 由边创建面体（Surfaces From Edges）

如图 2-50 所示，此命令是通过模型边界的方式创建面体，其操作为：选中模型闭合的边，按顺序单击应用【Apply】和工具栏中的生成【Generate】按钮即完成面体的创建。

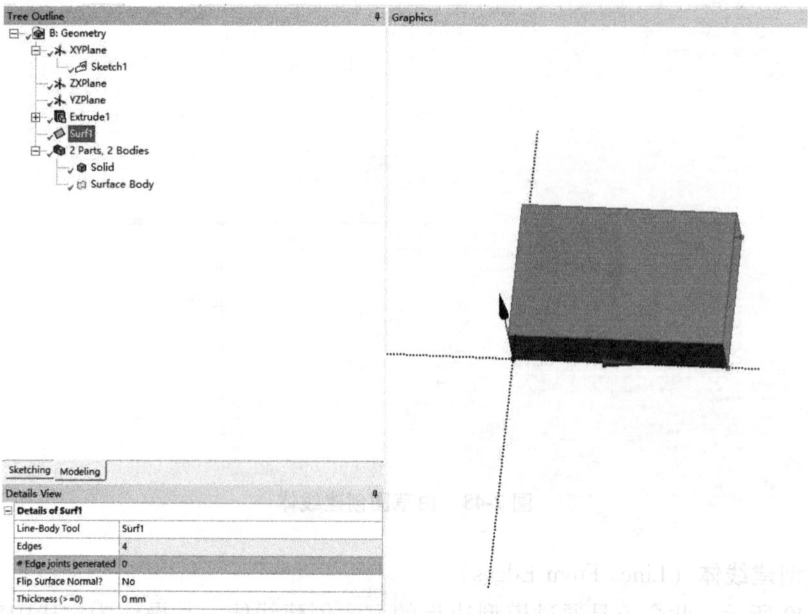

图 2-50　由边创建面体

2. 由草图创建面体（Surfaces From Sketches）

如图 2-51 所示，此命令是通过草图的方式创建面体，其操作为：选中草图，按顺序单击应用【Apply】和工具栏中的生成【Generate】按钮即完成面体的创建。

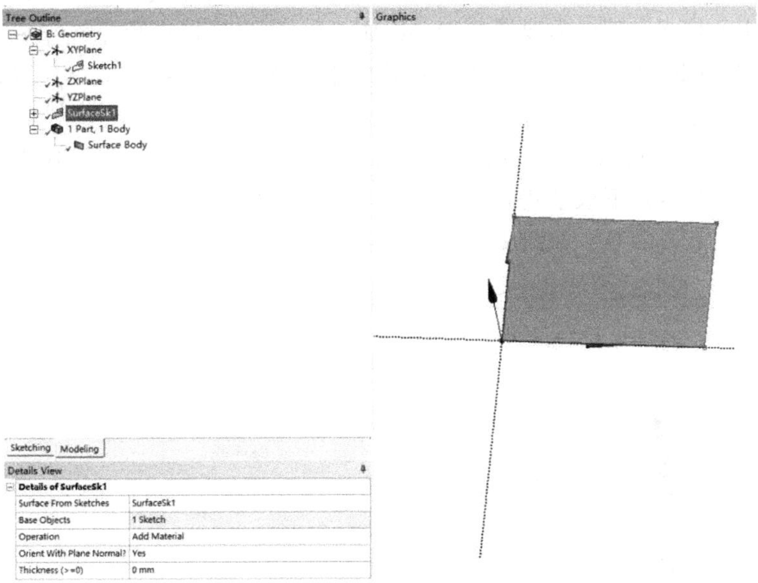

图 2-51　由草图创建面体

3. 由面创建面体（Surfaces From Faces）

如图 2-52 所示，此命令是通过面的方式创建面体，其操作为：选中几何体的面，按顺序单击应用【Apply】和工具栏中的生成【Generate】按钮即完成面体的创建。

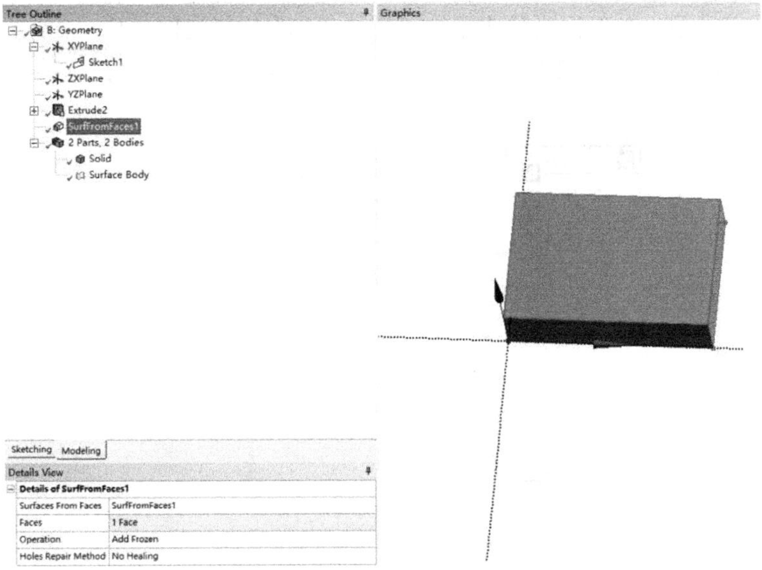

图 2-52　由面生成面体

2.5 DesignModeler 外部几何模型导入

虽然 DesignModeler 功能强大，但是对于 CAE 分析工程师来说，得到的几何模型往往是第三方软件导出的格式，因此需要通过 DesignModeler 的自动接口程序来完成几何数据的自动导入。DesignModeler 支持的第三方几何模型文件的格式有 iges、stp、x_t 等，下面介绍如何导入外部几何模型。

1）创建项目：启动 ANSYS Workbench 2022 R1，在主界面工具箱（Toolbox）中组件系统（Component Systems）下双击几何建模【Geometry】选项，即可在工程示意窗口（Project Schematic）创建工程项目 A，如图 2-53 所示。

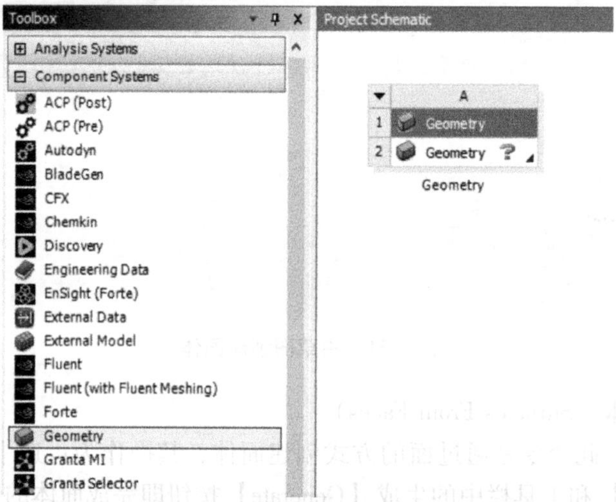

图 2-53 创建工程项目

2）导入几何模型：在工程项目 A 下右键单击第 A2 几何建模【Geometry】，选择导入几何模型（Import Geometry）选项，如图 2-54 所示，单击浏览【Browse】选项，打开几何模型

图 2-54 导入几何模型

文件所在位置并选中模型文件，如图 2-55 所示，单击【打开】按钮，此时项目 A 的 A2 几何建模【Geometry】单元后显示✓，表示几何模型已经导入 DesignModeler 中，如图 2-56 所示。

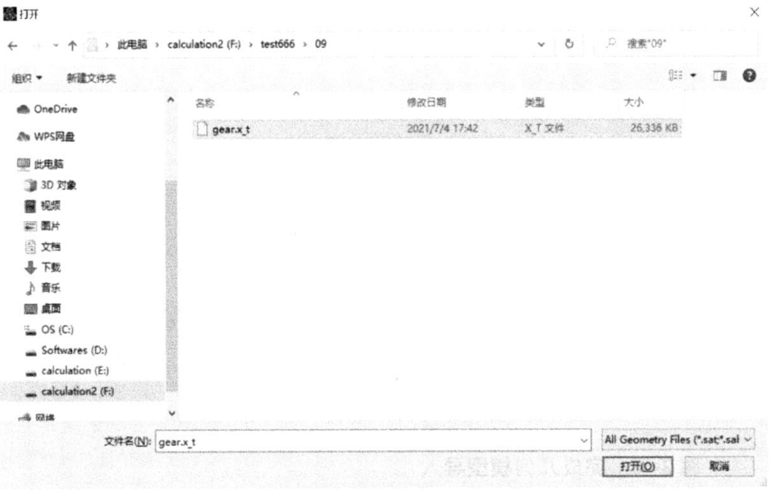

图 2-55　选择几何模型

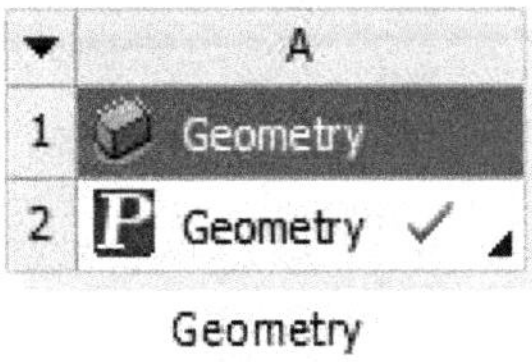

图 2-56　几何模型成功导入

3）生成几何模型：双击 A2 几何建模【Geometry】，进入图 2-57 所示 DesignModeler 界面，单击工具栏中的生成【Generate】按钮，完成外部几何模型的导入，如图 2-58 所示。

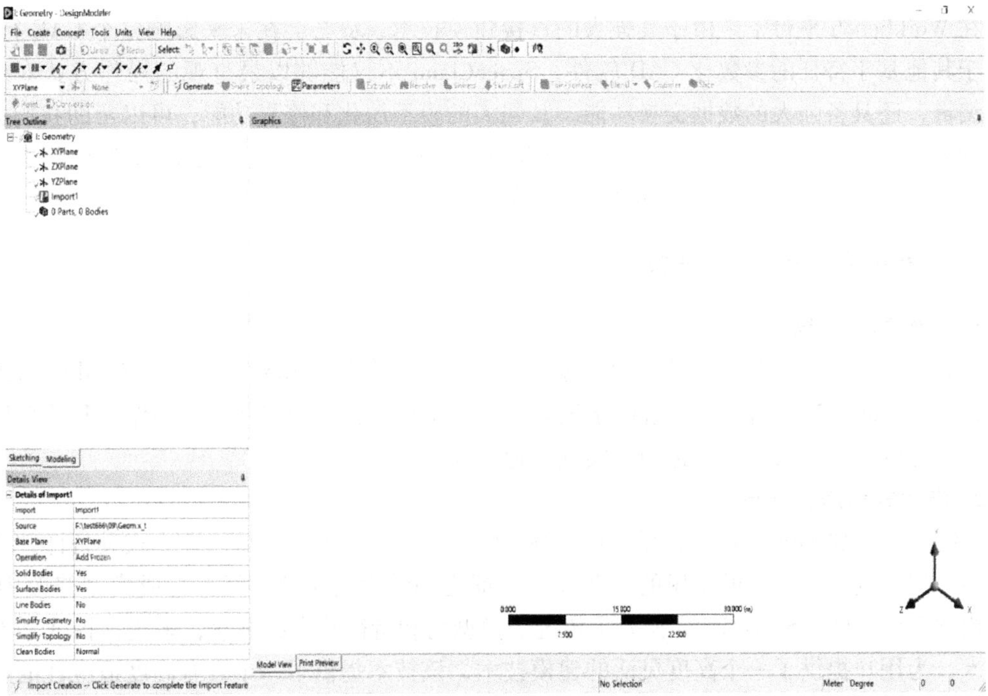

图 2-57　进入 DesignModeler 界面

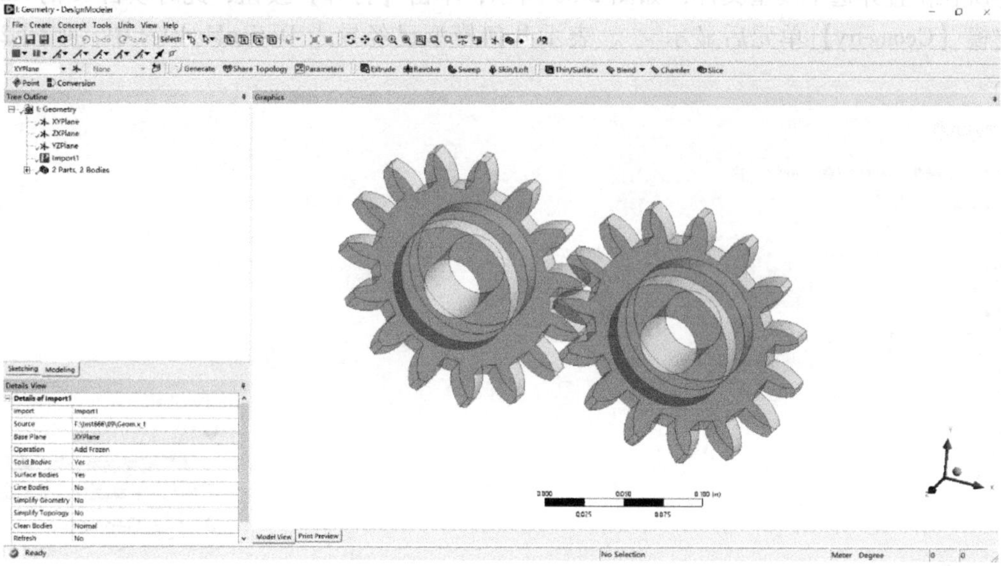

图 2-58 完成几何模型导入

2.6 SpaceClaim 简介

SpaceClaim 是一款优良的三维实体直接建模软件，在 2014 年被 ANSYS 公司收购后，被集成在 Workbench 平台下。由于其强大的直接建模技术，势必会在未来影响整个 CAE 行业。不同于其他基于特征的参数化 CAD 软件，SpaceClaim 不仅能够以最直观的操作方式对模型进行编辑，还具备强大的数据交换功能，其强大的模型简化和修复功能，可以帮助我们进行 CAE 分析的模型准备工作。此外，SpaceClaim 还支持市面上所有主流的 CAD 软件。下面介绍 SpaceClaim 的功能特点和三维实体建模功能。

2.6.1 SpaceClaim 功能特点

1. 简约的菜单结构

SpaceClaim 常用的命令只有四个：拉动（Pull）、移动（Move）、填充（Fill）和组合（Combine），如图 2-59 所示，并且由于没有复杂的菜单结构，用户在图形操作区和菜单区之间移动鼠标的次数大大减少，进而可实现快速的操作。

2. 拖拽式动态建模技术

传统的三维建模软件采用的都是基于特征的参数化建模方式，虽然该方式具备详细的设计功能，但是其建模过程模型树的复杂性和特征之间约束的关联，经常造成模型修改困难.导致模型重建失败。SpaceClaim 摒弃了传统的模型树和特征约束的概念，采用拖拽式动态建模技术，为用户提供了一个高度灵活的建模技术，该技术提供了一个具有高度适应性的灵活设计环境，支持具有大量偶然性因素的设计模式，这使得通过 SpaceClaim 可以直观快速地实现建模。如图 2-60 所示，可以通过箭头方向的拖拽直观快速地实现几何模型的建立。

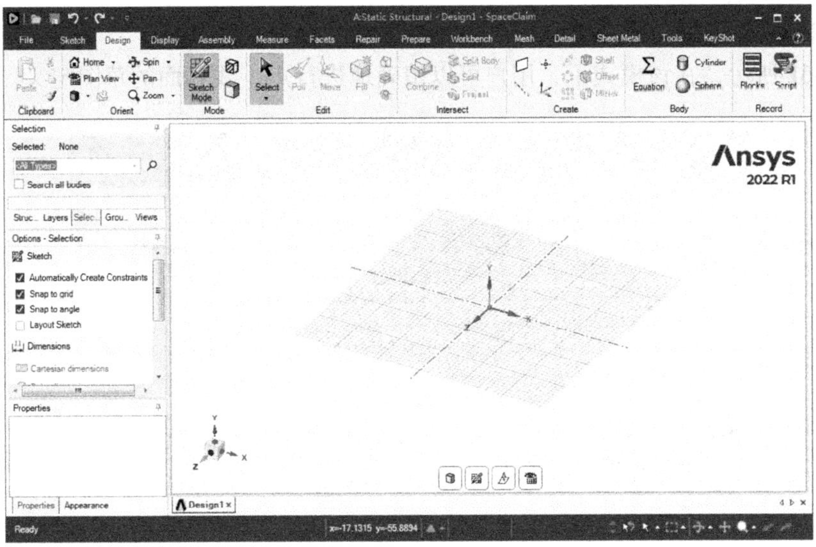

图 2-59　图标菜单

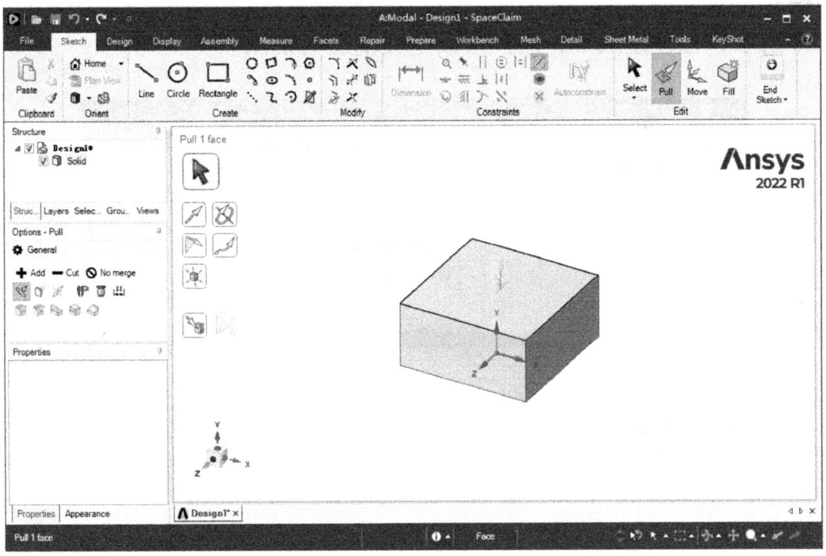

图 2-60　拖拽建模

3. 丰富的数据接口

SpaceClaim 拥有充足的数据读取包，可以很容易读取第三方格式的几何模型，例如 STEP、OSDM、IGES、CATIA 等格式的文件，其强大的模型处理技术使得用户可以方便地处理第三方几何模型。

2.6.2　三维实体建模功能简介

SpaceClaim 建模有三种模式，分别是草图模式、剖面模式和三维工作模式，用户可以在三者之间来回切换。

1. 草图模式

如图 2-61 所示，在该模式下，用户可以精确地进行点、线和面的草图定义。

图 2-61 草图模式

2. 剖面模式

如图 2-62 所示，在该模式下，用户可以定义剖面的视图。

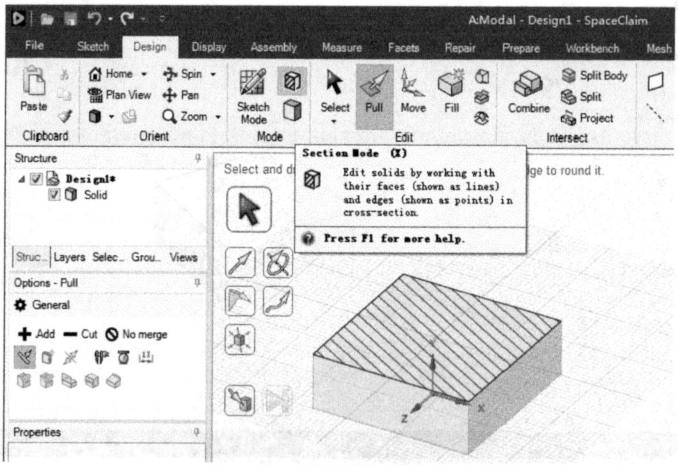

图 2-62 剖面视图环境

3. 三维模式

三维模式主要包括拉动工具、填充工具和移动工具等。

1）拉动工具：如图 2-63 所示，拉动工具是创建几何模型的重要方式，用户可以拉动一个曲面得到一个实体、腔体、孔或者几个实体求和求差的高级实体。

2）填充工具：如图 2-64 所示，利用填充工具可以快速地进行倒圆、倒角和孔等特征的去除。

3）移动工具：如图 2-65 所示，移动工具用来移动几何体的方向。

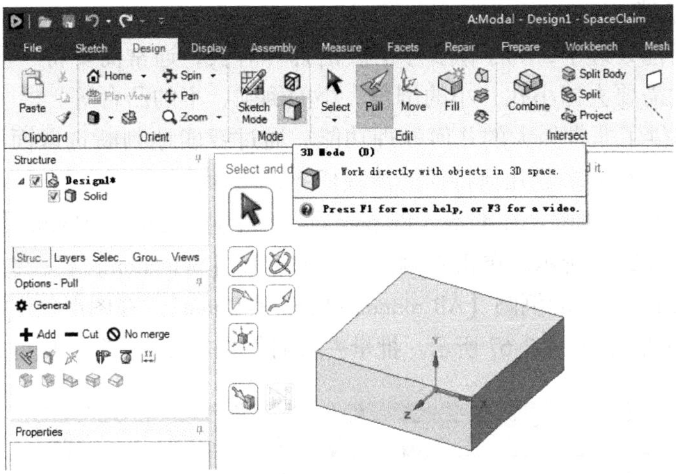

图 2-63　拉动工具

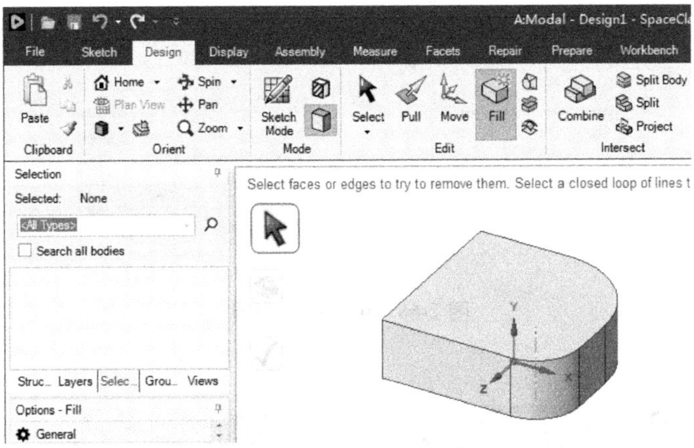

图 2-64　填充工具

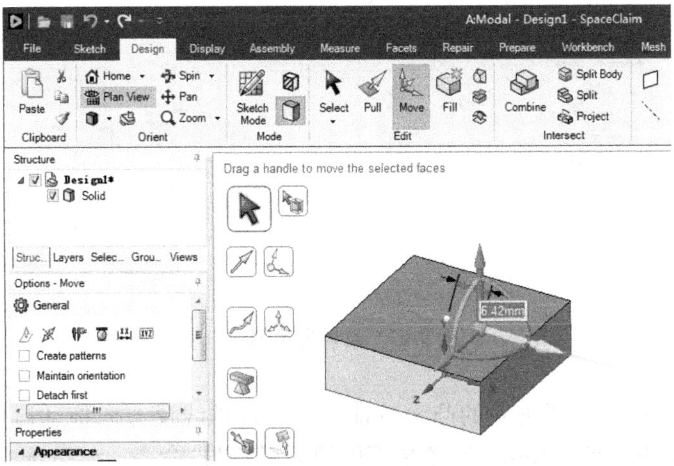

图 2-65　移动工具

4. 模型修改功能

在有限元分析前处理中，为了减少不必要的计算时长，通常需要将一些不重要的几何特征去掉，例如通常需要去掉小孔、小的倒角、小的倒圆、小的凸台等。

SpaceClaim 提供了非常强大的几何处理功能。通过智能地判断选取面所属的部位特性，可以快速高效地完成绝大多数几何特征的清理任务，比如：

1）批量去除倒角、倒圆：在准备（Prepare）菜单下选中倒圆【Rounds】命令，鼠标左键单击最大倒圆，如图 2-66 所示。单击左侧面板中的选择【Selection】栏，选择所有 0<半径≤最大半径（本例为 15mm）的倒圆【All rounds>0 and ≤15mm】，在图形操作窗口单击☑按钮即可完成批量倒圆的删除，如图 2-67 所示。批量去除倒角的方式和去除倒圆的方式类似。

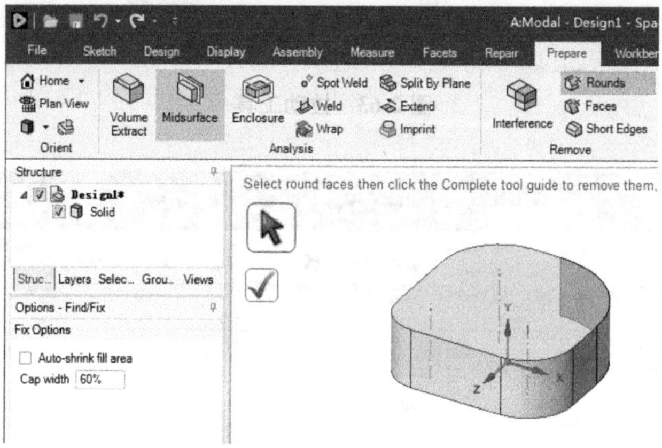

图 2-66 单击最大倒圆

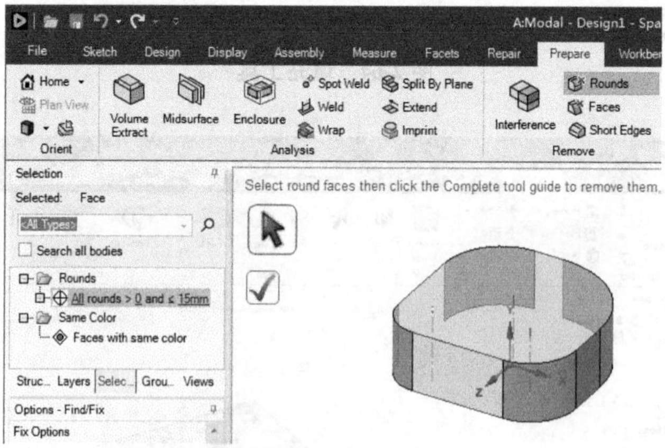

图 2-67 批量去除倒圆

2）去除凸台：选中所要去除的凸台特征，延凸台轴线反方向拖动鼠标使凸台变为孔，如图 2-68 所示。单击设计（Design）菜单下的填充【Fill】命令，然后选中孔的所有面，在图形操作窗口单击☑按钮即可完成凸台的去除。

3）去除腔体：单击设计【Design】菜单下的填充【Fill】命令，然后选中腔体的所有

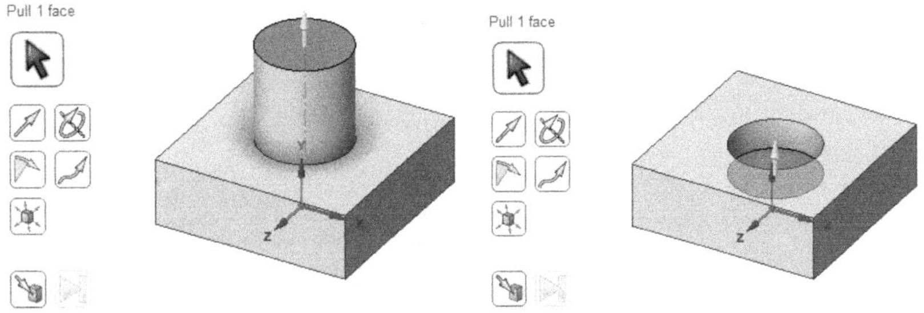

图 2-68　选中凸台特征并拖动使其变为孔

面，如图 2-69 所示，在图形操作窗口单击✓按钮即可完成腔体的去除。

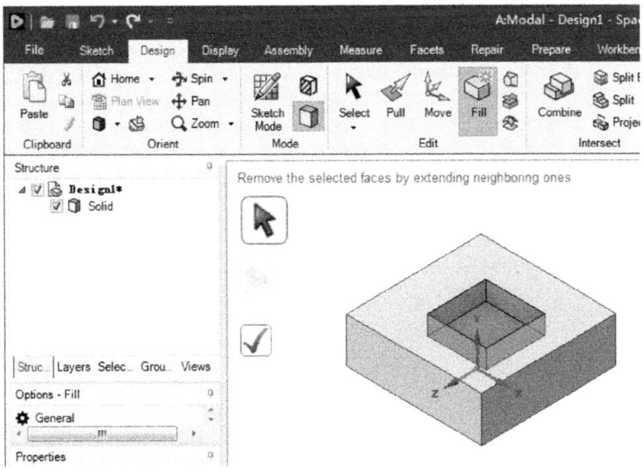

图 2-69　选中腔体的所有面

4）抽取中面：在准备【Prepare】菜单下单击中间面【Midsurface】命令，单击左侧面板中的选择【Selection】栏，选择使用所选面【Use selected faces】，如图 2-70 所示。在图形操作窗口选中两个面，单击✓按钮即可完成中面的抽取，如图 2-71 所示。

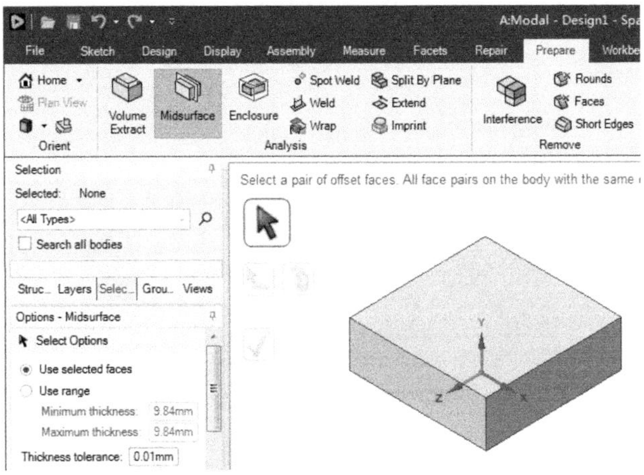

图 2-70　选择使用所选面

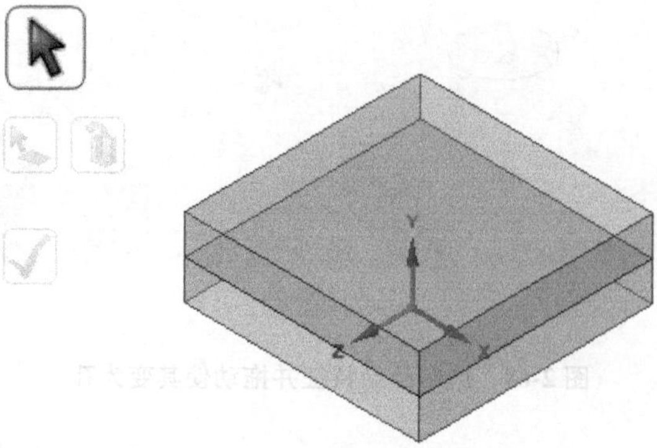

图 2-71 抽取中面

第 3 章 ANSYS Workbench 网格划分

第 1 章中所介绍的数值模拟分析流程分为三大步和三小步，其中，第一大步前处理中的几何模型构建已经在第 2 章进行了详细介绍，本章开始介绍前处理中的网格划分相关内容。

网格是有限元分析过程中不可分割的一部分，参与有限元计算的只有网格和节点，网格影响着整个有限元系统的计算精度和计算效率。对于连续的几何体，首先将其离散为有限个网格，利用有限个网格构建单元矩阵，包括质量矩阵、刚度矩阵、阻尼矩阵及边界条件矩阵等，然后输入有限元求解器进行计算求解，对计算出来的节点结果进行差分、微分、平均等处理后，才能得到单元的结果。

在有限元分析求解过程中还需要考虑网格无关性，即随着网格的加密，所关心的结构性能指标不会发生明显的改变，通常指的是变形结果没有明显的变化，变形结果的变化在 1%以内，表明当前网格精度足够。但是在分析实际工程问题时，网格无关性只能在当前的有限元理论结果下评判使用，如变形；通过应力来验证网格无关性会存在较多的问题，此处不推荐使用应力结果作为网格无关性的评判指标。

3.1 Meshing 平台概述

3.1.1 Meshing 平台启动方法

在 Workbench 2022 R1 中 Meshing 平台不能单独启动，只能通过工具箱（Toolbox）分析系统（Analysis Systems）下的各模块或组件系统（Component Systems）中的网格（Mesh）模块启动，如图 3-1 所示。需要先在几何建模（Geometry）单元内导入模型或建立模型，才能打开 Mesh 单元。对于已经划分完成的网格要进行网格信息的传递时，鼠标右键单击网格【Mesh】，选择【Transfer Data To New】，如图 3-2 所示，便可以把几何模型和网格信息传递到其他工程项目中，此处选择将信息传递到 CFX 工程项目中，如图 3-3 所示。

3.1.2 Meshing 平台界面

打开工程项目后，在几何建模（Geometry）单元内的 DesignModeler 中建立一个简单模型，退出 DesignModeler，双击网格【Mesh】单元，便会弹出图 3-4 所示的 Meshing 界面。Meshing 界面主要包括菜单栏、工具栏、模型树、图形操作窗口、参数设置窗口五个部分，下面将对 Meshing 界面常用的菜单和命令进行介绍。

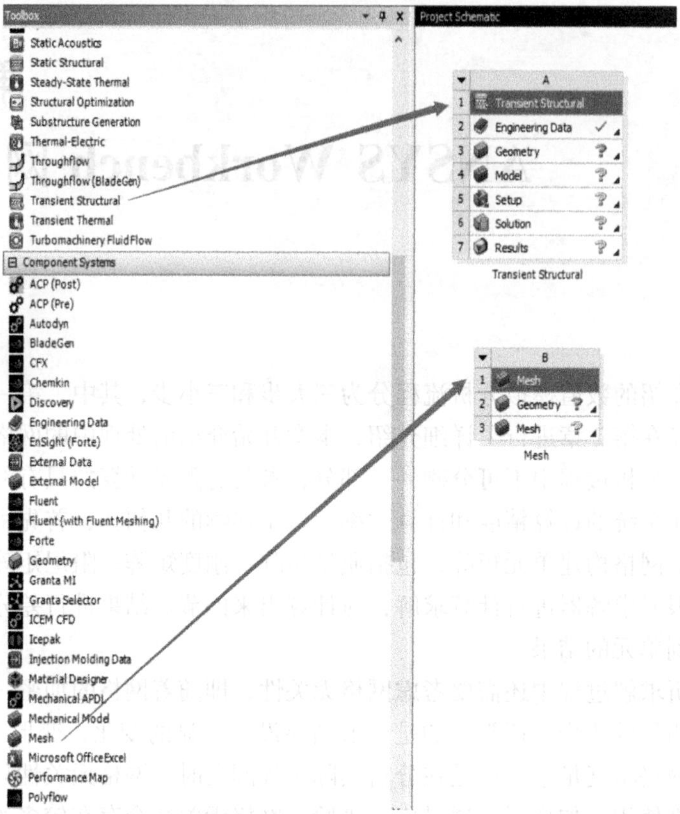

图 3-1　启动 Meshing 平台

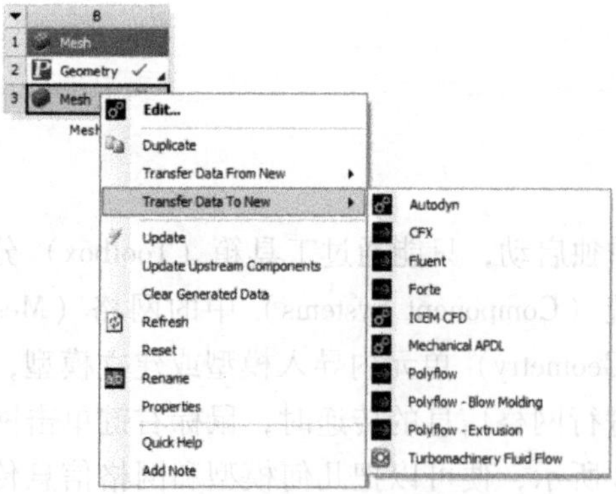

图 3-2　网格信息的传递

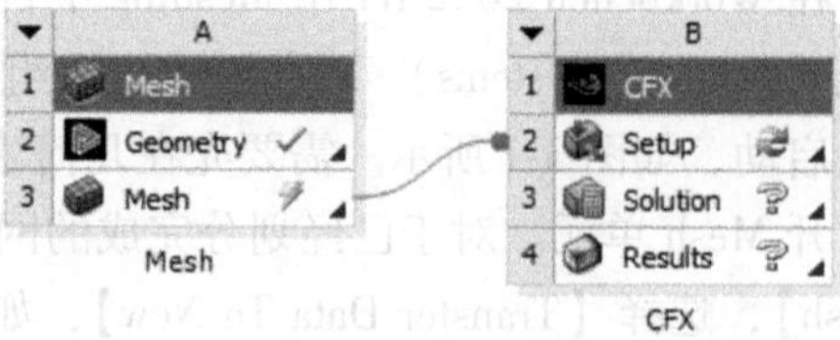

图 3-3　将网格信息传递到 CFX

1. 菜单栏

这里主要对文件（File）菜单和主页（Home）菜单进行介绍，其余菜单功能与 Mechanical 界面菜单功能相同，相关介绍见 4.1.2 节。

（1）文件（File）菜单　ANSYS Workbench 2022 R1 中 Meshing 界面的文件菜单如图 3-5 所示，包含保存项目（Save Project）、项目另存为（Save Project As）等相关设置，与第 1 章

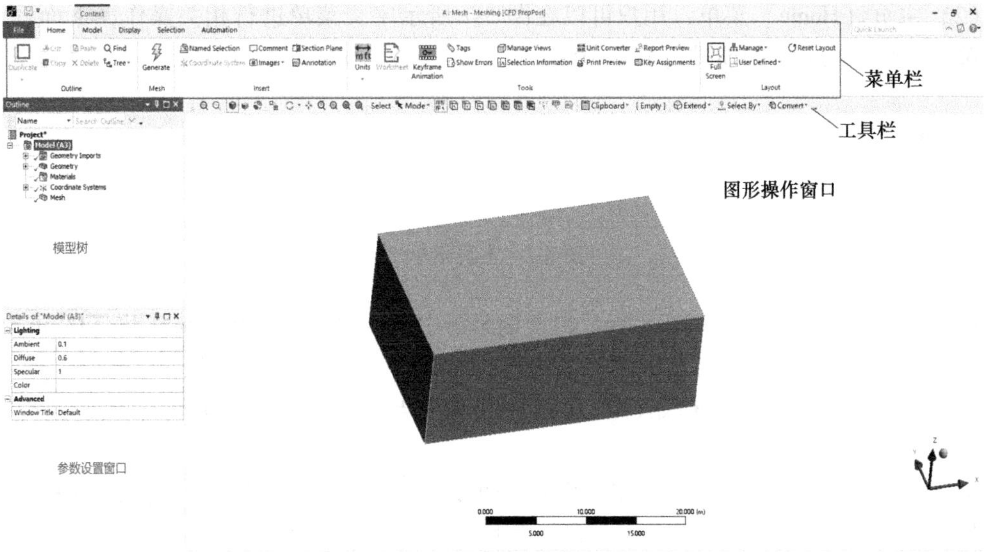

图 3-4　Meshing 界面

讲的文件菜单功能大致相同，此处不再赘述，下面对文件菜单中的选项（Options）功能进行简要介绍。

单击选项【Options】后，便可以看到图 3-6 所示的对话框，可以在该对话框中选择划分网格的默认方法（Default Method）、设置划分网格尺寸的最小值（Mechanical Min Size Factor）等相关设置，更多设置功能可以单击对话框右下角【Help】按钮进行查询，若无特殊要求均建议采用默认设置。

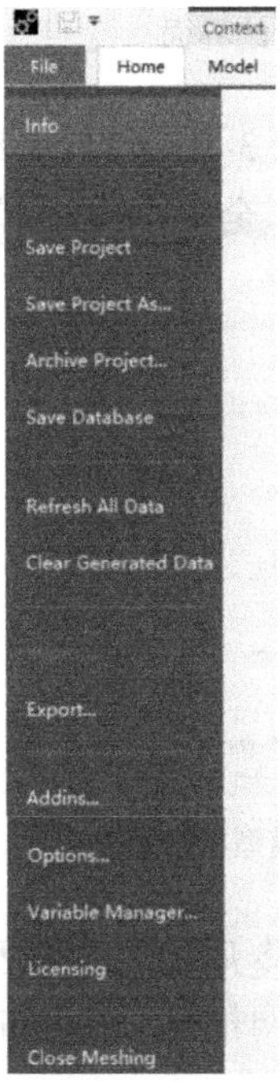

图 3-5　文件菜单

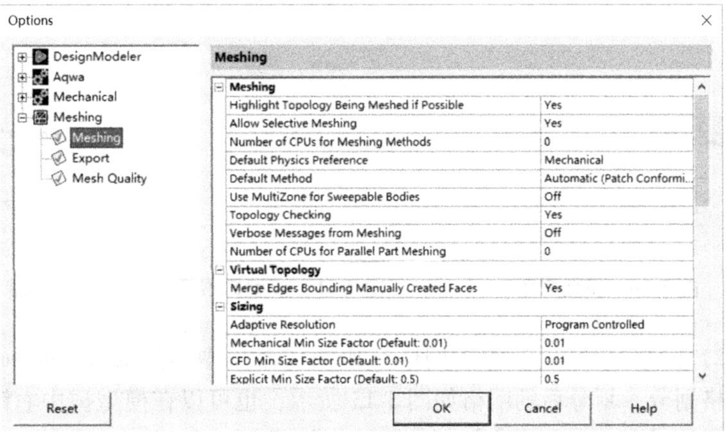

图 3-6　Options 对话框

（2）主页（Home）菜单　用户可以在图 3-7 所示主页菜单进行相关操作，下面针对主页菜单的一些常用命令功能进行简要介绍。

图 3-7　主页菜单

1）大纲（Outline）。在图 3-8 所示的大纲菜单中，其主要功能有复制粘贴（Duplicate）、复制（Copy）、剪切（Cut）、粘贴（Paste）、删除（Delete）、查找（Find）、模型树（Tree）。其中复制、剪切、粘贴、删除和查找功能与 Office 等办公软件一致，此处不再赘述。

① 复制粘贴（Duplicate）：复制粘贴命令可以直接对选中的某一个功能进行复制和粘贴，如图 3-8 及图 3-9 所示，图 3-9 所示为使用 Duplicate 命令后的界面。

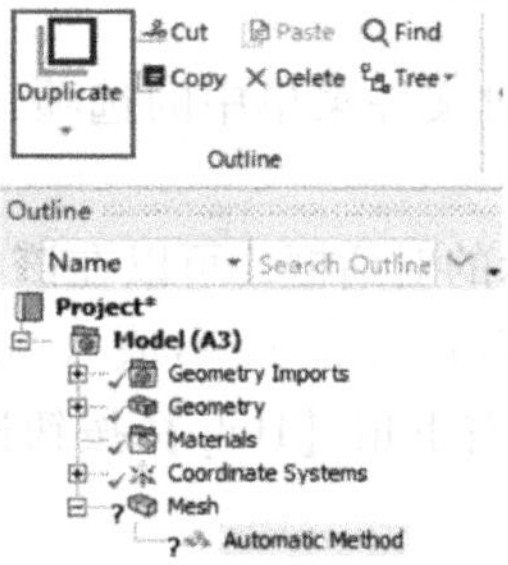

图 3-8　Duplicate 命令使用

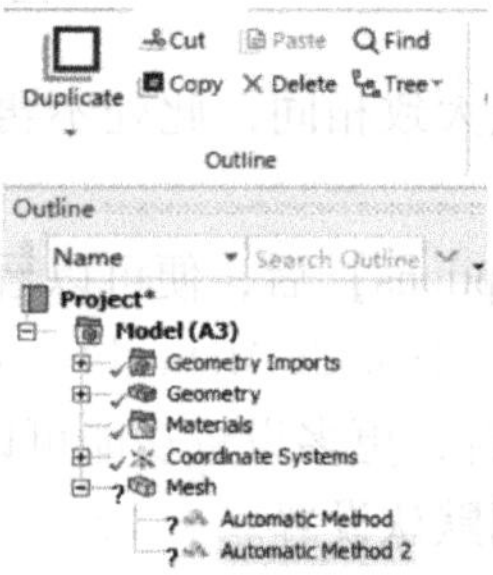

图 3-9　使用 Duplicate 命令后的界面

② 模型树（Tree）：单击模型树（Tree）右侧的倒三角，便可看到图 3-10 所示的菜单，当单击【Expand All】时模型树中所有被折叠的项目（见图 3-11）全部展开，单击【Collapse All】时模型树中所有显示的项目（见图 3-12）全部折叠。

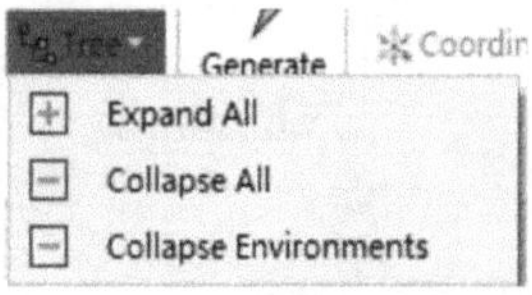

图 3-10　模型树菜单

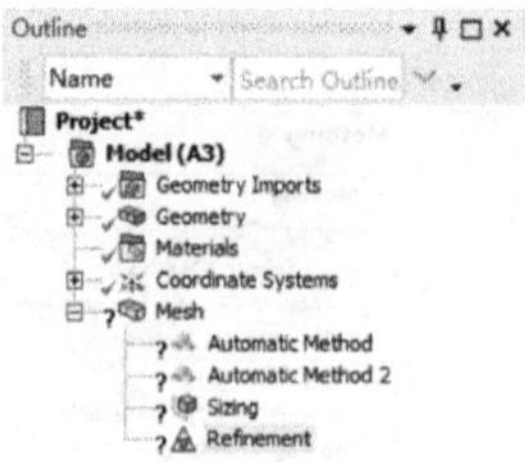

图 3-11　模型树展开

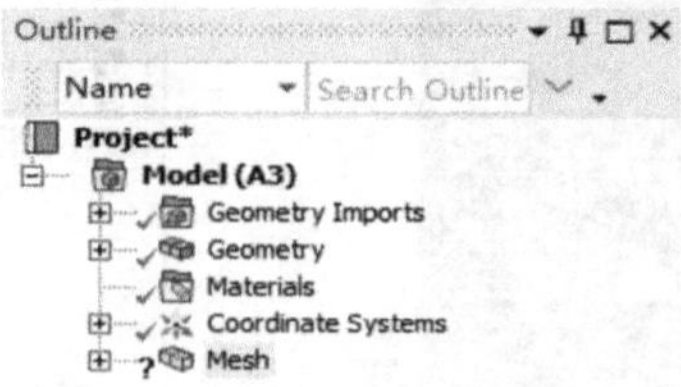

图 3-12　模型树折叠

2）网格（Mesh）。单击网格（Mesh）菜单中的生成【Generate】命令后便会对模型进行网格划分，划分后的网格如图 3-13 所示，也可以在模型树中右键单击网格【Mesh】选择生成网格【Generate Mesh】划分网格，如图 3-14 所示。

图 3-13　网格划分结果

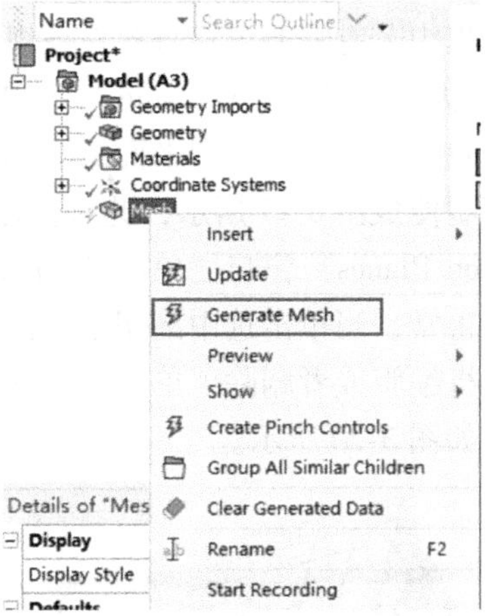

图 3-14　通过模型树划分网格

3）插入（Insert）：在图 3-15 所示的插入菜单中，有命名选择（Named Selection）、坐标系（Coordinate System）、评论（Comment）、图像（Images）、剖切平面（Section Plane）、注释（Annotation）六个功能。

图 3-15　插入菜单命令

① 命名选择（Named Selection）：用户可以根据自己的需求，对同一类几何模型，如体、面、边、点进行选中，选中后可重新进行命名，方便后续调用。

② 坐标系（Coordinate System）：插入坐标系可创建一个局部坐标系统。

③ 评论（Comment）：单击评论【Comment】命令之后便会在界面下方出现一个图 3-16 所示的文本框，用户可以在文本框内添加相应的备注。

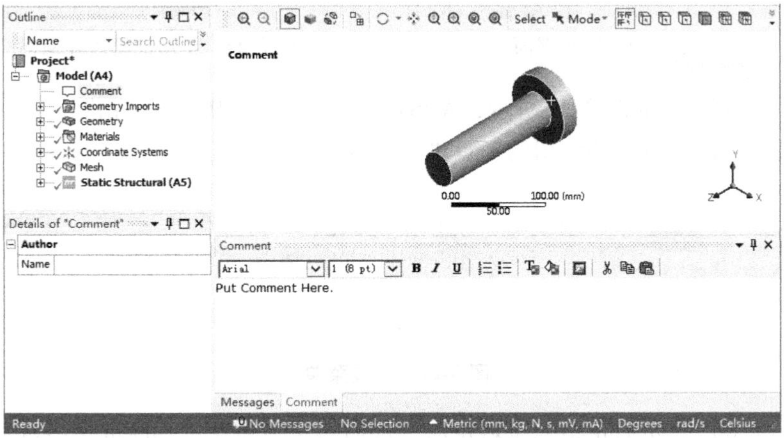

图 3-16　评论文本框

④ 图像（Images）：使用该命令可对图形操作窗口中模型的某一个视图进行保存，在后续使用过程中若有需要可以直接对该视图进行调用，读者有需要的话可以自行研究。

⑤ 剖切平面（Section Plane） 单击剖切平面【Section Plane】命令后，在鼠标指针箭头的右下角就会出现一个剖切平面的图标，按住鼠标左键不放在模型上自右上角向左下角进行切割，模型便成图 3-17 所示，此时会在左下角参数设置窗口出现一个图 3-18 所示的剖切平面（Section Planes）窗口。单击 Section Plane1 左侧复选框取消勾选后，就会取消剖面显示，模型恢复正常。当单击选中剖切平面窗口中的 Section Plane1 后，如图 3-19 所示，便可以对该剖面进行编辑或者删除，单击【Show Whole Elements】命令后被剖面剖掉的网格会完全显示出来，如图 3-20 所示。

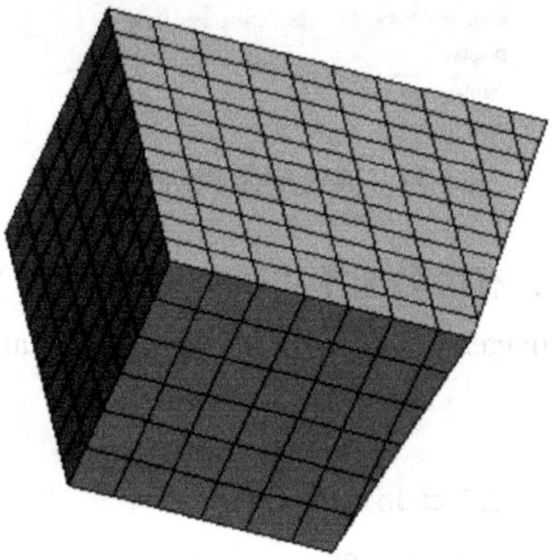

图 3-17　剖面显示功能

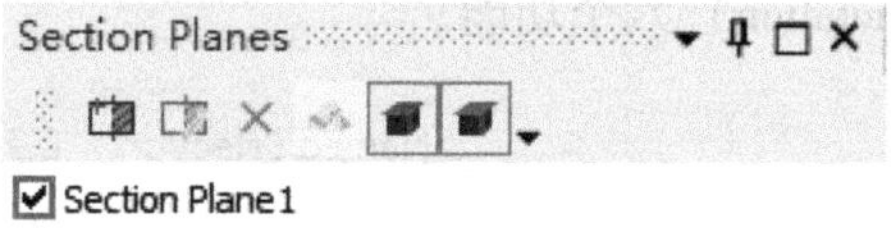

图 3-18　剖切平面窗口

图 3-19　编辑剖面

图 3-20　显示剖面边界网格

4）工具（Tools）：如图 3-21 所示，ANSYS Workbench 2022 R1 提供了一系列的工具供用户进行使用，下面针对一些常用的工具进行简要介绍。

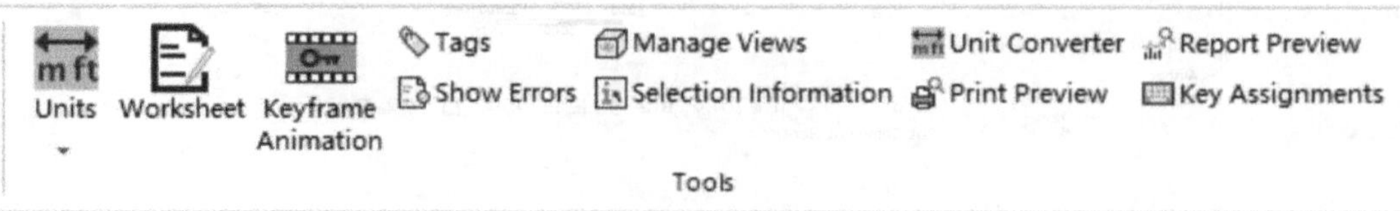

图 3-21　工具菜单

① 单位（Units）：可对单位制进行更改，同时也可以对角度和弧度单位进行切换。

② 工作表（Worksheet）、关键帧动画（Keyframe Animation）、标签（Tags）和显示错误（Show Errors）：单击工作表【Worksheet】命令之后便会出现一个工作表；单击关键帧动画【Keyframe Animation】命令可以通过生成关键帧的方式捕捉界面从而生成动画；单击标签【Tags】命令后会在左下角的参数设置窗口中弹出一个窗口，可以在窗口内创建标签；单击显示错误【Show Errors】命令会弹出消息窗口，显示相关的错误信息，也可以单击右下角的消息【Message】查看错误信息。

③ 管理视图（Manage Views）：单击管理视图【Manage Views】命令会在左下角弹出一个图 3-22 所示的管理视图窗口，将模型转动到一个指定的位置并且对其添加一个视图后，该视图便会保留下来，后续单击这个视图便会恢复至设置的那个视图。

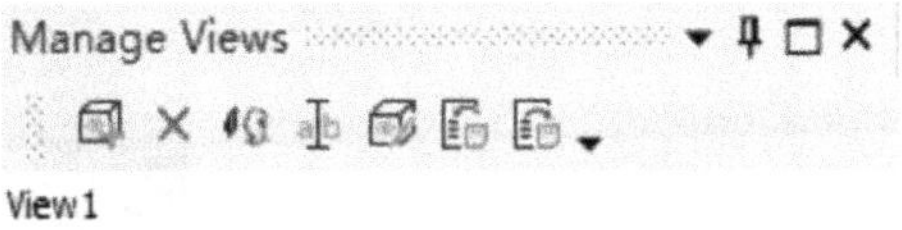

图 3-22　管理视图窗口

④ 单位转换器（Unit Converter）和快捷键（Key Assignments）：单击单位转换器【Unit Converter】命令后便会弹出图 3-23 所示的单位转换器窗口，读者可根据自身需求对不同的参数、单位进行选择，可以快速地进行不同单位之间的转换。当想查询快捷键相关操作时，可以单击快捷键【Key Assignments】命令，便会弹出图 3-24 所示的快捷键窗口，可以进行快捷键的查询。

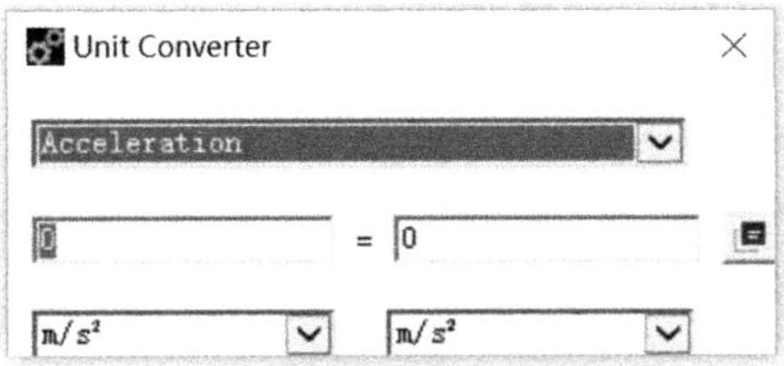

图 3-23　单位转换器窗口

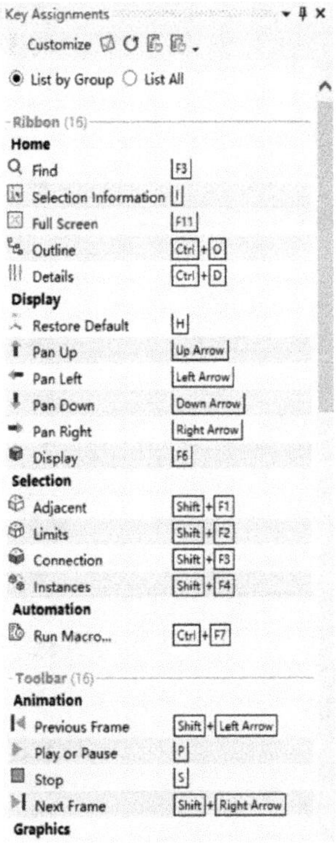

图 3-24　快捷键窗口

5）布局（Layout）：在布局（Layout）菜单中可以对软件界面进行定义，如图 3-25 所示。单击全屏【Full Screen】命令可以使界面全屏显示，如图 3-26 所示，按【F11】键可退出全屏显示；单击管理【Manage】命令右侧的倒三角后，便会打开图 3-27 所示的管理菜单，通过其中的命令可以控制一些命令和窗口的显示和隐藏；在用户自定义（User Defined）中可以对界面进行分栏，可以同时在图形操作窗口中显示变形和应力的结果等；在操作过程中若不小心把模型树或者参数设置窗口关掉了，可以单击重置布局【Reset Layout】命令将界面恢复为默认设置的布局。

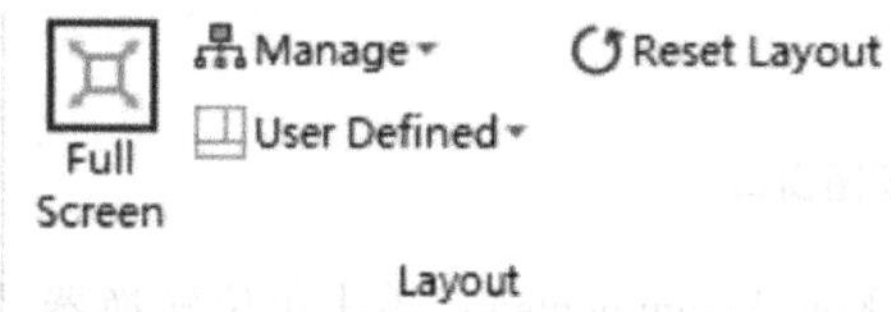

图 3-25 布局菜单

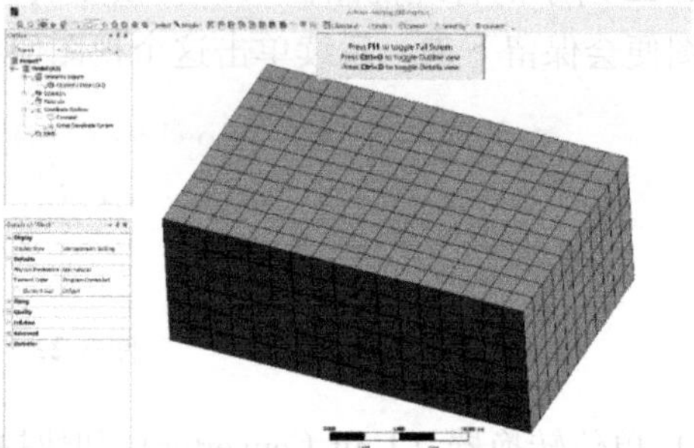

图 3-26 全屏显示

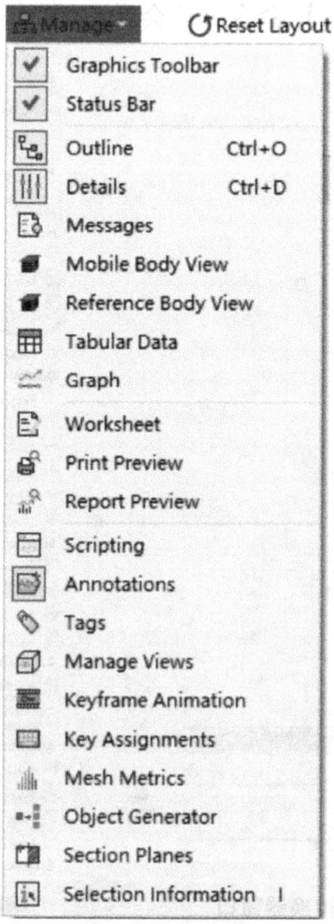

图 3-27 管理菜单

2. 工具栏

如图 3-28 所示，用户在进行界面操作的时候，可以通过工具栏辅助用户进行命令选择。在工具栏中，可以选择旋转、平移、放大和缩小等相关操作，也可以通过鼠标相关按钮直接对用户界面进行旋转、平移、放大和缩小；同时可以更换模型的显示情况，支持更改成带边线、不带边线和线框模型，当模型已经划分好网格之后也可以选择是否显示网格；单击选择（Select）工具中模式（Mode）命令后面的倒三角后会出现图 3-29 所示的菜单，可以定义选用单选或框选；如图 3-29 中的框①所示，可以对点、边、面进行筛选，默认的是智能选择，用户也可根据需要自行定义；同时也可以对节点、面单元和体单元进行选择，如图 3-29 中的框②所示。

图 3-28 工具栏

3. 模型树

在模型树中可以显示的有几何模型（Geometry）、材料（Materials）、坐标系（Coordinate Systems）、网格（Mesh），如图 3-30 所示。在 Mechanical 模块内，模型树还会出现连接关系以及相应的求解设置。在几何模型（Geometry）中会显示该几何模型中的零部件，当零部件较多时可以对其进行重新命名以方便辨认。由于没有定义材料，因此材料（Materials）中没有内容。同时可以查看相关的坐标和网格划分情况，对网格进行控制之后便会在模型树中出现相应的控制选项，该内容将在第 4 章进行介绍。

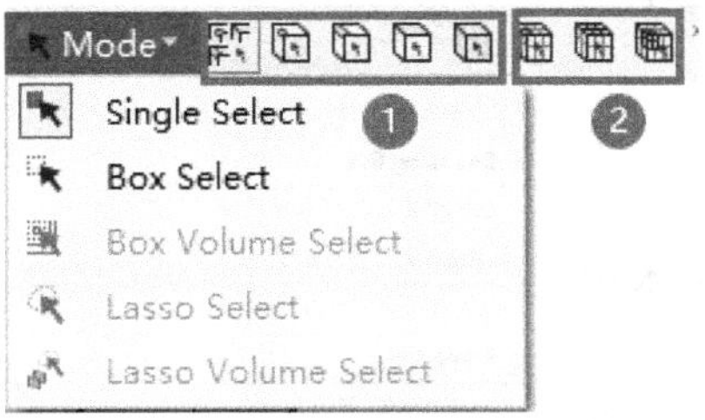

图 3-29 选择工具

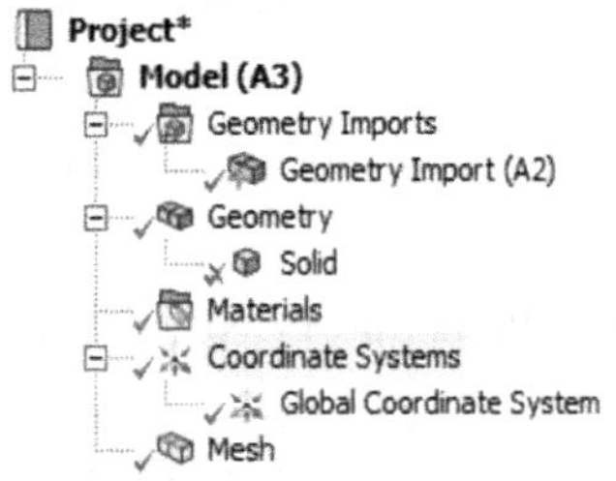

图 3-30 模型树

4. 参数设置窗口

（1）工程（Project） 单击模型树中的工程【Project】后，在参数设置窗口中便会显示图 3-31 所示的设置面板，该面板中有三项内容。

1）标题栏（Title Page）：在标题栏中可以输入作者（Author）、主题（Subject）和准备（Prepared for）相关内容。

2）信息（Information）：显示第一次保存时间（First Saved）、最后一次保存时间（Last Saved）和软件版本号（Product Version）。

3）项目数据管理（Project Data Management）：可设置项目文件的保存方式，即求解前保存项目文件（Save Project Before Solution）和求解后保存项目文件（Save Project After Solution）。

（2）模型（Model） 单击模型树中的模型【Model】后，在参数设置窗口中便会显示

图 3-32 所示的设置面板，主要通过该窗口对光线（Lighting）进行设置。

1）环境（Ambient）：设置环境的光线度，从 0~1 逐渐增加。

2）扩散（Diffuse）：设置扩散度，从 0~1 逐渐增加。

3）颜色（Color）：设置几何模型的颜色。

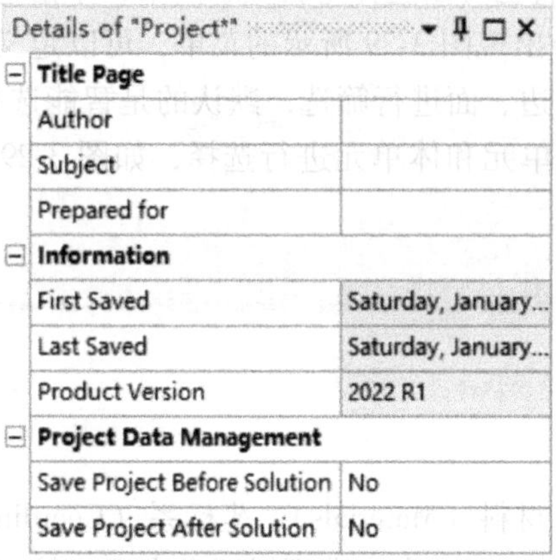

图 3-31　工程参数设置面板

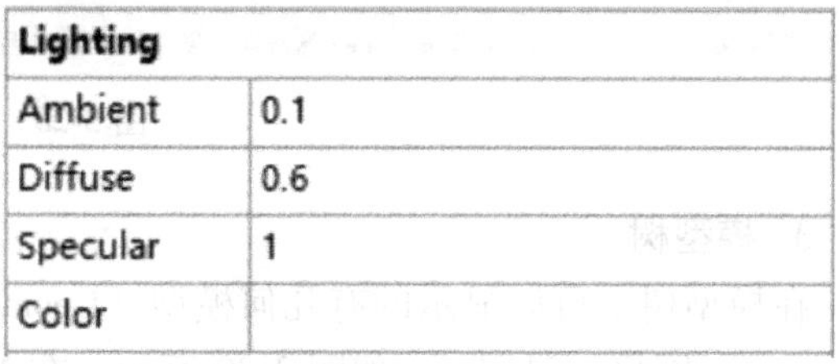

图 3-32　模型参数设置面板

（3）几何模型（Geometry）　单击模型树中的几何模型【Geometry】后，在参数设置窗口中便会显示图 3-33 所示的设置面板。

1）定义（Definition）：该面板中有几何模型的路径（Source）、几何平台类型（Type）和长度单位（Length Unit）。

2）边界箱（Bounding Box）：可显示 X、Y、Z 三个坐标方向的长度。

3）属性（Properties）：包括几何模型的体积（Volume）和比例因子（Scale Factor Value），默认比例因子为 1，修改比例因子之后模型的大小也会随之变化。

4）统计（Statistics）：在该项下可以查看几何实体的数量（Bodies），激活实体数量（Active Bodies），节点数（Nodes），单元（Elements），网格度量（Mesh Metric）的最大值（Max）、最小值（Min）、平均值（Average）和标准差（Standard Deviation）。

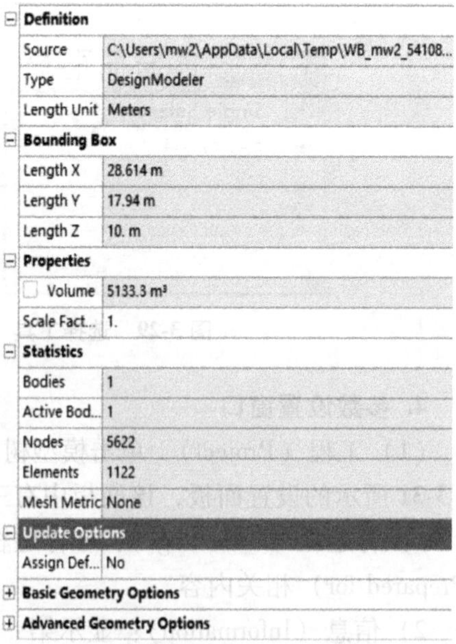

图 3-33　几何模型参数设置面板

5）更新选项（Update Options）：是否指定默认材料（Assign Default Material）。

6）基本几何模型选项（Basic Geometry Options）和高级几何模型选项（Advanced Geometry Options）：该选项描述了几何模型的一些基本信息和高级选项，有需要的用户可以查看相关帮助文档。

（4）实体（Solid） 单击模型树中的实体【Solid】后，在参数设置窗口中便会显示图 3-34 所示的设置面板，其中一些内容与几何模型参数设置窗口重复便不再赘述，主要介绍以下几项内容。

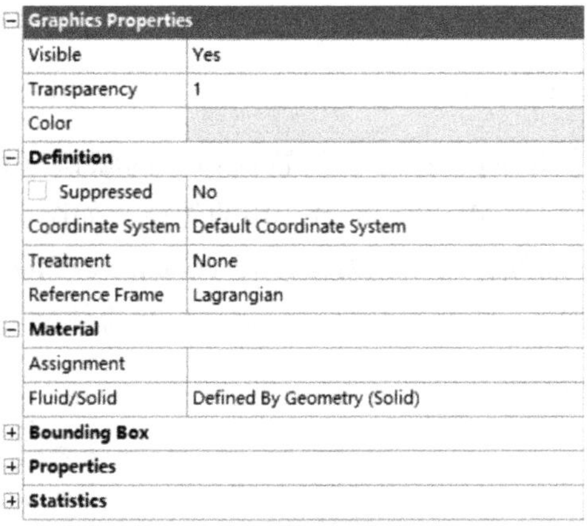

图 3-34 实体参数设置面板

1）图形属性（Graphics Properties）：可以进行图形的显隐（Visible）、透明度（Transparency）和颜色（Color）设置。

2）定义（Definition）：查看实体是否被抑制（Suppressed）、实体所参照的坐标系（Coordinate System）、是否进行处理（Treatment）和参考框架（Reference Frame）设置，其中参考框架（Reference Frame）设置有拉格朗日算法（Lagrangian）和欧拉法（Eulerian）两种。

3）材料（Material）：可以对其材料进行赋予（Assignment）及流体和固体两者之间的切换（Fluid/Solid）。

（5）网格（Mesh） 单击模型树中的网格【Mesh】，在参数设置窗口中便会显示图 3-35 所示的设置面板，可对网格的质量进行设置和相关参数的查看等，这些内容将在 3.2 节中详细介绍。

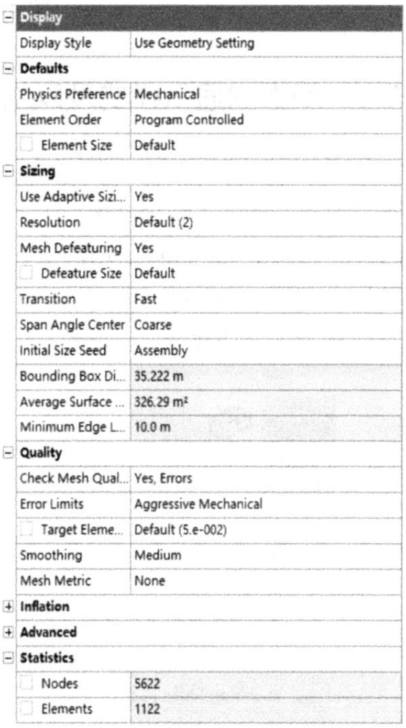

图 3-35 网格参数设置面板

1）显示（Display）：可以在此更改显示的样式。

2）默认（Defaults）：可以对网格的类型及尺寸进行控制。

3）尺寸（Sizing）：可以对网格的尺寸进行一系列的设置控制。

4）质量（Quality）：可以对网格的质量进行控制以及查看网格质量。

5）膨胀层（Inflation）：可以对几何模型进行膨胀层的设置。

6）高级选项（Advanced）：一些网格划分的高级命令。

7）统计（Statistics）：统计节点和网格的数量。

3.2 Meshing 网格划分

3.2.1 Meshing 平台适用领域

单击模型树中的网格【Mesh】，在参数设置窗口中的默认（Defaults）选项中可以查看 ANSYS Workbench 2022 R1 中的 Meshing 平台适用的领域，如图 3-36 所示，其中有线性结构场及温度场（Mechanical）、非线性结构场及温度场（Nonlinear Mechanical）、电磁场（Electromagnetics）、CFD 流体（CFD）、显式动力学（Explicit）和流体动力学（Hydrodynamics）。

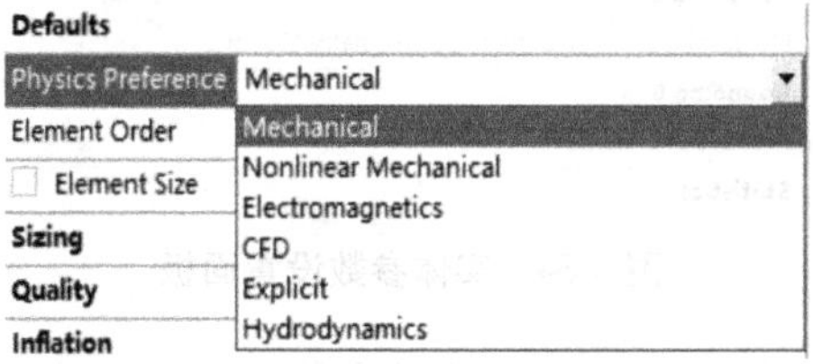

图 3-36 Meshing 平台的适用领域

3.2.2 网格的显示样式及网格质量评估

在 Meshing 界面中完成网格的划分后，还可以选择网格的显示样式。在网格（Mesh）菜单度量显示（Metrics Display）下的度量图（Metric Graph）中，如图 3-37 所示，可以选择网格的显示方式；也可以在模型树中单击【Mesh】，在参数设置窗口中的显示（Display）项中选择显示方式，如图 3-38 所示。同时，在参数设置窗口中的质量（Quality）项中还可以选择对应显示方式下的网格度量柱形图，下面按照顺序一一进行介绍。

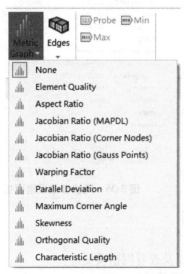

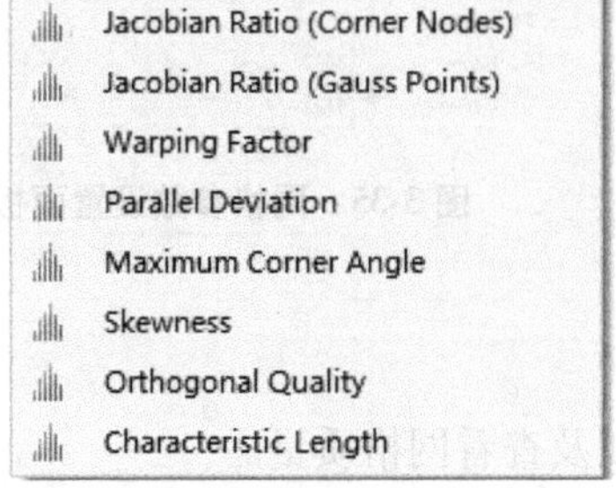

图 3-37 Mesh 菜单中的网格显示方式

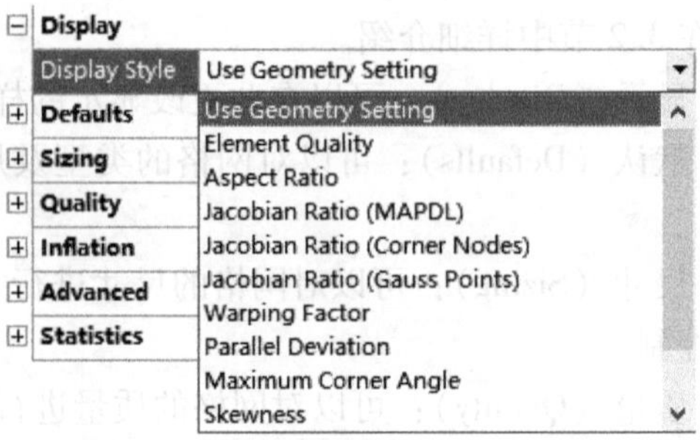

图 3-38 参数设置窗口中的网格显示方式

1. 正常显示（None、Use Geometry Setting）

正常显示的网格，如图 3-39 所示。

2. 单元质量（Elcmcnt Qualify）

如图 3-40 所示，网格上色，并且在左侧有一个色带与模型上的网格相对应，在参数设置窗口中的质量（Quality）项中选择单元质量（Element Qualify），便会显示图 3-41 所示的网格度量柱形图，横坐标为网格度量，纵坐标为相应的网格数量。其中，网格的单元质量（Element Qualify）越接近 1，则网格质量越好。

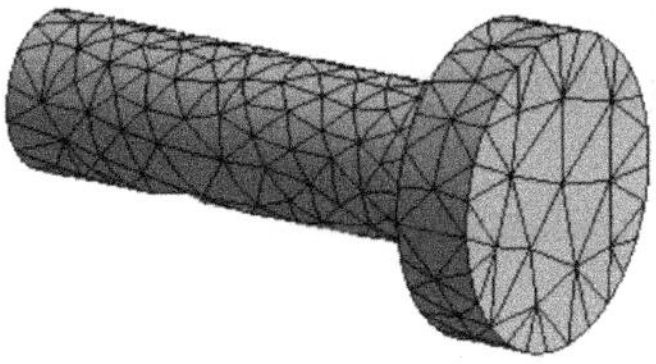

图 3-39 正常显示

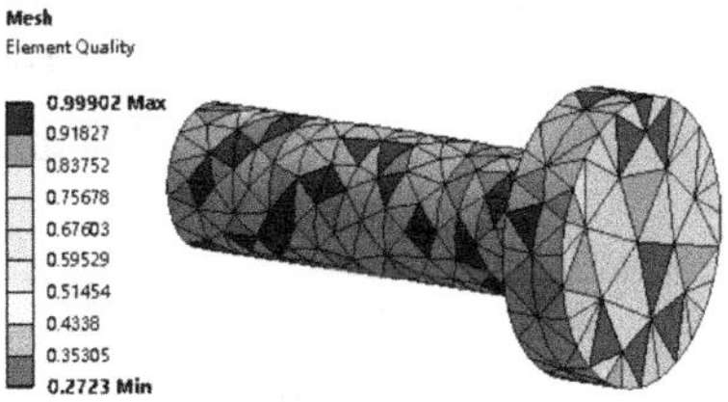

图 3-40 单元质量

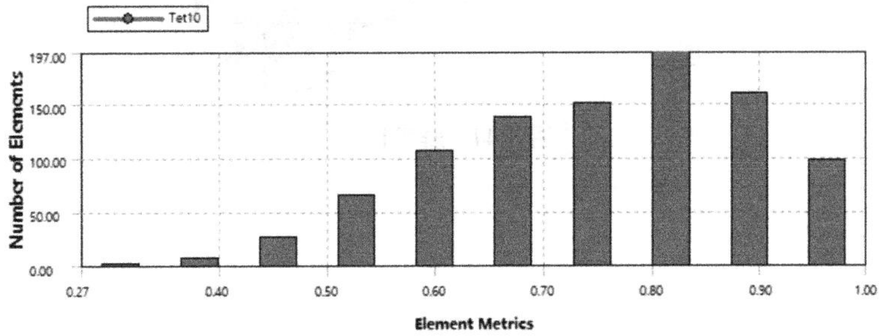

图 3-41 单元质量的网格度量柱形图

3. 纵横比（Aspect Ratio）

如图 3-42 所示，左侧的色带与模型上的网格相对应，色带上的值为网格三角形或四边形的长宽比，图 3-43 所示为相应的网格度量柱形图。理想情况下网格的纵横比为 1，建议最大不超过 10。

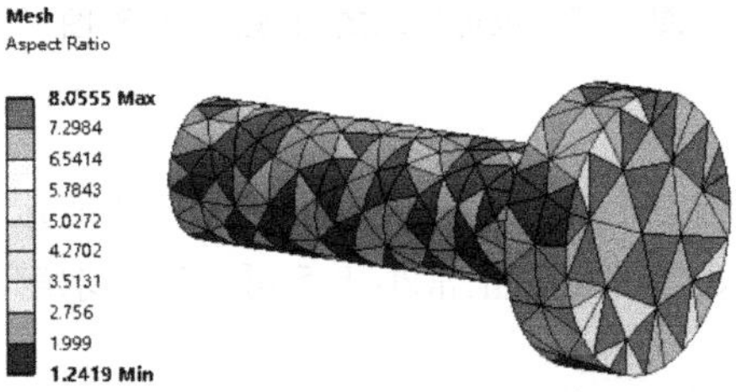

图 3-42 纵横比

4. 雅可比率（Jacobian Ratio）

可以通过经典方法、角节点、高斯点三种方法对雅可比率进行查看，图 3-44 所示为通过经典方法对雅可比率进行查看，用来衡量单元的扭曲程度，图 3-45 所示为相应的网格度量柱形图。雅可比率的理想值为 1，小于 40 可以进行求解。

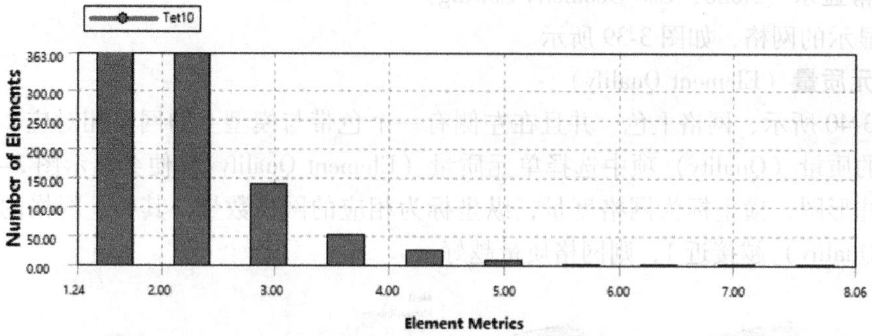

图 3-43 纵横比的网格度量柱形图

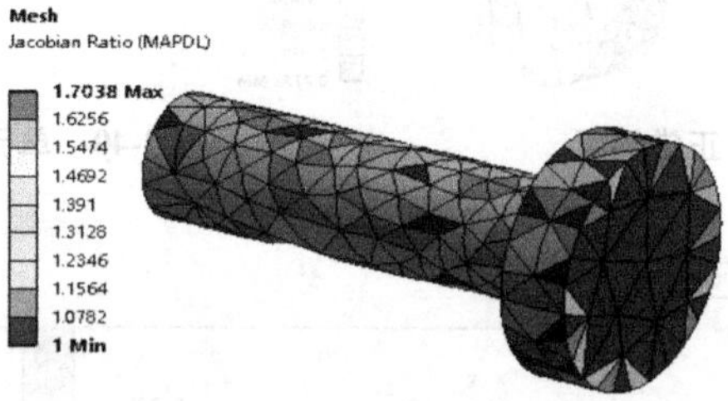

图 3-44 雅可比率

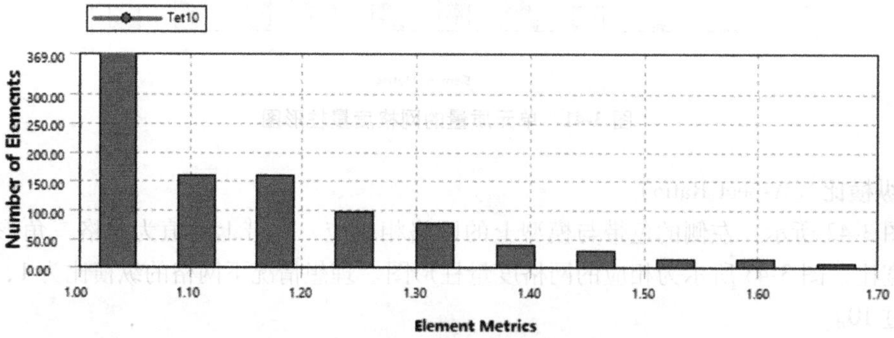

图 3-45 雅可比率的网格度量柱形图

5. 翘曲度（Warping Factor）

翘曲度代表网格的扭曲程度，如图 3-46 所示，图 3-47 所示为相应的网格度量柱形图。理想情况下，翘曲度越接近 0 越理想，正常小于 5 可以进行求解。

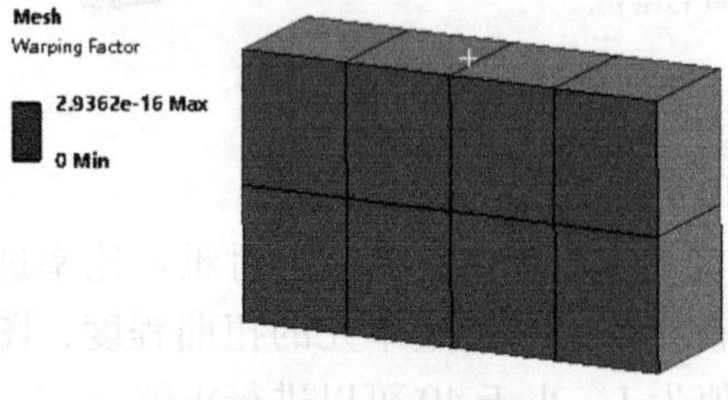

图 3-46 翘曲度

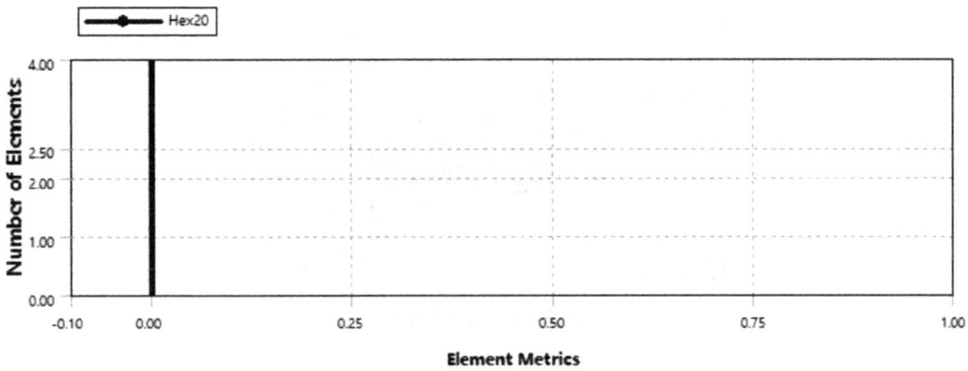

图 3-47　翘曲度的网格度量柱形图

6. 平行偏差（Parallel Deviation）

平行偏差用于计算对边矢量的点积，通过点积中的余弦值求出最大夹角，如图 3-48 所示，图 3-49 所示为相应的网格度量柱形图。计算出来的夹角理想值为 0°，建议不得大于 15°。

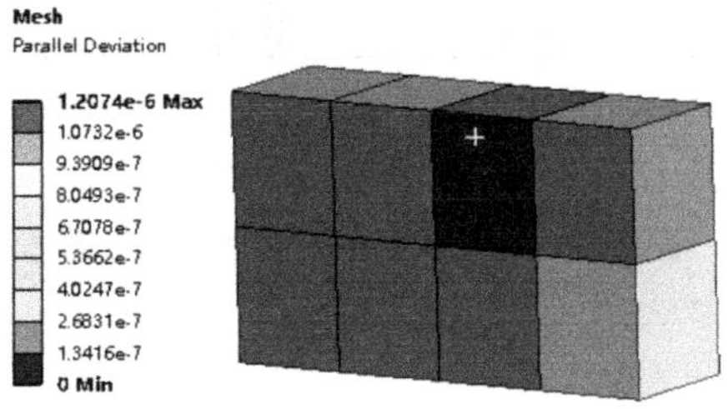

图 3-48　平行偏差

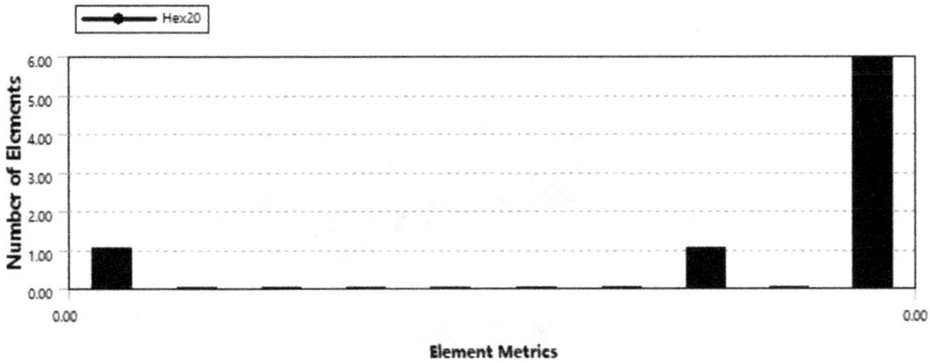

图 3-49　平行偏差的网格度量柱形图

7. 最大顶角（Maximum Corner Angle）

通过计算网格的最大顶角进行网格质量的判定，如图 3-50 所示，图 3-51 所示为相应的网格度量柱形图。对于正三角形最大顶角理想值为 60°，四边形理想值为 90°，建议不大于 155°。

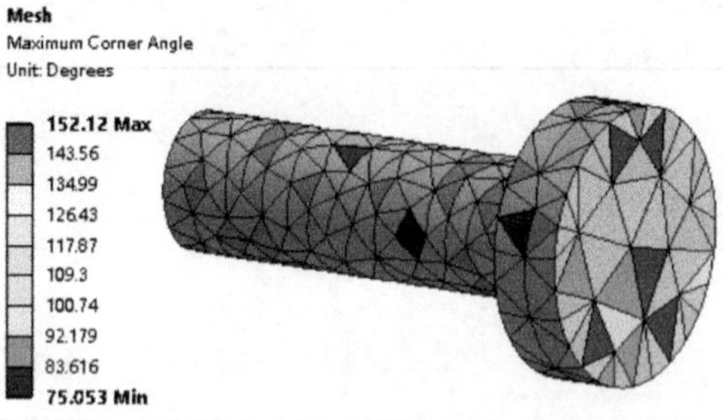

图 3-50 最大顶角

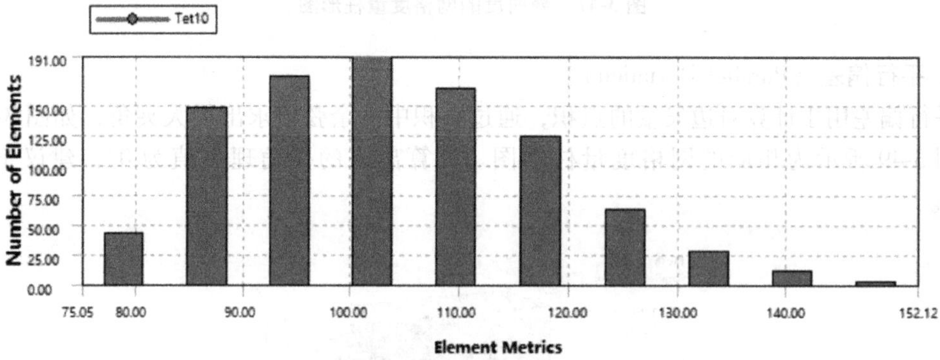

图 3-51 最大顶角的网格度量柱形图

8. 倾斜度（Skewness）

倾斜度是网格质量检查的主要方法之一。最优值为 0，即为“正系列”几何体，如图 3-52 所示。一般倾斜度小于 0.75 时可以计算。

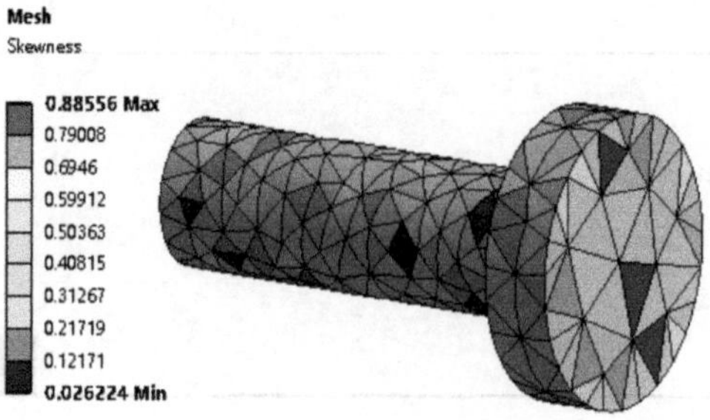

图 3-52 倾斜度

9. 正交质量（Orthogonal Quality）

正交质量是网格质量检查的主要方法之一。最优值为 1，最差值为 0，如图 3-53 所示。

10. 特征长度（Characteristic Length）

特征长度是网格质量检查的方法之一，如图 3-54 所示。

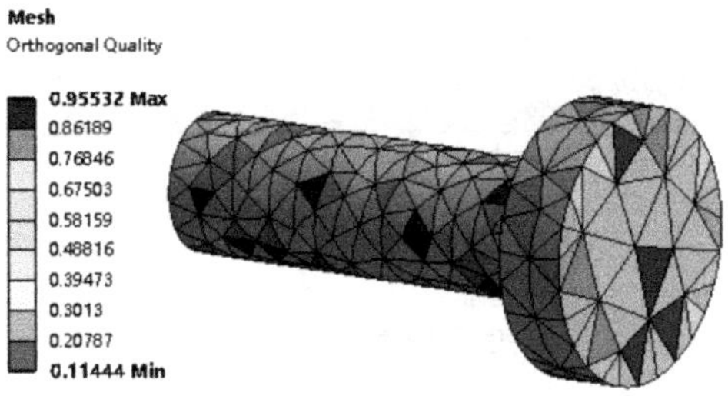

图 3-53　正交质量

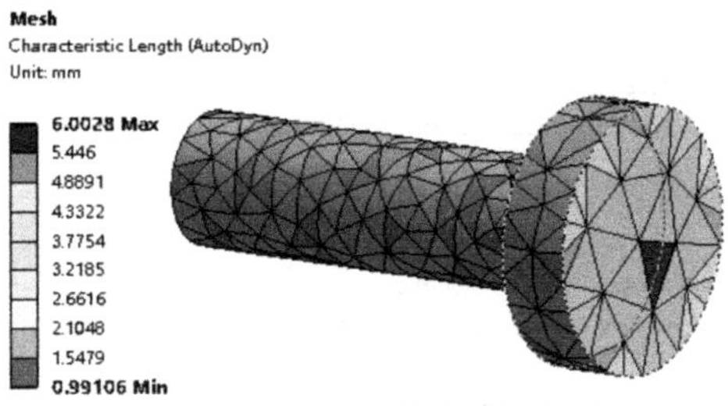

图 3-54　特征长度

3.2.3　网格控制方法

进入 Meshing 界面之后直接进行划分网格，通常第一次划分采用的都是自动划分方法，若该网格的质量达不到所要求的精度，此时便需要对网格进行控制。在网格（Mesh）菜单中可以直接单击网格控制方法【Method】进行插入，如图 3-55 所示，也可以用鼠标右键单击模型树中的网格【Mesh】，左键选择【Insects】-【Method】插入网格控制方法，如图 3-56 所示。插入网格控制方法后，选择想要进行网格控制的体、面、边、点或按住【Ctrl】键选中多个体、多个面、多个边、多个点，在参数设置窗口中的几何模型（Geometry）栏中单击应用【Apply】，如图 3-57 所示。选择完需要控制的几何模型后，根据实际需要选择相应的网格控制方法，网格控制方法如图 3-58 所示，下面将对各种网格控制方法进行介绍。

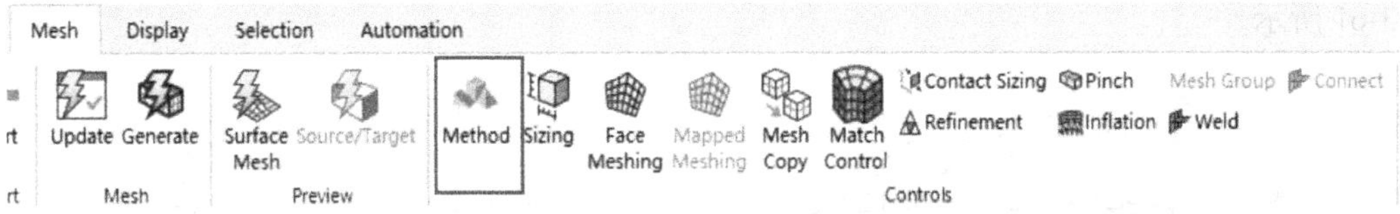

图 3-55　网格菜单中网格控制方法的插入

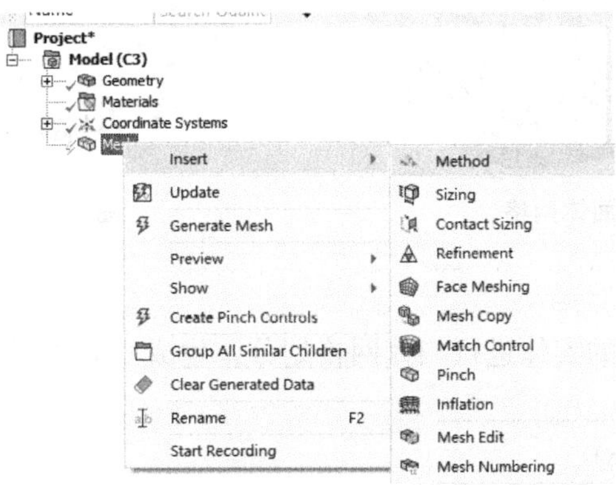

图 3-56　模型树中网格控制方法的插入

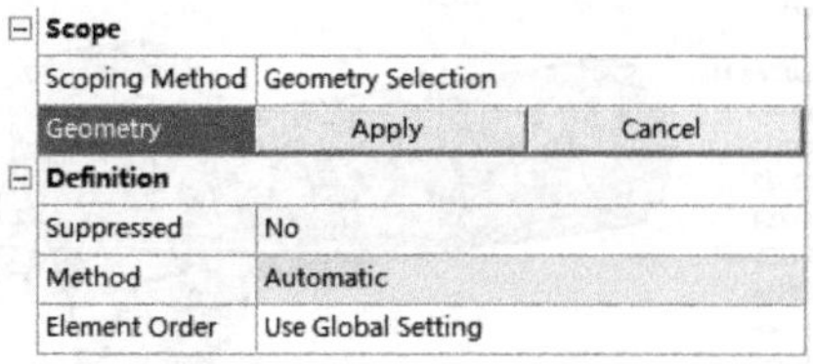

图 3-57 选择进行控制的几何模型

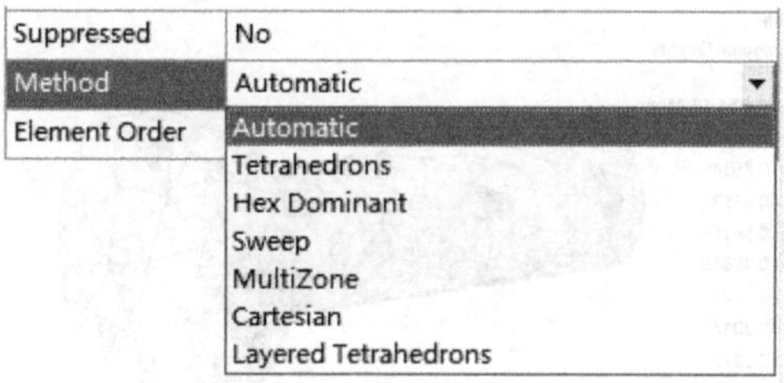

图 3-58 网格控制方法

1. 自动划分网格（Automatic）

自动划分网格，对于可以采用扫掠方法进行网格划分的实体采用六面体网格划分，不能采用扫掠方法进行网格划分的实体采用四面体网格划分，划分结果如图 3-59 所示。

2. 四面体网格（Tetrahedrons）

四面体网格对实体采用四面体网格划分，可以采用基于 TGrid 的协调分片算法（Patch Conforming）和基于 ICEM CFD 的独立分片算法（Patch Independent），默认采用基于 TGrid 的协调分片算法（Patch Conforming），划分结果如图 3-60 所示。

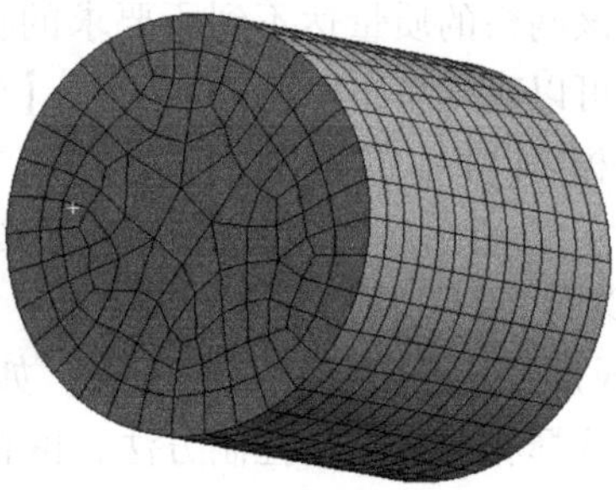

图 3-59 自动划分网格

3. 六面体网格（Hex Dominant）

六面体网格生成非结构化的六面体网格，主要采用六面体网格，但包含少量的四面体网格，划分结果如图 3-61 所示。

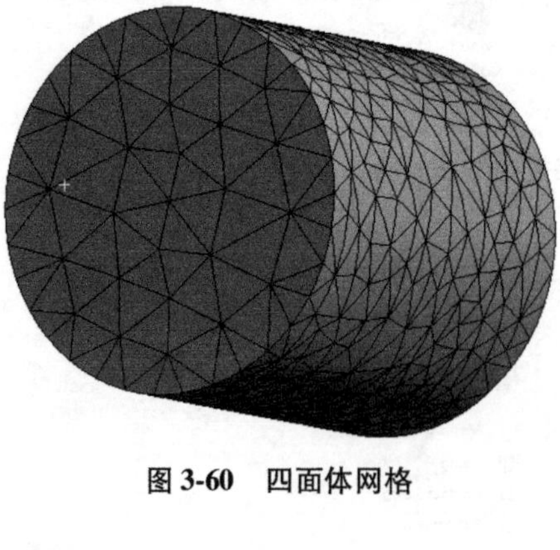

图 3-60 四面体网格

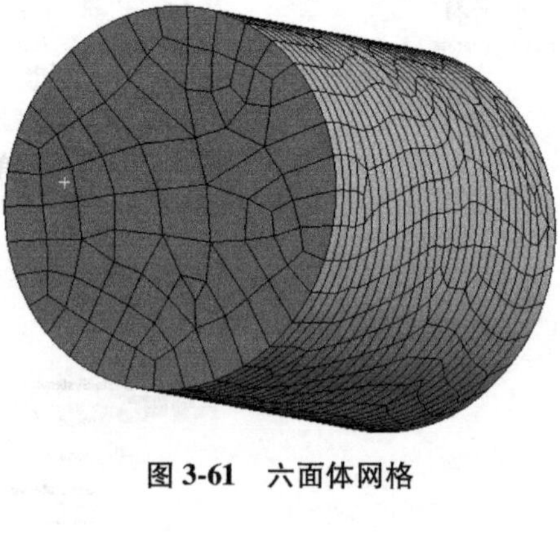

图 3-61 六面体网格

4. 扫掠（Sweep）

扫掠对可以进行扫掠的实体进行扫掠网格划分，生成六面体网格或者四面体网格，划分结果如图 3-62 所示。

5. 多区法（MultiZone）

多区法将几何体分解成为映射区域和自由区域，在映射区域生成六面体网格，在自由区域生成四面体网格，划分结果如图 3-63 所示。

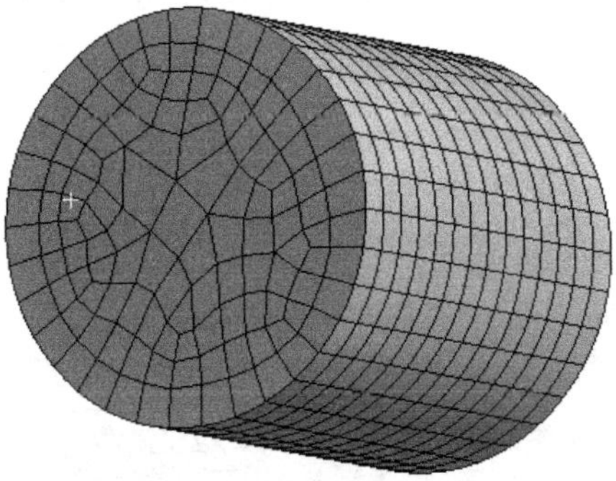

图 3-62　扫掠

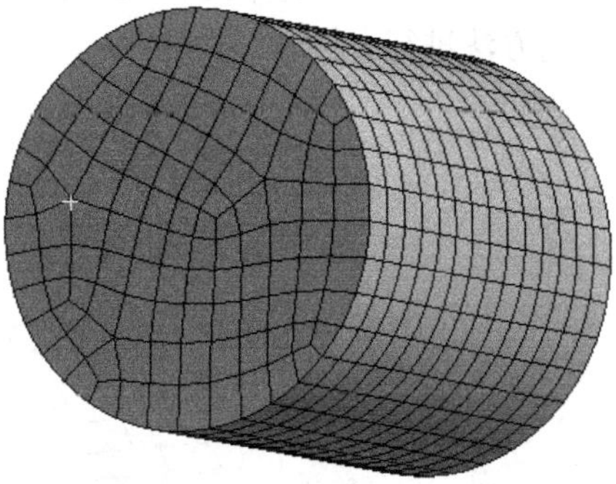

图 3-63　多区法

6. 笛卡儿法（Cartesian）

笛卡儿法采用自动修边的独立分片网格方法，不支持划分装配体，也不能与其他网格控制方法混合使用，其划分结果如图 3-64 所示。

3.2.4　网格尺寸控制

网格尺寸控制分为整体网格尺寸控制和局部网格尺寸控制，接下来将分别介绍整体网格尺寸控制和局部网格尺寸控制。

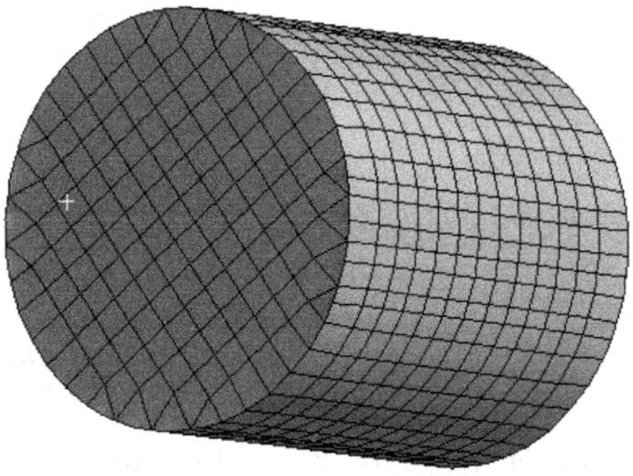

图 3-64　笛卡儿法

1. 整体网格尺寸控制

（1）默认（Defaults）　单击模型树中的网格【Mesh】，在参数设置窗口中的默认（Defaults）项中找到单元尺寸（Element Size）栏，如图 3-65 所示，在该栏内输入单元尺寸对整体网格进行控制。图 3-66 和图 3-67 所示分别为未进行网格尺寸控制和采用 3mm 网格尺寸控制的网格图形，明显可以看出采用 3mm 尺寸的网格数量更多，质量也更好。

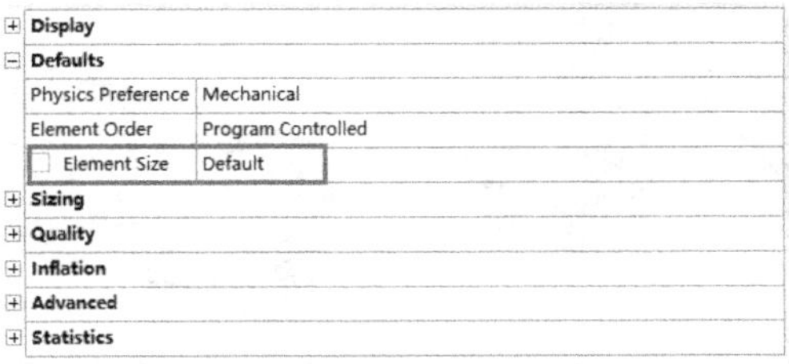

图 3-65　整体网格尺寸

（2）尺寸（Sizing）　单击模型树中的网格【Mesh】，可在参数设置窗口中的尺寸（Sizing）项中对模型的整体尺寸进行网格的控制。在尺寸（Sizing）项中进行整体网格尺寸控制之前，需要先将默认（Defaults）项中的单元尺寸（Element Size）栏设为默认，因为默认（Defaults）项中的单元尺寸（Element Size）优先级高于尺寸（Sizing）项。图 3-68 所示为尺寸（Sizing）项中的整体网格尺寸控制方法，下面针对尺寸（Sizing）项中的各整体网格尺寸控制方法进行介绍。

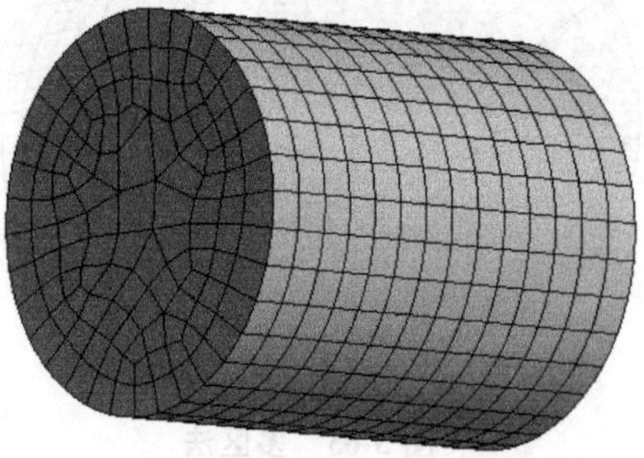

图 3-66 未进行网格尺寸控制

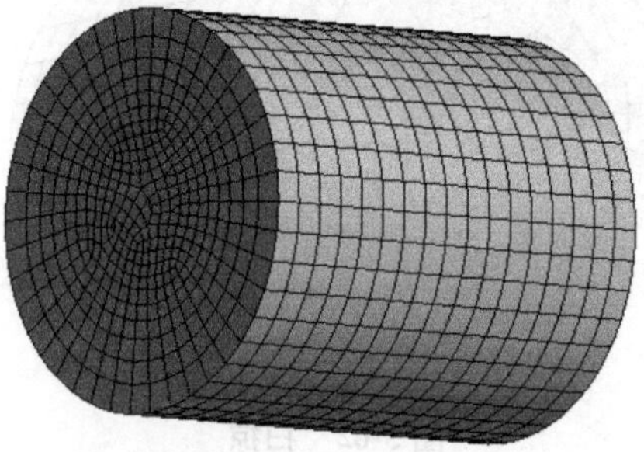

图 3-67 采用 3mm 网格尺寸控制

Sizing	
Use Adaptive Sizi...	Yes
Resolution	Default (2)
Mesh Defeaturing	Yes
Defeature Size	Default
Transition	Fast
Span Angle Center	Coarse
Initial Size Seed	Assembly
Bounding Box Di...	71.861 mm
Average Surface ...	902.56 mm^2
Minimum Edge L...	47.124 mm

图 3-68 网格尺寸控制选项

1）使用自适应尺寸（Use Adaptive Sizing）：默认为打开，关闭之后，需要通过手动对网格尺寸及一些外貌特征进行控制，图 3-69 和图 3-70 所示分别为使用自适应尺寸打开和关闭时的网格模型。

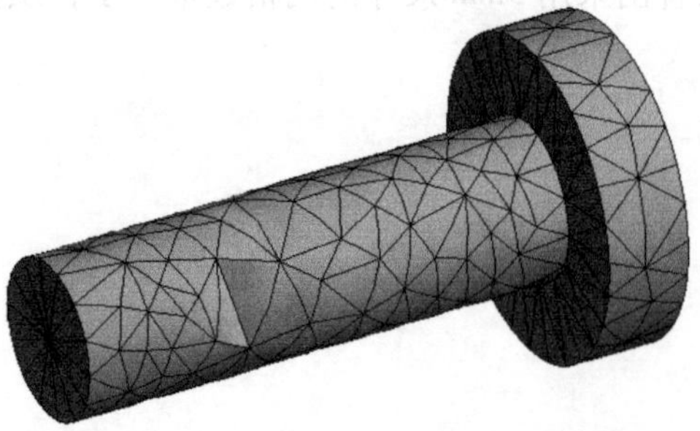

图 3-69 打开使用自适应尺寸时的网格模型

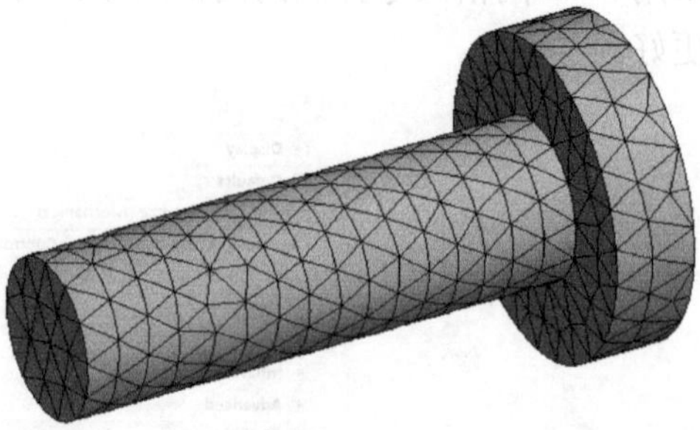

图 3-70 关闭使用自适应尺寸时的网格模型

2）分辨率（Resolution）：对网格进行尺寸控制的分辨率共有 8 级，分别从 0~7，级别越高，网格尺寸越小，图 3-71 所示为分辨率为 5 时的网格模型。

3）过渡（Transition）：为控制在邻近单元增长比的设置选项，默认为快速（Fast），当选择慢速（Slow）时，形状过渡区域处的网格会得到进一步细化，如图 3-72 所示。

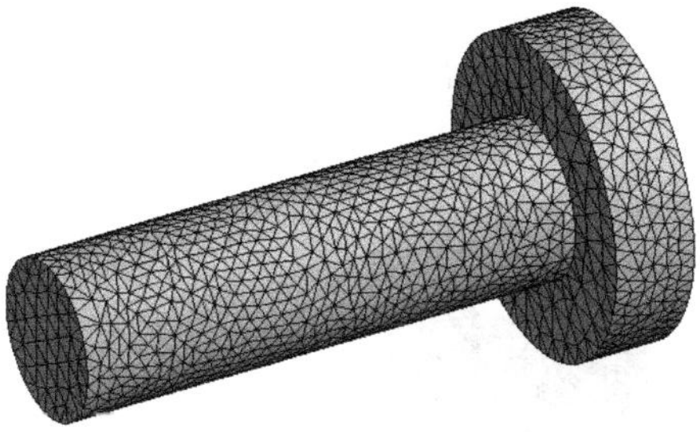

图 3-71　分辨率为 5 时的网格模型

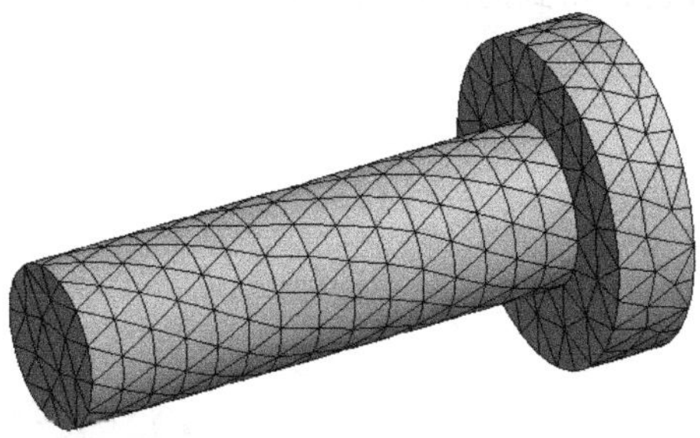

图 3-72　慢速过渡网格模型

4）跨度中心角（Span Angle Center）：设置基于边的细化目标，网格会在弯曲区域进行细化，直到单独一个单元跨越这个角，默认设置为粗糙（Coarse），也可将其改为中等（Medium）和细化（Fine），改为细化（Fine）后的网格模型如图 3-73 所示。

5）初始化尺寸种子（Initial Size Seed）：用来控制每一个部件的初始网格种子，共有装配体（Assembly）和零件体（Part）两种选项可供选择。

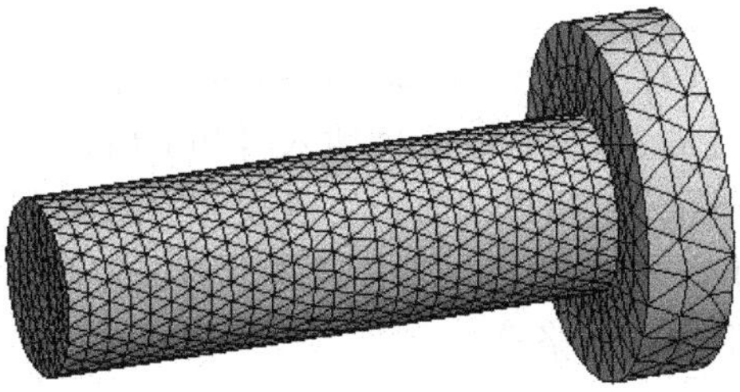

图 3-73　跨度中心角采用细化的网格模型

2. 局部网格尺寸控制

（1）尺寸（Sizing）　鼠标右键单击模型树中的网格【Mesh】，左键选择【Insert】-【Sizing】，如图 3-74 所示，同时会出现如图 3-75 所示的参数设置窗口，选中模型中的一个面，在网格单元尺寸（Element Size）中输入 2mm，进行网格的划分，划分完如图 3-76 所示。同时，通过尺寸（Sizing）还可以对单个体、单个边、单个点的位置进行网格尺寸的加密，也可以按住【Ctrl】键同时选中多个体、多个边、多个点进行加密。

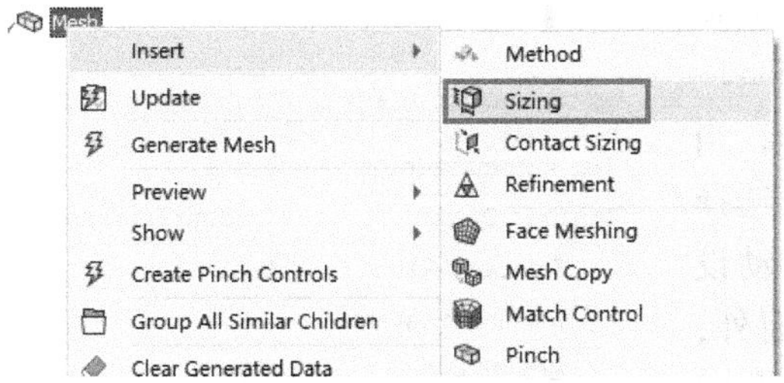

图 3-74　尺寸命令的插入

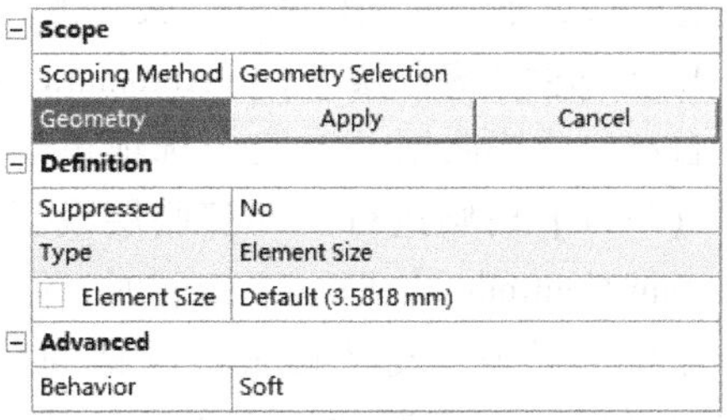

图 3-75　几何模型的选择

（2）接触尺寸（Contact Sizing）　右键单击模型树中的网格【Mesh】，左键选择插入【Insert】，单击接触尺寸【Contact Sizing】，对接触区域的网格进行加密。加密时需要先选择接触对，再设置网格尺寸。

（3）网格细化（Refinement）　右键单击模型树中的网格【Mesh】，左键选择插入【Insert】，单击网格细化【Refinement】，可以对选中的点、边、面进行网格的细化，细化的等级从 1~3 逐步递增，3 级网格最细、1 级网格最粗。此处对模型中的一个面进行加密，采用

3 级加密，得到的网格模型如图 3-77 所示。

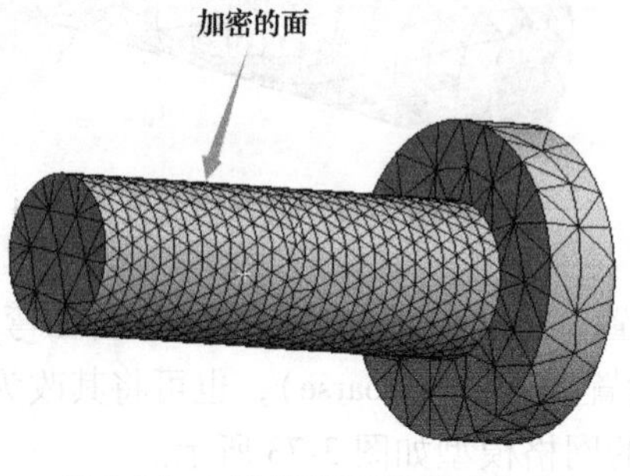

图 3-76 对面进行网格尺寸加密

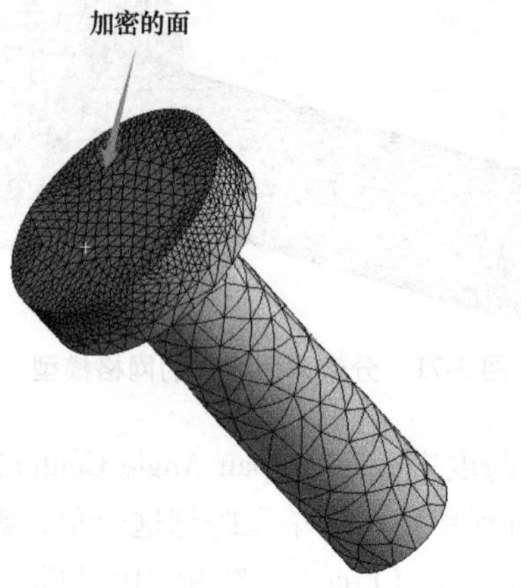

图 3-77 对面进行网格细化

（4）面网格（Face Meshing） 右键单击模型树中的网格【Mesh】，左键选择插入【Insert】，单击面网格【Face Meshing】，可以在面上生成较为一致的网格，有利于计算求解。图 3-78 所示为选择两个面进行面网格的划分，并生成相应的网格模型。

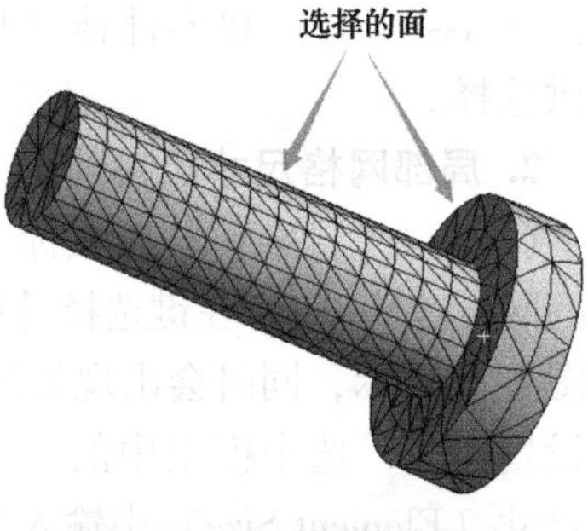

图 3-78 采用面网格划分

3.2.5 网格膨胀层设置

单击模型树中的网格【Mesh】，可以在参数设置窗口中通过膨胀（Inflation）项进行网格膨胀层的相关设置，如图 3-79 所示为膨胀层的参数设置面板。膨胀层的设置主要在流体分析中应用较多，膨胀层可由三角形和四边形面网格生成，但在六面体网格位置不能应用膨胀层，下面对网格膨胀层设置的功能进行简要介绍。

1. 自动生成膨胀层（Use Automatic Inflation）

自动生成膨胀层共有三个选项可供选择，当选择【None】时则进行手动膨胀层设置；当选择【Program Controlled】即程序控制时，除了手动设置、命名选择等不支持膨胀层网格划分的面外，膨胀层可以应用于其他所有的面；当选择【All Faces in Chosen Named Selection】，将对命名选择的面生成膨胀层。

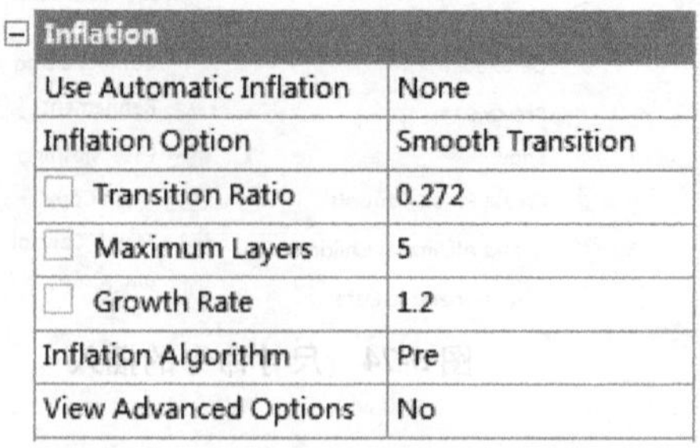

⊟ Inflation	
Use Automatic Inflation	None
Inflation Option	Smooth Transition
☐ Transition Ratio	0.272
☐ Maximum Layers	5
☐ Growth Rate	1.2
Inflation Algorithm	Pre
View Advanced Options	No

图 3-79 网格膨胀层参数设置面板

2. 膨胀层选项（Inflation Option）

1）平滑过渡（Smooth Transition）：此为默认的选项，在正常情况下平滑度取决于网格表面尺寸的变化。

2）总厚度（Total Thickness）：需要输入网格的最大厚度值，保持整个膨胀层的厚度恒定。

3）第一层厚度（First Layer Thickness）：需要输入第一层网格的厚度值，保持第一层单元网格的厚度恒定。

4）第一层纵横比（First Aspect Ratio）：指定从基础膨胀层拉伸的纵横比来控制膨胀层的厚度，默认纵横比为 5。

5）最终层纵横比（Last Aspect Ratio）：利用第一层厚度值、最终层厚度值及纵横比控制创建膨胀层，需要输入第一层厚度。

3. 膨胀层算法（Inflation Algorithm）

1）前处理（Pre）：先生成膨胀层网格，再生成体网格。

2）后处理（Post）：先生成体网格，再生成膨胀层网格。

4. 显示高级选项（View Advanced Options）

默认为关闭（No），改成打开（Yes）后便会显示更多膨胀层的相关设置，有需要的读者可自行查询帮助文档，此处不多赘述。

3.2.6 网格高级设置

在参数设置窗口中还可以对网格进行高级设置（Advanced），打开高级设置便可以得到图 3-80 所示的参数设置面板，对网格进行高级设置。

Advanced	
Number of CPUs ...	Program Controlled
Straight Sided Ele...	No
Rigid Body Behav...	Dimensionally Reduced
Triangle Surface ...	Program Controlled
Topology Checking	Yes
Pinch Tolerance	Please Define
Generate Pinch o...	No

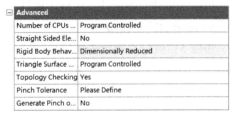

图 3-80 网格高级设置面板

1）采用并行算法进行网格划分（Number of CPUs for Parallel Part Meshing）：采用并行算法对网格进行划分，可提高网格划分效率，可通过程序控制，也可自行设置。

2）直边单元（Straight Sided Elements）：默认为不使用，在电磁分析时必须使用。

3）三角形曲面划分器（Triangle Surface Mesher）：可通过程序自动控制（Program Controlled），也可以采用 Advancing Front 进行控制，默认采用程序自动控制。

4）拓扑检查（Topology Checking）：可针对四面体网格进行检查，默认为打开。

5）收缩容差（Pinch Tolerance）：网格生成时会产生缺陷，可通过收缩容差定义收缩控制，用户自己定义网格收缩容差控制值。

6）刷新时产生搜索（Generate Pinch on Refresh）：默认为打开（Yes）。

3.3 网格划分实例：实体单元

接下来介绍一个简单的长方体网格划分实例，让读者了解网格划分的基本流程。

步骤 1：启动 ANSYS Workbench 2022 R1，然后在组件系统（Component Systems）中找到 Mesh 模块，双击便可以在工程示意窗口中生成一个 Mesh 工程项目，如图 3-81 所示，然后双击几何建模【Geometry】单元进入 DesignModeler 界面（若打开的是 SpaceClaim，查看 1.1.1 节进行更改）。

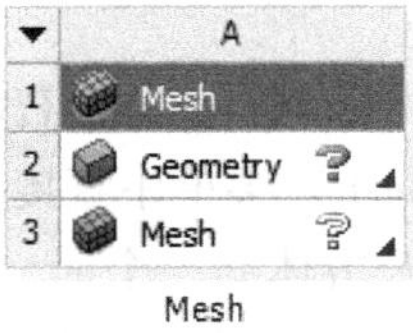

图 3-81 Mesh 单元

步骤 2：进入 DesignModeler 界面之后在菜单栏中将单位（Units）

改成【Millimeter】，即长度单位为 mm。在 XY 平面创建一个矩形草图，对其长和宽标注尺寸，长 100mm，宽 60mm，如图 3-82 所示。

步骤 3：单击工具栏中的拉伸【Extrude】按钮，在参数设置窗口的几何模型栏（Geometry）中选择刚建立好的草图并且单击应用【Apply】，设置拉伸深度 40mm，单击工具栏中的生成【Generate】按钮生成图 3-83 所示的长方体。

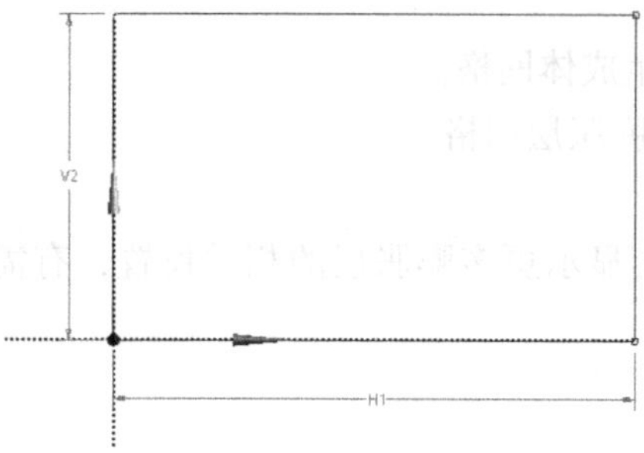

图 3-82 矩形草图

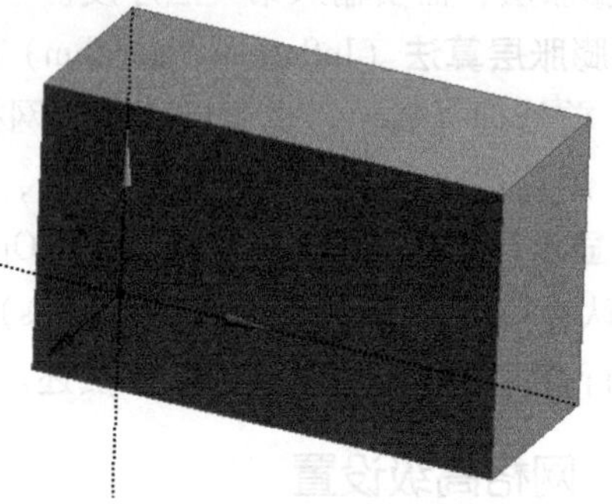

图 3-83 长方体的生成

步骤 4：退出 DesignModeler，双击网格【Mesh】单元进入 Meshing 界面，鼠标右键单击模型树中的网格【Mesh】，选择生成网格【Generate Mesh】进行第一次网格划分，便会生成图 3-84 所示的网格模型。

步骤 5：鼠标右键单击模型树中的网格【Mesh】，选择【Insert】-【Method】，或者在网格（Mesh）菜单中直接选择【Method】，插入一个网格控制方法，选择整个体，将控制的方法改成四面体（Tetrahedrons），单击生成【Generate】按钮重新生成网格，进行第二次网格划分，如图 3-85 所示。

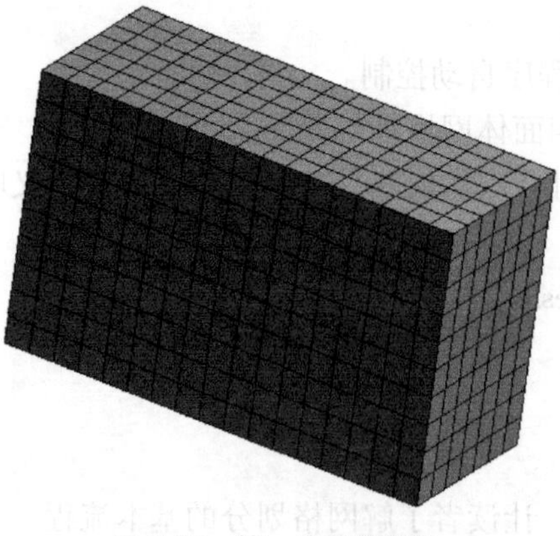

图 3-84 第一次网格划分

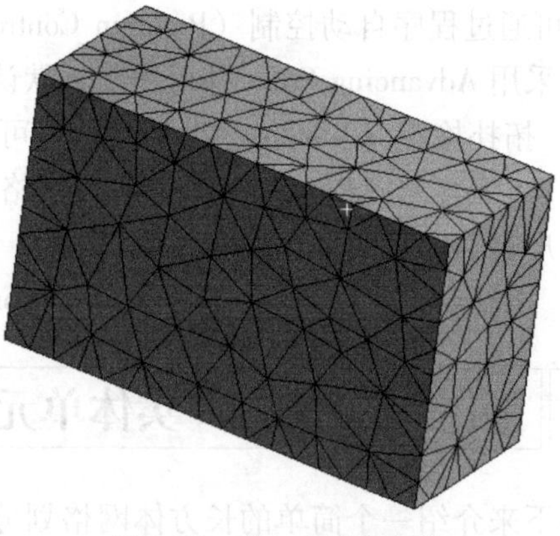

图 3-85 第二次网格划分

步骤 6：鼠标右键单击模型树中的网格【Mesh】，选择【Insert】-【Sizing】，或者在网格（Mesh）菜单中直接选择【Sizing】，插入一个尺寸控制，将工具栏中的选择工具换成面，选中长方体的一个面，网格单元尺寸（Element Size）输入 3mm，单击生成【Generate】按钮重新生成网格，进行第三次网格划分，如图 3-86 所示。

步骤 7：在主页菜单中选择【Insert】-【Section Plane】命令，对模型进行剖切，将模型切掉一半，并且在参数设置窗口中单击【Show Whole Element】将网格完整显示，如图 3-87 所示，可以明显地观察出加密面的网格尺寸较小，网格数量较多。

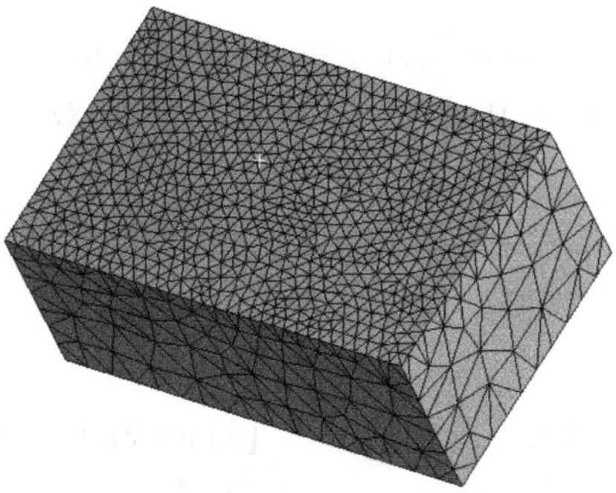

图 3-86　第三次网格划分

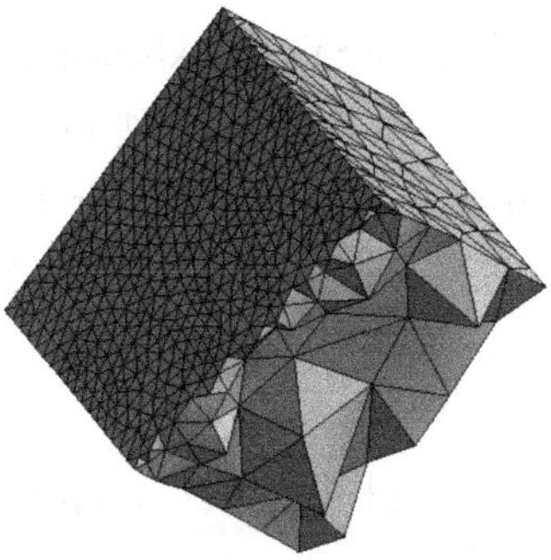

图 3-87　网格切分

步骤 8：退出剖面显示，在网格（Mesh）参数设置窗口中质量（Quality）项下的网格度量（Mesh Metric）栏中，选择【Element Quality】和【Jacobian Ratio（MAPDL）】查看单元质量和雅可比率，如图 3-88 和图 3-89 所示，可通过单元质量和雅可比率对网格质量进行评判。

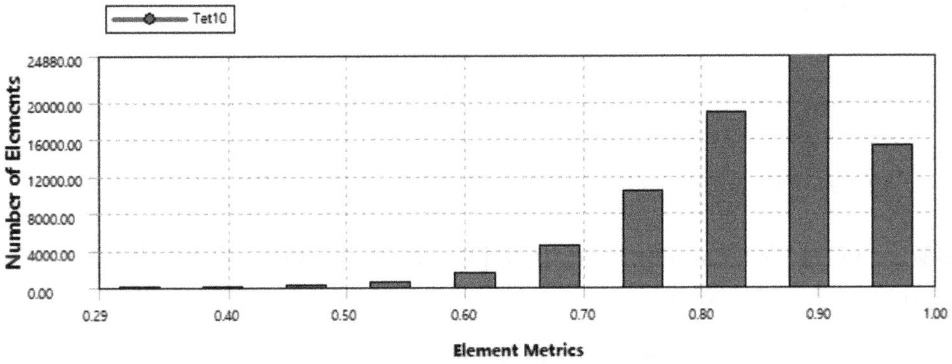

图 3-88　单元质量

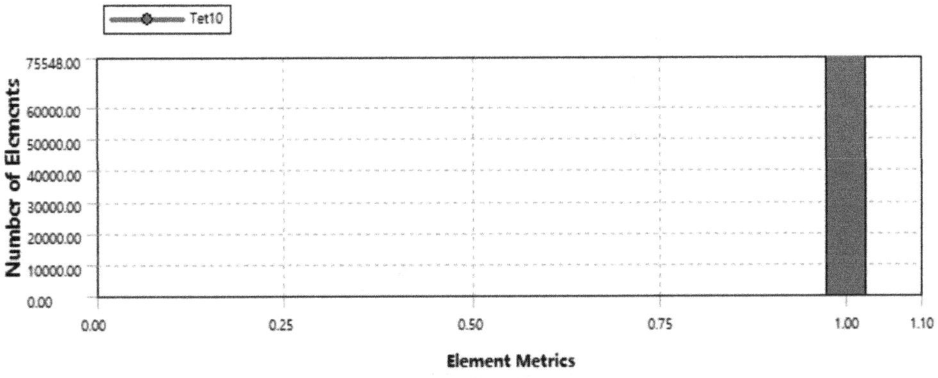

图 3-89　雅可比率

3.4 网格划分实例：梁单元

下面对梁单元的网格划分进行介绍。

步骤 1：启动 ANSYS Workbench 2022 R1，然后在组件系统（Component Systems）中找到网格（Mesh）模块，双击便可以生成一个 Mesh 工程项目，然后双击几何建模【Geometry】单元进入 DesignModeler 界面。

步骤 2：进入 DesignModeler 界面之后在菜单栏中将单位（Units）改成【Millimeter】，即长度单位为 mm。在 XY 平面新建一个矩形草图，对其长和宽标注尺寸，长 100mm，宽 60mm。

步骤 3：单击选择概念（Concept）菜单中的由草图创建线体【Lines From Sketches】，如图 3-90 所示，在 Base Objects 栏中选择步骤 2 创建的草图，单击应用【Apply】，再单击工具栏中的生成【Generate】按钮生成线体，如图 3-91 所示。

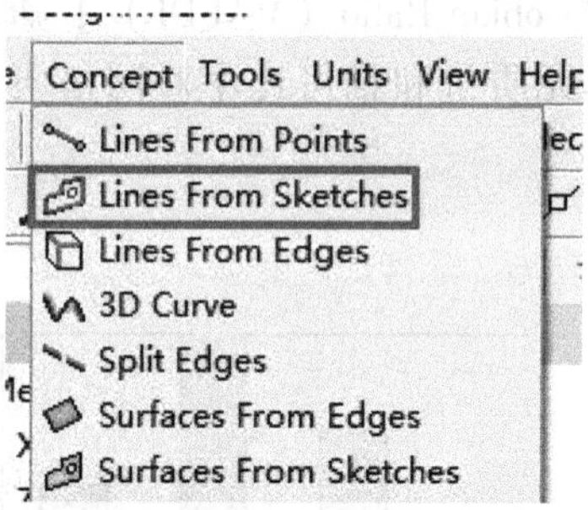

图 3-90 由草图创建线体

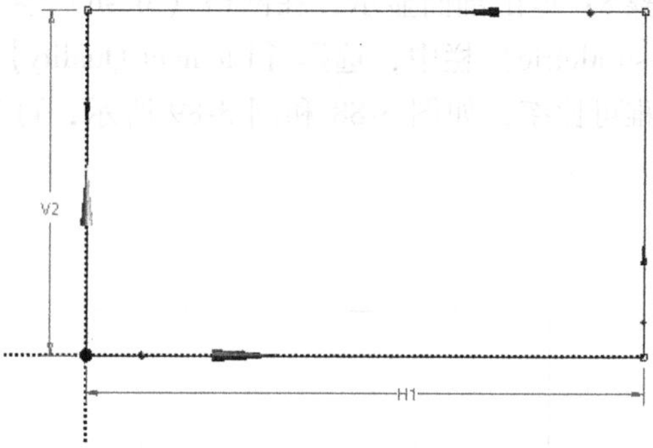

图 3-91 线体的创建

步骤 4：单击概念（Concept）菜单中的【Cross Section】-【Circular】，如图 3-92 所示，创建一个圆形截面，半径设为 3mm。

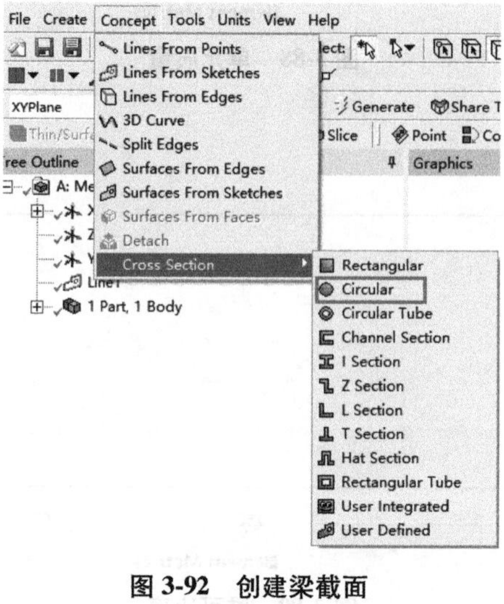

图 3-92 创建梁截面

步骤 5：单击模型树中的线体【Line Body】，在参数设置窗口中的截面（Cross Section）栏中选择创建好的圆截面【Circular1】，将创建好的圆截面属性赋予梁单元，如图 3-93 所示，单击视图（View）菜单中的【Cross Section Solids】，将梁截面显示出来，如图 3-94 所示。

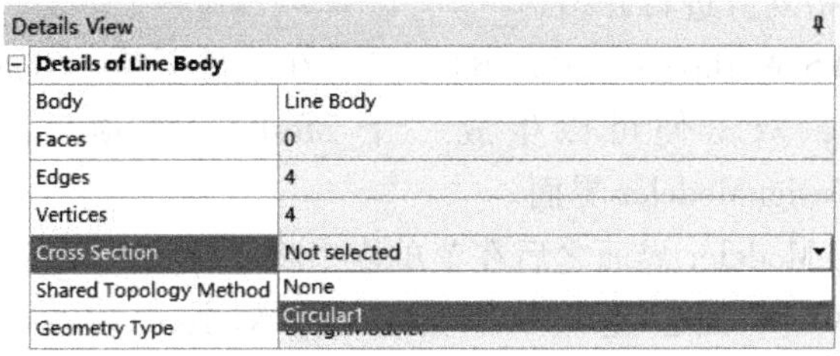

图 3-93　梁单元圆截面的赋予

步骤 6：退出 DesignModeler，进入 Meshing 界面，鼠标右键单击模型树中的网格【Mesh】，选择生成网格【Generate Mesh】进行第一次网格划分，如图 3-95 所示。

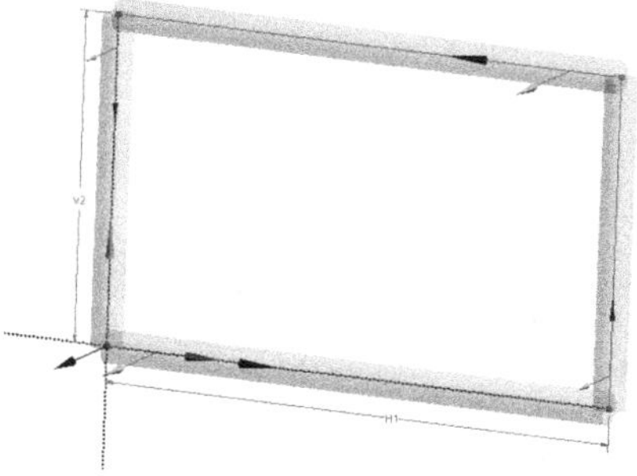

图 3-94　梁单元的生成

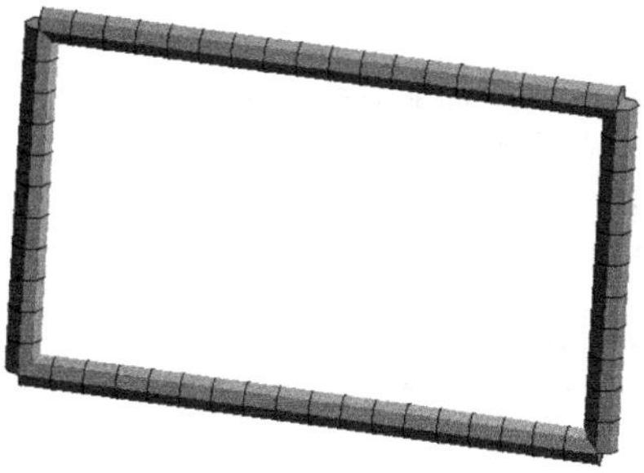

图 3-95　梁单元第一次网格划分

步骤 7：鼠标右键单击模型树中的网格【Mesh】，选择【Insert】-【Sizing】，或者在网格（Mesh）菜单中直接选择【Sizing】，插入一个尺寸控制，将工具栏中的选择工具换成边，选中矩形的一个边，网格单元尺寸（Element Size）输入 3mm，单击生成【Generate】按钮重新生成网格，进行第二次网格划分，如图 3-96 所示。

步骤 8：单击模型树中的边尺寸【Edge Sizing】，在参数设置窗口中把类型（Type）修改为分割数量【Number of Divisions】，在 Number of Divisions 栏中输入 80，即将该边分成 80 份进行网格划分，单击生成【Generate】按钮重新生成网格，进行第三次网格划分，如图 3-97 所示。

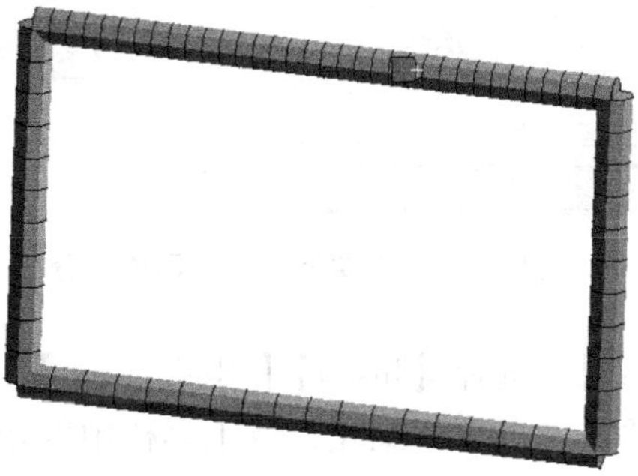

图 3-96　梁单元第二次网格划分

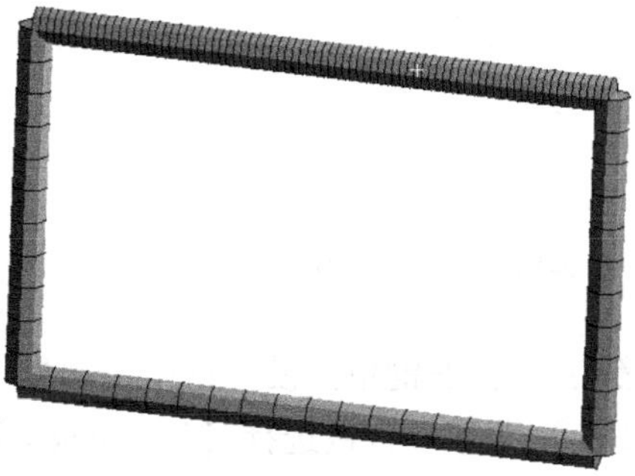

图 3-97　梁单元第三次网格划分

3.5 网格划分实例：壳单元

下面对壳单元的网格划分进行介绍。

步骤 1：启动 ANSYS Workbench 2022 R1，然后在组件系统（Component Systems）中找到网格（Mesh）单元，双击便可以生成一个 Mesh 工程项目，然后双击几何建模【Geometry】单元进入 DesignModeler 界面。

步骤 2：进入 DesignModeler 界面之后在菜单栏中将单位（Units）改成【Millimeter】，即长度单位为 mm。在 XY 平面创建一个矩形草图，对其长和宽标注尺寸，长 100mm，宽 60mm。

步骤 3：单击选择概念（Concept）菜单中的由草图创建面体【Surfaces From Sketches】，如图 3-98 所示，在 Base Objects 栏中选择步骤 2 创建的草图，单击应用【Apply】，设置厚度【Thickness】为 1mm，如图 3-99 所示，单击生成【Generate】按钮生成壳单元，如图 3-100 所示。

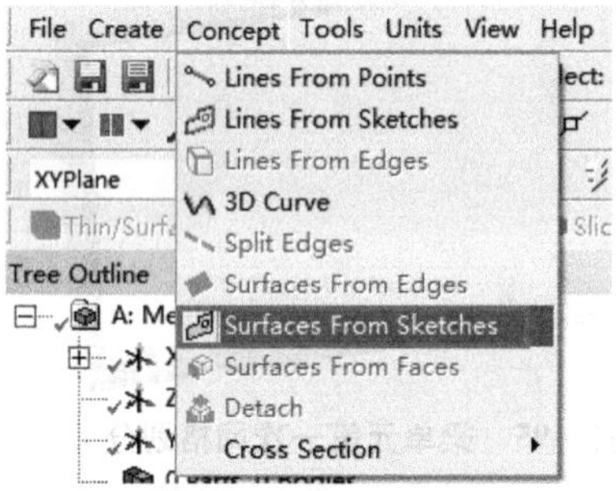

图 3-98 由草图创建面体

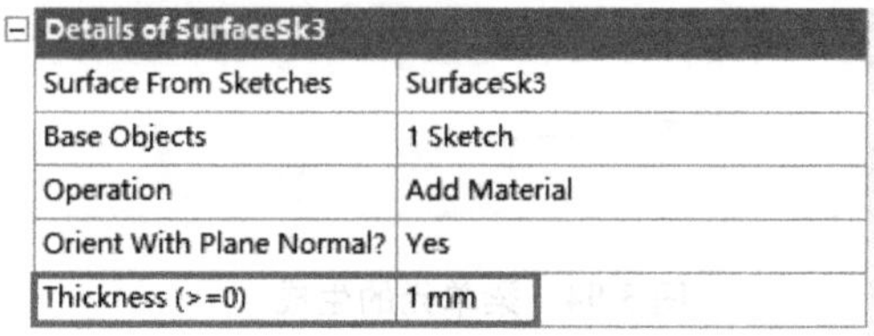

Details of SurfaceSk3	
Surface From Sketches	SurfaceSk3
Base Objects	1 Sketch
Operation	Add Material
Orient With Plane Normal?	Yes
Thickness (>=0)	1 mm

图 3-99 壳单元厚度的赋予

步骤 4：退出 DesignModeler，进入 Meshing 界面，鼠标右键单击模型树中的网格【Mesh】，选择生成网格【Generate Mesh】进行第一次网格划分，便会生成图 3-101 所示的网格模型。

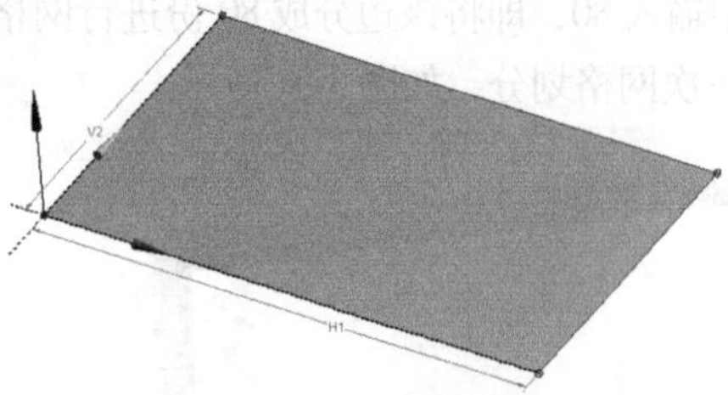

图 3-100 壳单元的创建

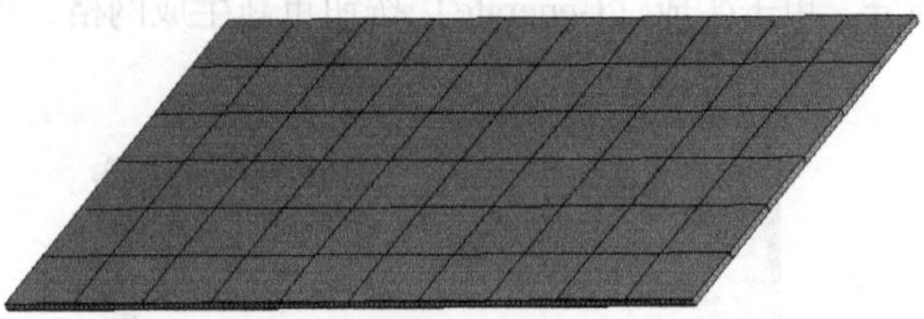

图 3-101 壳单元第一次网格划分

步骤 5：鼠标右键单击模型树中的网格【Mesh】，选择【Insert】-【Refinement】，或者在网格（Mesh）菜单中直接选择【Refinement】，插入一个单元细化，将工具栏中的选择工具换成面，选中壳单元的面，Refinement 更改为 3 层，单击生成【Generate】按钮重新生成网格，进行第二次网格划分，如图 3-102 所示。

步骤 6：鼠标右键单击模型树中的网格【Mesh】，选择【Insert】-【Face Meshing】，或者在网格（Mesh）菜单中直接选择【Face Meshing】，插入一个面网格，选择壳单元上的面，在参数设置窗口中把 Method 更改为【Triangles：Best Split】，划分三角形网格，单击生成【Generate】按钮重新生成网格，进行第三次网格划分，如图 3-103 所示。

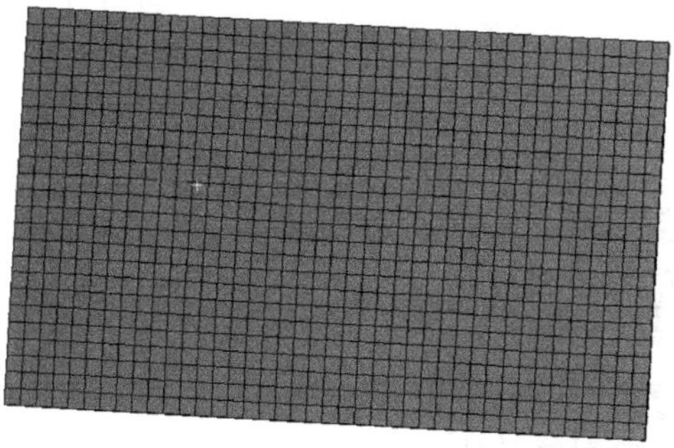

图 3-102　壳单元第二次网格划分

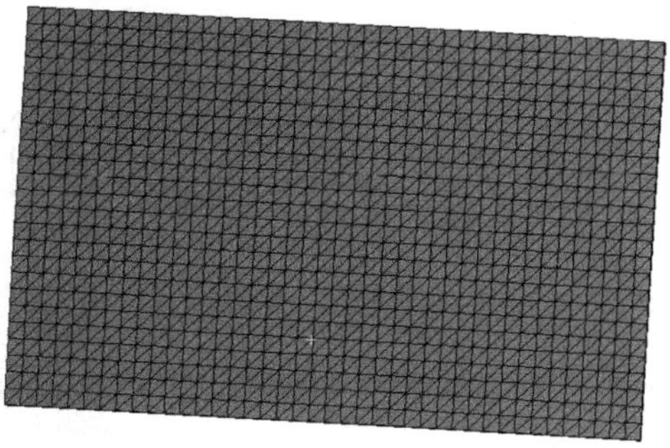

图 3-103　壳单元第三次网格划分

3.6　网格划分实例：复杂网格区域划分及生成

下面对复杂网格区域划分及生成进行介绍。

步骤 1：启动 ANSYS Workbench 2022 R1，然后在组件系统（Component Systems）中找到网格（Mesh）单元，双击便可以生成一个 Mesh 工程项目，然后双击几何建模【Geometry】单元进入 DesignModeler 界面。

步骤 2：进入 DesignModeler 界面之后在菜单栏中将单位（Units）改成【Millimeter】，即长度单位为 mm。在 XY 平面创建一个正方形草图，边长为 100mm，单击工具栏中的拉伸【Extrude】按钮，拉伸 30mm，便生成图 3-104 所示的长方体。

步骤 3：在长方体的面上创建一个直径为 50mm 的圆，并且圆心落在面的中心上，单击工具栏中的拉伸【Extrude】按钮，拉伸 120mm，便生成图 3-105 所示的几何模型。

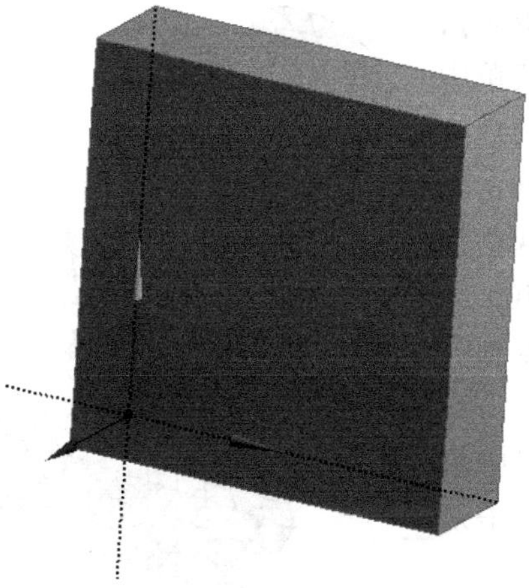

图 3-104　建立长方体

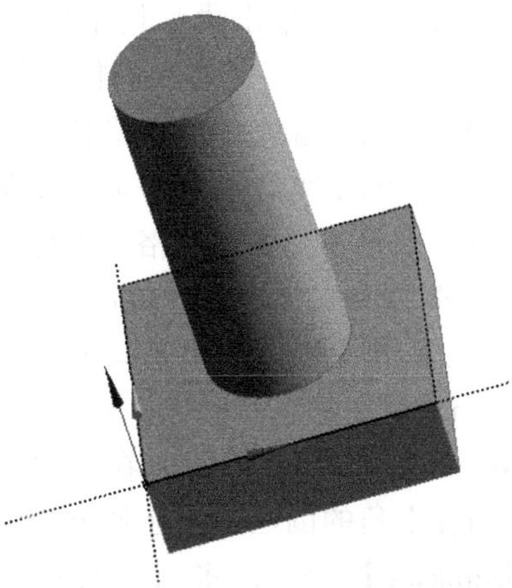

图 3-105　几何模型的构建

步骤 4：退出 DesignModeler，进入 Meshing 界面，鼠标右键单击模型树中的网格【Mesh】，选择生成网格【Generate Mesh】进行第一次网格划分，便会生成图 3-106 所示的网格模型，在参数设置窗口中质量（Quality）项下的 Mesh Metric 栏选择【Element Quality】查看网格质量，如图 3-107 所示，网格质量最差的在 0.3 左右。

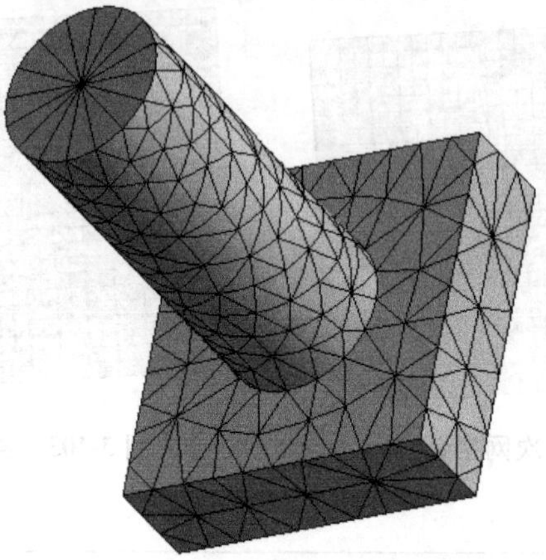

图 3-106　复杂模型第一次网格划分

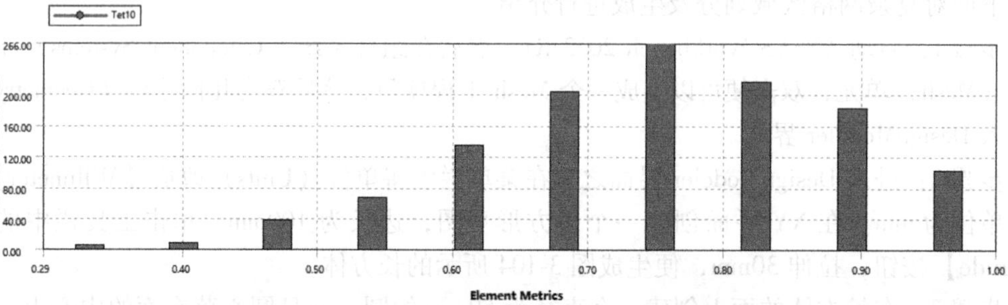

图 3-107　复杂模型第一次网格划分的网格质量

步骤 5：鼠标右键单击模型树中的网格【Mesh】，选择【Insert】-【Method】，或者在网格（Mesh）菜单中直接选择【Method】，插入一个网格控制方法。选择整个体，将控制的方法改成多区法（MultiZone）单击生成【Generate】按钮重新生成网格，进行第二次网格划分，如图 3-108 所示，查看其网格质量如图 3-109 所示，可以发现采用多区法（MultiZone）的网格控制方法得到的网格质量更好。

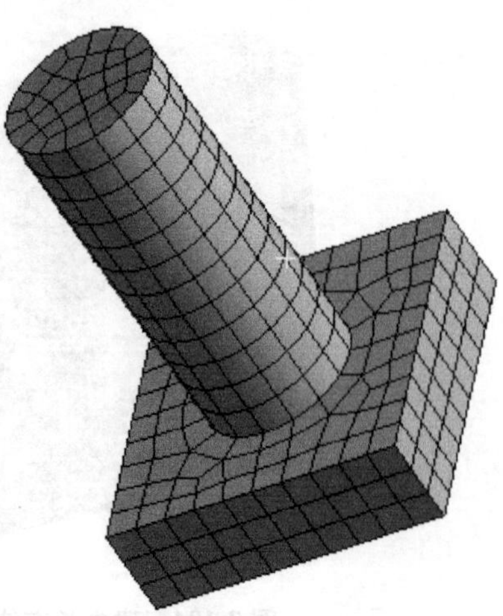

图 3-108　复杂模型第二次网格划分

步骤 6：退出 Meshing 界面，在工程示意窗口中单击 Mesh 项目左上角的倒三角，在弹出的菜单中单击复制粘贴【Duplicate】命令，将刚才的网格项目复制一个出来，如图 3-110 所示，双击几何建模【Geometry】

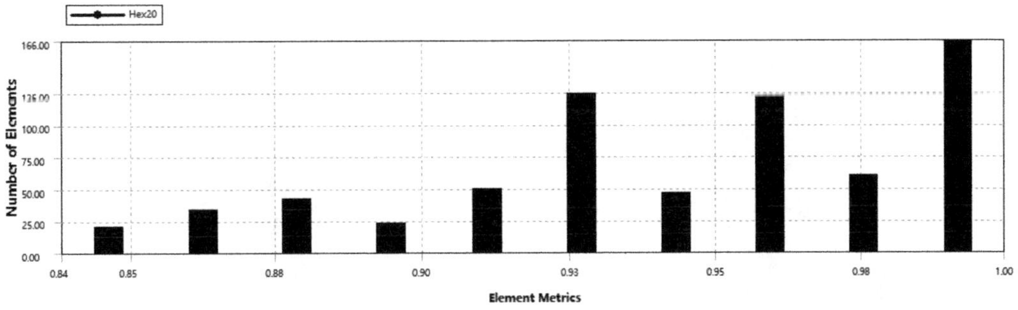

图 3-109 复杂模型第二次网格划分的网格质量

单元进入 DesignModeler 界面，对几何模型进行划分。

步骤 7：单击工具栏中的切片【Slice】命令，将切片类型【Slice Type】改成通过已有的面对实体进行切分【Slice by Surface】，单击目标面【Target Face】栏，选择几何模型的圆柱面，单击应用【Apply】，单击生成【Generate】按钮生成图 3-111 所示的几何模型，完成几何模型的第一次切分。

图 3-110 网格组件的复制

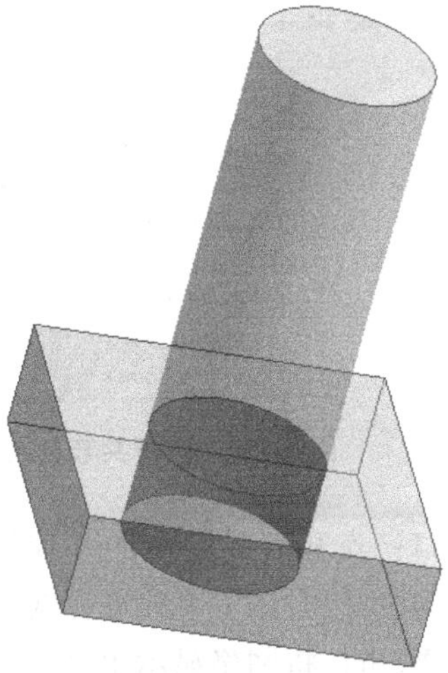

图 3-111 几何模型第一次切分

步骤 8：单击工具栏上的切片【Slice】命令，将切片类型【Slice Type】改成通过已有的面对实体进行切分【Slice by Surface】，单击目标面【Target Face】栏，选择图 3-112 所示的面，单击应用【Apply】，单击生成【Generate】按钮，完成几何模型的第二次切分，如图 3-113 所示，并按照图上的命名在模型树中分别对三个体进行重新命名。

步骤 9：按住【Ctrl】键同时选中模型树上命名好的三个体，右键单击【Form New Part】进行共节点，如图 3-114 所示。

步骤 10：退出 DesignModeler，进入 Meshing 界面，把之前插入的网格控制方法删掉，并且右键单击模型树中的网格【Mesh】，选择【Clear Generated Data】，将已有的网格数据清除，如图 3-115 所示。

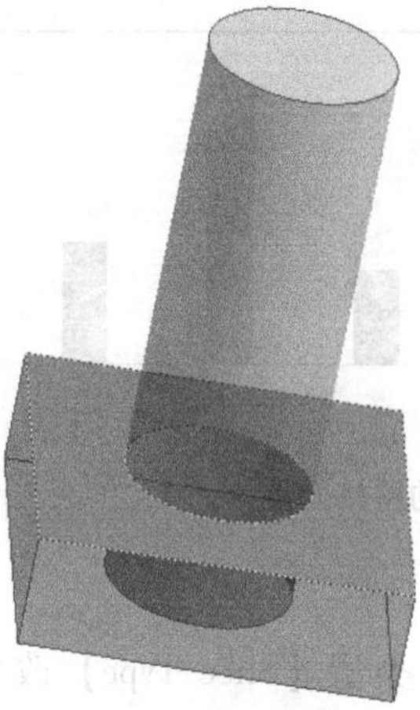

图 3-112 第二次切分面

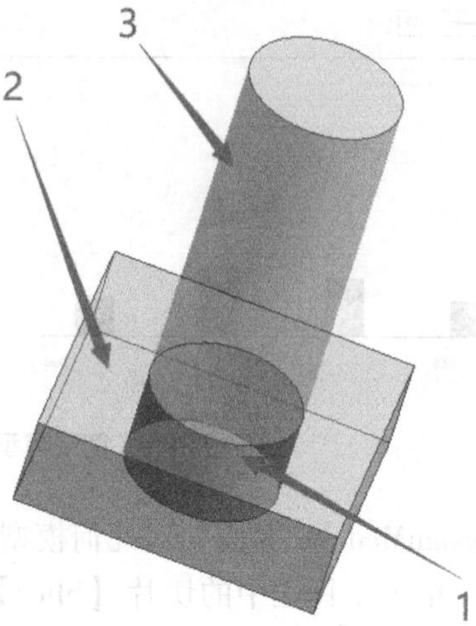

图 3-113 几何模型第二次切分

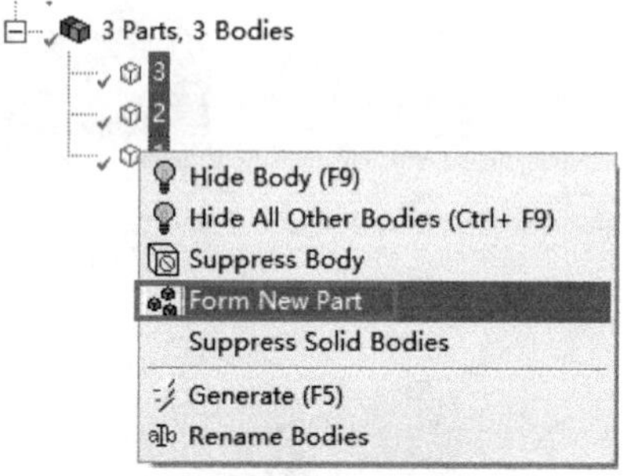

图 3-114 进行共节点操作

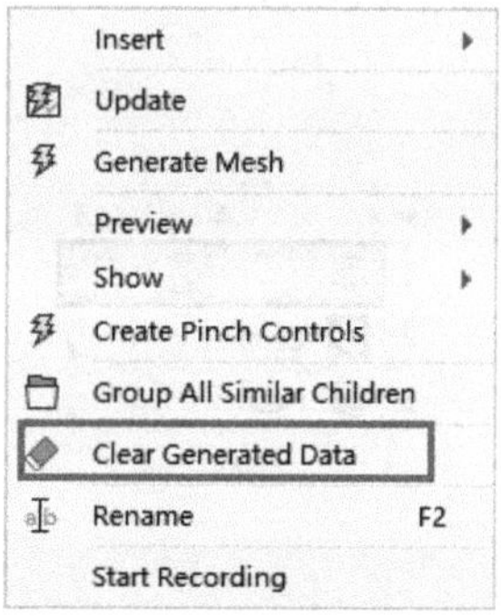

图 3-115 清除网格数据

步骤 11：点开模型树中的几何模型【Geometry】，鼠标右键单击体 1，选择生成网格【Generate Mesh】对体 1 单独进行网格划分，如图 3-116 所示，单击显示（Display）菜单中的【Show Mesh】将网格显示出来，划分结果如图 3-117 所示。

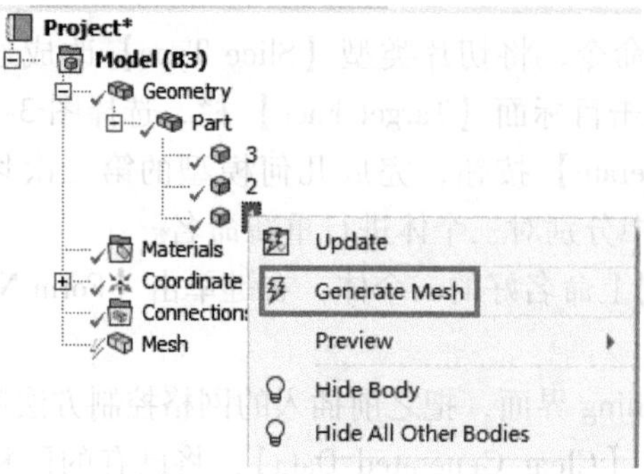

图 3-116 对体 1 进行网格划分

图 3-117 体 1 网格模型

步骤 12：同样对体 2 进行网格划分，划分结果如图 3-118 所示，由于三个体采用了共节点操作，因此两个体连接位置的节点是重合在一起的。

步骤 13：对体 3 也进行网格划分，完成整体网格的第三次划分，其网格模型如图 3-119 所示，并且查看该网格的单元质量，如图 3-120 所示，与图 3-107 对比之后可以明显发现，在不进行任何网格控制的前提下，将模型切分之后得到的网格质量更好。

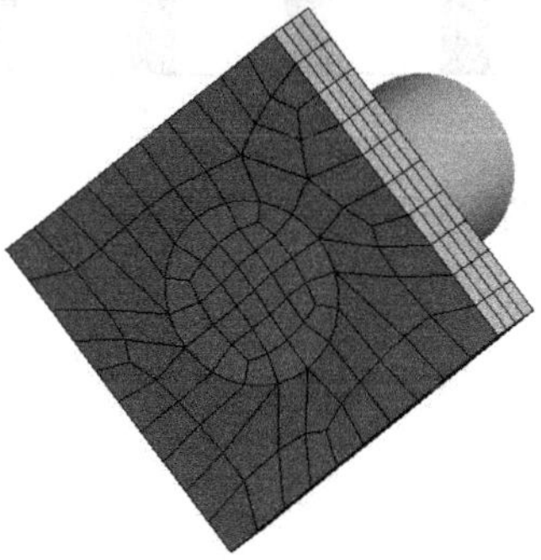

图 3-118　体 2 网格模型

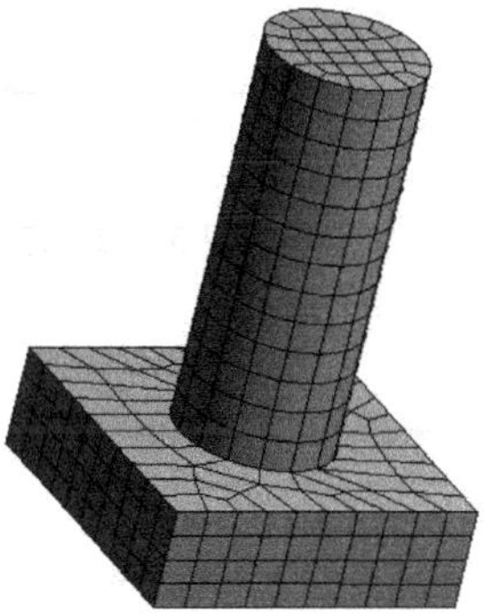

图 3-119　复杂模型第三次网格划分

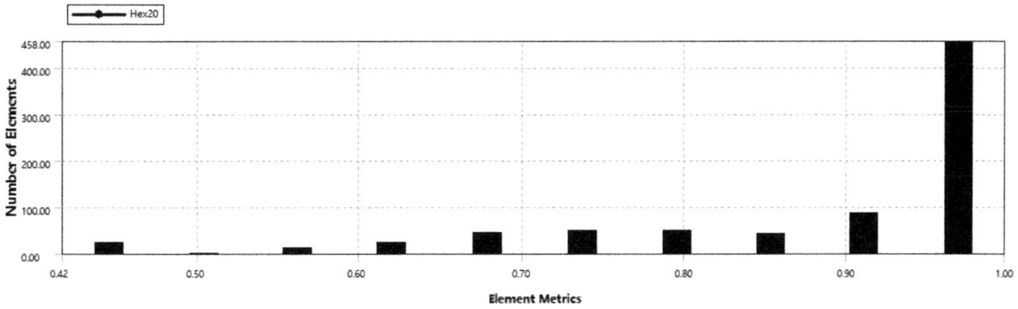

图 3-120　复杂模型第三次网格划分的网格质量

步骤 14：插入一个网格控制方法，选择三个体，将控制的方法改成多区法（MultiZone），单击生成【Generate】按钮重新生成网格，进行第四次网格划分，如图 3-121 所示，查看其网格质量如图 3-122 所示，与图 3-109 对比可以发现，插入控制方法后其网格质量差别不大，甚至不进行模型切分的网格质量会更好一些。

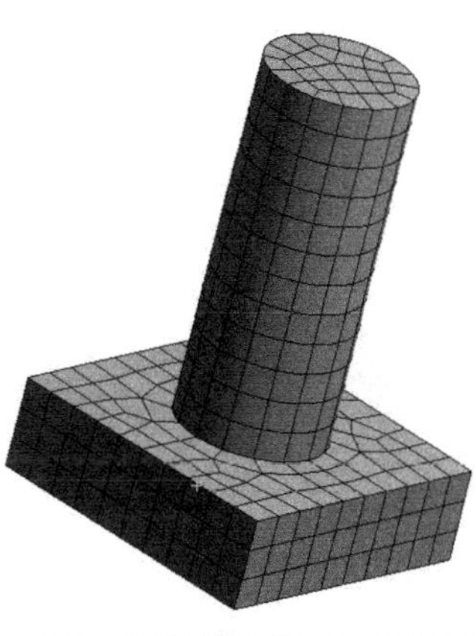

图 3-121　复杂模型第四次网格划分

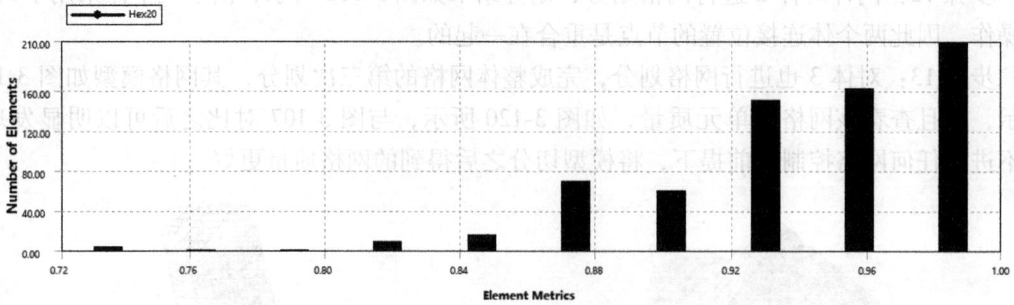

图 3-122 复杂模型第四次网格划分的网格质量

第 4 章 Workbench Mechanical 处理

ANSYS Workbench 2022 R1 中的 Mechanical 具备非常强大的功能，它涵盖了整个有限元分析的三大步过程，主要用来进行网格划分、结构与热分析。

4.1 Mechanical 平台概述

4.1.1 Mechanical 平台适用领域

Mechanical 平台适用领域包括：

1）线性和非线性结构的瞬、静态分析。

2）模态、谐波、随机振动、柔性体和刚体动力学分析。

3）温度场和热流分析。

4）结构拓扑优化。

5）静态磁场分析。

Mechanical 的基本操作可以分为三大步、三小步：

第一步：前处理（几何模型构建、材料定义和赋予、有限元系统模型构建）。

第二步：求解（载荷边界条件设置、位移边界条件设置、求解设置）。

第三步：后处理［常规结果（应力图、应变图、变形图）显示、结果评估、结果图导出］。

4.1.2 Mechanical 平台界面

启动 ANSYS Workbench 2022 R1 后，在工具箱（Toolbox）的分析系统（Analysis Systems）中，双击【Static Structural】创建一个静力学分析模块，双击几何建模【Geometry】完成建模后退出，然后双击其中的模型【Model】（见图 4-1）即可进入 Mechanical 界面，如图 4-2 所示。

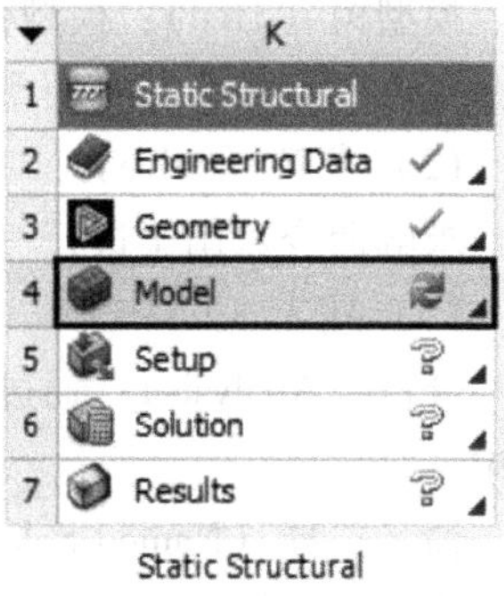

图 4-1 Mechanical 的启动

Mechanical 菜单栏包括文件（File）、主页（Home）、环境（Context）、显示（Display）、选择（Selection）和自动化（Automation）六个菜单，其中一些菜单命令和前文中的介绍相同（见 3.1.2 节），此处对其余常用菜单命令进行简单介绍。

1. 主页（Home）菜单

主页菜单主要包括大纲（Outline）、求解（Solve）、插入

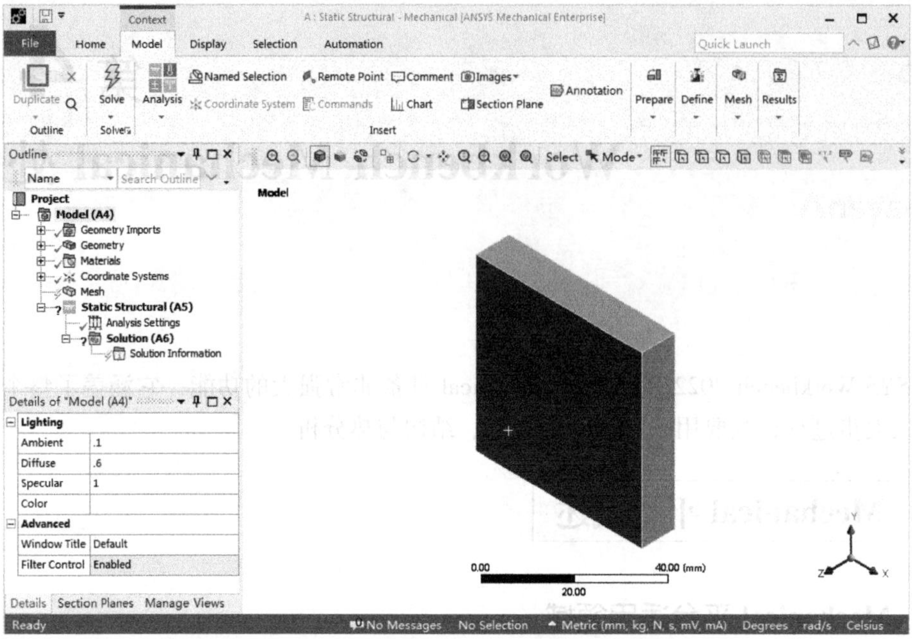

图 4-2 Mechanical 界面

(Insert)、工具（Tools）和布局（Layout）五个模块，如图 4-3 所示。

图 4-3 主页菜单

（1）大纲（Outline）

复制粘贴（Duplicate）：复制粘贴选定的对象。

复制、剪切、粘贴（Copy、Cut、Paste）：复制、剪切和粘贴选定的对象。

删除（Delete）：删除选定的对象。

查找（Find）：使用该命令可以查找模型树中的项目对象。

模型树（Tree）：模型树下拉菜单提供了全部展开、全部折叠和折叠环境命令，通过这些命令可以展开、折叠模型树对象和折叠环境对象。

（2）求解（Solve）

求解命令可用于进行一些基本的求解设置和进行求解分析。

（3）插入（Insert）

分析（Analysis）：通过此下拉菜单，可以将独立分析类型列表中的新分析添加到现有模型中。

命名选择（Named Selection）：对于受支持的父对象，根据需要将命名选定内容和父文件夹插入模型树中。

坐标系（Coordinate System）：通过此命令可以创建新的坐标系。

远程点（Remote Point）：选中模型对象时，此选项可用，它会根据需要插入新的远程点对象和父文件夹。

命令（Commands）：对于受支持的父对象，插入并指定一个新的 Commands 对象。

图表（Chart）：插入并指定新的图表。

图像（Images）：通过此命令可以捕捉图像并进行导出。

剖切平面（Section Plane）：会显示剖切平面窗口，以便查看几何模型、网格或结果的横截面。

（4）工具（Tools）

Units（单位）：显示单位制下拉菜单，可根据需要修改单位制。

Worksheet（工作表）：对于受支持的父对象，可显示或隐藏工作表窗口。

关键帧动画（Keyframe Animation）：显示关键帧动画窗口。

管理视图（Manage Views）：此功能可以保存模型的图形视图。

单位转换器（Unit Converter）：它是一个内置的转换计算器，能够在一致的单位制下执行转换。

打印预览（Print Preview）：显示当前选定对象的可打印图像。

报告预览（Report Preview）：在报表预览视图中显示分析。

快捷键（Key Assignments）：可显示所有可用的快捷键和快捷键组合，以便于快速执行某些操作。

（5）布局（Layout）

全屏（Full Screen）：可使界面全屏显示。

管理（Manage）：此命令提供界面显示选项的下拉菜单。

用户自定义（User Defined）：使用此下拉菜单的布局选项，可以保存已创建的界面布局。

重置布局（Reset Layout）：将界面恢复为默认布局。

2. 环境（Context）[此菜单为随动菜单，此处以模型（Model）菜单为例，其余菜单在后面章节的相应模块中进行介绍]

模型菜单包括大纲（Outline）、求解（Solve）、插入（Insert）、准备（Prepare）、定义（Define）、网格（Mesh）、结果（Results）七个模块，其中，前三个模块的菜单命令与主页菜单中的命令基本相同，以下主要对后四个模块进行介绍，如图 4-4 所示。

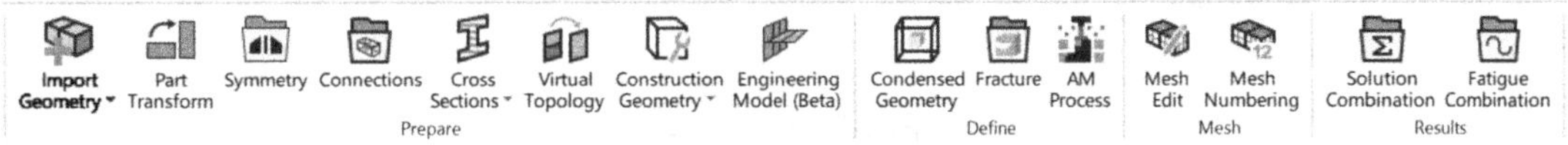

图 4-4 模型菜单

（1）准备（Prepare）

导入几何模型（Import Geometry）：此命令用于几何模型的导入。

部件转换（Part Transform）：此命令用于改变部件的位置和方向。

对称（Symmetry）：此命令表示在模型中创建对称平面或周期性平面等。

连接（Connections）：此命令用于创建两个或者多个对象之间的接触、运动副等连接形式。

截面形状（Cross Sections）：此命令用于创建一个对象的几何截面形状。

虚拟拓扑（Virtual Topology）：此命令用于分割、合并或者修改某些面和边线。

构造几何（Construction Geometry）：此命令用于创建一个路径、面和实体对象。

（2）定义（Define）

压缩几何模型（Condensed Geometry）：此命令可插入压缩的几何模型。

裂纹（Fracture）：用于插入裂纹，对模型进行裂纹分析。

增材制造工艺（AM Process）：此命令可将增材制造工艺插入大纲中的模型树下，以进行增材制造仿真。

（3）网格（Mesh）

网格编辑（Mesh Edit）：该命令允许创建网格连接和接触匹配，以及合并和（或）移动网格上的单个节点。

网格编号（Mesh Numbering）：该命令允许对由灵活零件组成的网格模型的节点和单元编号重新进行编号。该功能在交换或组装模型时很有用，并且可以隔离使用特殊元素（如超级元素）的效果。

（4）结果（Results）

解决方案组合（Solution Combination）：可以将多个解决方案的结果合并到一个组合结果中，并且可以创建多个这样的解决方案组合。

疲劳组合（Fatigue Combination）：当运行使用疲劳工具和损伤结果的多个分析时，可以使用疲劳组合来合并或汇总由每个分析中的单个疲劳工具生成的损伤结果。

3. 显示（Display）

显示菜单包括定向（Orient）、注释（Annotation）、类型（Style）、顶点（Vertex）、边（Edge）、分解（Explode）、视区（Viewports）、显示（Display）八个模块，如图 4-5 所示。

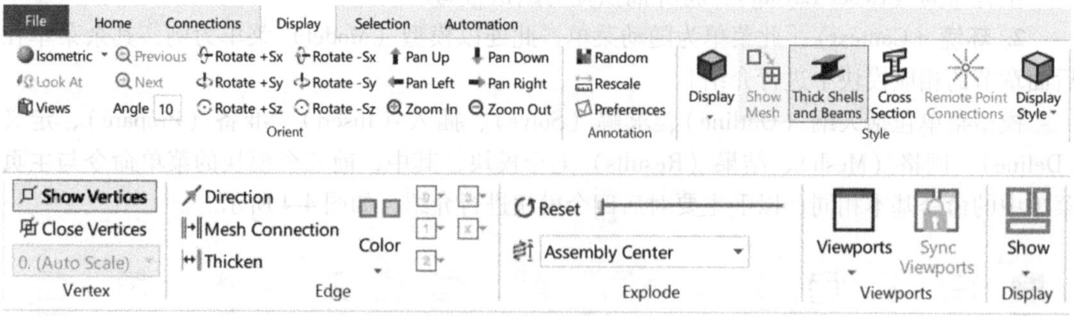

图 4-5　显示菜单

（1）定向（Orient）

等距（Isometric）：此命令将模型重新显示为正等轴测视图。

查看（Look At）：此命令可使图形操作窗口中当前所选面处于居中正视位置。

浏览（Views）：此命令提供了一个下拉菜单，可用于更改模型的视图方向（前、后、左、右、上、下等），以及用于模型的正等轴测显示。

上一个（Previous）、下一个（Next）：可通过此命令查看当前视图的上一个视图和下一个视图。

旋转（Rotate ±Sx、±Sy、±Sz）：可通过这些命令使几何模型绕轴旋转。

向上、下、左、右平移（Pan Up、Pan Down、Pan Left、Pan Right）：可通过这些命令使几何模型向上、下、左、右平移。

缩小、放大（Zoom In、Zoom Out）：可通过此命令放大或缩小几何模型。

（2）注释（Annotation）

随机（Random）：默认情况下，对象类型（如载荷、支撑、命名选择等）以唯一的颜色显示，如所有负载都是红色，所有支撑都是蓝色等。此命令可用以更改对象的颜色。

重新调整（Rescale）：此命令用于更改注记符号的大小，如加载方向箭头。

偏好（Preferences）：此命令会显示注释首选项对话框，用于设置注释显示的首选项。

（3）类型（Style）

显示网格（Show Mesh）：此命令用于显示几何模型的网格。

壳、梁的厚度（Thick Shells and Beams）：此命令用于显示壳、梁的厚度。

横截面（Cross Section）：此命令用于显示线体横截面。

远程点连接（Remote Point Connections）：此命令用于显示几何图形与远程点或支持的远程边界条件与远程点之间的连接。

显示风格（Display Style）：使用此下拉菜单，可以根据可用命令显示模型的零件和实体。

（4）顶点（Vertex）

显示顶点（Show Vertices）：此命令用于突出显示模型上的所有顶点。

关闭顶点（Close Vertices）：此命令用于显示或隐藏模型上紧密聚集的顶点。

（5）边（Edge）

方向（Direction）：显示几何模型边的方向。

网格连接（Mesh Connection）：此命令通过考虑网格连接信息，使用着色方案显示边。

加厚（Thicken）：对于线的注释（如表示载荷、命名选择等的注释），启用此命令会使这些线加厚显示，以便更容易在屏幕上识别它们。

（6）分解（Explode）

Reset：此命令会将模型的零件重新装配到其原始位置。

（7）视区（Viewports）

通过此命令可以将图形操作窗口拆分为多个窗口，并可以在每个窗口中执行独立的操作。

（8）显示（Display）

该命令下拉菜单提供了多个常规显示选项，如标尺、坐标等。

4. 选择（Selection）

选择菜单包括命名选择（Named Selections）、拓展到（Extend To）、选择（Select）、转换为（Convert To）、路径（Walk）五个模块，如图 4-6 所示。

（1）命名选择（Named Selections）

此模块下的命令可以使用户能够从现有用户定义的命名中选择、添加和移除项目，以及

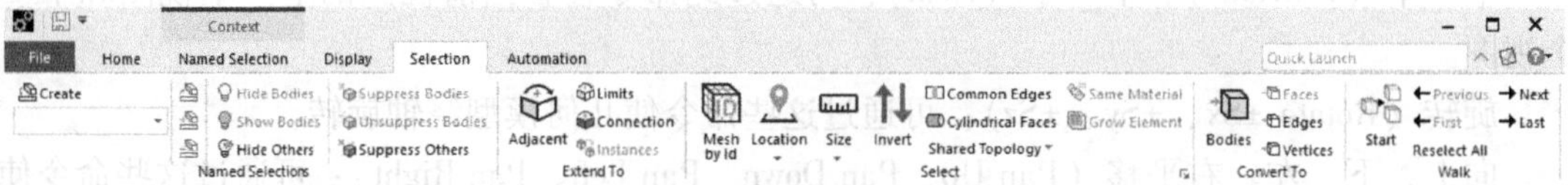

图 4-6 选择菜单

修改可见性和抑制状态。

（2）拓展到（Extend To）

此模块下的命令允许将角度公差范围内的相邻面或边添加到当前选定的面或边集中，或者将角度公差范围内的相切面或边添加到当前选定的面或边集中。

（3）选择（Select）

按 Id 进行网格划分（Mesh by Id）：当模型生成网格后，可以使用此命令打开一个对话框，使用该对话框可以输入 ID 选择网格节点和网格单元。

位置（Location）：此命令用于按照某个位置准则选择所有的几何对象。

尺寸（Size）：此命令用于按照某个尺寸准则选择所有的几何对象。

反向（Invert）：此命令用于选择当前未选取的相同类型的实体（如面、边等）。

公共边（Common Edges）：此命令用于选取所选面的公共边。

圆柱面（Cylindrical Faces）：此命令用于选取模型上所有圆柱形的面。

共享拓扑（Shared Topology）：可通过此命令的下拉菜单，包括“所有边”和“所有面”，选择多实体零件内部的任何边或面。

相同材料（Same Material）：此命令用于选取与当前所选实体具有相同材料的所有实体。

增长单元（Grow Element）：此命令用于选择与当前单元选择相邻的所有单元。

（4）转换为（Convert To）

共享（Shared）：此命令用于选择由所有当前所选实体共享的几何实体。

几何体（Bodies）：此命令用于选择与当前所选的面、边、顶点、元素或节点相关联的所有几何体。

面（Faces）：此命令用于选择与当前所选几何体、边、顶点、元素或节点相关联的所有面。

边（Edges）：此命令用于选择与当前所选的几何体、面、顶点、元素或节点相关联的所有边。

顶点（Vertices）：此命令用于选择与当前所选的几何体、面、边、元素或节点相关联的所有顶点。

（5）路径（Walk）

使用路径模块中的命令可以突出显示和放大模型的图元。

5. 自动化（Automation）

自动化菜单包括工具（Tools）、Mechanical、支持（Support）、用户按钮（User Buttons）四个模块，如图 4-7 所示。

（1）工具（Tools）

此模块包含用于启动对象生成器的命令和用于打开对话框以查找所需脚本文件的运行宏

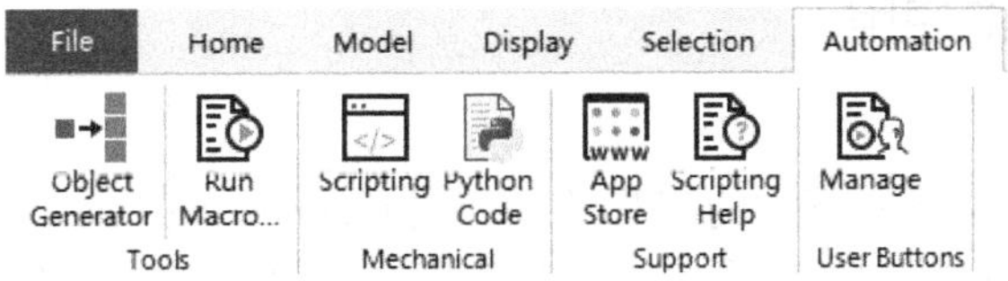

图 4-7　自动化菜单

命令。

（2）Mechanical

此模块包括脚本命令和 Python 代码命令。

（3）支持（Support）

应用商店（App Store）：此命令用于打开 Ansys 应用商店网站。

脚本编写帮助（Scripting）：此命令用于打开脚本编写帮助页。

（4）用户按钮（User Buttons）

此命令用于创建、编辑和删除自定义按钮。

4.2　工程数据平台概述

有限元分析第一大步中的第二小步就是材料的定义和赋予，在 Workbench 中可通过工程数据（Engineering Data）平台进行材料参数设置。

4.2.1　工程数据平台启动方法

进入工程数据（Engineering Data）平台的方法有两种，一种是左键双击工具箱（Toolbox）中组件系统（Component Systems）下的工程数据【Engineering Data】；一种是在创建好的项目中左键双击工程数据【Engineering Data】。工程数据界面如图 4-8 所示。

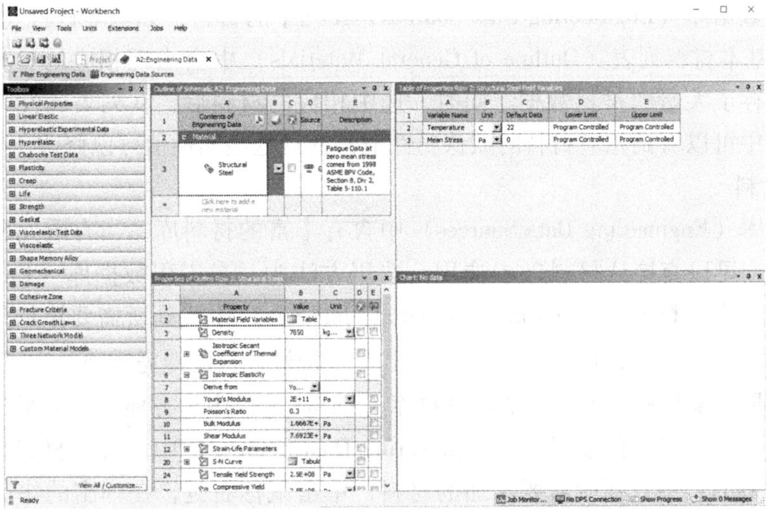

图 4-8　工程数据界面

4.2.2 工程数据库的使用

1. 工程数据库

可用鼠标左键单击工具栏下方的工程数据库【Engineering Data Sourse】，或者在工程数据（Engineering Data）应用程序窗口空白处单击鼠标右键，在弹出的菜单中单击工程数据库【Engineering Data Sources】即可出现图 4-9 所示工程数据库窗口。

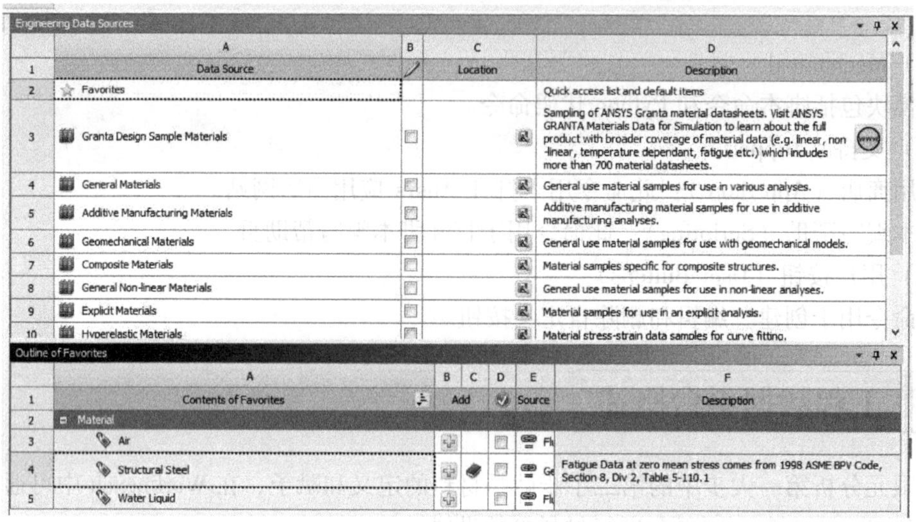

图 4-9 工程数据库

对于工程数据库（Engineering Data Sources），A 列数据库（Data Source）显示的是材料库清单，清单中 A2 Favorites 材料为默认材料，默认存在于每个分析项目中。B 列中，当选中复选框后，表示可以对该材料进行修改；当没有选中复选框时，表示不可以对该材料进行修改。C 列中，当没有选中 B 列复选框时，可以单击保存按钮，将其另存在其他位置。

选中工程数据库（Engineering Data Sources）A 列中的材料，如基本材料（General Materials）后，在基本材料列表（Outline of General Materials）中会出现相应的材料库，在这个材料库中，保存了大量的材料数据。同时，选中相应的材料后，在列表属性（Properties of Outline Row）中可以看到相应材料的默认属性值，并且这些属性值可以修改。

2. 添加材料

工程数据库（Engineering Data Sources）中含有丰富的材料库，当有限元分析的材料隶属于材料库时，可以直接从材料库中选用，选用方法为：在工程数据库（Engineering Data Sources）中的基本材料列表（Outline of General Materials）中找到所需要添加的材料，单击该材料后 B 列中的按钮，此时会在 C 列中出现符号，至此即完成项目中该材料的添加。

当然，如果需要将材料添加到常用材料库（Favorites）中，方便以后分析过程不必再重新添加该材料，则需在工程数据库（Engineering Data Sources）中的基本材料列表（Outline of General Materials）中找到所需要添加的材料，单击鼠标右键，在弹出的快捷菜单中选择添加到常用材料库（Add to Favorites）即可，如图 4-10 所示。

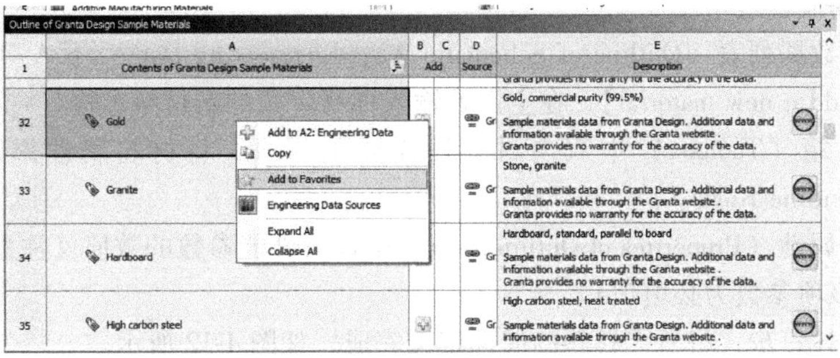

图 4-10　添加材料到常用材料库

3. 定义材料

在有些情况下，材料库中并没有所需要的材料，因此需要重新定义新的材料。在工程数据【Engineering Data】界面，可以看到工具箱（Toolbox）中包含：物理特性（Physical Properties）、线弹性（Linear Elastic）、超弹性实验数据（Hyperelastic Experimental Data）、超弹性（Hyperelastic）、蠕变（Creep）、寿命（Life）、强度（Strength）、衬垫（Gasket）等项，如图 4-11 所示。

图 4-11　工具箱材料属性

定义材料的流程包括：

1）在工程数据列表（Outline of Schematic A2：Engineering Data）下 A 列中找到并单击【Click here to add a new material】，在空白处输入你所定义的新材料名称。

2）在工具箱（Toolbox）中双击材料所需要的属性，将材料属性添加到列表属性（Properties of Outline Row）。

3）在列表属性（Properties of Outline Row）中设置性能参数的数值（注意：空白区域显示为黄色表示该项参数为必填项）。

4）重复上述三步，将所需材料的属性定义完成，如图 4-12 所示。

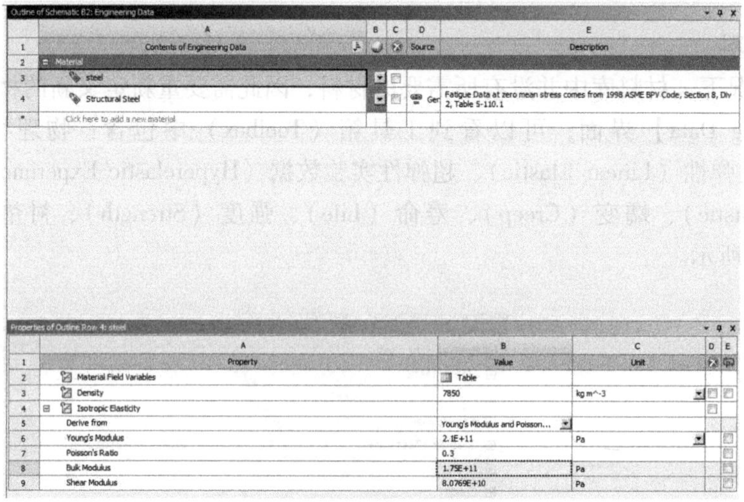

图 4-12　材料定义

4.3　Mechanical 前处理

Mechanical 前处理包括三小步：几何模型构建、材料定义和赋予、有限元系统模型构建。

4.3.1　几何模型构建

Workbench 提供了两种方式进行几何模型构建，一种是通过 DesignModeler 或 SpaceClaim 模块进行建模；一种是从第三方建模软件中导入，导入方式详见 1.3 节，在此就不过多描述。

通常导入的模型有以下几种类型：

1）由三维实体组成的模型实体：其特点为该实体均由带有二次状态方程的高阶四面体或者六面体实体单元进行网格划分，结构的每个节点含有三个平动自由度或对温度场含有一个温度自由度。

2）由二维面体组成的模型实体：其特点为该实体均由带有二次状态方程的高阶三角形或者四边形实体单元进行网格划分，结构的每个节点含有三个平动自由度和三个转动自由度，以及对温度场含有一个温度自由度。

3）由几何上为一维、空间上为三维的线体模型组成：其特点为该实体长度方向的尺寸相较其他两个方向的尺寸都很大，结构的网格单元均含有三个平动自由度和三个转动自由度，以及对温度场含有一个温度自由度。

4）由多种实体单元组成的模型实体：其特点为该实体由三维实体、二维实体或线体中的至少两种单元组成，如果实体同一界面的节点为共节点，则默认两实体为同一实体。

4.3.2　材料定义和赋予

在完成模型构建之后退出建模界面，双击模型【Model】进入 Mechanical 界面，进行模型的材料定义和赋予，如图 4-13 所示。材料定义和赋予要求在模型树中选中几何模型 Solid，在参数设置窗口中的材料赋予（Assignment）选项中选取相应的材料。

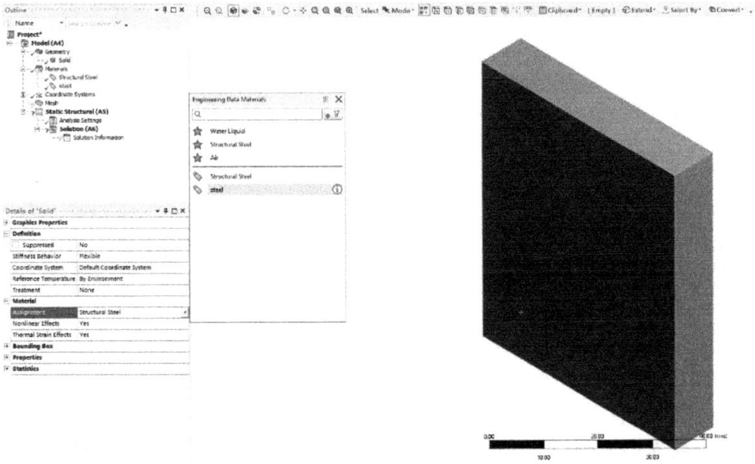

图 4-13　材料定义和赋予

4.3.3　有限元系统模型构建

1. 连接关系设置（如果模型由多个零件组成）

当模型由多个零件组成时，需要进行零件之间连接关系的确定，目的在于传递载荷，防止部件之间相互渗透。零件之间连接关系的处理通常有以下几种方式。

（1）共节点　表示两个对象之间共用网格节点，可在 DesignModeler 界面进行 Form New Part 操作（注意：DesignModeler 中的共节点操作要求操作对象的自由度相同），如图 4-14 所示。

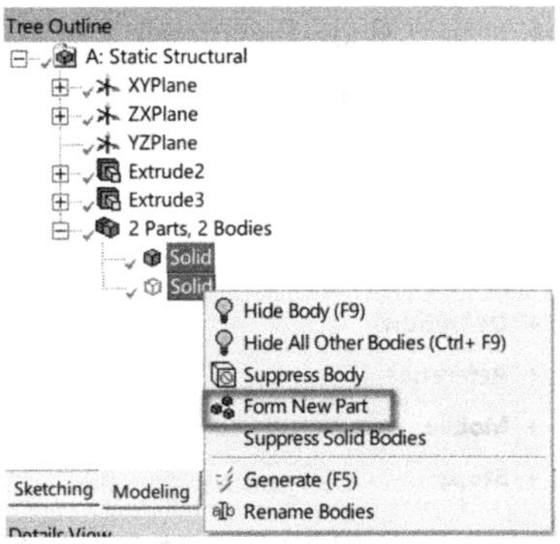

图 4-14　共节点

（2）点焊　当实体之间的连接方式为焊接或者可以等效为焊接时，可以采用点焊的方式进行实体间的连接，具体参数设置可以参考下文运动副的设置。注意：

如果几何模型文件中只有单个零件，则菜单栏中没有连接（Connection）菜单，需要先选择模型树中的模型【Model】，并在界面上方的模型（Model）菜单中选择连接【Connections】，此时模型树中便会出现连接（Connection）选项；如果几何模型文件为装配体，则模型树会自动生成连接（Connection）选项，如图 4-15 所示。

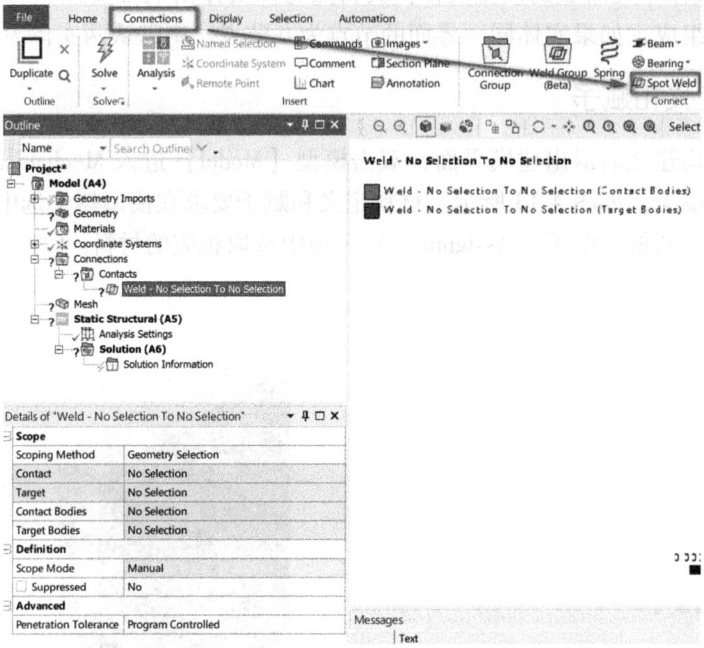

图 4-15　点焊

（3）运动副　运动副可用于控制两个零件之间的相对运动自由度，在 ANSYS Workbench 2022 R1 中对应命令为接合（Joint），此命令可用于模拟零件之间或零件与地面间的相对运动，参数设置窗口中的参数项包括基本参数定义（Definition）、参考项（Reference）、运动项（Mobile）和停止（Stop），如图 4-16 所示。

1）基本参数定义（Definition）。基本参数定义项中包括连接类型（Connection Type）、运动副类型（Type）、求解单元类型（Solver Element Type）、单元 APDL 名称（Element APDL Name）、抑制（Suppressed），如图 4-17 所示。其中，连接类型（Connection Type）包括体对体（Body-Body）和体对地（Body-Ground）；运动副类型（Type）和相应受到约束的自由度见表 4-1。

⊞ **Definition**
⊞ **Reference**
⊞ **Mobile**
⊞ **Stops**

图 4-16　参数设置窗口

⊟ **Definition**	
Connection Type	Body-Ground
Type	Fixed
Solver Element Type	Program Controlled
Element APDL Name	
Suppressed	No

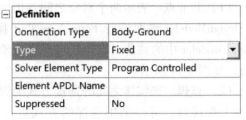

图 4-17　基本参数定义

表 4-1　运动副类型和相应受到约束的自由度

运动副类型	受到约束的自由度
Fixed	约束所有自由度
Revolute	UX、UY、UZ、ROTX、ROTY
Cylindrical	UX、UY、ROTX、ROTY
Translational	UY、UZ、ROTX、ROTY、ROTZ
Slot	UY、UZ
Universal	UX、UY、UZ、ROTY
Spherical	UX、UY、UZ
Planar	UZ、ROTX、ROTY
General	Fix All、Free X、Free Y、Free Z、Free All
Parallel	ROTX、ROTY
In-Plane	UZ
In-Line	UX、UY
Orientation	ROTX、ROTY、ROTZ

2）参考项（Reference）。参考项主要包括范围界定方法（Scoping Method）、应用于（Applied By）、范围（Scope）、体（Body）、坐标系（Coordinate System）、行为（Behavior）、Pinball 域（Pinball Region），如图 4-18 所示。其中，范围界定方法（Scoping Method）为选择几何对象的方式；范围（Scope）用于选择几何对象；体（Body）用于显示选择的几何体名称；坐标系（Coordinate System）为对应局部坐标系；行为（Behavior）为运动副连接行为，包括刚性（Rigid）、可变形（Deformable）和梁（Beam）；Pinball 域（Pinball Region）为运动副生效探测域范围。

3）运动项（Mobile）。运动项（Mobile）主要包括范围界定方法（Scoping Method）、应用于（Applied By）、范围（Scope）、体（Body）、初始位置（Initial Position）、行为（Behavior）、Pinball 域（Pinball Region），如图 4-19 所示。各参数含义与参考项中的含义相同。

Reference	
Scoping Method	Geometry Selection
Applied By	Remote Attachment
Scope	No Selection
Body	No Selection
Coordinate System	Reference Coordinate System
Behavior	Rigid
Pinball Region	All

图 4-18　参考项

Mobile	
Scoping Method	Geometry Selection
Applied By	Remote Attachment
Scope	No Selection
Body	No Selection
Initial Position	Unchanged
Behavior	Rigid
Pinball Region	All

图 4-19　运动项

2. 坐标系设置

Mechanical 模型树中的 Coordinate Systems 可用于创建坐标系，如图 4-20 所示。当模型是基于 CAD 的原始模型时，Mechanical 会自动添加全局坐标系（Global Coordinate System）。当然也可通过单击坐标系菜单中的 Coordinate System 按钮创建新的局部坐标系。

局部坐标系的创建有两种，一种是通过选择几何特征的方式建立；一种是通过指定坐标的方式建立，如图 4-21 所示。

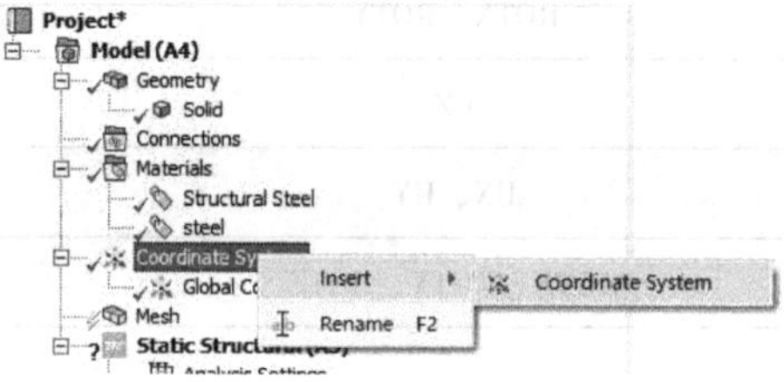

图 4-20 坐标系设置

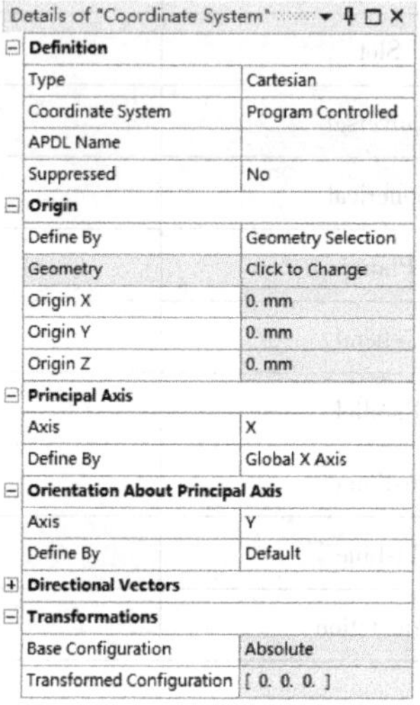

图 4-21 局部坐标系的创建

3. 网格划分

网格划分在有限元分析的环节中必不可少，网格的质量会直接影响求解的精度，网格划分相关内容已在第 3 章具体讲解，此处不再赘述。

4.4 Mechanical 求解

Mechanical 求解主要包括载荷边界条件设置、位移边界条件设置和求解设置。

4.4.1 载荷边界条件设置

Mechanical 提供了四种类型的约束载荷，分别是惯性载荷、力载荷、结构载荷和热载荷。

1. 惯性载荷

惯性载荷是通过施加加速度实现的，惯性力的方向与加速度的方向相反。惯性（Inertial）菜单具体包括加速度（Acceleration）、重力加速度（Standard Earth Gravity）、角速度（Rotational Velocity）和角加速度（Rotational Acceleration）命令。

2. 力载荷

在 Mechanical 中，力载荷主要集成在载荷（Loads）下拉菜单及其右侧，如图 4-22 所示。

1）压力（Pressure）：该载荷施加于面上，方向指向面的法向。

2）流体静压（Hydrostatic Pressure）：该载荷表示在面上施加一个线性变化的力，模拟结构上的流体载荷。

3）集中力（Force）：该载荷表示在实体的点、线和面上施加均匀分布的力。

4）远程载荷（Remote Force）：该载荷表示在实体的边或面上施加一个远离载荷，该载荷等效于在边或面上施加一个等效力和该力偏置所引起的力矩。

5）轴承载荷（Bearing Load）：该载荷表示使用投影面的方法将力的分量按照投影面积分布在压缩边。

6）螺栓预紧力（Bolt Pretension）：该载荷表示给圆柱形截面上施加预紧力以模拟螺栓连接。在使用该载荷时，需要给实体某一方向上的预紧力指定一个局部坐标系。

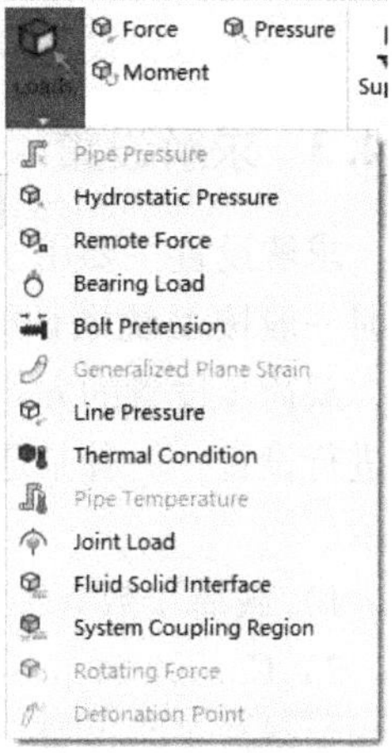

图 4-22　力载荷

7）力矩载荷（Moment）：该载荷表示对分析体施加某一力矩。对于实体，力矩必须施加在面上；而对于面，力矩可以施加在点、线或面上。

8）热载荷（Thermal Condition）：该载荷主要用于结构分析中给被分析体施加一个均匀的热载荷。施加载荷时，必须要设置一个参考温度。

4.4.2　位移边界条件设置

位移边界条件在求解过程中起着重要的作用，该边界条件主要集成在支撑（Supports）下拉菜单及其右侧，如图 4-23 所示。

1）固定约束（Fixed）：用于限制点、边和面上的所有自由度。

2）位移约束（Displacement）：用于自定义限制实体的点、边和面上的自由度。该边界位移条件可以定义 X、Y 和 Z 方向的平动自由度，当为 0 时表示该方向受限制，Free 表示该方向自由。

3）弹性约束（Elastic Support）：用于约束几何体在面、边界上类似弹簧的行为。

4）无摩擦约束（Frictionless）：用于在面上施加法向固定约束，一般用于对称边界条件。

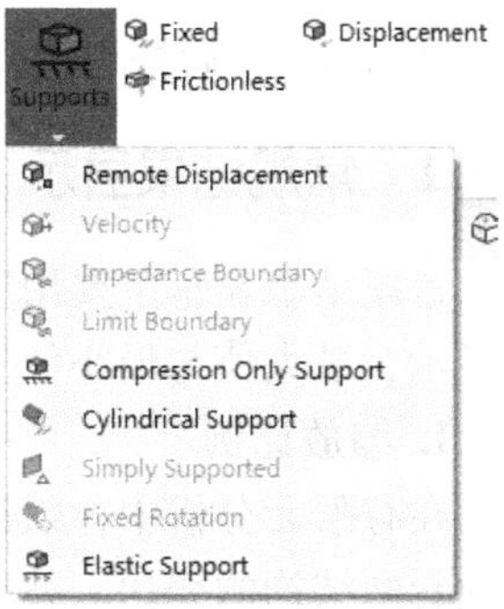

图 4-23　位移边界条件

5）圆柱面约束（Cylindrical Support）：用于圆柱面的轴向、径向和切向的约束。

6）仅有压缩约束（Compression Only Support）：用于在正常压缩方向施加约束，通常用于模拟圆柱面上受销钉和螺栓的作用。

7）简单约束（Simply Supported）：用于在梁、壳体边缘或顶点限制平移，但不限制其旋转自由度。

8）旋转约束（Fixed Rotation）：用于在梁、壳体边缘或顶点限制旋转自由度，但不限制其平动自由度。

9）远端位移约束（Remote Displacement）：用于在点、线和面上施加远端位移约束，远端位移约束可以设置位移约束和旋转约束。

4.4.3　求解设置

求解设置主要用于对分析项目进行求解设置，在静态分析时一般按系统默认设置即可；瞬态分析时需要设置载荷步，载荷步设置的方式有两种，一种是通过载荷步和载荷子步进行设置，一种是通过时间步的方式进行设置，如图 4-24 所示。

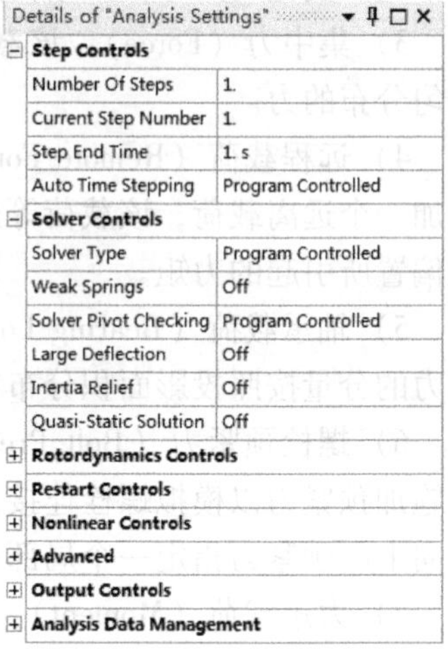

图 4-24　求解设置

1）载荷步数（Number Of Steps）：用于设置载荷步数。

2）Current Step Number（当前步）：用于当前载荷步下的相关载荷子步设置。

3）Step End Time（终止时间）：当采用时间步时用于设置分析时间。

4）Auto Time Stepping（自动时间步）：该选项有两种选择，一种是 On，一种是 Off，当选择 On 时，采用的是时间步的方式进行载荷步设置；当选则 Off 时，采用的是载荷步和载荷子步的方式进行载荷步设置。

其他选项按系统默认即可。

4.5　Mechanical 后处理

Mechanical 后处理包括常规结果显示和自定义结果显示。

4.5.1　常规结果显示

常规结果显示主要用于求解结果的展示，主要包括缩放比例、显示方式、色条设置、外形显示、最大值与最小值及探测工具、变形图显示、应力与应变图显示、接触结果显示。

1. 缩放比例

在有限元分析中，默认情况下，显示界面的求解结果状态图是 1 倍的放大图，为了更清楚地看到结构的变化，就需要对比例系数进行调整。如图 4-25 所示，通过在图示位置输入比例因子就可以得到放大或者缩小后的求解结果状态图。

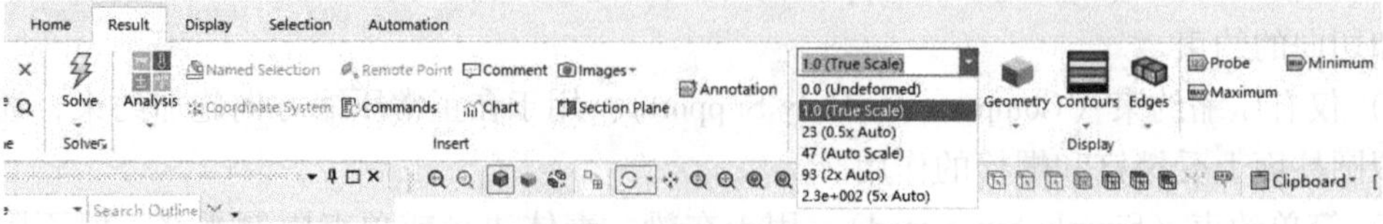

图 4-25　缩放比例设置

2. 显示方式

Workbench 结构云图通常有四种可选择显示方式，包括外部显示（Exterior）、等值面显示（IsoSurfaces）、修饰等值面显示（Capped IsoSurfaces）和截面显示（Section Planes）。

1）外部显示（Exterior）：此为默认的求解结果显示，其反映的是整体求解结果效果图，如图 4-26 所示。

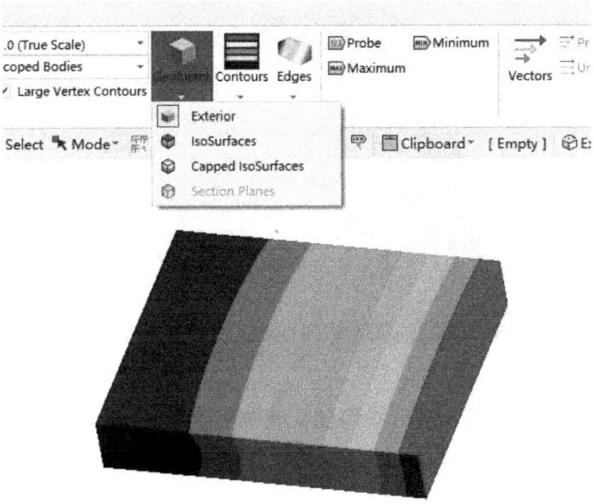

图 4-26 求解结果外部显示

2）等值面显示（IsoSurfaces）：其显示的相同值的云图，如图 4-27 所示。

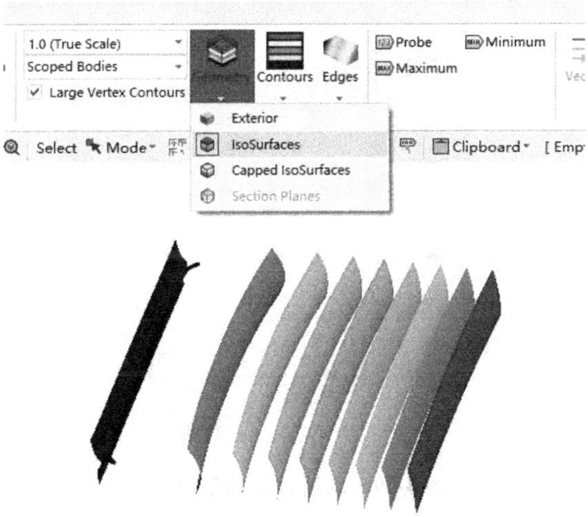

图 4-27 求解结果等值面显示

3）修饰等值面显示（Capped IsoSurfaces）：其目的是删除部分模型的云图，该云图会把高于或者低于某个指定值的云图删除掉，如图 4-28 所示。

3. 色条设置

色条设置用于控制模型视图的显示方式，包括光滑显示云图（Smooth Contours）、轮廓带显示云图（Contour Bands）、等值线显示云图（Isolines）、不在模型上显示云图（Solid Fill），如图 4-29 所示。

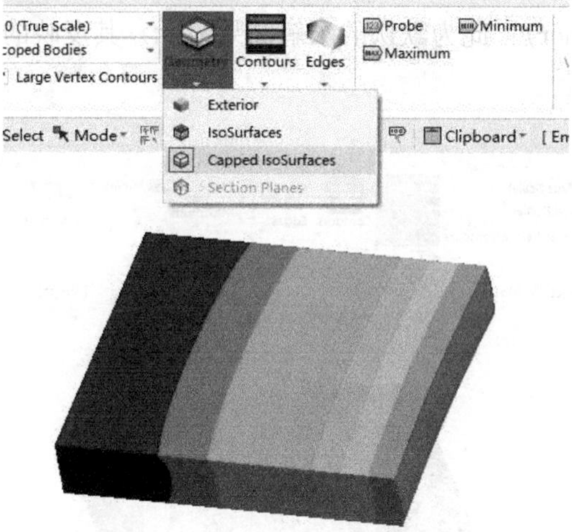

图 4-28 求解结果修饰等值面显示

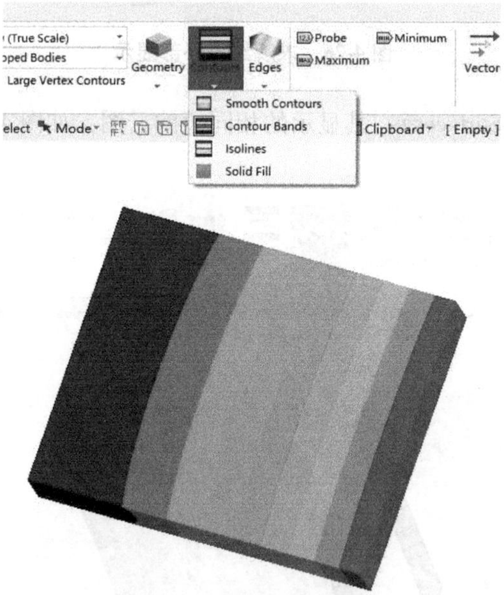

图 4-29 求解结果色条设置

4. 外形显示

外形显示用来设置是否显示未变形模型和划分网格模型，共有四种可选择方式，包括不显示几何轮廓（No WireFrame）、显示未变形轮廓（Show Underformed WireFrame）、显示未变形模型（Show Underformed Model）、显示单元（Show Elements），如图 4-30 所示。

5. 最大值与最小值及探测工具

如图 4-31 所示，单击 Maximum 和 Minimum 两个按钮，即可在求解结果处显示求解结果最大值和最小值的位置；单击 Probe 按钮，然后再单击几何模型上任意一点即可显示该点处的求解结果值。

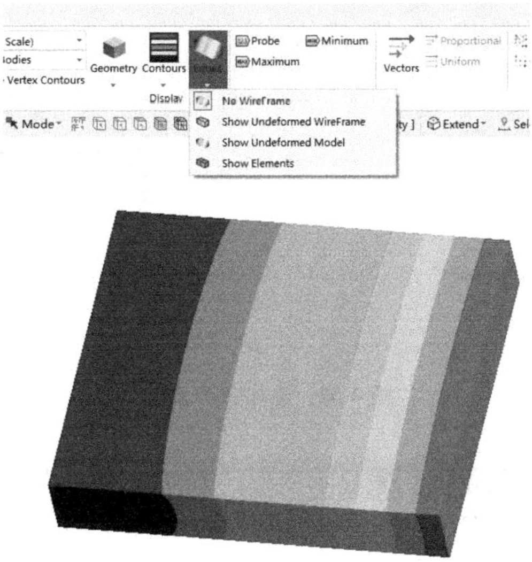

图 4-30　求解结果外形显示设置

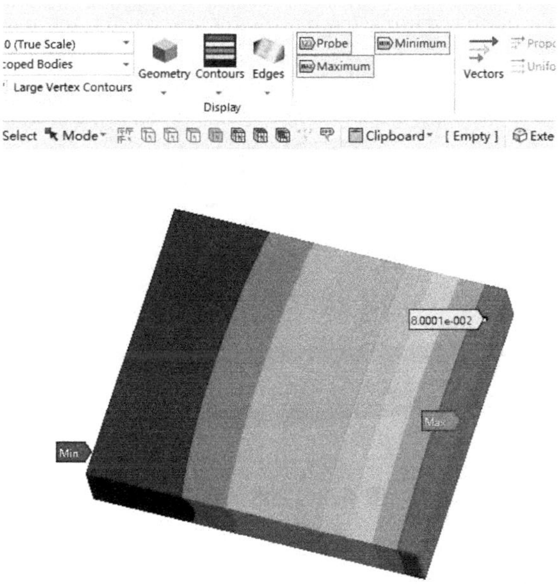

图 4-31　最大最小值与探测工具设置

6. 变形图显示

变形图显示包括变形云图（Deformation）和变形矢量图。

1）变形云图（Deformation）：主要包括总变形（Total Deformation）和方向变形（Directional Deformation），如图 4-32 所示。其中，总变形（Total Deformation）表示的是总变形量，它由公式 $U_{\text{Total}}=\sqrt{U_X^2+U_Y^2+U_Z^2}$ 确定，该方法需要在参数设置窗口中的 Geometry 栏选择所需要显示变形的几何体；方向变形（Directional Deformation）表示 X、Y、Z 方向上的变形，该方

法需要在参数设置窗口中的 Oriention 栏选择需要展示变形的方向，在 Geometry 栏选择需要显示变形的几何体。

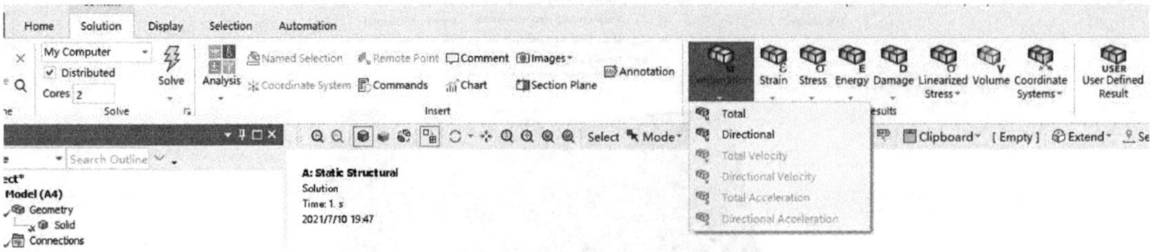

图 4-32　添加变形云图

2）变形矢量图：变形矢量图用来显示变形的方向，单击结果（Result）菜单下的矢量显示【Vector Display】即可实现变形矢量图的显示，如图 4-33 所示。

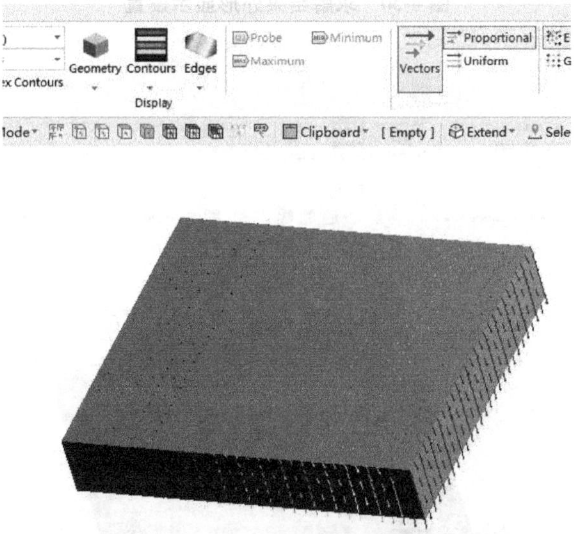

图 4-33　变形矢量图

7. 应力、应变图显示

在分析结果中，应力与应变主要有图 4-34、图 4-35 所示的选项。应力与应变有六个分量，分别为 X、Y、Z、XY、XZ、YZ 方向和面的分量，热应变有三个分量，分别为 X、Y、Z 方向的分量。对于应力和应变的分量，可以在 Stress 或者 Strain 下的 Normal 和 Shear 中设置，而热应变可以在 Stress 或者 Strain 下的 Thermal 中设置。

由于应力是张量，单一方向的应力分量很难反映出整体的系统响应，所以在 Workbench 后处理中，采用安全系数对系统响应做出判断，通过相应的强度理论对系统的应力、应变状态进行整体的评估。通常采用 Stress 或者 Strain 下的 Equivalent（Von-Mises）进行系统的整体状态评估。

可以在模型树中右键单击【Solution】，选择【Insert】-【Stress Tool】，然后选择需要的强度理论进行评估。其中，最大等效应力（Max Equivalent Stress）及最大剪应力（Max Shear Stress）理论适合塑性材料，Mohr-Coulomb Stress 应力理论及最大拉应力（Max Tensile Stress）理论适合脆性材料，如图 4-36 所示。

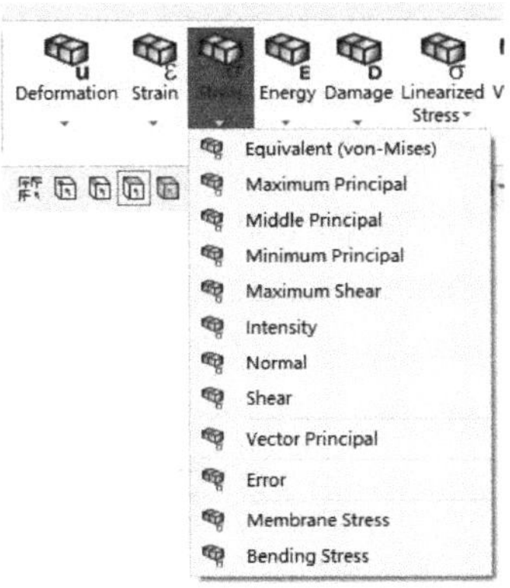

图 4-34 应力设置

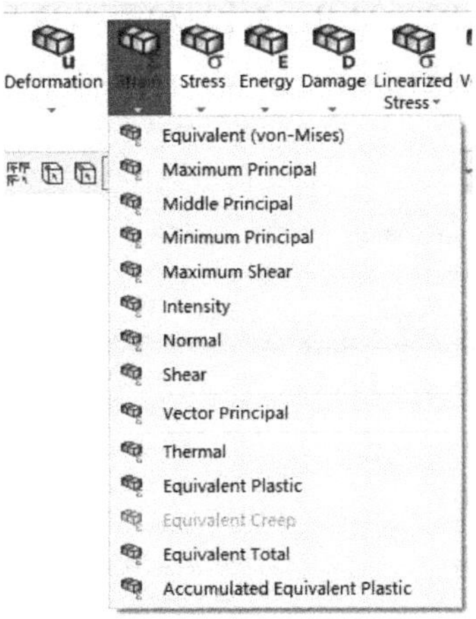

图 4-35 应变设置

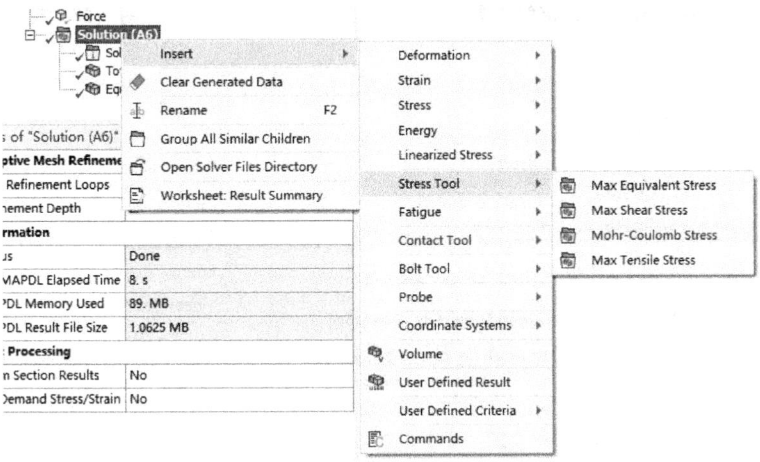

图 4-36 创建应力工具

8. 接触结果显示

接触工具下的接触分析可以用于求解相应的接触分析结果，包括摩擦应力、接触压力等。在模型树中右键单击【Solution】，选择【Insert】-【Contact Tool】-【Contact Tool】即可创建接触工具，如图 4-37 所示。

在接触工具参数设置窗口中进行接触域设置，目前接触域的设置有两种方法，如图 4-38 所示。

1）Worksheet：通过工作表选择接触域进行设置。

2）Geometry Selection：通过图形窗口选择接触域进行设置。

4.5.2 自定义结果显示

在 Workbench 后处理中，有时候需要自定义结果，可以右键单击【Solution】，选择【Insert】-【User Defined Result】，如图 4-39 所示，在参数设置窗口中的 Expression 栏中，用户可以定义结果的显示。

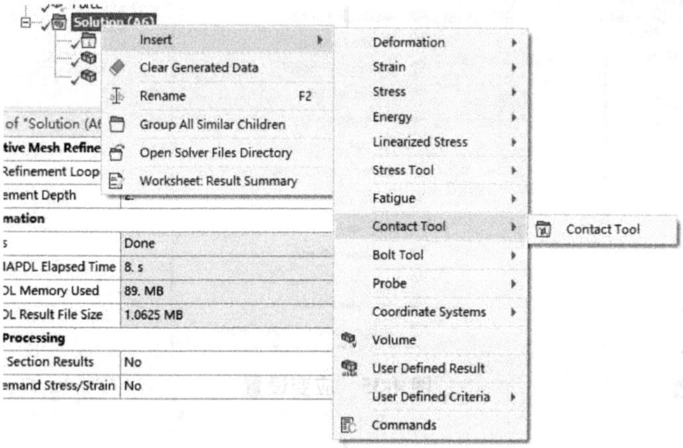

图 4-37 创建接触工具

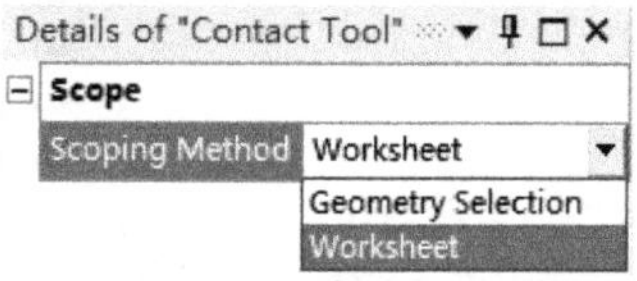

图 4-38 接触域设置方式

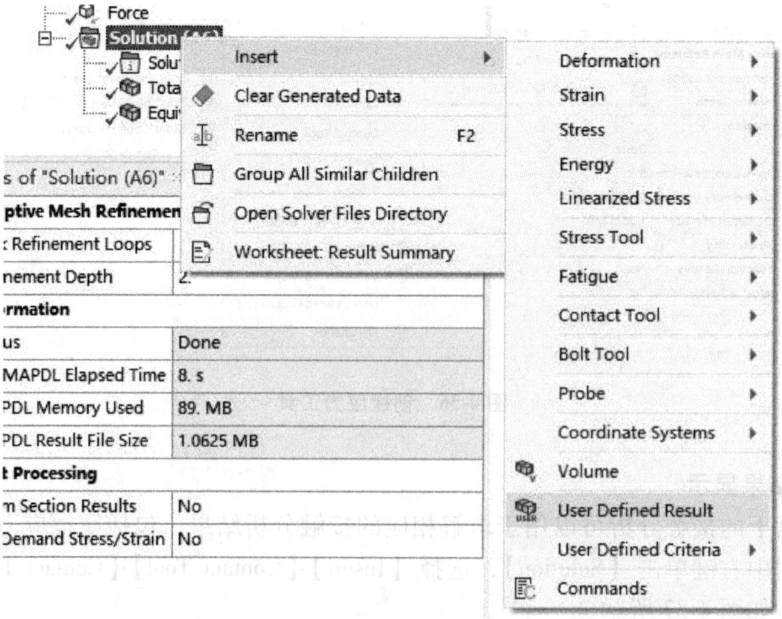

图 4-39 自定义结果显示

4.6　不同项目间的数据传输

Workbench 在项目间数据传输方面具备强大的功能，数据的传输不仅可以大大减少工作量，还可以实现多物理场耦合、求解结果的传递等功能。

4.6.1　材料数据传输

对于 Workbench 而言，材料数据传输的方式有两种：

1）在 Workbench 平台工具箱（Toolbox）中双击所需要建立的项目 B（本次以静力学分析为例），左键单击选中已经存在的项目 A 下的 A2 单元并且拖动至项目 B 下的 B2 单元，待到 B2 单元显示红色时松开鼠标左键，至此完成材料数据的传输。

2）在 Workbench 平台工具箱（Toolbox）中左键单击所需要建立的项目 B，并且拖动至项目 A 下的 A2 单元，待到 A2 单元显示红色时松开鼠标左键，最终材料传输结果如图 4-40 所示。

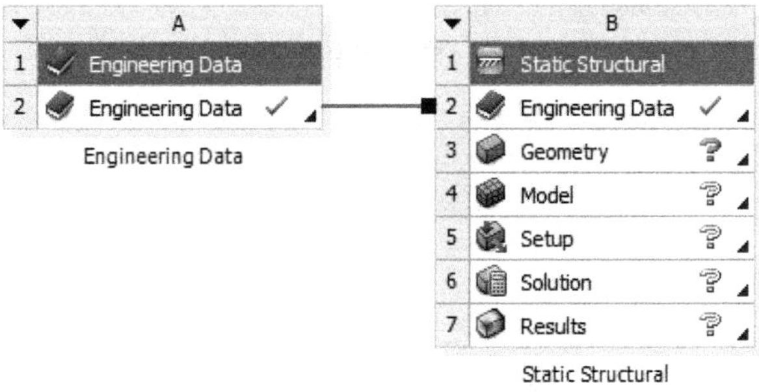

图 4-40　材料传输

4.6.2　几何模型数据传输

在 Workbench 平台工具箱（Toolbox）中双击所需要建立的项目 B（本次以静力学分析为例），左键单击已经存在的项目 A 下的 A3 单元并且拖动至项目 B 下的 B3 单元，待到 B3 单元显示红色时松开鼠标左键，至此完成几何模型数据的传输，结果如图 4-41 所示。

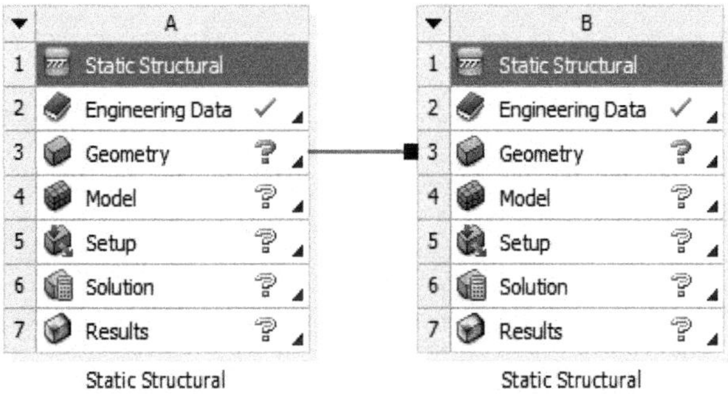

图 4-41　几何模型数据传输

4.6.3 求解结果数据传输

在进行例如谐响应或者响应谱分析时，需要将模态求解结果作为初始数据传输到谐响应或者响应谱分析项目中。在 Workbench 平台工具箱（Toolbox）中双击所需要建立的谐响应或者响应谱分析项目 B，并左键单击拖动已经存在的项目 A 下的 Solution 单元至项目 B 下的 Model 单元，待到 Model 单元显示红色时松开鼠标左键，完成求解结果数据的传输，如图 4-42 所示。

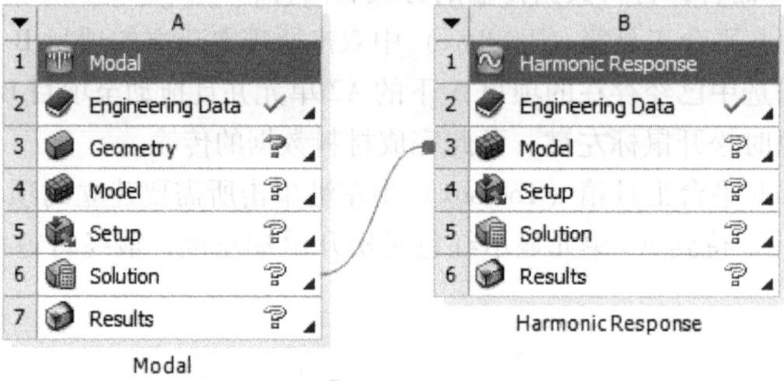

图 4-42 求解结果数据传输

第 5 章 ANSYS Workbench 结构线性静力学分析

5.1 线性静力学分析简介

线性分析包括线性静力学分析和线性动力学分析，其中，线性静力学分析是最基本且应用最广泛的一种分析类型，常用于线弹性材料的静态或动态稳定状态的加载工况；线性动力学分析又包括模态分析、响应谱分析、随机振动分析、谐响应分析、线性屈曲分析和线性瞬态动力学分析，这部分内容将在第 6 章进行介绍。

5.1.1 线性分析假设

1）连续性假设，即整个材料是连续、不存在缺陷的。

2）线弹性假设，即应力 σ 和应变 ε 服从线性关系 $\sigma=E\varepsilon$，即卸载后变形可恢复（力卸载后变形恢复，如图 5-1 中直线段所示；与此相对应的是滞回曲线，如图 5-2 所示，它是结构本身的阻尼造成的，它代表的是典型的非线性状态）。

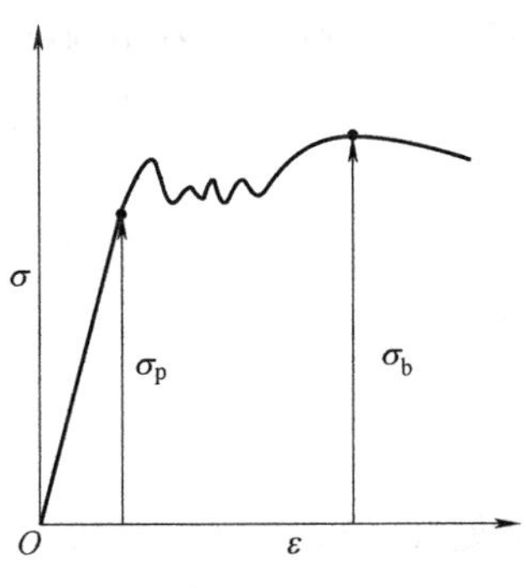

图 5-1　应力-应变关系曲线

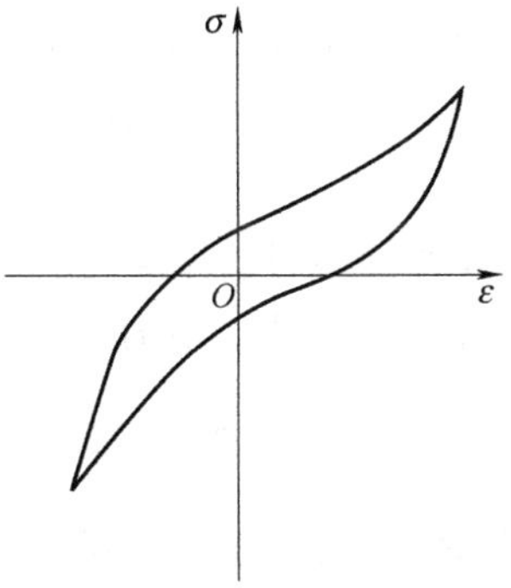

图 5-2　含能量耗损的滞回曲线

3）均匀性假设，即假设材料成分均匀一致。需要注意的是，同一系统下不同零件赋予不同材料属性是包含在均匀性假设内的。

4）各向同性假设，即假设固体材料在各个方向上的力学性能完全相同。工程上常用的金属材料，其各个单晶并非各项向同性的，但是金属零件中包含着许许多多无序排列的晶粒，综合起来就不会显示出方向性的差异，而是呈现出各向同性的性质。

5）小变形假设，即假设零件因外力作用而产生的变形量远远小于其原始尺寸。

5.1.2 线性静力学分析理论基础

无论是拉格朗日法、欧拉法、极坐标、柱坐标还是球坐标，不管转化方式如何，本质上都是将力学问题转化为数学问题。极坐标、柱坐标、球坐标和笛卡儿坐标之间可以相互转换，转换后的求解方式并无太大区别。广义动力学分析方程如下

$$\boldsymbol{M}\ddot{\boldsymbol{x}}+\boldsymbol{C}\dot{\boldsymbol{x}}+\boldsymbol{K}\boldsymbol{x}=\boldsymbol{F} \tag{5-1}$$

式中，$\boldsymbol{M}$ 为质量矩阵；$\ddot{\boldsymbol{x}}$为加速度矢量；$\boldsymbol{C}$为阻尼矩阵；$\dot{\boldsymbol{x}}$为速度矢量；$\boldsymbol{K}$为刚度矩阵；$\boldsymbol{x}$ 为位移矢量；$\boldsymbol{F}$ 为外力矢量。

在式（5-1）基础上对常见静力学分析的两种类型进行介绍。

（1）系统运动速度为零　在不存在加速度和速度的情况下，惯性和阻尼都为零，式（5-1）可以简化为

$$\boldsymbol{K}\boldsymbol{x}=\boldsymbol{F} \tag{5-2}$$

式中，对应力和应变产生影响的为刚度矩阵 $\boldsymbol{K}$，而刚度矩阵和单元划分和单元组装有关。静力学分析问题溯源就是网格问题。

（2）动态稳定状态　在此情况下考虑惯性而不考虑阻尼，式（5-1）简化为

$$\boldsymbol{K}\boldsymbol{x}=\boldsymbol{F}-\boldsymbol{M}\ddot{\boldsymbol{x}} \tag{5-3}$$

式（5-3）可以变形为

$$\boldsymbol{A}\boldsymbol{X}=\boldsymbol{B} \tag{5-4}$$

对于形如式（5-4）的求解问题：

1）方程组的求解规模取决于节点数量。在求解过程中，系统将计算总节点数量，并将固定约束部分节点去除，将剩余节点组装成 N 阶矩阵。

2）解法有两类，一是迭代法，二是直接法。N 阶矩阵通常为节点组装的稀疏矩阵，求解方法为线性方程组求解。一般情况下，MATLAB 软件可以计算三阶、五阶、二十阶甚至更高阶数的线性方程组；但有限元分析的通常是几千阶的矩阵，若有 1000 阶，则包含 $1000\times1000=10^6$ 个数据，而有限元设置中还有很多非零项，增加了矩阵的稀疏度，因此还要附加稀疏、稠密矩阵存储方式。

3）刚度矩阵 $\boldsymbol{K}$ 受网格影响，待求未知量为位移矢量 $\boldsymbol{x}$，外力矢量 $\boldsymbol{F}$ 为已知量，当 $\boldsymbol{x}$ 求解完毕，所剩求解对象为应力，应力求解也受网格影响。

5.1.3 结构线性静力学分析流程

结构线性静力学分析流程通常包括三大步：前处理、求解和后处理，其中前处理又可分为三小步：几何模型构建、材料定义和赋予、有限元系统模型构建；求解分为边界条件设置和求解设置；后处理包括应力图、应变图、变形图显示等。

1. 前处理

步骤 1：在工具箱（Toolbox）的分析系统（Analysis Systems）中双击结构静力学分析【Static Structural】，如图 5-3 所示，或在工具箱（Toolbox）内用鼠标左键单击并按住结构静力学分析【Static Structural】，向右侧工程示意窗口内拖动，即可建立新的 Static Structural 工程项目，如图 5-4 所示。

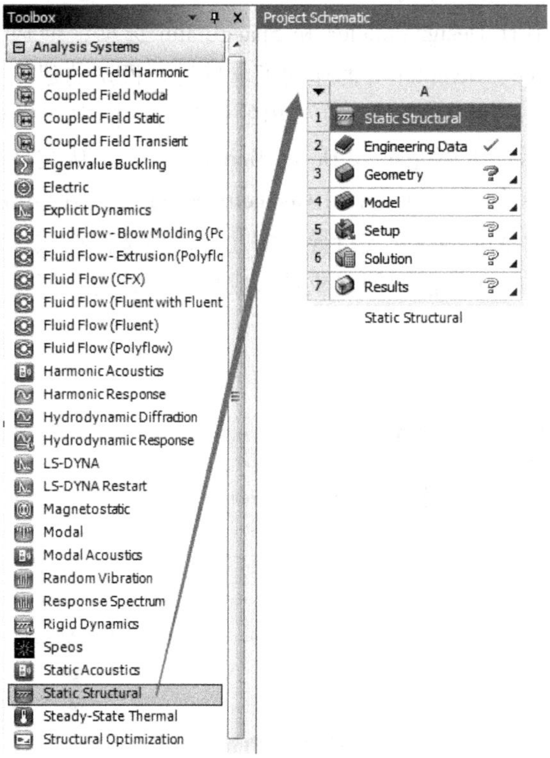

图 5-3　双击建立 Static Structural 工程项目

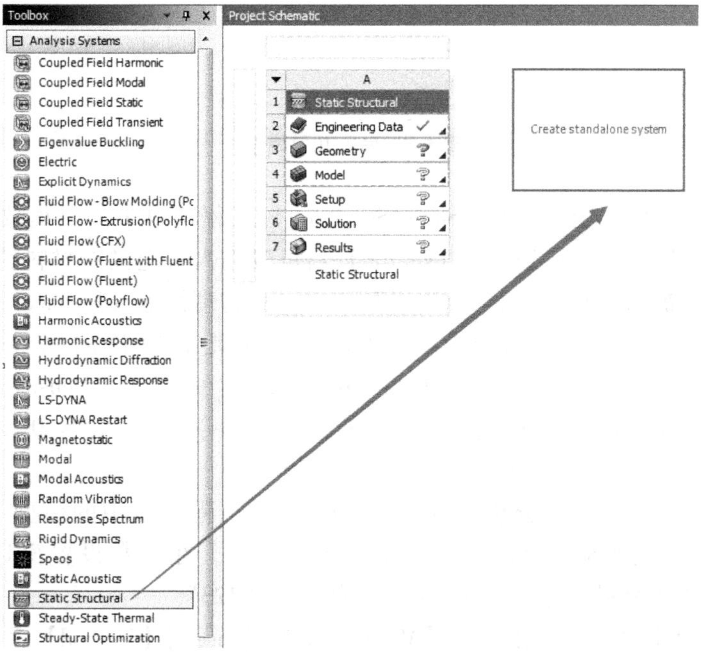

图 5-4　拖动建立 Static Structural 工程项目

步骤 2：右键单击结构静力学分析（Static Structural）工程项目中的几何建模【Geometry】，弹出的快捷菜单中有 DesignModeler 和 SpaceClaim 选项，但通常情况下是使用 SolidWorks、NX、CATIA、Creo、Inventor 等商业建模软件进行模型的建立。导入方式为在快捷菜单中选择【Import Geometry】-【Browse】，在弹出的打开对话框中选择要导入的几何模型文件“5. 1. x_t”，如图 5-5 所示；也可先进入 DesignModeler 界面，从文件（File）下拉菜单中单击导入外部几何模型文件【Import External Geometry File】，如图 5-6 所示，在弹出的打开对话框的文件类型中可查看 Workbench 支持导入的几何模型文件格式。常用的几何文件格式后缀为 . x_t、. stp、. iges 等。几何模型创建或导入成功后，关闭几何建模窗口。

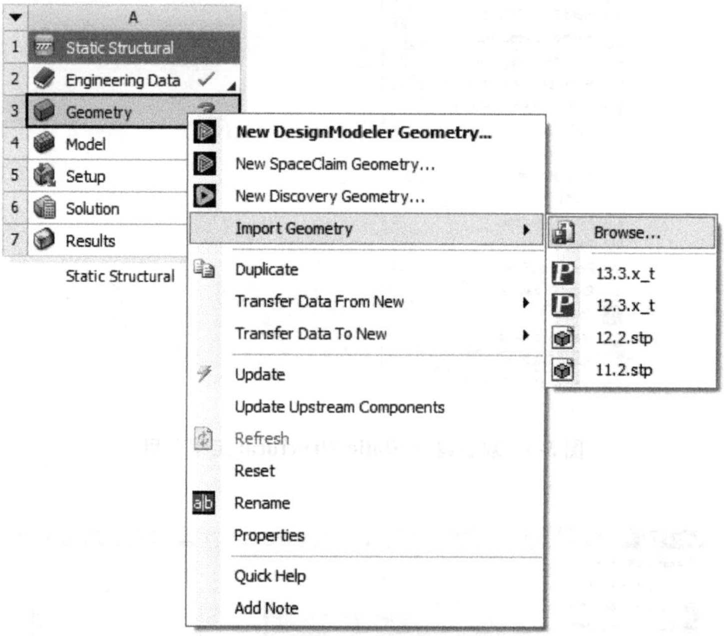

图 5-5 导入几何模型

步骤 3：双击结构静力学分析（Static Structural）工程项目中的工程数据【Engineering Data】，单击【Click here to add a new material】后可以输入自定义新材料的名称，如图 5-7 所示，以“123”命名，双击左侧工具箱（Toolbox）中物理性能（Physical Properties）分类下的密度【Density】和线弹性（Linear Elastic）分类下的各向同性弹性【Isotropic Elasticity】。在列表属性（Properties of Outline Row：123）中密度（Density）后的黄色框内输入 7800，单位为 kg/m^3，在杨氏模量（Young's Modulus）中输入 2×10^{11}，单位为 Pa，泊松比（Poisson's Ratio）输入 0. 3。

步骤 4：双击结构静力学分析（Static Structural）工程项目中的模型【Model】，进入 Mechanical 界面。如图 5-8 所示，在模型树中选中 Solid，在参数设置窗口中的材料赋予（Assignment）中更改材料，选择步骤 3 定义好的材料“123”。

步骤 5：在模型树中右键单击网格【Mesh】，选择【Insert】-【Method】命令，插入网格控制方法，在参数设置窗口中的 Geometry 栏选择整个体，在方法（Method）栏中选择多区法【Multizone】，然后右键单击模型树中的网格【Mesh】，选择【Generate Mesh】进行网格划分。

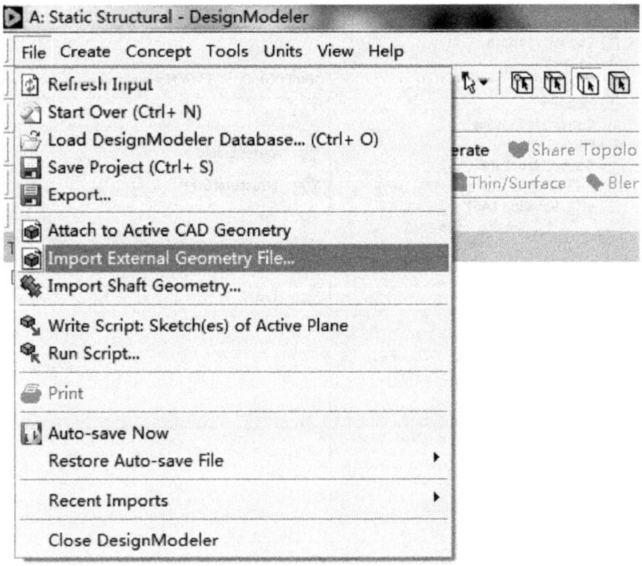

图 5-6 导入几何模型文件格式

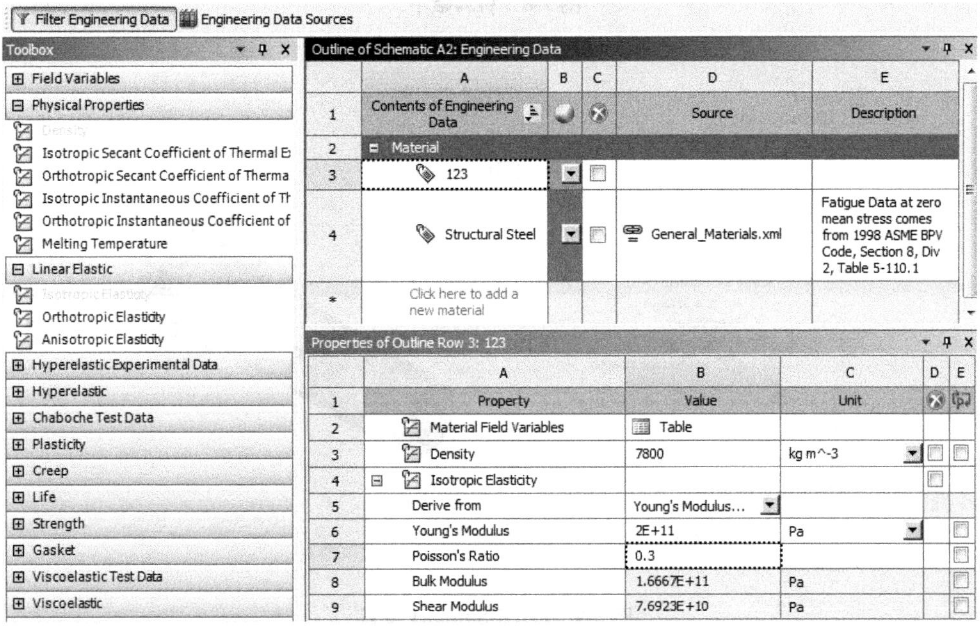

图 5-7 材料属性设置

2. 求解

步骤 6：右键单击模型树中的【Static Structural】，在弹出的快捷菜单中选择【Insert】-【Fixed Support】，或者在界面上方 Environment 菜单中单击【Fixed】命令，插入固定约束，在参数设置窗口中的 Geometry 栏选择螺杆圆柱面，如图 5-9 所示。

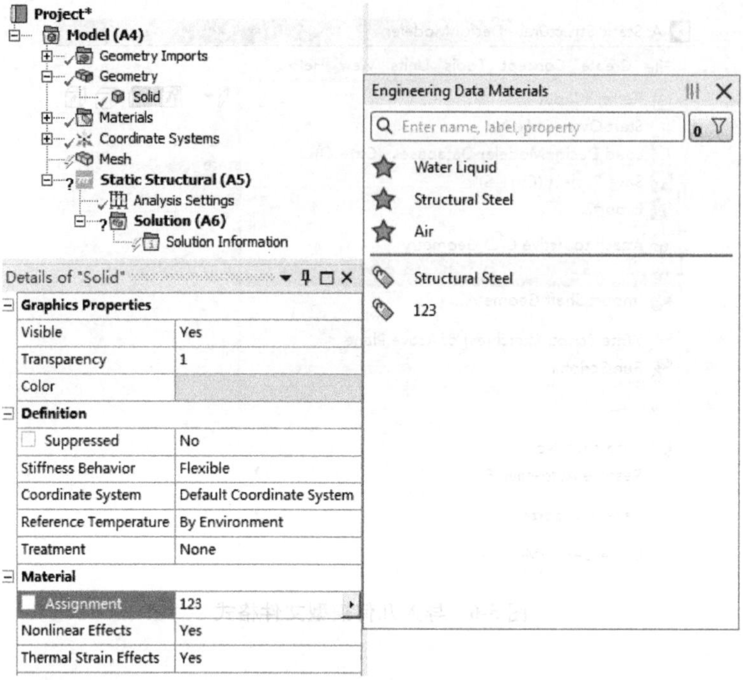

图 5-8　材料赋予

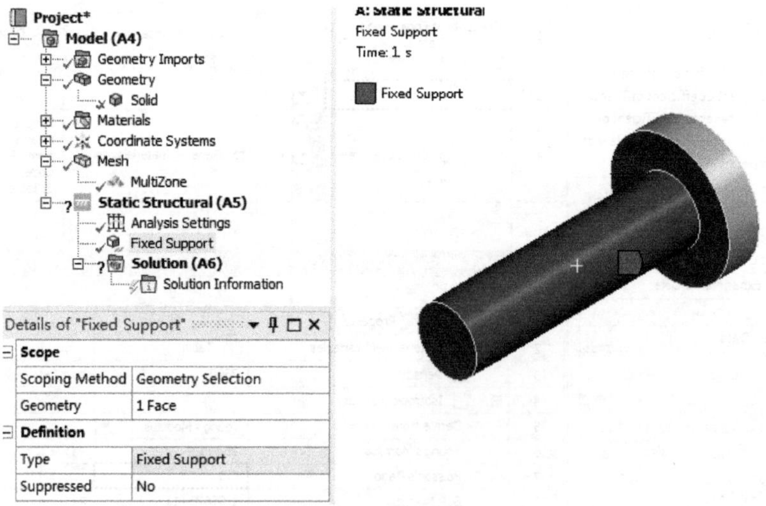

图 5-9　Fixed Support 设置

单击模型树中的【Static Structural】，在弹出的快捷菜单中选择【Insert】-【Force】，或者在界面上方 Environment 菜单中单击【Force】命令，插入力，在参数设置窗口中的 Geometry 栏选择螺栓头部圆柱面，DefineBy 栏选择【Components】，X Component 栏输入 1000N，如图 5-10 所示。

步骤 7：选中模型树中的分析设置【Analysis Settings】，在参数设置窗口中设置载荷步数。求解器控制（Solver Controls）项中的弱弹簧（Weak Springs）在静力学分析中不研究，弱弹簧（Weak Springs）栏改为系统控制【Program Controlled】，其余默认。大变形（Large Deflection）在静力学分析中不是关心项，不更改状态，如图 5-11 所示。在模型树中右键单击【Solution】，插入总变形【Total Deformation】和等效应力【Equivalent Stress】，单击【Solve】进行求解。

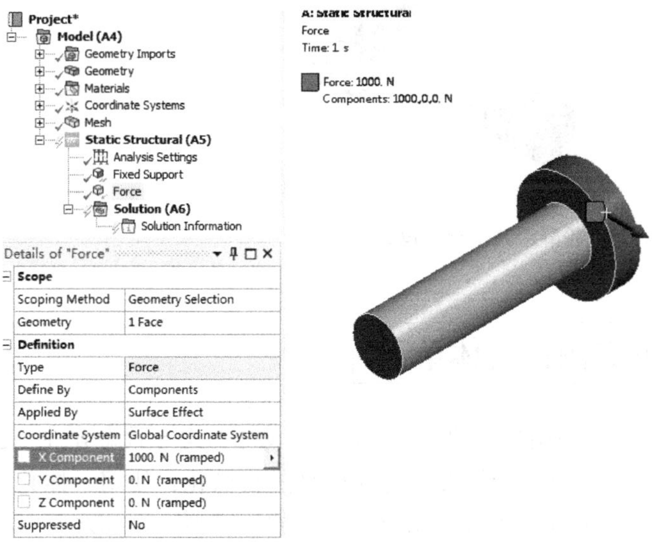

图 5-10　Force 设置

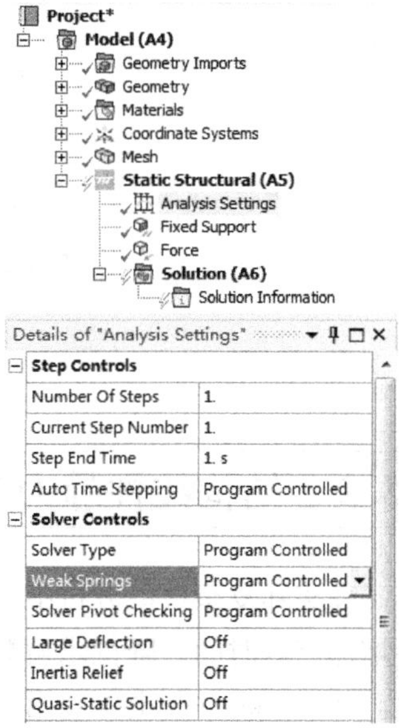

图 5-11　Analysis Settings 设置

3. 后处理

步骤 8：可以插入方向变形【Directional Deformation】或最大主应力【Maximum Principal Stress】等。最大主应力的等值线结果显示和轮廓带结果显示如图 5-12 和图 5-13 所示。

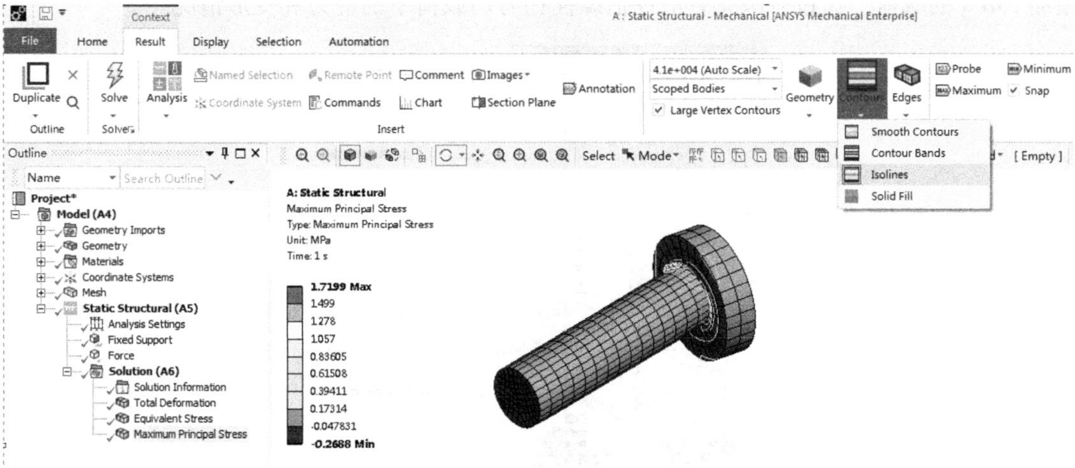

图 5-12　等值线结果显示设置

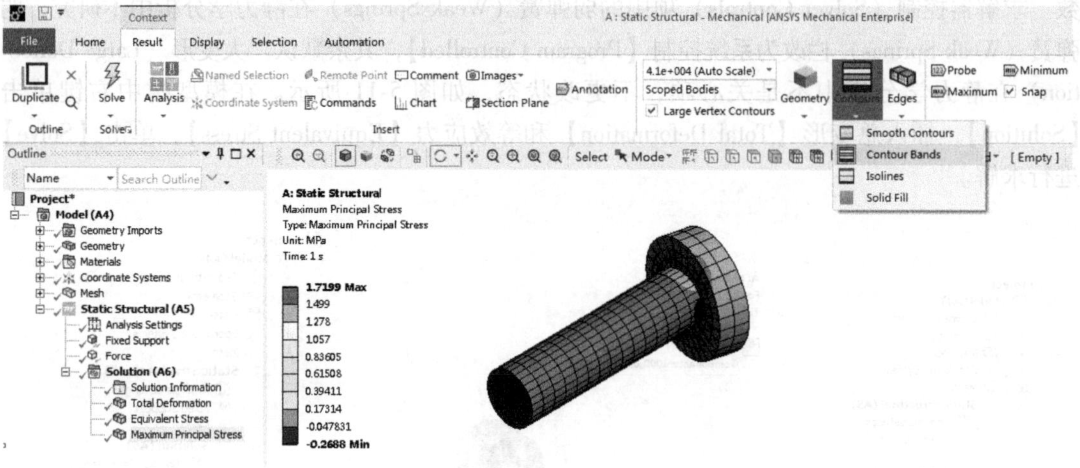

图 5-13 轮廓带结果显示设置

5.2 结构线性静力学分析实例：实体单元

在实际复杂模型分析中，应尽量避免使用过多的接触，接触算法本身会导致奇异性，也会增加求解时间，降低求解精度。为了避免这种情况，应对模型进行简化，使用一体化建模。在 Workbench 中可应用 DesignModeler 对模型进行切分，实现同一模型不同体之间赋予不同材料和进行连接。通过本例还可以学习路径的定义及结果处理，以及如何导出不同清晰度的图片（区别于直接截图）。

5.2.1 问题描述

螺栓受力：如图 5-14 所示，对螺栓分别施加 1MPa 的两个载荷，等效于将 A 固定，对 B 施加 2MPa 的载荷。通过有限元方法评估螺栓在剪切载荷下的应力和变形情况。

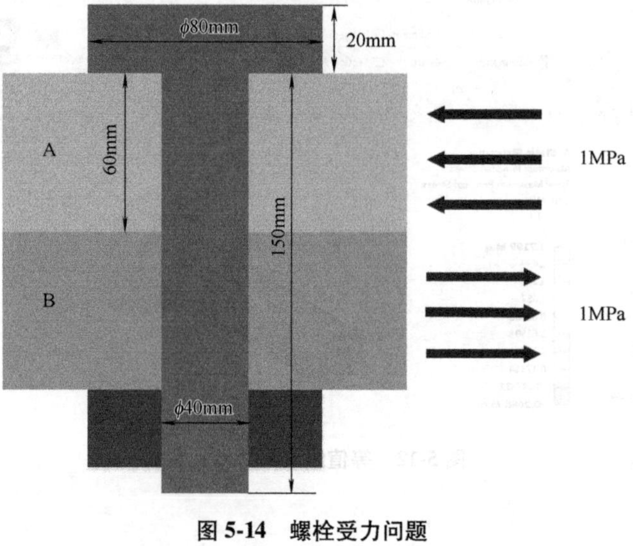

图 5-14 螺栓受力问题

5.2.2　分析流程

1. 前处理

步骤 1：启动 ANSYS Workbench 2022 R1，双击工具箱（Toolbox）中分析系统（Analysis System）下的静力学分析【Static Structural】，创建一个静力学分析项目。双击项目中的几何建模（Geometry）单元，进入 DesignModeler 界面，导入几何模型文件“5.2.x_t”。

将模型切分成两部分，然后进行共节点操作。在 ZXPlane 创建草图 Sketch1 并绘制矩形，并在参数设置窗口中设置矩形距螺栓头部的距离 H1 为 80mm，如图 5-15 所示，最后单击【Generate】按钮。

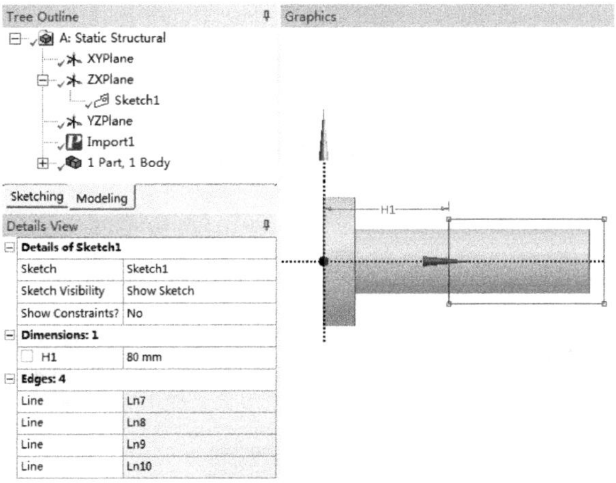

图 5-15　创建草图

单击工具栏中的拉伸【Extrude】按钮，在左下方参数设置窗口中的 Geometry 栏选择刚绘制的 Sketch1，然后单击【Apply】按钮；Operation 栏选择【Slice Material】；Direction 栏选择【Both-Symmetric】；FD1，Depth 栏输入 60mm，最后单击工具栏中的【Generate】命令，如图 5-16 所示。

此时，模型已被切分为两个体，如果不进行进一步操作，这两个体之间不会有力及后续数据的传递，因此需要对两个体进行共节点操作。在模型树中同时选中并且右键单击两个体，在弹出的快捷菜单中选择【Form New Part】即可，如图 5-17 所示。完成操作后退出 DesignModeler。

步骤 2：双击项目中的工程数据【Engineering Data】进行材料定义，具体参数和操作方法同 5.1.3 节步骤 3。

步骤 3：双击项目中的模型【Model】单元，进入 Mechanical 界面。分别单击模型树中的两个实体，上半部分材料保持默认，下半部分赋予定义的新材料 123。一个系统的不同组成部分避免使用不必要的接触，推荐使用共节点，可以分别赋予不同的材料。

步骤 4：右键单击模型树中的网格【Mesh】，在弹出的快捷菜单中选择【Insert】-【Method】插入网格控制方法，在参数设置窗口中的 Geometry 栏选择两个体，Method 栏选择【MultiZone】，如图 5-18 所示，最后单击菜单栏中的【Generate】生成网格。

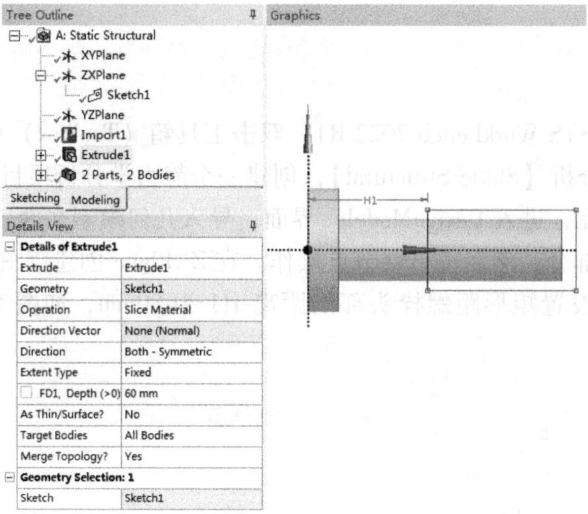

图 5-16　创建拉伸

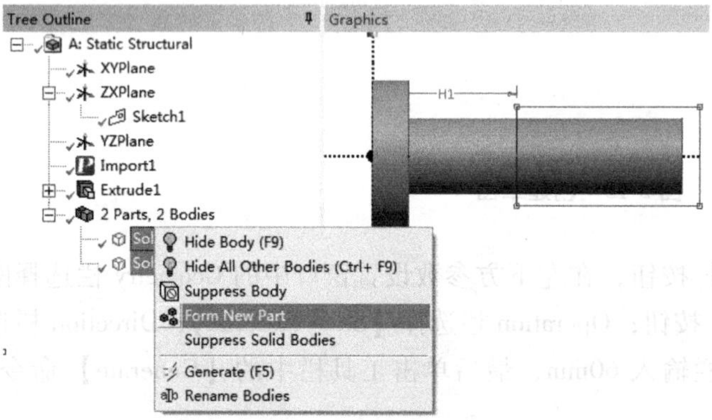

图 5-17　共节点操作

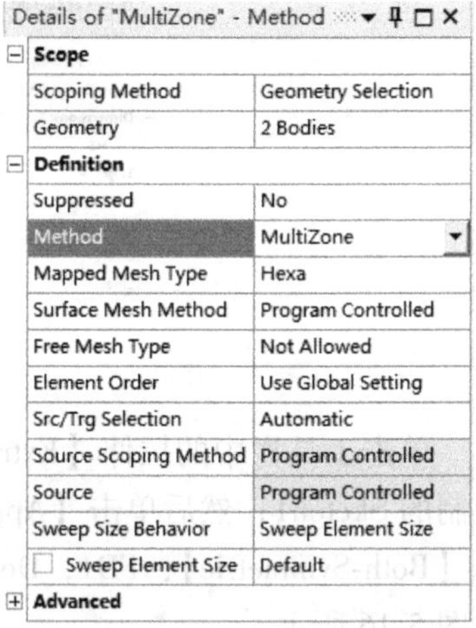

图 5-18　MultiZone 设置

2. 求解

步骤 5：右键单击模型树中的【Static Structural】，在弹出的快捷菜单中选择【Insert】-【Pressure】，在参数设置窗口中的 Geometry 栏选择螺栓下半部分的圆柱面，Define By 栏选择【Components】，Y Component 栏输入 2MPa；执行相同的操作，在快捷菜单中选择【Insert】-【Fixed Support】插入固定约束，在参数设置窗口中的 Geometry 栏选择螺栓上半部分的圆柱面。Pressure 和 Fixed Support 设置如图 5-19 所示。

步骤 6：右键单击模型树中的【Solution】，选择【Solve】进行求解。

3. 后处理

步骤 7：右键单击模型树中的【Solution】，选择【Insert】-【Deformation】-【Total】插入总变形结果；选择【Insert】-【Stress】-【Equivalent von（Mises）】插入等效应力结果，最后单击菜单栏中的【Solve】进行求解。等效应力云图如图 5-20 所示。

Details of "Pressure"

Scope	
Scoping Method	Geometry Selection
Geometry	1 Face
Definition	
Type	Pressure
Define By	Components
Applied By	Surface Effect
Loaded Area	Deformed
Coordinate System	Global Coordinate System
X Component	0. MPa (ramped)
Y Component	2. MPa (ramped)
Z Component	0. MPa (ramped)
Suppressed	No

Details of "Fixed Support"

Scope	
Scoping Method	Geometry Selection
Geometry	1 Face
Definition	
Type	Fixed Support
Suppressed	No

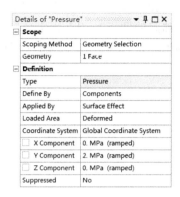

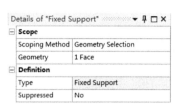

图 5-19 Pressure 和 Fixed Support 设置

拓展 1：使用探测工具【Probe】可进行结果的分析。

对于等效应力，从图 5-20 中可以观察到两处的应力值相差 3 倍以上，这样的结果是有问题的，这属于应力奇异，共节点处一方面受力一方面又有固定约束，将这层节点上的固定约束去掉会使结果得到一定改善。

拓展 2：创建路径，并通过路径生成变形结果。

步骤 8：首先创建一个坐标系。右键单击模型树中的 Coordinate Systems，选择【Insert】-【Coordinate System】，参数设置窗口中的 Origin 项下的 Geometry 栏选择螺栓头部平面，然后单击菜单栏中的【Offset Z】，并在参数设置窗口中的 Offset Z 栏输入 25mm，如图 5-21 所示。

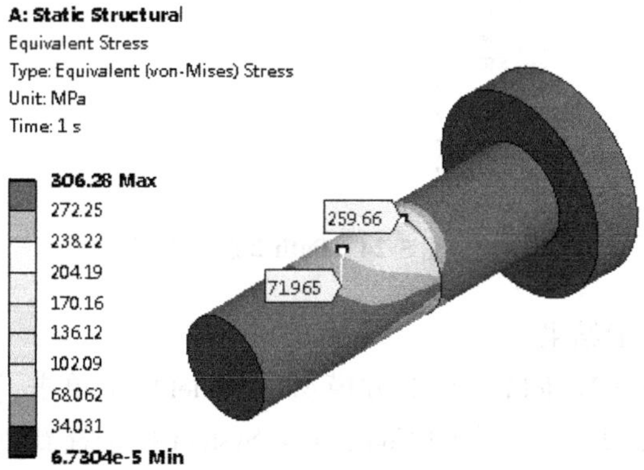

图 5-20 等效应力云图

Details of "Coordinate System"

Definition	
Type	Cartesian
Coordinate System	Program Controlled
APDL Name	
Suppressed	No
Origin	
Define By	Geometry Selection
Geometry	Click to Change
Origin X	0. mm
Origin Y	2.2018e-015 mm
Origin Z	0. mm
Principal Axis	
Axis	X
Define By	Global X Axis
Orientation About Principal Axis	
Axis	Y
Define By	Default
Directional Vectors	
Transformations	
Base Configuration	Absolute
Offset Z	25. mm
Transformed Configu...	[0. 2.2018e-015 25.]

图 5-21 创建坐标系

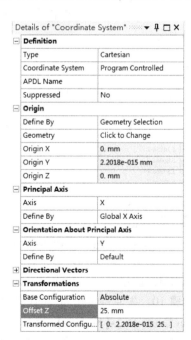

步骤 9：先左键单击选中模型树中的【Model】，在上方模型（Model）中单击【Construction Geometry】-【Path】命令完成路径的创建，执行相同的操作，创建三个路径，分别命

名为 Path 1、Path 2、Path 3。三个路径分别选用不同的方式定义，在参数设置窗口中的 Path Type 栏分别选择【Two Points】（螺栓头部圆柱面轴向的两点）、【Edge】（螺栓头部平面的圆周线）和【X Axis Intersection】（选择新创建的坐标系），具体参数设置如图 5-22 所示。

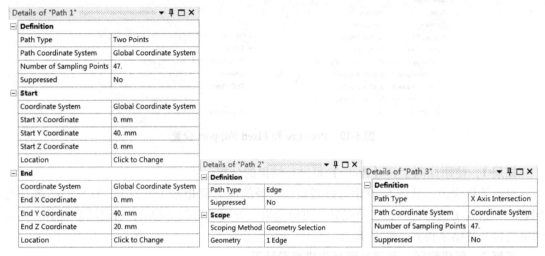

Details of "Path 1"

Definition	
Path Type	Two Points
Path Coordinate System	Global Coordinate System
Number of Sampling Points	47.
Suppressed	No
Start	
Coordinate System	Global Coordinate System
Start X Coordinate	0. mm
Start Y Coordinate	40. mm
Start Z Coordinate	0. mm
Location	Click to Change
End	
Coordinate System	Global Coordinate System
End X Coordinate	0. mm
End Y Coordinate	40. mm
End Z Coordinate	20. mm
Location	Click to Change

Details of "Path 2"

Definition	
Path Type	Edge
Suppressed	No
Scope	
Scoping Method	Geometry Selection
Geometry	1 Edge

Details of "Path 3"

Definition	
Path Type	X Axis Intersection
Path Coordinate System	Coordinate System
Number of Sampling Points	47.
Suppressed	No

图 5-22 路径设置

右键单击模型树中的【Solution】，选择【Insert】-【Deformation】-【Total】插入三个总变形结果，三个总变形参数设置设置窗口中的 Scoping Method 栏均选择 Path，Path 栏分别选择 Path 1、Path 2、Path 3，单击【Solve】进行求解，三个路径的总变形结果分别如图 5-23～图 5-25 所示。

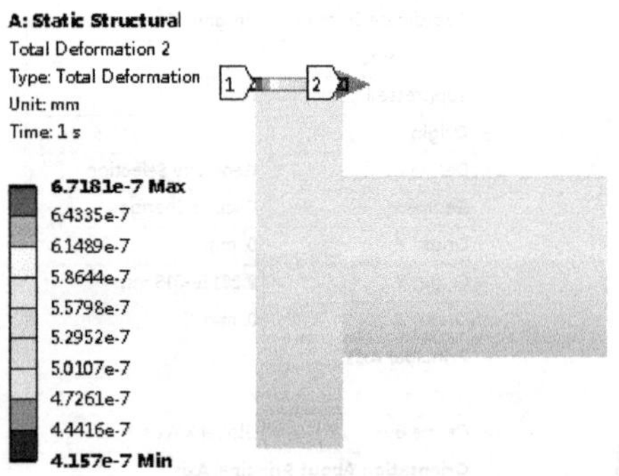

图 5-23 Path 1 总变形云图

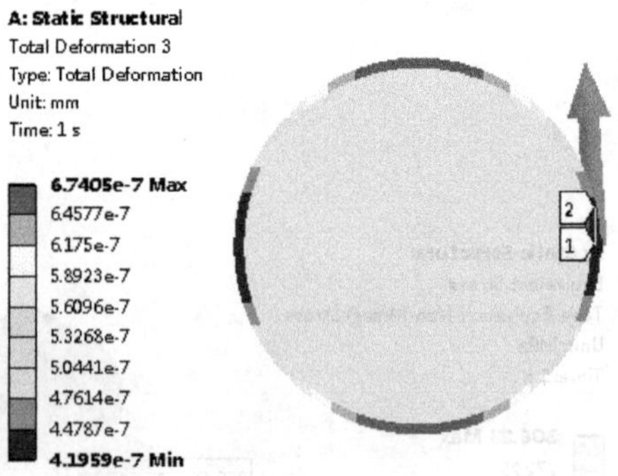

图 5-24 Path 2 总变形云图

拓展 3：创建平面，并通过平面生成变形结果。

步骤 10：先左键单击选中模型树中的【Model】，在上方模型（Model）中单击【Construction Geometry】-【Surface】命令，在参数设置窗口中的 Coordinate System 栏选择新创建的坐标系【Coordinate System】，如图 5-26 所示。

右键单击模型树中的【Solution】，选择【Insert】-【Deformation】-【Total】插入总变形结果，参数设置设置窗口中的 Scoping Method 栏选择 Surface，Surface 栏选择 Surface，如图 5-26 所示。单击【Solve】进行求解，总变形结果分别如图 5-27 所示。

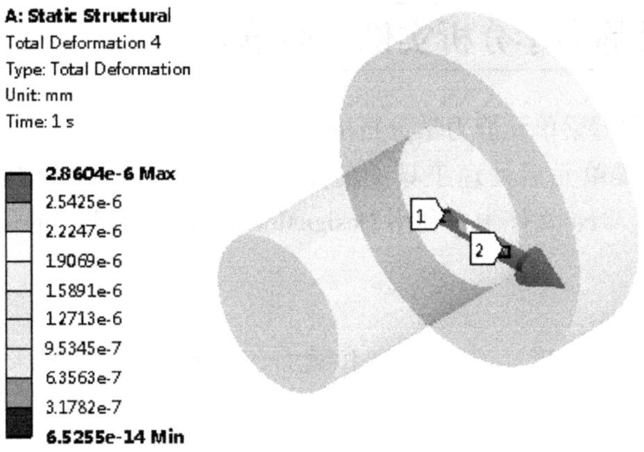

图 5-25　Path 3 总变形云图

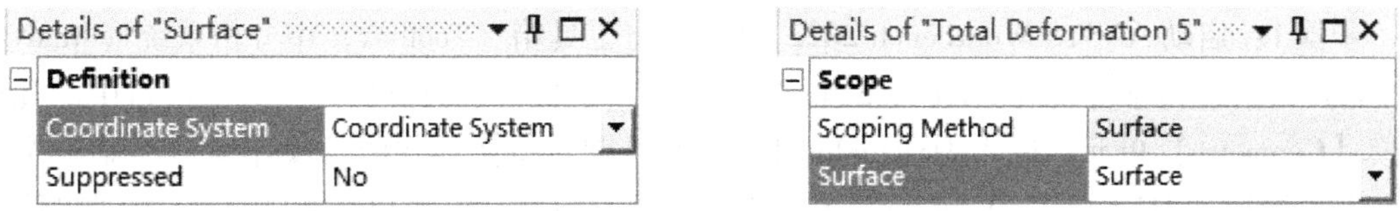

图 5-26　平面和总变形设置

拓展 4： 仿真结果图片导出。

步骤 11：在模型树中选择某一仿真结果，然后选择【Result】菜单下的 Images 命令，在下拉菜单中选择【Image to File】，会弹出图 5-28 所示的 Image to File Preferences 对话框，读者可根据需要进行相关设置并导出文件。

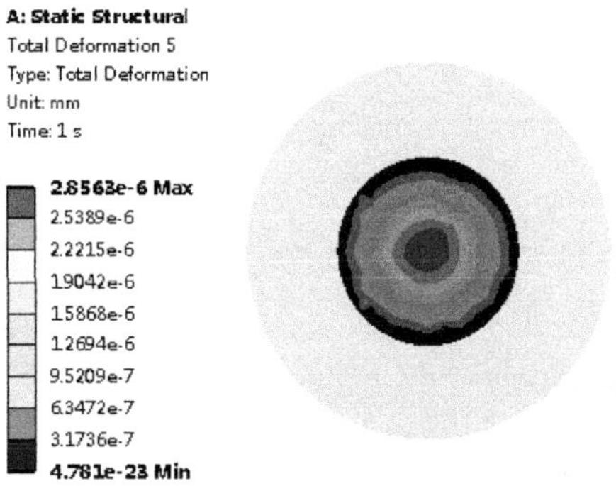

图 5-27　总变形云图

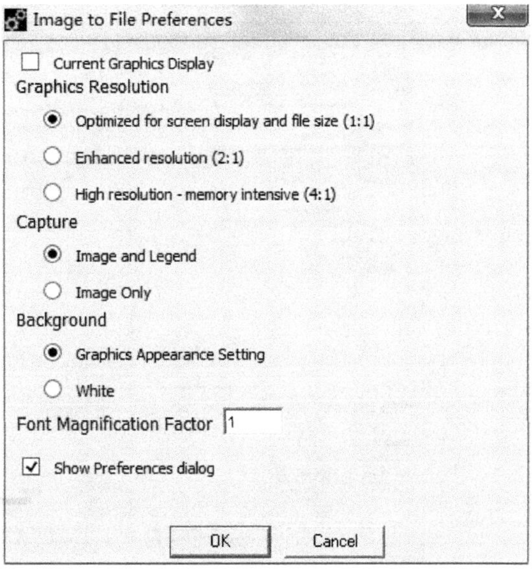

图 5-28　Image to File Preferences 对话框

5.3 结构线性静力学分析实例：梁单元

本实例可帮读者掌握梁单元静力学分析的分析流程，学会求解信息查阅；掌握不同类型梁截面的使用；掌握梁单元后处理工具的使用；掌握复杂桁架结构的建模方法，即使用 Excel 生成指定点后输入 txt 文件中，利用 DesignModeler 读取指定点的信息进行线体建模。

5.3.1 问题描述

通过模型构建（模型生成）、材料定义和赋予、网格划分、边界条件设置、求解及后处理来对梁单元进行静力学受力分析。

5.3.2 分析流程

1. 前处理

步骤 1：启动 ANSYS Workbench 2022 R1，双击工具箱（Toolbox）中分析系统（Analysis System）下的静力学分析【Static Structural】，创建一个静力学分析项目。双击项目中的几何建模【Geometry】单元，进入 DesignModeler 界面并创建草图。在图形操作窗口绘制一个矩形，并设置尺寸 H1=15m，V2=6m。在上侧概念（Concept）菜单中单击由草图创建线体【Lines From Sketches】，选择创建的矩形，单击【Apply】，然后单击【Generate】生成实体单元，如图 5-29 所示。梁单元不仅需要定义长度，还需要定义截面，单击概念（Concept）菜单下的【Cross Section】-【Circular】命令，并定义半径为 0.5m。单击模型树中【1Part，1Body】下的【Line Body】，在参数设置窗口中的（Cross Section）栏选择【Circular1】，将创建好的圆截面属性赋予梁单元。在视图（View）菜单中单击【Cross Section Solids】，如图 5-30 所示。最后退出 DesignModeler 界面。

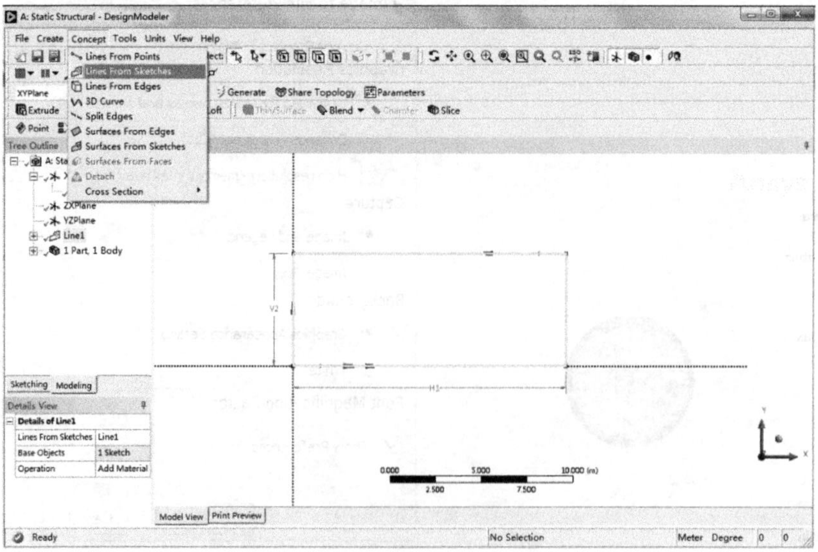

图 5-29 概念建模创建草图和线体

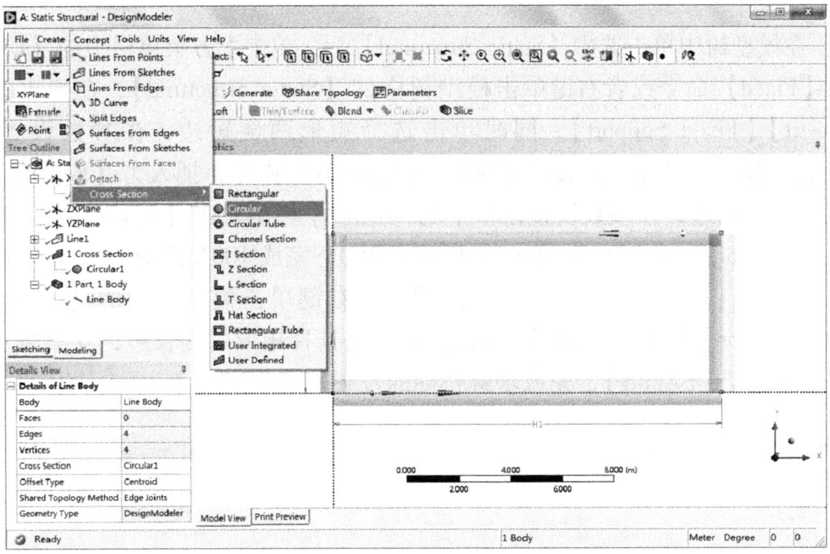

图 5-30　概念建模赋予梁单元圆截面属性

步骤 2：双击项目中的模型【Model】单元进入 Mechanical 界面。单击模型树中的线体【Line Body】，可以在左下方参数设置窗口中 Definition 项下的 Model Type 栏更改属性，有【Beam】、【Thermal Fluid】、【Pipe】、【Link/Truss】、【Cable】和【Reinforcement】选项，如图 5-31 所示，用户可根据需求选择，本例选择梁单元【Beam】。本例未设置材料，故材料为默认结构钢。

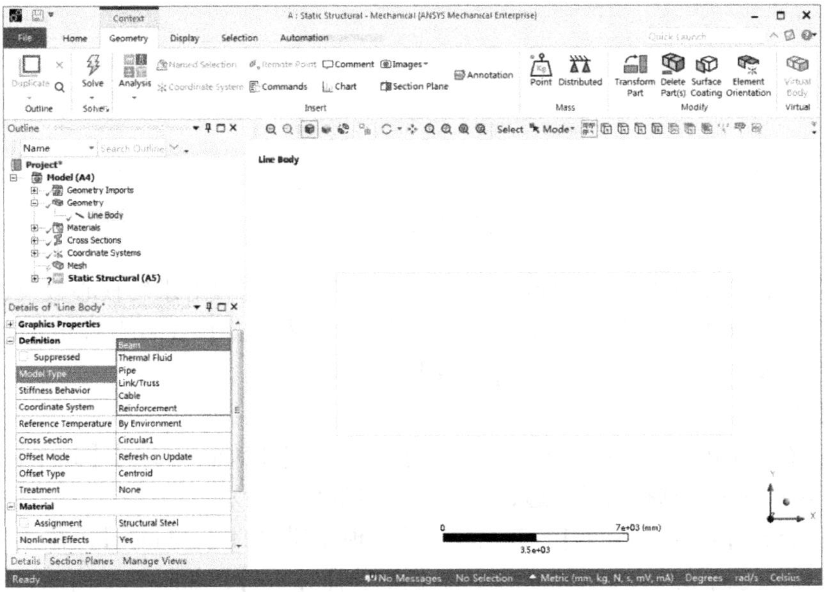

图 5-31　线体类型设置

步骤 3：右键单击模型树中的网格【Mesh】并单击【Generate Mesh】或者左键单击选中【Mesh】后，在上方菜单栏中单击【Generate】生成网格。

2. 求解

步骤 4：在模型树中单击选中【Static Structural】后，单击上方菜单栏中的【Environment】-【Structural】-【Fixed】命令或者右键单击模型树中的【Static Structural】，在弹出的快捷菜单中选择【Insert】-【Fixed Support】。同时单击选择矩形两侧短边，在参数设置窗口中的 Geometry 栏中单击【Apply】，完成固定约束。执行同样的操作，插入力【Force】。同时左键单击选择矩形两侧长边，在参数设置窗口中的 Geometry 栏中单击【Apply】，在 Define By 栏中选择【Components】，并在 Z Component 栏输入 100，完成 100N 载荷的定义，如图 5-32 和图 5-33。分析设置（Analysis Settings）保持默认。右键单击模型树中的【Solution】，选择【Insert】-【Deformation】-【Total】，按住【Ctrl】键单击选择矩形两侧长边，在参数设置窗口中的 Geometry 栏中单击【Apply】，完成求解目标的设置。

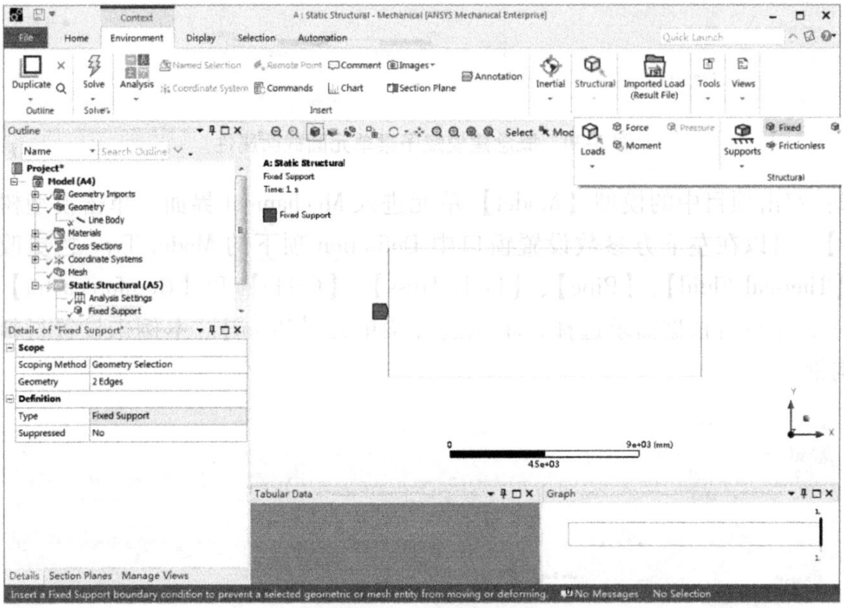

图 5-32　约束设置

步骤 5：单击模型树中的【Solution】，在上侧菜单栏中可以对求解核心数及计算模式进行设置，此处选择 6 核心，如图 5-34 所示，左键单击【Solve】或者右键单击模型树中的【Solution】，在弹出的快捷菜单中单击【Solve】，进行求解。

3. 后处理

步骤 6：右键单击模型树中的 Solution，选择【Insert】-【Deformation】-【Total】，在参数设置窗口中的 Geometry 栏选择两条长边，显示结果如图 5-35 所示。

步骤 7：查看【Beam Results】，首先单击选中模型树中的【Solution】，在参数设置窗口中 Post Processing 项下的 Beam Section Results 栏中选择【Yes】，如图 5-36 所示，然后右键单击模型树中的模型【Model】，选择【Insert】-【Construction Geometry】-【Path】，选择一条长边创建路径，路径参数设置如图 5-36 所示，最后右键单击模型树中的【Solution】，选择【Insert】-【Beam Results】-【Shear-Moment Diagram】，插入剪力-弯矩图，参数设置如图 5-36 所示，求解后的剪力-弯矩图如图 5-37 所示。

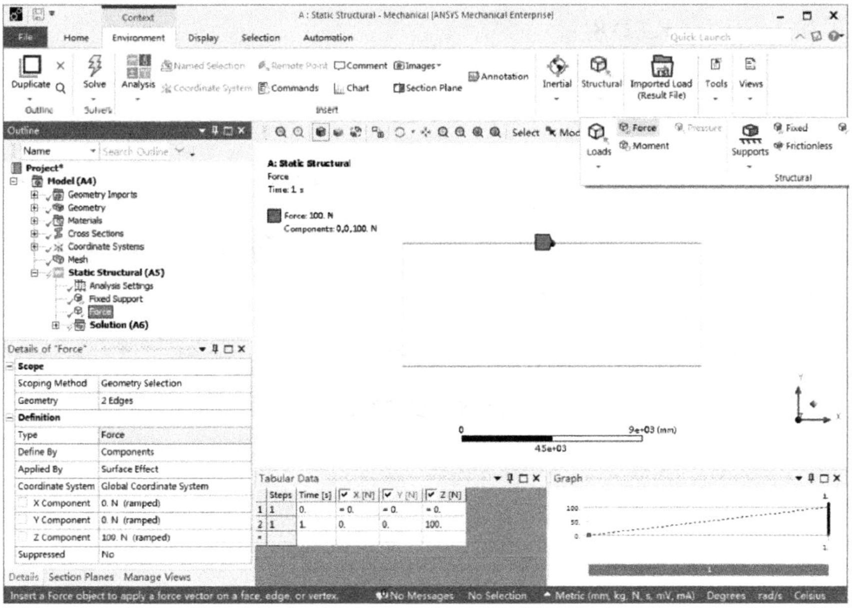

图 5-33　载荷设置

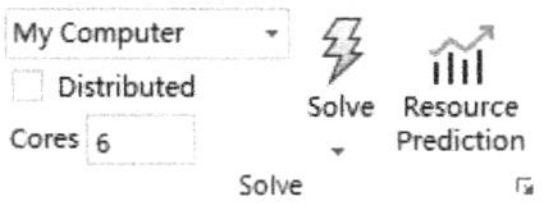

图 5-34　求解设置

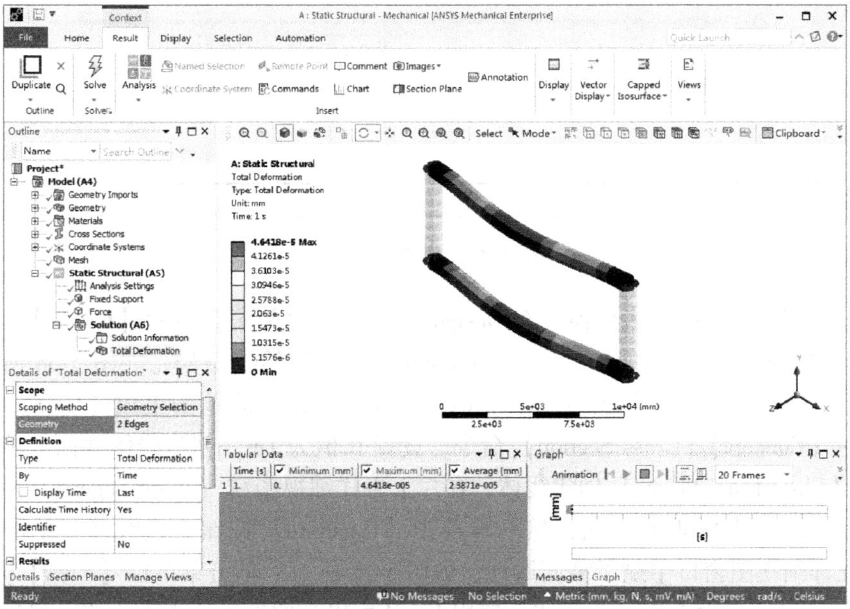

图 5-35　总变形云图

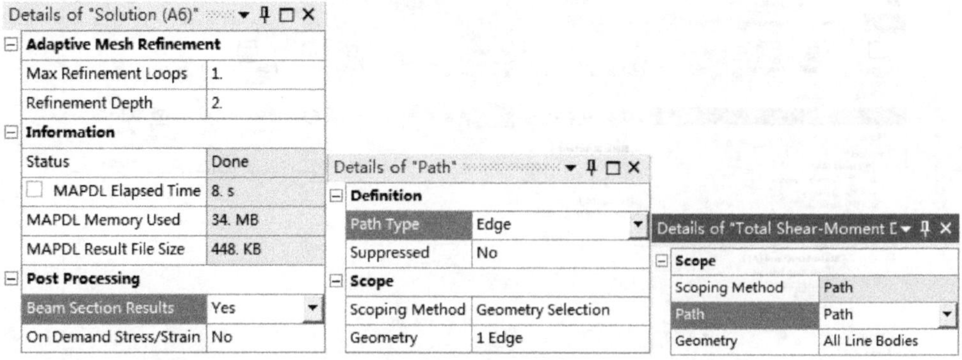

图 5-36　参数设置

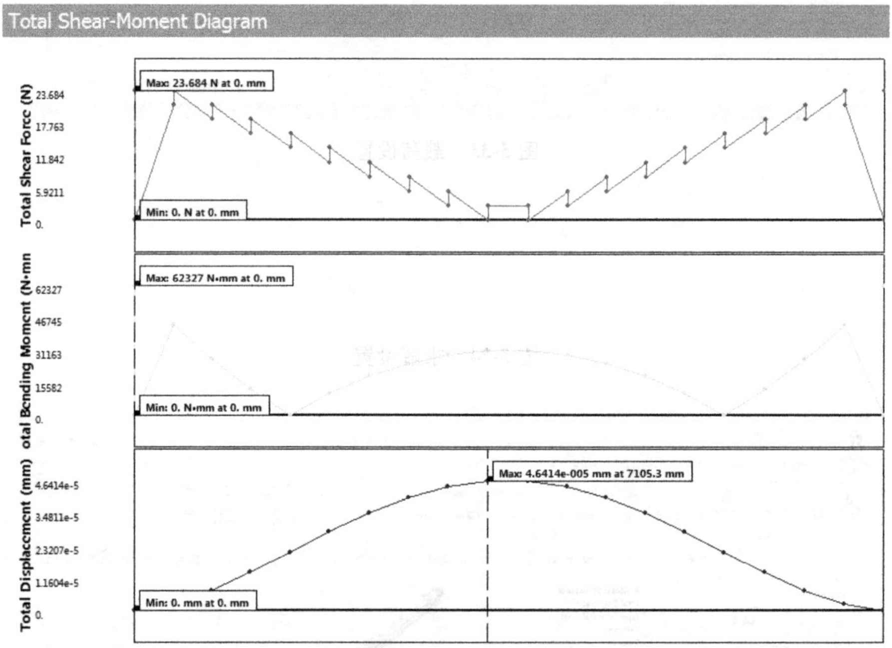

图 5-37　剪力-弯矩图

拓展：外部数据点的导入建模。在 DesignModeler 界面单击菜单栏【Create】-【Point】命令，在左下方详细视图窗口中，单击 Coordinates File 栏后的省略号，如图 5-38 所示，弹出打开对话框，选择导入外部数据点文件“daorudian. txt”，然后单击生成【Generate】按钮。单击菜单栏【Concept】-【Cross Section】命令，设置 R 值为 1m，创建线体截面。单击菜单栏【Concept】-【Lines From Points】创建线体，在左下方详细视图窗口 Point Segments 栏选择导入的 9 个点段，单击【Apply】按钮，然后再单击【Generate】按钮生成线体。单击模型树中的线体，在详细视图窗口中赋予截面属性，如图 5-38 所示。单击菜单栏【View】-【Cross Section Solids】即可查看由点生成的线体。使用 Excel 可以方便地进行点的生成，然后将生成的数据拷贝到 txt 文件中，通过导入功能实现点的创建。此方法可用于桁架等复杂且有规律的结构的构建。

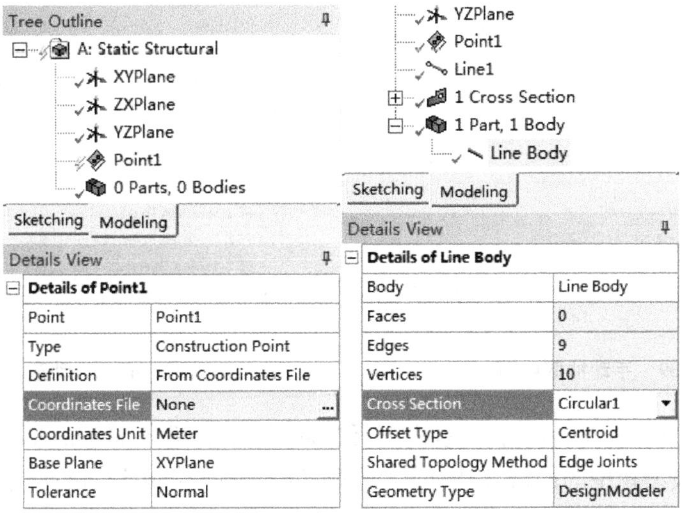

图 5-38　外部数据点的导入

5.4　结构线性静力学分析实例：壳单元

对于钣金件或者薄壁板件，一般情况下厚度方向至少需要两层网格单元，为保证网格质量，长度和宽度方向的网格需要进一步细化，网格整体数量会很多，计算量较大。此时可以采用壳单元进行计算，默认情况下，壳厚度方向的积分点不少于三个，可以较好地模拟弯曲效果。

5.4.1　问题描述

实体的几何尺寸为 1m×1m×0.05m。试通过【Static Structural】模块将实体模型处理成壳体，并查看壳体单元静力学分析结果。

5.4.2　分析流程

1. 前处理

步骤 1：启动 ANSYS Workbench 2022 R1，双击工具箱（Toolbox）中分析系统（Analysis System）下的静力学分析【Static Structural】，创建一个静力学分析项目。双击项目中的几何建模（Geometry）单元，进入 DesignModeler 界面，导入几何模型文件“5.4.stp”。

单击工具（Tools）菜单下的中面【Mid-Surface】命令，创建中面，当模型简单时，在左下方参数设置窗口中的 Selection Method 栏可以选择手动【Manual】，如图 5-39 所示，Face Pairs 栏选择实体的两个面，单击【Generate】按钮后，系统会自动向中间抽取生成中面；当模型复杂时，在左下方参数设置窗口中的 Selection Method 栏可以选择自动【Automatic】，Maximum Threshold 栏输入 0.05m，Minimum Threshold 栏输入 0.0001m，参数设置如图 5-40 所示，然后双击【Find Face Pairs Now】栏，再单击【Generate】按钮即可生成中面。

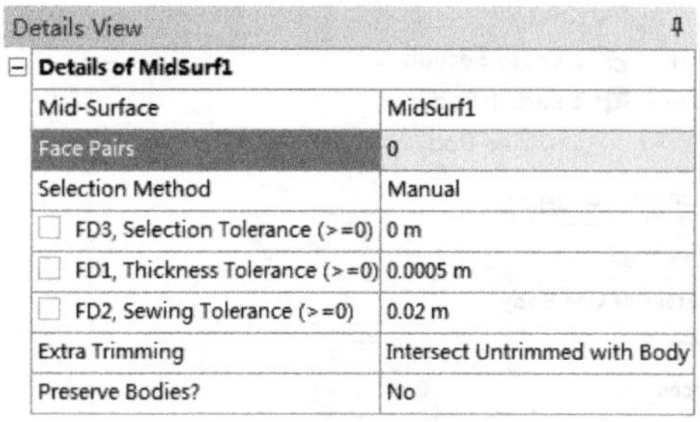
Details View
Details of MidSurf1
Mid-Surface | MidSurf1
Face Pairs | 0
Selection Method | Manual
FD3, Selection Tolerance (>=0) | 0 m
FD1, Thickness Tolerance (>=0) | 0.0005 m
FD2, Sewing Tolerance (>=0) | 0.02 m
Extra Trimming | Intersect Untrimmed with Body
Preserve Bodies? | No

图 5-39 手动抽取中面

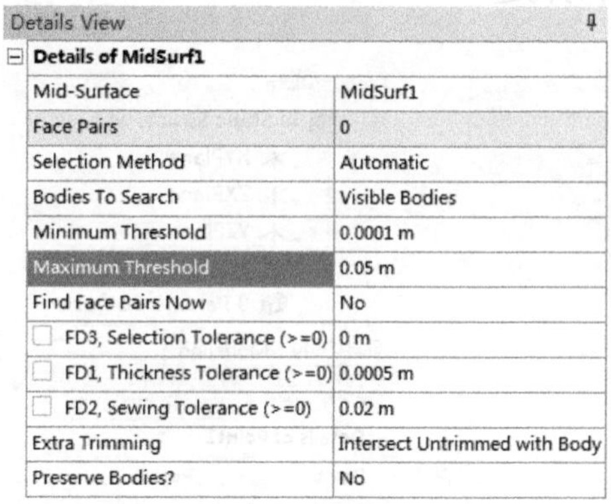
Details View
Details of MidSurf1
Mid-Surface | MidSurf1
Face Pairs | 0
Selection Method | Automatic
Bodies To Search | Visible Bodies
Minimum Threshold | 0.0001 m
Maximum Threshold | 0.05 m
Find Face Pairs Now | No
FD3, Selection Tolerance (>=0) | 0 m
FD1, Thickness Tolerance (>=0) | 0.0005 m
FD2, Sewing Tolerance (>=0) | 0.02 m
Extra Trimming | Intersect Untrimmed with Body
Preserve Bodies? | No

图 5-40 自动查找中面

步骤 2：退出 DesignModeler，双击模型【Model】单元进入 Mechanical 界面。材料选择默认。右键单击模型树中的网格【Mesh】，选择【Generate Mesh】进行网格划分。

2. 求解

步骤 3：施加约束。右键单击模型树中的【Static Structural】，选择【Insert】-【Fixed Support】命令，插入固定约束，在左下方参数设置窗口中的 Geometry 栏选择模型的四条边，然后单击【Apply】按钮，如图 5-41 所示。

步骤 4：施加载荷。右键单击模型树中的【Static Structural】，选择【Insert】-【Pressure】插入压力。在左下方参数设置窗口中的 Geometry 栏选择模型的表面，然后单击【Apply】按钮，Magnitude 栏输入 1MPa，如图 5-42 所示。

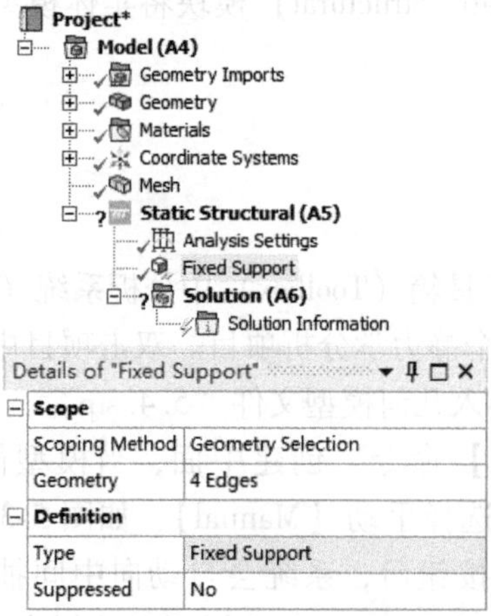

图 5-41 施加约束

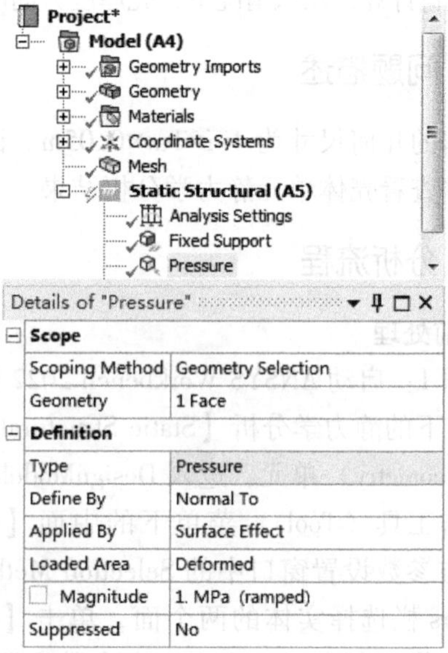

图 5-42 施加载荷

步骤 5：鼠标右键单击模型树中的【Static Structural】，选择【Solve】进行求解。

3. 后处理

步骤 6：鼠标右键单击模型树中的【Solution】，选择【Insert】-【Deformation】-【Total】，插入总变形结果；执行同样的操作，选择【Insert】-【Stress】-【Equivalent (von-Mises)】，插入等效应力结果，单击【Solve】进行求解，总变形云图和等效应力云图如图 5-43 所示。

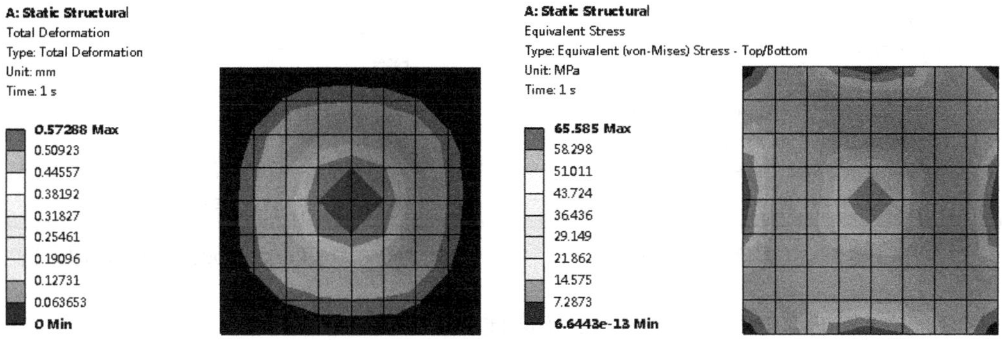

图 5-43 总变形云图和等效应力云图

为了对比网格划分对求解结果的影响，现将网格进行细化。具体操作为鼠标左键单击选中模型树中的【Mesh】，在左下方参数设置窗口中的 Element Size 栏将数值修改为 60mm，然后进行求解，网格细化后的总变形云图和等效应力云图如图 5-44 所示。

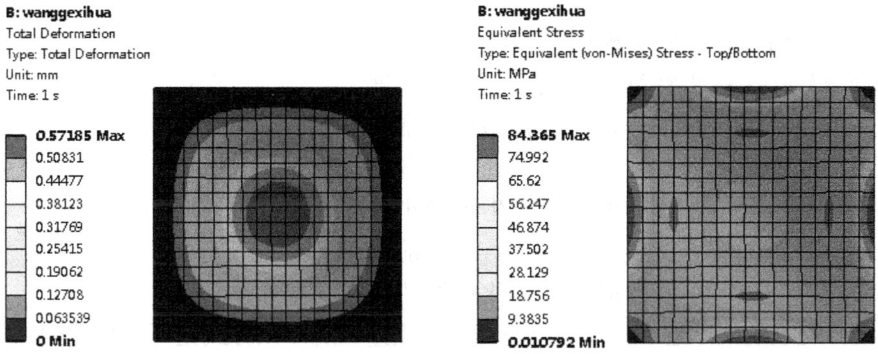

图 5-44 网格细化后的总变形云图和等效应力云图

拓展：抽取面的注意事项。

实际工作中经常需要对模型中的复杂面进行进一步处理，在 DesignModeler 的工具(Tools) 菜单中，有 Surface Extension、Surface Flip、Merge、Projection 等工具，但 DesignModeler 功能有限，复杂面的抽取通常需要使用更专业的前处理软件，一般不使用 DesignModeler 处理及 Workbench 进行强度仿真。

抽取面之后，需要进行等效核对，力学等效的前提是质量守恒和能量守恒。抽取面完成后，零件厚度应与抽取面之前保持一致。在 Mechanical 界面的面体参数设置窗口，可以发现 Thickness 确实为 50mm，如图 5-45 所示。这是由于在 DesignModeler 中，面体的厚度模式(Thickness Mode) 栏选择的是【Inherited】，即模型厚度是继承的，此时 Thickness 栏为灰色，不能更改，如图 5-46 所示。当 Thickness Mode 改为用户自定义【User Defined】时，Thickness 栏参数就可以进行更改了。

Details of "1"

⊞ Graphics Properties	
⊟ Definition	
Suppressed	No
Dimension	3D
Model Type	Shell
Stiffness Behavior	Flexible
Stiffness Option	Membrane and Bending
Coordinate System	Default Coordinate System
Reference Temperature	By Environment
Thickness	50. mm

图 5-45　厚度为 50mm

Details View

⊟ Details of Surface Body	
Body	1
Thickness Mode	Inherited
Thickness (>=0)	0.05 m
Surface Area	1 m²
Faces	1
Edges	4
Vertices	4
Fluid/Solid	Solid
Shared Topology Method	Automatic
Geometry Type	DesignModeler

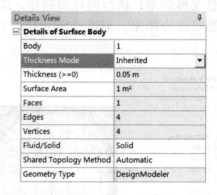

图 5-46　Thickness Mode 为【Inherited】

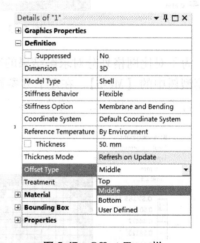

抽取面时可以抽取上表面、下表面、中间面和用户自定义位置，对应于 Mechanical 界面的面体参数设置窗口中的 Offset Type 栏，有【Top】、【Middle】、【Bottom】和【User Defined】四个选项，抽取面的偏置。在实际工业项目处理过程中，无论选取哪一种都是合理的，只是默认情况下选择【Middle】，如图 5-47 所示。

Details of "1"

⊞ Graphics Properties	
⊟ Definition	
Suppressed	No
Dimension	3D
Model Type	Shell
Stiffness Behavior	Flexible
Stiffness Option	Membrane and Bending
Coordinate System	Default Coordinate System
Reference Temperature	By Environment
Thickness	50. mm
Thickness Mode	Refresh on Update
Offset Type	Middle
Treatment	Top
⊞ Material	Middle
⊞ Bounding Box	Bottom
⊞ Properties	User Defined

图 5-47　Offset Type 栏

但是在有些情况下，原始模型几何特征简化位置的不同会导致产生微小特征。一般在宏观大尺度若结构中突然出现微小特征，计算所得结果通常不可靠，结果精度不高，不应被采纳。因此，通常情况下，如果默认抽取中面或其他位置产生了微小特征，就需要重新对抽取面位置进行选择。简化前后质量相等，重力矩也要平衡，但因为简化位置的变化而产生的薄壳系统误差远小于微小特征带来的误差，所以该方式是可以接受的，如图 5-48 所示。

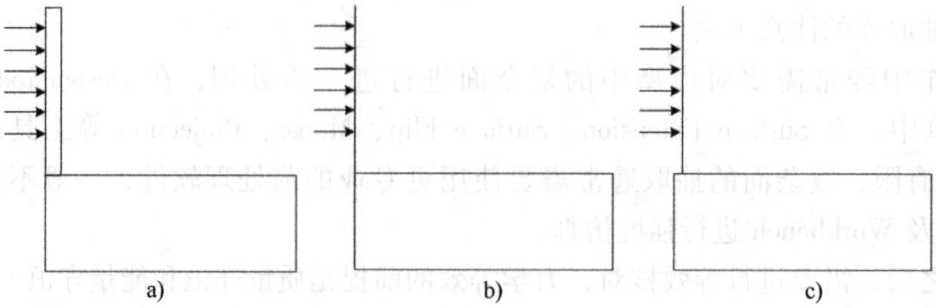

图 5-48　简化形式

a）原始几何特征　b）抽取面简化至左侧未产生微小特征　c）抽取面简化至中间或右侧产生微小特征

5.5　结构线性静力学分析实例：多单元混合建模

任何一个复杂的模型均需要进行简化，一般情况下模型可能由实体单元、壳单元、梁单元中的一种或几种组成，实体单元有三个平动自由度，分别为 UX、UY、UZ；壳单元有 6 个自由度，分别为三个平动自由度 UX、UY、UZ 和三个转动自由度 ROTX、ROTY、ROTZ，当对模型进行简化时就需要考虑实体单元、壳单元、梁单元之间的连接关系，即以何种方式连接。

5.5.1　问题描述

首先建立或导入桥梁模型，几何尺寸：壳体部分尺寸为 32mm×16mm×2mm，梁单元截面尺寸为 ϕ2mm，立柱尺寸 ϕ5mm×30mm，如图 5-49 所示。该模型为简化模型，包括 8 根立柱、3 块桥面及桥面周边的骨架，试通过多载荷步实现桥面变形的求解。需要注意的是，实际桥面的复杂程度更高，还需要考虑排水结构、桥面梯形截面形状、桥面不平度等问题。

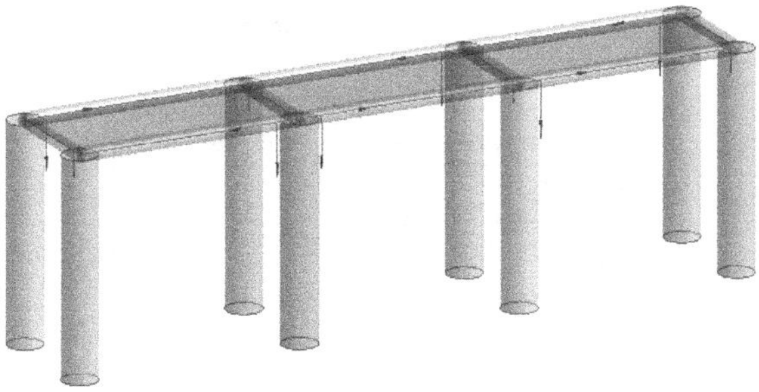

图 5-49　几何模型

5.5.2　分析流程

这是一个静力学问题，加载完后即卸载，所以一次只能看到一块桥面的变形，同时可以通过【Probe】工具探测其余两块桥面，发现变形接近零，说明是线性静力学问题。不为零的原因是一块桥面受力，会将能量传递到另外两块桥面上。

1. 前处理

步骤 1：启动 ANSYS Workbench 2022 R1，双击工具箱（Toolbox）中分析系统（Analysis System）下的静力学分析【Static Structural】，创建一个静力学分析项目。双击项目中的几何建模（Geometry）单元，进入 DesignModeler 界面，导入几何模型文件“5. 5. stp”。

首先，创建桥面骨架线体。单击概念（Concept）菜单下的由边创建线体【Lines From Edges】，在参数设置窗口中的 Edges 栏选择桥面的 10 条边，单击【Apply】，然后单击【Generate】生成线体。继续单击概念【Concept】菜单，选择【Cross Section】-【Circular】，然后在参数设置窗口中的 R 栏输入 1mm，单击【Generate】按钮，给梁赋予圆截面属性。

其次，给面体赋予厚度。单击选中模型树中代表桥面的面体，在左下方参数设置窗口中的 Thickness 栏输入 2mm，然后单击【Generate】按钮。

连接梁单元和壳单元。梁单元和壳单元的自由度一致，都具有六个自由度，因此可以直接进行共节点操作，即通过【Ctrl】键同时选中并且右键单击模型树中代表桥面和骨架的体，选择【Form New Part】。

实体单元和壳单元之间的连接是无法直接通过几何建模实现的，至此，几何模型处理完毕，退出 DesignModeler。材料选择默认材料，不进行定义。

步骤 2：双击项目中的模型【Model】单元，进入 Mechanical 界面。单击展开左侧模型树中的接触【Contacts】，同时选中并右键单击 8 个 Contact Region，选择【Delete】进行删除。

步骤 3：单击选中模型树中的连接【Connections】，然后在上方菜单栏选择【Connections】-【Joint】-【Body- Body】-【Fixed】命令，左下方参数设置窗口中 Reference 项下的 Scope 选择立柱的顶面作为接触面，Mobile 项下的 Scope 选择接触面对应的点，如图 5-50 所示。继续执行同样的操作七次，创建其余立柱与桥面的连接。

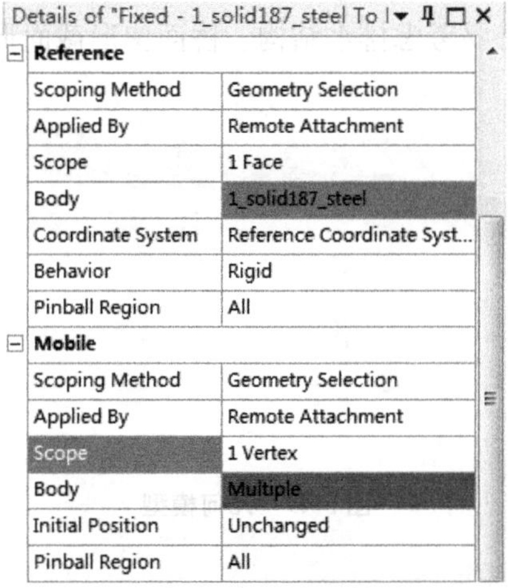

图 5-50　Fixed 参数设置

步骤 4：右键单击模型树中的网格【Mesh】，选择【Generate Mesh】对整体进行网格划分。

2. 求解

步骤 5：分析设置：单击选中左侧模型树中的分析设置【Analysis Settings】，在左下方参数设置窗口中的载荷步数 Number Of Steps 栏中输入 3。

位移边界条件设置：右键单击模型树中的【Static Structural】，选择【Insert】-【Fixed Support】插入固定约束，在参数设置窗口中的 Geometry 栏选择八根立柱的底面，然后单击【Apply】将八根立柱全部固定。

载荷边界条件设置：由于有三块桥面，每个载荷步均需要施加载荷，因此需要插入三个载荷 Pressure，操作为右键单击模型树中的【Static Structural】，选择【Insert】-【Pressure】，将插入的三个压力依次重命名为 Pressure 1、Pressure 2、Pressure 3。Pressure 1 参数设置窗口中的 Geometry 栏选择左侧第一块桥面，Define By 栏选择【Components】，Z Component 栏选择【Tabular Data】，载荷数值设置使第一个载荷步有受力，数值为 1，第二、三载荷步受力为 0，具体数值如图 5-51 所示。Pressure 2、Pressure 3 的参数设置如图 5-52、图 5-53 所示。

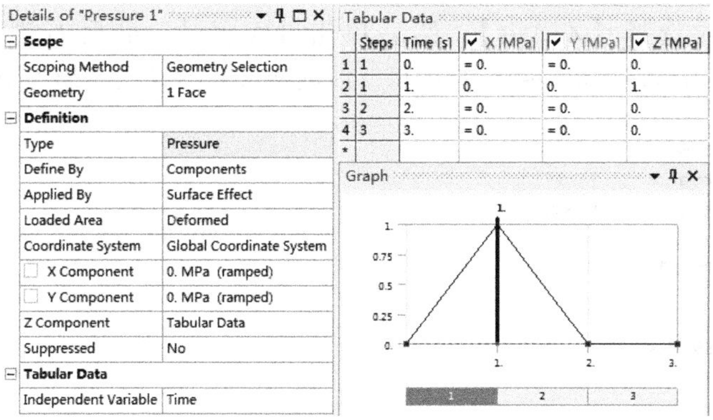

图 5-51　Pressure 1 参数设置

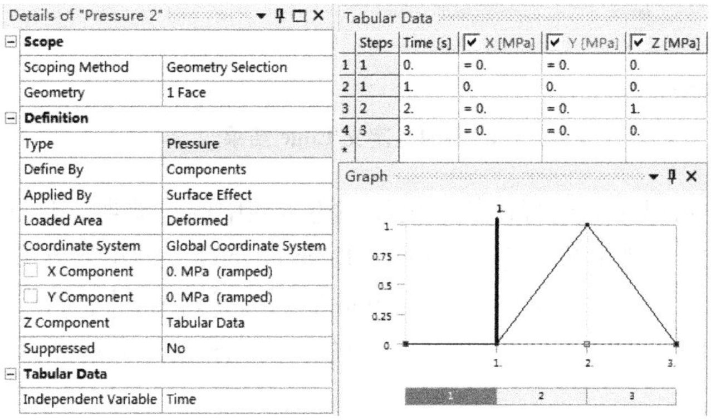

图 5-52　Pressure 2 参数设置

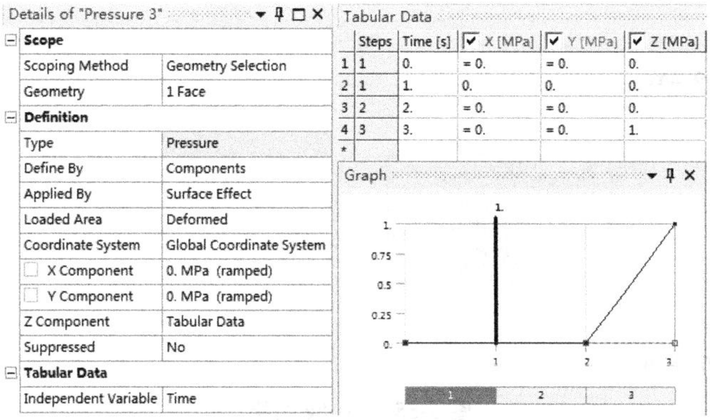

图 5-53　Pressure 3 参数设置

3. 后处理

步骤 6：查看分析结果。分析结果对错的一个判断方法是观察结果是否是对称的，因为施加的边界条件是具有对称性的，所以分析结果应该也是对称的。

可以对点和线进行变形评估，右键单击模型树中的【Solution】，选择【Insert】-【Deformation】-【Directional】，然后在左下方参数设置窗口中的 Geometry 栏中用过滤器选择相应的点和线，Orientation 栏选择【Z Axis】，然后单击【Apply】，最后右键单击模型树中的【Solution】选择【Evaluate All Results】即可。线的变形云图如图 5-54 所示。

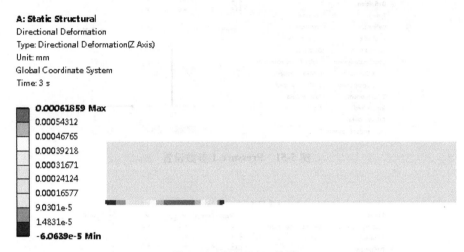

图 5-54 定义 Edge 结果

步骤 7：当然也可以对面进行评估，更改前述步骤中的过滤器，选择一个桥面后，若要观察 3s 时的变形，选择刚建立的【Directional Deformation】，将左下方参数设置窗口中 Definition 项下的 Display Time 更改为 3s，Orientation 栏选择【Z Axis】，然后再次右键单击【Solution】，选择【Evaluate All Results】即可，变的变形云图如图 5-55 所示。

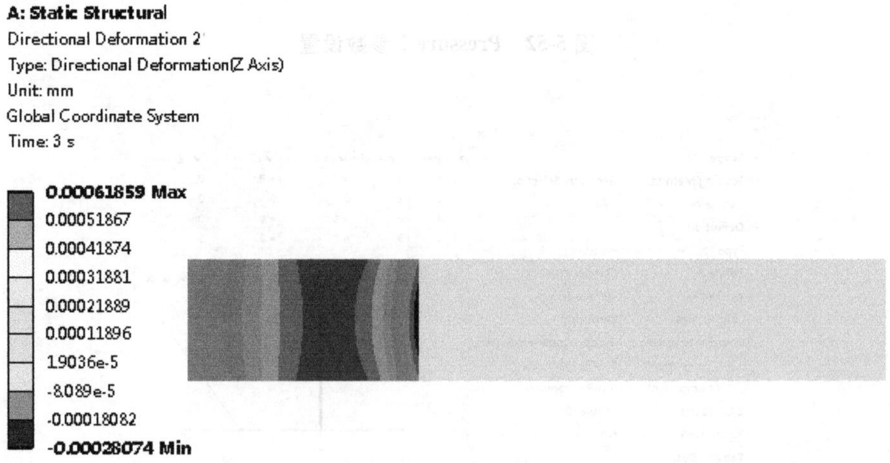

图 5-55 Probe 结果

变形验证：首先将所有的立柱进行抑制，具体操作为选择并右键单击模型树中的所有立柱，选择【Suppress Body】，其次右键单击模型树中的【Fixed Support】，选择【Suppress】进行同样的抑制，单击上方菜单栏中的【Fixed】按钮插入新的固定约束，在左下方参数设置窗口中的 Geometry 栏选择桥面的四条短边，然后单击上方菜单栏中的【Solve】按钮，提交运算。单击查看第 1 块桥面的变形云图如图 5-56 所示。因为在第 2 载荷步中第 1 块桥面已经卸载，而且边线完固定，不会受到第 3 载荷步中载荷的影响，同时第 1 载荷步中的载荷未超过材料的屈服强度，因此变形为零。

图 5-56　变形验证

第 6 章 ANSYS Workbench 结构线性动力学分析

6.1 结构动力学分析简介

结构动力学分析与结构静力学分析相比，研究的是结构在承受时变载荷或者运动状态下的速度、加速度、应力、应变等的响应，考虑了结构的阻尼及惯性对系统动态响应的影响。

结构动力学分析中，系统的动力学方程为

$$\boldsymbol{M}\ddot{\boldsymbol{x}}+\boldsymbol{C}\dot{\boldsymbol{x}}+\boldsymbol{K}\boldsymbol{x}+\boldsymbol{F}=0 \tag{6-1}$$

式中，$\boldsymbol{M}$ 为系统质量矩阵；$\boldsymbol{C}$ 为系统阻尼矩阵；$\boldsymbol{K}$ 为系统刚度矩阵；$\boldsymbol{x}$、$\dot{\boldsymbol{x}}$、$\ddot{\boldsymbol{x}}$ 分别为系统位移、速度、加速度矢量；$\boldsymbol{F}$ 为系统载荷矢量。

Workbench 提供的结构动力学分析类型包括模态分析、响应谱分析、随机振动分析、谐响应分析、线性屈曲分析及瞬态动力学分析等。本章将介绍以上几种分析的原理及采用 ANSYS Workbench 2022 R1 进行分析的操作步骤。

6.2 模态分析及实例

6.2.1 模态分析简介

模态分析反映的是系统的固有频率及各频率对应的振型特征。无阻尼系统模态分析对应的系统动力学方程为

$$\boldsymbol{M}\ddot{\boldsymbol{x}}+\boldsymbol{K}\boldsymbol{x}=0 \tag{6-2}$$

对于线性系统，$\boldsymbol{M}$ 和 $\boldsymbol{K}$ 为常数，其系统振动类型为简谐振动，位移形式为

$$\boldsymbol{x}=\boldsymbol{\phi}_i\cos\omega_i t \tag{6-3}$$

将式（6-3）代入式（6-2）得到

$$(\boldsymbol{K}-\omega^2\boldsymbol{M})\boldsymbol{x}=0 \tag{6-4}$$

对式（6-4）进行求解，可得到方程的特征值为 ω_i^2，其开方值 ω_i 即为固有圆频率，与特征值对应的特征向量即为系统的模态向量（或称为振型、固有振型）。

一部分初学者经常会在模态分析中加入负载，但由式（6-2）可见，模态分析的动力学分析中不涉及负载，即模态分析与负载无关，模态是系统的固有属性，因此不可添加负载。同时，模态分析为线性分析，系统会过滤掉所有的非线性设置，即材料非线性、结构非线

性、状态非线性三大状态。

Workbench 提供的模态分析有不含预应力的模态分析和含预应力的模态分析。

6.2.2 实例：不含预应力的模态分析

1. 问题描述

利用 ANSYS Workbench 2022 R1 分析图 6-1 所示支撑座的固有频率及振型。

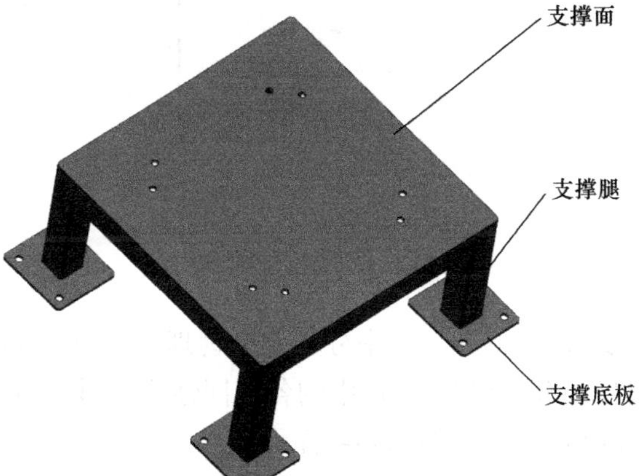

图 6-1 支撑座几何模型

2. 分析流程

（1）前处理

步骤 1：通过开始菜单，启动 Workbench 2022 R1。

步骤 2：在工具箱（Toolbox）的分析系统（Analysis Systems）中用鼠标左键双击模态分析【Modal】，或者用鼠标左键选中并拖动模态分析【Modal】到工程示意窗口，创建模态分析工程项目，如图 6-2 所示。

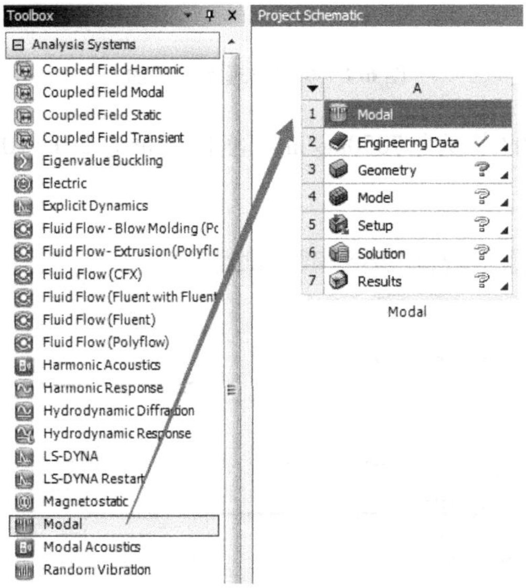

图 6-2 创建模态分析工程项目

步骤 3：双击项目中的工程数据【Engineering Data】进行材料定义。

步骤 3.1：如图 6-3 所示，单击图示【Click here to add a new material】位置，添加材料，并为材料取名为 steel。

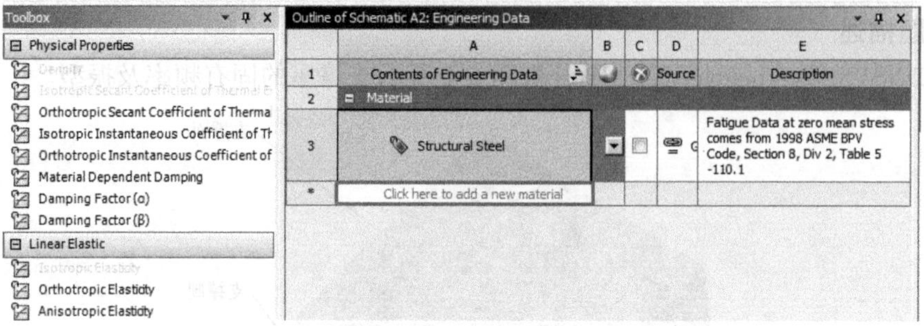

图 6-3　添加新材料

步骤 3.2：在左侧工具箱（Toolbox）中分别双击物理性能（Physical Properties）中的密度【Density】以及线弹性（Linear Elastic）中的各向同性弹性【Isotropic Elasticity】，添加材料的密度属性及各向同性材料属性，如图 6-4 所示。

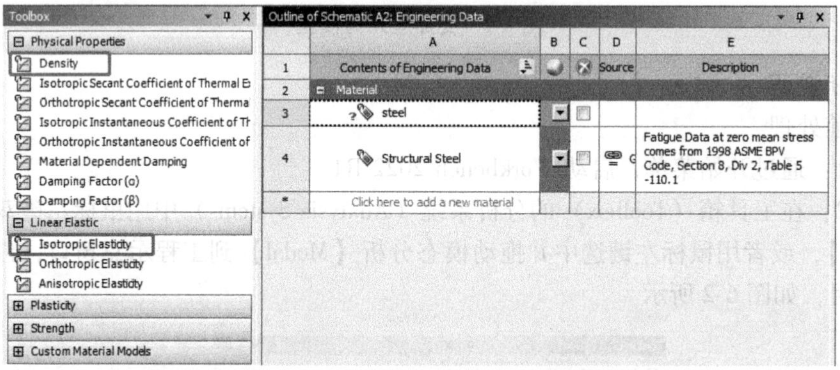

图 6-4　材料物理属性添加

步骤 3.3：输入材料的密度为 7850kg/m^3，杨氏模量为 2.1×10^{11}Pa，泊松比为 0.3，如图 6-5 所示。

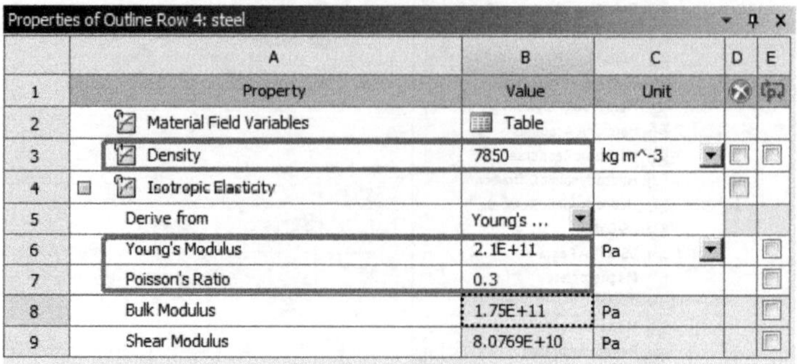
Properties of Outline Row 4: steel

	A	B	C	D	E
1	Property	Value	Unit		
2	Material Field Variables	Table			
3	Density	7850	kg m^-3		
4	Isotropic Elasticity				
5	Derive from	Young's ...			
6	Young's Modulus	2.1E+11	Pa		
7	Poisson's Ratio	0.3			
8	Bulk Modulus	1.75E+11	Pa		
9	Shear Modulus	8.0769E+10	Pa		

图 6-5　材料参数

步骤 3.4：退出工程数据（Engineering Data）单元。

步骤 4：导入外部几何模型。

步骤 4.1：双击项目中的几何建模【Geometry】进入 DesignModeler 界面，依次单击【File】-【Import External Geometry File】命令，如图 6-6 所示。在弹出的“打开”对话框中选择几何模型文件“6.2.x_t”，单击【打开】按钮。

步骤 4.2：在左侧的模型树中，用鼠标右键单击【Import1】，在弹出的快捷菜单中选择生成【Generate】命令，如图 6-7 所示，生成几何模型。

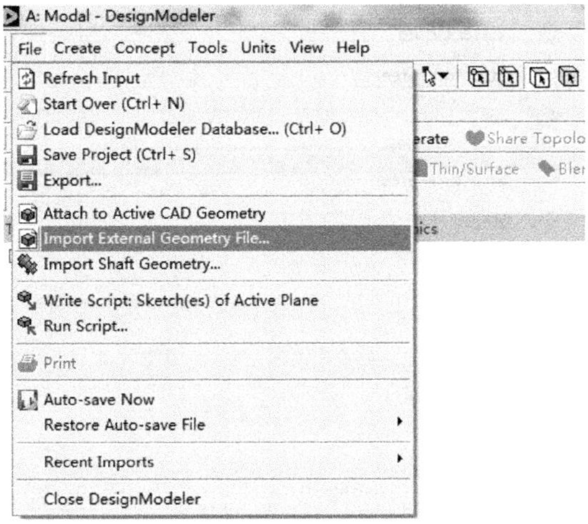

图 6-6 模型导入

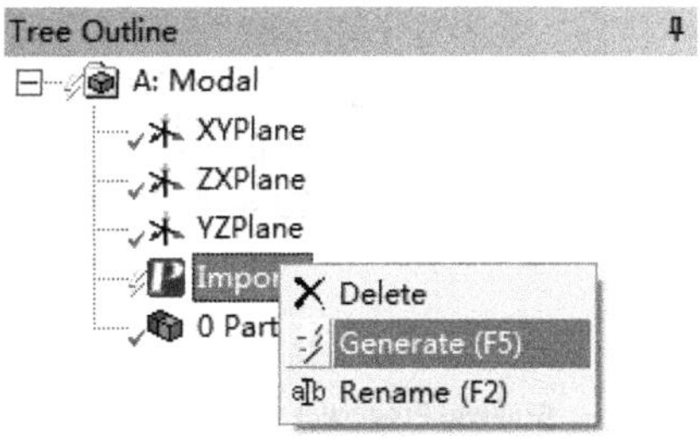

图 6-7 生成几何模型

步骤 4.3：在左侧的模型树中，选中所有实体（可同时使用【Shift】键与鼠标左键进行批量操作），单击鼠标右键，选择【Form New Part】命令，将所有实体组合为一个零件，完成共节点操作，如图 6-8 和图 6-9 所示，注意对比操作前后模型树之间的区别。由于本支撑座有多个零件，共节点后可实现划分网格后各零件有限元模型之间的连接，后续可避免使用接触算法或其他方式建立连接关系。

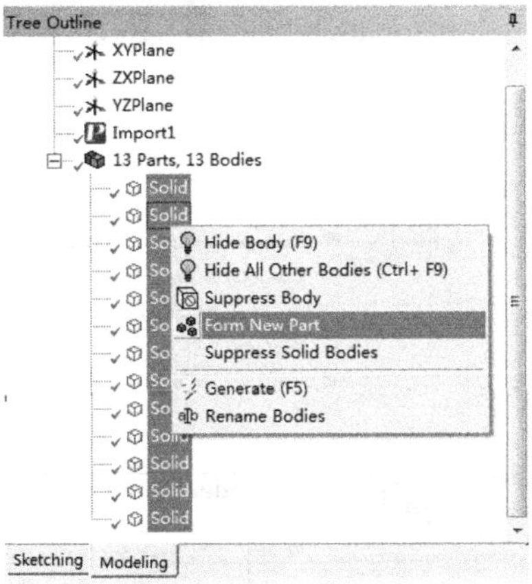

图 6-8 Form New Part 操作前

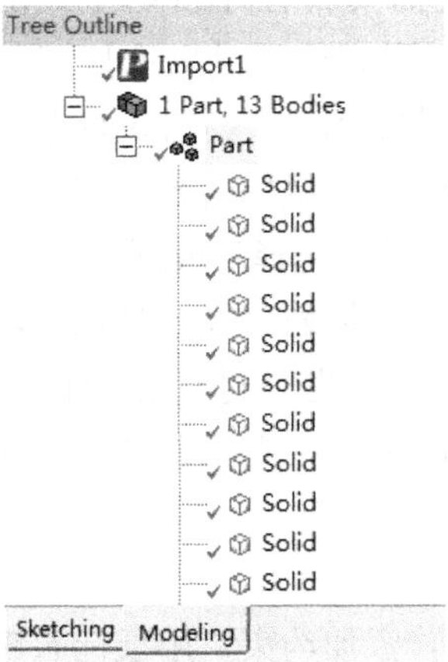

图 6-9 Form New Part 操作后

步骤 4.4：退出 DesignModeler。

步骤 5：双击项目中的模型【Model】进入 Mechanical 界面，进行有限元建模。

步骤 5.1：在左侧模型树中单击几何模型（Geometry）下的零件【Part】，然后单击参数设置窗口中的材料赋予（Assignment）处的三角按钮，在弹出的小窗口中选择定义好的 steel 材料，完成材料的赋予，如图 6-10 所示。

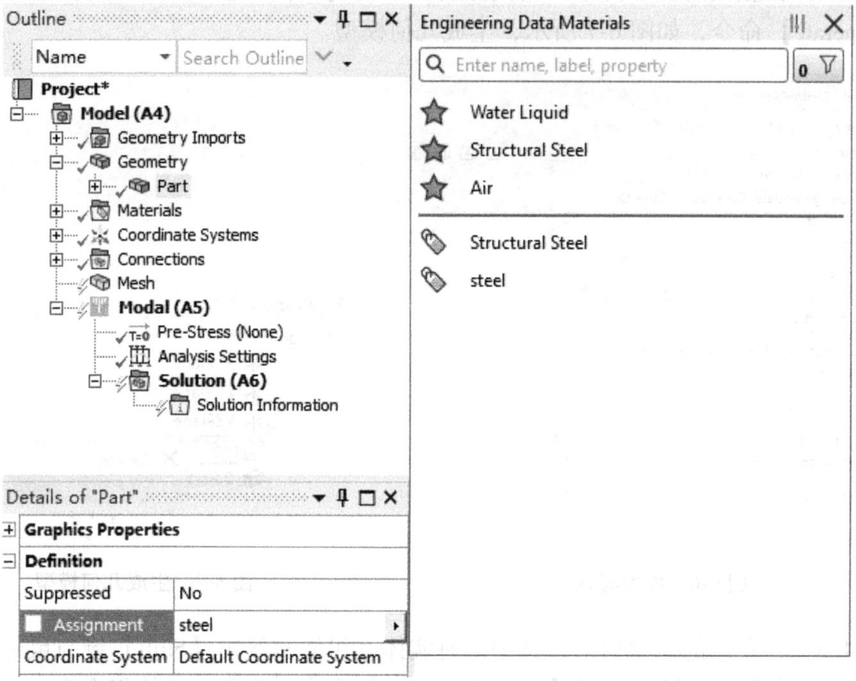

图 6-10 材料赋予

步骤 5.2：在模型树中默认条件下会出现以下 12 对接触，由于已进行共节点操作，因此需要将程序自动生成的接触对删除（可同时使用【Shift】键与鼠标左键进行批量操作），如图 6-11 所示。

步骤 5.3：用鼠标右键单击模型树中的网格【Mesh】，选择生成网格【Generate Mesh】，进行网格划分（此处保持默认的网格参数设置，也可进行相应网格细化或质量控制），生成的网格如图 6-12 所示。

（2）求解

步骤 6：添加约束。用鼠标右键单击左侧模型树中的模态分析【Modal】，然后在弹出的快捷菜单中依次单击

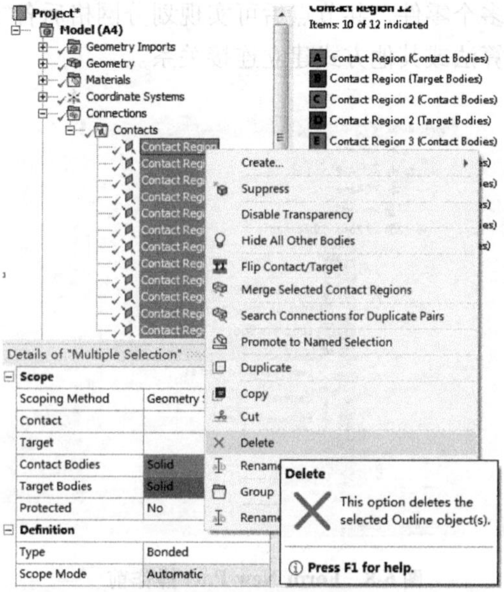

图 6-11 删除默认接触对

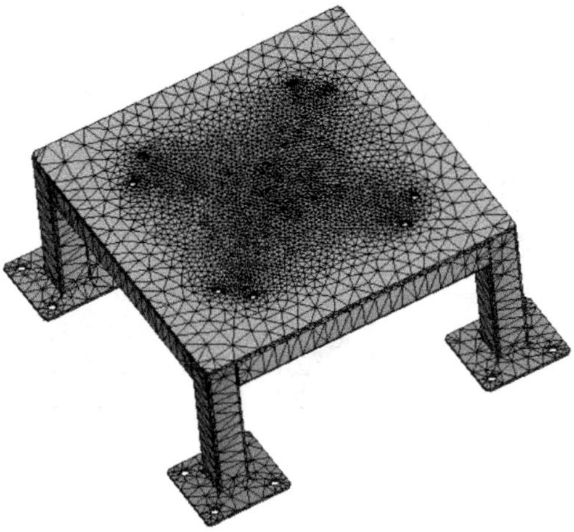

图 6-12　生成网格

【Insert】-【Fixed Support】插入固定约束，如图 6-13 所示（也可以通过工具栏命令【Environment】-【Structural】-【Fixed】插入），然后在左下角参数设置窗口的几何模型（Geometry）处选择一个支撑底板的三个螺栓孔面施加固定约束。然后依次创建另外三个支撑底板的螺栓孔固定约束，如图 6-14 所示。

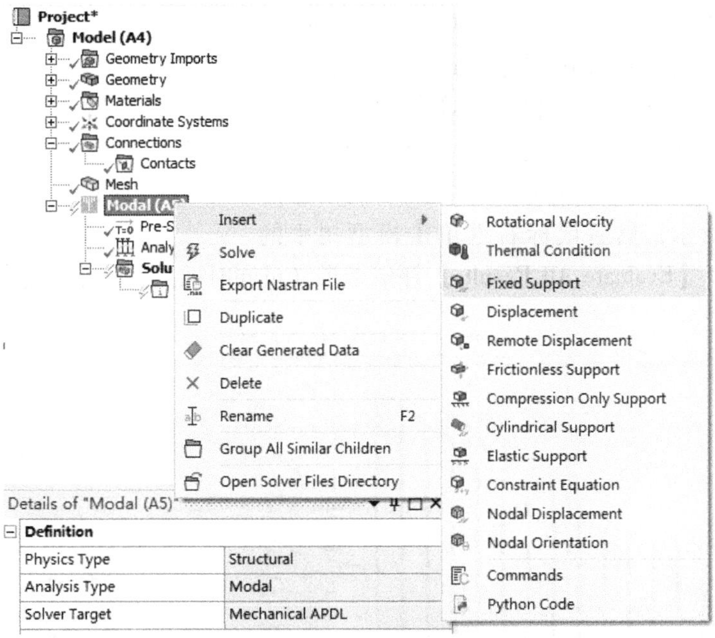

图 6-13　插入固定约束

步骤 7：求解设置。用鼠标左键单击左侧模型树中模态分析（Modal）下的分析设置【Analysis Settings】，在左下方的参数设置窗口中，设置模态求解阶数为 20 阶，其余参数保持默认，如图 6-15 所示。

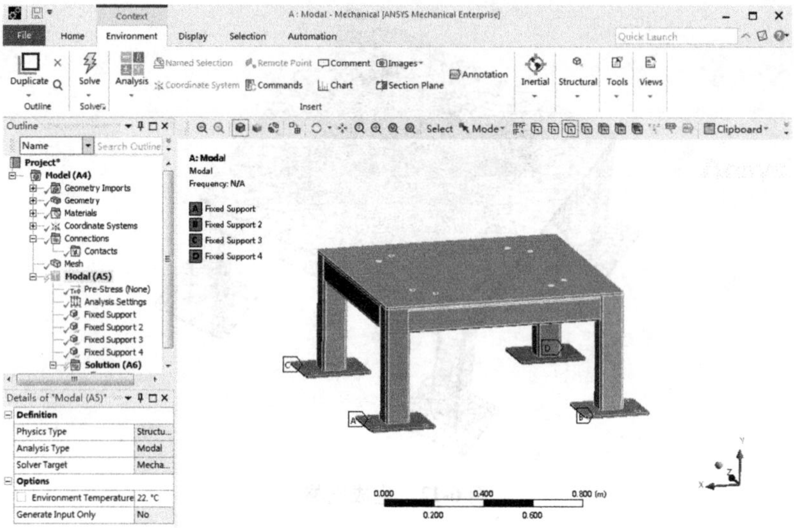

图 6-14　固定约束设置

步骤 8：用鼠标右键单击模态分析【Modal】，然后单击【Solve】进行求解。

（3）后处理

步骤 9：用鼠标右键单击模型树中的【Solution】，依次选择【Insert】-【Deformation】-【Total】插入总位移，或者在菜单栏选择【Solution】-【Results】-【Deformation】-【Total】插入，求解得到的模态频率如图 6-16 所示。可在左下方参数设置窗口 Mode 处设置查看的模态阶数，如图 6-17 所示，然后鼠标右键单击模型树中的【Solution】，选择【Evaluate All Results】评估结果（可同时插入多阶结果进行评估）。

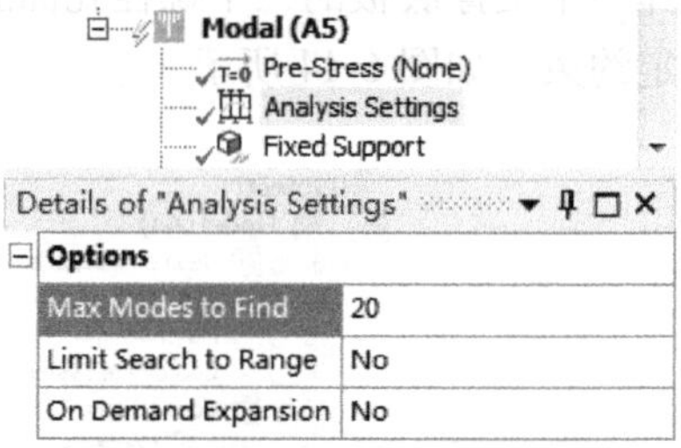

图 6-15　求解设置

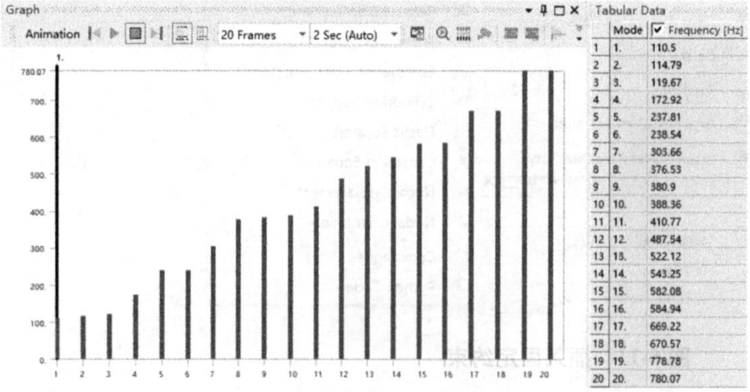

图 6-16　模态频率求解结果

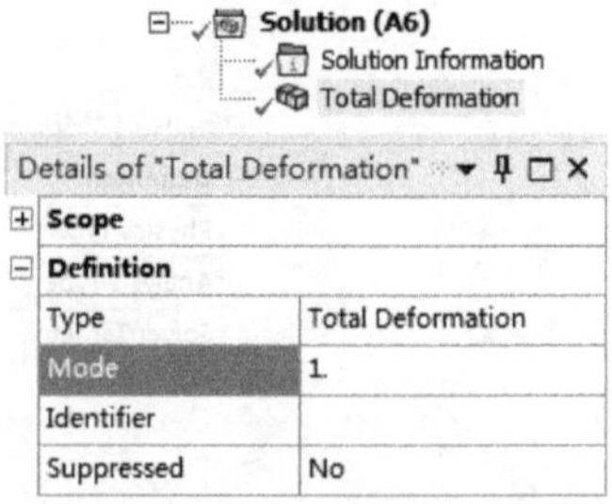

图 6-17　模态阶数后处理设置

通过后处理查看得到的第 1 阶～第 6 阶的模态振型如图 6-18～图 6-23 所示，其余各阶模态结果不再一一罗列。

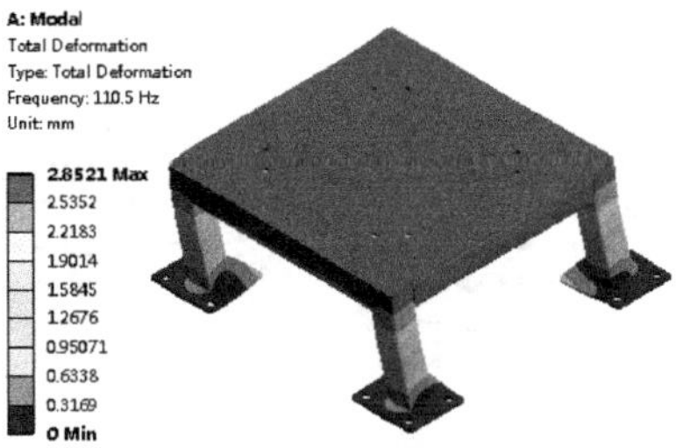

图 6-18　第 1 阶模态振型

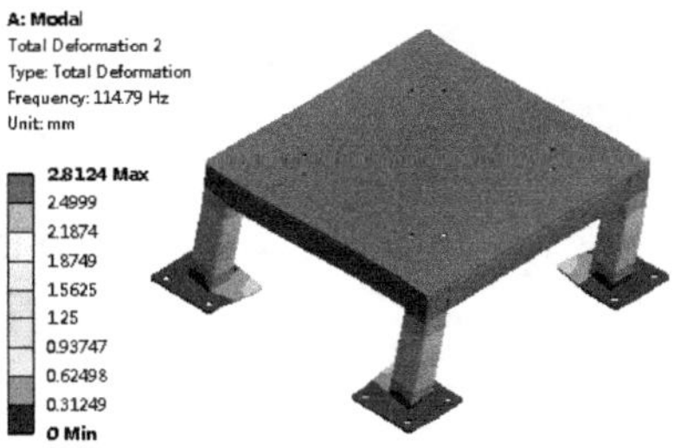

图 6-19　第 2 阶模态振型

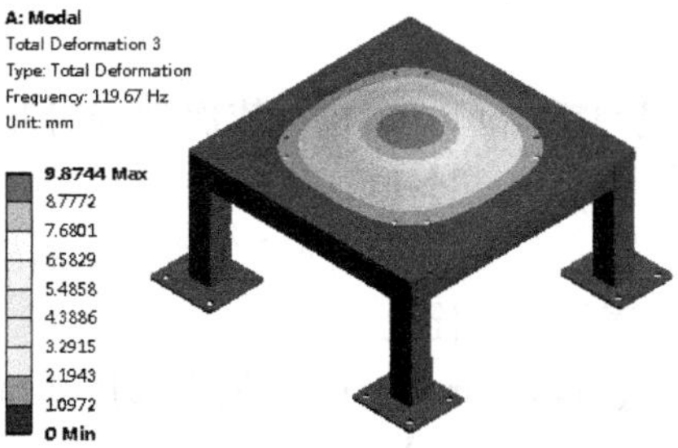

图 6-20　第 3 阶模态振型

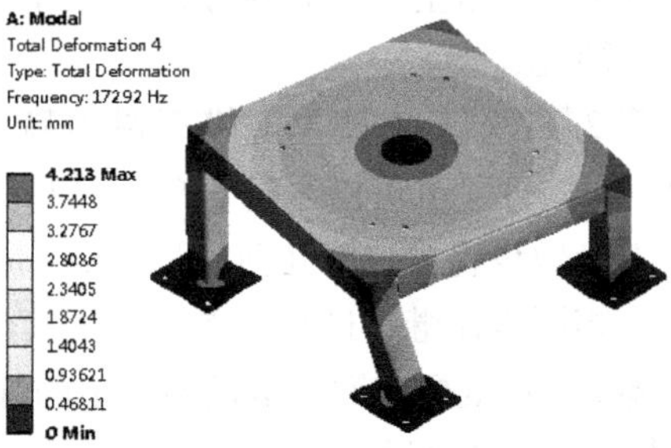

图 6-21　第 4 阶模态振型

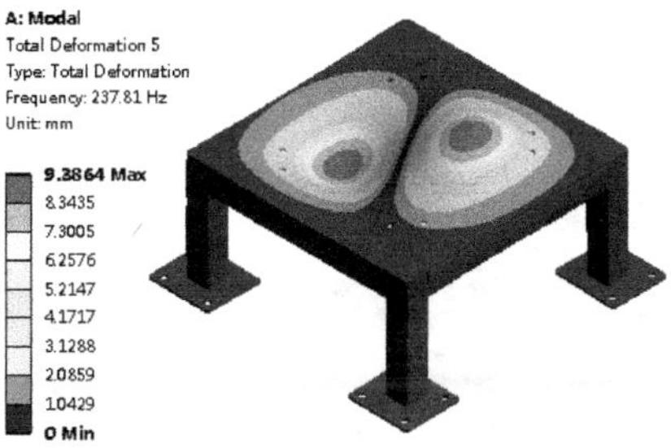

图 6-22　第 5 阶模态振型

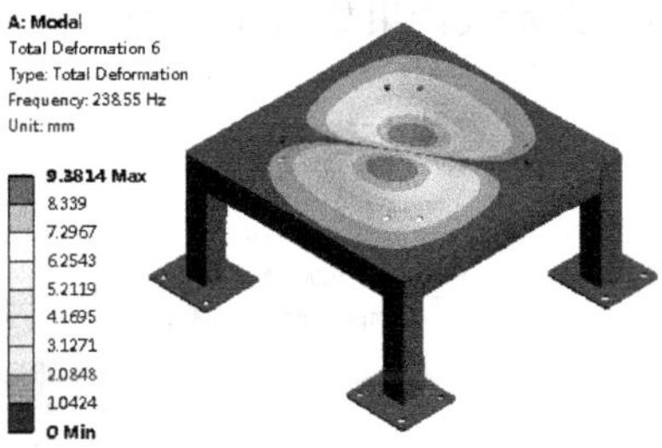

图 6-23　第 6 阶模态振型

6.2.3　实例：含预应力的模态分析

1. 问题描述

如图 6-1 所示的支撑座，其上有 1t 重的机器人，试利用 ANSYS Workbench 2022 R1 分析该结构支撑状态下的模态振型。

2. 分析流程

步骤 1：在 ANSYS Workbench 2022 R1 工具箱（Toolbox）的分析系统（Analysis Systems）中找到静力学分析【Static Structural】，按住鼠标左键将其拖动到 6.2.2 节创建的模态分析（Modal）的 A4 处（此操作表示后续分析将会沿用 6.2.2 节分析的几何模型、材料参数、网格及连接设置），如图 6-24 所示；然后在【Solution】处右键单击，选择【Transfer Data To New】-【Modal】命令，完成预应力模态分析的项目搭建，搭建好的分析项目如图 6-25 所示。

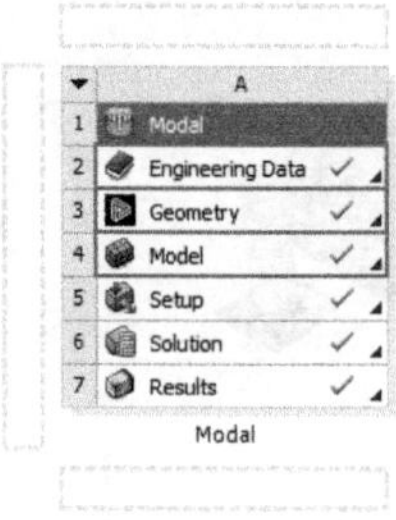

图 6-24 新建静力学分析项目

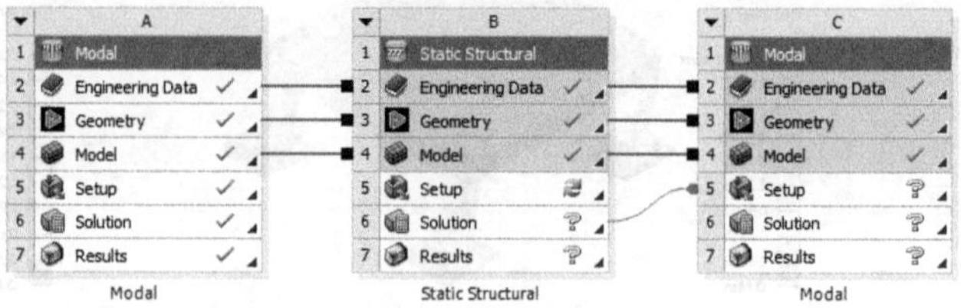

图 6-25 预应力模态分析项目搭建

步骤 2：鼠标左键双击 B 分析项目中的设置【Setup】进入 Mechanical 界面，进行静力学分析有限元建模。

步骤 2.1：鼠标右键单击模型树中静力学分析【Static Structural】，依次选择【Insert】-【Fixed Support】（也可以通过菜单栏【Environment】-【Structural】-【Fixed】命令插入），然后在左下方参数设置窗口的几何模型（Geometry）处选择一个支撑底板的三个螺栓孔面施加固定约束。相同操作继续进行三次，约束其余三个支撑底板的螺栓孔。

步骤 2.2：鼠标右键单击模型树中的静力学分析【Static Structural】，依次选择【Insert】-【Force】（也可以通过菜单栏【Environment】-【Structural】-【Force】命令插入），选择支撑座的上支撑面作为加载对象，在参数设置窗口中设置 Define By 为【Components】，设置 Y Component 大小为-10000N。

得到的载荷及约束如图 6-26 所示。

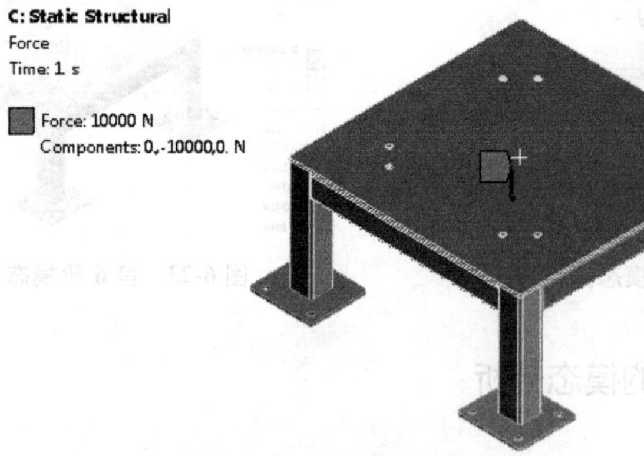

图 6-26 静力学载荷及约束设置

步骤 3：鼠标右键单击静力学分析【Static Structural】，选择【Solve】，进行静力学分析求解。

步骤 4：后处理。右键单击【Solution】，依次选择【Insert】-【Deformation】-【Total】，插入总变形结果；然后继续右键单击【Solution】，选择【Insert】-【Stress】-【Equivalent（von-Mises）】，插入等效应力结果；最后右键单击【Solution】，选择【Evaluate All Results】。得到的总变形云图和等效应力云图如图 6-27 和图 6-28 所示。

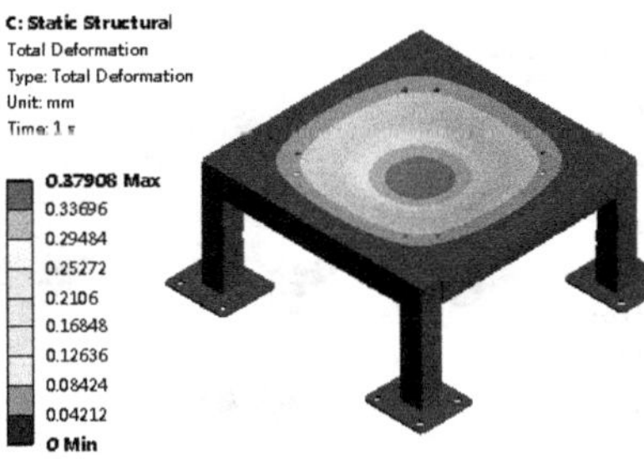

图 6-27　总变形云图

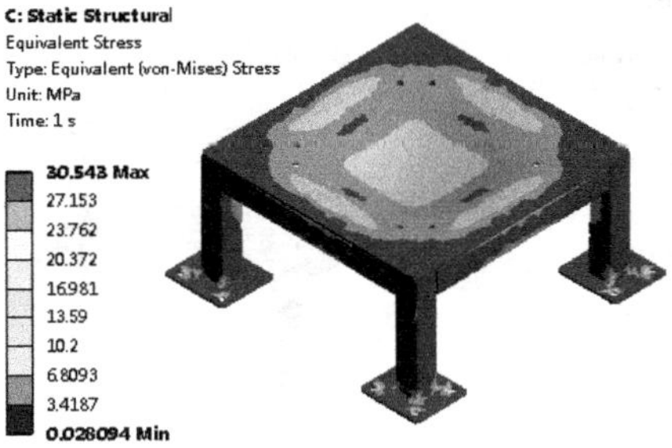

图 6-28　等效应力云图

步骤 5：鼠标左键单击模型树中 Modal2 下的分析设置【Analysis Settings】，在左下方的参数设置窗口中，设置模态求解阶数为 20 阶，其余参数保持默认。

步骤 6：鼠标右键单击模型树中【Modal2】，然后选择【Solve】进行求解。

步骤 7：后处理。得到的预应力模态求解结果如图 6-29 所示。

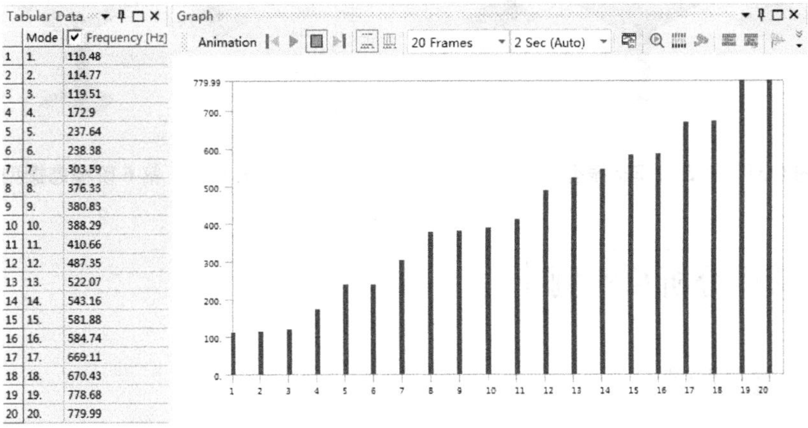

图 6-29　预应力模态求解结果

按照 6.2.2 节实例中步骤 9 的方式，查看第 1 阶～第 6 阶的模态振型结果，如图 6-30～图 6-35 所示。

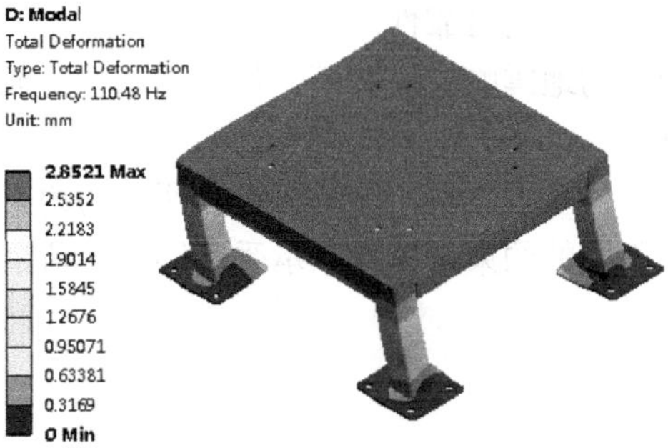

图 6-30　第 1 阶模态振型

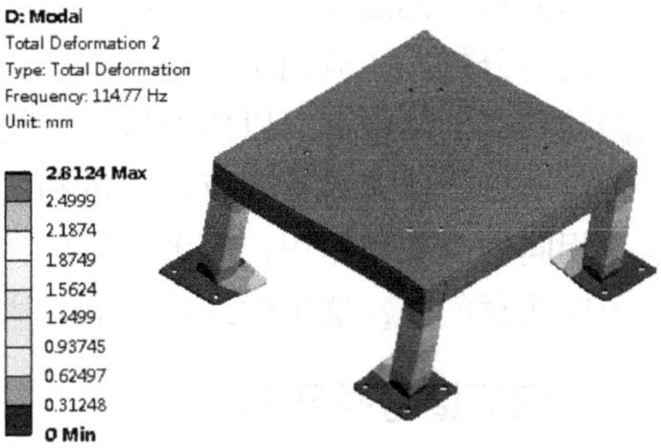

图 6-31　第 2 阶模态振型

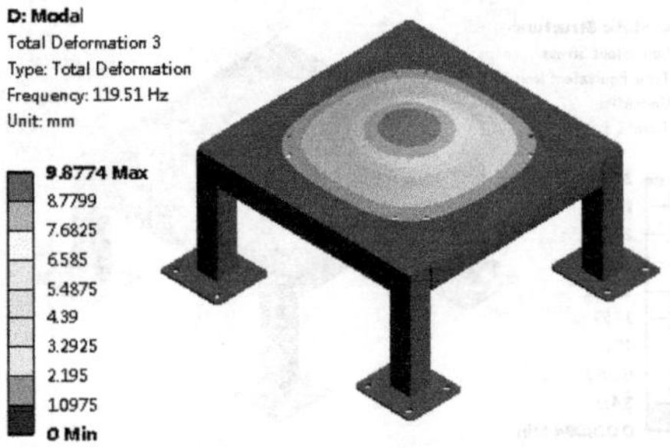

图 6-32　第 3 阶模态振型

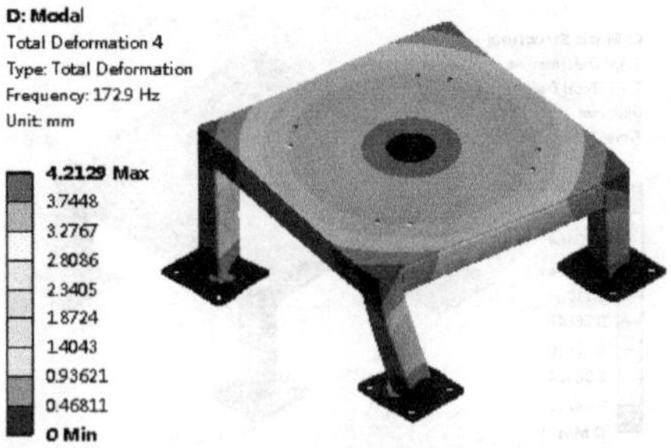

图 6-33　第 4 阶模态振型

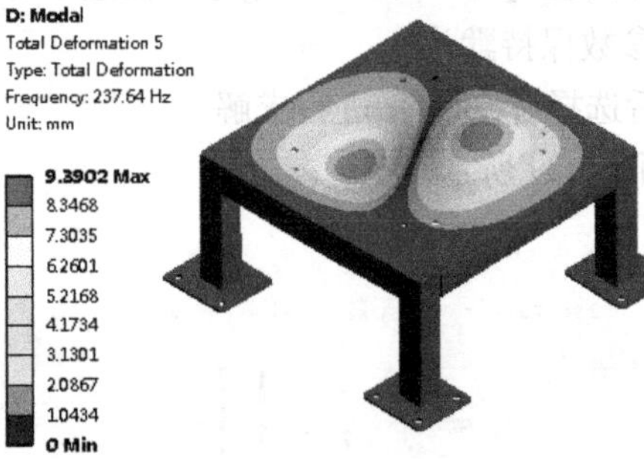

图 6-34　第 5 阶模态振型

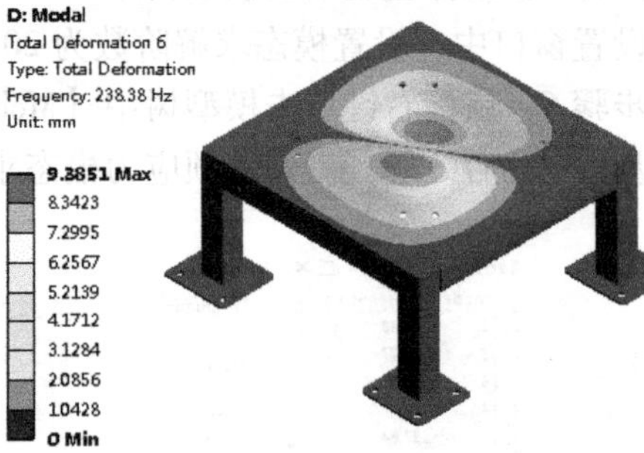

图 6-35　第 6 阶模态振型

6.3　响应谱分析及实例

6.3.1　响应谱分析简介

响应谱分析的分析对象为结构在给定载荷谱作用下的响应，Workbench 中响应谱分析的载荷类型包括加速度谱（RS Acceleration）、速度谱（RS Velocity）和位移谱（RS Displacement），Workbench 可以从频域的角度计算结构的峰值响应。

载荷谱为响应幅值与频率的对应关系，响应谱分析用于计算结构在给定载荷谱下的最大响应，其为系统的各阶振型在该载荷谱作用下的叠加结果。因此，响应谱分析前通常需要先进行模态分析，模态分析的结果将会直接影响响应谱结果的可靠性。

响应谱分析广泛应用于工程分析中，如土木行业的地震响应谱分析，任何受到地震或者其他振动载荷的结构都可以用响应谱分析进行校核。

响应谱分析包含单点响应谱分析和多点响应谱分析。单点响应谱分析中，所有的约束位置承受相同的载荷谱作用；而多点响应谱分析中，不同的约束位置可以承受不同的载荷谱作用。需要注意的是，这里的约束只能是固定约束。

6.3.2　响应谱分析实例

1. 问题描述

如图 6-1 所示的支撑座，试利用 ANSYS Workbench 2022 对该结构进行响应谱分析。

2. 分析流程

步骤 1：通过开始菜单，启动 Workbench 2022 R1。

步骤 2：鼠标左键双击工具箱（Toolbox）中自定义系统（Custom Systems）下的响应谱分析【Response Spectrum】即可创建响应谱分析项目（也可以先创建模态分析（Modal），然后在模态分析（Modal）项目中的【Solution】处单击鼠标右键，依次选择【Transfer Data To New】-【Response Spectrum】），如图 6-36 所示。

步骤 3：首先进行模态分析，几何模型文件导入选择“6. 3. x_t”，模态分析流程与 6. 2. 2 节实例流程相同，此处不再赘述。

步骤 4：模态分析流程结束后，双击响应谱分析项目中的设置【Setup】进入响应谱分析设置。鼠标左键单击模型树中响应谱分析（Response Spectrum）下的分析设置【Analysis Settings】，在左下方的参数设置窗口中，将 Options 项下的谱类型（Spectrum Type）设置为单点【Single Point】，如图 6-37 所示。

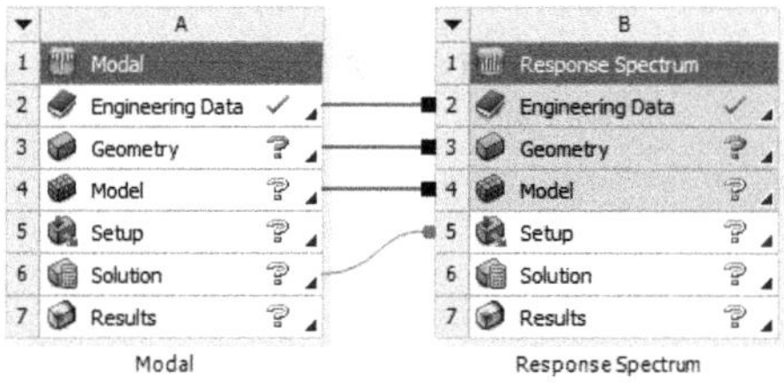

图 6-36 创建响应谱分析项目

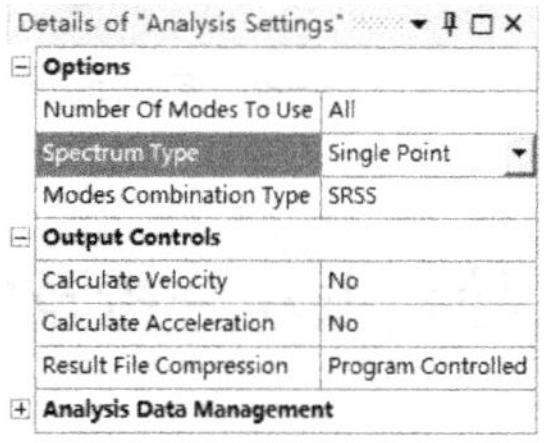

图 6-37 单点响应谱分析设置

步骤 5：右键单击模型树中的响应谱分析【Response Spectrum】，依次选择【Insert】-【RS Acceleration】，根据图 6-38 所示进行加速度响应谱的设置。在定义（Definition）项下的载荷数据（Load Data）选择数表（Tabular Data），在弹出的数表（Tabular Data）窗口中直接输入相应数值，如图 6-39 所示。

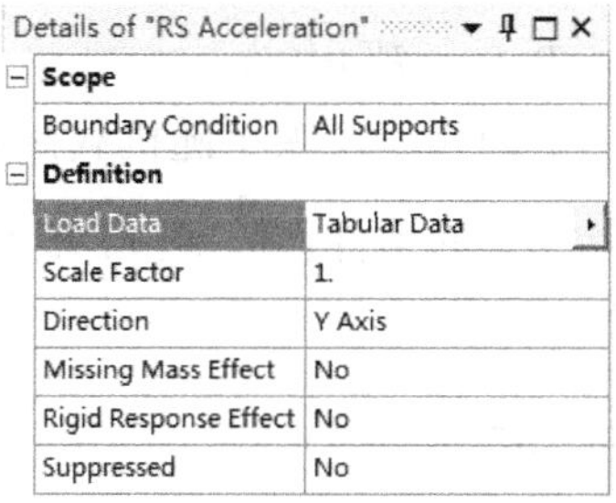
Details of "RS Acceleration"
Scope
Boundary Condition | All Supports
Definition
Load Data | Tabular Data
Scale Factor | 1.
Direction | Y Axis
Missing Mass Effect | No
Rigid Response Effect | No
Suppressed | No

图 6-38 加速度响应谱设置

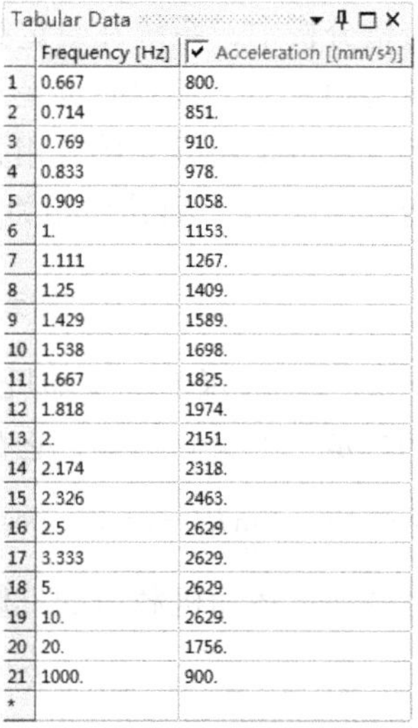

Tabular Data

	Frequency [Hz]	Acceleration [(mm/s²)]
1	0.667	800.
2	0.714	851.
3	0.769	910.
4	0.833	978.
5	0.909	1058.
6	1.	1153.
7	1.111	1267.
8	1.25	1409.
9	1.429	1589.
10	1.538	1698.
11	1.667	1825.
12	1.818	1974.
13	2.	2151.
14	2.174	2318.
15	2.326	2463.
16	2.5	2629.
17	3.333	2629.
18	5.	2629.
19	10.	2629.
20	20.	1756.
21	1000.	900.
*		

图 6-39 载荷数表

步骤 6：右键单击模型树中的响应谱分析【Response Spectrum】，选择【Solve】进行求解。

步骤 7：后处理。右键单击【Solution】，依次选择【Insert】-【Deformation】-【Total】，插入总变形结果；然后继续右键单击【Solution】，选择【Insert】-【Stress】-【Equivalent（von-Mises)】，插入等效应力结果；最后右键单击【Solution】，选择【Evaluate All Results】。得到的总变形云图和等效应力云图如图 6-40 和图 6-41 所示。

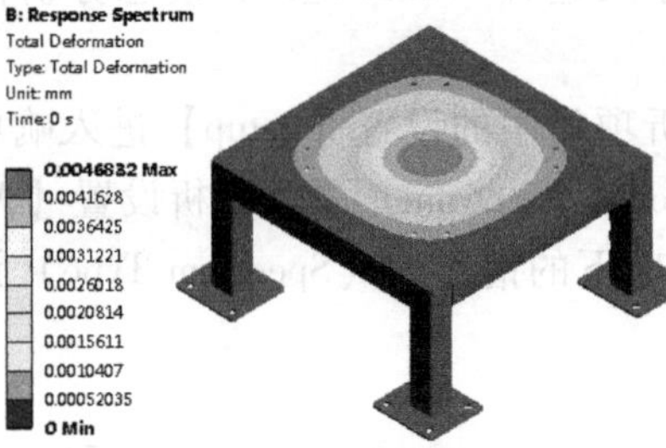

图 6-40　总变形云图

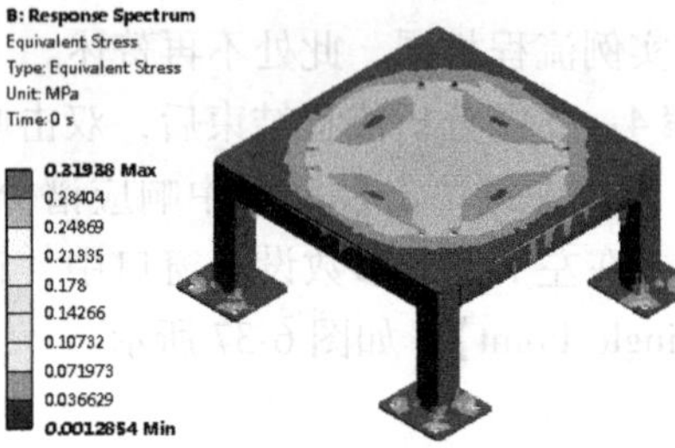

图 6-41　等效应力云图

6.4　随机振动分析及实例

6.4.1　随机振动分析简介

随机振动分析也称为功率谱密度分析，是一种基于概率统计学理论的谱分析技术，主要用于确定结构在随机振动载荷下的响应。从统计学的角度，随机振动分析是将时域内的载荷统计样本转换为功率谱密度（Power Spectral Density，PSD）函数，在功率谱密度函数的基础上进行随机振动分析，得到系统响应的概率统计值。

随机振动分析与响应谱分析相似，也是一种频域分析，分析前需要先进行模态分析。不同的是，响应谱分析中，系统在给定频率处的幅值响应是确定的；而在随机振动分析中，系统受到的载荷是随机的，其响应也是不确定的。

功率谱密度函数是随机变量自相关函数的频域描述，能够反映随机载荷的频率成分能。设随机载荷历程为 $a(t)$，则其自相关函数可以表述为

$$R(\tau)=\lim_{T\to\infty}\frac{1}{T}\int_0^T a(t)a(t+\tau)\mathrm{d}t \tag{6-5}$$

当 $\tau=0$ 时，自相关函数等于随机载荷的均方值：$R(0)=E[a^2(t)]$。

自相关函数是一个实偶函数，它在 $R(\tau)-\tau$ 图形上的频率反映了随机载荷的频率成分，而且具有如下性质：$\lim\limits_{\tau\to\infty}R(\tau)=0$，因此它符合傅里叶变换的条件：$\int_{-\infty}^{\infty}R(\tau)\mathrm{d}\tau<\infty$ ，可以进一步用傅里叶变换描述随机载荷的具体频率成分

$$R(\tau)=\int_{-\infty}^{\infty}F(f)\mathrm{e}^{2\pi f\tau}\mathrm{d}f \tag{6-6}$$

式中，f 表示圆频率，$F(f)=\int_{-\infty}^{\infty}R(\tau)\mathrm{e}^{2\pi f\tau}\mathrm{d}\tau$ 称为 $R(\tau)$ 的傅里叶变换，也就是随机载荷

$a(t)$ 的功率谱密度函数。

功率谱密度曲线为功率谱密度值 $F(f)$ 与频率 f 的关系曲线，f 通常被转换为赫兹的形式给出。加速度 PSD 的单位是 $(m/s^2)^2/Hz$，速度 PSD 的单位是 $(m/s)^2/Hz$，位移 PSD 的单位是 m^2/Hz。

如果 $\tau=0$，则可得到 $R(0)=\int_{-\infty}^{\infty} F(f)\,df = E[a^2(t)]$，这就是功率谱密度的特性：功率谱密度曲线下面的面积等于随机载荷的均方值。

结构在随机载荷的作用下，其响应也是随机的，随机振动分析的结果量为概率统计值，其输出结果为结果量（位移、应力等）的标准差，如果结果量符合正态分布，则这就是结果量的 1σ 值，即结果量位于 $-1\sigma \sim 1\sigma$ 之间的概率为 68.3%，位于 $-2\sigma \sim 2\sigma$ 之间的概率为 96.4%，位于 $-3\sigma \sim 3\sigma$ 之间的概率为 99.7%。

为了保证考虑了所有影响显著的振型，通常 PSD 曲线的频谱范围不能太小，应该一直延伸到谱值较小的区域，因此模态提取的频率也应该延伸到谱值较小的频率区（此较小的频率区仍然位于频谱曲线范围之内）。

6.4.2 随机振动分析实例

1. 问题描述

如图 6-1 所示的支撑座，试利用 ANSYS Workbench 2022 R1 对该结构进行随机振动分析。

2. 分析流程

步骤 1：通过开始菜单，启动 Workbench 2022 R1。

步骤 2：在工具箱（Toolbox）的自定义系统（Custom Systems）中用鼠标左键双击随机振动分析【Random Vibration】，即可创建随机振动分析项目（也可以先创建模态分析项目，然后在模态分析项目中的【Solution】处右键单击，依次选择【Transfer Data To New】-【Random Vibration】），如图 6-42 所示。

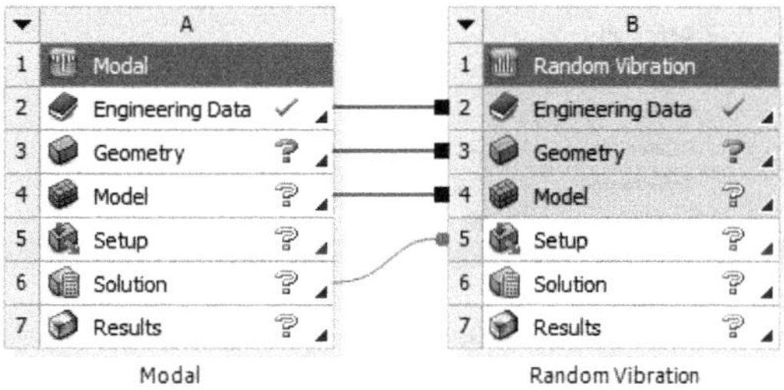

图 6-42　创建随机振动分析项目

步骤 3：首先进行模态分析，几何模型文件导入选择“6.4.x_t”，模态分析流程与 6.2.2 节实例流程相同，此处不再赘述。

步骤 4：鼠标右键单击模型树中的随机振动分析【Random Vibration】，依次选择【Insert】-【PSD G Acceleration】插入加速度 PSD，具体参数在左下角参数设置窗口参照图 6-43 进行设置，数表（Tabular Data）中的载荷数据如图 6-43 所示。

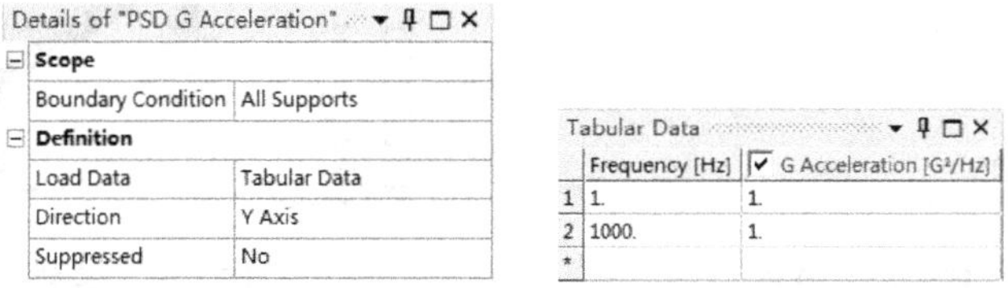

Details of "PSD G Acceleration"

Scope	
Boundary Condition	All Supports
Definition	
Load Data	Tabular Data
Direction	Y Axis
Suppressed	No

Tabular Data

	Frequency [Hz]	G Acceleration [G²/Hz]
1	1.	1.
2	1000.	1.
*		

图 6-43　加速度 PSD 参数设置

步骤 5：鼠标左键单击模型树中随机振动分析（Random Vibration）下的分析设置【Analysis Settings】，将参数设置窗口中输出控制（Output Controls）项下的 Keep Modal Results、Calculate Velocity、Calculate Acceleration 三栏均选择【Yes】（默认为【No】），然后进行求解。

步骤 6：后处理。鼠标右键单击【Solution】，依次选择【Insert】-【Deformation】-【Directional】，按照图 6-44 进行设置，然后右键单击方向【Directional Deformation】，选择查看此结果【Retrieve This Result】，得到可靠性在 1σ 下的方向变形云图，如图 6-45 所示；鼠标右键单击【Solution】，依次选择【Insert】-【Stress】-【Equivalent（von-Mises）】，按照图 6-46 进行设置，然后右键单击等效应力【Equivalent Stress】，选择查看此结果【Retrieve This Result】，得到可靠性在 1σ 下的等效应力云图，如图 6-47 所示；鼠标右键单击【Solution】，依次选择【Insert】-【Deformation】-【Directional Velocity】，按照图 6-48 进行设置，然后右键单击方向速度【Directional Velocity】，选择查看此结果【Retrieve This Result】，得到可靠性在 1σ 下的方向速度云图，如图 6-49 所示；鼠标右键单击【Solution】，依次选择【Insert】-【Deformation】-【Directional Acceleration】，按照图 6-50 进行设置，然后右键单击方向加速度【Directional Acceleration】，选择查看此结果【Retrieve This Result】，得到可靠性在 1σ 下的方向加速度云图，如图 6-51 所示。如需获得可靠性在 2σ、3σ 或其他参数下的结果，只需将各设置项中的 1 Sigma 改为 2 Sigma、3 Sigma 等即可。

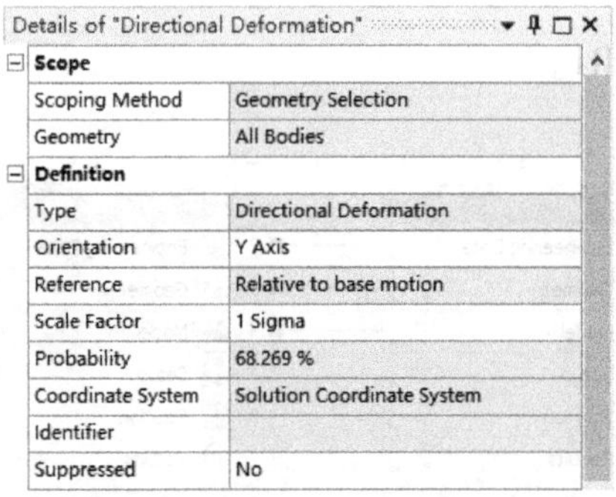

Details of "Directional Deformation"

Scope	
Scoping Method	Geometry Selection
Geometry	All Bodies
Definition	
Type	Directional Deformation
Orientation	Y Axis
Reference	Relative to base motion
Scale Factor	1 Sigma
Probability	68.269 %
Coordinate System	Solution Coordinate System
Identifier	
Suppressed	No

图 6-44　方向变形设置

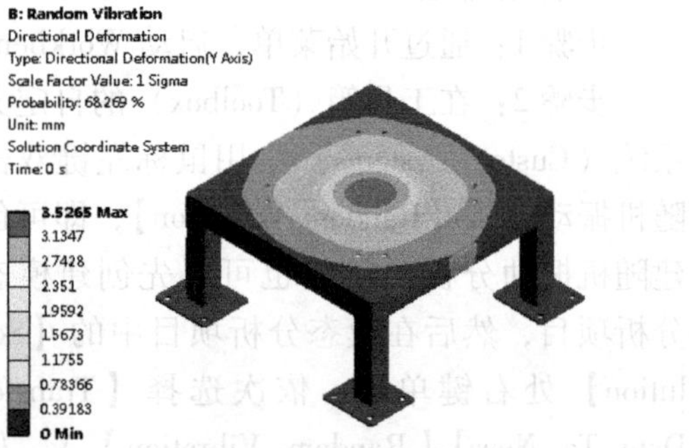

图 6-45　方向变形云图

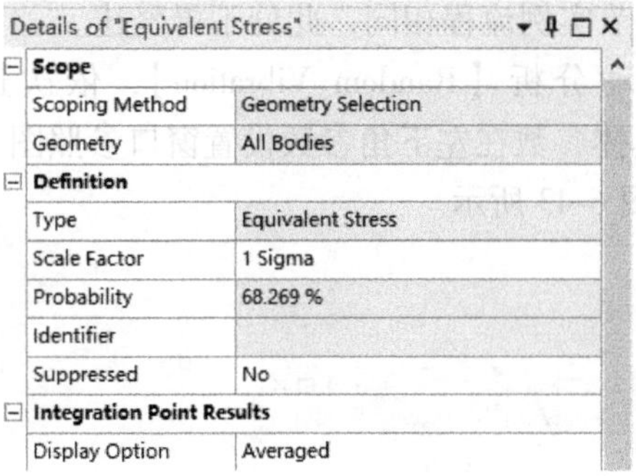

Details of "Equivalent Stress"

Scope	
Scoping Method	Geometry Selection
Geometry	All Bodies
Definition	
Type	Equivalent Stress
Scale Factor	1 Sigma
Probability	68.269 %
Identifier	
Suppressed	No
Integration Point Results	
Display Option	Averaged

图 6-46　等效应力设置

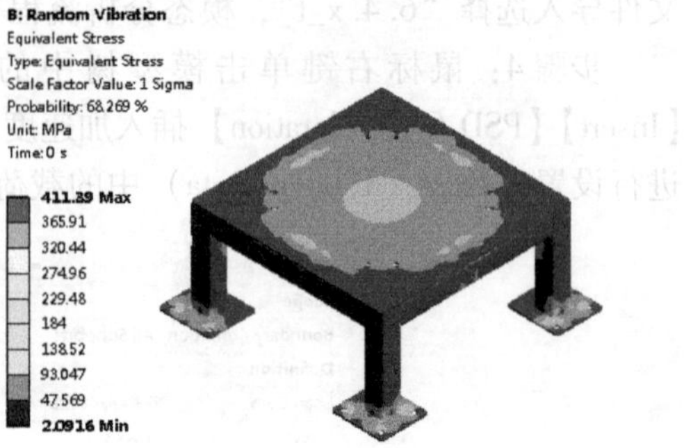

图 6-47　等效应力云图

Details of "Directional Velocity"

Scope	
Scoping Method	Geometry Selection
Geometry	All Bodies
Definition	
Type	Directional Velocity
Orientation	Y Axis
Reference	Absolute (including base motion)
Scale Factor	1 Sigma
Probability	68.269 %
Coordinate System	Solution Coordinate System
Identifier	
Suppressed	No

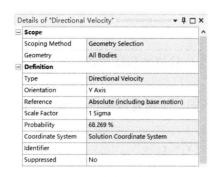

图 6-48　方向速度设置

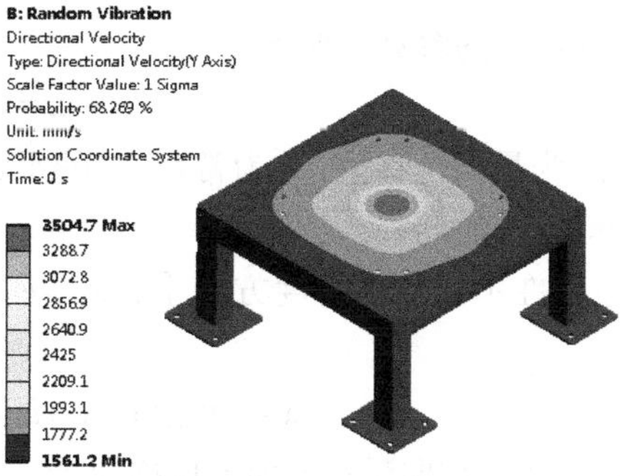

图 6-49　方向速度云图

Details of "Directional Acceleration"

Scope	
Scoping Method	Geometry Selection
Geometry	All Bodies
Definition	
Type	Directional Acceleration
Orientation	Y Axis
Reference	Absolute (including base motion)
Scale Factor	1 Sigma
Probability	68.269 %
Coordinate System	Solution Coordinate System
Identifier	
Suppressed	No

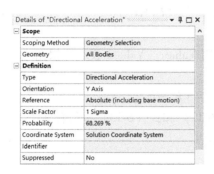

图 6-50　方向加速度设置

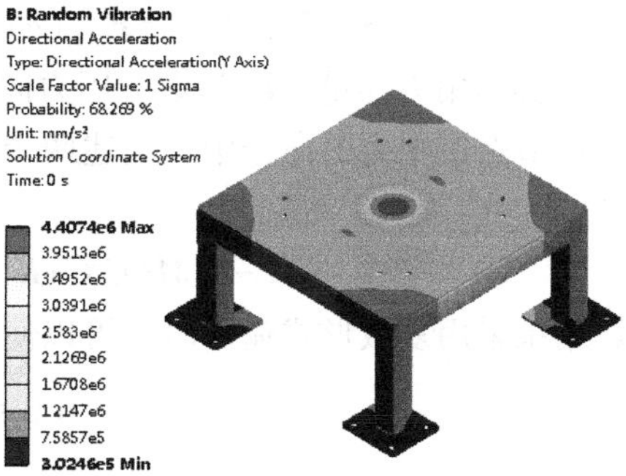

图 6-51　方向加速度云图

6.5　谐响应分析及实例

6.5.1　谐响应分析简介

谐响应分析用于确定结构在承受正弦载荷作用时的稳态响应（激励开始作用时引起的瞬态振动不做分析），得出结构在不同频率下的响应以及不同响应结果与频率的对应曲线。从以上这些曲线中，可以找到峰值响应，并进一步确定该处频率对应的应力，因此，谐响应分析也称为扫频分析或者频率响应分析。谐响应分析也是一种线性分析，会忽略系统的非线性特性，即如果定义了材料、接触等的非线性关系，都会被系统过滤掉。

谐响应分析可以帮助设计人员预测结构的持续动力特性，确保一个给定的结构能经受住各种不同频率的正弦载荷；可以探测并在必要时避免其发生共振响应（借助阻尼器来避免共振），从而使设计人员能够验证设计是否可以成功克服共振、疲劳，以及其他受迫振动引起的有害效果。

谐响应分析适用分析范围：

1）旋转设备（如压缩机、发动机、泵、涡轮机械等）、固定装置和部件。

2）受涡流（流体的旋涡运动）影响的结构，例如涡轮叶片、飞机机翼、桥和塔等。

对于二阶系统，谐响应的过程可以使用式（6-7）来表示

$$\boldsymbol{M}\ddot{\boldsymbol{x}}+\boldsymbol{C}\dot{\boldsymbol{x}}+\boldsymbol{K}\boldsymbol{x}=\boldsymbol{F}^{a} \tag{6-7}$$

式（6-7）的解具有如下形式

$$\boldsymbol{x}=\boldsymbol{x}_{\max}\mathrm{e}^{i\varphi}\mathrm{e}^{i\Omega t} \tag{6-8}$$

式中，$\boldsymbol{x}_{\max}$为最大位移值；i 为常数-1 的平方根；φ 为位移值的相位角弧度值；Ω 为外加载荷圆频率；t 为时间。

注意，在不同的自由度方向上，$\boldsymbol{x}_{\max}$ 和 φ 可能不同，使用复数来进行描述，方程可以写成

$$\boldsymbol{x}=[\boldsymbol{x}_{\max}(\cos\varphi+i\sin\varphi)]\mathrm{e}^{i\Omega t}=(\boldsymbol{x}_1+i\boldsymbol{x}_2)\mathrm{e}^{i\Omega t} \tag{6-9}$$

式中，$\boldsymbol{x}_1$为实位移向量；$\boldsymbol{x}_2$为虚位移向量。

在施加节点位移约束的命令中，上述两个量分别用 Value1、Value2 表示。

谐响应过程中，结构受力可以表达为

$$\boldsymbol{F}=\boldsymbol{F}_{\max}\mathrm{e}^{i\varphi}\mathrm{e}^{i\Omega t}=\boldsymbol{F}_{\max}(\cos\varphi+i\sin\varphi)\mathrm{e}^{i\Omega t}=(\boldsymbol{F}_1+i\boldsymbol{F}_2)\mathrm{e}^{i\Omega t} \tag{6-10}$$

式中，$\boldsymbol{F}_1$为实作用力向量；$\boldsymbol{F}_2$为虚作用力向量。

在施加节点集中力的命令中，上述两个值分别用 Value1、Value2 表示。根据式（6-7），可以得到

$$(-\Omega^2\boldsymbol{M}+i\Omega\boldsymbol{C}+\boldsymbol{K})(\boldsymbol{x}_1+i\boldsymbol{x}_2)=(\boldsymbol{F}_1+i\boldsymbol{F}_2) \tag{6-11}$$

求解结果采用复数形式输出时，可以使用式（6-12）和式（6-13）进行转换

$$x_{\max}=\sqrt{x_1^2+x_2^2} \tag{6-12}$$

$$\varphi=\arctan\frac{x_1}{x_2} \tag{6-13}$$

网格单元内的节点反力包括分别由刚度、阻尼和质量效应带来的惯性力、阻尼力和变形力，计算方式分别如下。

1）惯性力计算。

$$\begin{aligned}\boldsymbol{F}_{1e}^{m}&=\Omega^2\boldsymbol{M}_e\boldsymbol{x}_{1e}\\ \boldsymbol{F}_{2e}^{m}&=\Omega^2\boldsymbol{M}_e\boldsymbol{x}_{2e}\end{aligned} \tag{6-14}$$

式中，$\boldsymbol{F}_{1e}^{m}$为单元内节点承受的惯性力实部向量；$\boldsymbol{F}_{2e}^{m}$为单元内节点承受的惯性力虚部向量；$\boldsymbol{M}_e$为单元质量矩阵；$\boldsymbol{x}_{1e}$为单元节点位移实部矩阵；$\boldsymbol{x}_{2e}$为单元节点位移虚部矩阵。

2）阻尼力计算。

$$\begin{aligned}\boldsymbol{F}_{1e}^{c}&=\Omega^2\boldsymbol{C}_e\boldsymbol{x}_{1e}\\ \boldsymbol{F}_{2e}^{c}&=\Omega^2\boldsymbol{C}_e\boldsymbol{x}_{2e}\end{aligned} \tag{6-15}$$

式中，$\boldsymbol{F}_{1e}^{c}$为单元内节点承受的阻尼力实部向量；$\boldsymbol{F}_{2e}^{c}$为单元内节点承受的阻尼力虚部向量；$\boldsymbol{C}_e$为单元阻尼矩阵。

3）变形力计算。

$$\begin{aligned}\boldsymbol{F}_{1e}^{k}&=-\boldsymbol{K}_e\boldsymbol{x}_{1e}\\ \boldsymbol{F}_{2e}^{k}&=-\boldsymbol{K}_e\boldsymbol{x}_{2e}\end{aligned} \tag{6-16}$$

式中，$\boldsymbol{F}_{1e}^{k}$为单元内节点承受的变形力实部向量；$\boldsymbol{F}_{2e}^{k}$为单元内节点承受的变形力虚部向量；$\boldsymbol{K}_e$为单元刚度矩阵。

节点反力为惯性力、阻尼力和变形力这三种力的矢量和。

6.5.2　谐响应分析实例

1. 问题描述

如图 6-1 所示的支撑座，试利用 ANSYS Workbench 2022 R1 对该结构进行谐响应分析。

2. 分析流程

（1）方法 1：直接求解法

步骤 1：通过开始菜单，启动 ANSYS Workbench 2022 R1。

步骤 2：鼠标左键双击工具箱（Toolbox）中分析系统（Analysis Systems）下的谐响应分析【Harmonic Response】，或者鼠标左键拖动谐响应分析【Harmonic Response】到指定位置即可创建谐响应分析项目，如图 6-52 所示。

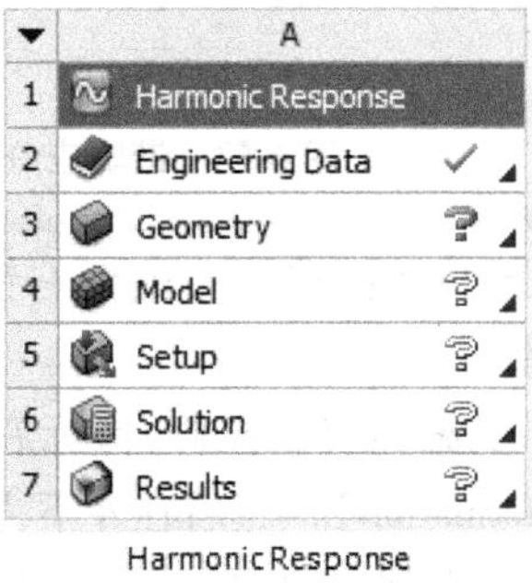

图 6-52　创建谐响应分析项目

步骤 3：材料定义。双击项目中的工程数据【Engineering Data】进入工程数据界面定义新材料 steel，材料参数：密度为 $7850kg/m^3$，杨氏模量为 210GPa，泊松比为 0.3。

步骤 4：导入外部几何模型。

步骤 4.1：双击项目中的几何建模【Geometry】进入 DesignModeler 界面，依次单击【File】-【Import External Geometry File】，选择几何模型文件“6.5.x_t”，然后单击【Generate】生成几何模型。

步骤 4.2：在左侧的模型树中，选中所有实体模型（可同时使用【Shift】键与鼠标左键，进行批量操作），单击鼠标右键，选择【Form New Part】命令，将所有实体组合为一个零件，完成共节点操作。

步骤 4.3：退出 DesignModeler。

步骤 5：双击项目中的模型【Model】进入 Mechanical 界面，进行有限元建模。

步骤 5.1：在左侧模型树中单击几何模型（Geometry）下的零件【Part】，然后单击参数设置窗口中的材料赋予（Assignment）处的三角按钮，在弹出的小窗口中选择定义好的 steel 材料，完成材料的赋予。

步骤 5.2：删除所有系统自动生成的接触对。

步骤 5.3：右键单击模型树中的网格【Mesh】，选择生成网格【Generate Mesh】，进行网格自动划分。

步骤 6：求解设置。鼠标左键单击模型树中的分析设置【Analysis Settings】，按照图 6-53 进行设置。

步骤 7：载荷约束设置。

步骤 7.1：鼠标右键单击模型树中的谐响应分析【Harmonic Response】，依次选择【Insert】-【Fixed Support】（也可以通过菜单栏命令【Environment】-【Structural】-【Fixed】插入），然后选择四个支撑底板的底面作为约束面。

步骤 7.2：鼠标右键单击模型树中的谐响应分析【Harmonic Response】，依次选择【Insert】-【Force】（也可以通过菜单栏命令【Environment】-【Force】插入），然后选择上支撑面作为加载平面，载荷按照图 6-54 进行设置。

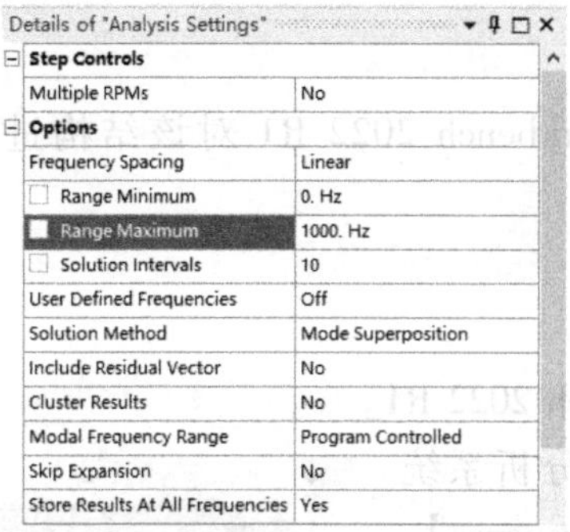

Details of "Analysis Settings"

Step Controls	
Multiple RPMs	No
Options	
Frequency Spacing	Linear
Range Minimum	0. Hz
Range Maximum	1000. Hz
Solution Intervals	10
User Defined Frequencies	Off
Solution Method	Mode Superposition
Include Residual Vector	No
Cluster Results	No
Modal Frequency Range	Program Controlled
Skip Expansion	No
Store Results At All Frequencies	Yes

图 6-53 谐响应分析求解设置

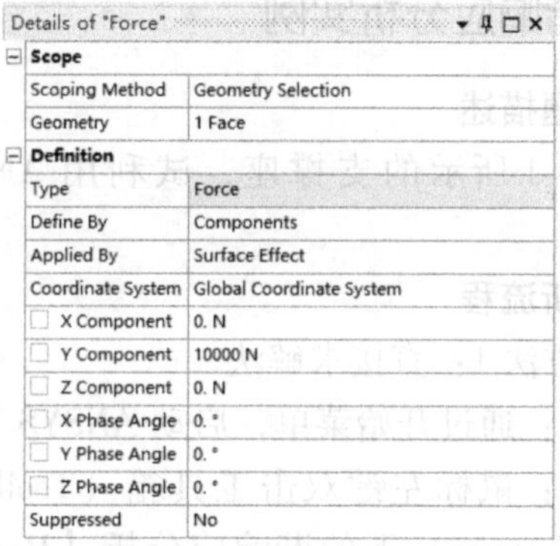

Details of "Force"

Scope	
Scoping Method	Geometry Selection
Geometry	1 Face
Definition	
Type	Force
Define By	Components
Applied By	Surface Effect
Coordinate System	Global Coordinate System
X Component	0. N
Y Component	10000 N
Z Component	0. N
X Phase Angle	0. °
Y Phase Angle	0. °
Z Phase Angle	0. °
Suppressed	No

图 6-54 Force 参数设置

步骤 8：求解。鼠标右键单击谐响应分析【Harmonic Response】，单击【Solve】进行求解。

步骤 9：后处理。鼠标右键单击【Solution】，依次选择【Insert】-【Frequency Response】-【Deformation】，然后在左下方参数设置窗口中的几何模型（Geometry）栏选择支撑座的上支撑面，空间分辨率（Spatial Resolution）选择【Use Maximum】，方向（Orientation）选择【Y Axis】，其余保持默认，即可得到上支撑面在 Y 轴方向的位移频响结果，如图 6-55 所示。由图 6-55 可知频率为 100Hz 时，位移最大，最大位移为 1. 19mm，相角为 0°。在频率响应【Frequency Response】处右键单击，选择【Create Contour Result】，在模型树中右键单击【Directional Deformation】，选择【Retrieve This Result】即可得到该频率处的变形云图，如图 6-56 所示，图中最大变形与图 6-55 中 100Hz 频率处对应的位移值相同。

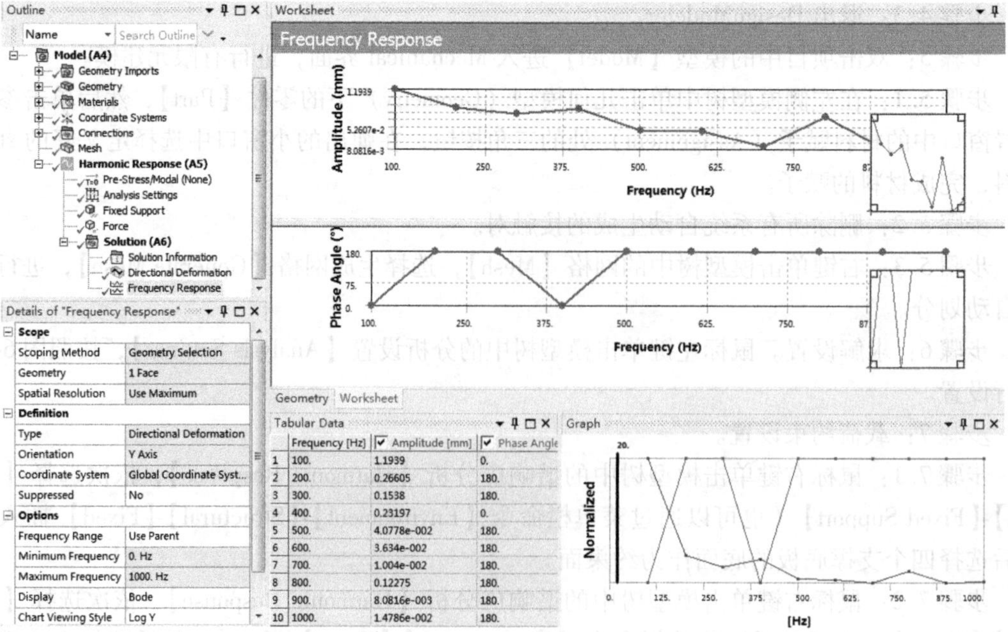

	Frequency [Hz]	Amplitude [mm]	Phase Angle
1	100.	1.1939	0.
2	200.	0.26605	180.
3	300.	0.1538	180.
4	400.	0.23197	0.
5	500.	4.0778e-002	180.
6	600.	3.634e-002	180.
7	700.	1.004e-002	180.
8	800.	0.12275	180.
9	900.	8.0816e-003	180.
10	1000.	1.4786e-002	180.

图 6-55 上表面 Y 轴方向位移频响结果

右键单击【Solution】，依次选择【Insert】-【Phase Response】-【Stress】，左下方参数设置窗口中的几何模型（Geometry）选择支撑座的上支撑面，方向（Orientation）选择【Y Axis】，频率（Frequency）设置为 800Hz，然后即可得到该表面的应力相角响应结果，如图 6-57 所示。

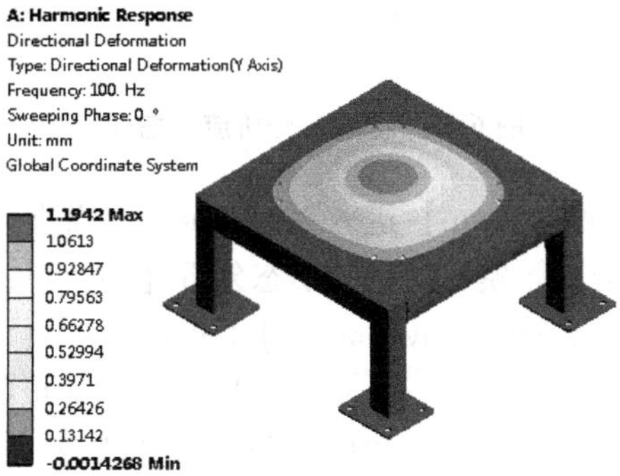

图 6-56　100Hz 下变形结果

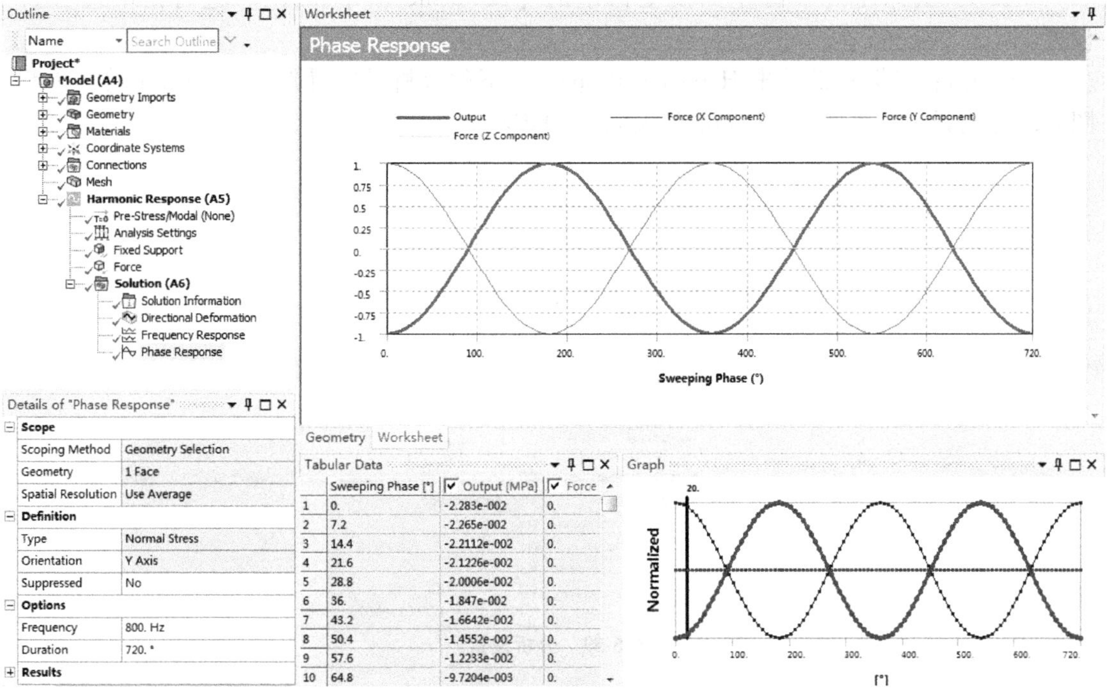

图 6-57　上支撑面 Y 轴方向应力相角响应

（2）方法 2：模态叠加法

步骤 1：鼠标左键拖动工具箱（Toolbox）中分析系统（Analysis Systems）下的模态分析【Modal】到 A4 位置，传递上述分析所用的几何模型材料参数及网格等相关设置，然后在 B6 处右键单击，依次选择【Transfer Data To New】-【Harmonic Response】，完成基于模态叠加法的谐响应分析流程搭建，如图 6-58 所示。

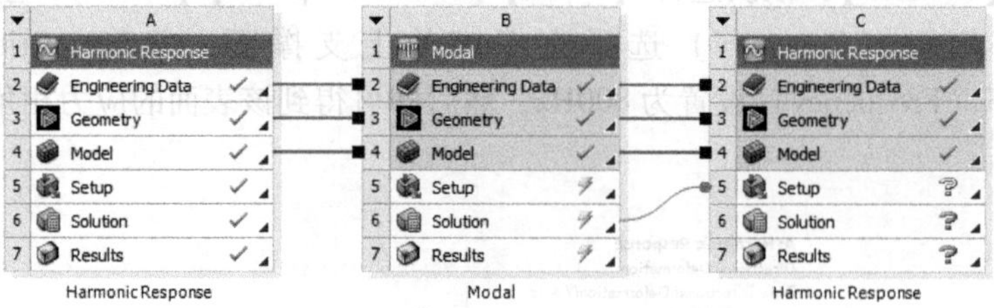

图 6-58 谐响应分析流程搭建

步骤 2：双击 B5 中的设置【Setup】进入 Mechanical 界面进行模态分析。

步骤 2.1：鼠标右键单击左侧模型树中的模态分析【Modal】，依次选择【Insert】-【Fixed Support】（也可以通过菜单栏命令【Environment】-【Structural】-【Fixed】插入），然后在左下方参数设置窗口中的几何模型（Geometry）栏选择四个支撑底板的底面施加固定约束。

步骤 2.2：鼠标左键单击左侧模型树中模态分析（Modal）下的分析设置【Analysis Settings】，在左下方的参数设置窗口中，设置模态求解阶数为 20 阶，其余参数保持默认。

步骤 3：鼠标右键单击模态分析【Modal】，左键单击【Solve】进行求解。

步骤 4：鼠标左键单击左侧模型树中的【Harmonic Response2】，进行谐响应分析设置。

步骤 4.1：鼠标左键单击 Harmonic Response2 下的分析设置【Analysis Settings】，按照图 6-59 进行设置，此处定义扫频的最大值为 500Hz。

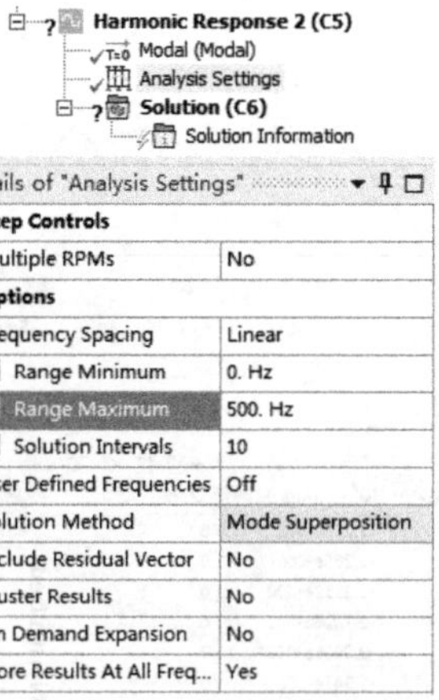

图 6-59 分析设置

步骤 4.2：鼠标右键单击左侧模型树中的【Harmonic Response2】，依次选择【Insert】-【Force】（也可以通过菜单栏命令【Environment】-【Force】插入），然后选择上支撑面作为加载平面，载荷按照图 6-54 进行设置。

步骤 5：鼠标右键单击【Harmonic Response2】，左键单击【Solve】进行求解。

步骤 6：后处理。鼠标右键单击【Solution】，依次选择【Insert】-【Deformation】-【Total】，插入总变形结果；然后继续右键单击【Solution】，选择【Insert】-【Stress】-【Equivalent（von-Mises）】，插入等效应力结果；最后右键单击【Solution】，选择【Evaluate All Results】，得到

500Hz 处的总变形云图和等效应力云图如图 6-60 和图 6-61 所示。

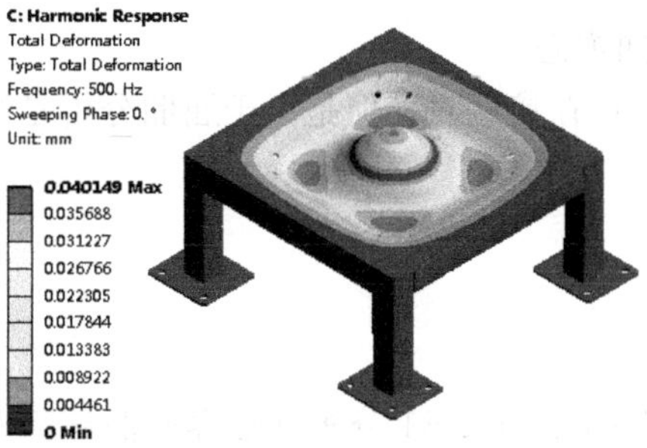

图 6-60　总变形云图

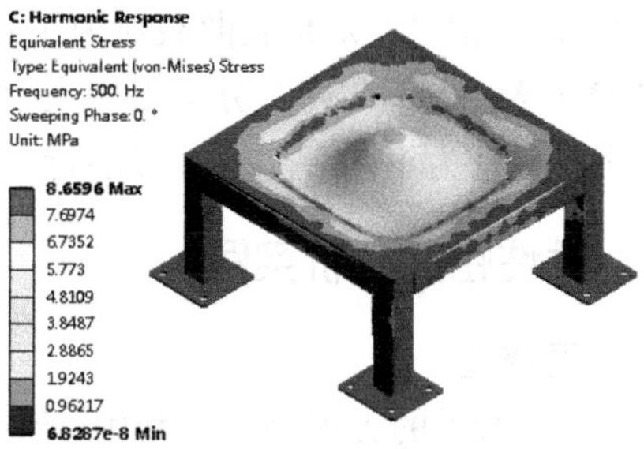

图 6-61　等效应力云图

6.6 线性屈曲分析及实例

6.6.1 线性屈曲分析简介

屈曲是一种结构失稳的情况，一旦发生将造成不可预测的后果，在工程应用中必须对其加以考虑。

对于细长杆、压缩部件及真空容器，假设结构在承受一个平行于轴线方向的稳定载荷时，结构强度足够，但此时，若在垂直于轴线的方向存在一个微小的载荷扰动，结构很可能就会失稳。结构稳定性涉及两个概念：临界载荷（F_{Cr}）和极限载荷。对于一个细长直杆，如图 6-62 所示，该杆承受轴向载荷 F，当载荷 F 逐渐增加时，将会出现以下情况：

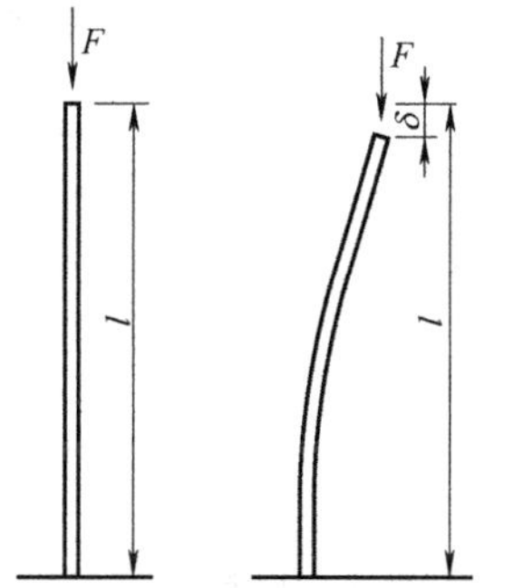

图 6-62　细长杆承受轴向载荷

1）若 $F<F_{Cr}$，该杆处于稳定平衡状态，若引入一个微小的横向载荷 P，然后卸载，杆将会返回它的初始位置。

2）若 $F>F_{Cr}$，该杆将处于不稳定平衡状态，任何微小的横向扰动都会导致结构失稳。

3）若 $F=F_{Cr}$，该杆将处于中性平衡状态，把力 F_{Cr}定义为结构的临界载荷。

极限载荷是结构在实际工作环境中的失稳载荷。在实际结构中，载荷很难达到临界载荷，因为扰动和非线性行为的存在，结构在低于临界载荷时通常就会变得不稳定，此时的失稳载荷即为极限载荷。

结构稳定性分析有两类：特征值分析（线性屈曲分析）和非线性分析。

特征值或线性屈曲分析预测的是理想线弹性结构的理论屈曲强度（分歧点），而非理想和非线性行为的存在会阻止结构达到它们理论上的屈曲强度。

线性屈曲分析通常产生非保守的结果，但是线性屈曲分析有以下优点：

1）比非线性屈曲计算更节省时间，可用于设计的初步评估。

2）线性屈曲分析可以用来初步判断屈服姿态，为设计做指导。

线性屈曲分析的一般方程为

$$\boldsymbol{K}+\lambda_i \boldsymbol{S}\boldsymbol{\psi}_i=0 \tag{6-17}$$

式中，$\boldsymbol{K}$、$\boldsymbol{S}$ 是常量；λ_i是屈曲载荷因子；$\boldsymbol{\psi}_i$是屈曲模态。

ANSYS Workbench 屈曲分析支持在模态分析中存在接触对，但是由于屈曲分析是线性行为，因此接触行为不同于非线性接触行为。

6.6.2 线性屈曲分析实例

1. 问题描述

如图 6-1 所示的支撑座，试利用 ANSYS Workbench 2022 R1 分析其临界屈曲载荷及屈曲模态。

2. 分析流程

步骤 1：通过开始菜单，启动 ANSYS Workbench 2022 R1。

步骤 2：鼠标左键双击工具箱（Toolbox）中分析系统（Analysis Systems）下的静力学分析【Static Structural】或者鼠标左键拖动静力学分析【Static Structural】到指定位置，然后鼠标右键单击【Solution】，选择【Transfer Data To New】-【Eigenvalue Buckling】，如图 6-63 所示。

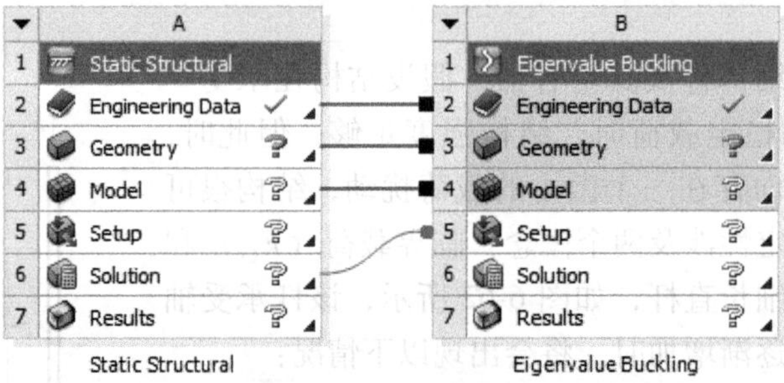

图 6-63 屈曲分析流程

步骤 3：材料定义。双击 A2【Engineering Data】进入工程数据界面定义新材料 steel。材料参数：密度为 7850kg/m^3，杨氏模量为 210GPa，泊松比为 0.3。

步骤 4：导入外部几何模型。

步骤 4.1：双击 A3 几何模型【Geometry】进入 DesignModeler 界面，依次单击【File】-【Import External Geometry File】，选择几何模型文件“6.6.x_t”，然后单击【Generate】生成几何模型。

步骤 4.2：在左侧的模型树中，选中所有实体模型（可同时使用【Shift】键与鼠标左键，进行批量操作），单击鼠标右键，选择【Form New Part】命令，将所有实体组合为一个零件，完成共节点操作。

步骤 4.3：退出 DesignModeler。

步骤 5：双击 A4 模型【Model】进入 Mechanical 界面，进行有限元建模。

步骤 5.1：在左侧模型树中单击几何模型（Geometry）下的零件【Part】，然后单击参数设置窗口中的材料赋予（Assignment）处的三角按钮，在弹出的小窗口中选择定义好的 steel

材料，完成材料的赋予。

步骤 5. 2：删除所有系统自动生成的接触对。

步骤 5. 3：右键单击左侧模型树中的网格【Mesh】，选择生成网格【Generate Mesh】，进行网格自动划分。

步骤 6：载荷约束设置。

步骤 6. 1：鼠标右键单击左侧模型树中的静力学分析【Static Structural】，依次选择【Insert】-【Fixed Support】（也可以通过菜单栏命令【Environment】-【Structural】-【Fixed】插入），然后选择四个支撑底板的底面作为约束面。

步骤 6. 2：鼠标右键单击左侧模型树中的静力学分析【Static Structural】，依次选择【Insert】-【Force】（也可以通过菜单栏命令【Environment】-【Force】插入），然后选择上支撑面作为加载平面，载荷按照图 6-64 进行设置。

步骤 7：鼠标右键单击项目树中的静力学分析【Static Structural】，然后单击【Solve】进行求解。

步骤 8：接着进行屈曲分析设置。单击 Eigenvalue Buckling 下的分析设置【Analysis Settings】，将左下角参数设置窗口中选项（Options）下的【Max Modes to Find】设置为 6，表示提取 6 阶屈曲模态，如图 6-65 所示。

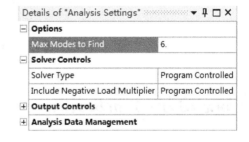

Details of "Force"	
Scope	
Scoping Method	Geometry Selection
Geometry	1 Face
Definition	
Type	Force
Define By	Components
Applied By	Surface Effect
Coordinate System	Global Coordinate System
X Component	0. N (ramped)
Y Component	-10000 N (ramped)
Z Component	0. N (ramped)
Suppressed	No

图 6-64　载荷设置

Details of "Analysis Settings"	
Options	
Max Modes to Find	6.
Solver Controls	
Solver Type	Program Controlled
Include Negative Load Multiplier	Program Controlled
Output Controls	
Analysis Data Management	

图 6-65　屈曲分析设置

步骤 9：右键单击特征值屈曲【Eigenvalue Buckling】，然后单击【Solve】进行求解。

步骤 10：后处理。右键单击【Solution】，依次选择【Insert】-【Deformation】-【Total】，保持默认设置，此时提取的结果为 1 阶屈曲模态；再次右键单击【Solution】，依次选择【Insert】-【Deformation】-【Total】，在左下方参数设置窗口中定义（Definitions）项下的 Mode 栏，可设置关注的屈曲模态阶数，此处设置为 2，提取 2 阶屈曲模态；然后右键单击【Solution】，选择【Evaluate all Results】，即可得到相应模态结果，1 阶屈曲模态结果如图 6-66 所示。

图 6-66a 所示为 1 阶屈曲模态结果的参数设置窗口，其中 Results 下的 Load Multiplier 大小为 324. 56，该值为相应屈曲模态的载荷因子，本节结构承受负载大小为 10000N，该载荷因子表示，结构 1 阶屈曲载荷大小为 324. 56×10000N = 3245600N，其变形如图 6-66b 所示。各阶屈曲载荷因子大小如图 6-67 所示，可见 1 阶屈曲载荷最小。

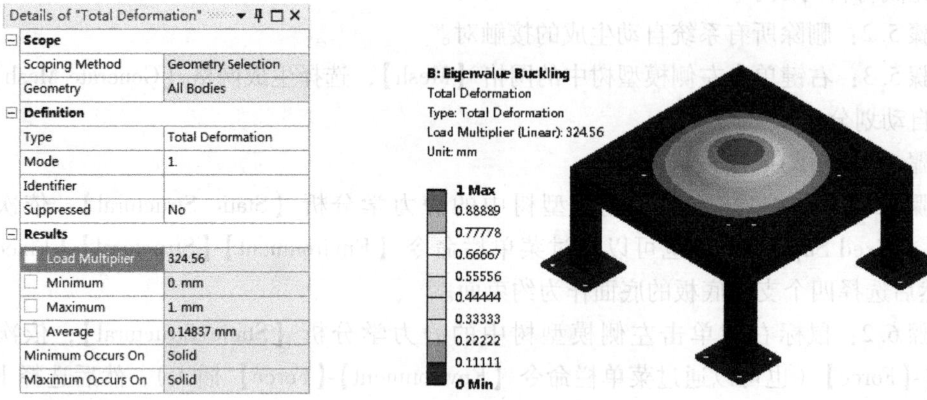

a)　　b)

图 6-66　1 阶屈曲模态结果

a）参数设置窗口　b）总变形云图

	Mode	Load Multiplier
1	1.	324.56
2	2.	572.31
3	3.	574.6
4	4.	804.5
5	5.	999.33
6	6.	1067.4

图 6-67　结构各阶屈曲载荷因子

6.7　瞬态动力学分析及实例

6.7.1　瞬态动力学分析简介

瞬态动力学分析属于时域分析，用于分析时变载荷下结构的动态响应，包括结构任意位置的位移、速度、加速度响应，以及结构任意位置的应力、应变响应等，该分析是结构强度核算的重要分析内容。这里的时变载荷可以是作用力，如结构受到的冲击载荷；也可以是位移、力等的组合，如汽车碰撞时受到的载荷。

瞬态动力学分析分为线性瞬态动力学分析和非线性瞬态动力学分析。线性瞬态动力学分析适用于小变形、线性材料情况下的时变载荷响应分析，非线性瞬态动力学分析适用于大变形、非线性材料及非线性接触等情况，如齿轮啮合。本节只对线性瞬态动力学分析实例进行介绍，非线性瞬态动力学分析实例见 7.6 节。

与静力学分析相比，瞬态动力学分析的动力学方程中包含质量矩阵和阻尼矩阵，同时其载荷为时变载荷，因此在进行瞬态动力学分析前，需要打开时间积分，用以考虑结构惯性对系统响应的影响。在 ANSYS Workbench 中，在进行瞬态动力学分析时，系统会默认自动打开时间积分。

6.7.2 线性瞬态动力学分析实例

1. 问题描述

如图 6-1 所示的支撑座，支撑底板固定，上支撑面在 0~1s 内承受 10000N 的斜坡载荷，试利用 ANSYS Workbench 2022 R1 对该结构进行瞬态动力学分析。

2. 分析流程

（1）前处理

步骤 1：通过开始菜单，启动 ANSYS Workbench 2022 R1。

步骤 2：鼠标左键双击工具箱（Toolbox）中分析系统（Analysis Systems）下的瞬态动力学分析【Transient Structural】，或者鼠标左键拖动瞬态动力学分析【Transient Structural】到指定位置，如图 6-68 所示。

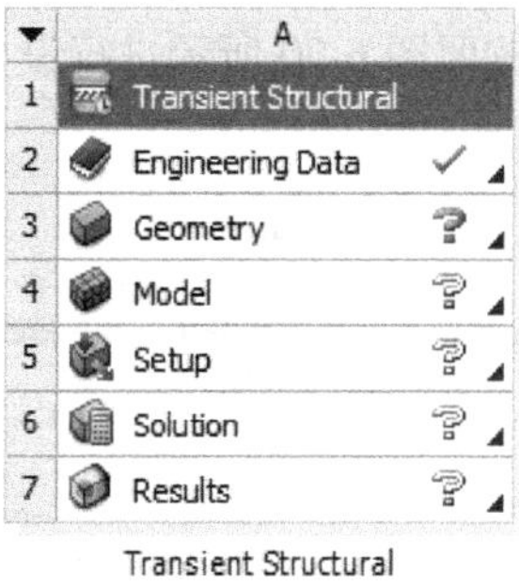

图 6-68 瞬态动力学分析项目

步骤 3：材料定义。双击 A2【Engineering Data】进入工程数据界面，定义新材料 steel，材料参数：密度为 7850kg/m^3，杨氏模量为 210GPa，泊松比为 0.3。

步骤 4：导入外部几何模型。

步骤 4.1：双击 A3 几何模型【Geometry】进入 DesignModeler 界面，依次单击【File】-【Import External Geometry File】，选择几何模型文件“6.7.x_t”，然后单击【Generate】生成几何模型。

步骤 4.2：在左侧的模型树中，选中所有实体模型（可同时使用【Shift】键与鼠标左键，进行批量操作），单击鼠标右键，选择【Form New Part】命令，将所有实体组合为一个零件，完成共节点操作。

步骤 4.3：退出 DesignModeler。

步骤 5：双击 A4 模型【Model】进入 Mechanical 界面，进行有限元建模。

步骤 5.1：在左侧模型树中单击几何模型（Geometry）下的零件【Part】，然后单击参数设置窗口中的材料赋予（Assignment）处的三角按钮，在弹出的小窗口中选择定义好的 steel 材料，完成材料的赋予。

步骤 5.2：删除所有系统自动生成的接触对。

步骤 5.3：右键单击左侧模型树中的网格【Mesh】，选择生成网格【Generate Mesh】，进行网格自动划分。

（2）求解

步骤 6：求解设置。鼠标左键单击模型树中的分析设置【Analysis Settings】，按照图 6-69 所示进行

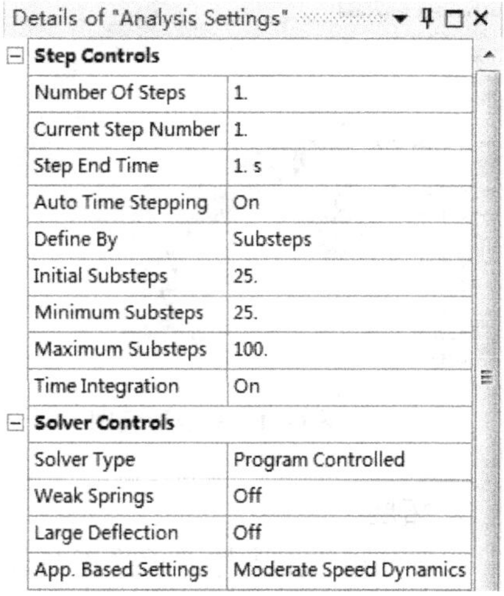

图 6-69 瞬态分析设置

设置。

步骤 7：载荷约束设置。

步骤 7.1：鼠标右键单击左侧模型树中的瞬态【Transient】，依次选择【Insert】-【Fixed Support】（也可以通过菜单栏命令【Environment】-【Structural】-【Fixed】插入），然后选择四个支撑底板的底面作为约束面。

步骤 7.2：鼠标右键单击左侧模型树中的瞬态【Transient】，依次选择【Insert】-【Force】（也可以通过菜单栏命令【Environment】-【Force】插入），然后选择上支撑面作为加载平面，载荷按照图 6-70 所示进行设置。

Details of "Force"

Scope	
Scoping Method	Geometry Selection
Geometry	1 Face
Definition	
Type	Force
Define By	Components
Applied By	Surface Effect
Coordinate System	Global Coordinate System
X Component	0. N (step applied)
Y Component	Tabular Data
Z Component	0. N (step applied)
Suppressed	No

Tabular Data

	Steps	Time [s]	X [N]	Y [N]	Z [N]
1	1	0.	= 0.	0.	= 0.
2	1	1.	0.	-10000	0.
*					

图 6-70 Force 参数设置

步骤 8：求解。鼠标右键单击瞬态【Transient】，单击【Solve】进行求解。

（3）后处理

步骤 9：右键单击【Solution】，依次选择【Insert】-【Deformation】-【Total】，插入总变形云图；再右键单击【Solution】，选择【Insert】-【Stress】-【Equivalent（von-Mises）】，插入等效应力云图；最后右键单击【Solution】，选择【Evaluate All Results】，得到关注云图结果，如图 6-71 和图 6-72 所示。

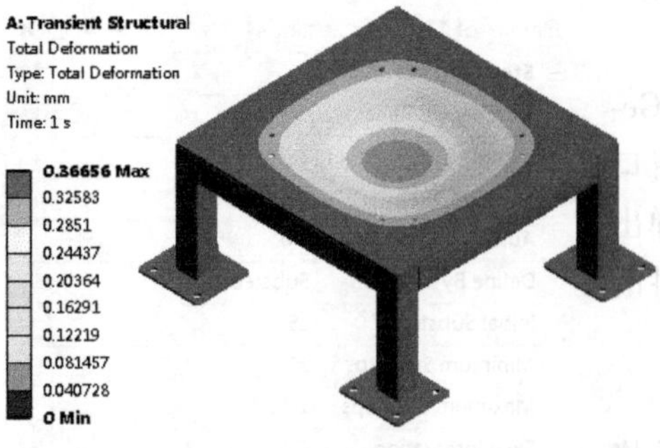

图 6-71 总变形云图

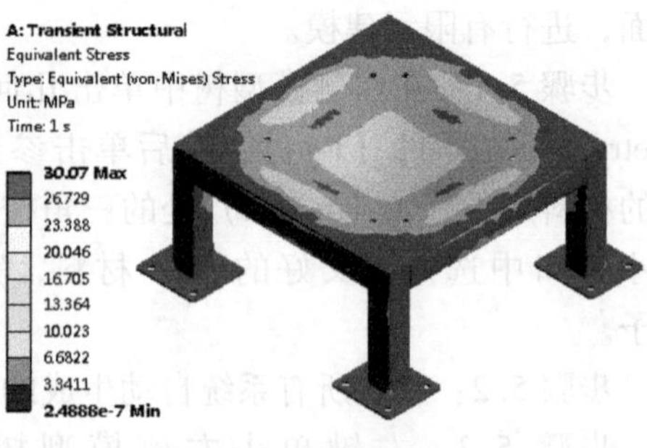

图 6-72 等效应力云图

3. 拓展

假设该结构上支撑面承受正弦载荷 $10000\sin(2\pi t)$，试采用 ANSYS Workbench 2022 R1 对该结构进行瞬态分析。

（1）前处理

步骤 1：前处理同上述流程，或者新建瞬态动力学分析流程，将瞬态动力学分析【Transient Structural】从工具箱（toolbox）中拖动到 A4 模型（Model）中，使用上例中的【Engineering Data】、【Geometry】、【Model】数据，如图 6-73 所示。

（2）求解

步骤 2：求解设置。鼠标左键单击项目树中瞬态【Transient2】中的【Analysis Settings】，按照图 6-74 所示进行分析设置。

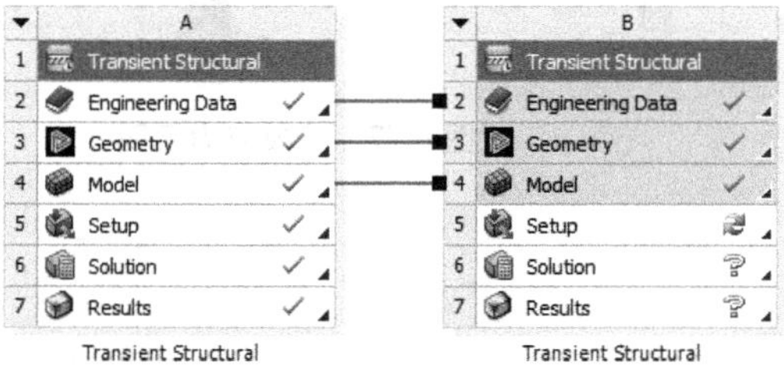

图 6-73　瞬态动力学分析流程

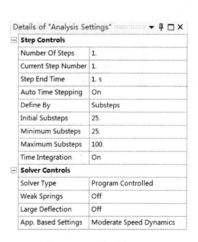

Details of "Analysis Settings"

Step Controls	
Number Of Steps	1.
Current Step Number	1.
Step End Time	1. s
Auto Time Stepping	On
Define By	Substeps
Initial Substeps	25.
Minimum Substeps	25.
Maximum Substeps	100.
Time Integration	On
Solver Controls	
Solver Type	Program Controlled
Weak Springs	Off
Large Deflection	Off
App. Based Settings	Moderate Speed Dynamics

图 6-74　瞬态分析设置

步骤 3：载荷约束设置。

步骤 3.1：鼠标右键单击左侧模型树中的瞬态【Transient2】，依次选择【Insert】-【Fixed Support】（也可以通过菜单栏命令【Environment】-【Structural】-【Fixed】插入），然后选择四个支撑底板的底面作为约束面。

步骤 3.2：鼠标右键单击左侧模型树中的瞬态【Transient2】，依次选择【Insert】-【Force】（也可以通过菜单栏命令【Environment】-【Force】插入），然后选择上支撑面作为加载平面，在左下角参数设置窗口中，Definition 中的 Define By 设置为【Components】，然后将 Y Component 定义方式设置为【Function】，输入力函数-10000 * sin(360 * time)，需注意运算符“ * ”不可省略，同时系统角度单位设置为角度【Degrees】。载荷设置如图 6-75 所示。

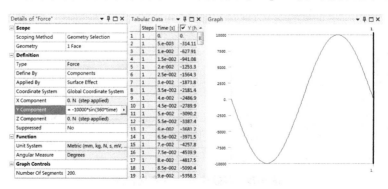

Details of "Force"

Scope	
Scoping Method	Geometry Selection
Geometry	1 Face
Definition	
Type	Force
Define By	Components
Applied By	Surface Effect
Coordinate System	Global Coordinate System
X Component	0. N (step applied)
Y Component	= -10000*sin(360*time)
Z Component	0. N (step applied)
Suppressed	No
Function	
Unit System	Metric (mm, kg, N, s, mV, ...
Angular Measure	Degrees
Graph Controls	
Number Of Segments	200.

Tabular Data

	Steps	Time [s]	Y [N
1	1	0.	0.
2	1	5.e-003	-314.11
3	1	1.e-002	-627.91
4	1	1.5e-002	-941.08
5	1	2.e-002	-1253.3
6	1	2.5e-002	-1564.3
7	1	3.e-002	-1873.8
8	1	3.5e-002	-2181.4
9	1	4.e-002	-2486.9
10	1	4.5e-002	-2789.9
11	1	5.e-002	-3090.2
12	1	5.5e-002	-3387.4
13	1	6.e-002	-3681.2
14	1	6.5e-002	-3971.5
15	1	7.e-002	-4257.8
16	1	7.5e-002	-4539.9
17	1	8.e-002	-4817.5
18	1	8.5e-002	-5090.4
19	1	9.e-002	-5358.3

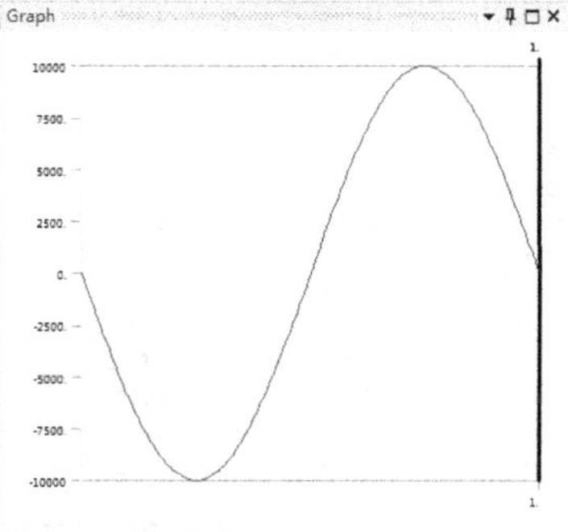

图 6-75　载荷设置

步骤 4：求解。鼠标右键单击瞬态【Transient2】，单击【Solve】进行求解。

(3) 后处理

步骤 5：右键单击【Solution】，依次选择【Insert】-【Deformation】-【Total】，插入总变形云图；再次右键单击【Solution】，选择【Insert】-【Stress】-【Equivalent（von-Mises）】，插入等效应力云图；最后右键单击【Solution】，选择【Evaluate All Results】，得到关注云图结果，如图 6-76 和图 6-77 所示，总变形、等效应力随时间的变化曲线如图 6-78 和图 6-79 所示。

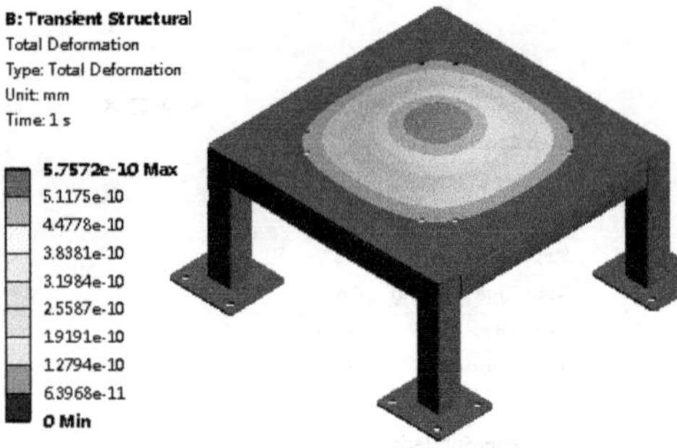

图 6-76　总变形云图

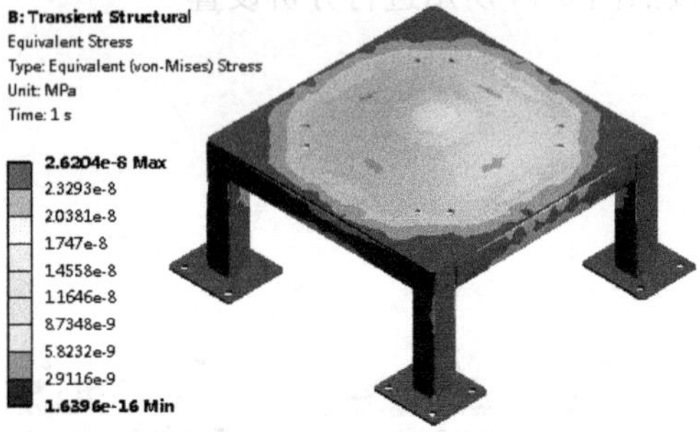

图 6-77　等效应力云图

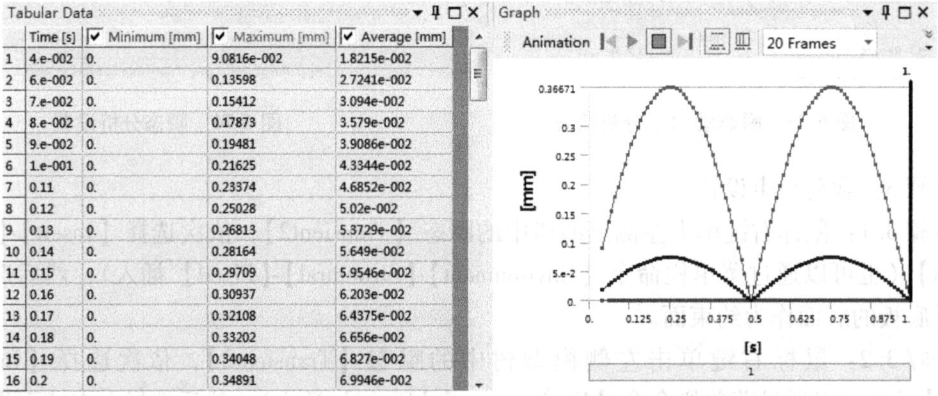

	Time [s]	Minimum [mm]	Maximum [mm]	Average [mm]
1	4.e-002	0.	9.0816e-002	1.8215e-002
2	6.e-002	0.	0.13598	2.7241e-002
3	7.e-002	0.	0.15412	3.094e-002
4	8.e-002	0.	0.17873	3.579e-002
5	9.e-002	0.	0.19481	3.9086e-002
6	1.e-001	0.	0.21625	4.3344e-002
7	0.11	0.	0.23374	4.6852e-002
8	0.12	0.	0.25028	5.02e-002
9	0.13	0.	0.26813	5.3729e-002
10	0.14	0.	0.28164	5.649e-002
11	0.15	0.	0.29709	5.9546e-002
12	0.16	0.	0.30937	6.203e-002
13	0.17	0.	0.32108	6.4375e-002
14	0.18	0.	0.33202	6.656e-002
15	0.19	0.	0.34048	6.827e-002
16	0.2	0.	0.34891	6.9946e-002

图 6-78　总变形-时间变化曲线

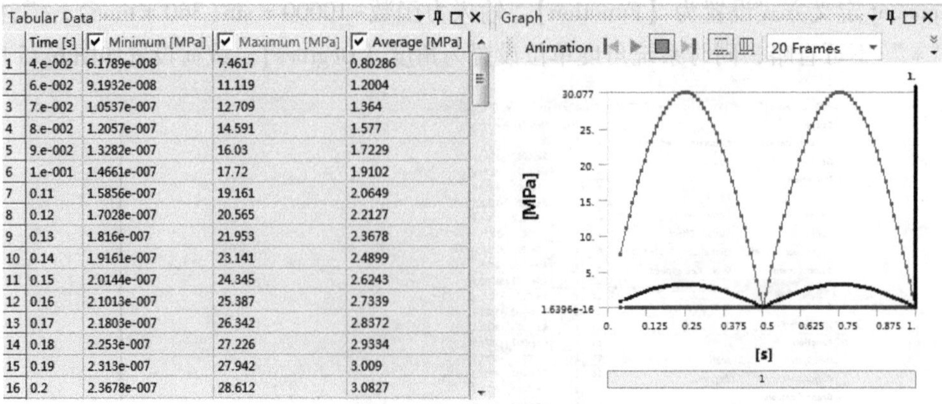

	Time [s]	Minimum [MPa]	Maximum [MPa]	Average [MPa]
1	4.e-002	6.1789e-008	7.4617	0.80286
2	6.e-002	9.1932e-008	11.119	1.2004
3	7.e-002	1.0537e-007	12.709	1.364
4	8.e-002	1.2057e-007	14.591	1.577
5	9.e-002	1.3282e-007	16.03	1.7229
6	1.e-001	1.4661e-007	17.72	1.9102
7	0.11	1.5856e-007	19.161	2.0649
8	0.12	1.7028e-007	20.565	2.2127
9	0.13	1.816e-007	21.953	2.3678
10	0.14	1.9161e-007	23.141	2.4899
11	0.15	2.0144e-007	24.345	2.6243
12	0.16	2.1013e-007	25.387	2.7339
13	0.17	2.1803e-007	26.342	2.8372
14	0.18	2.253e-007	27.226	2.9334
15	0.19	2.313e-007	27.942	3.009
16	0.2	2.3678e-007	28.612	3.0827

图 6-79　等效应力-时间变化曲线

第 7 章 ANSYS Workbench 结构非线性分析

静态结构的非线性分析采用的是 ANSYS 结构静力学求解器，即采用 Static Structural 工程项目进行分析。瞬态结构的非线性分析采用的是 ANSYS 瞬态动力学求解器，采用 Transient Structural 工程项目进行分析。本章主要介绍 ANSYS Workbench 2022 R1 结构非线性分析流程及相关实例。

7.1 结构非线性分析简介

非线性问题是我们经常遇到的一类问题，在遇到非线性问题时要明确结构中什么样的行为可以叫作非线性行为，常见的非线性行为有哪些？

就一般情况而言，固体力学问题是完全非线性的，工程中许多结构之所以能用线性静力学分析评估，是因为用胡克定律去近似模拟实际的工程问题，可以满足精度要求。但如果实际工程中存在结构刚度随载荷的变化而变化等情况，那么就必须采用非线性分析。

7.1.1 非线性行为

在 17 世纪，胡克发现了简单的力 F 与位移 x 之间的线性关系，被称为胡克定律，即

$$F = Kx$$

式中，K 为结构刚度。

弹簧的受拉问题，如图 7-1 所示，就是典型的线性行为。

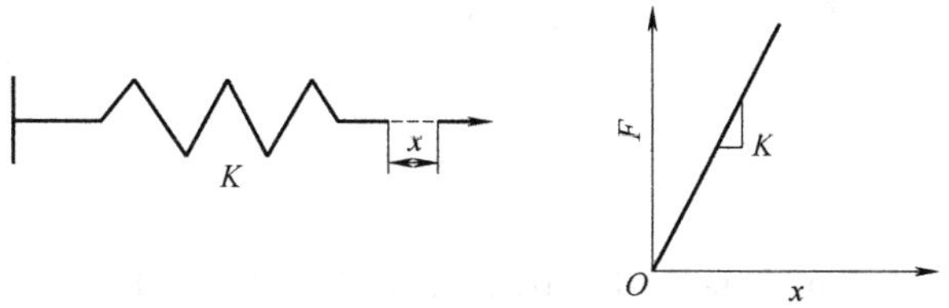

图 7-1 弹簧受拉

但同时我们在实际工程问题中会发现，很多结构的力与位移之间并不满足线性关系。对于这类问题，习惯上称之为非线性问题。在非线性问题中，结构的刚度 K 不再是常量，而是成为函数变量 K^T，如图 7-2 所示。

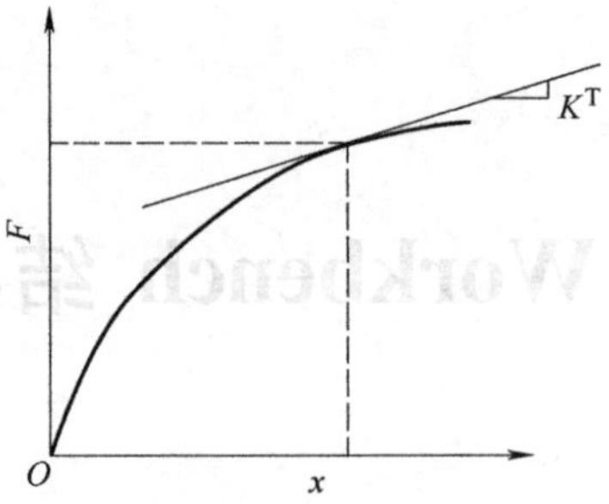

图 7-2　非线性问题力与位移的关系

7.1.2　非线性行为分类

1）几何非线性：结构发生大的变形，使得模型整体结构的刚度发生变化。一种情况是结构在载荷的作用下产生大的挠曲或大的转动，如细长杆、薄板在一定的载荷作用下，产生的应变很小，但结构却发生较大的变形；另一种情况是结构产生大的应变，如橡胶材料在外载荷作用下发生变形。

2）状态非线性：结构的相互作用条件和边界条件随结构件的运动而发生变化。状态非线性主要反映为接触和状态分离，本书主要对接触的非线性进行讲解。

3）材料非线性：结构或材料在外载荷的作用下呈现出非线性的应力应变关系，例如金属材料的塑性变形，橡胶材料的超弹性等。

7.2　结构非线性分析流程

结构非线性分析相比于结构线性分析不同的是，需要对求解条件进行设置，本节主要对结构非线性分析流程进行介绍。

7.2.1　问题描述

试对外部导入支撑座模型进行结构非线性分析。支撑座的几何模型已知，对上支撑面施加大小为 10000N 的力，查看支撑座的受力情况。

7.2.2　分析流程

1. 前处理

步骤 1：启动 ANSYS Workbench 2022 R1，在左侧工具箱（Toolbox）的分析系统（Analysis Systems）中双击结构静力学分析【Static Structural】创建结构静力学分析工程项目。右键单击 A3 几何建模【Geometry】，选择【Import Geometry】-【Browse】，导入几何模型文件“7.2.x_t”。双击几何建模【Geometry】进入 DesignModeler 界面，单击上方工具栏中的【Generate】生成几何模型，并在菜单栏处将单位（Units）设置为毫米（Millimeter），如图 7-3 所示，然后退出 DesignModeler。

步骤 2：双击 A2 工程材料【Engineering Data】进入材料参数的设置界面，定义结构钢

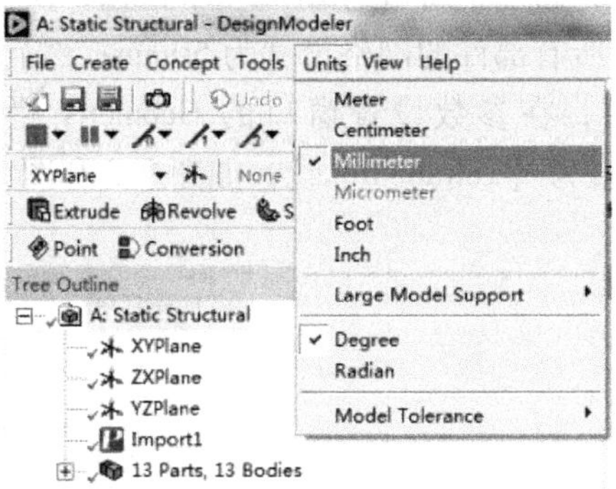

图 7-3 导入几何模型

的材料参数。如图 7-4 所示，定义一个新材料，命名为 steel。依次双击左侧工具箱（Toolbox）中的密度【Density】和各向同性弹性【Isotropic Elasticity】，并定义其密度为 7850kg/m^3，杨氏模量为 210GPa，泊松比为 0.3。

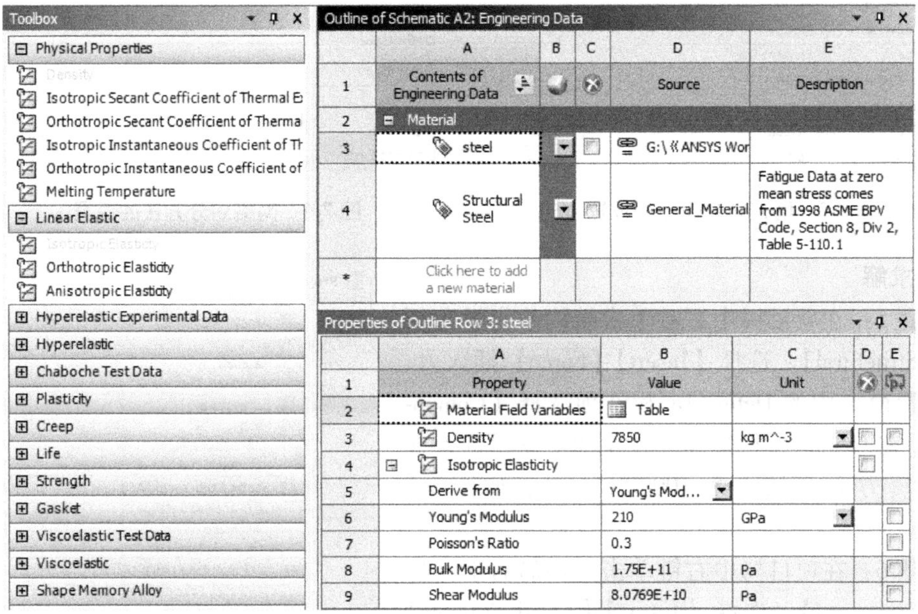

图 7-4 材料定义

步骤 3：双击 A4 模型【Model】进入 Mechanical 界面，单击左上方模型树中几何模型（Geometry）下的【Solid】，然后单击左下方参数设置窗口中的材料赋予（Assignment）处的三角按钮，将模型材料换成步骤 2 中定义的 steel。

注意：由于几何模型在导入 Mechanical 中时，软件会按照几何模型的情况自动生成一系列的绑定接触，在本次模型分析中，自动生成的绑定接触是可以的，所以此处模型的连接关系不做改动。

步骤 4：对模型的网格尺寸和网格划分方式进行简单的控制。右键单击项目树中的网格

【Mesh】，插入【Sizing】，在参数设置窗口的 Geometry 栏选择所有的几何体后单击【Apply】，并在【Element Size】栏定义所有部件的网格尺寸为 50mm；然后再次右键单击项目树中的网格【Mesh】，插入【Method】，在参数设置窗口的 Geometry 栏选择所有的几何体后单击【Apply】，并将 Method 栏设置为【Tetrahedrons】，如图 7-5 和图 7-6 所示。

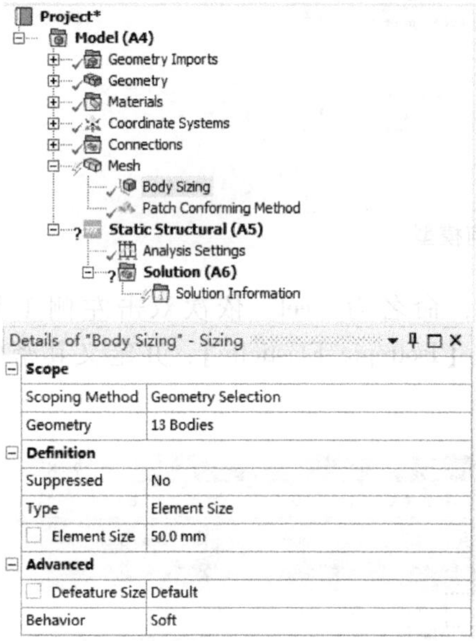

图 7-5　网格划分尺寸的设置

图 7-6　网格划分方法的设置

2. 求解

步骤 5：在项目树中右键单击结构静力学分析【Static Structural】，选择【Insert】-【Force】插入力。参数设置窗口中的 Define By 栏选项选择【Components】，在 Geometry 栏选择支撑座的上支撑面，在 Y 轴的负方向施加一个 10000N 的力，如图 7-7 所示。

步骤 6：在项目树中右键单击结构静力学分析【Static Structural】，选择【Insert】-【Fixed Support】插入固定约束。参数设置窗口中的 Geometry 栏选择支架四个支撑底板的底面后单击【Apply】，如图 7-8 所示。

步骤 7：左键单击项目树中的分析设置【Analysis Settings】，在参数设置窗口中将 Auto Time Stepping 栏设置为【Off】，Define By 栏选择【Substeps】，在 Number Of Substeps 栏设置为 5 步。如图 7-9 所示。设置完之后，右键单击项目树中的静力学分析【Static Structural】，然后单击【Solution】进行求解。

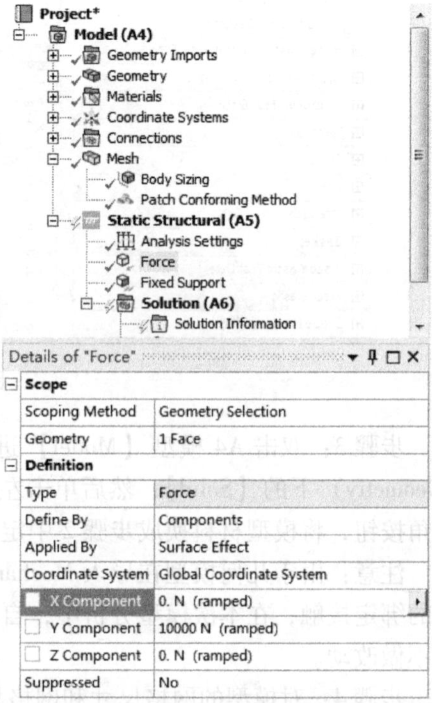

图 7-7　载荷条件的设置

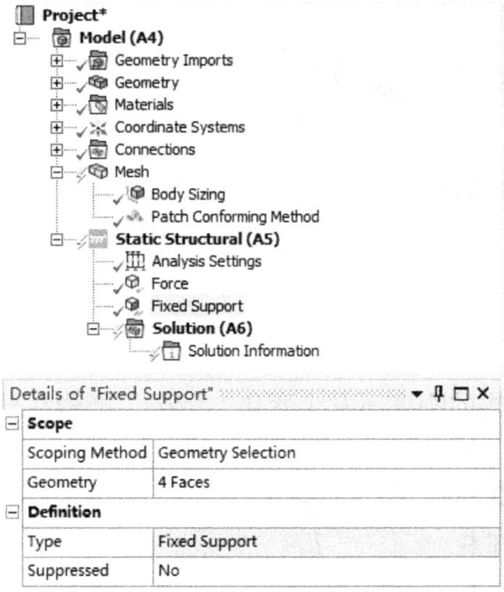

图 7-8　边界条件的设置

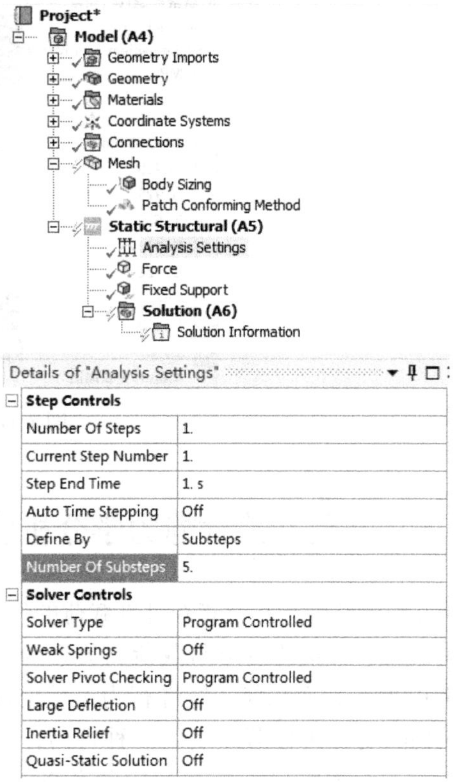

图 7-9　分析设置

3. 后处理

步骤 8：右键单击项目树中的【Solution】，选择【Insert】-【Total Deformation】插入总变形；再次右键单击【Solution】，选择【Insert】-【Equivalent（von-Mises)】插入等效应力，查看变形和应力结果，如图 7-10 和图 7-11 所示。

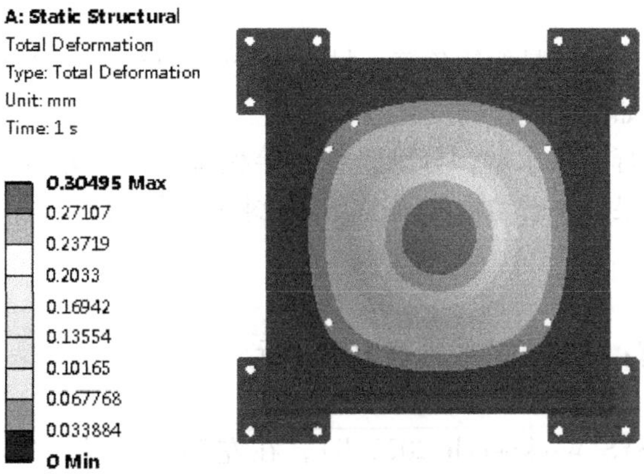

图 7-10　总变形云图

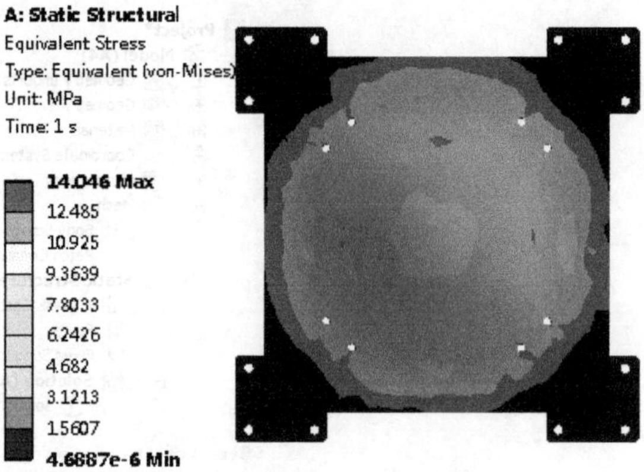

图 7-11　等效应力云图

7.3 几何非线性静力学分析实例

几何的线性行为是指在外部载荷的作用下，结构的刚度不发生变化的情况，结构在外部载荷作用下产生的变形与载荷的关系为线性关系，如图 7-12 所示；而几何非线性行为，是指外部载荷会导致结构刚度发生显著改变的一种行为，结构在外部载荷作用下产生的变形与载荷的关系将是非线性函数，如图 7-12 所示。

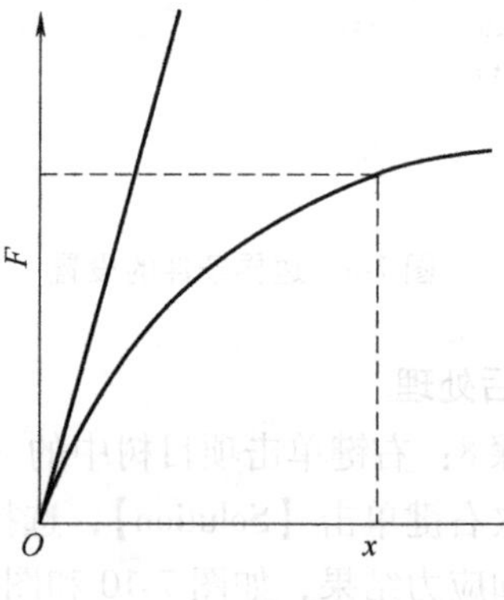

图 7-12　几何线性和非线性

在结构分析当中，常见的几何非线性行为有：

1）结构发生大的位移或转动，如薄壁零件、细长杆在外力作用下产生变形。

2）结果产生大的应变，如金属材料的塑性变形、弹性材料在载荷作用下产生较大的应变。

7.3.1 问题描述

本实例中的模型为一根简易的钓鱼竿，材料为线弹性材料，主要演示模型整体结构刚度发生变化的情况，以及如何对刚度的变化进行修正。

试对钓鱼竿模型进行两次求解，分别是钓鱼竿模型线性静力学评估和非线性静力学评估，对比模型的求解结果，查看结构的刚度变化对求解的影响。

7.3.2 分析流程

1. 模型第一次求解：钓鱼竿的线性静力学分析

（1）前处理

步骤 1：启动 ANSYS Workbench 2022 R1，在左侧工具箱（Toolbox）中的分析系统（Analysis Systems）中双击结构静力学分析（Static Structural）创建结构静力学分析工程项目。右键单击 A3 几何建模【Geometry】，选择【Import Geometry】-【Browse】，导入几何模

型文件“7.3.stp”。双击几何建模【Geometry】进入 DesignModeler 界面，单击上方工具栏中的【Generate】生成几何模型，并在菜单栏处将单位（Units）设置为毫米（Millimeter）。如图 7-13 所示。

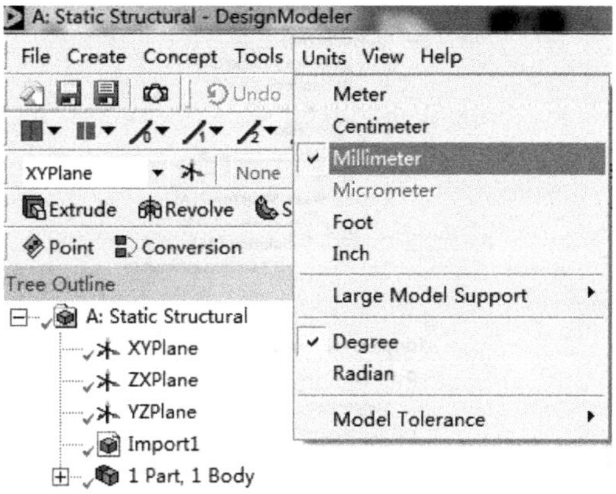

图 7-13　几何模型的导入

步骤 2：双击 A2 工程材料【Engineering Data】进入材料参数的设置界面，定义结构钢的材料参数。如图 7-14 所示，定义一个新材料，命名为 tanxianwei。依次双击左侧工具箱（Toolbox）中的密度【Density】和各向同性弹性【Isotropic Elasticity】，并定义密度为 1500kg/m^3，杨氏模量为 250GPa，泊松比为 0.26。

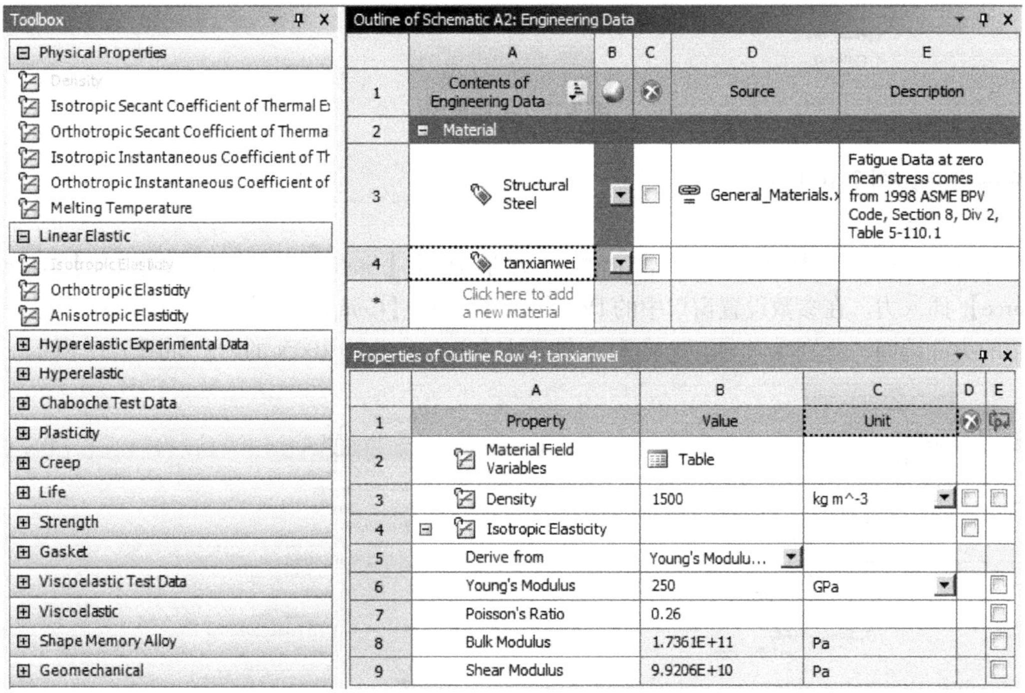

图 7-14　材料定义

步骤 3：双击 A4 模型【Model】进入 Mechanical 界面，单击左上方模型树中几何模型（Geometry）下的体【1】，然后单击左下方参数设置窗口中的材料赋予（Assignment）处的三角按钮，将模型材料换成步骤 2 中定义的 tanxianwei，如图 7-15 所示。

注意：本次分析中只有一个零部件，不存在模型之间的连接关系。

步骤 4：对模型的网格尺寸和网格划分方式进行简单的控制，右键单击项目树中的网格【Mesh】，插入【Sizing】，在参数设置窗口的 Geometry 栏选择几何体后单击【Apply】，并在 Element Size 栏定义所有部件的网格尺寸为 6mm，然后右键单击【Mesh】-【Generate Mesh】

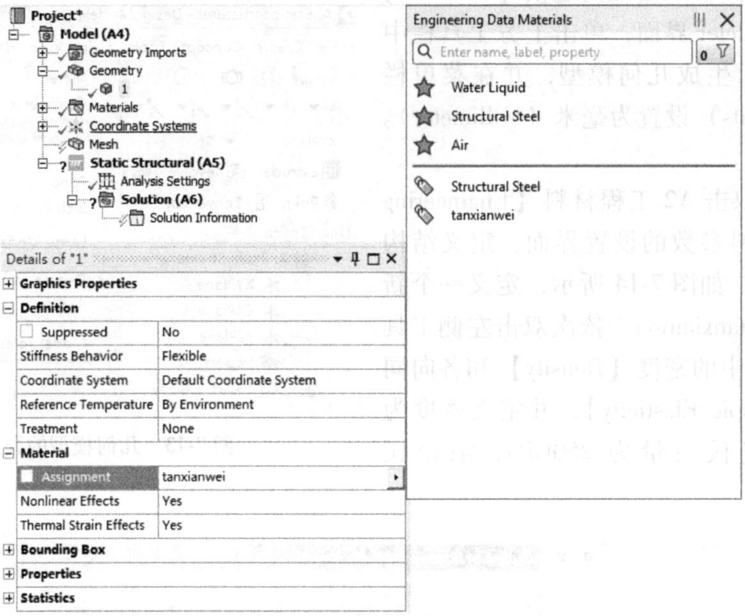

图 7-15 材料赋予

生成网格。如图 7-16 所示。

（2）求解

步骤 5：在项目树中右键单击结构静力学分析【Static Structural】，选择【Insert】-【Force】插入力。在参数设置窗口中的 Define By 栏选择【Components】，在 Geometry 栏选择钓鱼竿的头部端面，分别在 X 轴正方向和 Y 轴正方向施加大小为 100N 的力。如图 7-17 所示。

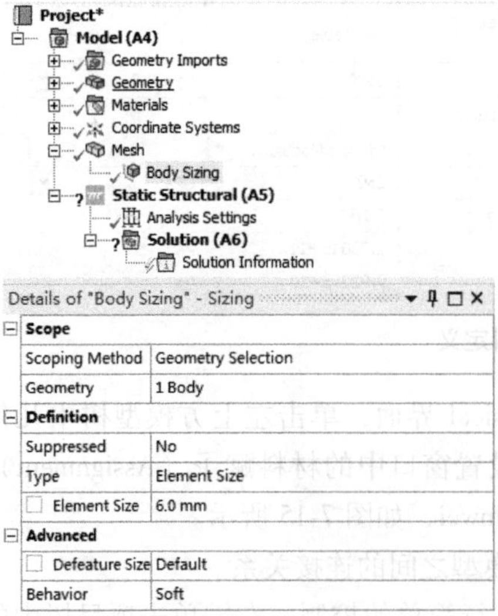

图 7-16 网格的划分

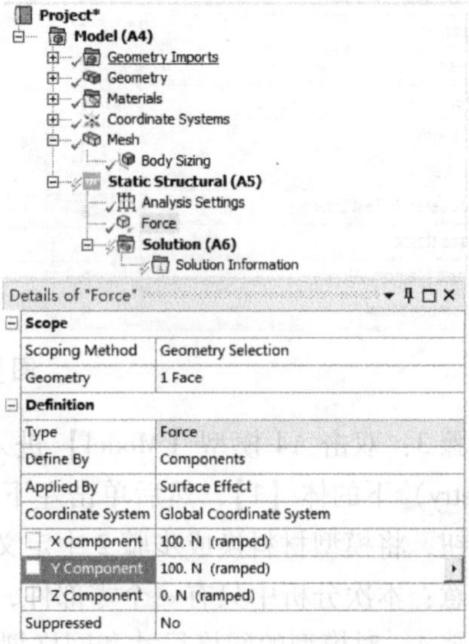

图 7-17 载荷条件的设置

步骤 6：在项目树中右键单击结构静力学分析【Static Structural】，选择【Insert】-【Fixed

Support】插入固定约束。参数设置窗口中的 Geometry 栏选择钓鱼竿的手持位置后单击【Apply】，如图 7-18 所示。

步骤 7：为对比线性静力学评估与非线性静力学评估的计算结果的不同，这里线性静力学评估的分析设置保持默认。右键单击项目树中的结构静力学分析【Static Structural】，然后单击【Solve】进行求解。

（3）后处理

步骤 8：右键单击项目树中的【Solution】，选择【Insert】-【Deformation】-【Total】插入总变形并查看变形结果，如图 7-19 所示。

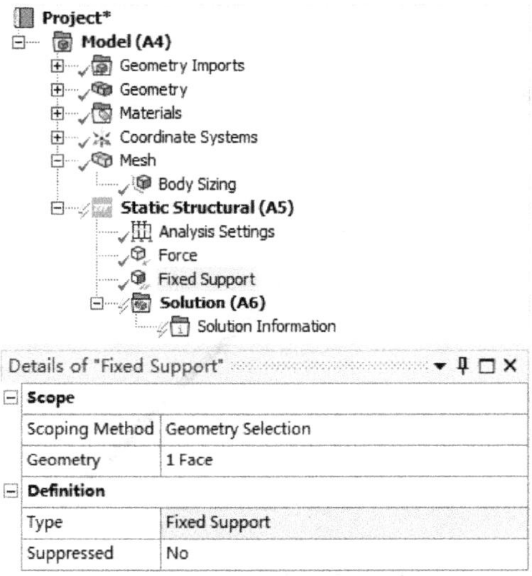

图 7-18　边界条件的设置

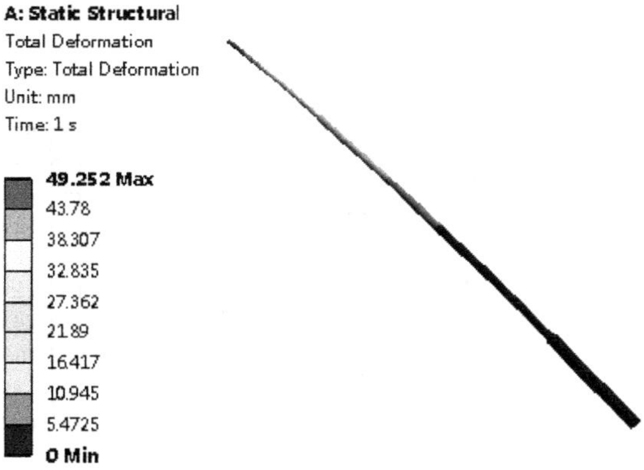

图 7-19　变形结果

从变形结果中可以看到，钓鱼竿在载荷作用下的最大位移是 49. 252mm。

2. 模型第二次求解：钓鱼竿的非线性静力学分析

由于是对比线性静力学与非线性静力学求解结果的不同，所以在 Workbench 的工程示意窗口中再次创建一个结构静力学分析（Static Structural）项目 B，然后将线性静力学分析项目 A 中的【Engineering Data】、【Geometry】、【Model】传递到非线性静力学分析项目 B 中，这样除了分析设置之外，剩下的模型参数均与线性静力学分析相同，如图 7-20 所示。

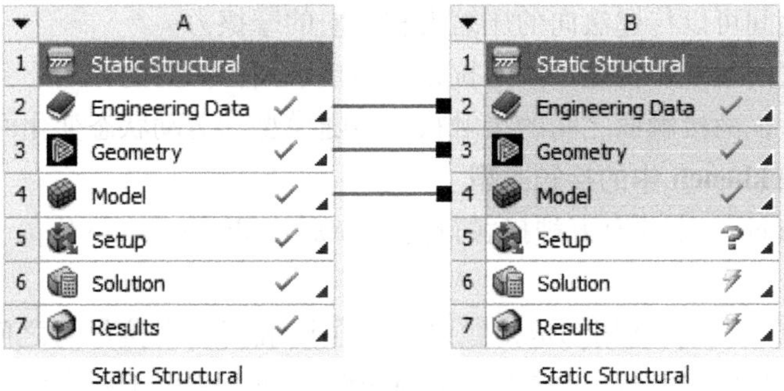

图 7-20　模型参数共享

步骤 9：双击模型【Model】再次进入 Mechanical 平台，会发现左侧的模型树中有两个静力学分析项目，第一个静力学分析项目为前文所进行的线性静力学分析项目，而第二个静力学分析项目是刚创建的非线性静力学分析项目 B。左键单击【Analysis Settings】，在参数设置窗口中将 Auto Time Stepping 栏设置为【Off】，Define By 栏选择【Substeps】，Number Of Substeps 栏设置为 25 步。插入力和固定约束同步骤 5 和步骤 6。

步骤 10：在 Ansys Workbench 中，想要对模型刚度进行修正，需要在参数设置窗口中将 Large Deflection 设置为【On】，如图 7-21 所示。

步骤 11：右键单击项目树中的【Solution】，选择【Insert】-【Deformation】-【Total】插入变形并查看非线性分析的变形结果，如图 7-22 所示。

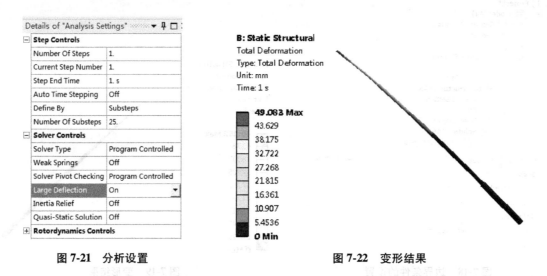

Details of "Analysis Settings"

Step Controls	
Number Of Steps	1.
Current Step Number	1.
Step End Time	1. s
Auto Time Stepping	Off
Define By	Substeps
Number Of Substeps	25.
Solver Controls	
Solver Type	Program Controlled
Weak Springs	Off
Solver Pivot Checking	Program Controlled
Large Deflection	On
Inertia Relief	Off
Quasi-Static Solution	Off
Rotordynamics Controls	

图 7-21　分析设置

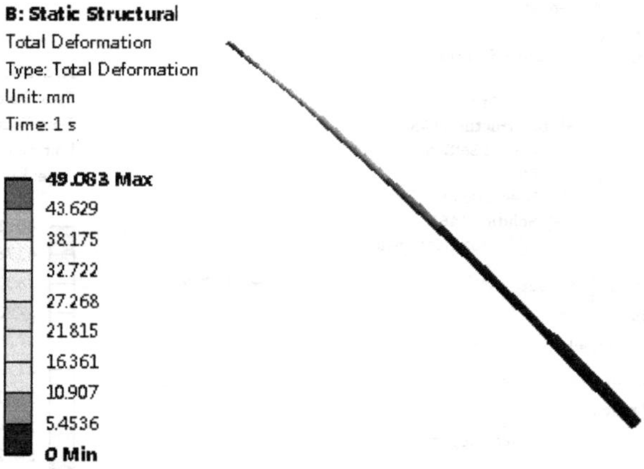

图 7-22　变形结果

变形结果分析：从变形结果可以看到，对钓鱼竿进行非线性分析后，模型的最大变形为 49.083mm，与线性静力学分析的变形结果相比小 0.169mm。

7.4　状态非线性（接触）静力学分析实例

1. 接触的特点

1）两接触面之间互相不发生穿透。

2）两接触面之间可以传递法向的压缩力和切向的摩擦力。

3）两接触面之间通常不传递法向的拉力，即接触面在拉力的作用下会相互分离。

4）通常情况下，两接触面之间的接触状态会随模型的运动状态变化而变化。

2. ANSYS Workbench 中的接触类型

ANSYS Workbench 中主要有五种接触行为，分别是 Bonded、No Separation、Frictionless、Rough、Frictional。

1）绑定（Bonded）。在使用绑定接触以后，在接触面或者接触边之间不存在切向的相对滑动或者法向的相对分离。这是较为简单的接触类型，适用于所有的接触区域（实体接触、面接触、线接触）。

2）不分离（No Separation）。不分离接触与绑定接触类似，在接触面或者接触线之间不允许发生法向的相对分离，但是允许发生少量的切向无摩擦滑动。

3）无摩擦（Frictionless）：用于模拟无摩擦的单边接触。所谓单边接触，即一旦两个物体之间出现了分离，则法向的接触压力就为零。因此当外力发生改变时，接触面之间可能会分开，也可能会接触，这种情况下假设两个物体之间的摩擦系数为零，即当发生切向相对滑动时，没有摩擦力。

4）粗糙（Rough）：粗糙接触与无摩擦接触类型相似，用来模拟两物体之间非常粗糙的接触，保证两个物体之间只有静摩擦，而不会发生切向的滑动，从而不会产生滑动摩擦。这种接触相当于在两个物体之间施加了无限大的摩擦系数，从而阻止两物体之间的相对滑动。

5）有摩擦（Frictional）：有摩擦的接触是最接近实际情况的接触类型，有摩擦接触类型的两个接触面之间既可以法向分离，也可以切向滑动。当切向外力大于最大静摩擦力后，发生切向滑动。一旦发生切向滑动后，会在接触面之间出现滑动摩擦力，该滑动摩擦力要根据正压力和摩擦系数来计算。此时需要用户输入摩擦系数。

7.4.1　问题描述

已知一个正方体和一个长方体的几何模型，正方体在长方体上方并且与长方体之间有 0.5m 的间隙，使用不同的接触类型对正方体与长方体进行接触分析。

7.4.2　分析流程

对模型所有的接触关系有一个基本的了解之后，进行本实例的学习。本实例是模拟含有间隙的两个零件的接触分析，并对模型进行多次求解，演示间隙建模对模型收敛的影响。

1. 第一次求解

（1）前处理

步骤 1：启动 ANSYS Workbench 2022 R1，在左侧工具箱（Toolbox）的分析系统（Analysis Systems）中双击结构静力学【Static Structural】创建结构静力学分析工程项目。右键单击【Geometry】，选择【Import Geometry】-【Browse】导入几何模型文件“7.4.stp”。双击几何建模【Geometry】进入 DesignModeler 界面，单击上方工具栏中的【Generate】生成几何模型，并在菜单栏处将单位（Units）设置为毫米（Millimeter），如图 7-23 所示。退出 DesignModeler。

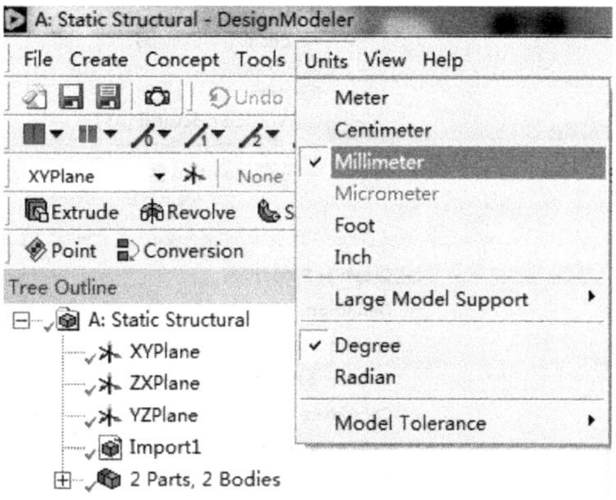

图 7-23　几何模型的导入

步骤 2：双击 A2 工程材料【Engineering Data】进入材料参数的设置界面，定义结构钢的材料参数。如图 7-24 所示，定义一个新材料，命名为 steel。依次双击左侧工具箱（Toolbox）中的密度【Density】和各向同性弹性【Isotropic Elasticity】，并定义其密度为 7850kg/m^3，杨氏模量为 210GPa，泊松比为 0.3。

步骤 3：双击 A4 模型【Model】进入 Mechanical 界面，单击左上方模型树中几何模型

(Geometry) 下的体 1 和体 2，然后单击左下方参数设置窗口中的材料赋予 (Assignment) 处的三角按钮，将模型材料换成步骤 2 中定义的 steel，如图 7-25 所示。

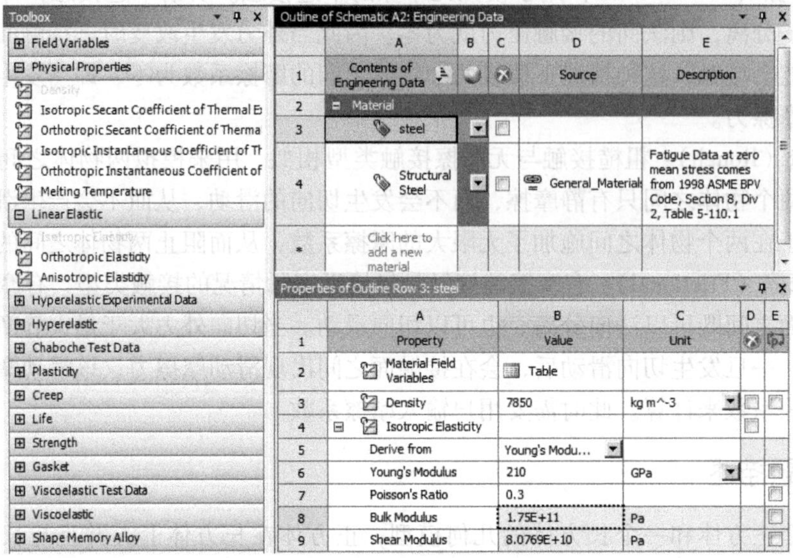

图 7-24 材料定义

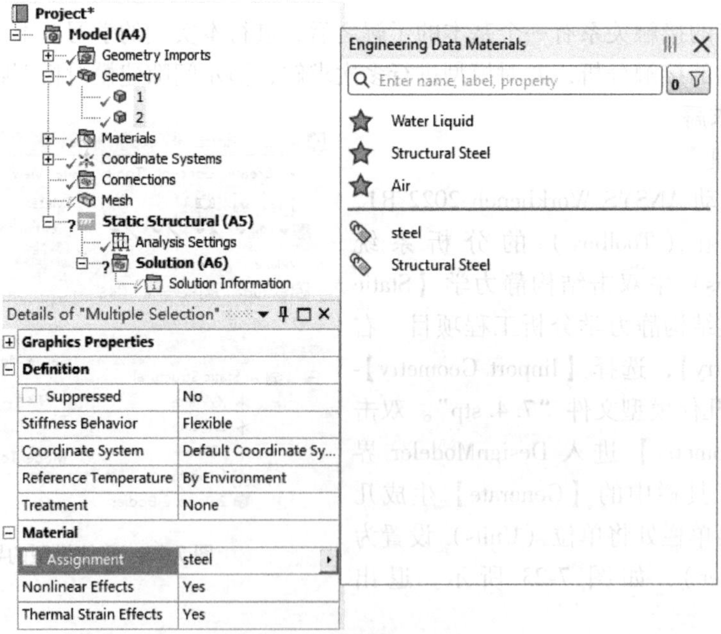

图 7-25 模型材料的赋予

步骤 4：左键单击模型树中的【Connections】，在上方的菜单中选择【Contact】-【Frictional】插入摩擦接触。在左下方参数设置窗口中，Contact 栏选择小正方体的下表面后单击【Apply】，Target 栏选择长方体的上表面后单击【Apply】，并设置摩擦系数 Friction

Coefficient 为 0.2。其他参数暂时保持不变，如图 7-26 所示。

步骤 5：右键单击项目树中的网格【Mesh】，单击【Generate Mesh】自动生成网格。

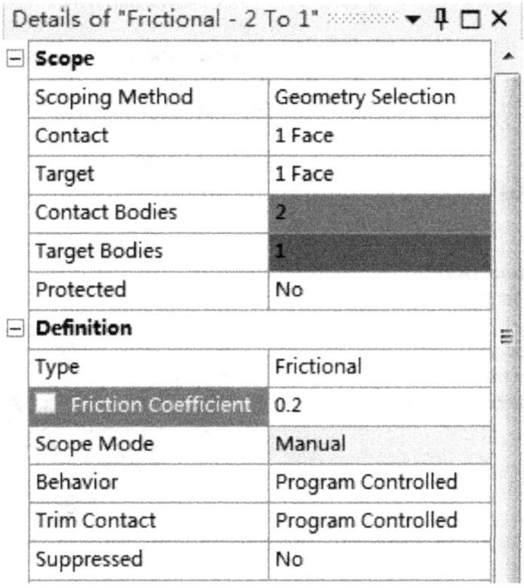

图 7-26　接触参数的设置

（2）求解

步骤 6：右键单击项目树中的静力学分析【Static Structural】，选择【Insert】-【Pressure】插入压力。在左下方参数设置窗口中，Geometry 栏选择小正方体的上表面，施加一个 1MPa 的压力，如图 7-27 所示。

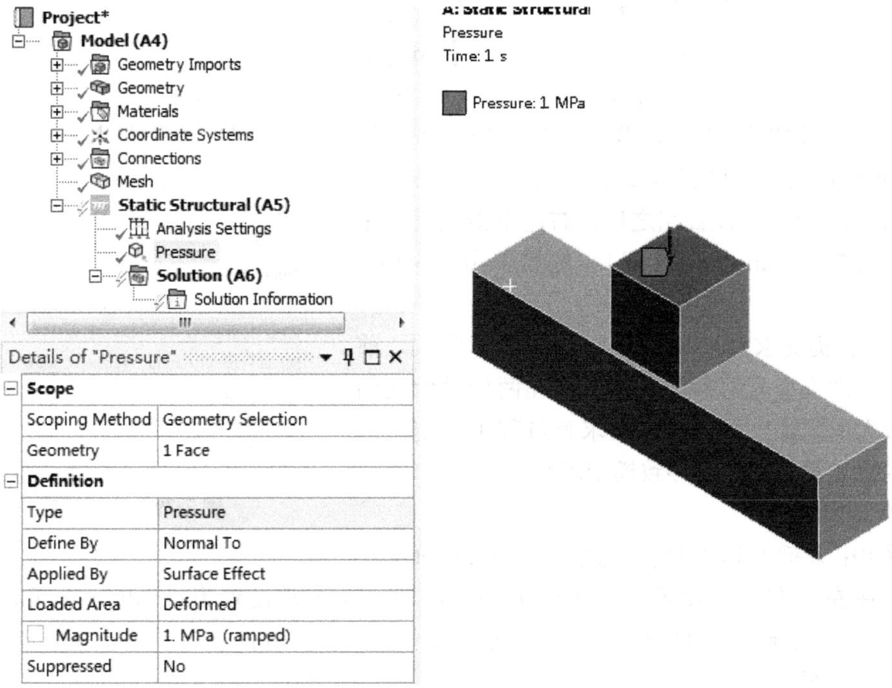

图 7-27　载荷条件的设置

步骤 7：右键单击项目树中的静力学分析【Static Structural】，选择【Insert】-【Fixed Support】插入固定约束。在左下方参数设置窗口中，Geometry 栏选择长方体的两个小侧面，对其施加固定约束，如图 7-28 所示。

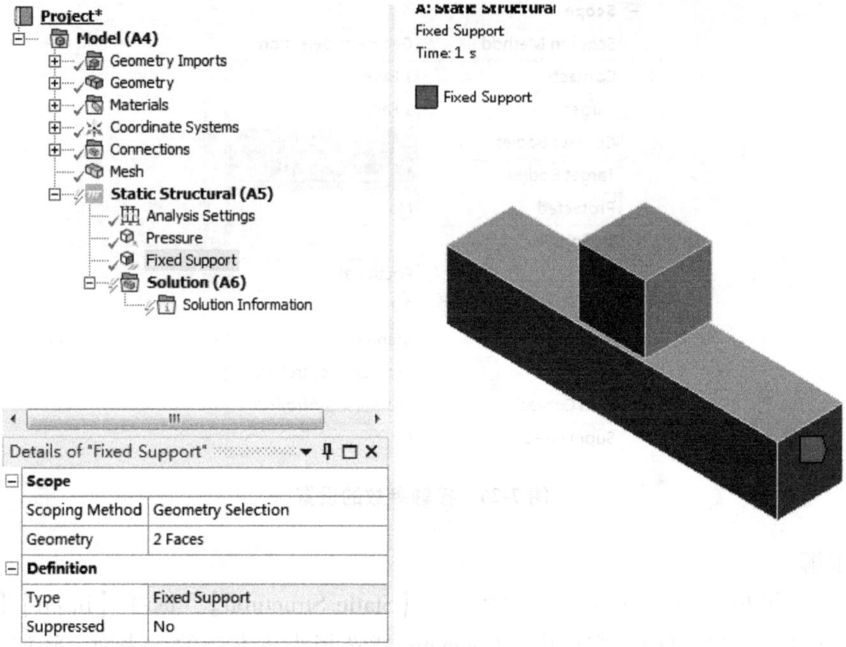

图 7-28 边界条件的设置

步骤 8：由于模型的载荷条件与边界条件较为简单，所以此处将自动时间步关掉。左键单击【Analysis Settings】，在左下方参数设置窗口中将 Auto Time Stepping 栏设置为【Off】，Define By 栏选择【Substeps】，Number of Substeps 栏设置为 5 步。其他设置保持默认，如图 7-29 所示。设置完之后，右键单击项目树中的静力学分析【Static Structural】，然后单击【Solve】进行求解。

Details of "Analysis Settings"

Step Controls	
Number Of Steps	1.
Current Step Number	1.
Step End Time	1. s
Auto Time Stepping	Off
Define By	Substeps
Number Of Substeps	5.
Solver Controls	
Solver Type	Program Controlled
Weak Springs	Off
Solver Pivot Checking	Program Controlled
Large Deflection	Off
Inertia Relief	Off
Quasi-Static Solution	Off

图 7-29 分析设置

步骤 9：提交求解之后发现，模型求解失败。前文提到，本次模型为模拟间隙建模，在两接触面之间设置了较大的间隙，所以软件在求解过程中判定两部件之间的接触没有生效，导致模型求解失败。

2. 第二次求解

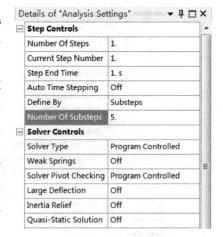

步骤 10：左键单击项目树中的摩擦接触【Frictional-2 To 1】，在左下方参数设置窗口中将 Interface Treatment 栏设置为【Adjust to Touch】，如图 7-30 所示。这样无论两接触面之间的间隙大小为多少，软件会自动将接触面进行偏移，调整为接触状态。

调整接触参数之后，其他求解设置保持不变，再次将模型提交求解，模型求解成功。

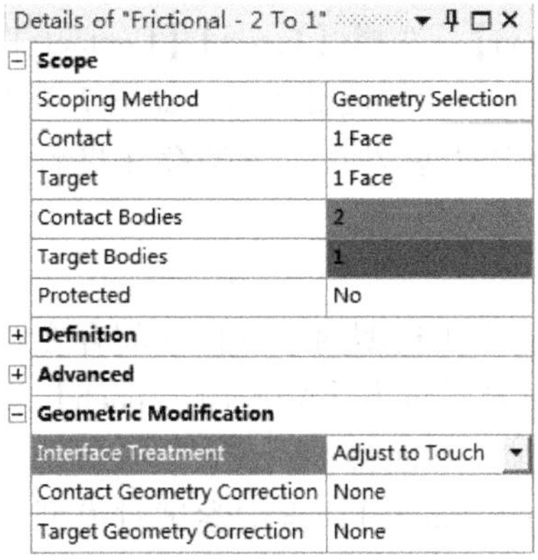

Details of "Frictional - 2 To 1"
Scope
Scoping Method
Geometry Selection
Contact
1 Face
Target
1 Face
Contact Bodies
2
Target Bodies
1
Protected
No
Definition
Advanced
Geometric Modification
Interface Treatment
Adjust to Touch
Contact Geometry Correction
None
Target Geometry Correction
None

图 7-30　摩擦接触参数设置

步骤 11：模型求解完成后，右键单击项目树中的【Solution】，选择【Insert】-【Deformation】-【Total】插入总变形；再次右键单击【Solution】，选择【Insert】-【Stress】-【Equivalent (von-Mises)】插入等效应力，查看变形和应力结果，如图 7-31 和图 7-32 所示。

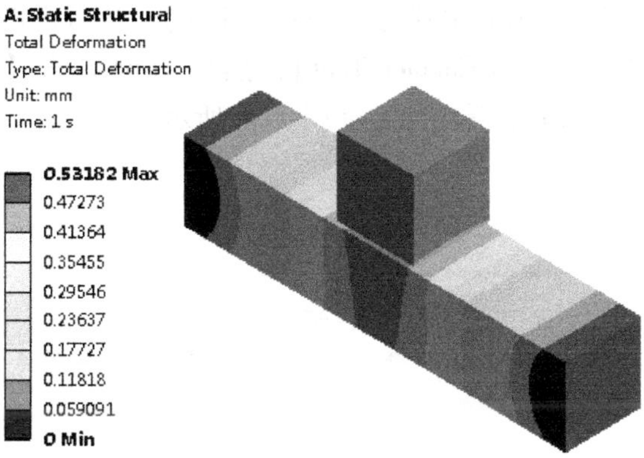

图 7-31　总变形云图

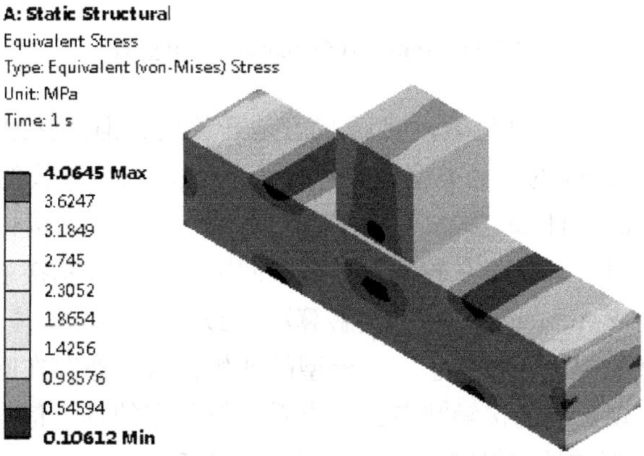

图 7-32　等效应力云图

步骤 12：查看接触生效。模型的求解结果是有了，那么如何查看接触是否生效呢？可以右键单击项目树中的【Solution】，选择【Insert】-【Contact Tool】，然后右键单击【Contact Tool】插入【Pressure】即可查看模型的接触压力，如图 7-33 所示。

单击【Pressure】查看接触压力后发现，模型存在接触压力，即模型的接触生效。

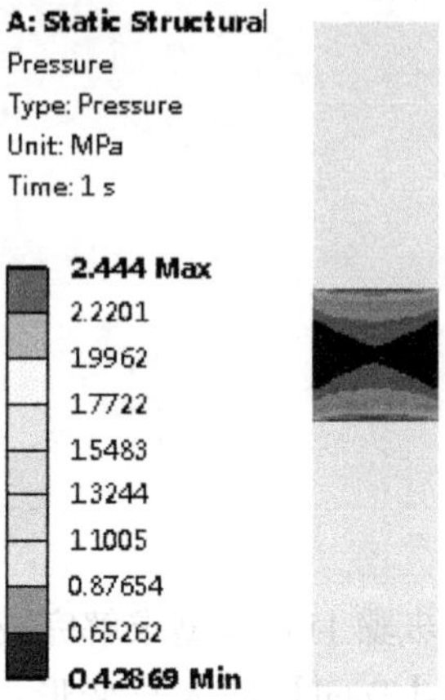

图 7-33 接触压力

3. 第三次求解

在模型第二次求解过程中，由于模型两个部件之间存在间隙，所以将 Interface Treatment 栏设置为【Adjust to Touch】，让软件自动判断间隙并消除间隙。下面将 Interface Treatment 栏的控制换为【Add Offset，No Ramping】，再次尝试对模型进行求解。

想要使用【Add Offset，No Ramping】控制接触的状态，需要知道两个部件之间间隙的大小，否则输入的值太小，不足以消除间隙，输入的值太大又会造成较大的穿透，这里介绍 Workbench 中的一个小工具：【Contact Tool】，通过该工具可以查看模型间隙的大小（注意：这里的【Contact Tool】不同于步骤 12 提到的查看接触压力时用到的【Contact Tool】，读者需做好区分）。右键单击模型树中的【Connections】，插入【Contact Tool】，然后右键单击【Contact Tool】下方的【Initial Information】生成结果并查看结果，如图 7-34 所示。

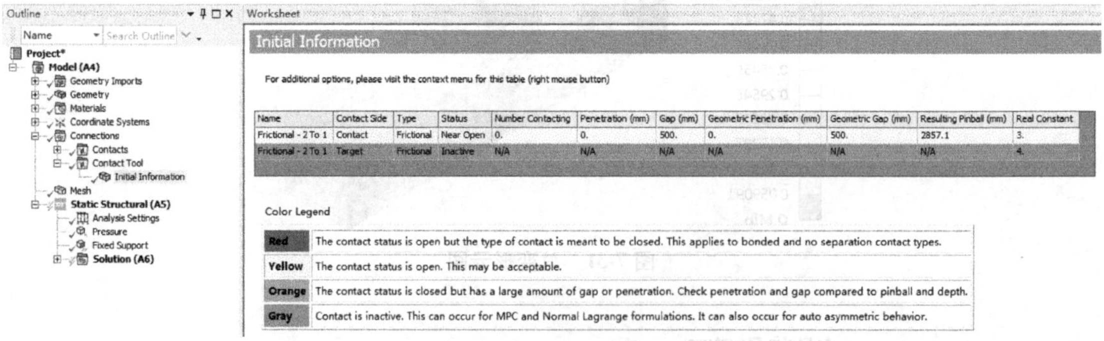

图 7-34 Initial Information 结果查看

图 7-34 中生成的结果中的红色表示接触状态是开放的，但是接触类型是封闭的，用于使用 Bonded 和 No Separation 的接触类型；黄色代表接触状态是开放的，并且这种开放的接触状态可能是可以接受的，且 gap 下如果存在数值的话，一般表示接触间隙的大小；橙色代表接触状态是封闭的，但是可能存在较大的穿透或间隙；灰色表示接触没激活，可能是因为 MPC、Normal Lagrange 或 Auto asymmetric 接触算法导致的。可以根据 Initial Information 提示的接触信息来查看模型的初始接触状态，若模型的初始接触状态存在问题，则需对接触参数等进行调整。本例中出现黄色的接触状态，且查看接触状态的具体信息发现，Gap 下显示的数值是 500mm，表示模型初始接触状态下的接触间隙为 500mm。

步骤 13：现将上次求解中的 Interface Treatment 栏设置为【Add Offset，No Ramping】，并

在 Offset 栏中输入通过 Initial Information 中查看的间隙大小 500mm 后，对模型进行求解，并在后处理中查看模型的总变形云图和等效应力云图如图 7-35 和图 7-36 所示。

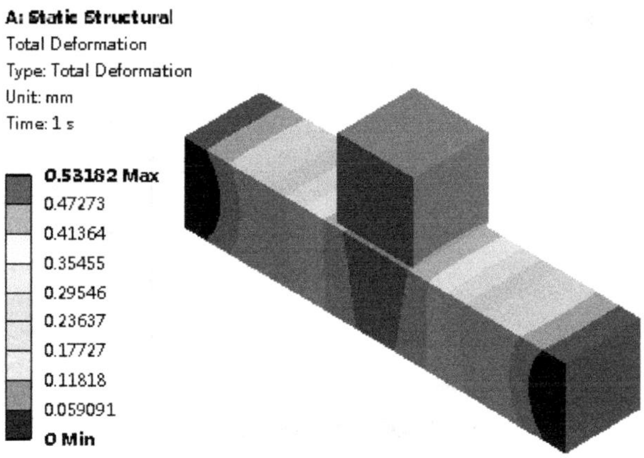

图 7-35　总变形云图

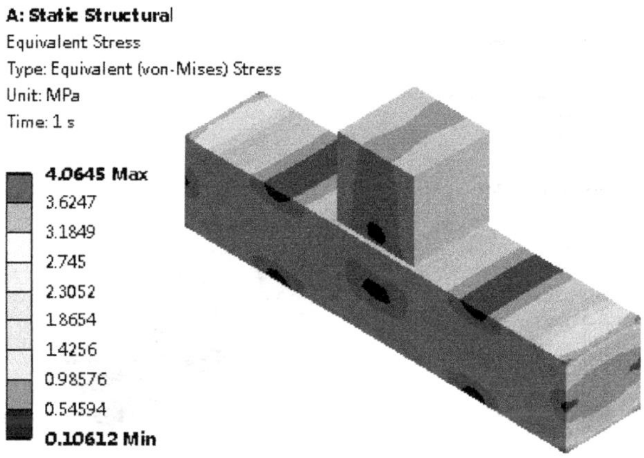

图 7-36　等效应力云图

从结果中发现，对于简单模型，【Adjust to Touch】与【Add Offset, No Ramping】设置情况下的计算结果相同。

4. 第四次求解

上面的两种情况通过调整接触参数使软件忽略接触间隙从而达到模型收敛的目的。此外，想要得到含有间隙的模型的收敛结果，还可以通过边界条件设置来实现。下面对调整模型的边界条件达到模型收敛的方法进行简单介绍。

材料的定义、网格的划分、分析设置以及长方体的约束与前面的求解设置相同，不做赘述。接触类型还选择 Fractional，定义接触面、目标面及摩擦系数均与前两次求解中的设置相同。

步骤 14：右键单击模型树中的【Static Structural】，选择【Insert】-【Displacement】插入位移边界条件。在左下方参数设置窗口中，Define By 栏选择【Components】，Geometry 栏选择小正方体的下表面，将其 X、Z 方向上的位移设置为 0，将其在 Y 方向的位移进行如下设置：在 0~0.5s 过程中向 Y 轴负方向移动 500mm，目的是消除接触之间的间隙；在 0.5~1s 过程中继续向 Y 轴负方向移动 1mm，如图 7-37 所示。

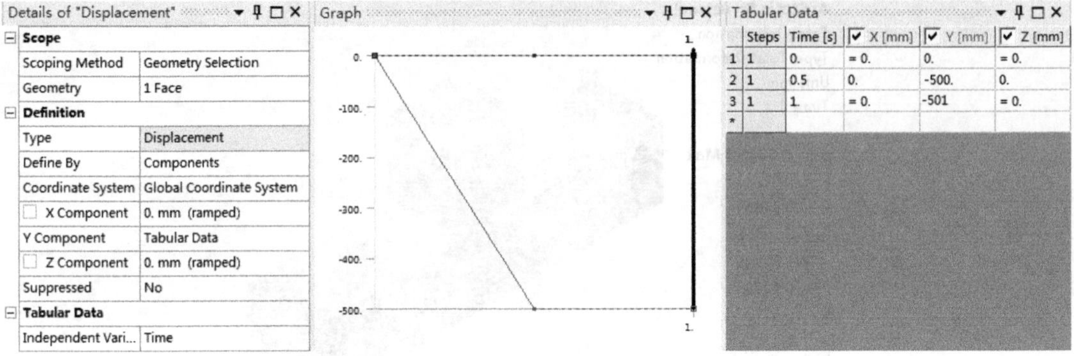

图 7-37　边界条件设置

步骤 15：设置完成后，提交求解，发现模型收敛，总变形云图和等效应力云图如图 7-38 和图 7-39 所示。

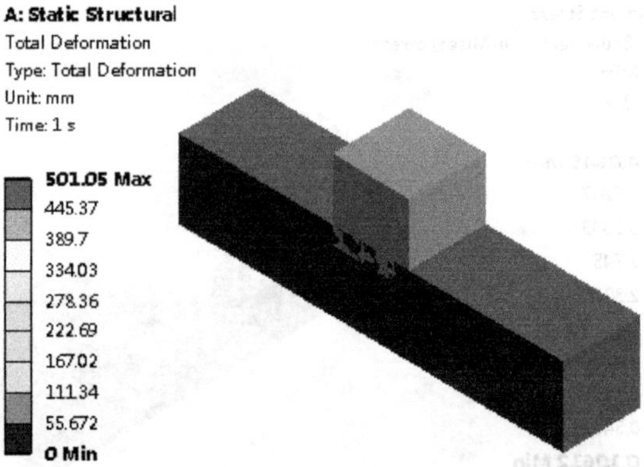

图 7-38　总变形云图

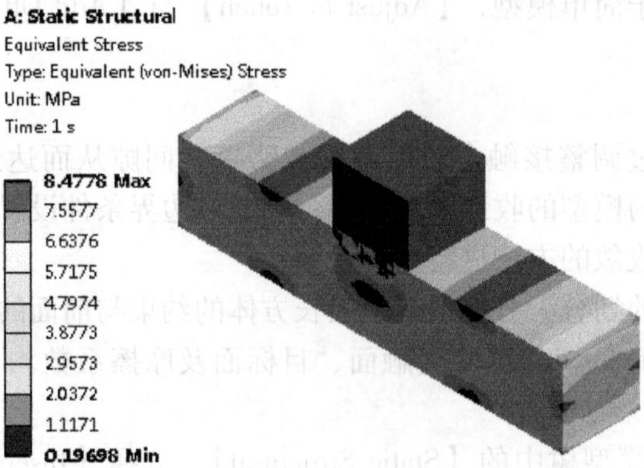

图 7-39　等效应力云图

5. 第五次求解

步骤 16：将第一次求解前处理中的摩擦接触删除掉，左键单击上方菜单栏中的【Connections】，选择【Contact】-【Bonded】插入绑定接触。在左下方参数设置窗口中的 Contact 栏选择小正方体的下表面后单击【Apply】，在 Target 栏选择长方体的上表面后单击【Apply】，此外将绑定接触中的接触探测域（Pinball Region）栏的探测方式设置为【Radius】，大小设置为 501mm，如图 7-40 所示。

Details of "Bonded - 2 To 1"	
Scope	
Scoping Method	Geometry Selection
Contact	1 Face
Target	1 Face
Contact Bodies	2
Target Bodies	1
Protected	No
Definition	
Advanced	
Formulation	Program Controlled
Small Sliding	Program Controlled
Detection Method	Program Controlled
Penetration Tolerance	Program Controlled
Elastic Slip Tolerance	Program Controlled
Normal Stiffness	Program Controlled
Update Stiffness	Program Controlled
Pinball Region	Radius
Pinball Radius	501. mm
Geometric Modification	
Contact Geometry Correction	None
Target Geometry Correction	None

图 7-40　Bonded 参数设置

步骤 17：其他设置保持不变对模型进行求解，得到收敛结果，如图 7-41 和图 7-42 所示。

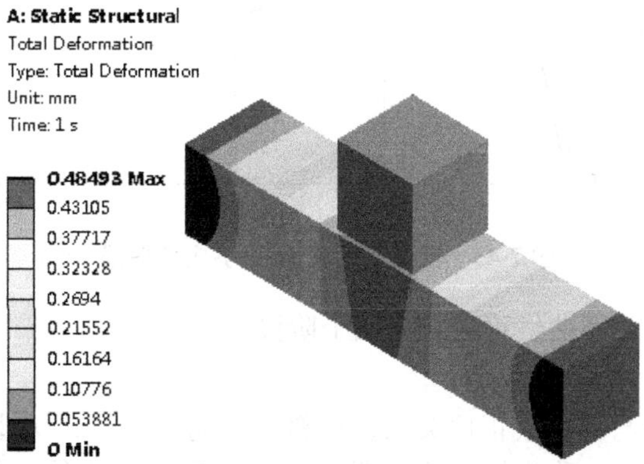

图 7-41　总变形云图

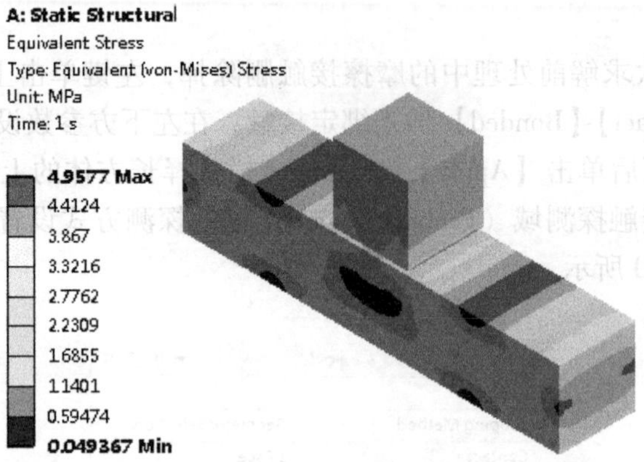

图 7-42 等效应力云图

7.5 材料非线性静力学分析实例

本节的实例主要讲解材料非线性中的金属材料弹塑性问题，在进行本实例讲解之前，需要读者先了解金属材料弹塑性方面的相关概念。

要进行金属材料的弹塑性分析，需要了解材料的应力-应变曲线。材料应力-应变曲线的横坐标是应变，纵坐标是外加的应力，曲线的形状反映材料在外力作用下发生的弹性、塑性、屈服、断裂等各种形变过程。

现以低碳钢为例，对材料拉伸过程中的应力-应变关系进行简单介绍，图 7-43 所示是低碳钢的拉伸应力-应变曲线。

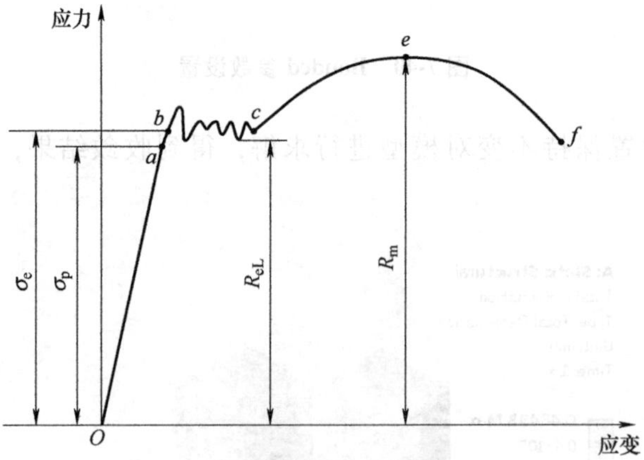

图 7-43 低碳钢的拉伸应力-应变曲线

低碳钢的应力-应变关系曲线可以分为四个阶段。

1. 弹性阶段

Oa 段是直线，应力与应变成正比关系，材料符合胡克定律，Oa 段的斜率就是材料的杨氏模量。a 点对应的应力 σ_p 称为材料的比例极限。ab 段不是直线，但是如果在 ab 段卸载，变形也会消失，这种变形称为弹性变形，b 点对应的应力 σ_e 称为弹性极限。由于比例极限和弹性极限非常接近，工程应用中通常近似地用比例极限代替弹性极限。

2. 屈服阶段

bc 段的曲线是一段锯齿形折线，这一阶段应力不增加，但是应变依然在增加，出现屈服之后卸载，变形不会消失，这个变形称为塑性变形。

3. 强化阶段

经过屈服阶段之后，曲线从 *c* 点开始缓慢上升，材料又恢复了抵抗变形的能力，这种现象称为强化。*e* 点对应的应力值 R_m 称为抗拉强度。

4. 颈缩阶段

应力达到 *e* 点之后，材料的变形开始变得不均匀，如棒材的横截面开始出现收缩变形现象，有效截面积将迅速缩小，直至断裂。

7.5.1　问题描述

金属材料的弹塑性问题是典型的材料非线性问题，因为材料在弹性阶段，材料受到的载荷与应变之间的关系是线性关系，而结构发生屈服之后，材料受到的载荷与应变之间的关系就变成非线性的了。

本实例模型为一简易龙门吊，试对其进行金属弹性与弹塑性分析并对比异同。

7.5.2　分析流程

1. 简易龙门吊的线性分析

（1）前处理

步骤 1：启动 ANSYS Workbench 2022 R1，在左侧工具箱（Toolbox）的分析系统（Analysis Systems）中双击结构静力学【Static Structural】创建结构静力学分析工程项目。右键单击【Geometry】，选择【Import Geometry】-【Browse】导入几何模型文件“7.5.stp”。双击几何建模【Geometry】进入 DesignModeler 界面，单击上方工具栏中的【Generate】生成几何模型，并在菜单栏处将单位（Units）设置为毫米（Millimeter），如图 7-44 所示。

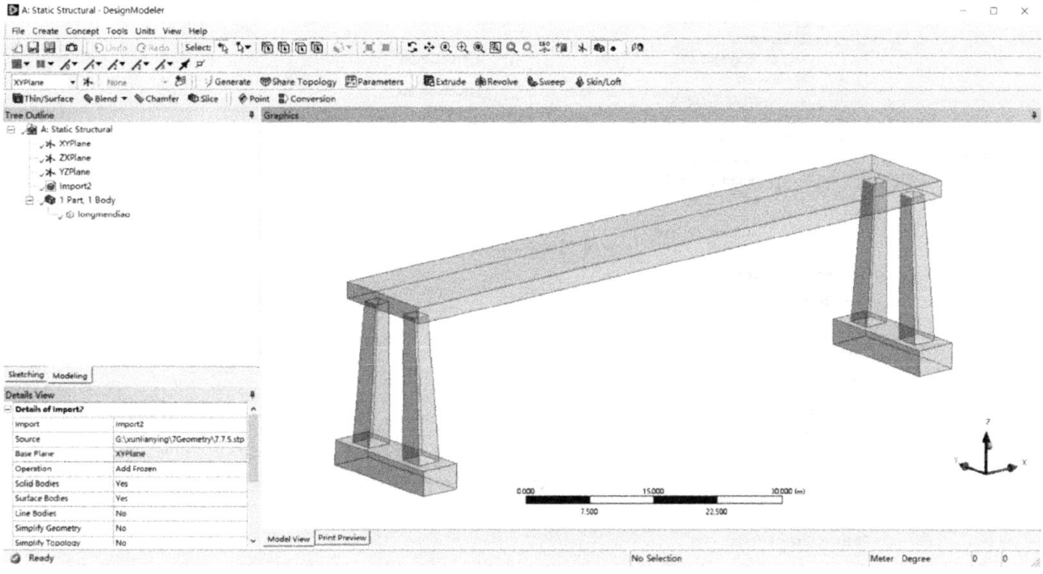

图 7-44　导入几何模型

步骤 2：双击 A2 工程材料【Engineering Data】进入材料参数的设置界面，定义结构钢的材料参数。如图 7-45 所示，定义一个材料，命名为 new。依次双击左侧工具箱（Toolbox）中的密度【Density】和各向同性弹性【Isotropic Elasticity】，并定义其密度为 7850kg/m^3，杨氏模量为 210GPa，泊松比为 0. 3，如图 7-45 所示。

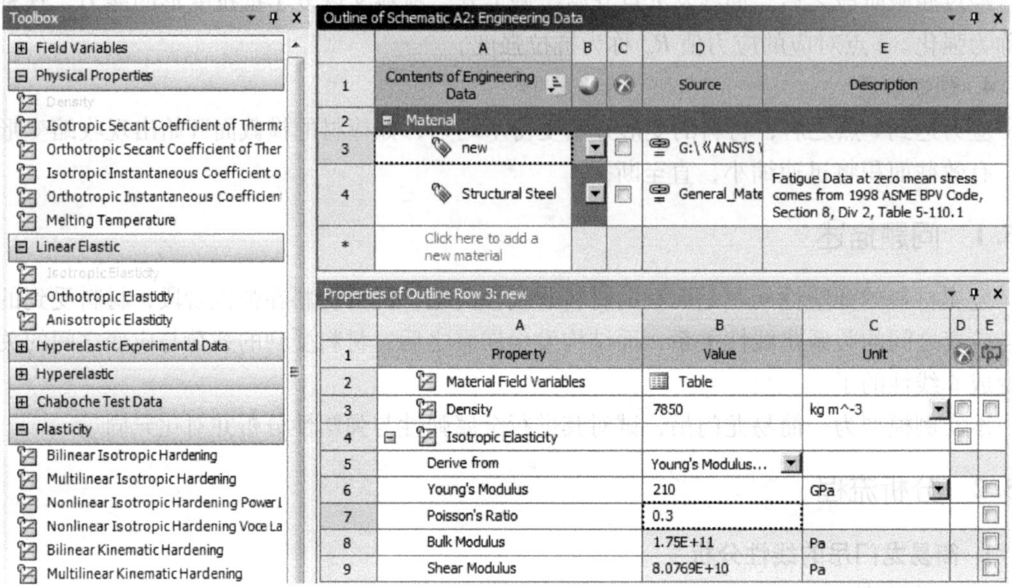

图 7-45　材料参数的定义

步骤 3：双击 A4 模型【Model】进入 Mechanical 界面，单击左上方模型树中几何模型（Geometry）下的实体，然后单击左下方参数设置窗口中的材料赋予（Assignment）处的三角按钮，将模型材料换成步骤 2 中定义的 new，如图 7-46 所示。

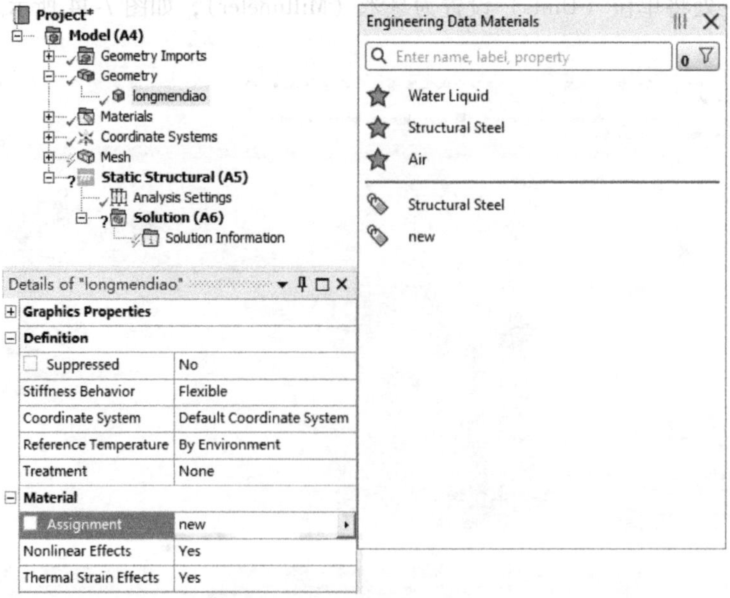

图 7-46　模型材料的赋予

注意：本次进行分析的模型只有一个部件，所以不存在连接关系的定义。

步骤 4：右键单击网格【Mesh】，插入【Method】，并在左下方参数设置窗口中的 Geometry 栏选择整个体，Method 栏选择【Multizone】；然后左键单击网格【Mesh】，在左下方的参数设置窗口中将 Resolution 栏设置为 5，然后生成网格。参数设置如图 7-47 所示。

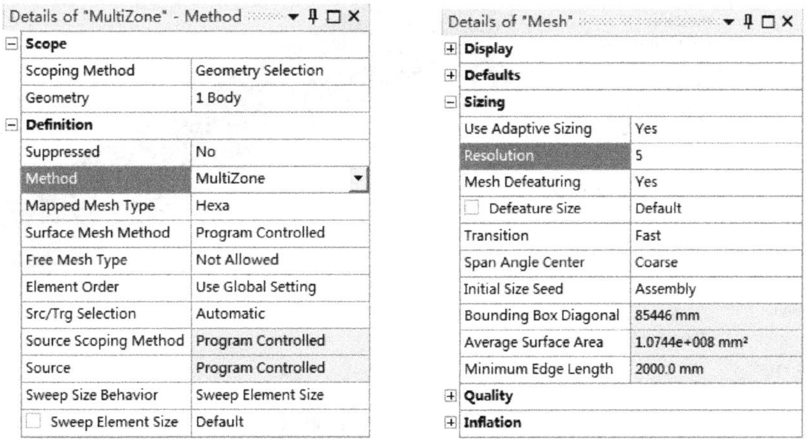

图 7-47　模型网格的划分

（2）求解

步骤 5：右键单击项目树中的静力学分析【Static Structural】，选择【Insert】-【Force】插入力。在左下方参数设置窗口中，Define By 栏选择【Components】，Geometry 栏选择简易龙门吊的上表面，将其在 Z 方向的载荷进行如下设置：在 0~0.5s 过程中向 Z 轴施加 -4×10^8N 的力；在 0.5~1s 过程中将力的大小重新设置为 0，如图 7-48 所示。

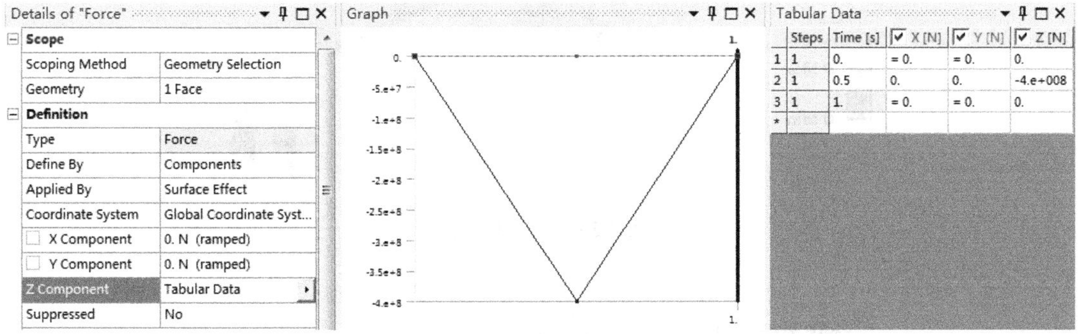

图 7-48　载荷条件的设置

步骤 6：右键单击项目树中的静力学分析【Static Structural】，选择【Insert】-【Fixed Support】插入固定约束。在左下方参数设置窗口中，Geometry 栏选择简易龙门吊的两个底面后单击【Apply】，如图 7-49 所示。

步骤 7：由于此次进行的分析为线性静力学分析，所以分析设置（Analysis Settings）保持软件的默认设置，最后将模型进行求解。

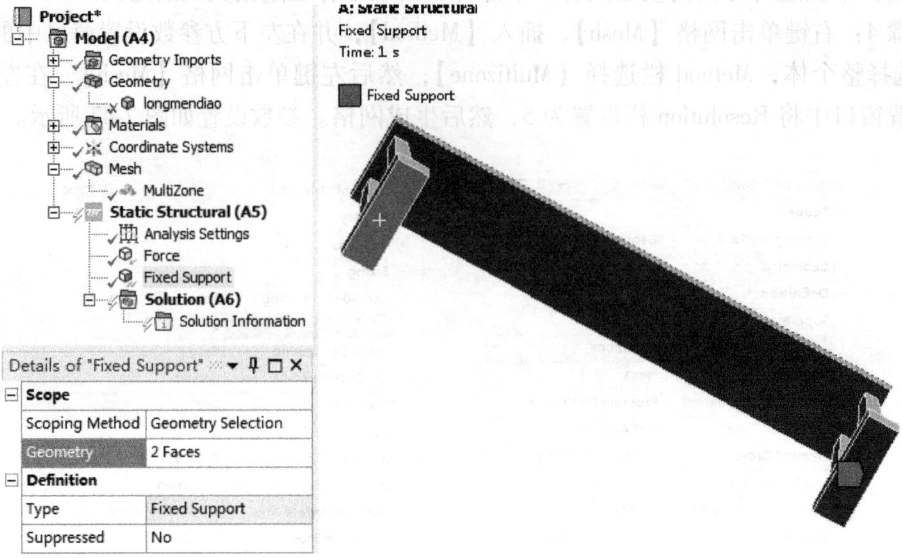

图 7-49　边界条件的设置

（3）后处理

步骤 8：右键单击【Solution】，选择【Insert】-【Deformation】-【Total】插入总变形；再次右键单击【Solution】，选择【Insert】-【Stress】-【Equivalent（von-Mises）】插入等效应力，查看总变形和等效应力结果，如图 7-50 和图 7-51 所示。

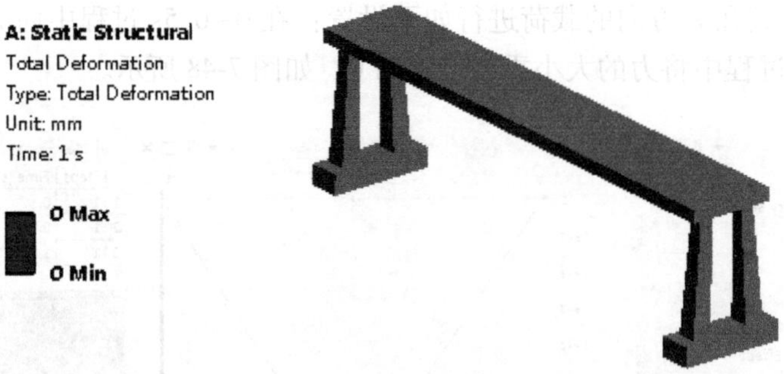

图 7-50　总变形云图

图 7-51　等效应力云图

查看总变形结果和等效应力结果发现，模型的变形和应力都为 0，这是为什么呢？这是因为在定义材料的参数时，只定义了材料线弹性阶段的特性，所以软件在分析的过程中，应力与应变关系是线性的。设置的载荷在 0.5s 时达到最大值，在 1s 时恢复到 0。所以当模型受到载荷的作用时，模型会按照相应的应力、应变关系产生变形，而当力卸载时，模型的变形即恢复到 0。

2. 简易龙门吊的非线性分析

步骤 9：双击工程材料【Engineering Data】进入材料参数的设置界面，新建一个材料，命名为 new2。依次双击左侧工具箱（Toolbox）中的【Density】、【Isotropic Elasticity】、【Bilinear Isotropic Hardening】，并定义 Density、Young's Modulus、Poisson's Ratio、Yield Strength 和 Tangent Modulus 分别为：7850kg/m^3，210GPa、0.3、300MPa 和 10000MPa，如图 7-52 所示。

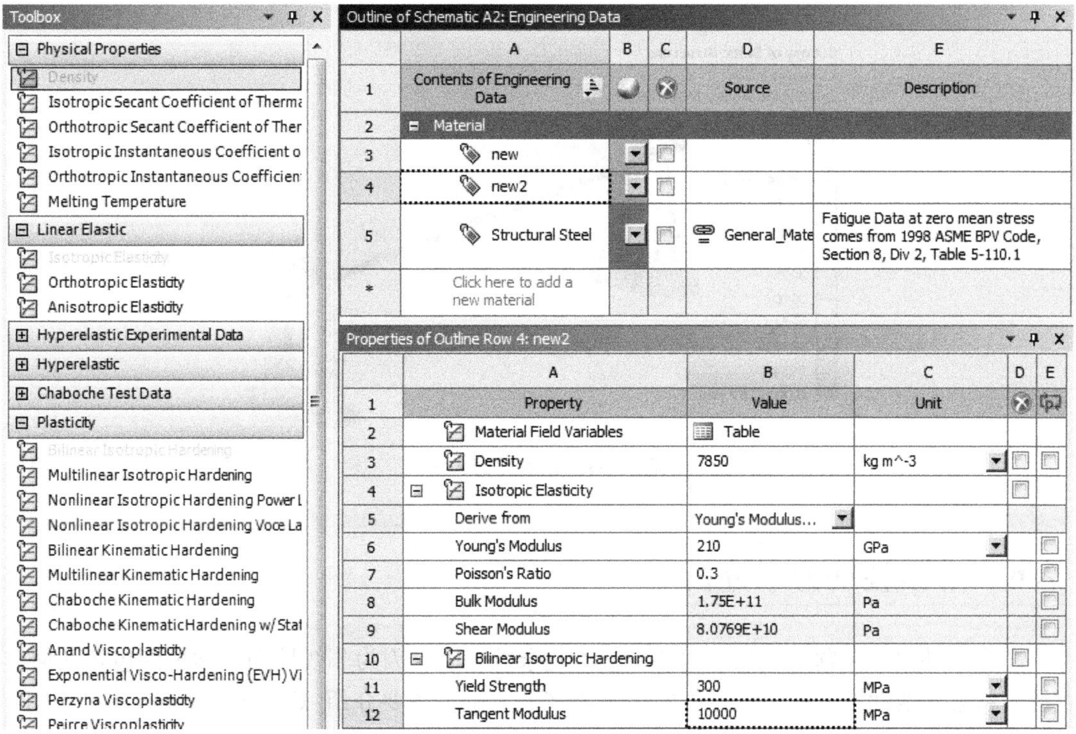

图 7-52　模型材料的重新定义

步骤 10：再次双击静力学分析【Static Structural】中的模型【Model】单元进入 Mechanical 界面，单击模型树中 Geometry 下的实体，在左下方参数设置窗口中的 Assignment 栏将模型材料换成步骤 10 中新定义的材料 new2。

步骤 11：左键单击【Analysis Settings】，在左下方参数设置窗口中将 Auto Time Stepping 设置为【Off】，Define By 栏中选择【Substeps】，在 Number Of Substeps 栏中设置为 25 步。

步骤 12：剩下的求解条件保持材料静力学分析的设置不变，右键单击模型树中的【Solution】，然后单击【Evaluate All Results】进行求解。求解完成之后，查看模型的总变形和等效应力云图如图 7-53 和图 7-54 所示。

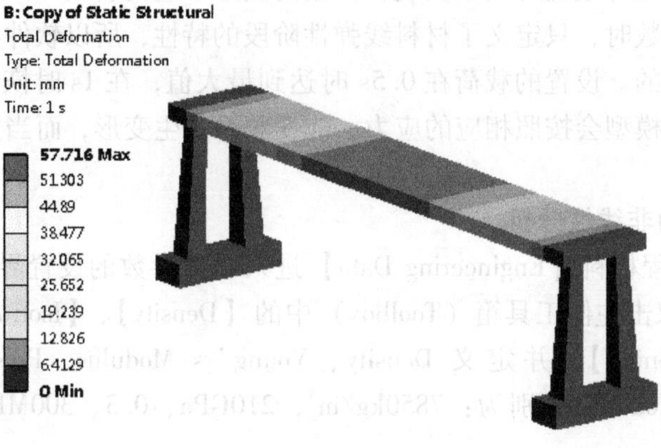

图 7-53 总变形云图

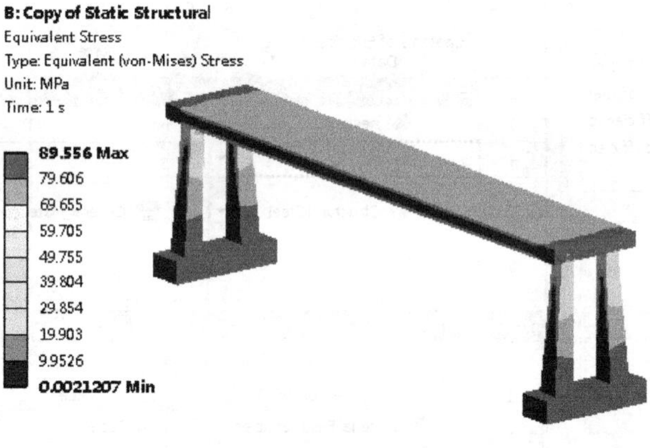

图 7-54 等效应力云图

7.6 非线性动力学分析

非线性动力学问题是有限元问题中较为复杂的一类，因为非线性动力学可能包含几何非线性、状态非线性及材料非线性中的一个或多个。本节主要介绍 ANSYS Workbench 2022 R1 非线性动力学分析流程及相关实例。

7.6.1 实例：材料非线性和状态非线性

1. 问题描述

已知一个正方体和一个长方体几何模型，正方体在长方体上方并且与长方体相接触，求解正方体在长方体表面滑动过程中所受的应力及变形。

2. 分析流程

本实例涉及材料非线性和状态非线性，如果一次性将所有的非线性行为全部加上进行模型的求解，一方面不容易使模型收敛，另一方面如果模型发生不收敛，那么很难排查出是模型哪个方面出现了问题。所以本实例的分析分为两步，首先进行状态非线性的分析，然后在状态非线性分析的基础上加上材料非线性分析。这样模型的整个分析过程可以得到很好的控制，即使模型出现不收敛的情况，也方便查错。

（1）状态非线性动力学分析

1）前处理。

步骤 1：启动 ANSYS Workbench 2022 R1，在左侧工具箱（Toolbox）的分析系统（Analysis Systems）中双击瞬态动力学分析【Transient Structural】创建结构动力学分析工程项目。右键单击【Geometry】，选择【Import Geometry】-【Browse】导入几何模型文件“7.6.1.x_t”。双击几何建模【Geometry】进入 DesignModeler 界面，单击上方工具栏中的【Generate】生成几何模型，并在菜单栏处将单位（Units）设置为毫米（Millimeter），如图 7-55 所示。

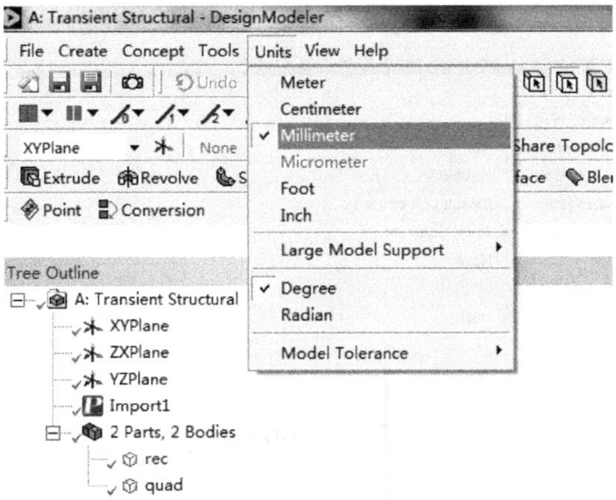

图 7-55　导入几何模型

步骤 2：双击 A2 工程材料【Engineering Data】进入材料参数设置界面，如图 7-56 所示，定义一个新材料，命名为 steel。依次双击左侧工具箱（Toolbox）中的密度【Density】和各向同性弹性【Isotropic Elasticity】，并定义其密度为 $7850kg/m^3$，杨氏模量为 210GPa，泊松比为 0.3。

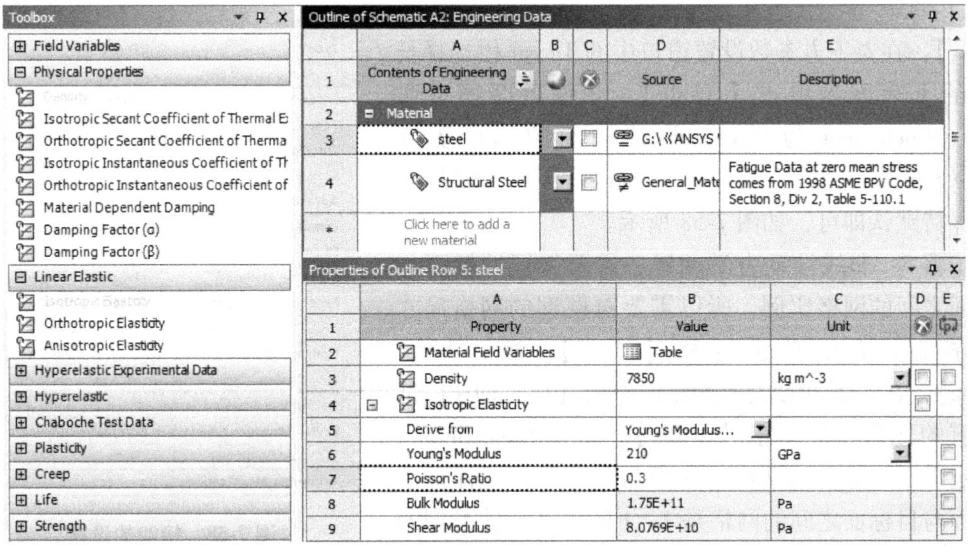

图 7-56　模型材料的定义

步骤 3：双击 A4 模型【Model】进入 Mechanical 界面，单击同时选中左上方模型树中几何模型（Geometry）下的所有实体，然后单击左下方参数设置窗口中的材料赋予（Assignment）处的三角按钮，将模型材料换成步骤 2 中定义的 steel，如图 7-57 所示。

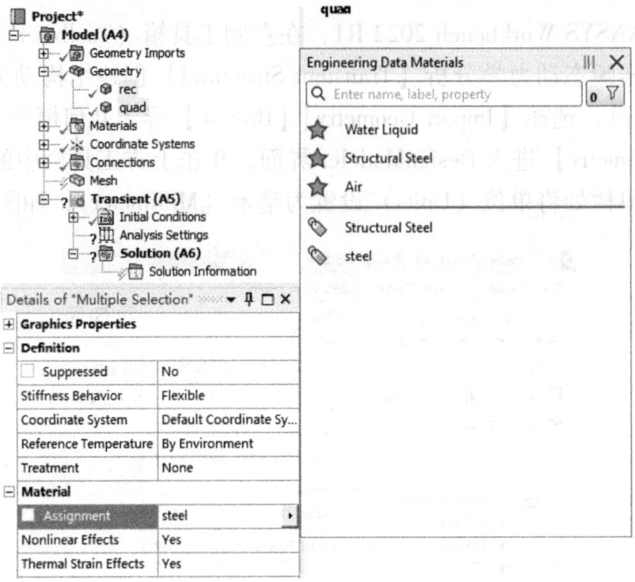

图 7-57 模型材料的赋予

步骤 4：在模型导入 Mechanical 时，软件会自动生成 Bonded 接触，这不是本次分析所需要的接触类型，所以需要删除软件自动生成的接触。左键单击上方菜单栏中的【Connections】，选择【Contact】-【Frictional】插入摩擦接触。在左下方参数设置窗口中的 Contact 栏选择小正方体的下表面后单击【Apply】，在左下方参数设置窗口中的 Target 栏选择长方体的上表面后单击【Apply】，并设置摩擦系数 Friction Coefficient 为 0.15，将接触面的刚度更新 Update Stiffness 栏改为【Each Iteration】，其他的接触设置保持默认即可，如图 7-58 所示。

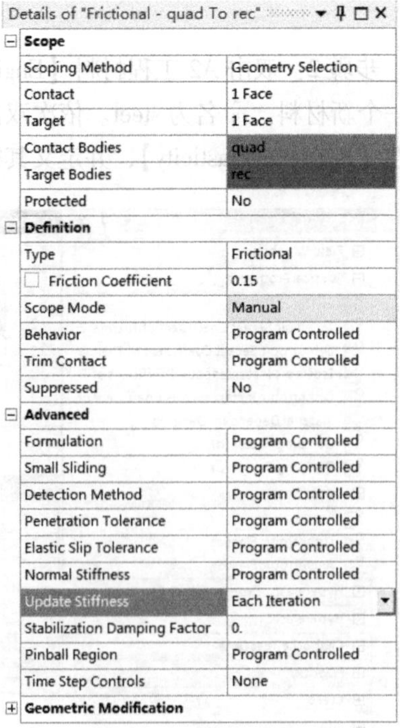

Details of "Frictional - quad To rec"
Scope
Scoping Method Geometry Selection
Contact 1 Face
Target 1 Face
Contact Bodies quad
Target Bodies rec
Protected No
Definition
Type Frictional
Friction Coefficient 0.15
Scope Mode Manual
Behavior Program Controlled
Trim Contact Program Controlled
Suppressed No
Advanced
Formulation Program Controlled
Small Sliding Program Controlled
Detection Method Program Controlled
Penetration Tolerance Program Controlled
Elastic Slip Tolerance Program Controlled
Normal Stiffness Program Controlled
Update Stiffness Each Iteration
Stabilization Damping Factor 0.
Pinball Region Program Controlled
Time Step Controls None
Geometric Modification

图 7-58 接触的设置

步骤 5：非线性动力学问题，需要保证接触面与目标面之间的网格比例，所以需要对模型的网格尺寸进行控制。右键单击网格【Mesh】，插入尺寸【Sizing】，在左下方参数设置窗口中的【Geometry】选择所有的几何体后单击【Apply】，并在 Element Size 栏中定义所有部件的网格尺寸为 2mm，这样就保证了接触面与目标面之间的网格是 1∶1 的关系，使模型的求解更容易收敛。参数设置如图 7-59 所示，最后右键单击网格【Mesh】，选择【Generate Mesh】生成网格。

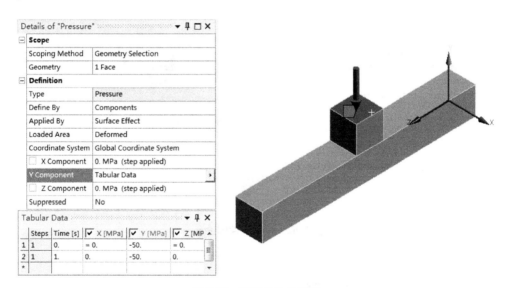

Details of "Body Sizing" - Sizing	
Scope	
Scoping Method	Geometry Selection
Geometry	2 Bodies
Definition	
Suppressed	No
Type	Element Size
Element Size	2.0 mm
Advanced	
Defeature Size	Default
Behavior	Soft

图 7-59　模型网格的划分

2）求解。

步骤 6：右键单击模型树中的【Transient】，选择【Insert】-【Pressure】插入压力。在左下方参数设置窗口中，Geometry 选择小正方体的上表面后单击【Apply】，Define By 选择【Components】，在 Y 轴的负方向施加一个 50MPa 的压力，如图 7-60 所示。

Details of "Pressure"	
Scope	
Scoping Method	Geometry Selection
Geometry	1 Face
Definition	
Type	Pressure
Define By	Components
Applied By	Surface Effect
Loaded Area	Deformed
Coordinate System	Global Coordinate System
X Component	0. MPa (step applied)
Y Component	Tabular Data
Z Component	0. MPa (step applied)
Suppressed	No

Tabular Data

	Steps	Time [s]	X [MPa]	Y [MPa]	Z [MP
1	1	0.	= 0.	-50.	= 0.
2	1	1.	0.	-50.	0.
*					

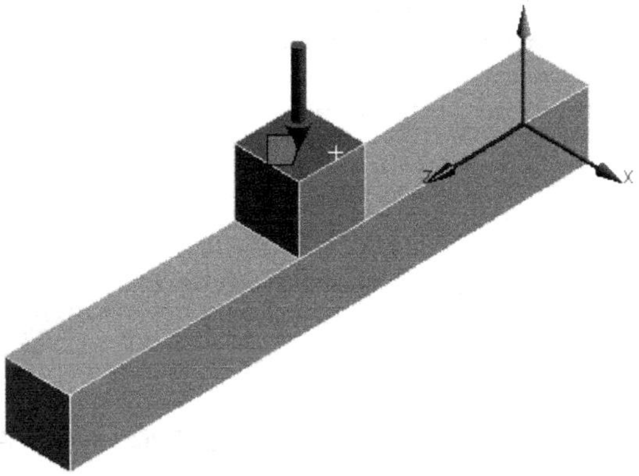

图 7-60　载荷条件的设置

步骤 7：右键单击模型树中的【Transient】，选择【Insert】-【Fixed Support】插入固定约束。在左下方参数设置窗口中，Geometry 选择长方体的两个小侧面后单击【Apply】，如图 7-61 所示，再次右键单击【Transient】，选择【Insert】-【Displacement】插入位移。在左下方参数设置窗口中，Geometry 选择小正方体沿 Z 轴方向的一侧面后单击【Apply】，Define By 选择【Components】，具体参数设置如图 7-62 所示。

步骤 8：左键单击【Analysis Settings】，在参数设置窗口中将 Auto Time Stepping 设置为【Off】，Define By 选择【Substeps】，Number of Substeps 设置为 25 步，将【Time Integration】和【Large Deflection】设置为 On，如图 7-63 所示，右键单击【Transient】，然后单击【Solve】进行求解。

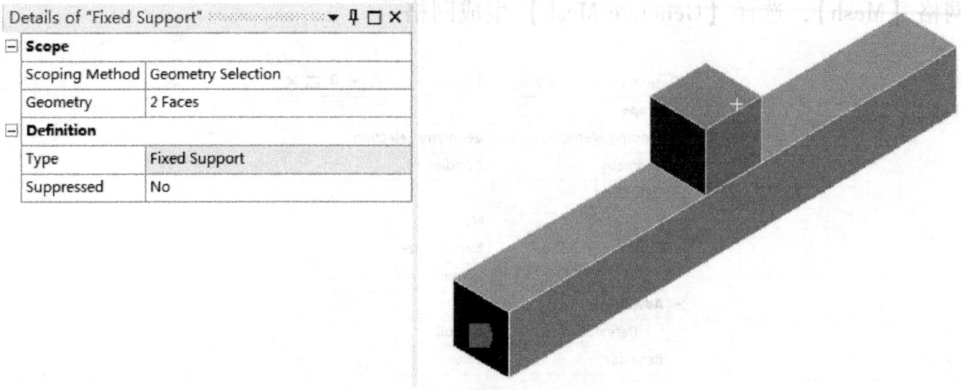

图 7-61 固定约束的设置

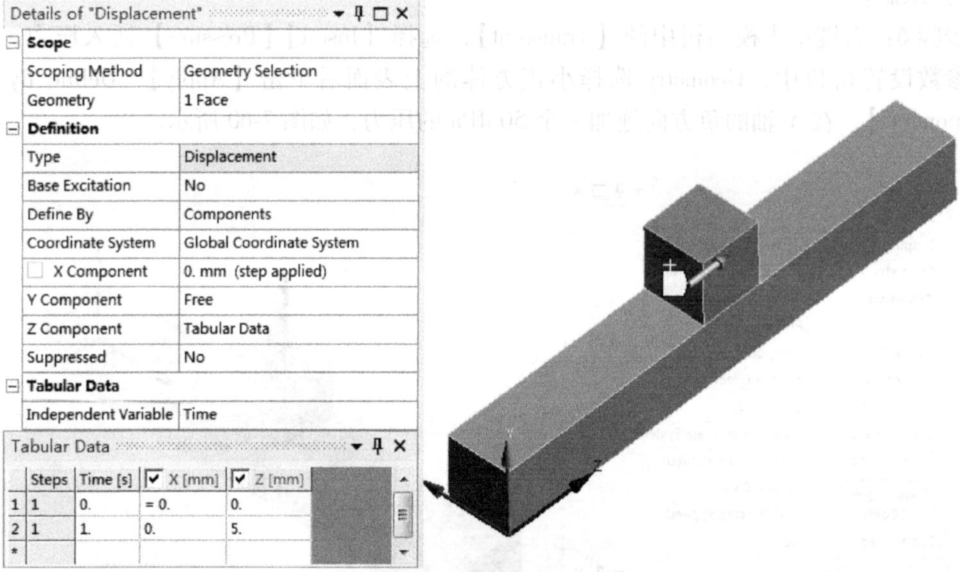

图 7-62 位移条件的设置

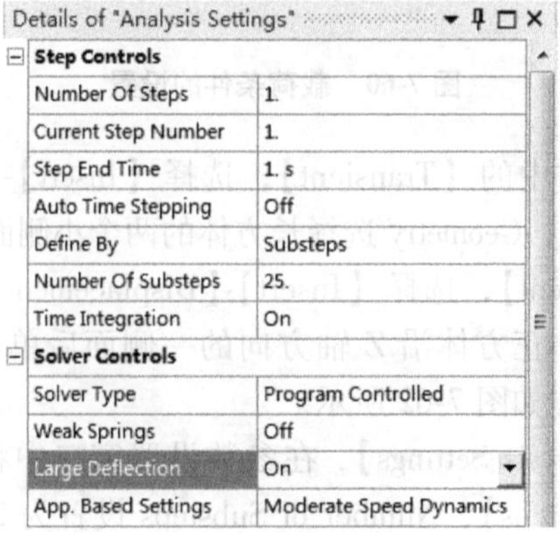

图 7-63 分析设置

3）后处理。

步骤 9：右键单击【Solution】，选择【Insert】-【Deformation】-【Total】插入总变形；再次右键单击【Solution】，选择【Insert】-【Stress】-【Equivalent（von-Mises）】插入等效应力，查看总变形和等效应力结果，如图 7-64 和图 7-65 所示。

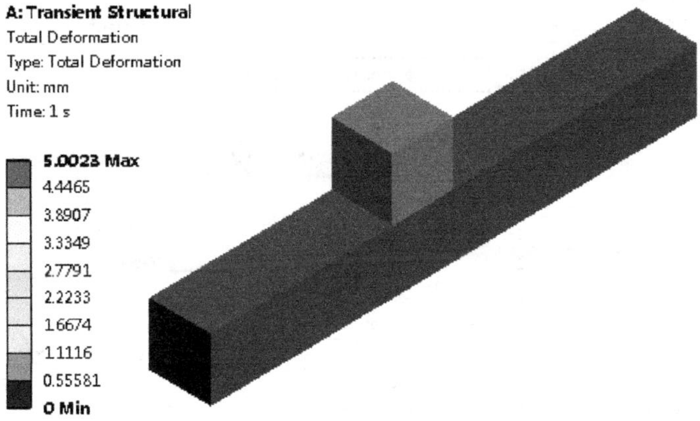

图 7-64 总变形云图

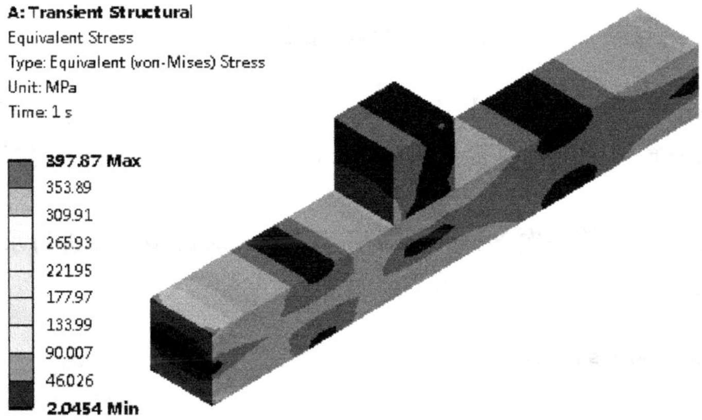

图 7-65 等效应力云图

（2）状态非线性+材料非线性再次对模型进行分析求解

步骤 10：新建非线性材料。双击 A2 工程材料【Engineering Data】进入材料参数设置界面，如图 7-66 所示，定义一个新材料，命名为 tansuxing。依次双击左侧工具箱（Toolbox）中的密度【Density】、各向同性弹性【Isotropic Elasticity】、双线性等向强化【Bilinear Isotropic Hardening】并定义其密度（Density）、杨氏模量（Young's Modulus）、泊松比（Poisson's Ratio）、屈服强度（Yield Strength）和切线模量（Tangent Modulus）分别为 7850kg/m^3，210GPa、0.3、200MPa 和 10000MPa。

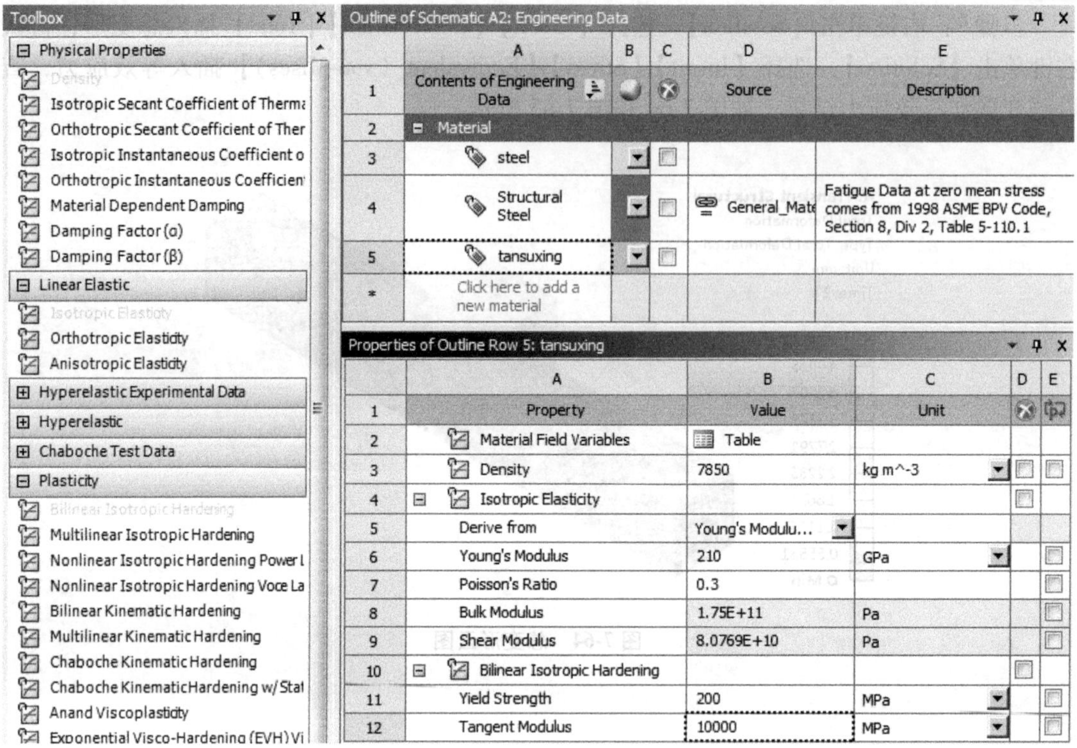

图 7-66　材料参数的定义

步骤 11：双击 A4 模型【Model】进入 Mcchanical 界面，单击左上方模型树中的几何体，单击左下方参数设置窗口中的材料赋予（Assignment）处的三角按钮，将模型材料换成步骤 10 中定义的 tansuxing。

步骤 12：其他设置与第一次求解的设置保持一致，对模型重新进行求解，得到模型的总变形和等效应力云图，如图 7-67 和图 7-68 所示。

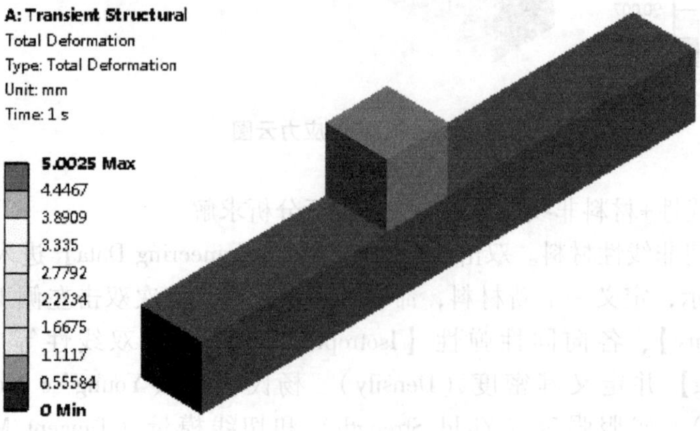

图 7-67　总变形云图

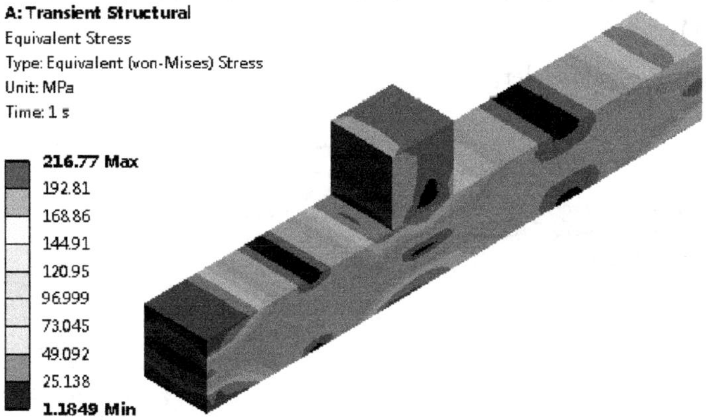

图 7-68　等效应力云图

7.6.2　实例：状态非线性（接触）

1. 问题描述

如图 7-69 所示的齿轮传动系统，左侧齿轮在 1s 内转动 1°，右侧齿轮不受负载作用，试利用 ANSYS Workbench 2022 R1 对该模型进行瞬态动力学分析。

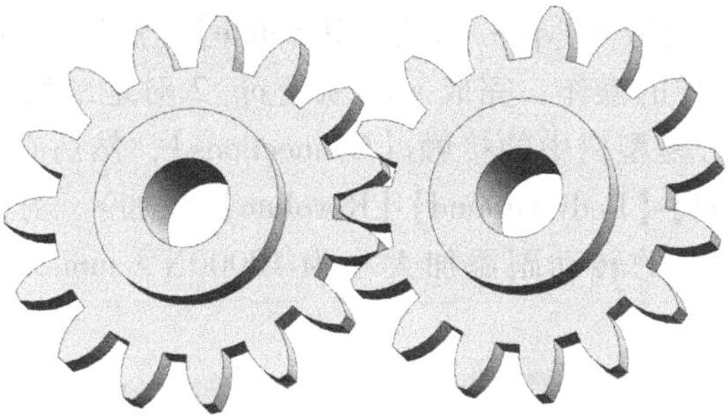

图 7-69　齿轮传动系统模型

2. 分析流程

（1）前处理

步骤 1：通过开始菜单，启动 ANSYS Workbench 2022 R1。

步骤 2：鼠标左键双击工具箱（Toolbox）中分析系统（Analysis Systems）下的瞬态动力学分析【Transient Structural】，或者鼠标左键拖动瞬态动力学分析【Transient Structural】到指定位置，如图 7-70 所示。

步骤 3：材料定义，此处材料选用系统默认的材料参数，不进行处理。

步骤 4：导入外部几何模型。

步骤 4.1：双击 A3 几何模型【Geometry】进入 DesignModeler 界面，依次单击【File】-【Import External Geometry File】，选择几何模型文件“7.6.2.x_t”，然后单击【Generate】生成几何模型。

步骤 4.2：为方便后续分析，可对两个齿轮进行命名，如图 7-71 所示，在模型树中右键单击齿轮零件，单击【Rename】可对其进行重命名。现两个齿轮分别命名为【gear_self_op_1】和【gear_self_op_2】。

步骤 4.3：退出 DesignModeler。

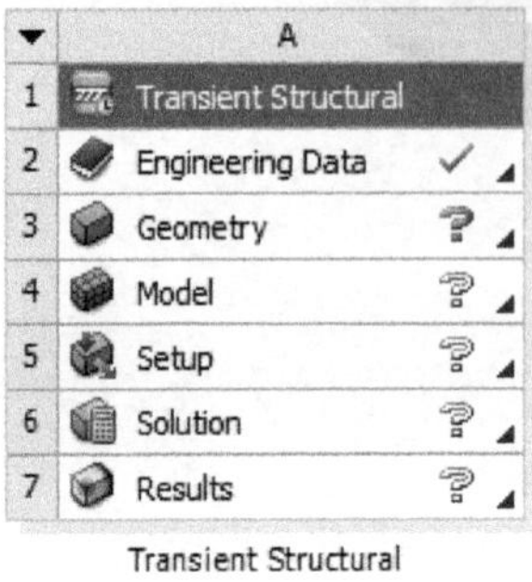

图 7-70 瞬态动力学分析流程

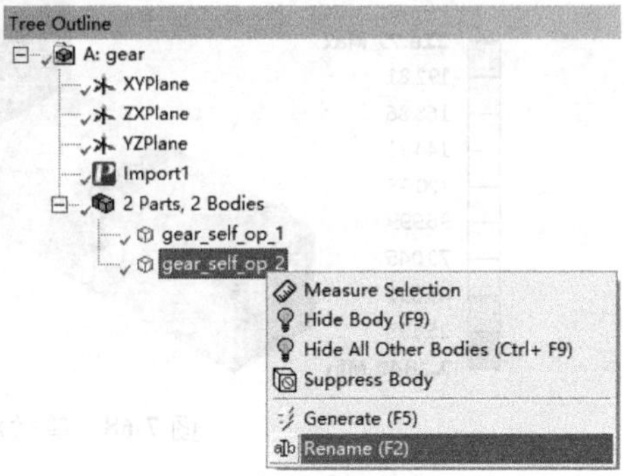

图 7-71 重命名

步骤 5：双击 A4 模型【Model】进入 Mechanical 界面，进行有限元建模。

步骤 5.1：定义两个齿轮对地面的转动副。在模型树中右键单击接触【Connections】，然后依次选择【Insert】-【Joint】，如图 7-72 所示，单击接触【Connections】下自动生成的 Fixed 运动副，在左下方参数设置窗口中，将接触类型（Connection Type）改为【Body-Ground】，将类型（Type）改为【Revolute】，然后在 Mobile 项下的 Scope 栏中选择 gear1 的内柱面；同样的操作，完成 gear_self_op_2 对地的转动副（转动副的另一种添加方式：鼠标左键单击模型树中的接触【Connections】，然后在 Mechanical 菜单栏依次选择【Connections】-【Joint】-【Body-Ground】-【Revolute】添加）。为方便求解过程中迭代收敛，给 gear_self_op_2 对地的转动副添加大小为 10000N · mm/°的转动刚度，如图 7-73 所示。

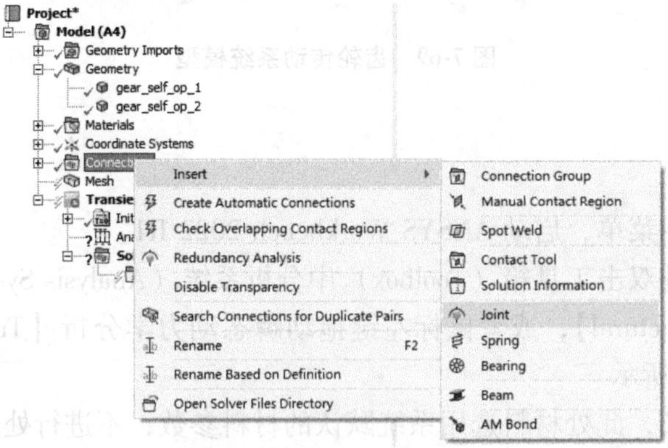

图 7-72 运动副的添加

步骤 5.2：接触定义。鼠标右键单击接触【Connections】，依次选择【Insert】-【Manual Contact Region】插入接触，选择【gear_self_op_1】，在左下方的参数设置窗口中，将 Scope 项下的 Contact 栏选择为 gear_self_op_1 的 30 个齿面，将 Target 设置为【gear_self_op_2】的

30 个齿面；将 Definition 项下的 Type 栏设置为【Frictional】，Friction Coefficient 设置为 0. 1；将 Advanced 下的 Pinball Region 设置为【Radius】，并设置其值为 1mm；其余参数保持默认，接触参数设置如图 7-74 所示。

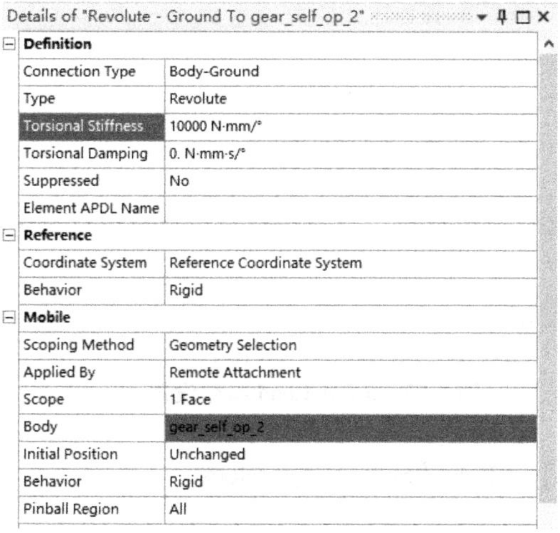

Details of "Revolute - Ground To gear_self_op_2"	
Definition	
Connection Type	Body-Ground
Type	Revolute
Torsional Stiffness	10000 N·mm/°
Torsional Damping	0. N·mm·s/°
Suppressed	No
Element APDL Name	
Reference	
Coordinate System	Reference Coordinate System
Behavior	Rigid
Mobile	
Scoping Method	Geometry Selection
Applied By	Remote Attachment
Scope	1 Face
Body	gear_self_op_2
Initial Position	Unchanged
Behavior	Rigid
Pinball Region	All

图 7-73　gear_self_op_2 对地转动副设置

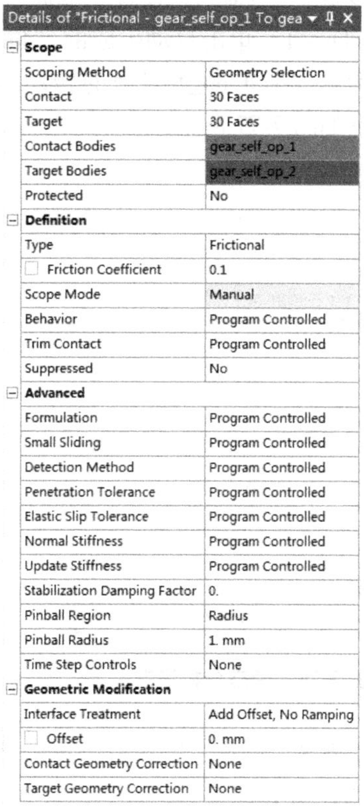

Details of "Frictional - gear_self_op_1 To gea	
Scope	
Scoping Method	Geometry Selection
Contact	30 Faces
Target	30 Faces
Contact Bodies	gear_self_op_1
Target Bodies	gear_self_op_2
Protected	No
Definition	
Type	Frictional
Friction Coefficient	0.1
Scope Mode	Manual
Behavior	Program Controlled
Trim Contact	Program Controlled
Suppressed	No
Advanced	
Formulation	Program Controlled
Small Sliding	Program Controlled
Detection Method	Program Controlled
Penetration Tolerance	Program Controlled
Elastic Slip Tolerance	Program Controlled
Normal Stiffness	Program Controlled
Update Stiffness	Program Controlled
Stabilization Damping Factor	0.
Pinball Region	Radius
Pinball Radius	1. mm
Time Step Controls	None
Geometric Modification	
Interface Treatment	Add Offset, No Ramping
Offset	0. mm
Contact Geometry Correction	None
Target Geometry Correction	None

图 7-74　接触参数设置

步骤 5. 3：网格划分。鼠标右键单击模型树中的网格【Mesh】，依次选择【Insert】-【Method】，在左下角的参数设置窗口中，将 Scope 项下的 Geometry 设置为两个齿轮实体，Definition 项下的 Method 设置为【MultiZone】；鼠标右键单击网格【Mesh】，依次选择【Insert】-【Sizing】，将 Scope 下的 Geometry 设置为两个齿轮距离较为接近的 12 个齿面，Element Size 设置为 4mm，然后右键单击网格【Mesh】，选择【Generate Mesh】，生成网格如图 7-75 所示。

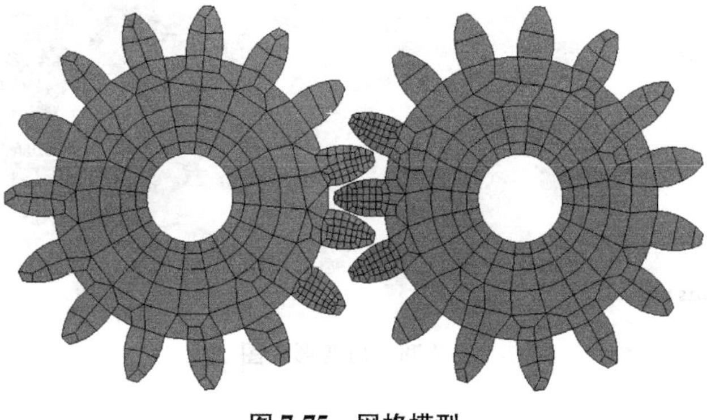

图 7-75　网格模型

（2）求解

步骤 6：求解设置。鼠标左键单击分析设置【Analysis Settings】，按照图 7-76 所示进行设置。

步骤 7：载荷约束设置。鼠标右键单击左侧模型树中的【Transient】，依次选择【Insert】-【Joint Load】，单击自动生成的【Joint Load】，在左下方参数设置窗口中将 Scope 项下的 Joint 设置为 gear_self_op_1 对地的转动副，然后将 Definition 项下的 Type 设置为【Rotation】，具体设置如图 7-77 所示。

Details of "Analysis Settings"

Step Controls	
Number Of Steps	1.
Current Step Number	1.
Step End Time	1. s
Auto Time Stepping	On
Define By	Substeps
Initial Substeps	25.
Minimum Substeps	25.
Maximum Substeps	100.
Time Integration	On
Solver Controls	
Solver Type	Program Controlled
Weak Springs	Off
Large Deflection	On
App. Based Settings	Moderate Speed Dynamics

图 7-76　瞬态分析设置

Details of "Joint - Rotation"

Scope	
Joint	Revolute - Ground To gear_self_op_1
Definition	
DOF	Rotation Z
Type	Rotation
Magnitude	Tabular Data
Lock at Load Step	Never
Suppressed	No

Tabular Data

	Steps	Time [s]	Rotation [°]
1	1	0.	0.
2	1	1.	1.
*			

图 7-77　Joint Load 参数设置

步骤 8：求解。鼠标右键单击【Transient】，单击【Solve】进行求解。

（3）后处理

步骤 9：右键单击【Solution】，依次选择【Insert】-【Deformation】-【Total】，插入总变形云图；再右键单击【Solution】，选择【Insert】-【Stress】-【Equivalent（von-Mises）】，插入等效应力云图；最后右键单击【Solution】，选择【Evaluate All Results】，得到关注云图结果，如图 7-78 和图 7-79 所示。

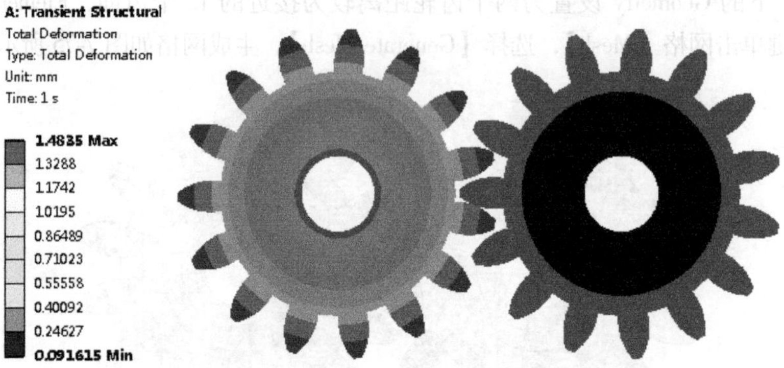

图 7-78　总变形云图

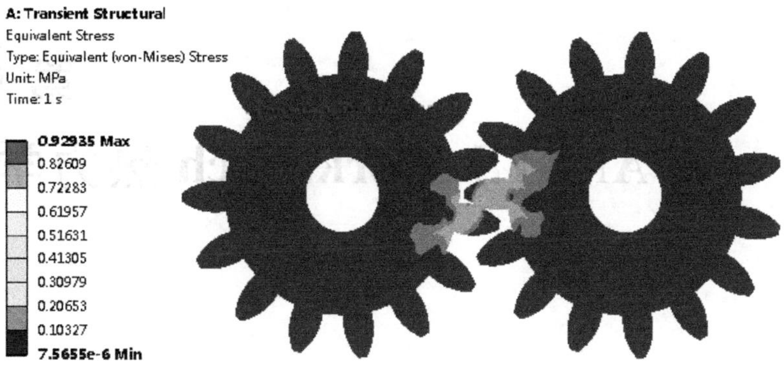
A: Transient Structural
Equivalent Stress
Type: Equivalent (von-Mises) Stress
Unit: MPa
Time: 1 s
0.92935 Max
0.82609
0.72283
0.61957
0.51631
0.41305
0.30979
0.20653
0.10327
7.5655e-6 Min

图 7-79　等效应力云图

第 8 章 ANSYS Workbench 热力学分析

8.1 热力学分析简介

热学现象是生活中常见的一种物理现象，本章主要介绍 ANSYS Workbench 热力学分析，分析稳态和瞬态热力学数值仿真过程。热力学分析的目的是分析模型在热载荷作用下的温度场、热梯度及热流密度等的分布情况。

8.1.1 热力学分析种类

根据物体温度随时间的变化关系，热力学分析可以分为稳态热力学分析和瞬态热力学分析两大类。物体温度不随时间的变化而变化的热传递过程称为稳态热力学过程，反之称为瞬态热力学过程。

1. 稳态热力学分析

稳态热力学分析一般方程为

$$\boldsymbol{K}\boldsymbol{I}=\boldsymbol{Q} \tag{8-1}$$

式中，$\boldsymbol{K}$ 为热传导矩阵，包括导热系数、表面传热系数、辐射系数和形状系数；$\boldsymbol{I}$ 为节点温度向量；$\boldsymbol{Q}$ 为节点热流向量。

2. 瞬态热力学分析

瞬态热力学分析一般方程为

$$\boldsymbol{C}\dot{\boldsymbol{T}}+\boldsymbol{K}\boldsymbol{T}=\boldsymbol{Q} \tag{8-2}$$

式中，$\boldsymbol{C}$ 为比热容矩阵，忽略系统内能的增加；$\boldsymbol{K}$ 为热传导矩阵，包括导热系数、表面传热系数、辐射系数和形状系数；$\boldsymbol{T}$ 为节点温度向量；$\dot{\boldsymbol{T}}$ 为节点温度对时间的导数向量；$\boldsymbol{Q}$ 为节点热流向量。

8.1.2 热传递的基本方式

热传递的基本方式：热传导、热对流和热辐射。

1. 热传导

物体各个部分之间不发生相对位移时，仅依靠微观粒子（分子、自由电子等）的热运动而产生的热量传递称为热传导，例如物体内部存在温度差时，热量从高温处传递到低温处；存在温差的物体相接触时，热量从高温物体传递到低温物体。

按照傅里叶定律，热流密度的表达式为

$$q=-\lambda\frac{\mathrm{d}T}{\mathrm{d}x} \tag{8-3}$$

式中，q 为热流密度，单位为 W/m^2；λ 为导热系数，负号表示热量传递的方向与温度升高的方向相反，单位为 W/(m · ℃)。

2. 热对流

由于流体的宏观运动，流体各部分之间发生相对位移、冷热流体相互掺混所引起的热量传递过程称为热对流。热对流可分为自然对流和强制对流，如热水杯表面附近热空气的向上流动为自然对流；冷油器管道内冷却水的流动由水泵驱动为强制对流。

热对流满足牛顿冷却公式

$$q=h(t_w-t_f) \tag{8-4}$$

$$q=h(t_f-t_w) \tag{8-5}$$

式中，t_w、t_f分别表示表面温度、流体温度，单位为 K；h 为表面传热系数，单位为 $W/(m^2 \cdot K)$。式（8-4）用于加热，式（8-5）用于冷却。

3. 热辐射

通过电磁波来传递能量的方式称为辐射，其中因热而发出辐射能的现象称为热辐射。热辐射不依靠介质传播。

物体的辐射能力与温度有关，同一温度下不同物体的辐射与吸收能力也不相同。能把投入其表面上的所有热辐射能吸收的物体称为黑体，黑体在单位时间内辐射出的热量 ϕ 由斯特藩-玻尔兹曼定律来计算

$$\phi=A\varepsilon\sigma T^4 \tag{8-6}$$

式中，T 为黑体的热力学温度，单位为 K；σ 为斯特藩-玻尔兹曼常数，其值为 $5.67\times10^{-8}W/(m^2 \cdot K^4)$；$A$ 为辐射表面积，单位为 m^2；ε 为黑体的辐射系数，$\varepsilon=1$。

一切实际物体的辐射能力都小于同温度下的黑体。实际物体辐射热量 ϕ'的计量常采用斯特藩-玻尔兹曼定律的经验修正形式

$$\phi'=\varepsilon' A\varepsilon\sigma T^4 \tag{8-7}$$

式中，ε'为实际物体的辐射系数，其值总是小于 1。

8.2 热力学分析流程

本节将基于有限元分析软件 ANSYS Workbench 2022 R1，计算保温杯的温度场分布及其他相关结果，帮助读者熟悉 ANSYS Workbench 2022 R1 的热力学分析流程。

8.2.1 问题描述

已知保温杯底部温度、相关材料参数及表面传热系数，试进行稳态热力学分析并查看保温杯温度场分布。

8.2.2 分析流程

分析流程总结如下：

1）选择稳态热力学分析模块，导入创建的几何模型，创建材料参数。

2）对导入的几何模型进行网格划分，并赋予材料参数。

3）施加热边界条件及载荷。

4）求解并分析结果。

1. 前处理

步骤 1：启动 ANSYS Workbench 2022 R1，如图 8-1 所示，在左侧工具箱（Toolbox）中的分析系统（Analysis Systems）中双击稳态热力学分析【Steady-State Thermal】，创建稳态热力学分析项目。

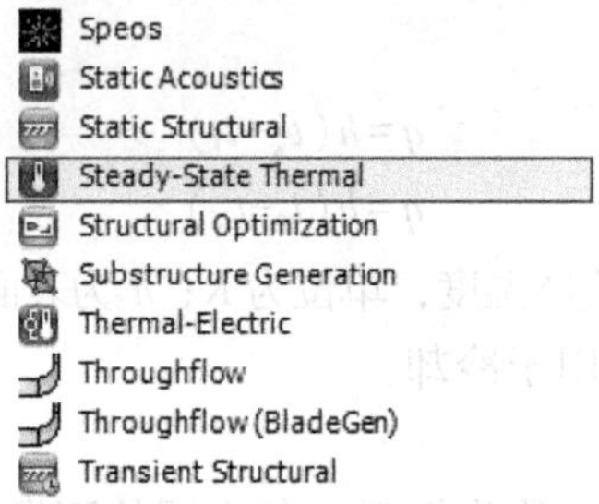

图 8-1　分析模块列表

步骤 2：在新增分析项目中，选中 A3 几何模型【Geometry】，单击鼠标右键，在快捷菜单中选择【Import Geometry】，然后鼠标左键单击【Browse】，导入几何模型文件“8.2.x_t”。

双击 A3 几何模型【Geometry】进入 DesignModeler 界面，并单击【Generate】加载几何模型，如图 8-2 所示。

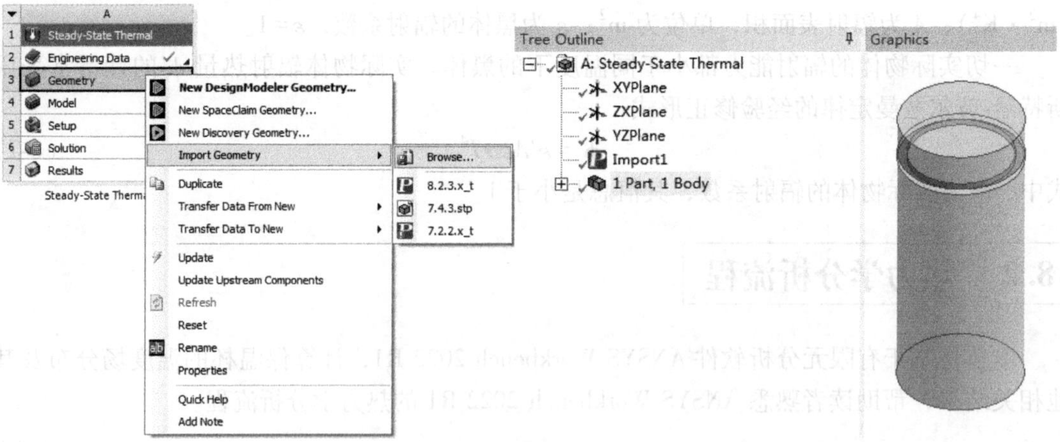

图 8-2　加载几何模型

步骤 3：定义材料属性：双击 A2 工程材料【Engineering Data】进入材料参数的设置界面，单击【Click here to add a new material】，将新材料命名为 new123，在左侧的工具箱（Toolbox）下，双击各向同性导热系数（Isotropic Thermal Conductivity），设置为 650，如图 8-3 所示。

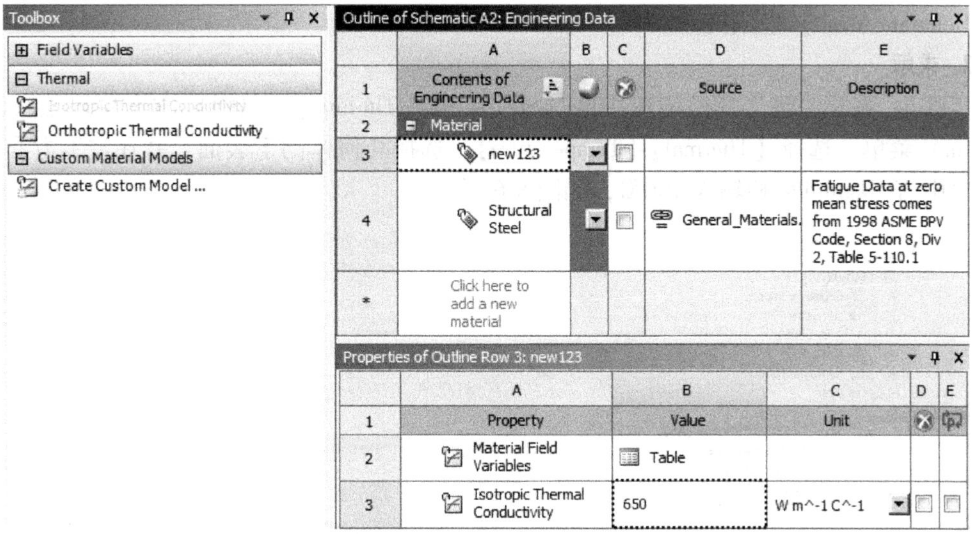

图 8-3 定义材料

步骤 4：赋予材料属性：双击 A4 模型【Model】进入 Mechanical 界面，单击左上方模型树中几何模型（Geometry）下的【Solid】，然后单击左下方参数设置窗口中的材料赋予（Assignment）处的三角按钮，选择材料 new123，如图 8-4 所示。

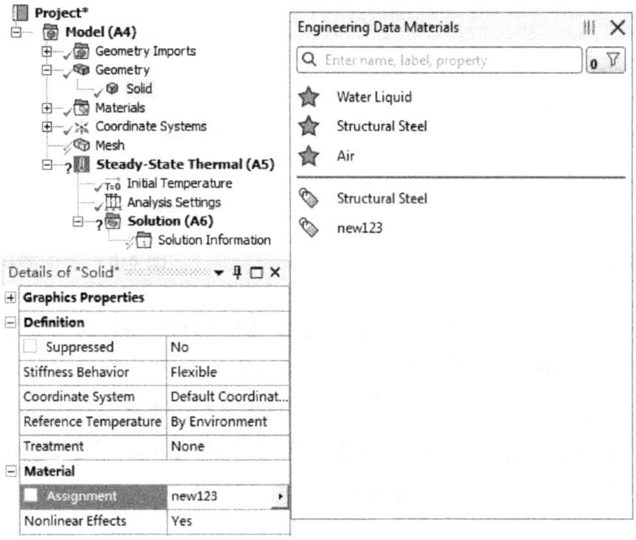

图 8-4 赋予材料

步骤 5：网格划分：选择左侧模型树中的网格【Mesh】，单击鼠标右键，选择【Insert】中的【Method】插入网格控制方法，在左下方参数设置窗口中，Geometry 选择整个体，Method 选择【MultiZone】。再次左键单击选择模型树中的网格【Mesh】，在左下方参数设置窗口中将 Sizing 项下的 Resolution 调整到 4，增加网格密度，如图 8-5 所示。最后鼠标左键单击【Generate Mesh】生成网格。

2. 求解

步骤 6：鼠标左键选择模型树中的【Steady-State Thermal】，界面上方出现环境（Environment）菜单，选择【Thermal】-【Temperature】，选择几何体的下表面，并在左下方参数设置窗口中的 Magnitude 栏输入 100℃，如图 8-6 所示。

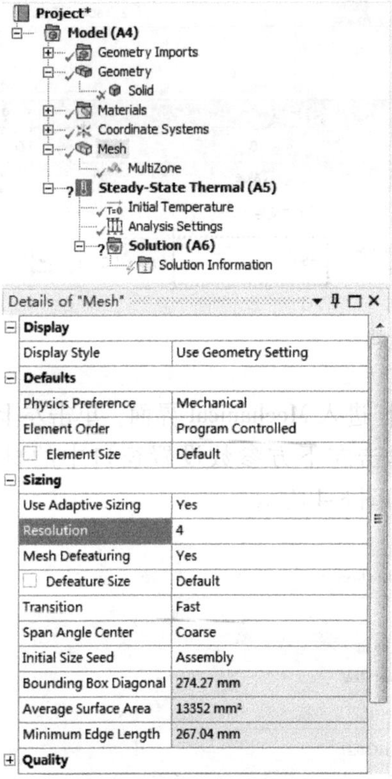

图 8-5　网格划分

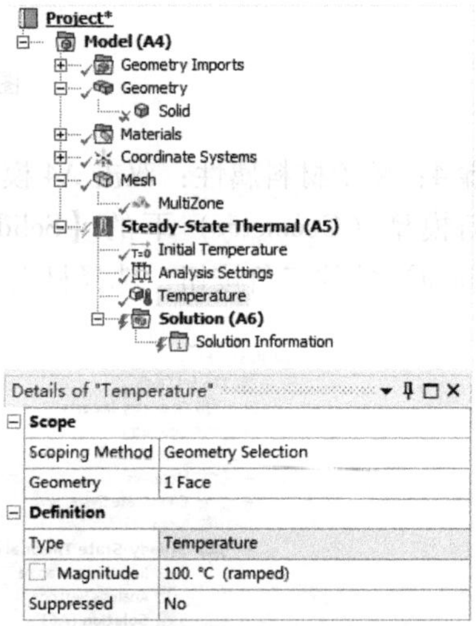

图 8-6　施加温度载荷

步骤 7：在环境（Environment）菜单中，选择【Convection】命令，按住【Ctrl】键选择几何体的其他 6 个面，并在左下方参数设置窗口中输入表面传热系数：Film Coefficient 栏输入 650 W/(m^2·℃) 或 6.5×10^{-4}W/(mm^2·℃)，如图 8-7 所示。

步骤 8：在模型树中右键单击【Solution】，依次选择【Insert】-【Thermal】-【Temperature】/【Total Heat Flux】，最后鼠标左键单击【Solve】进行求解。

3. 后处理

步骤 9：求解完毕后，左键单击模型树中的温度【Temperature】，在菜单栏中依次选择【Result】-【Display】-【Edges】【Edges】-【No WireFrame】命令，求解结果去除网格，显示最高温度 100℃至最低温度 49.39℃的分布情况，如图 8-8 所示。

步骤 10：左键单击模型树中的总热通量【Total Heat Flux】，显示最高热通量至最低热通量的分布情况，如图 8-9 所示。

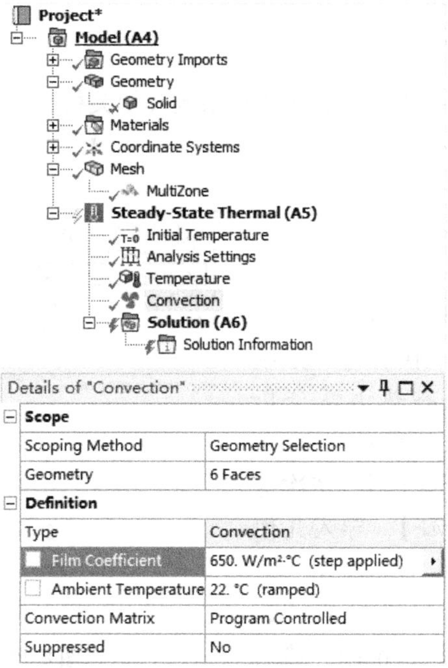

图 8-7　添加表面传热系数

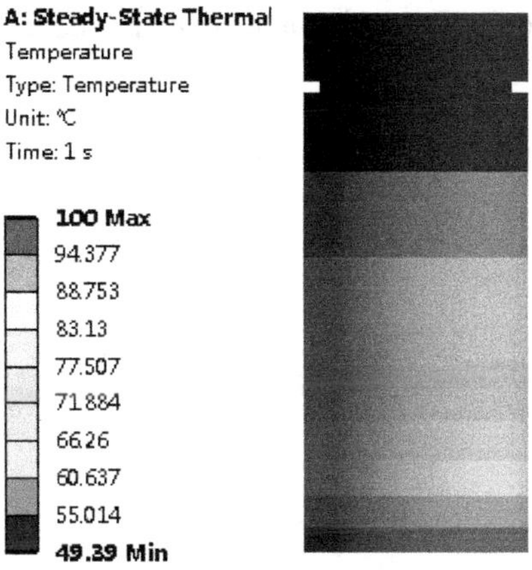

图 8-8　温度场分布

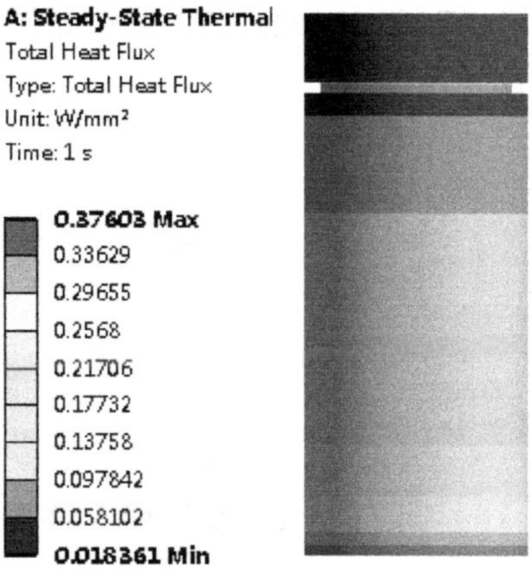

图 8-9　热通量分布

步骤 11：在结果【Result】菜单中分别单击最大【Maximum】、最小【Minimum】，可分别显示求解出的最大值和最小值对应所在的位置。

步骤 12：退出 Mechanical 界面，进入 Workbench 主界面，单击保存文件，退出主界面，完成项目分析。

8.3　稳态热力学分析实例

本例为简易保温杯稳态热力学分析，模拟在一定热条件下模型的温度场分布，通过本例可以学习稳态热力学分析的基本操作流程。

8.3.1　问题描述

已知保温杯内部温度、外表面的表面传热系数及相关材料参数，试进行稳态热力学分析并查看保温杯温度场分布。

8.3.2　分析流程

1. 前处理

步骤 1：启动 ANSYS Workbench，拖动左侧工具箱（Toolbox）中分析系统（Analysis Systems）下的稳态热力学分析【Steady-State Thermal】进入工程示意窗口，右键单击 A3 几何模型【Geometry】，依次选择【Improt Geometry】-【Browse】，导入几何模型文件“8.3.x_t”，如图 8-10 所示。双击 A3 几何模型【Geometry】进入 DesignModeler 界面检查几何模型是否正确，然后退出。

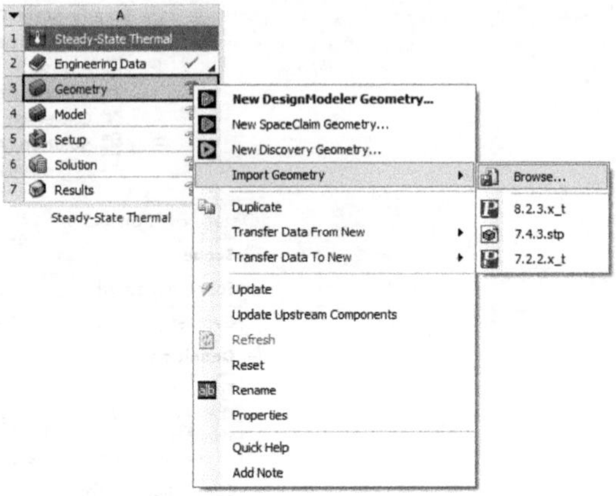

图 8-10　导入几何模型

步骤 2：双击 A2 工程数据【Engineering Data】，创建自定义材料并命名为 new123，在左侧工具箱（Toolbox）双击各向同性导热系数【Isotropic Thermal Conductivity】，设置为 650，如图 8-11 所示。

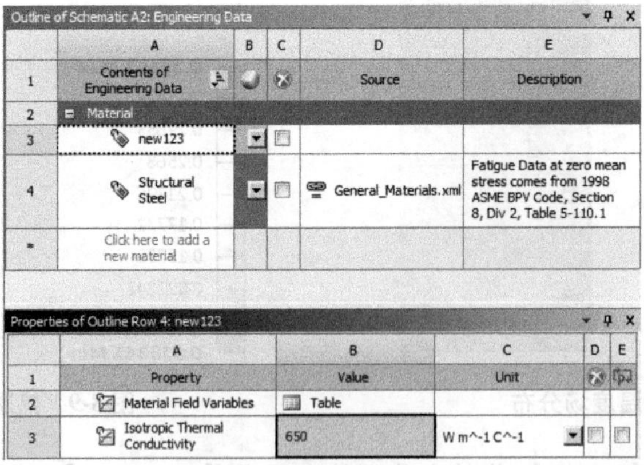

图 8-11　材料参数定义

步骤 3：双击 A4 模型【Model】，进入 Mechanical 界面，单击模型树中几何模型（Geometry）下的【Part 1】，在左下方参数设置窗口中赋予自定义材料 new123，如图 8-12 所示。

步骤 4：首先，左键单击模型树中的网格【Mesh】，在左下方参数设置窗口中设置【Resolution】为 3；然后，右键单击网格【Mesh】，依次选择【Insert】-【Method】，在左下方参数设置窗口中的 Geometry 选择整个实体，Method 选择【Tetrahedrons】，其他参数保持默认，最后进行网格划分，如图 8-13 所示。

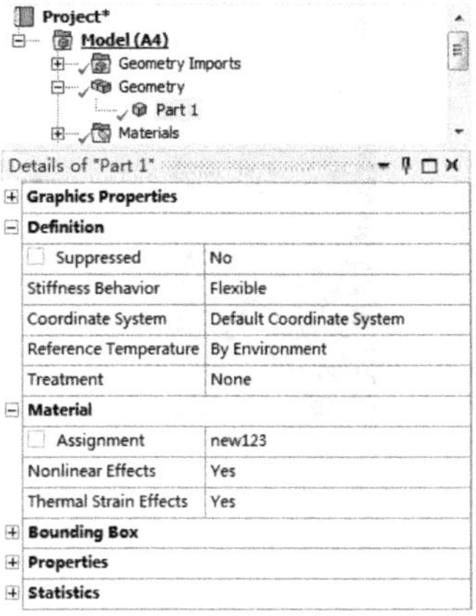

图 8-12　赋予材料参数

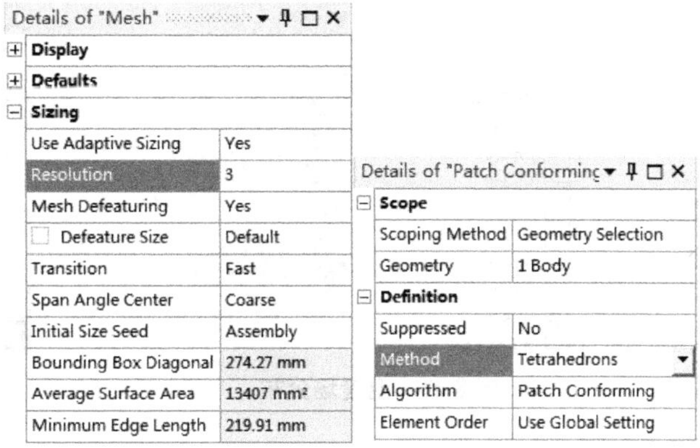

图 8-13　网格设置

2. 求解

步骤 5：右键单击模型树中的稳态热力学分析【Steady-State Thermal】，依次选择【Insert】-【Temperature】，在参数设置窗口中，Geometry 选择几何体的 3 个内表面（在 Home 菜单中使用 Section Plane 工具对杯体进行剖切），将 Magnitude 改为【Tabular Data】，设置相应的参数，如图 8-14 所示。

步骤 6：右键单击模型树中的稳态热力学分析【Steady-State Thermal】，依次选择【Insert】-【Convection】，在参数设置窗口中，Geometry 选择几何体的所有 7 个外表面，Film Coefficient 输入 650W/(m^2·℃) 或 6.5×10^{-4}W/(mm^2·℃)，如图 8-15 所示。

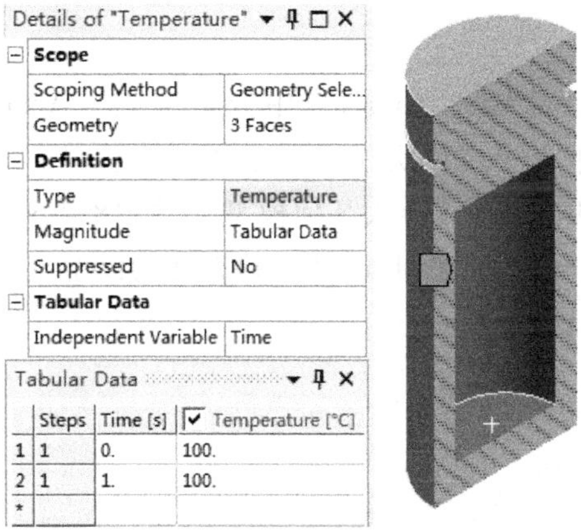

图 8-14　施加温度载荷

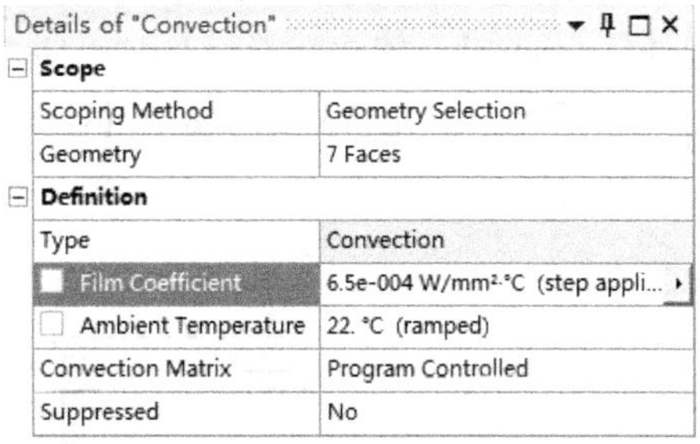

图 8-15　施加对流载荷

3. 后处理

步骤 7：右键单击【Solution】，依次选择【Insert】-【Thermal】-【Temperature】，继续右键单击【Solution】，依次选择【Insert】-【Thermal】-【Total Heat Flux】。

步骤 8：右键单击【Solution】，选择【Solve】，完成稳态热力学分析求解。

步骤 9：单击【Temperature】查看温度场分布，如图 8-16 所示。单击【Total Heat Flux】查看总热通量分布，如图 8-17 所示。

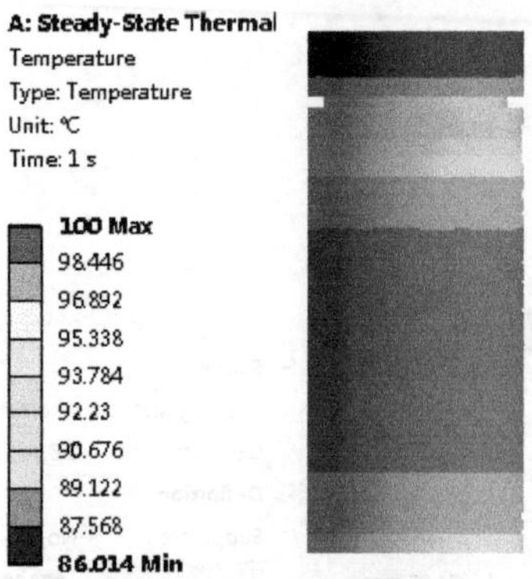

图 8-16 温度场分布

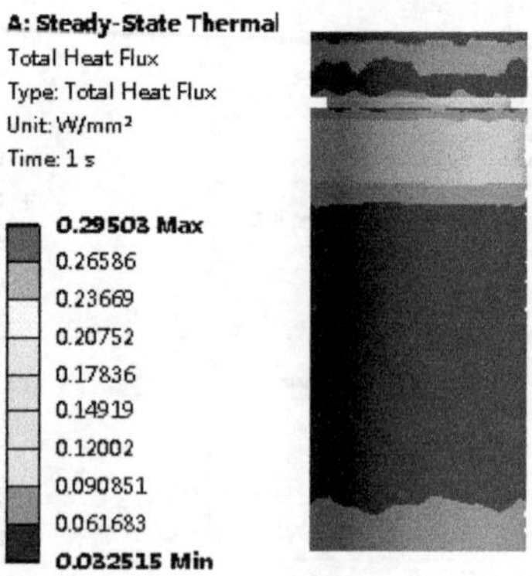

图 8-17 总热通量分布

8.4 瞬态热力学分析实例

本例为简易保温杯瞬态热力学分析，模拟杯内温度场随时间变化，通过本例可以学习瞬态热力学分析的基本操作流程。

8.4.1 问题描述

已知保温杯内部温度（随时间变化）、外表面的表面传热系数及相关材料参数，试进行瞬态热力学分析并查看保温杯温度场随时间的分布情况。

8.4.2 分析流程

1. 前处理

步骤 1：启动 ANSYS Workbench，拖拽左侧工具箱（Toolbox）中分析系统（Analysis Systems）下的瞬态热力学分析【Transient Thermal】进入工程示意窗口，右键单击 A3 几何模型【Geometry】，依次选择【Import Geometry】-【Browse】，导入几何模型文件“8.4.x_t”，如图 8-18 所示。双击 A3 几何模型【Geometry】进入 DesignModeler 界面检查几何模型是否正确，然后退出。

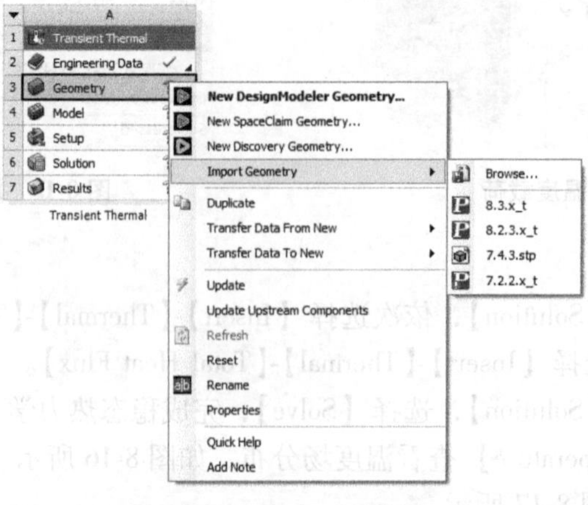

图 8-18 导入几何模型

步骤 2：双击 A2 工程数据【Engineering Data】，创建自定义材料并命名为 new123，在左侧工具箱（Toolbox）中双击对应材料参数，设置密度、热导率、比热容如图 8-19 所示。

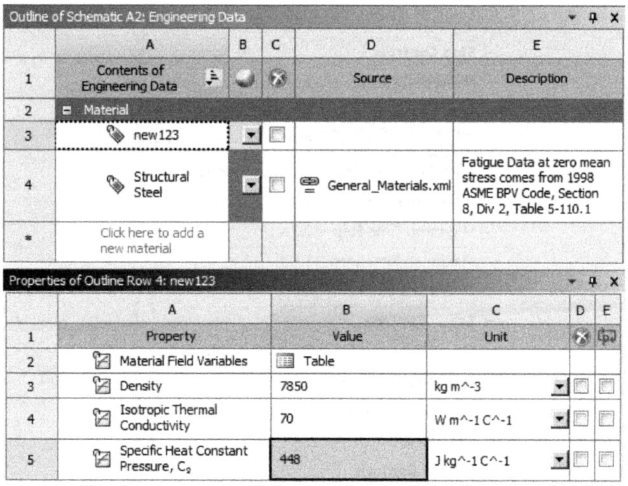

图 8-19　材料参数定义

步骤 3：双击 A4 模型【Model】，进入 Mechanical 界面，单击模型树中几何模型（Geometry）下的【Part 1】，在左下方参数设置窗口中赋予自定义材料 new123，如图 8-20 所示。

步骤 4：左键单击模型树中的网格【Mesh】，在左下方参数设置窗口中设置 Resolution 为 4；然后右键单击网格【Mesh】，依次选择【Insert】-【Method】，在左下方参数设置窗口中的 Geometry 选择整个实体，Method 选择【Tetrahedrons】，其他参数保持默认，最后进行网格划分，如图 8-21 所示。

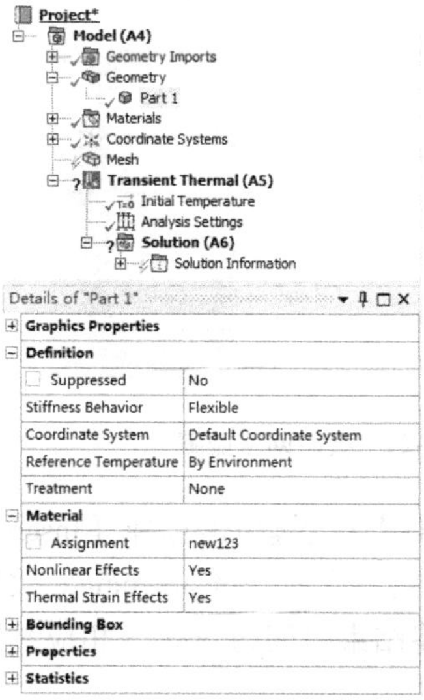

图 8-20　赋予材料参数

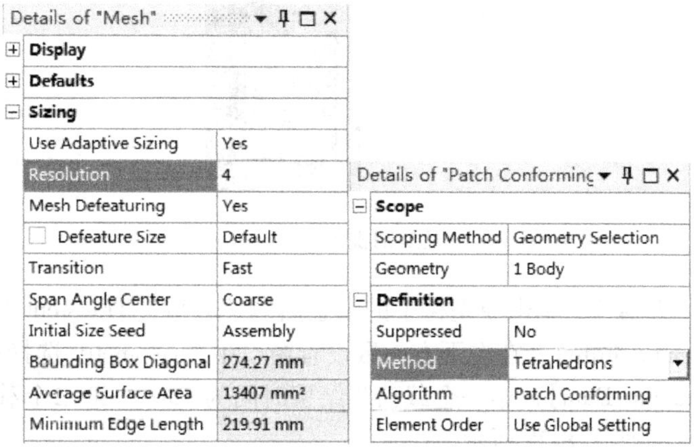

图 8-21　网格设置

2. 求解

步骤5：左键单击模型树中的分析设置【Analysis Settings】，将 Step End Time 改为300s，如图8-22所示，其他参数保持默认。

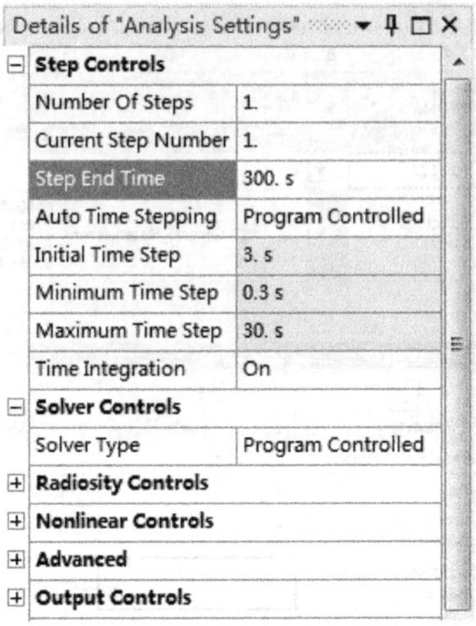

图8-22　求解设置

步骤6：单击上方菜单栏命令【Home】-【Section Plane】，将模型从中间抛开，显示内部结构，若将下方 Section Plane 1 前的对钩取消，则会显示全模型，如图8-23所示。单击上方菜单栏命令【Display】-【Style】-【Show Mesh】，模型网格隐藏（注意，此时勿在模型树中选中 Mesh，否则该命令不起作用），如图8-24所示。

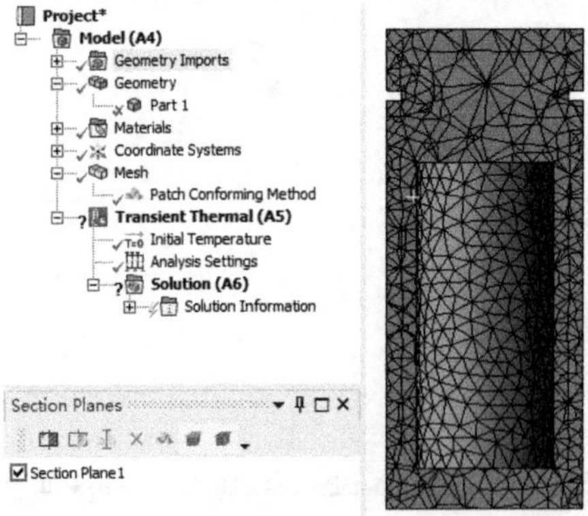

图8-23　模型剖视图

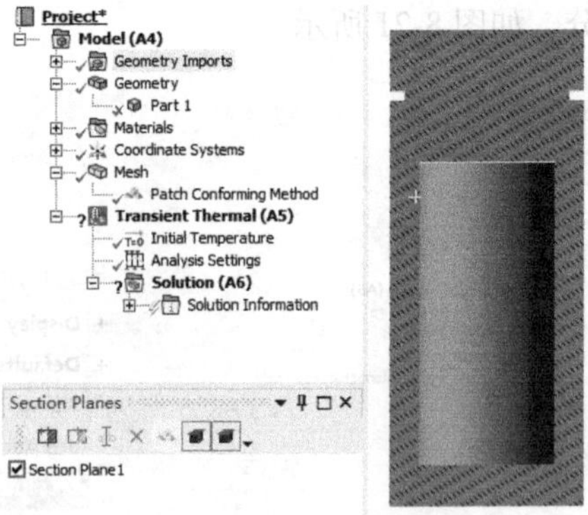

图8-24　模型网格隐藏

步骤7：单击模型树中的瞬态热力学分析【Transient Thermal】，右键单击选择【Insert】-【Temperature】，在左下方参数设置窗口中，Geometry 选择内圆柱三个面，将 Magnitude 改为【Tabular Data】，第一个载荷步结束时间为150s，第二个载荷步结束时间为300s，相应参数的设置如图8-25所示。

步骤8：单击模型树中的瞬态热力学分析【Transient Thermal】，右键单击选择【Insert】-【Convection】，在左下方参数设置窗口中，Geometry 选择几何体的所有外表面，将 Film Coefficient 改为【Tabular Data】，相应参数的设置如图 8-26 所示。

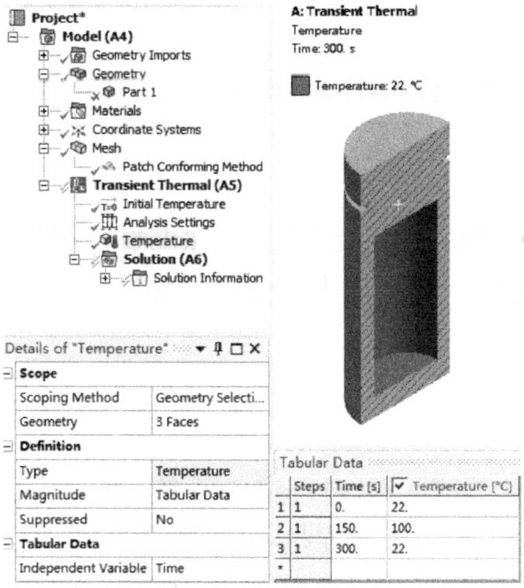

图 8-25　施加温度载荷

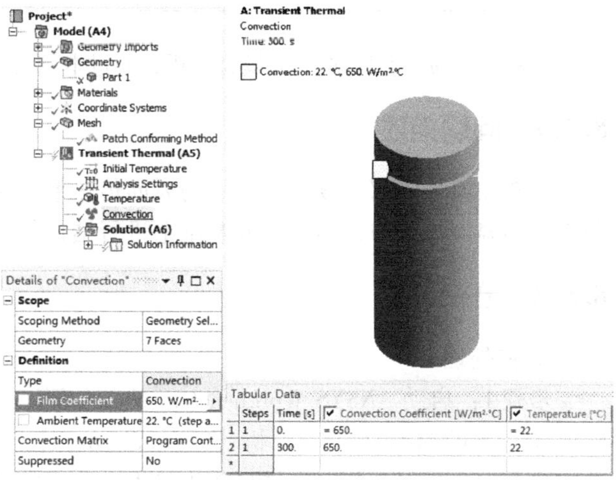

图 8-26　施加对流载荷

3. 后处理

步骤 9：左键单击选择模型树中的【Solution】，右键单击选择【Insert】-【Thermal】-【Temperature】。

步骤 10：左键单击选择模型树中的【Solution】，右键单击选择【Insert】-【Thermal】-【Total Heat Flux】。

步骤 11：左键单击选择模型树中的【Solution】，右键单击选择【Solve】，完成瞬态热力学分析求解。

步骤 12：查看温度场分布，单击模型树中的【Temperature】，可以观察到 300s 整体温度变化云图如图 8-27 所示。查看热通量分布，单击模型树中的【Total Heat Flux】，可以观察到 300s 整体热流变化云图，如图 8-28 所示。

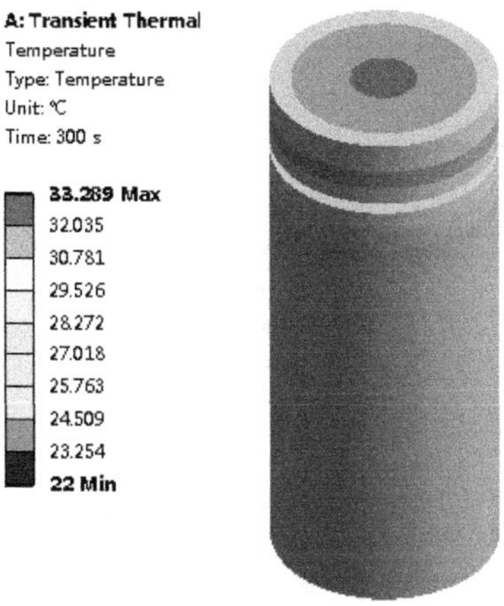

图 8-27　温度变化云图

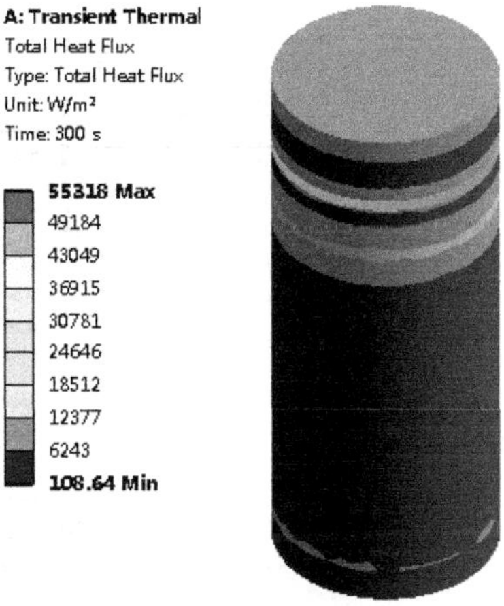

图 8-28　热流变化云图

8.5 热-应力耦合分析实例

本例为简易保温杯热-应力耦合分析，通过本例可以学习热-应力耦合分析的基本操作流程。

8.5.1 问题描述

已知保温杯内部温度、外表面的表面传热系数及相关材料参数，试先分析保温杯稳态热条件下的温度场分布，然后在此基础上进行结构静力学分析，得到应力场分布情况。

8.5.2 分析流程

1. 前处理

步骤 1：启动 ANSYS Workbench，双击左侧工具箱（Toolbox）中自定义系统（Custom Systems）下的热-应力耦合分析【Thermal-Stress】，如图 8-29 所示。在热-应力耦合分析中，稳态热力学分析得到的温度结果作为静力学分析的载荷。选择并右键单击热-应力耦合 A3 几何建模【Geometry】，选择【Import Geometry】-【Browse】，导入几何模型文件“8.5.x_t”，如图 8-30 所示，然后双击 A3 几何模型【Geometry】进入 DesignModeler 界面检查几何模型是否正确，检查完毕退出。

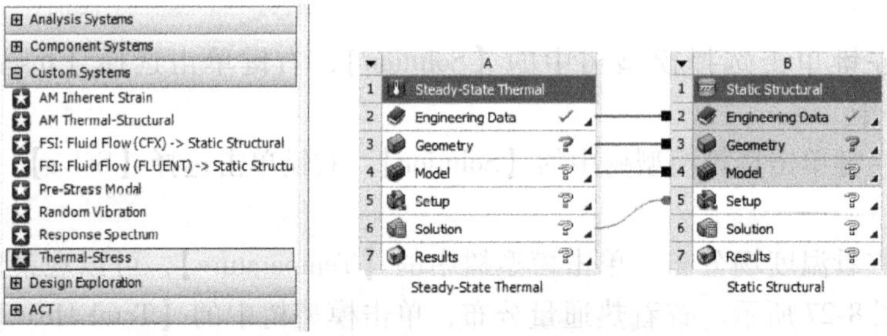

图 8-29 热-应力耦合分析模块

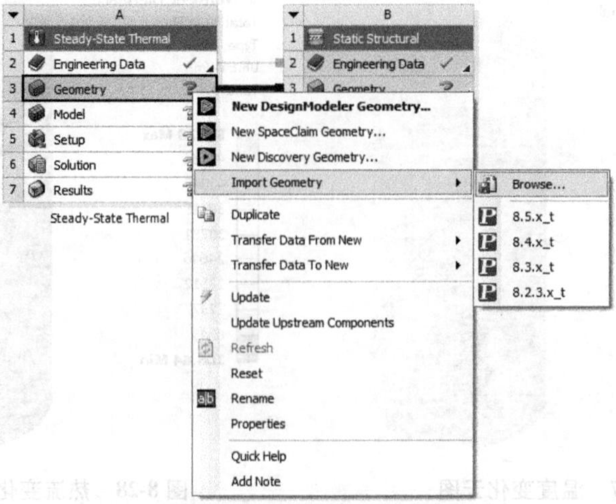

图 8-30 几何模型导入

步骤 2：双击 A2 工程数据【Engineering Data】，创建自定义材料并命名为 new123，在左侧工具箱（Toolbox）中双击对应材料参数，设置密度、热膨胀系数、杨氏模量、泊松比、热导率如图 8-31 所示（注意各量的单位）。

步骤 3：双击 A4 模型【Model】，进入 Mechanical 模块，单击模型树中几何模型（Geometry）下的【Part 1】，在左下方参数设置窗口中赋予自定义材料 new123，如图 8-32 所示。

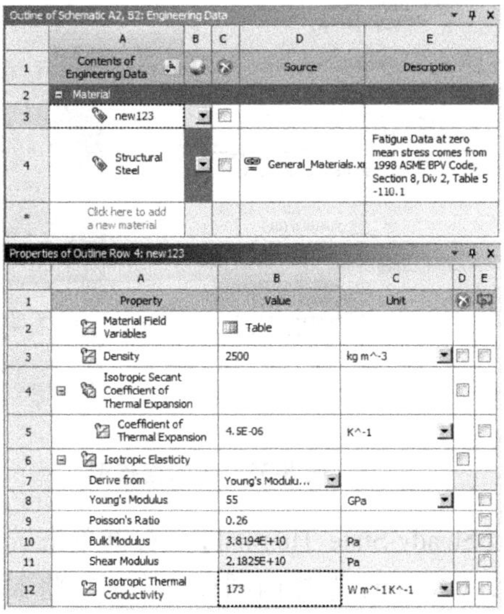

图 8-31　材料参数定义

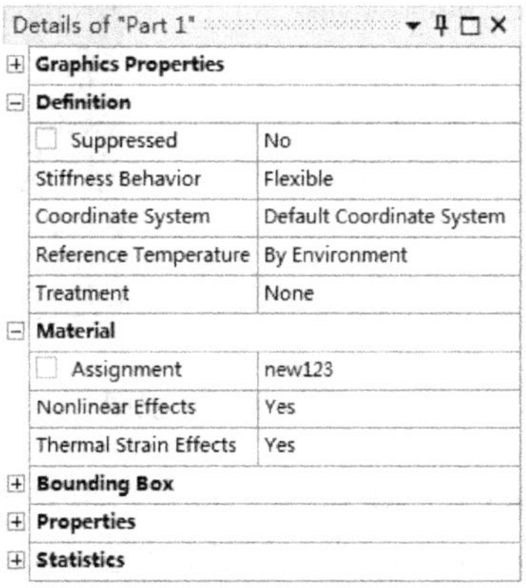

图 8-32　赋予材料参数

步骤 4：左键单击模型树中的网格【Mesh】，在左下方参数设置窗口中设置 Resolution 为 3；然后，右键单击网格【Mesh】，依次选择【Insert】-【Method】，在左下方参数设置窗口中的 Geometry 选择整个实体，Method 选择【Tetrahedrons】，其他参数保持默认，最后进行网格划分，如图 8-33 所示。

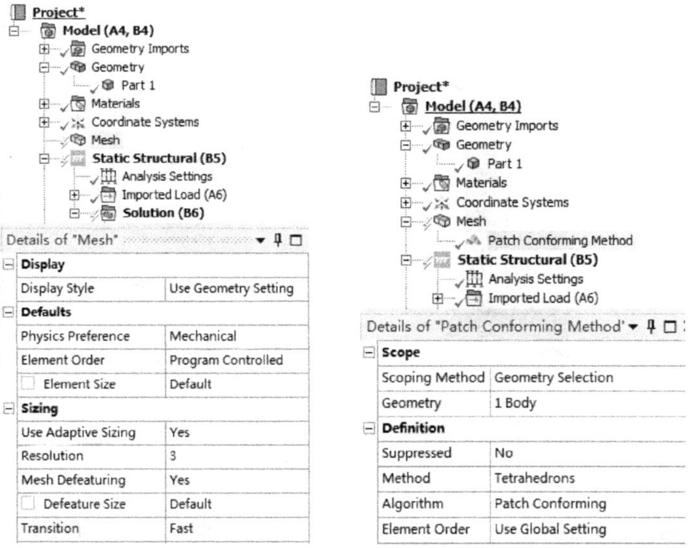

图 8-33　网格设置

2. 求解

步骤 5：单击上方菜单栏命令【Home】-【Section Plane】，将模型从中间抛开，显示内部结构，若将下方 Section Plane1 前的对钩取消，则会显示全模型，如图 8-34 所示。单击上方菜单栏命令【Display】-【Style】-【Show Mesh】，模型网格隐藏（注意，此时勿在模型树中选中 Mesh，否则该命令不起作用），如图 8-35 所示。

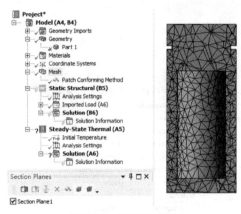

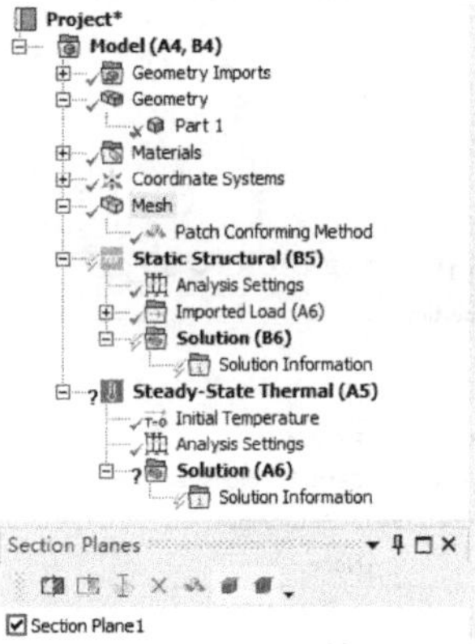

图 8-34 模型剖视图

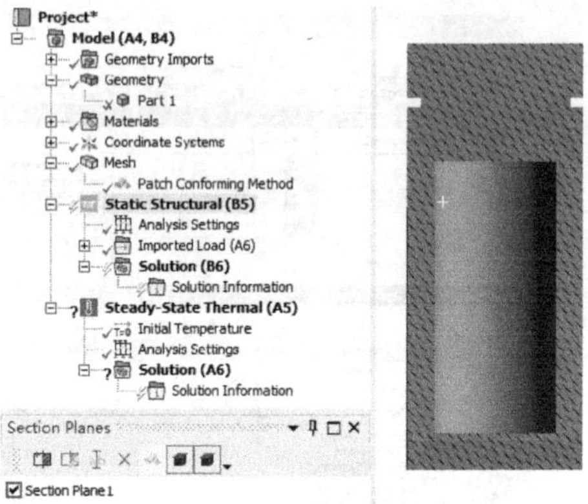

图 8-35 无网格模型

步骤 6：单击模型树中的稳态热力学分析【Steady-State Thermal】，右键单击选择【Insert】-【Temperature】，在左下方参数设置窗口中，Geometry 选择内圆柱三个面，将 Magnitude 改为【Tabular Data】，相应参数的设置如图 8-36 所示。

步骤 7：单击模型树中的稳态热力学分析【Steady-State Thermal】，右键单击选择【Insert】-【Temperature】，在左下方参数设置窗口中，Geometry 选择几何体的所有外表面，将 Magnitude 改为【Tabular Data】，相应参数的设置如图 8-37 所示。

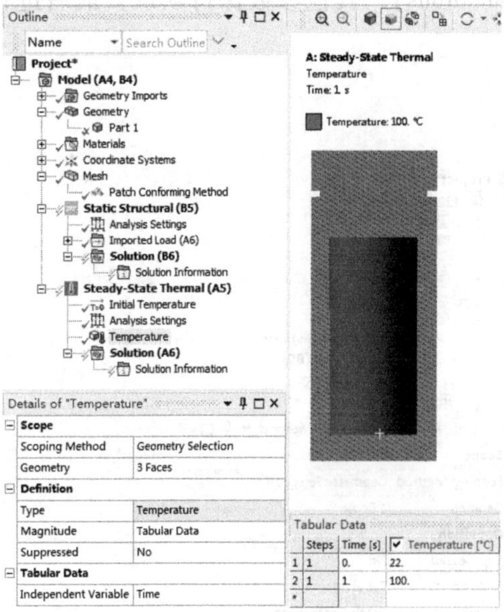

图 8-36 施加温度载荷（一）

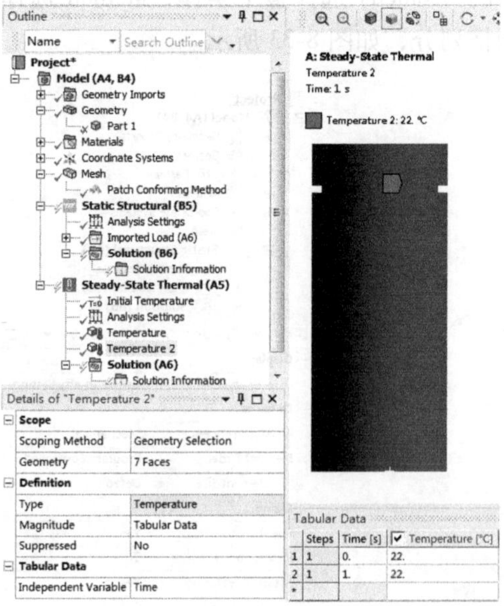

图 8-37 施加温度载荷（二）

步骤 8：左键单击选择模型树中的【Solution】，右键单击选择【Insert】-【Thermal】-【Temperature】；继续左键单击选择【Solution】，右键单击选择【Solve】，完成稳态热力学分析求解。单击模型树中的【Temperature】查看温度场分布，如图 8-38 所示。

步骤 9：右键单击模型树中静力学分析【Static Structural】下的【Imported Load】，选择【Import Load】，加载稳态热力学分析结果，如图 8-39 所示。

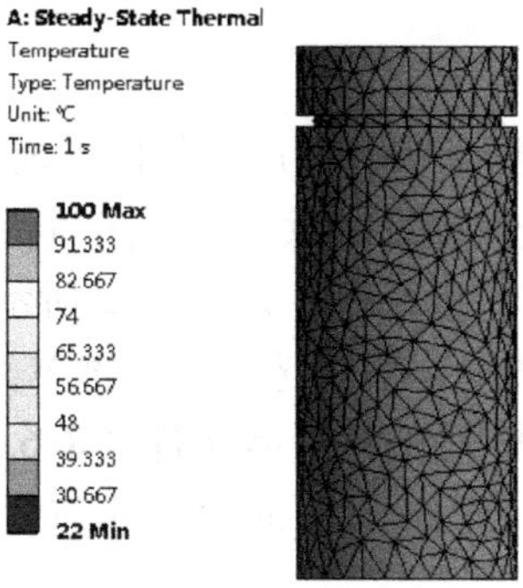

图 8-38　温度场分布图

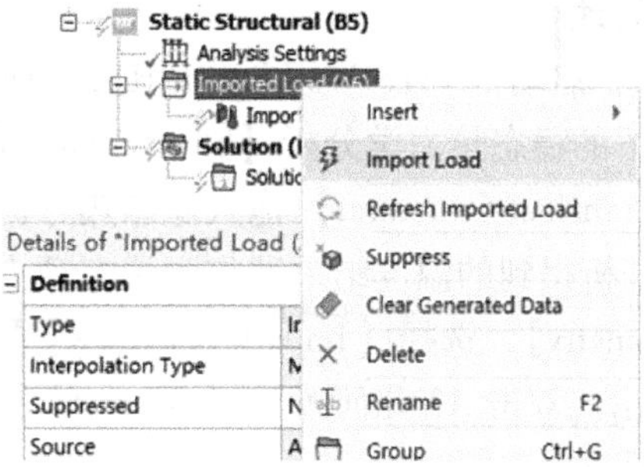

图 8-39　加载稳态热学分析结果

步骤 10：右键单击模型树中静力学分析（Static Structural）下的分析设置【Analysis Settings】，选择【Insert】-【Fixed Support】，选择保温杯底面为固定面。

步骤 11：右键单击【Solution】，选择【Insert】-【Deformation】-【Total】，插入总变形。

步骤 12：右键单击【Solution】，选择【Insert】-【Stress】-【Equivalent（von-Mises）】，插入等效应力。

3. 后处理

步骤 13：右键单击【Solution】，选择【Solve】，完成分析，分别单击【Total Deformation】、【Equivalent Stress】查看总变形云图和等效应力云图，如图 8-40、图 8-41 所示。

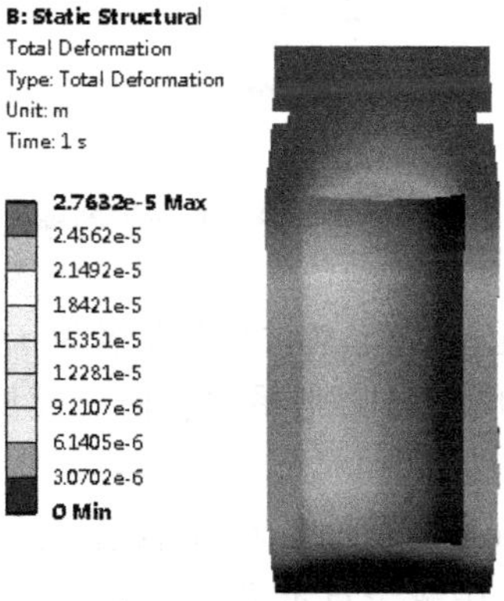

图 8-40　总变形云图

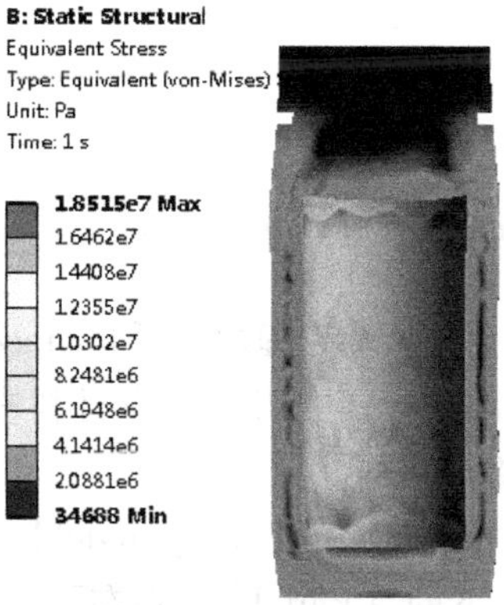

图 8-41　等效应力云图

8.6　热-结构间接耦合分析实例

本例为简易保温杯热-结构间接耦合分析，通过本例可以学习热-结构间接耦合分析的基本操作流程。

8.6.1　问题描述

已知保温杯内部温度、外表面的表面传热系数及相关材料参数，试先分析保温杯稳态热条件下的温度场分布，然后在此基础上进行瞬态动力学分析，得到应力场分布情况。

8.6.2　分析流程

1. 前处理

步骤 1：启动 ANSYS Workbench R1，拖拽左侧工具箱（Toolbox）中分析系统（Analysis Systems）下的稳态热力学分析【Steady-State Thermal】进入工程示意窗口，然后将瞬态动力学分析【Transient Structural】拖入稳态热分析的 A6【Solution】中，如图 8-42 所示，这样稳态热力学分析得到的温度结果即作为瞬态动力学分析的载荷。依次选择并右键单击 A3 几何模型【Geometry】，选择【Import Geometry】-【Browse】，导入几何模型文件“8.6.x_t”，如图 8-43 所示。双击 A3 几何模型【Geometry】进入 DesignModeler 界面检查几何模型是否正确，然后退出。

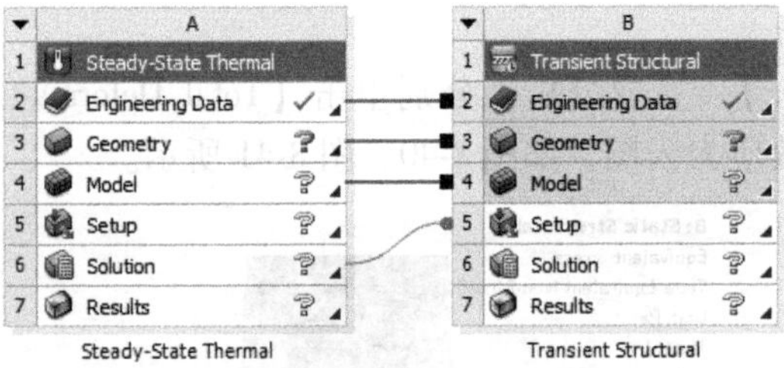

图 8-42　热应力分析模块

图 8-43　几何模型导入

步骤 2：双击 A2 工程数据【Engineering Data】，创建自定义材料并命名为 new123，在左侧工具箱（Toolbox）中双击对应材料参数，设置密度、热膨胀系数、杨氏模量、泊松比、热导率如图 8-44 所示。

步骤 3：双击 A4 模型【Model】，进入 Mechanical 界面，单击模型树中几何模型（Geometry）下的【Part 1】，在左下方参数设置窗口中赋予自定义材料 new123，如图 8-45 所示。

步骤 4：左键单击模型树中的网格【Mesh】，在左下方参数设置窗口中设置 Resolution 为 3；然后，右键单击网格【Mesh】，依次选择【Insert】-【Method】，在左下方参数设置窗口中的 Geometry 选择整个实体，Method 选择【Tetrahedrons】，其他参数保持默认，最后进行网格划分，如图 8-46 所示。

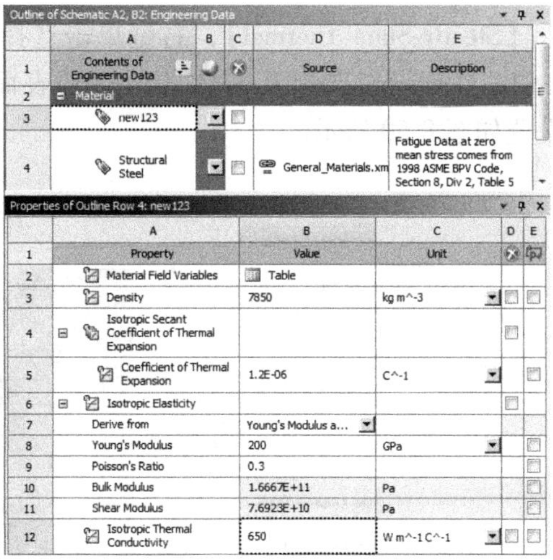

图 8-44　材料参数定义

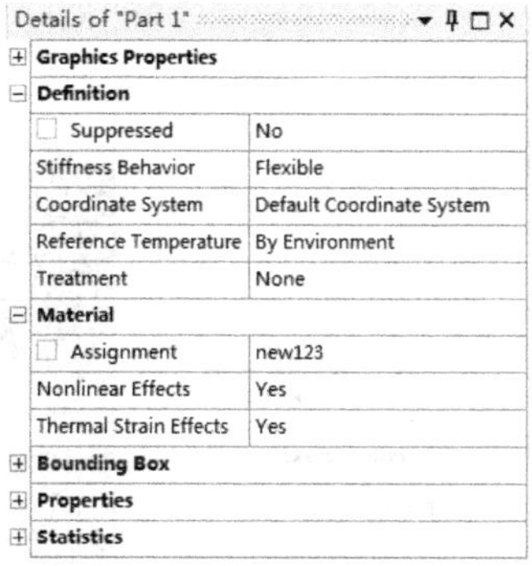

图 8-45　材料赋予

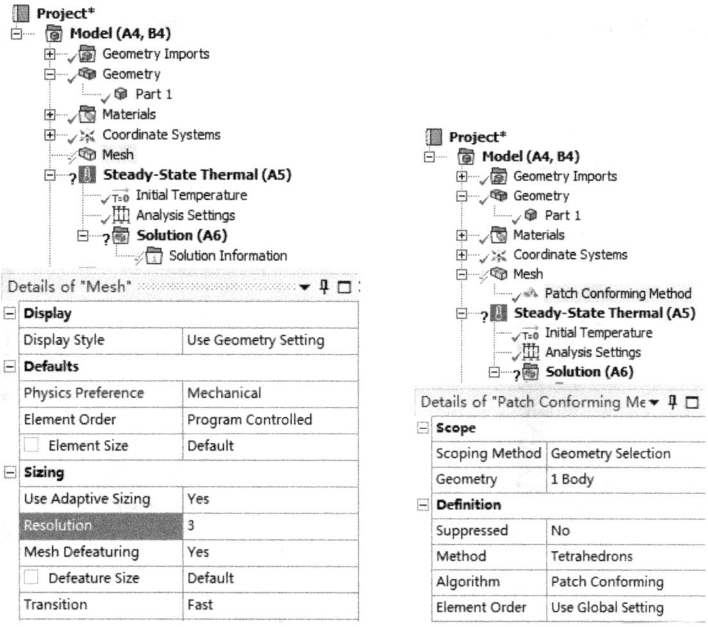

图 8-46　网格设置

2. 求解

步骤 5：单击上方菜单栏命令【Home】-【Section Plane】，将模型从中间抛开，显示内部结构，若将下方 Section Plane 1 前的对钩取消，则会显示全模型，如图 8-47 所示。单击上方菜单栏命令【Display】-【Style】-【Show Mesh】，模型网格隐藏（注意，此时勿在模型树中选中 Mesh，否则该命令不起作用），如图 8-48 所示。

步骤 6：单击模型树中的稳态热力学分析【Steady-State Thermal】，右键单击选择【Insert】-【Temperature】，在左下方参数设置窗口中，Geometry 选择内圆柱三个面，将 Magnitude

改为【Tabular Data】，相应参数的设置如图 8-49 所示。

步骤 7：单击模型树中的稳态热力学分析【Steady-State Thermal】，右键单击选择【Insert】-【Temperature】，在左下方参数设置窗口中，Geometry 选择几何体的所有外表面，将 Magnitude 改为【Tabular Data】，相应参数的设置如图 8-50 所示。

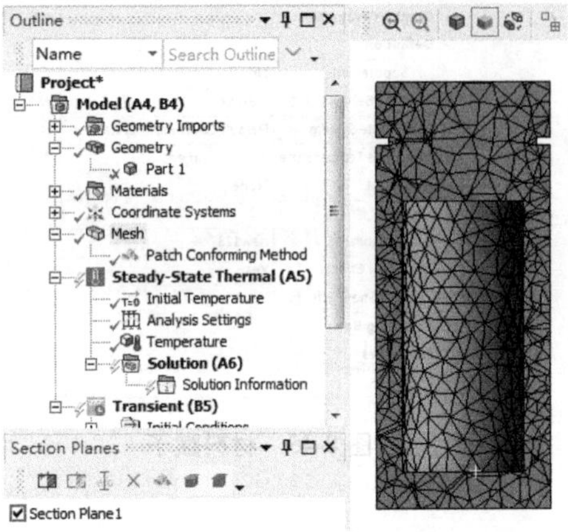

图 8-47　模型剖视图

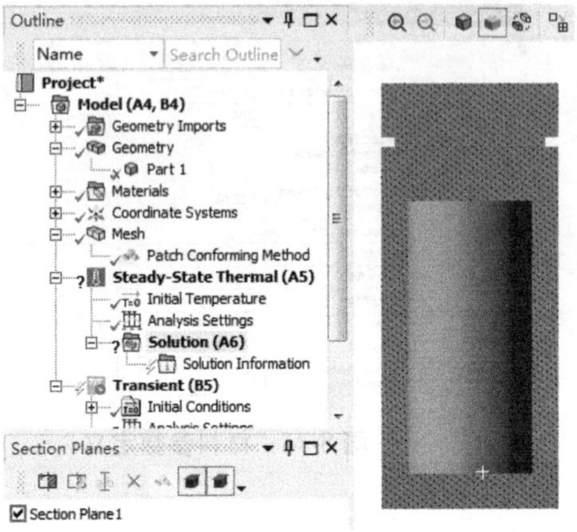

图 8-48　无网格模型

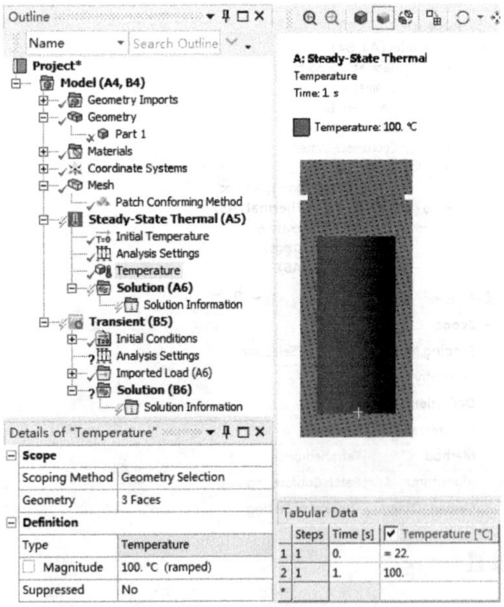

图 8-49　施加温度载荷（一）

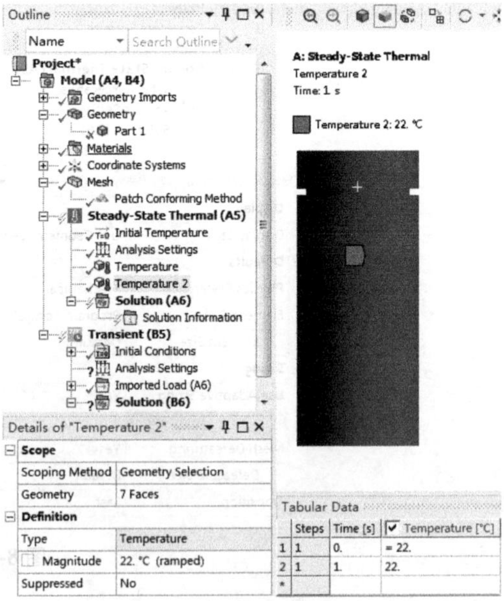

图 8-50　施加温度载荷（二）

步骤 8：右键单击【Solution】，选择【Insert】-【Thermal】-【Temperature】。右键单击【Solution】，选择【Solve】，完成稳态热力学分析求解。单击模型树中的【Temperature】查看温度场分布。

步骤 9：左键单击模型树中【Transient】下的分析设置【Analysis Settings】，在左下方的参数设置窗口对参数进行设置，如图 8-51 所示。

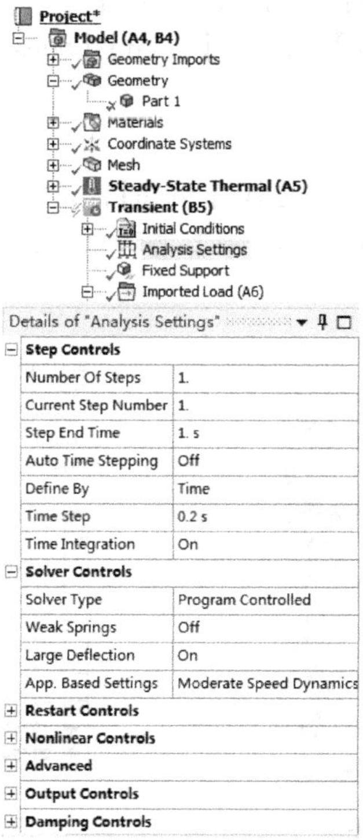

图 8-51　分析设置

步骤 10：右键单击模型树中的【Transient】，选择【Insert】-【Fixed Support】，选择保温杯底面为固定面，如图 8-52 所示。

步骤 11：右键单击选择模型树中【Transient】下的【Imported Load】-【Imported Body Temperature】，选择【Import Load】，加载稳态热分析结果，如图 8-53 所示。

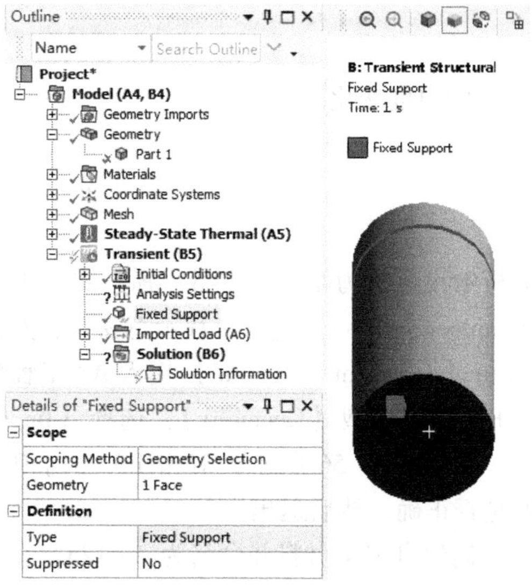

图 8-52　固定约束设置

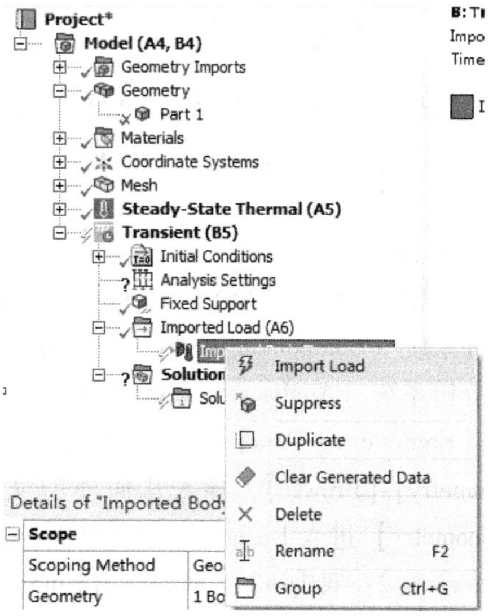

图 8-53　加载稳态热分析结果

步骤 12：右键单击【Solution】，选择【Insert】-【Deformation】-【Total】，插入总变形。

步骤 13：右键单击【Solution】，选择【Insert】-【Stress】-【Equivalent（von-Mises）】，插入等效应力。

3. 后处理

步骤 14：右键单击【Solution】，选择【Solve】，完成稳态热-结构间接耦合分析，分别单击【Total Deformation】、【Equivalent Stress】查看总变形云图和等效应力云图，如图 8-54、图 8-55 所示。

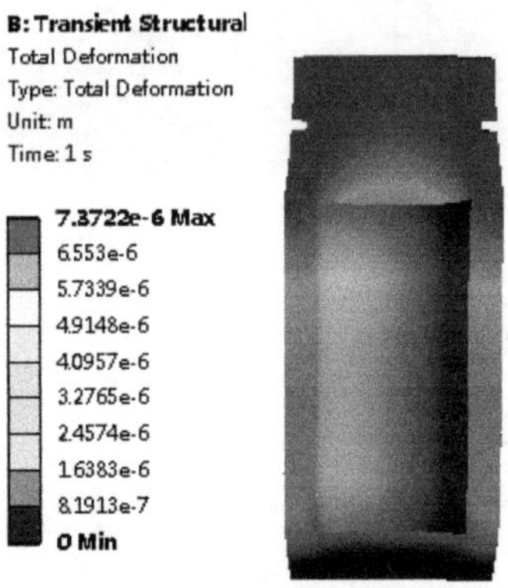

图 8-54　总变形云图

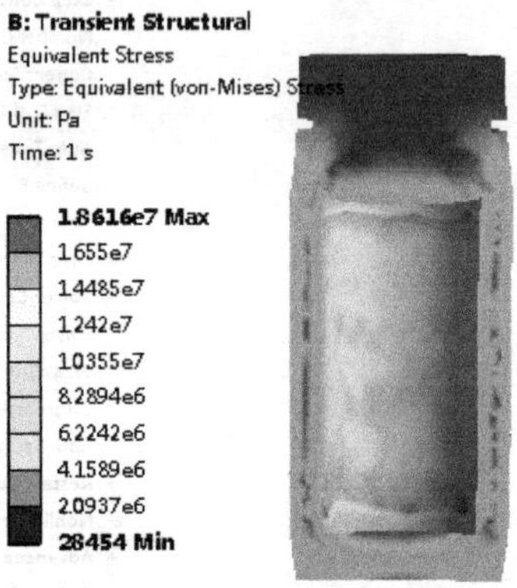

图 8-55　等效应力云图

8.7　热-结构直接耦合分析实例

本例为滑块热-结构直接耦合分析，通过 Workbench 平台和 APDL 完成数值分析，通过本例可以了解热-结构直接耦合分析的分析流程。

8.7.1　问题描述

模拟滑块沿固定底座发生位移，计算由摩擦产生的温度变化。

8.7.2　分析流程

1. 前处理

步骤 1：启动 ANSYS Workbench，由于瞬态分析中没有热力学相关参数，所以单独拖动组件系统（Component Systems）中的工程数据【Engineering Data】进入工程示意窗口，然后将分析系统（Analysis Systems）下的瞬态动力学分析【Transient Structural】拖入 A2 工程数据【Engineering Data】中。依次选择并右键单击 B3 几何模型【Geometry】，选择【Import Geometry】-【Browse】，导入几何模型文件“8. 7. stp”，如图 8-56 所示。双击 B3 几何模型【Geometry】进入 DesignModeler 界面检查几何模型是否正确，然后退出。

步骤 2：双击 A2 工程数据【Engineering Data】，创建自定义材料并命名为 new123，在左侧工具箱（Toolbox）中双击对应材料参数，设置密度、热膨胀系数、杨氏模量、泊松比、热导率、比热容如图 8-57 所示（注意各量的单位）。

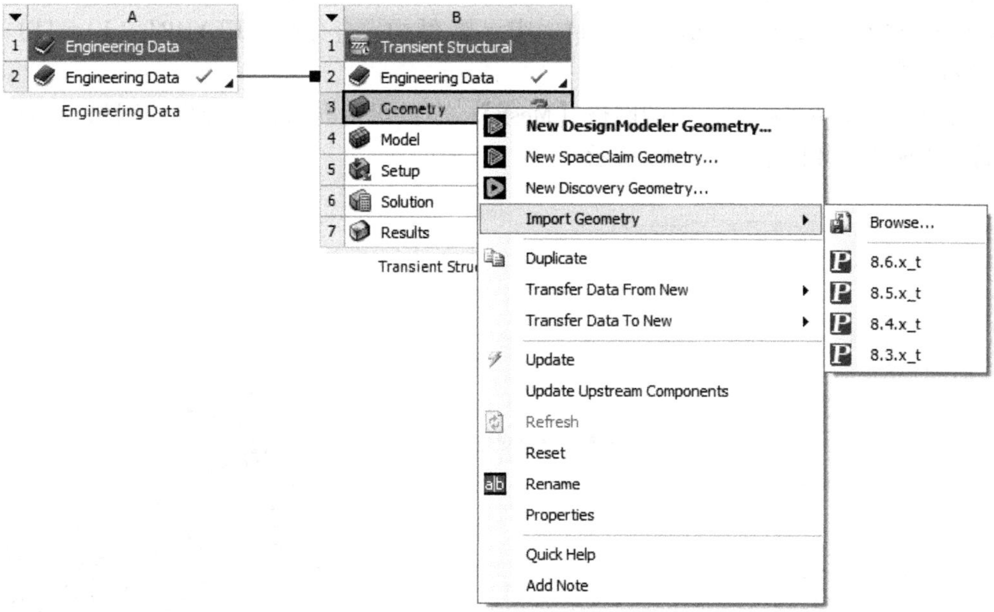

图 8-56　几何模型构建

步骤 3：双击 B4 模型【Model】，进入 Mechanical 界面，单击选中模型树中几何模型（Geometry）下的两个零件，在左下方参数设置窗口中赋予自定义材料 new123，如图 8-58 所示。

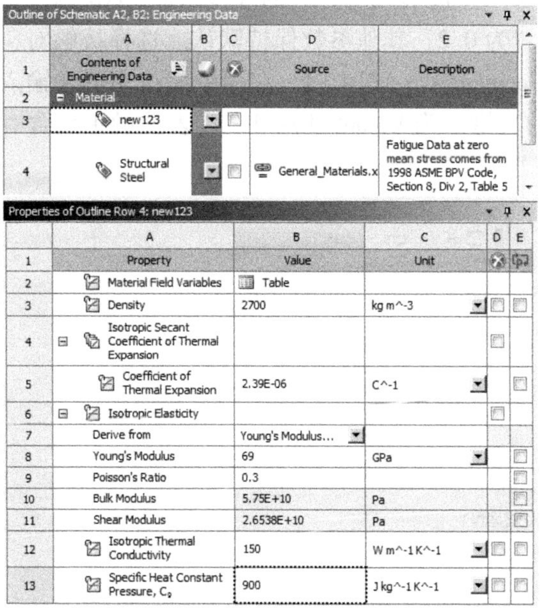

图 8-57　材料参数定义图

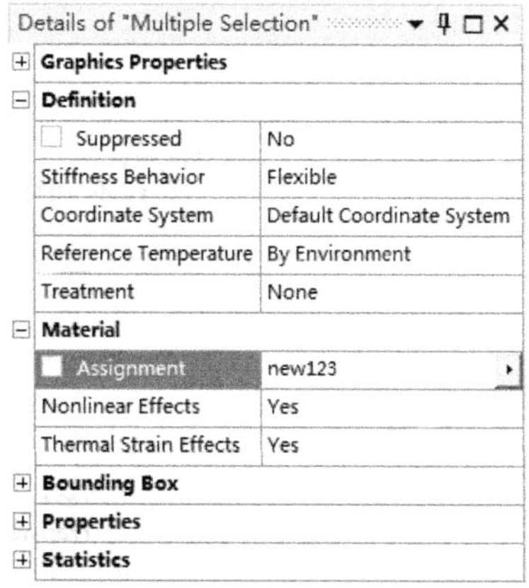

图 8-58　赋予材料参数

步骤 4：右键单击零件 1，选择【Insert】-【Commands】，左键选择【Commands（APDL）】，

在命令窗口用英文输入法输入“ET，matid，solid226，11”（见图 8-59），将单元类型改为直接耦合场单元 solid226，关键字参数 11，表示热-结构耦合分析（KEYOPT（1）= 11），对零件 2 插入同样的命令。

步骤 5：左键单击模型树中的网格【Mesh】，参数保持默认，选择生成网格【Generate Mesh】，生成六面体网格如图 8-60 所示。

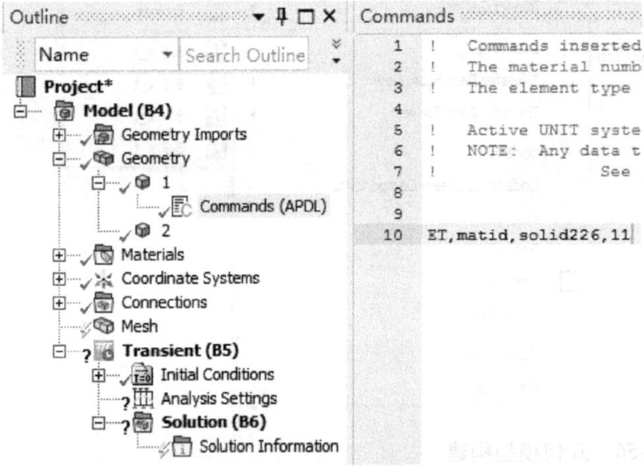

图 8-59 修改单元类型

图 8-60 网格划分

2. 求解

步骤 6：左键选择【Connections】-【Contacts】下面的接触对，在左下方参数设置窗口中的 Contact 栏选择零件 1 的下表面，Target 栏选择零件 2 的上表面，Type 栏选择【Firctional】，摩擦系数 Firction Coefficient 设置为 0.2，其他参数保持默认。选择接触对，右键单击选择【Insert】-【Commands】，选择【Commands（APDL）】，在命令窗口用英文输入法输入“keyopt，cid，1，1”，表示接触单元的关键字为 keyopt(1) = 1，代表接触单元含有结构和温度自由度，如图 8-61 所示。

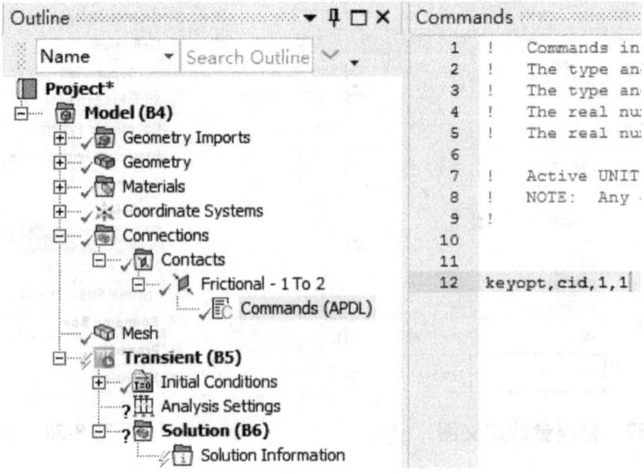

图 8-61 摩擦接触

步骤 7：右键单击模型树中的【Transient】，选择【Insert】-【Displacement】，在左下方参数设置窗口中，Geometry 栏选择零件 2 的下底面并单击【Apply】，【X Component】=0，【Y Component】=0，【Z Component】=0，如图 8-62 所示。

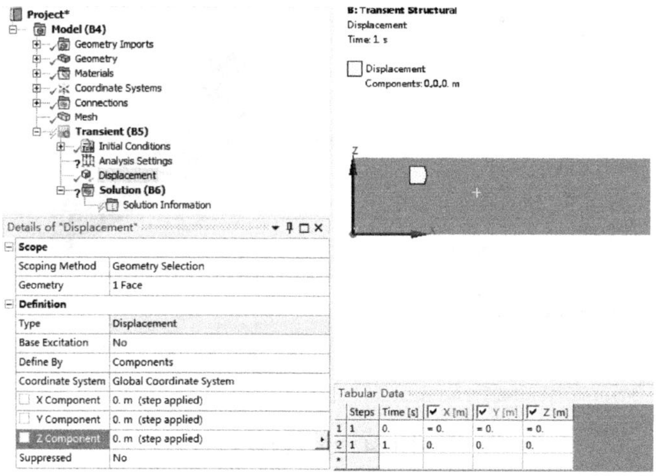

图 8-62　位移约束 1

步骤 8：右键单击模型树中的【Transient】，选择【Insert】-【Pressure】，在左下方参数设置窗口中，Geometry 栏选择零件 1 的上表面并单击【Apply】，在 Magnitude 栏选择【Tabular Data】，参数设置如图 8-63 所示。

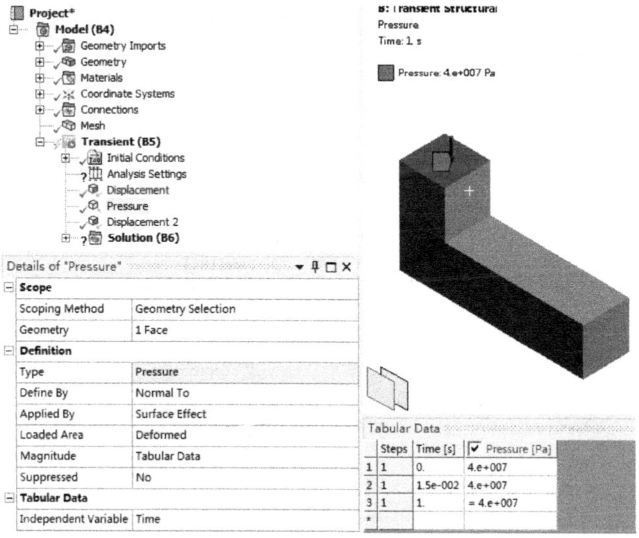

图 8-63　施加压力

步骤 9：右键单击模型树中的【Transient】，选择【Insert】-【Displacement】，在左下方参数设置窗口中，Geometry 栏选择零件 1 的前侧表面并单击【Apply】，在 X Component 栏选择【Tabular Data】，在 Y Component 栏选择【Free】，在 Z Component 栏输入 0，如图 8-64 所示。

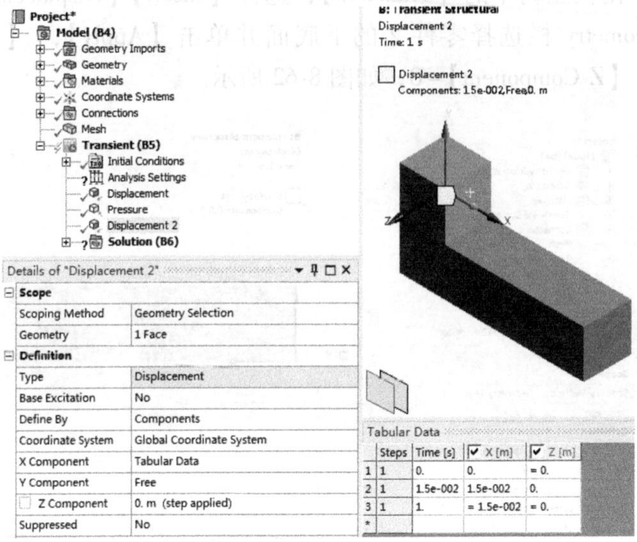

图 8-64　位移约束 2

步骤 10：左键单击模型树中【Transient】下的分析设置【Analysis Settings】，定义第一个载荷步的控制选项 Current Step Number 为 1，Auto Time Stepping 为【Off】，Define By 为【Substeps】，Number Of Substeps 为 25，Step End Time 为 0.015，Large Deflection 选择【On】，如图 8-65 所示。

步骤 11：右键单击模型树中的【Transient】，选择【Insert】-【Commands】，选择【Commands（APDL）】，在命令窗口输入图 8-66 所示命令。其中，“TUNIF，0”表示初始温度为 0，“TREF，0”表示参考温度为 0。

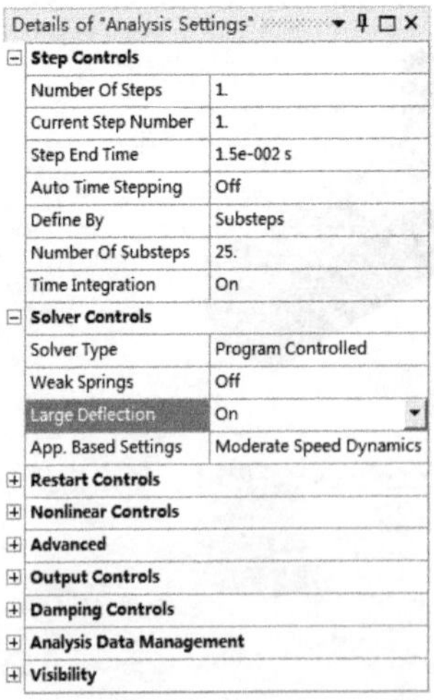

图 8-65　分析设置

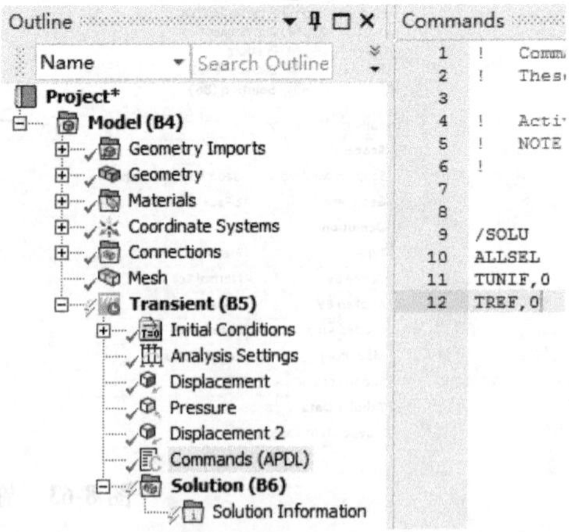

图 8-66　添加求解命令

步骤 12：右键单击模型树中的【Solution】，选择【Insert】-【Deformation】-【Total】，插入总变形。

步骤 13：添加自定义温度结果：右键单击模型树中的【Solution】，选择【Insert】-【User Defined Result】，在左下方参数设置窗口中，Expression 输入 temp，Output Unit 选择【Temperature】，如图 8-67 所示。

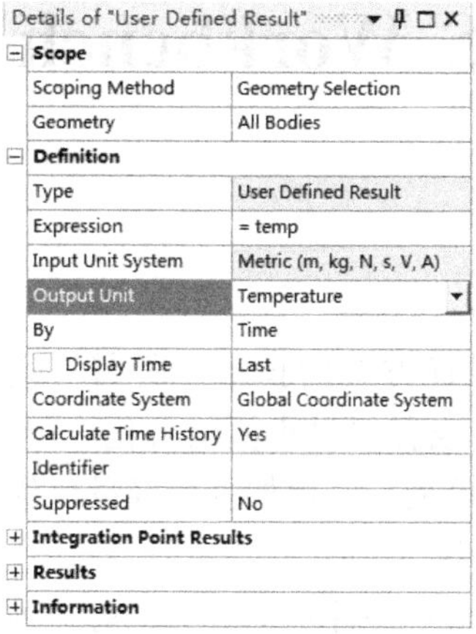

图 8-67 设置求解结果

3. 后处理

步骤 14：右键单击模型树中的【Solution】，选择【Solve】，完成热-结构直接耦合分析，分别单击【Total Deformation】、【User Defined Result】查看总变形云图和温度场分布云图，如图 8-68、图 8-69 所示。

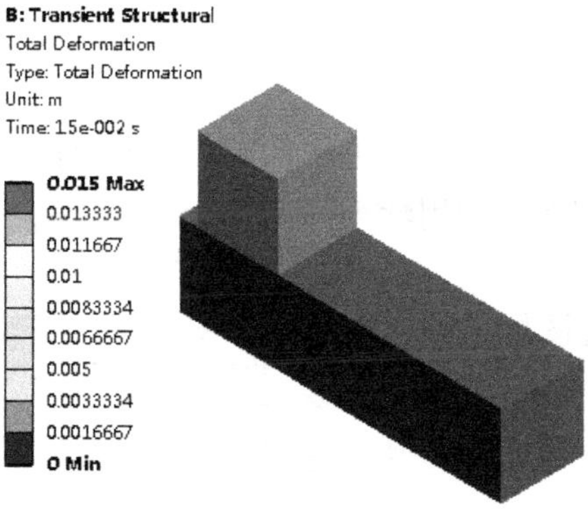

图 8-68 总变形云图

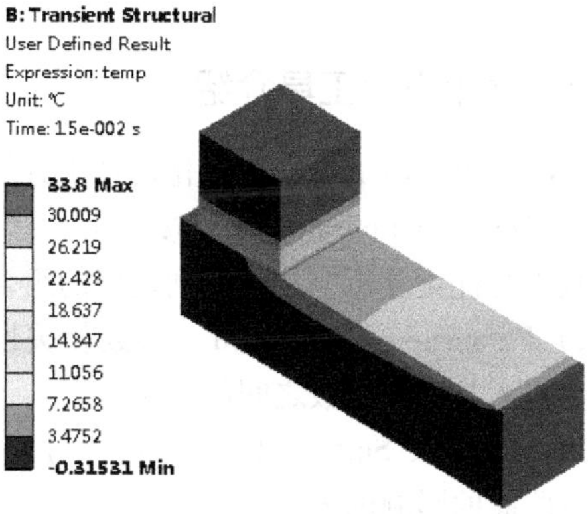

图 8-69 温度场分布云图

第 9 章 ANSYS Workbench 结构优化设计

优化设计是一种寻找确定最优方案的技术。所谓“优化”是指目标“最大化”或者“最小化”，或“最大值最小化”或者“最小值最大化”等，指的是一种设计方案可以满足所有的设计要求，而且需要的代价最小，比如进行轻量化优化的同时需要保证变形最小，在减小厚度的同时需要控制应力最小。

优化设计主要有两种分析方法：一种是解析法，另一种是有限元法。解析法对于复杂问题求解是比较困难的，而现阶段随着计算机和有限元的发展，有限元法取得了更大的进展，已经能满足大部分分析和计算。

本章将对 ANSYS Workbench 软件的优化设计模块进行介绍，并通过两个实例对响应面优化分析的一般步骤进行详细讲解。

9.1 优化设计简介

9.1.1 优化设计工具介绍

ANSYS Workbench 平台优化设计工具如图 9-1 所示，下面对其中常用的五种进行介绍。

1）Direct Optimization（直接优化）：设置优化目标，利用默认参数进行优化分析，从中得到期望的组合方案。

2）Parameters Correlation（参数相关性）：通过图标来动态地显示输入与输出参数之间的关系。

3）Response Surface（响应面）：可以得出某一输入参数对应响应曲面的影响的大小。

4）Response Surface Optimization（响应面优化）：通过响应面分析，插值得到最优解。

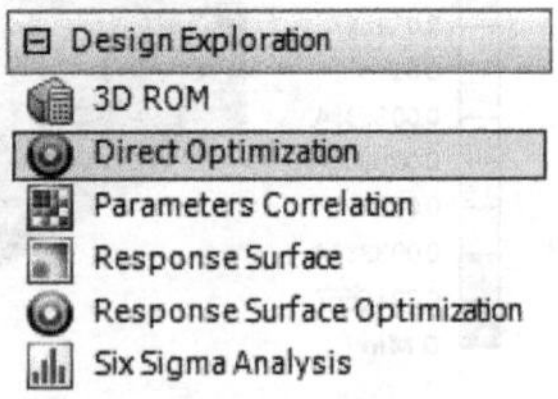

图 9-1 优化设计工具

5）Six Sigma Analysis（六西格玛分析）：基于六个标准误差理论，来评估产品的可靠性概率，来判断产品是否满足六西格玛准则。

除了上面介绍的参数化优化工具，ANSYS Workbench 还提供了拓扑优化（Topology Optimization）、形状优化（Shape Optimization）等，由于这不是本章学习的重点，在此就不再介绍，感兴趣的读者可以自行学习。

9.1.2　优化三要素

在优化分析流程中，以下三点是缺一不可的：

1）设计变量：指的是通过改变可变化的值来达到优化的目标，需要注意的是变量至少为两个。

2）约束条件：约束变量或变量之间的关系。

3）优化目标：最终达到的目标或要求。

9.1.3　优化流程

整个优化流程主要包含以下几项：

1）有限元求解：先对基础模型进行求解，确保基础模型求解过程不存在问题。

2）模型参数化：对基础模型进行参数化处理，并定义变量之间的关系。

3）优化设计：包括实验设计、响应面构建及优化求解等内容。

9.1.4　变量参数化

优化分析需要对模型进行变量参数化处理，主要有以下有两种方式：

1）直接在 ANSYS Workbench 中进行参数化处理，主要用于简单模型。

2）通过三维软件进行参数化处理，简单或者复杂的模型均适用，此时需要 ANSYS 与其他三维设计软件进行数据交互。

在下文会分别介绍这两种方式。

9.2　结构优化设计实例：零件优化

9.2.1　问题描述

通过 DesignModeler 建立一个连杆模型，将部分参数设置为变量，对其进行响应面优化。

9.2.2　分析流程

1. 前处理

步骤 1：启动 ANSYS Workbench 2022 R1，双击左侧工具箱（Toolbox）中分析系统（Analysis Systems）下的静力学分析【Static Structural】创建工程项目。右键单击几何建模【Geometry】选择【New DesignModeler Geometry】进入 DesignModeler 界面，在菜单栏处选择【Units】-【Millimeter】将单位由米设置为毫米。

步骤 2：在 XY 平面绘制草图（见图 9-2），并对四个尺寸进行标注（见图 9-3），然后勾选尺寸左侧复选框，出现符号 P，即表示该尺寸设置为变量，如图 9-3 所示。单击工具栏中的【Generate】生成草图，然后在工具栏中选择拉伸【Extrude】，将该草图拉伸成实体，拉伸深度为 10mm，并将其设置为变量，如图 9-4 所示，最终生成实体如图 9-5 所示。

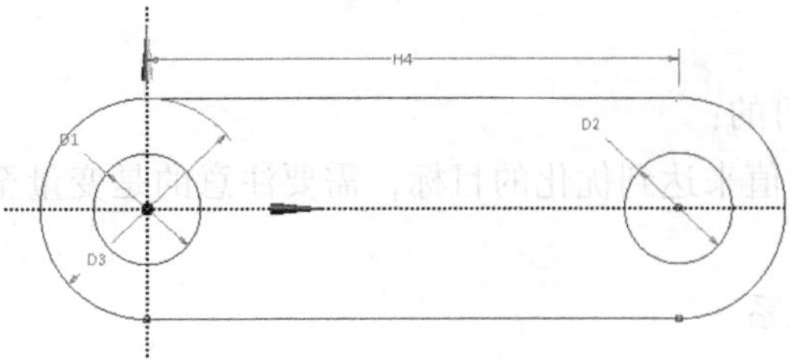

图 9-2 绘制草图

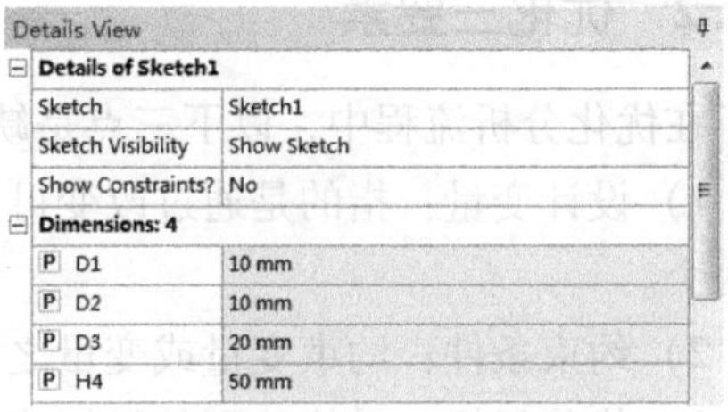

图 9-3 草图尺寸设为变量

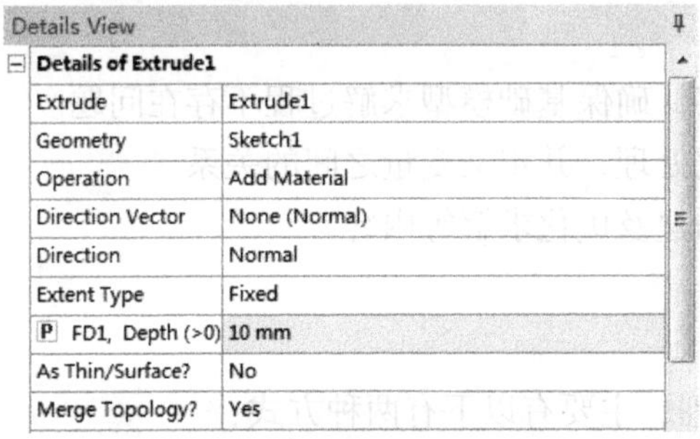

图 9-4 拉伸深度设为变量

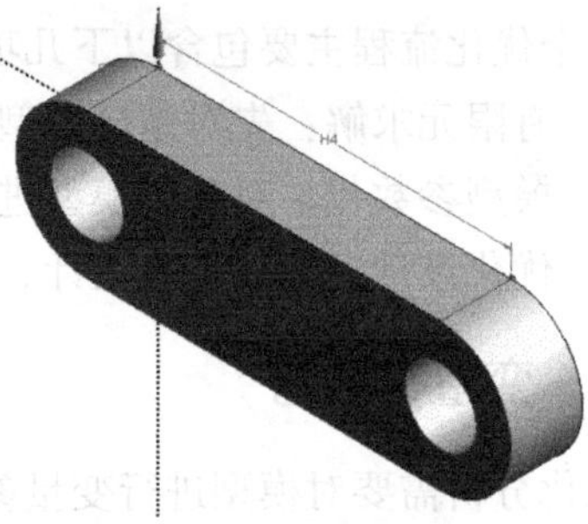

图 9-5 生成实体

步骤 3：退出 DesignModeler，回到 Workbench 界面，发现项目下面出现了参数设置（Parameter Set）的流程，且与静力学分析项目相关联，如图 9-6 所示，即表示变量设置成功。双击参数设置【Parameter Set】，所有变量都会显示在图 9-7 所示的参数列表中，其中 P1 和 P2 分别对应两个圆孔直径，P3 为外圆直径，P4 为圆孔中心距，变量名称与自己所绘草图一一对应。为简化变量数量，可以将两个圆孔设置成等直径，以及将外圆直径设置为圆孔直径的两倍。具体操作为鼠标单击 P2，在下方属性列表中的 Expression 栏输入 P1，如图 9-8 所示；单击 P3，在下方属性列表中的 Expression 栏输入 2 * P1，如图 9-9 所示。

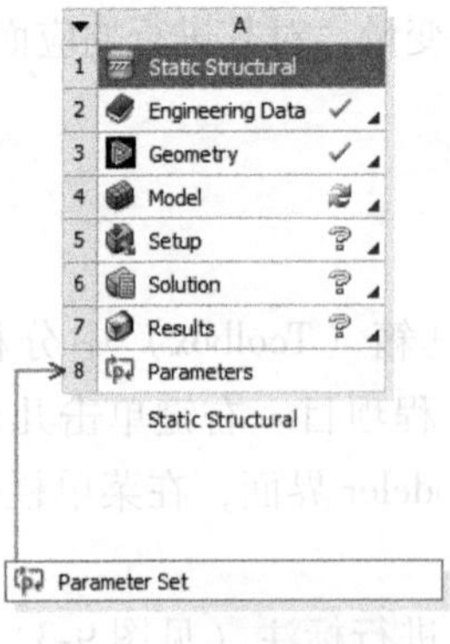

图 9-6 变量设置成功

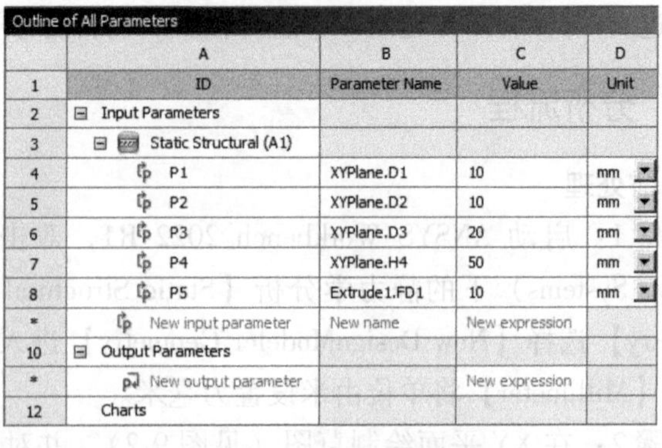

图 9-7 初始变量设置窗口

需要注意的是，大小写不要输入错误，应与变量名称完全一致，否则无法识别，更新 Project，模型源文件也会同步更新。最终变量设置如图 9-10 所示，其中 P2 和 P3 数据是灰色显示，表示该变量由其他变量及表达式构成。

Properties of Outline A5: P2

	A	B
1	Property	Value
2	General	
3	Expression	P1
4	Usage	Input
5	Description	
6	Error Message	
7	Expression Type	Derived
8	Quantity Name	Length

图 9-8　设置变量 P2=P1

Properties of Outline A6: P3

	A	B
1	Property	Value
2	General	
3	Expression	2*P1
4	Usage	Input
5	Description	
6	Error Message	
7	Expression Type	Derived
8	Quantity Name	Length

图 9-9　设置变量 P3=2＊P1

Outline of All Parameters

	A	B	C	D
1	ID	Parameter Name	Value	Unit
2	Input Parameters			
3	Static Structural (A1)			
4	P1	XYPlane.D1	10	mm
5	P2	XYPlane.D2	0.01	m
6	P3	XYPlane.D3	0.02	m
7	P4	XYPlane.H4	50	mm
8	P5	Extrude1.FD1	10	mm
*	New input parameter	New name	New expression	
10	Output Parameters			
*	New output parameter		New expression	
12	Charts			

图 9-10　变量设置最终结果

2. 求解

步骤 4：返回 Workbench 界面，双击 A4 模型【Model】进入 Mechanical 界面进行求解设置。其中，材料和网格采用默认设置；右键单击模型树中的静力学分析【Static Structural】，选择【Insert】-【Fixed Support】插入固定约束，Geometry 栏选择左侧圆孔面；重复上步操作，选择【Insert】-【Force】插入力，右侧圆孔面并在 X 方向施加 2000N 的力，其他保持默认，如图 9-11 所示，最后进行求解。

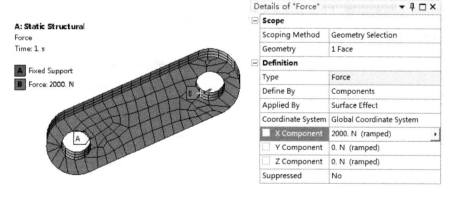

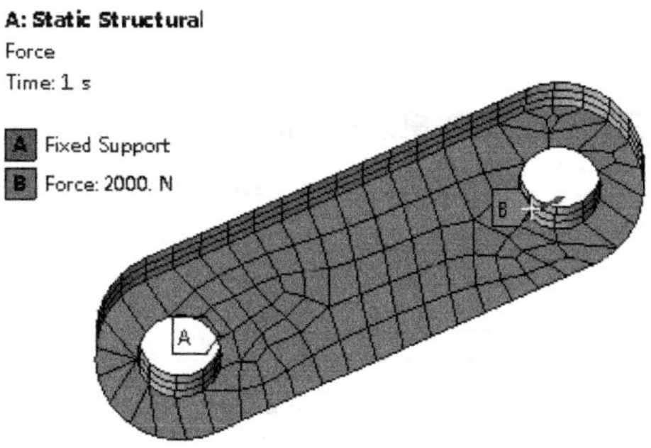

Details of "Force"

Scope	
Scoping Method	Geometry Selection
Geometry	1 Face
Definition	
Type	Force
Define By	Components
Applied By	Surface Effect
Coordinate System	Global Coordinate System
X Component	2000. N (ramped)
Y Component	0. N (ramped)
Z Component	0. N (ramped)
Suppressed	No

图 9-11　约束和加载设置

3. 后处理

步骤 5：查看总变形结果以及等效应力结果，如图 9-12 和图 9-13 所示，其中最大总变形为 0.0035mm 左右，最大等效应力为 27MPa 左右。

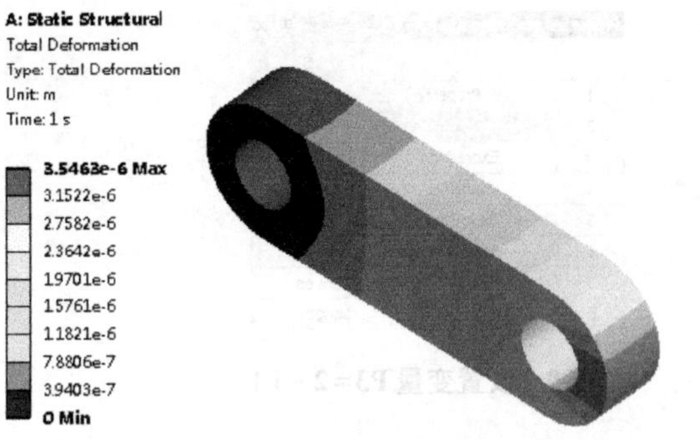

图 9-12 总变形云图

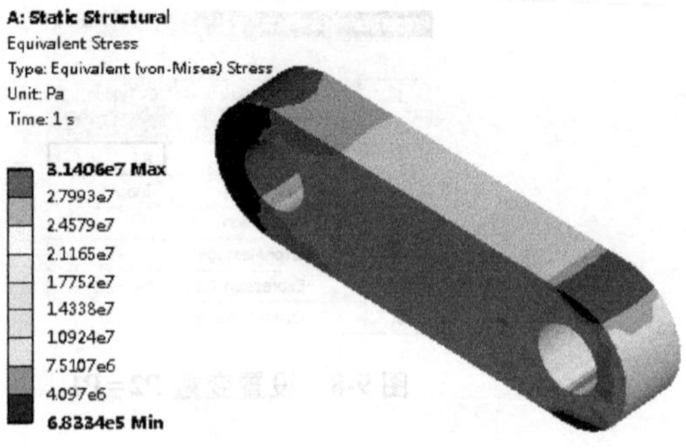

图 9-13 等效应力云图

4. 优化分析

步骤 6：在模型树中单击选择几何模型（Geometry）下的实体【Solid】，在左下方参数设置窗口中将质量 Mass 设置为变量，执行相同的操作将结果后处理中的最大总变形和最大等效应力设置为变量，分别如图 9-14～图 9-16 所示。退出 Mechanical 界面，回到 Workbench 界面。

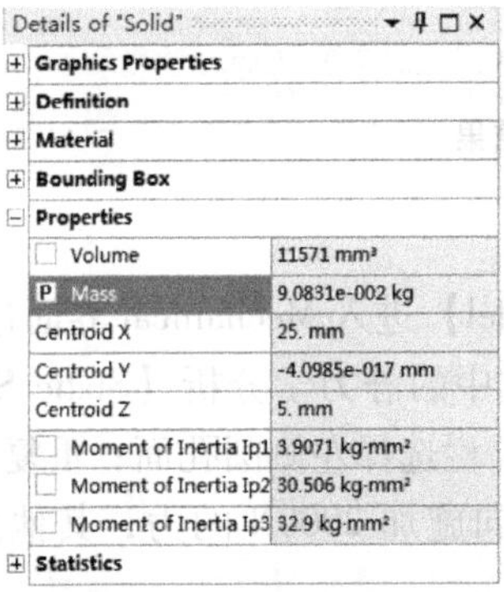

图 9-14 实体质量设为变量

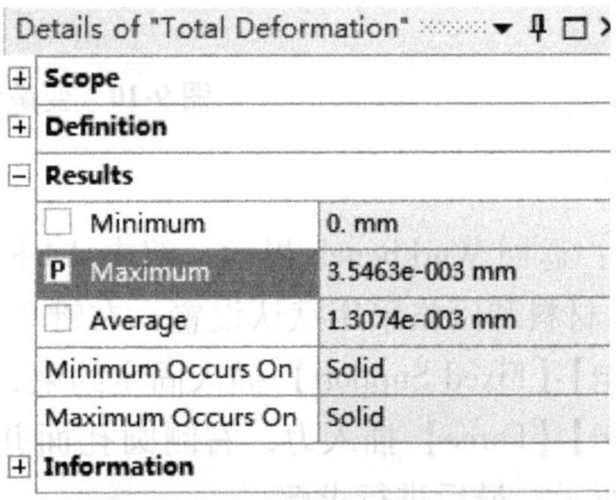

图 9-15 将最大总变形值设为变量

步骤 7：双击参数设置【Parameter Set】查看最终变量设置窗口如图 9-17 所示，关闭窗口，返回 Workbench 界面。

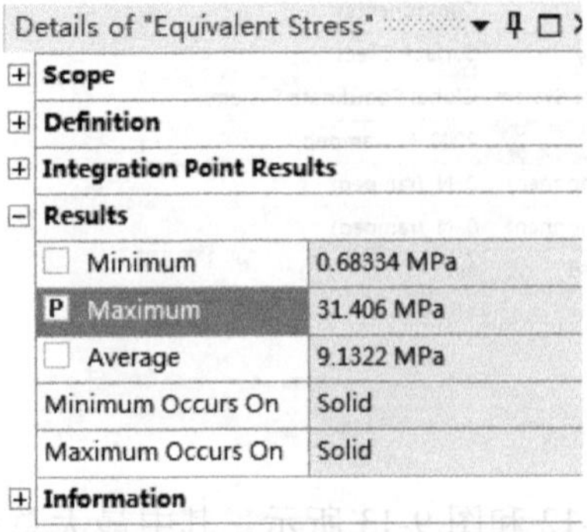

图 9-16 将最大等效应力值设为变量

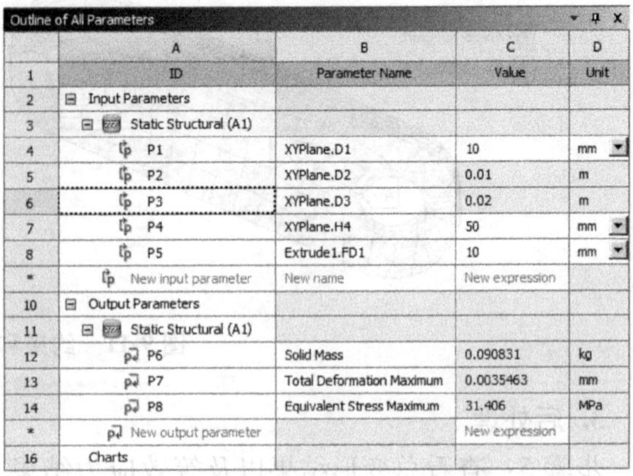

图 9-17 最终变量设置

步骤 8：在左侧工具箱（Toolbox）中的优化设计（Design Exploration）中双击响应面优化【Response Surface Optimization】，创建响应面优化分析工程项目，软件会自动与前面的静力学分析创建连接关系，结果如图 9-18 所示。

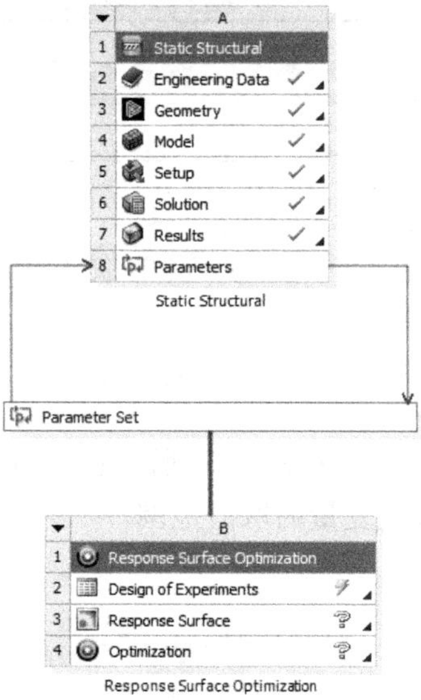

图 9-18　创建响应面优化流程

步骤 9：双击【Design of Experiments】，进入试验设计分析窗口，如图 9-19 所示。单击【Design of Experiments】，弹出图 9-20 所示窗口，选择试验设计类型（Design of Experiments Type）为中心复合设计【Central Composite Design】。

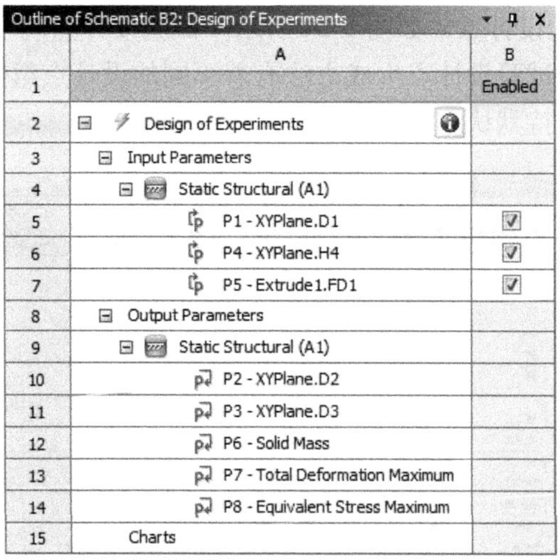
Outline of Schematic B2: Design of Experiments
A
B
1 Enabled
2 Design of Experiments
3 Input Parameters
4 Static Structural (A1)
5 P1 - XYPlane.D1
6 P4 - XYPlane.H4
7 P5 - Extrude1.FD1
8 Output Parameters
9 Static Structural (A1)
10 P2 - XYPlane.D2
11 P3 - XYPlane.D3
12 P6 - Solid Mass
13 P7 - Total Deformation Maximum
14 P8 - Equivalent Stress Maximum
15 Charts

图 9-19　试验设计分析窗口

步骤 10：依次单击选择【Input Parameters】-【Static Structural】-【P1-XYPlane. D1】，查看变量 P1 取值范围，系统默认初始值的 90%~110%，即 9~11，如图 9-21 所示。同样方法查

Properties of Outline A2: Design of Experiments

	A	B
1	Property	Value
2	⊞ Design Points	
4	⊞ Failed Design Points Management	
6	⊟ Design of Experiments	
7	Design of Experiments Type	Central Composite Design
8	Design Type	Auto Defined
9	⊟ Design Point Report	
10	Report Image	None

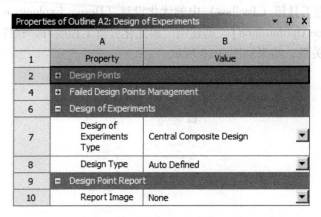

图 9-20　试验设计类型选择

看变量 P4 和 P5 取值范围，如图 9-22 和图 9-23 所示；也可以通过窗口中的【Values】-【Allowed Values】选择手动取值来改变变量的取值范围。

Properties of Outline A5: P1 - XYPlane.D1

	A	B
1	Property	Value
2	⊟ General	
3	Units	mm
4	Type	Design Variable
5	Classification	Continuous
6	⊟ Values	
7	Lower Bound	9
8	Upper Bound	11
9	Allowed Values	Any

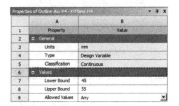

图 9-21　变量 P1 取值范围

Properties of Outline A6: P4 - XYPlane.H4

	A	B
1	Property	Value
2	⊟ General	
3	Units	mm
4	Type	Design Variable
5	Classification	Continuous
6	⊟ Values	
7	Lower Bound	45
8	Upper Bound	55
9	Allowed Values	Any

图 9-22　变量 P4 取值范围

Properties of Outline A7: P5 - Extrude1.FD1

	A	B
1	Property	Value
2	⊟ General	
3	Units	mm
4	Type	Design Variable
5	Classification	Continuous
6	⊟ Values	
7	Lower Bound	9
8	Upper Bound	11
9	Allowed Values	Any

图 9-23　变量 P5 取值范围

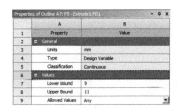

步骤 11：鼠标右键单击图 9-19 所示窗口中的试验设计【Design of Experiment】，选择【Preview】，预览生成试验设计点，如图 9-24 所示。试验设计点的变量取值和数量是由实验设计方法决定的，不同的试验设计点生成方法有着不同的设计点组数和取值，读者可自行尝试其他方法。其他设置保持默认。

Table of Outline A2: Design Points of Design of Experiments

	A	B	C	D	E	F	G	H	I
1	Name	P1 - XYPlane.D1 (mm)	P4 - XYPlane.H4 (mm)	P5 - Extrude1.FD1 (mm)	P2 - XYPlane.D2 (mm)	P3 - XYPlane.D3 (mm)	P6 - Solid Mass (kg)	P7 - Total Deformation Maximum (mm)	P8 - Equivalent Stress Maximum (MPa)
2	1 DP 0	10	50	10					
3	2	9	50	10					
4	3	11	50	10					
5	4	10	45	10					
6	5	10	55	10					
7	6	10	50	9					
8	7	10	50	11					
9	8	9.187	45.935	9.187					
10	9	10.813	45.935	9.187					
11	10	9.187	54.065	9.187					
12	11	10.813	54.065	9.187					
13	12	9.187	45.935	10.813					
14	13	10.813	45.935	10.813					
15	14	9.187	54.065	10.813					
16	15	10.813	54.065	10.813					

图 9-24　预览试验设计点

步骤 12：鼠标右键单击图 9-19 所示窗口中的试验设计【Design of Experiment】，选择【Update】，生成试验设计点结果，如图 9-25 所示。

Table of Outline A2: Design Points of Design of Experiments

	A	B	C	D	E	F	G	H	I
1	Name	P1 - XYPlane .D1 (mm)	P4 - XYPlane .H4 (mm)	P5 - Extrude1 .FD1 (mm)	P2 - XYPlane .D2 (mm)	P3 - XYPlane .D3 (mm)	P6 - Solid Mass (kg)	P7 - Total Deformation Maximum (mm)	P8 - Equivalent Stress Maximum (MPa)
2	1 DP 0	10	50	10	10	20	0.090831	0.0035463	31.406
3	2	9	50	10	9	18	0.080638	0.0038095	29.919
4	3	11	50	10	11	22	0.10127	0.0033121	25.643
5	4	10	15	10	10	20	0.082981	0.0032901	28.299
6	5	10	55	10	10	20	0.098681	0.0038171	32.669
7	6	10	50	9	10	20	0.081748	0.00394	35.127
8	7	10	50	11	10	20	0.099914	0.003225	28.668
9	8	9.187	45.935	9.187	9.187	18.374	0.070429	0.0038441	32.494
10	9	10.813	45.935	9.187	10.813	21.626	0.084886	0.0034546	30.019
11	10	9.187	54.065	9.187	9.187	18.374	0.081202	0.0043193	32.074
12	11	10.813	54.065	9.187	10.813	21.626	0.097566	0.0038692	31.666
13	12	9.187	45.935	10.813	9.187	18.374	0.082894	0.0032685	27.658
14	13	10.813	45.935	10.813	10.813	21.626	0.099911	0.0029364	25.488
15	14	9.187	54.065	10.813	9.187	18.374	0.095575	0.0036687	26.931
16	15	10.813	54.065	10.813	10.813	21.626	0.11484	0.0032881	26.634

图 9-25 更新试验设计点

步骤 13：通过单击【Output Parameters】-【Static Structural】可查看所有输出变量的取值范围。以最大总变形为例，最大总变形取值范围如图 9-26 所示。需要注意的是，在后续设置优化目标或者优化约束条件时，最大总变形结果取值将不能超过此范围。

Properties of Outline A13: P7 - Total Deformation Maximum

	A	B
1	Property	Value
2	⊟ General	
3	Units	mm
4	⊟ Values	
5	Calculated Minimum	0.0029364
6	Calculated Maximum	0.0043193

图 9-26 最大总变形取值范围

步骤 14：返回 Workbench 界面，双击 B3 响应面【Response Surface】，进入响应面分析窗口，如图 9-27 所示，单击图 9-27 中的【Response Surface】，在图 9-28 所示设置窗口中选择响应面类型为标准二阶响应面（Standard Response Surface-Full 2nd Order Polynomials），其他设置保持默认。右键单击【Response Surface】，选择【Update】，生成响应面结果。

Outline of Schematic B3: Response Surface

	A	B
1		Enabled
2	⊟ Response Surface	
3	⊞ Input Parameters	
8	⊞ Output Parameters	
15	Min-Max Search	☑
16	⊞ Refinement	
18	⊟ Quality	
19	Verification Points	
20	⊟ Response Points	
*	New Response Point	

图 9-27 响应面分析窗口

Properties of Outline A2: Response Surface

	A	B
1	Property	Value
2	⊞ Design Points	
4	⊞ Failed Design Points Management	
6	⊟ Meta Model	
7	Response Surface Type	Standard Response Surface - Ful...
8	⊟ Refinement	
9	Refinement Type	Manual
10	⊟ Verification Points	
11	Generate Verification Points	☐
12	⊟ Design Point Report	
13	Report Image	None

图 9-28 响应面类型设置

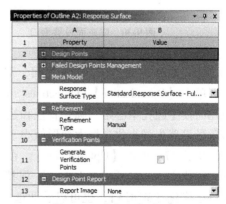

步骤 15：右键单击【Response Surface】下的【Quality】，选择【Insert Goodness Of Fit】，

右键单击【Response Surface】，选择【Update】可查看拟合优度曲线，结果如图 9-29 所示。依次单击选择【Response Surface】-【Response Point】-【Response】，可查看响应面，在参数设置窗口中将【Mode】切换成 3D，【Axes】中 X、Y、Z 三个坐标轴的设置如图 9-30 所示，生成的由输入变量为圆孔直径、拉伸深度和输出变量为最大总变形构成的响应面，如图 9-31 所示。

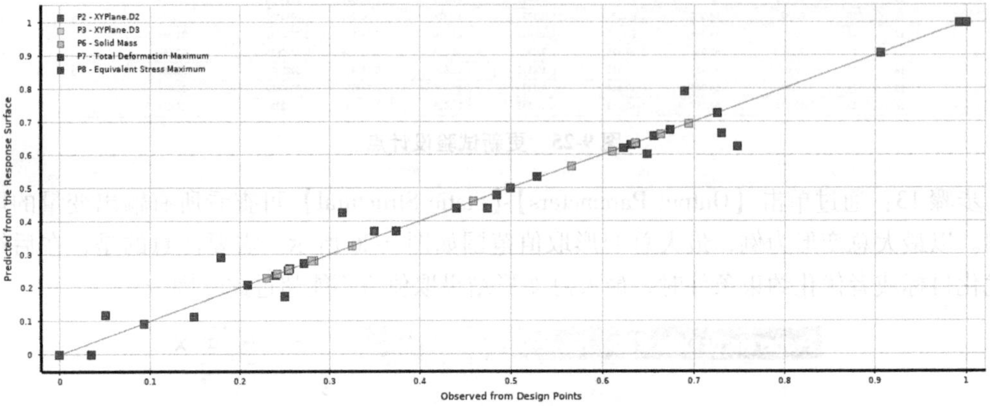

图 9-29　拟合优度

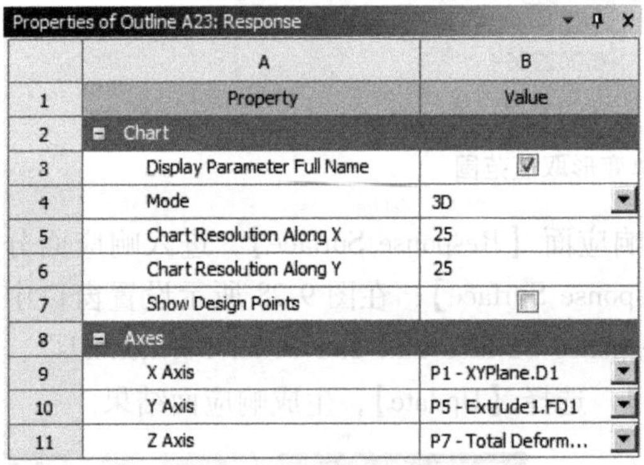

Properties of Outline A23: Response

	A	B
1	Property	Value
2	Chart	
3	Display Parameter Full Name	☑
4	Mode	3D
5	Chart Resolution Along X	25
6	Chart Resolution Along Y	25
7	Show Design Points	☐
8	Axes	
9	X Axis	P1 - XYPlane.D1
10	Y Axis	P5 - Extrude1.FD1
11	Z Axis	P7 - Total Deform...

图 9-30　响应面设置窗口

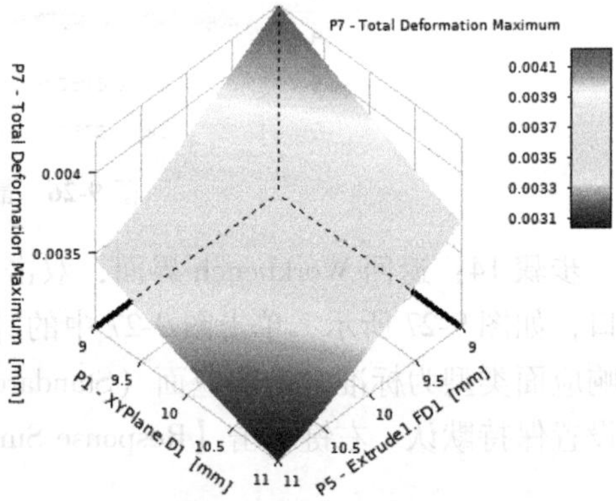

图 9-31　响应面图

步骤 16：返回 Workbench 界面，双击【Optimization】进入优化设计窗口，如图 9-32 所示。单击【Optimization】-【Objectives and Constraints】，在右侧窗口中设置目标和约束，其中对几何模型圆孔中心距、圆孔直径和拉伸深度不进行约束，保持其默认变量范围，将几何模型质量设置为最小化，最大变形值小于 0.003mm，最大应力小于 31MPa，如图 9-33 所示。

步骤 17：单击【Optimization】，在下方参数设置窗口中，可以选择优化方法及求解设置，优化方法（Method Selection）保持默认为自动【Auto】，方法名称（Method Name）为多目标优化【MOGA】，也可以手动选择其他优化方法，读者可自行尝试；还需要关注的是，结果候选点最大数量（Maximum Number of Candidates），系统默认为 3，即优化会生成 3 组最合适的结果，读者也可以设置成其他值，在此保持默认，各参数设置如图 9-34 所示。

步骤 18：右键单击优化【Optimization】，选择【Update】更新并生成结果，求解完成后

Outline of Schematic B4: Optimization

	A	B	C
1		Enabled	Monitoring
2	Optimization		
3	Objectives and Constraints		
4	Domain		
5	Static Structural (A1)		
6	P1 - XYPlane.D1	☑	
7	P4 - XYPlane.H4	☑	
8	P5 - Extrude1.FD1	☑	
9	Parameter Relationships		
10	Results		

图 9-32　优化设置窗口

Table of Schematic B4: Optimization

	A	B	C	D	E	F	G	H	I
1	Name	Parameter	Objective			Constraint			
2			Type	Target	Tolerance	Type	Lower Bound	Upper Bound	Tolerance
3	P1	P1 - XYPlane.D1	No Objective			No Constraint			
4	P4	P4 - XYPlane.H4	No Objective			No Constraint			
5	P5	P5 - Extrude1.FD1	No Objective			No Constraint			
6	Minimize P6	P6 - Solid Mass	Minimize	0		No Constraint			
7	P7 <= 0.003 mm	P7 - Total Deformation Maximum	No Objective			Values <= Upper Bound		0.003	0.001
8	P8 <= 31 MPa	P8 - Equivalent Stress Maximum	No Objective			Values <= Upper Bound		31	0.001
*		Select a Parameter							

图 9-33　优化约束和目标设置

会生成图 9-35 所示优化结果，可以看到生成 3 组最优解，后续可根据实际情况对变量进行修正验证结果。

Properties of Outline A2: Optimization

	A	B
1	Property	Value
2	Design Points	
4	Failed Design Points Management	
6	Optimization	
7	Method Selection	Auto
8	Estimated Number of Evaluations	14400
9	Method Name	MOGA
10	Tolerance Settings	☑
11	Verify Candidate Points	☐
12	Number of Initial Samples	3000
13	Number of Samples Per Iteration	600
14	Maximum Allowable Pareto Percentage	70
15	Convergence Stability Percentage	2
16	Maximum Number of Iterations	20
17	Maximum Number of Candidates	3
18	Optimization Status	
25	Design Point Report	
26	Report Image	None

图 9-34　优化参数设置窗口

Table of Schematic B4: Optimization

	A	B	C	D
1	Optimization Study			
2	Minimize P6	Goal, Minimize P6 (Default importance)		
3	P7 <= 0.003 mm	Strict Constraint, P7 values less than or equals to 0.003 mm (Default importance)		
4	P8 <= 31 MPa	Strict Constraint, P8 values less than or equals to 31 MPa (Default importance)		
5	Optimization Method			
6	MOGA	The MOGA method (Multi-Objective Genetic Algorithm) is a variant of the popular NSGA-II (Non-dominated Sorted Genetic Algorithm-II) based on controlled elitism concepts. It supports multiple objectives and constraints and aims at finding the global optimum.		
7	Configuration	Generate 3000 samples initially, 600 samples per iteration and find 3 candidates in a maximum of 20 iterations.		
8	Status	Converged after 7619 evaluations.		
9	Candidate Points			
10		Candidate Point 1	Candidate Point 2	Candidate Point 3
11	P1 - XYPlane.D1 (mm)	9.0069	9.0067	9.0022
12	P4 - XYPlane.H4 (mm)	45.002	45.082	45.124
13	P5 - Extrude1.FD1 (mm)	9.1972	9.1898	9.1887
14	P6 - Solid Mass (kg)	— 0.067714	— 0.067763	— 0.067771
15	P7 - Total Deformation Maximum (mm)	★★★ 0.0038416	★★★ 0.0038484	★★★ 0.003852
16	P8 - Equivalent Stress Maximum (MPa)	★★★ 30.487	★★★ 30.596	★★★ 30.628

图 9-35 优化结果

9.3 结构优化设计实例：装配体优化

在实际项目中，装配体的优化也是比较常见的。在操作流程方面，装配体的优化与单一零件的优化是有一些区别的。本章主要讲解在 SolidWorks 中建立装配体模型并进行变量化处理，然后再在 ANSYS Workbench 中进行分析及优化操作。

9.3.1 问题描述

几何模型如图 9-36 所示，其中横梁的尺寸为 50mm×10mm×5mm，滑块的尺寸为 10mm×10mm×5mm，分析工况为横梁两端固定，移动滑块上方施加向下 1MPa 的压力，右侧面施加向右 2mm 的强制位移，试对模型进行静力学分析并根据分析结果做响应面优化分析。

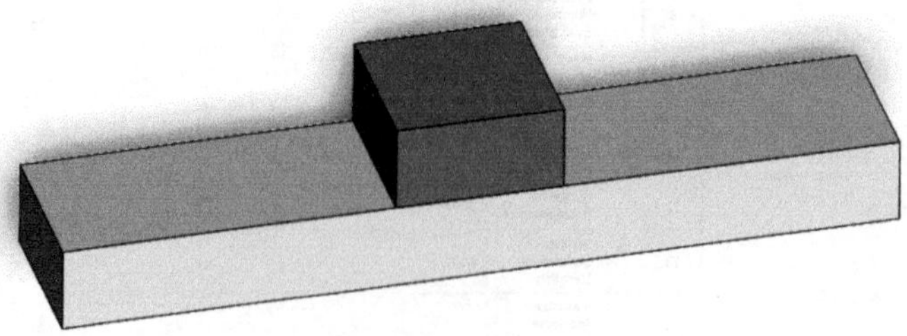

图 9-36 几何模型

9.3.2 分析流程

1. 前处理

步骤 1：新建两个零件，分别绘制草图如图 9-37 和图 9-38 所示，并拉伸 5mm，以 9.3-1

和 9. 3-2 名称保存。

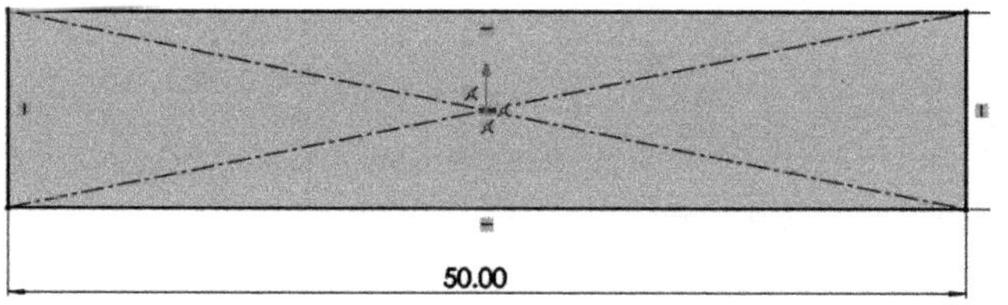

图 9-37　横梁草图

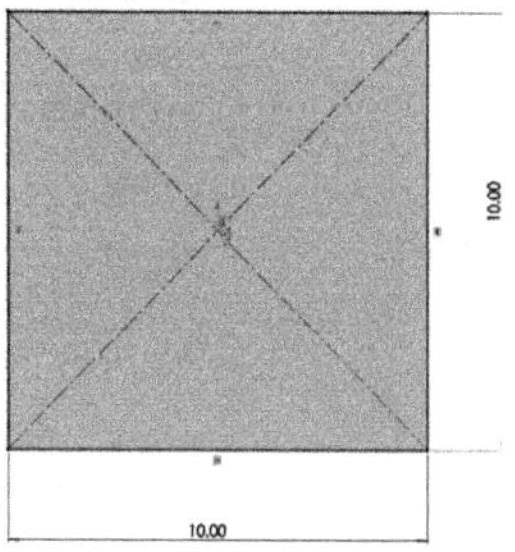

图 9-38　滑块草图

步骤 2：建议将 SOLIDWORKS 模型树中的草图特征和拉伸特征分别重命名为字母状态，以免发生未知错误。例如横梁命名为 caotu_1 和 lashen_1，滑块命名为 caotu_2 和 lashen_2，如图 9-39 和图 9-40 所示。

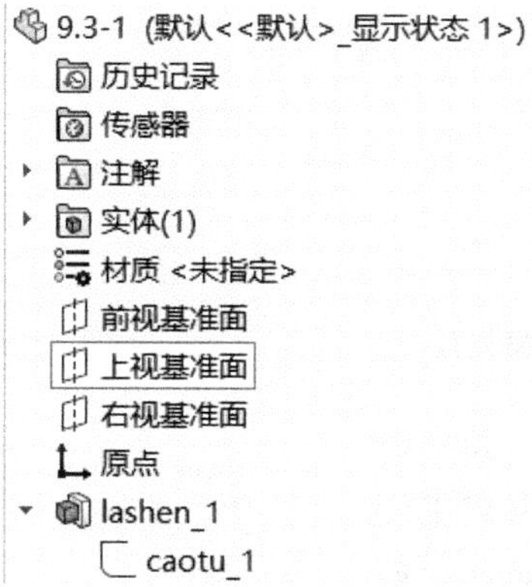

图 9-39　横梁特征重命名

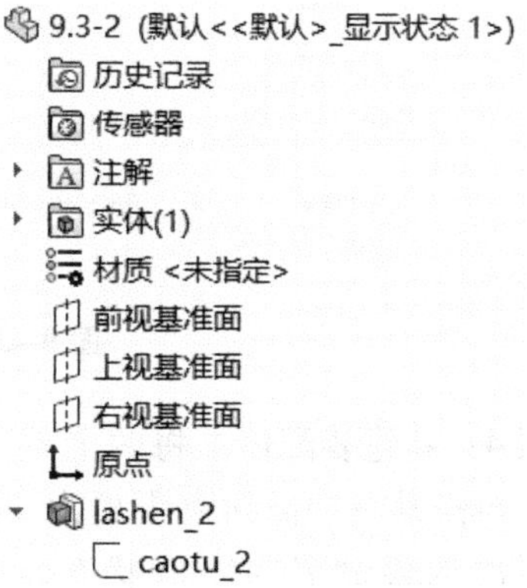

图 9-40　滑块特征重命名

步骤 3：在横梁 9. 3-1 零件下，在菜单栏选择【工具】-【方程式】命令，弹出图 9-41 所示对话框，列表显示所有相关尺寸变量，在所有尺寸变量名称前面添加上“DS_”三个字符，即表示对该参数可以实现数据交互，如图 9-42 所示，对滑块参数进行同样操作，如图 9-43 所示。建议将所有参数建立数据交互关系。

图 9-41　横梁初始参数

图 9-42　横梁参数实现数据交互

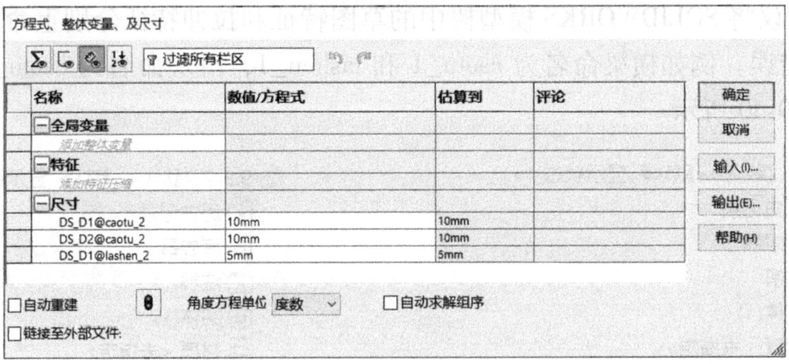

图 9-43　滑块参数实现数据交互

步骤 4：新建装配体，将两个零件进行装配处理，其中滑块左端面与横梁左端面约束距离为 20mm，同样将模型树中配合下的距离约束命名为字母状态，此处命名为 Distance，如图 9-44 所示。

步骤 5：重复步骤 3 的操作，将距离约束尺寸进行数据交互处理，如图 9-45 所示，将装配图保存，命名为“9.3”。

步骤 6：在装配文件下选择菜单栏【工具】-【ANSYS 2022 R1】-【Ansys Workbench】命令，如图 9-46 所示，进入 ANSYS Workbench 平台，如图 9-47 所示，软件自动创建一个几何模型流程。

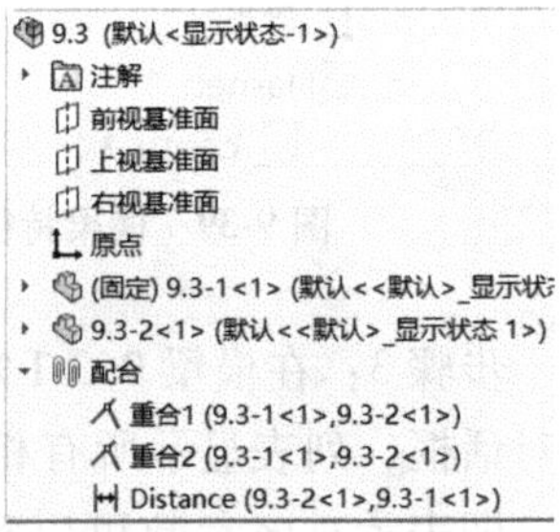

图 9-44　装配约束

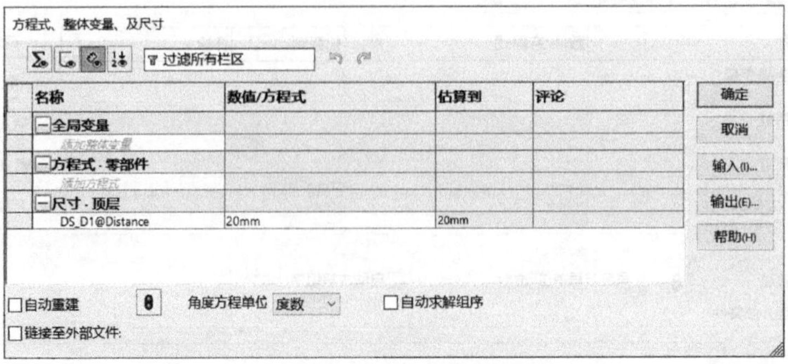

图 9-45　装配约束尺寸实现数据交互

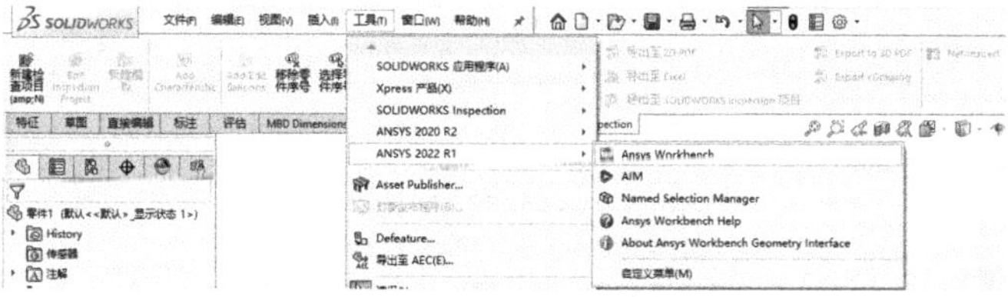

图 9-46　由 SOLIDWORKS 进入 ANSYS Workbench

步骤 7：右键单击几何建模【Geometry】进入 DesignModeler 界面，更新几何模型，单击模型树中的【Attach1】，在参数设置窗口中将显示已经实现数据交互的参数，将两个零件的拉伸深度保持为常数，即除了两个拉伸深度参数，其他全部作为设计变量，如图 9-48 所示。

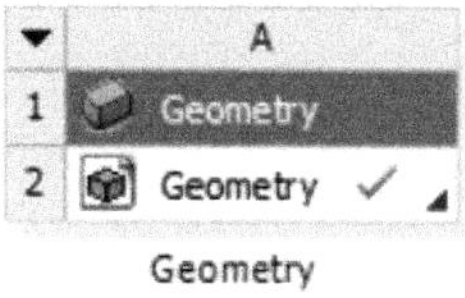

图 9-47　几何模型流程

Mixed Import Resolution	None
Import Facet Quality	Source
DesignModeler Geometry Options	
Simplify Geometry	No
Heal Bodies	Yes
Clean Bodies	Normal
7 Parameters	
P A1@DS_D1@distance1@7.9.3.0.Assembly	20
P P3@DS_D1@edrawing@7.9.3.0.2.Part	10
P P3@DS_D2@edrawing@7.9.3.0.2.Part	10
P3@DS_D1@extrude1@7.9.3.0.2.Part	5
P P5@DS_D1@edrawing1@7.9.3.0.1.Part	50
P P5@DS_D2@edrawing1@7.9.3.0.1.Part	10
P5@DS_D1@extrude1@7.9.3.0.1.Part	5

图 9-48　选择参数作为设计变量

步骤 8：关闭 DesignModeler，返回 Workbench 界面，可以看到图 9-49 所示 Parameter Set，表示变量设置成功，双击【Parameter Set】，可以查看此时已经设置的变量，如图 9-50 所示。也可以人为约束尺寸关系，如 P3 = P1，P5 = P1。

步骤 9：新建一个静力学分析基本流程，并将 B2 几何建模（Geometry）单元与流程 A 的 A2 单元关联，如图 9-51 所示。

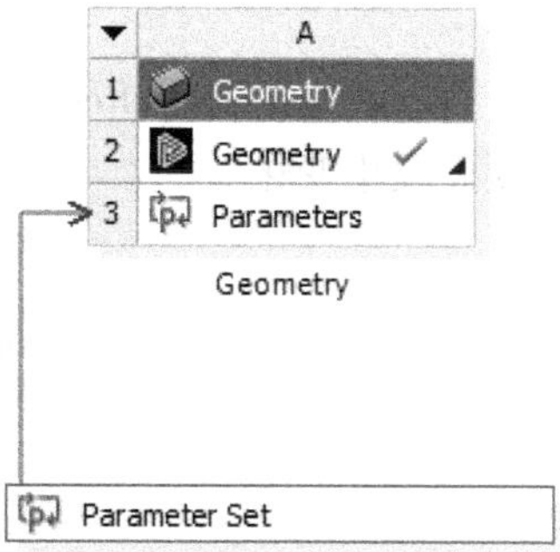

图 9-49　变量设置成功

2. 求解

步骤 10：双击 B4 模型【Model】单元进入 Mechanical 界面，材料保持默认，网格划分保持默认，滑块下表面与横梁上表面设置为摩擦接触，设置摩擦系数为 0.15，其他参数保持默认。

需要注意的是，由于优化分析会根据试验设计点更新几何模型和分析设置，此时连接关系也将自动更新，每次更新，软件将默认为绑定，这不是我们想要的效果，此时需要关掉连接关系自动更新。单击模型树中的【Connections】，在左下方参数设置窗口中将 Generate Au-

	A	B	C	D
1	ID	Parameter Name	Value	Unit
2	⊟ Input Parameters			
3	⊟ Geometry (A1)			
4	P1	A1@DS_D1@distance1@7.9.3.0.Assembly	20	
5	P2	P3@DS_D1@edrawing@7.9.3.0.2.Part	10	
6	P3	P3@DS_D2@edrawing@7.9.3.0.2.Part	10	
7	P4	P5@DS_D1@edrawing1@7.9.3.0.1.Part	50	
8	P5	P5@DS_D2@edrawing1@7.9.3.0.1.Part	10	
*	New input parameter	New name	New expression	
10	⊟ Output Parameters			
*	New output parameter		New expression	
12	Charts			

图 9-50　初始变量

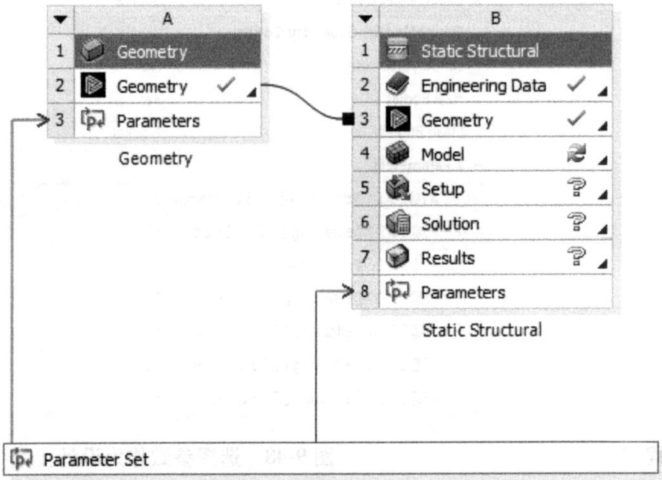

图 9-51　新建静力学分析基本流程

tomatic Connection On Refresh 栏设置为【No】，如图 9-52 所示，此时连接关系将不随几何模型更新而发生变化。

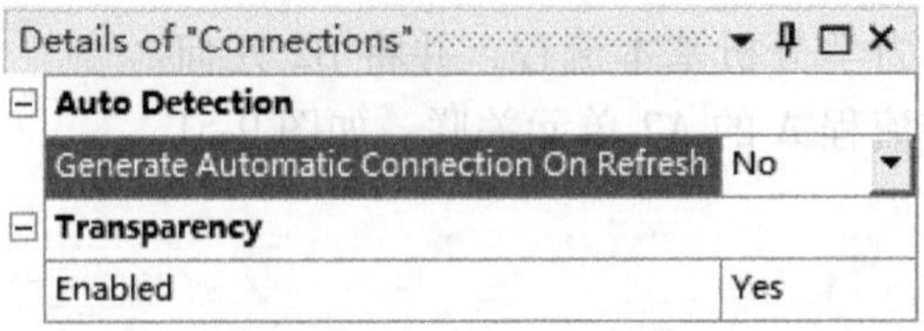

图 9-52　关闭自动更新连接关系

步骤 11：约束条件设置为横梁两侧固定，加载条件设置为滑块上表面施加向下 1MPa 的压力，滑块右侧施加向右 2mm 的强制位移，设置分析载荷步为 20 步，求解。

3. 后处理

步骤 12：后处理查看等效应力和横梁上表面变形结果，如图 9-53 和图 9-54 所示。

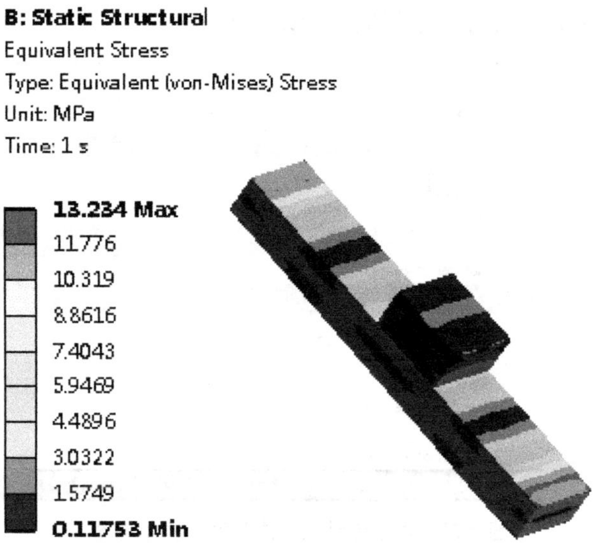

图 9-53　等效应力云图

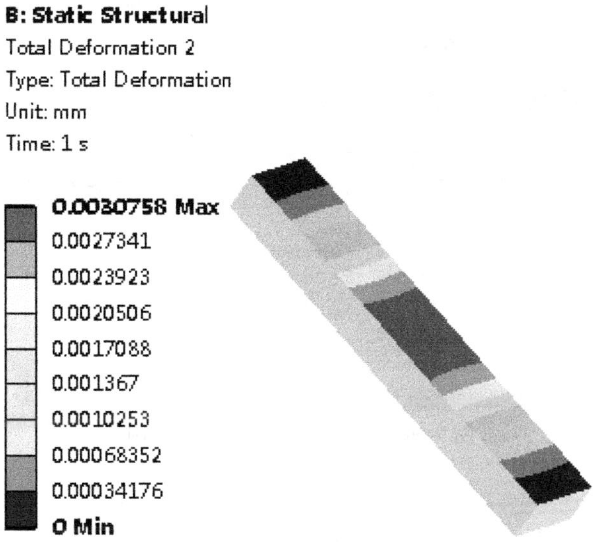

图 9-54　横梁上表面总变形云图

4. 优化分析

步骤 13：将最大等效应力和横梁上表面最大总变形值设为变量，单击模型树中的几何模型【Geometry】，在左下方参数设置窗口中将 Properties 项的 Mass 栏前的复选框勾选，将几何模型总质量设为变量。

步骤 14：返回 Workbench 界面，双击工具箱（Toolbox）下优化设计（Design Exploration）中的响应面优化【Response Surface Optimization】，新建一个响应面优化分析流程；双击【Design of Experiments】，进入试验设计分析窗口，单击窗口中的【Design of Experiments】，进入图 9-55 所示窗口，设置试验设计类型为拉丁超立方【Latin Hypercube Sampling Design】，样本类型为用户自定义【User-Defined Samples】，样本数量为 15，如图 9-55 所示，读者也可

根据电脑配置更改样本数量或者采用其他试验设计类型。

	A	B
1	Property	Value
2	⊟ Design Points	
3	Preserve Design Points After DX Run	☐
4	⊟ Failed Design Points Management	
5	Number of Retries	0
6	⊟ Design of Experiments	
7	Design of Experiments Type	Latin Hypercube Sampling Design
8	Samples Type	User-Defined Samples
9	Random Generator Seed	0
10	Number of Samples	15
11	⊞ Design Point Report	

图 9-55 试验设计点生成类型和样本数量

步骤 15：查看变量取值范围，装配体宽度值为 9mm、11mm，手动调整为 8.5mm、10.5mm，直接在相应位置处输入 8.5 和 10.5 即可，如图 9-56 所示，其他保持默认，预览并更新试验设计点数据，结果如图 9-57 所示。

Properties of Outline A6: P2 - P3@DS_D1@caotu_2@9.3_2.Part

	A	B
1	Property	Value
2	⊟ General	
3	Units	
4	Type	Design Variable
5	Classification	Continuous
6	⊟ Values	
7	Lower Bound	8.5
8	Upper Bound	10.5
9	Allowed Values	Any

图 9-56 设置装配体宽度取值范围

Table of Outline A2: Design Points of Design of Experiments

	A	B	C	D	E	F	G	H	I
1	Name	P1 - A1@DS_D... .9.3.0 .Assembly	P2 - P3@DS_D... .9.3.0.2 .Part	P3 - P3@DS_D2... .9.3.0.2.Part	P4 - P5@DS_D... .9.3.0.1 .Part	P5 - P5@DS_D... .9.3.0.1 .Part	P7 - Equiva... Stress Maximum (MPa)	P8 - Total Deformation 2 Maximum (mm)	P9 - Geometry Mass (kg)
2	1	20.267	10.033	10.133	48	9.0667	16.064	0.0030256	0.021072
3	2	21.067	9.5	10.267	54	9.3333	15.137	0.0041182	0.02361
4	3	18.133	9.6333	9.3333	50.667	10.267	12.326	0.0028196	0.023946
5	4	20.8	8.5667	10.8	46.667	9.7333	13.86	0.0024112	0.02146
6	5	18.4	8.8333	9.4667	46	9.4667	11.291	0.0021806	0.020374
7	6 DP 19	21.867	8.7	9.2	48.667	10.4	11.13	0.0022125	0.023007
8	7	20.533	10.3	10.667	49.333	9.6	15.781	0.0033528	0.022901
9	8	21.6	9.9	10.533	52	10.667	13.635	0.0033826	0.025864
10	9	19.2	8.9667	10	52.667	9.2	14.722	0.0035161	0.022537
11	10	18.933	9.7667	10.933	45.333	10.8	13.333	0.0022493	0.023408
12	11	19.733	9.2333	9.7333	50	10.533	11.315	0.0027065	0.024199
13	12	18.667	10.167	9.6	53.333	10	14.625	0.0035614	0.024764
14	13	20	9.3667	9.8667	51.333	10.933	11.643	0.0028964	0.025656
15	14	21.333	10.433	9.0667	47.333	9.8667	14.406	0.0023276	0.022043
16	15	19.467	9.1	10.4	54.667	10.133	14.644	0.0036809	0.025457

图 9-57 生成试验设计点

步骤 16：查看求解后的最大等效应力范围和横梁上表面变形取值范围，如图 9-58 和图 9-59 所示。

Properties of Outline A12: P7 - Equivalent Stress Maximum

	A	B
1	Property	Value
2	⊟ General	
3	Units	MPa
4	⊟ Values	
5	Calculated Minimum	11.13
6	Calculated Maximum	16.064

图 9-58　最大应力取值范围

Properties of Outline A13: P8 - Total Deformation 2 Maximum

	A	B
1	Property	Value
2	⊟ General	
3	Units	mm
4	⊟ Values	
5	Calculated Minimum	0.0021806
6	Calculated Maximum	0.0041182

图 9-59　横梁上表面最大变形取值范围

步骤 17：返回 Workbench 界面，双击响应面【Response Surface】单元，进入响应面构建窗口，设置响应面类型为 Kriging，其他保持默认设置，如图 9-60 所示。更新求解，查看装配体长度和宽度与上表面最大变形之间的响应面，如图 9-61 所示，其他响应面读者可自行生成。

Properties of Outline A2: Response Surface

	A	B
1	Property	Value
2	⊟ Design Points	
3	Preserve Design Points After DX Run	☐
4	⊟ Failed Design Points Management	
5	Number of Retries	0
6	⊟ Meta Model	
7	Response Surface Type	Kriging
8	Kernel Variation Type	Variable
9	⊟ Refinement	
10	Refinement Type	Manual
11	⊟ Verification Points	
12	Generate Verification Points	☐
13	⊟ Design Point Report	
14	Report Image	None

图 9-60　响应面类型设置

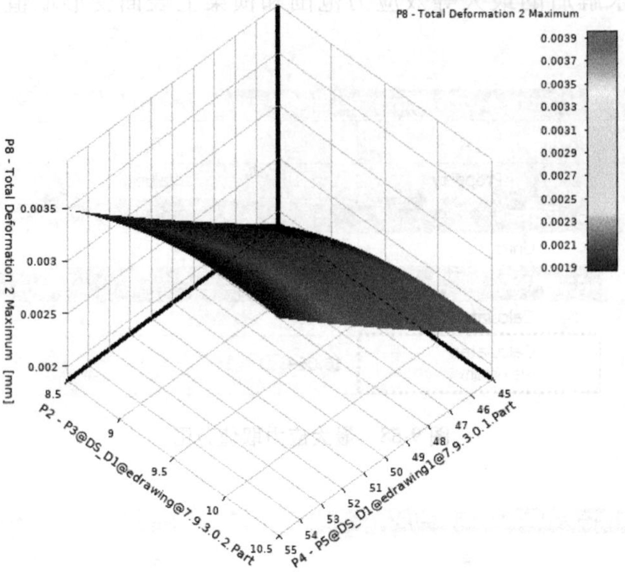

图 9-61　装配体长度和宽度与上表面最大变形之间的响应面

步骤 18：双击【Optimization】进入优化设计窗口，设置优化目标为最大等效应力 10MPa，横梁上表面最大总变形值小于或等于 0.003mm，如图 9-62 所示。

	A	B	C	D	E	F	G	H	I
1	Name	Parameter	Objective			Constraint			
2			Type	Target	Tolerance	Type	Lower Bound	Upper Bound	Tolerance
3	Seek P7 = 10 MPa	P7 - Equivalent Stress Maximum	Seek Target	10	0.001	No Constraint			
4	P8 <= 0.003 mm	P8 - Total Deformation 2 Maximum	No Objective			Values <= Upper Bound		0.003	0.001
*		Select a Parameter							

图 9-62　优化目标

步骤 19：单击模型树中的【Domain】，弹出变量设置窗口，将变量装配体宽度取值范围改为 9mm、10mm，并输入三个约束条件，装配体长度、宽度≥5，装配初始间隙+装配体宽度≤70，装配体长度×装配体宽度≥450，如图 9-63 所示。

	A	B	C	D
1	Input Parameters			
2	Name	Lower Bound	Upper Bound	
3	P1 - A1@DS_D1@distance1@7.9.3.0.Assembly	18	22	
4	P2 - P3@DS_D1@edrawing@7.9.3.0.2.Part	9	10	
5	P3 - P3@DS_D2@edrawing@7.9.3.0.2.Part	9	11	
6	P4 - P5@DS_D1@edrawing1@7.9.3.0.1.Part	45	55	
7	P5 - P5@DS_D2@edrawing1@7.9.3.0.1.Part	9	11	
8	Parameter Relationships			
9	Name	Left Expression	Operator	Right Expression
10	P4/P2 >= 5	P4/P2	>=	5
11	P1+P4 <= 70	P1+P4	<=	70
12	P2*P4 >= 450	P2*P4	>=	450
*	New Parameter Relationship	New Expression	<=	New Expression

图 9-63　优化约束

步骤 20：设置优化方法为手动【Manual】、多目标优化【MOGA】，设置候选点数量为5，如图 9-64 所示，求解。

	A	B
1	Property	Value
3	Preserve Design Points After DX Run	☐
4	⊟ Failed Design Points Management	
5	Number of Retries	0
6	⊟ Optimization	
7	Method Selection	Manual
8	Method Name	MOGA
9	Estimated Number of Evaluations	24000
10	Tolerance Settings	☑
11	Verify Candidate Points	☐
12	Number of Initial Samples	5000
13	Number of Samples Per Iteration	1000
14	Maximum Allowable Pareto Percentage	70
15	Convergence Stability Percentage	2
16	Maximum Number of Iterations	20
17	Maximum Number of Candidates	5
18	⊞ Optimization Status	
25	⊟ Design Point Report	
26	Report Image	None

图 9-64　优化设置

步骤 21：查看收敛结果如图 9-65 所示，读者可根据计算结果对变量进行修正验证结果。

	A	B	C	D	E	F
1	[illegible]					
2	Seek P7 = 10 MPa	Goal, Seek P7 = 10 MPa (Default Importance)				
3	P8 <= 0.003 mm	Strict Constraint, P8 values less than or equals to 0.003 mm (Default importance)				
4	⊟ Optimization Method					
5	MOGA	The MOGA method (Multi-Objective Genetic Algorithm) is a variant of the popular NSGA-II (Non-dominated Sorted Genetic Algorithm-II) based on controlled elitism concepts. It supports multiple objectives and constraints and aims at finding the global optimum.				
6	Configuration	Generate 5000 samples initially, 1000 samples per iteration and find 5 candidates in a maximum of 20 iterations.				
7	Status	Converged after 14837 evaluations.				
8	⊟ Candidate Points					
9		Candidate Point 1	Candidate Point 2	Candidate Point 3	Candidate Point 4	Candidate Point 5
10	P1 - A1@DS_D1@distance1@7.9.3.0.Assembly	21.836	21.852	18.008	21.833	21.858
11	P2 - P3@DS_D1@edrawing@7.9.3.0.2.Part	9.38	9.4789	9.4444	9.4104	9.4605
12	P3 - P3@DS_D2@edrawing@7.9.3.0.2.Part	9.8214	9.7268	9.78	9.8791	9.8195
13	P4 - P5@DS_D1@edrawing1@7.9.3.0.1.Part	48.107	47.761	47.664	47.924	47.874
14	P5 - P5@DS_D2@edrawing1@7.9.3.0.1.Part	10.91	10.771	10.807	10.715	10.772
15	P7 - Equivalent Stress Maximum (MPa)	10	10	10.003	10.003	9.9967
16	P8 - Total Deformation 2 Maximum (mm)	0.0024674	0.0024553	0.0023495	0.0025409	0.0025055

图 9-65　优化结果

第 10 章 ANSYS Workbench 复合材料分析

10.1 复合材料分析简介

复合材料，是由两种或者两种以上不同性质的材料，通过物理或者化学的方法，在宏观上组成具有新性能的材料。各种材料在性能上取长补短，产生协同效应，使新的复合材料性能优于组成部分进而满足产品的需求。复合材料按其构成又分为基体材料和增强材料。其中，基体材料可以分为金属和非金属两大类。金属基体常用的有铝、镁、铜、钛及其合金。非金属基体常用的有合成树脂、橡胶、陶瓷、石墨、碳等。增强材料主要有玻璃纤维、碳纤维、芳纶纤维、碳化硅纤维、石棉纤维、金属丝等。

相比于传统材料，复合材料的特点有：

1）可设计性好，也就是设计人员可以根据所需制品对力学及其他性能的要求，在对结构进行设计的同时也可对材料进行力学设计和功能设计。正是这种可设计性，使得我们可以根据制品的需要重点设计某一种或者几种物理性能，一些不需要的性能可以不考虑，进而降低总成本。

2）轻质高强，也就是设计人员通过组合可以用质量比较轻的材料获得所需的性能要求。

目前复合材料应用的领域主要有：①航空航天领域，由于复合材料热稳定性好、比强度和比刚度高，所以广泛应用于制造飞机机翼和前机身、卫星天线及其支撑结构、太阳能电池翼和外壳、大型运载火箭的壳体、发动机壳体、航天飞机结构件；②汽车领域，由于复合材料具有特殊的振动阻尼特性，能够减振降噪，并且具有良好的抗疲劳特性和整体成型性，故可以用于制作汽车车身、受力件、传动轴、发动机架和发动机内部零件；③化工、纺织和机械制造领域，因其良好的耐腐蚀性，复合材料大量应用于制造化工设备、纺织机、高速机床和精密仪器等；④医学领域，因具有优异的力学性能和不吸收 X 射线，复合材料广泛应用于医用 X 光机和矫形支架，此外，由于具有好的生物组织相容性和血液相容性，复合材料也用于制作生物医学材料。

通常而言，复合材料具有多层结构，它的最基本单元是铺层。铺层是指一层单向带或织物形成的复合材料单向层，铺层具有方向性，铺层的方向用纤维的铺层角表示。由两层或两层以上不同材料铺层以一定角度层合压制而成的复合材料板材称为层合板。为了满足需要，复合材料层压结构件的基本单元正是这种由各种不同铺层设计要素组成的层合板以一定角度层合压制而成。

10.2　复合材料分析功能概述

Ansys Composite PrepPosite（ACP）是 ANSYS Workbench 平台下的前、后处理模块，可以实现与平台下其他模块数据的交互，主要用来实现层压结构复合材料的有限元分析。

1. ACP 失效准则

在进行 ACP 复合材料有限元分析前，首先需要了解 ACP 的失效准则，ACP 中提供了以下几种失效准则：

1）最大应力准则：该准则认为材料在复杂应力状态下由线弹性状态进入破坏状态的原因是复杂应力中的某个应力分量达到了材料相应的基本强度值。

2）最大应变准则：该准则认为材料在复杂应力状态下由线弹性状态进入破坏状态的原因是各正轴方向的应变值达到了材料各基本强度所对应的应变值。

3）多项式失效模式准则：多项式失效模式准则包括蔡-希尔（Tsai-Hill）准则和蔡-吴（Tsai-Wu）准则，二者均应用于材料正轴方向拉压强度相等的正交异性材料。

蔡-希尔（Tsai-Hill）准则的基本假设为静水压不影响屈曲和材料拉压性能相等，且对应屈服面的轴线是静水压线，但这显然与各向异性材料的实际情况不相符。而蔡-吴（Tsai-Wu）准则对应屈服面的轴线不是静水压线，即考虑了各向异性条件下静水压可能影响屈服的因素，又考虑了不同拉压屈服强度，这弥补了蔡-希尔（Tsai-Hill）准则的不足。因此，对于拉压性能差别不大的材料，可以选用蔡-希尔（Tsai-Hill）准则，对于拉压强度相差很大的材料在复杂应力条件下还是选用蔡-吴（Tsai-Wu）准则比较好。

4）Hashin 准则：该准则基于材料的参数退化准则，并且考虑单层板的累计损伤。

5）Puck 准则：该准则认为如果不满足轴向拉伸、轴向压缩、横向拉伸、横向受压剪切和斜面剪切中的任一准则，即认为材料失效。

6）LaRC 准则：该准则用于判断基体开裂和和纤维断裂两种失效形式。

2. 数据传递

ACP 与 ANSYS Workbench 其他模块的数据传递，如图 10-1 所示。

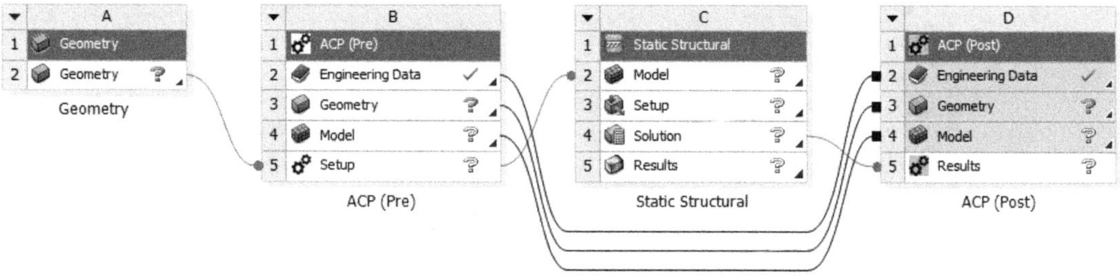

图 10-1　数据传递

3. ACP 材料定义

双击 ACP（Pre）项目下的工程数据【Engineering Data】，即可进入材料的定义窗口，如图 10-2 所示。具体材料定义的方式见第 4 章。

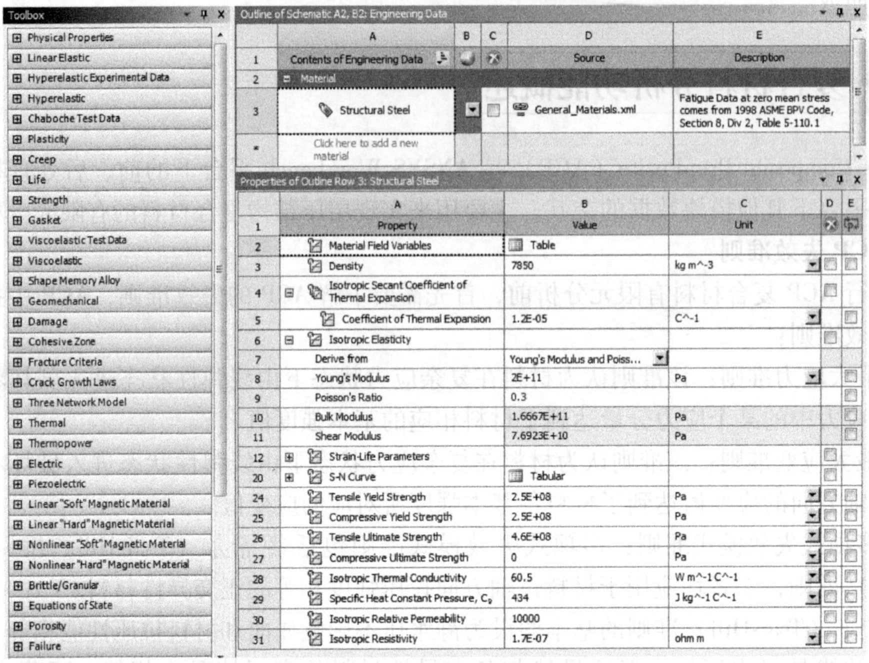

图 10-2 材料定义窗口

4. ACP 的模型构建

由于 ACP 集成在了 Workbench 平台，所以可以在 DesignModeler 平台进行建模，具体的建模方式见第 2 章。

5. ACP 复合材料的铺层材料属性定义

如图 10-3 所示，在该界面可以定义铺层材料的材料属性。

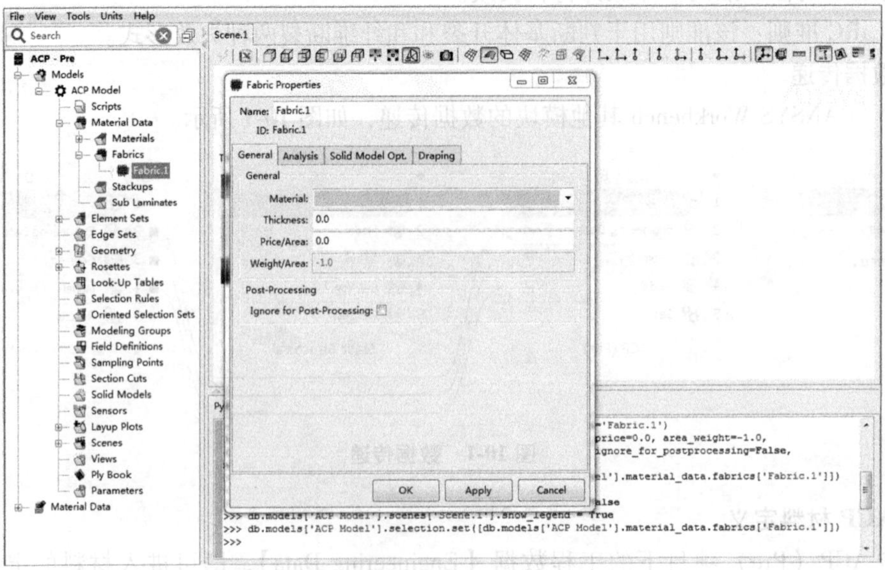

图 10-3 复合材料的铺层材料属性定义

6. ACP 复合材料的铺层信息定义

如图 10-4 所示，该界面用来进行复合材料铺层顺序、铺层厚度、铺层方向角及铺层截面信息的检索和校对。

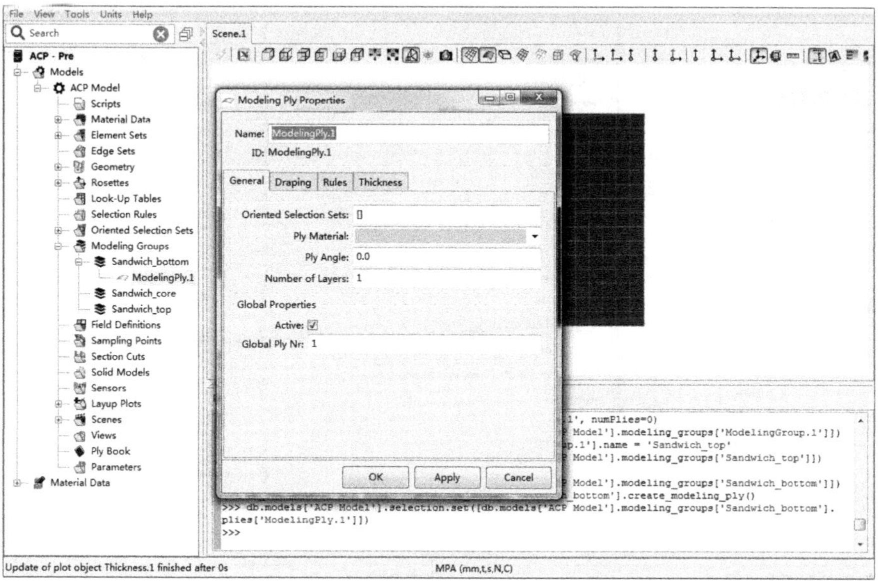

图 10-4　复合材料的铺层信息定义

7. 方向单元设置功能

针对复杂、形状多变的结构，ACP 可以通过方向单元设置（Oriented Selection Sets）功能对复合材料铺层角的问题，如图 10-5 所示。

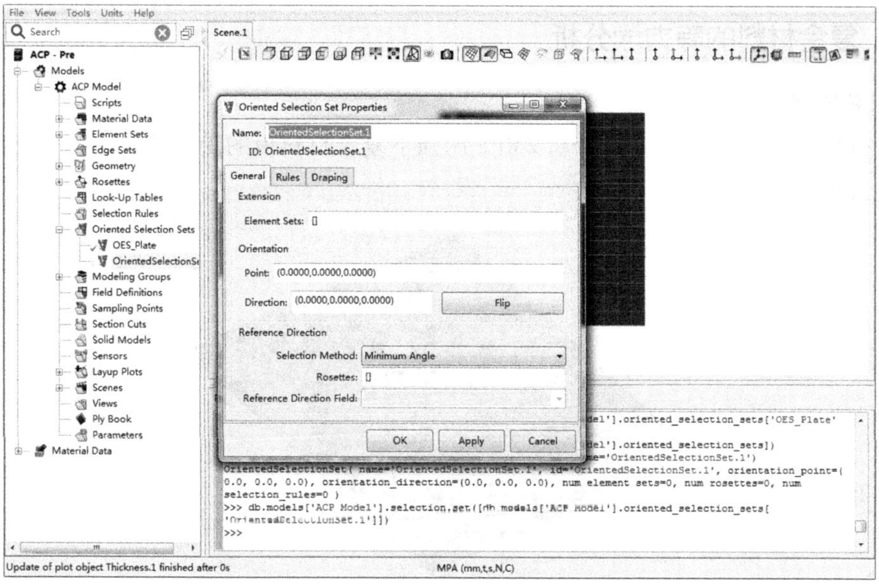

图 10-5　复合材料方向单元设置功能

8. ACP 后处理

ACP 具有强大的后处理功能，可以获得应力、应变、最危险区域等结果。分析结果既可以整体查看也可以针对每一层进行查看，如图 10-6 所示。

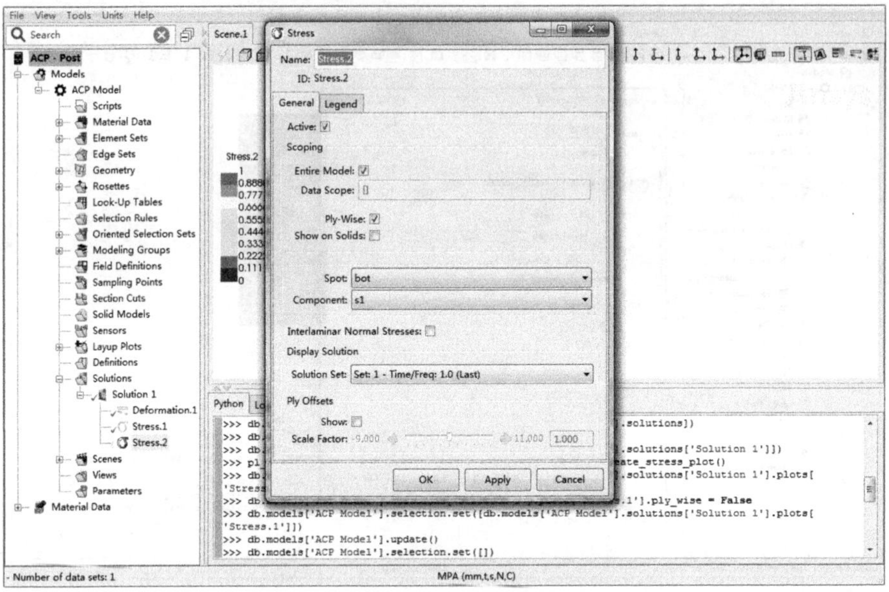

图 10-6 ACP 后处理（应力查看）

10.3 复合材料分析实例

10.3.1 复合材料的静力学分析

1. 问题描述

复合材料板如图 10-7 所示，分析 2MPa 压强下复合材料板的受力情况，同时查看各层应力和失效云图。

图 10-7 复合材料板

2. 分析流程

（1）前处理

步骤 1：启动 ANSYS Workbench 2022 R1，在左侧工具箱（Toolbox）的组件系统（Component Systems）中双击工程数据【Engineering Data】创建工程材料组件，同时在组件系统（Component Systems）中双击【ACP（Pre）】创建复合材料前处理，在工程示意窗口中拖动项目 A2 至 B2，将工程材料组件的内容传递给 ACP（Pre）中的材料，如图 10-8 所示。

步骤 2：双击图 10-8 中的 A2，在弹出的窗口中进行材料定义，如图 10-2 所示。

步骤 3：鼠标左键单击【Click here to add a new material】并输入材料名称【UD_T700】创建一种新的材料；相同的操作再创建一种名为【Corecell_A550】的材料，如图 10-9 所示。

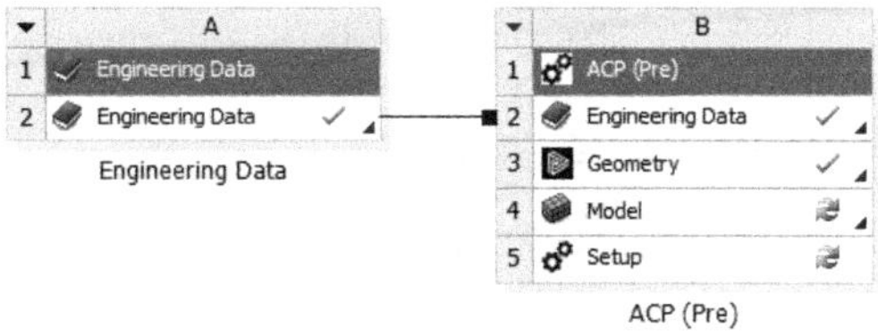

图 10-8 ACP（Pre）项目的创建

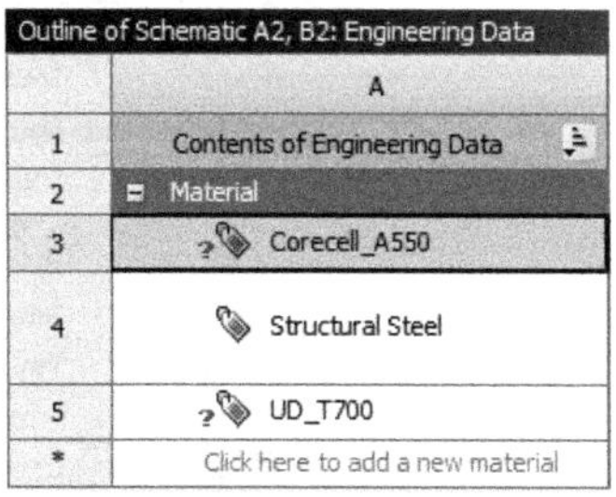

图 10-9 创建材料

步骤 4：鼠标左键单击【UD_T700】材料，在左侧工具箱（Toolbox）中力学性能（Physical Properties）下双击密度【Density】，设置密度为 1600kg/m^3，同时在左侧工具箱（Toolbox）中线弹性（Linear Elastic）下双击正交各向异性弹性【Orthotropic Elasticity】，在 Young's Modules X direction 中输入 1.15×10^5MPa，在 Young's Modules Y direction 中输入 6430MPa，在 Young's Modules Z direction 中输入 6430MPa，在 Poisson's Ratio XY 中输入 0.28，在 Poisson's Ratio YZ 中输入 0.34，在 Poisson's Ratio XZ 中输入 0.28，在 Shear Modules XY 中输入 6GPa，在 Shear Modules YZ 中输入 6GPa，在 Shear Modules XZ 中输入 6GPa；在左侧工具箱（Toolbox）强度（Strength）下双击正交应力极限【Orthotropic Stress Limits】，在 Tensile X direction 中输入 1500MPa，Tensile Y direction 中输入 30MPa，Tensile Z direction 中输入 30MPa，Compressive X direction 中输入 -700MPa，Compressive Y direction 中输入 -100MPa，Compressive Z direction 中输入 -100MPa，Shear XY 中输入 60MPa，Shear YZ 中输入 30MPa，Shear XZ 中输入 60MPa；在左侧工具箱（Toolbox）中强度（Strength）下双击蔡-吴常数【Tsai-Wu Constants】，其相关数值均保持默认；最后在左侧工具箱（Toolbox）中复合材料（Composite）下双击【Ply Type】，其相关设置保持默认。以上各参数属性定义如图 10-10 所示。

步骤 5：鼠标左键单击【Corecell-A550】材料，在左侧工具箱（Toolbox）中力学性能（Physical Properties）下双击密度【Density】，设置密度为 1300kg/m^3，同时在左侧工具箱（Toolbox）中线弹性（Linear Elastic）下双击各向同性弹性【Isotropic Elasticity】，在 Young's Modules 中输入 85MPa，在 Poission's Ratio 中输入 0.3；在左侧工具箱（Toolbox）强度（Strength）下双击正交应力极限【Orthotropic Stress Limits】，在 Tensile X direction 中输入 1.6MPa，Tensile Y direction 中输入 1.6MPa，Tensile Z direction 中输入 1.6MPa，Compressive

Properties of Outline Row 5: UD_T700

	A	B	C	D	E
1	Property	Value	Unit		
2	Material Field Variables	Table			
3	Density	1600	kg m^-3	☐	☐
4	⊟ Orthotropic Elasticity			☐	
5	Young's Modulus X direction	1.15E+05	MPa		☐
6	Young's Modulus Y direction	6430	MPa		☐
7	Young's Modulus Z direction	6430	MPa		☐
8	Poisson's Ratio XY	0.28			☐
9	Poisson's Ratio YZ	0.34			☐
10	Poisson's Ratio XZ	0.28			☐
11	Shear Modulus XY	6000	MPa		☐
12	Shear Modulus YZ	6000	MPa		☐
13	Shear Modulus XZ	6000	MPa		☐
14	⊟ Orthotropic Stress Limits			☐	
15	Tensile X direction	1500	MPa		☐
16	Tensile Y direction	30	MPa		☐
17	Tensile Z direction	30	MPa		☐
18	Compressive X direction	-700	MPa		☐
19	Compressive Y direction	-100	MPa		☐
20	Compressive Z direction	-100	MPa		☐
21	Shear XY	60	MPa		☐
22	Shear YZ	30	MPa		☐
23	Shear XZ	60	MPa		☐
24	⊟ Tsai-Wu Constants			☐	
25	Coupling Coefficient XY	-1			☐
26	Coupling Coefficient YZ	-1			☐
27	Coupling Coefficient XZ	-1			☐
28	⊟ Ply Type			☐	
29	Type	Regular			

图 10-10　材料 UD_T700 属性定义

X direction 中输入-1.1MPa，Compressive Y direction 中输入-1.1MPa，Compressive Z direction 中输入-1.1MPa，Shear XY 中输入 1.1MPa，Shear YZ 中输入-1.1MPa，Shear XZ 中输入 1.1MPa；最后在左侧工具箱（Toolbox）中复合材料（Composite）下双击【Ply Type】，选择【Isotropic Homogeneous Core】。以上各参数属性定义如图 10-11 所示。

步骤 6：退出工程数据（Engineering Data）界面，双击 B3 几何模型【Geometry】进入 DesignModeler 界面，在 XYPlane 绘制边长为 300mm 的正方形，并由此创建壳单元，如图 10-12 所示。

步骤 7：退出 DesignModeler 界面，双击 B4 模型【Model】进入 Mechanical 界面，输入壳单元的厚度为 5mm。单击模型树中的网格【Mesh】，在参数设置窗口中的 Element Size 后输入 20mm，右键单击模型树中的网格【Mesh】，单击【Generate Mesh】生成网格，如图 10-13 所示。

步骤 8：退出 Mechanical 界面，在工程示意窗口中双击 B5 设置【Setup】，进入 ACP 界面，在工具栏位置把单位改成 mm，单击工具栏中的更新【Update】按钮 并稍等片刻，如图 10-14 所示。

Properties of Outline Row 3: Corecell_A550

	A	B	C	D	E
1	Property	Value	Unit		
2	Material Field Variables	Table			
3	Density	1300	kg m^-3		
4	Isotropic Elasticity				
5	Derive from	Young's Modulus and Poiss...			
6	Young's Modulus	85	MPa		
7	Poisson's Ratio	0.3			
8	Bulk Modulus	7.0833E+07	Pa		
9	Shear Modulus	3.2692E+07	Pa		
10	Orthotropic Stress Limits				
11	Tensile X direction	1.6	MPa		
12	Tensile Y direction	1.6	MPa		
13	Tensile Z direction	1.6	MPa		
14	Compressive X direction	-1.1	MPa		
15	Compressive Y direction	-1.1	MPa		
16	Compressive Z direction	-1.1	MPa		
17	Shear XY	1.1	MPa		
18	Shear YZ	1.1	MPa		
19	Shear XZ	1.1	MPa		
20	Ply Type				
21	Type	Isotropic Homogeneous Core			

图 10-11　材料 Corecell_A550 属性定义

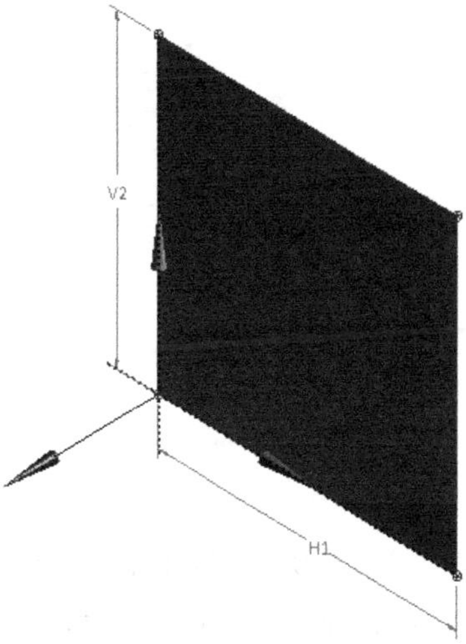

图 10-12　几何模型构建

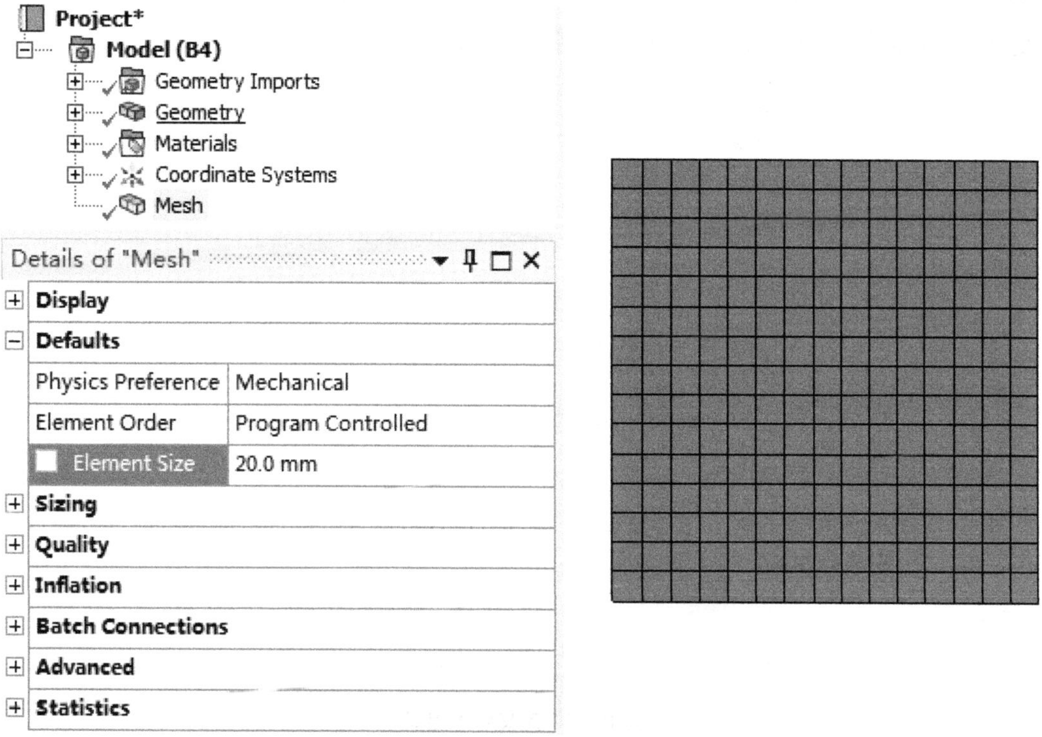

图 10-13　复合材料网格模型

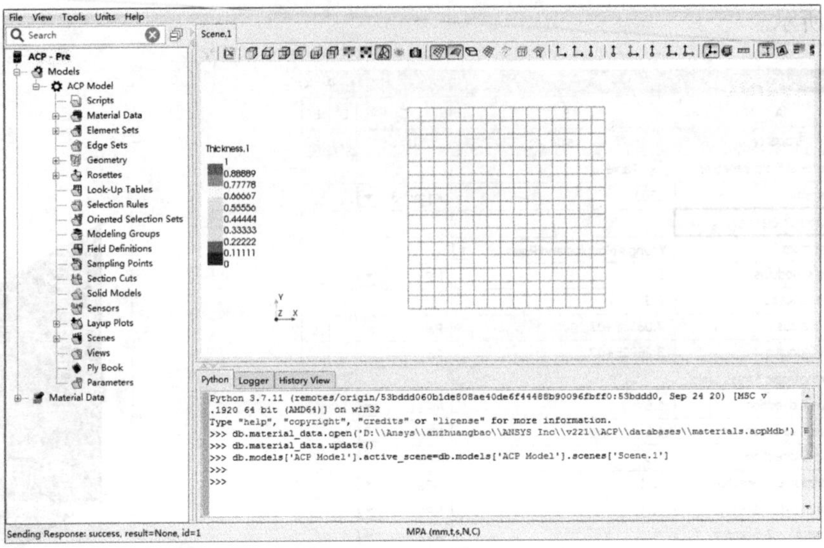

图 10-14 ACP 界面

步骤 9：右键单击模型树中的材料数据（Material Data）下的纤维组织【Fabrics】，在弹出的快捷菜单中选择创建纤维组织【Create Fabric】，在弹出的对话框的 Name 栏中输入 UD_T700_200gsm，Material 栏中选择 UD_T700，在 Thickness 栏中输入 0.2，如图 10-15 所示，其余保持默认并单击【OK】按钮。同样的方法定义名为 Core 的纤维组织，Material 栏中选择 Corecell_A550，在 Thickness 栏中输入 15，其余保持默认并单击【OK】按钮。单击工具栏中的更新【Update】按钮 ，即可完成相关纤维组织的定义。

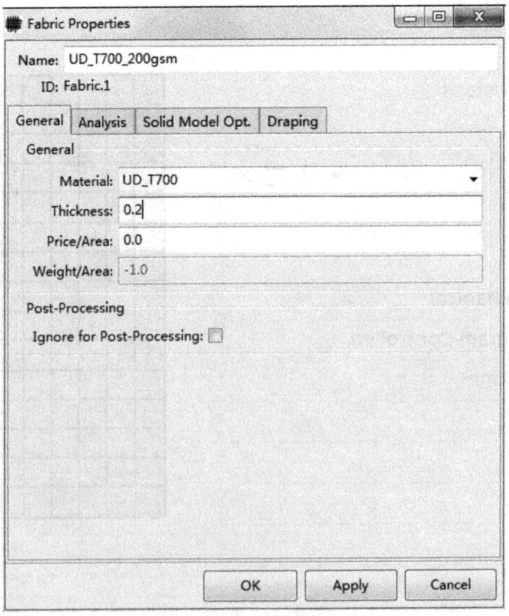

图 10-15 定义纤维组织

步骤 10：右键单击模型树中材料数据（Material Data）下的叠层【Stackups】，在弹出的快捷菜单中选择创建叠层【Create Stackup】，在弹出的对话框的 Name 栏中输入 Biax_Carbon_UD，左键单击 Fabrics 下的【Fabric】创建一行纤维组织表，选择名为 UD_T700_200gsm 的纤维材料，同时在 Angle 栏中输入-45。采用同样的方法再创建一行纤维组织表，选择名为 UD_T700_200gsm 的纤维材料，同时在 Angle 栏中输入 45，如图 10-16 所示。单击【Analysis】选项卡，勾选 Layup 下的【Analysis Plies（AP）】，勾选 Text 下的【Materials】、【Angles】和【Thicknesses】，勾选 Polar 选项下【E1】、【E2】和【G12】，单击【Apply】按钮便出现图 10-17 所示的叠层信息图，单击【OK】按钮完成叠层的创建。

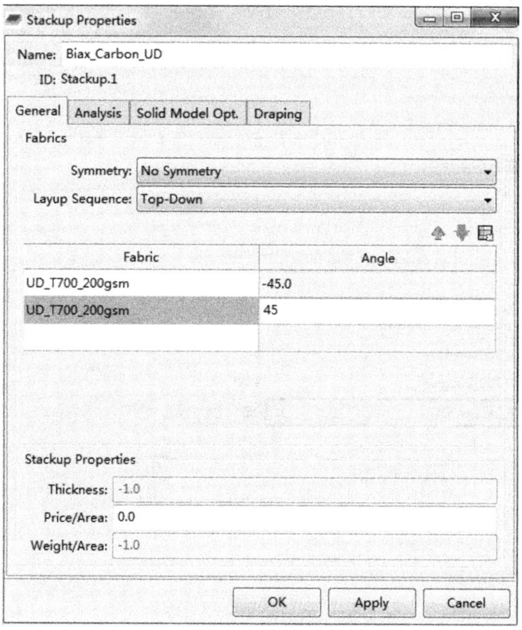

图 10-16　创建分层

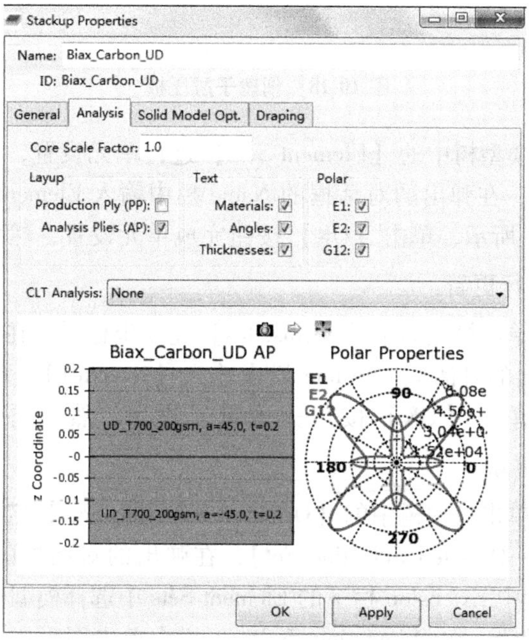

图 10-17　叠层信息

步骤 11：右键单击模型树中材料数据【Material Data】下的子层压板【Sub Laminates】，在弹出的快捷菜单中选择创建子层压板【Create Sub Laminate】，在弹出的对话框的 Name 栏中输入 Sub_Laminate。左键单击 Fabrics 下的 Fabric 创建一行纤维组织表，选择名为 Biax_Carbon_UD 的纤维材料，同时在 Angle 栏中输入 0；采用同样的方法再创建一行纤维组织表，选择 UD_T700_200gsm，在 Angle 栏中输入 90；最后再创建一行纤维组织表，选择【Biax_Carbon_UD】，在 Angle 栏中输入 0，如图 10-18 所示。单击【OK】按钮完成子层板的创建，单击工具栏中的更新【Update】按钮进行更新。

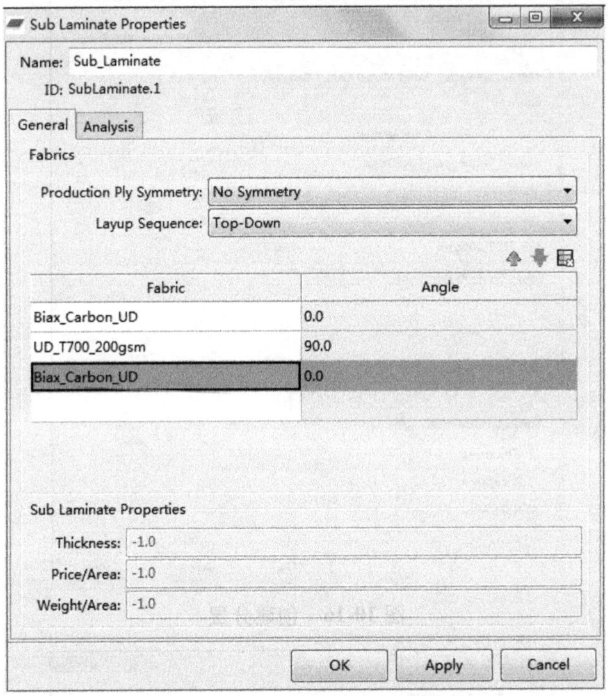

图 10-18　创建子层压板

步骤 12：右键单击模型树中的【Element Sets】进行单元设置，在弹出的快捷菜单中单击【Create Element Set】，在弹出的对话框的 Name 栏中输入 ElementSetBan，用鼠标左键框选整个网格，如图 10-19 所示，单击【OK】按钮完成单元设置，然后再单击工具栏中的更新【Update】按钮进行更新。

步骤 13：鼠标右键单击模型树中的【Rosettes】建立坐标系，在弹出的快捷菜单中选择【Create Rosette】，在弹出的对话框的 Name 栏中输入【Rosette1】，单击复合材料板任一单元，如图 10-20 所示，单击【OK】按钮完成单元设置，然后再单击工具栏中的更新【Update】按钮进行更新。

步骤 14：鼠标右键单击模型树中的【Oriented Selection Sets】定义单元方向，在弹出的快捷菜单中单击【Create Oriented Selection Set】，在弹出的对话框的 Name 栏中输入 OSE_Plate，在 General 选项卡中 Extension 栏下的 Element Sets 中选择模型树中步骤 12 创建的 ElementSetBan，完成单元设置；在 Orientation 下 Point 栏中单击图形中任意一点，完成点的定

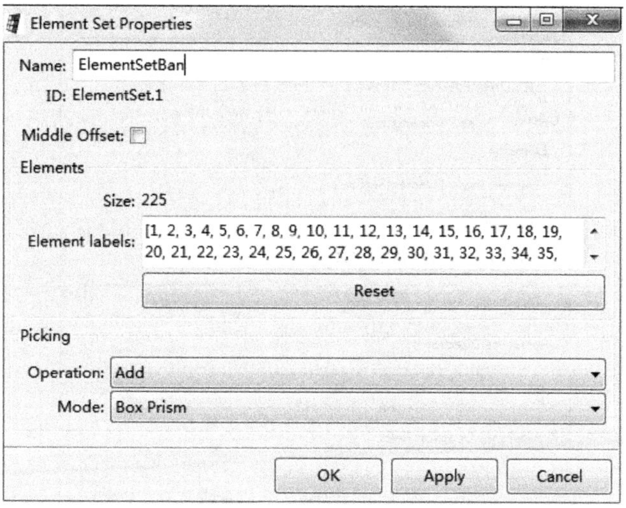

图 10-19　定义单元设置

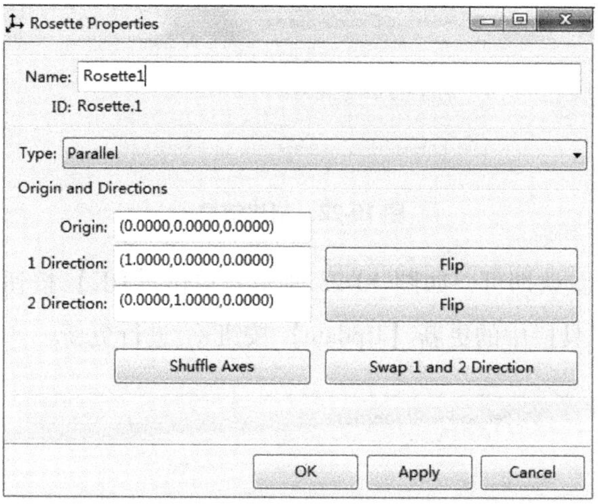

图 10-20　创建坐标系

义；在 Reference Direction 下的 Rosettes 栏中选择模型树中步骤 13 创建的 Rosette1，完成局部坐标系的定义，如图 10-21 所示。单击【OK】按钮，再单击工具栏中的更新【Update】按钮 进行更新。

步骤 15：鼠标右键单击模型树中的【Modeling Groups】创建铺层，在弹出的快捷菜单中单击【Create Modeling Group】，在弹出的对话框的 Name 栏中输入【Sandwich_bottom】，如图 10-22 所示。单击【OK】按钮完成 Sandwich_bottom 铺层的建立，采用同样的方法建立铺层 Sandwich_core 和 Sandwich_top。

步骤 16：鼠标右键单击步骤 15 创建的【Sandwich_bottom】，在弹出的快捷菜单中单击【Create Ply】，在弹出的对话框的 Name 栏中输入【Bottom_1】，在 General 选项的 Oriented Selection Sets 栏中选择模型树中步骤 14 创建的【OSE_Plate】；在 Ply Material 栏中选择

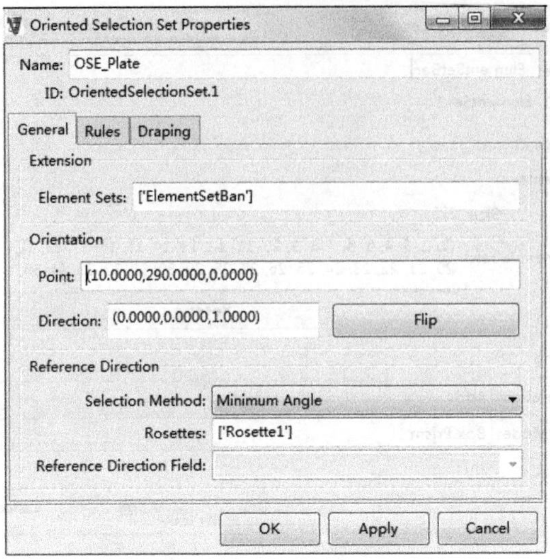

图 10-21　定义单元方向

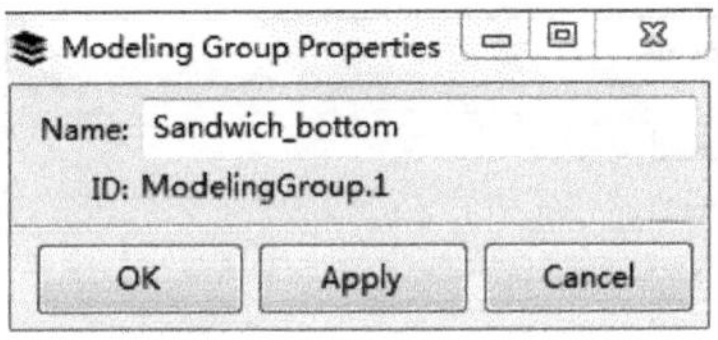

图 10-22　创建铺层

【Sub_Laminate】，其余默认即可，如图 10-23 所示。单击【OK】按钮完成 Sandwich_bottom 铺层的建立，再单击工具栏中的更新【Update】按钮 进行更新。

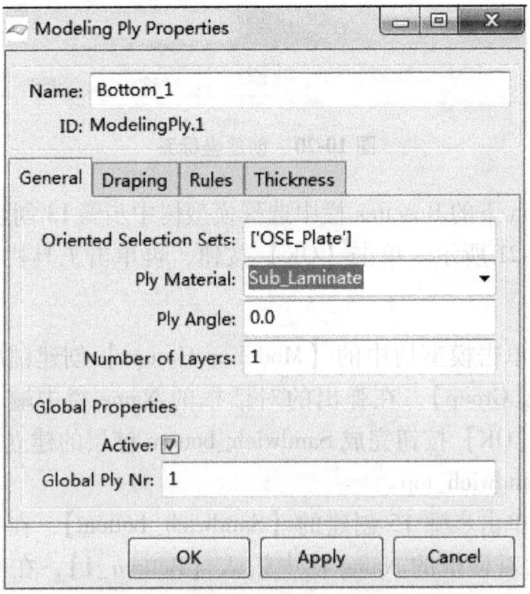

图 10-23　Sandwich_bottom 铺层设置

步骤 17：操作同步骤 16，右键单击【Sandwich_core】，在弹出的快捷菜单中单击【Create Ply】，在弹出的对话框的 Name 栏中输入【core_1】，在 General 选项的 Oriented Selection Sets 栏中选择模型树中步骤 14 创建的【OSE_Plate】；在 Ply Material 栏中选择【Core】，其余默认即可，如图 10-24 所示。单击【OK】按钮完成 Sandwich_core 铺层的建立，再单击工具栏中的更新【Update】按钮 进行更新。

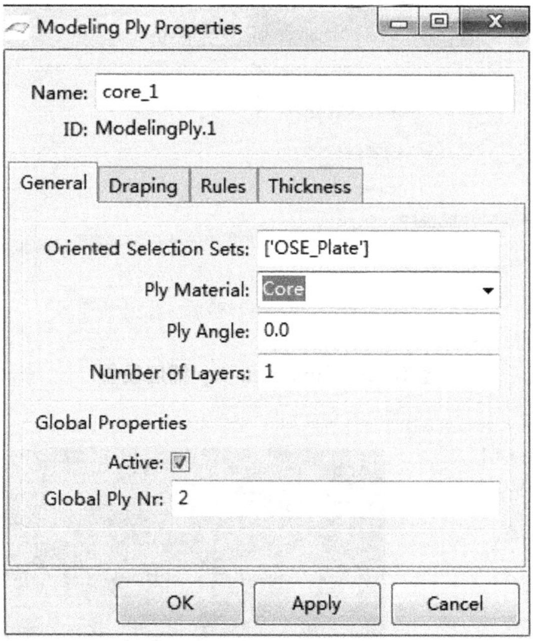

图 10-24　Sandwich_core 铺层设置

步骤 18：操作同步骤 15，右键单击【Sandwich_top】，在弹出的快捷菜单中单击【Create Ply】，在弹出的对话框的 Name 栏中输入【top_1】，在 General 选项的 Oriented Selection Sets 栏中选择模型树中步骤 14 创建的【OSE_Plate】；在 Ply Material 栏中选择【UD_T700_200gsm】，在 Ply Angle 栏中输入 90；在 Number of Layers 栏中输入 3，其余默认即可，如图 10-25 所示。单击【OK】按钮完成 Sandwich_top 铺层的建立，再单击工具栏中的更新【Update】按钮 进行更新，可以在操作界面看到铺层之后的总厚度为 16.6mm，如图 10-26 所示。

步骤 19：退出 ACP 界面，在 Workbench 工程示意窗口中，右键单击 ACP 分析工程项目中的 B5 设置【Setup】，选择【Update】进行更新，更新完成后所有单元的标识应均为绿色对钩。

步骤 20：在左侧工具箱（Toolbox）的分析系统（Analysis Systems）中找到静力学分析【Static Structural】并拖动到 ACP 的右侧，同时拖动 ACP（Pre）工程项目中的设置【Setup】单元与静力学分析工程项目中的模型【Model】单元连接，同时右键单击静力学分析（Static Structurc）工程项目中的模型【Model】单元，选择【Update】进行更新，如图 10-27 所示。

（2）求解

步骤 21：双击 Static Structure 工程项目中的模型【Model】单元进入 Mechanical 界面。

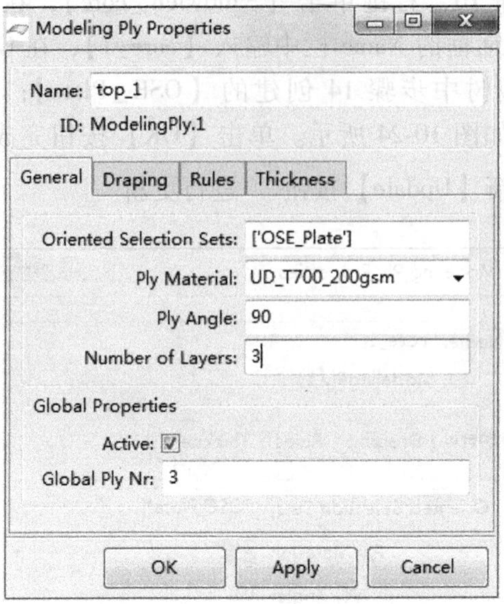

图 10-25 Sandwich_top 铺层设置

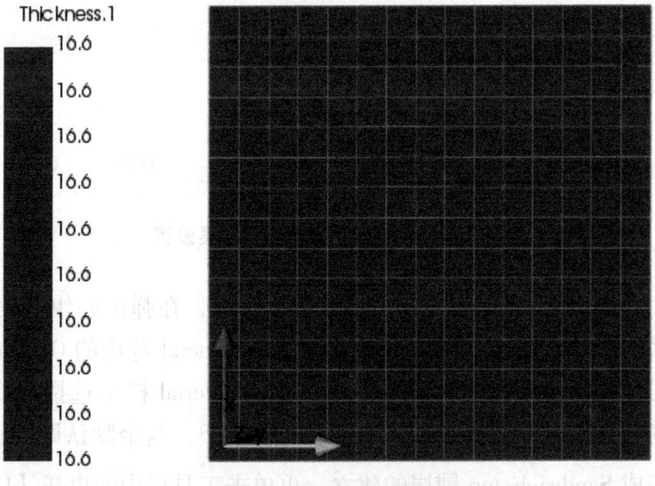

图 10-26 总铺层厚度

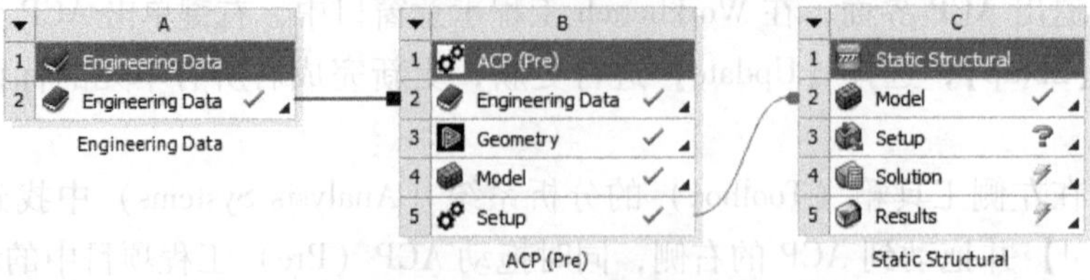

图 10-27 静力学分析数据传递

右键单击左侧模型树中的静力学分析（Static Structural），选择【Insert】-【Fixed Support】，对板的四条边进行固定；选择【Insert】-【Pressure】对面施加 0.1MPa 的法向压力，参数设置如图 10-28 所示。

Details of "Fixed Support"	
Scope	
Scoping Method	Geometry Selection
Geometry	4 Edges
Definition	
Type	Fixed Support
Suppressed	No

Details of "Pressure"	
Scope	
Scoping Method	Geometry Selection
Geometry	1 Face
Definition	
Type	Pressure
Define By	Normal To
Applied By	Surface Effect
Loaded Area	Deformed
Magnitude	0.1 MPa (ramped)
Suppressed	No

图 10-28　添加边界条件

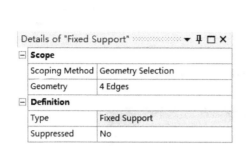

步骤 22：右键单击模型树中的【Solution】，选择【Solve】进行求解，同时插入【Total Deformation】查看其变形情况，如图 10-29 所示。

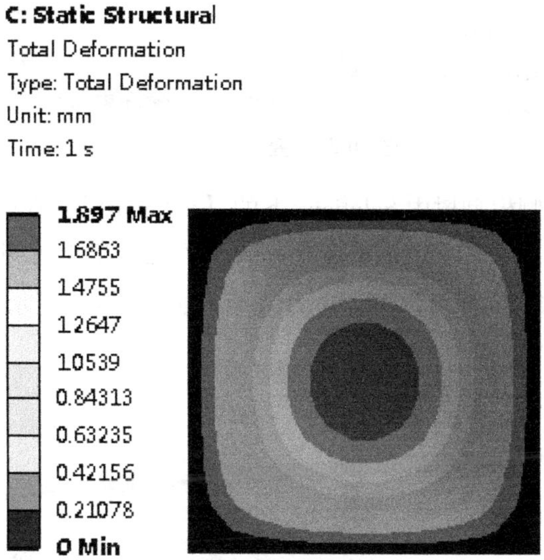

图 10-29　总变形云图

（3）后处理

步骤 23：退出 Mechanical 界面，在左侧工具箱（Toolbox）的组件系统（Component Systems）中找到【ACP（Post）】并拖动到 ACP（Pre）的【Model】单元，同时拖动 Static Structural 工程项目的【Solution】单元与 ACP（Post）工程项目的【Results】单元连接，最后右键单击 ACP（Post）工程项目中的【Results】单元，选择【Update】进行更新，如图 10-30所示。

步骤 24：双击 ACP（Post）工程项目中的【Results】单元进入复合材料后处理界面，右键单击左侧模型树中 Solutions 下的【Solution1】，在弹出的快捷菜单中选择【Create Deformation】，在弹出的对话框中直接单击【OK】按钮，再单击工具栏中的更新【Update】按钮 便可以看到整体变形，如图 10-31 所示。

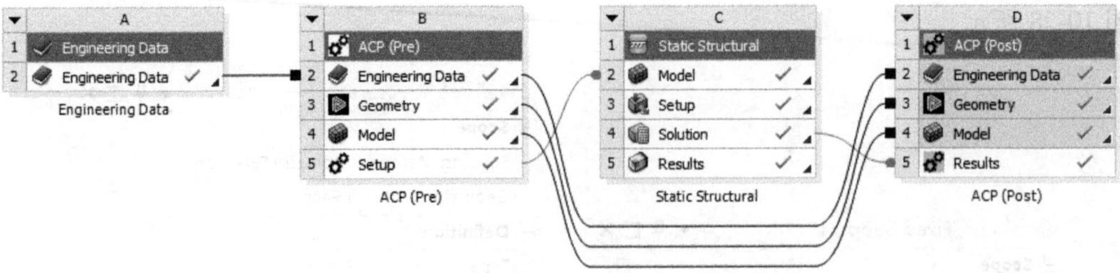

图 10-30 复合材料后处理数据传递

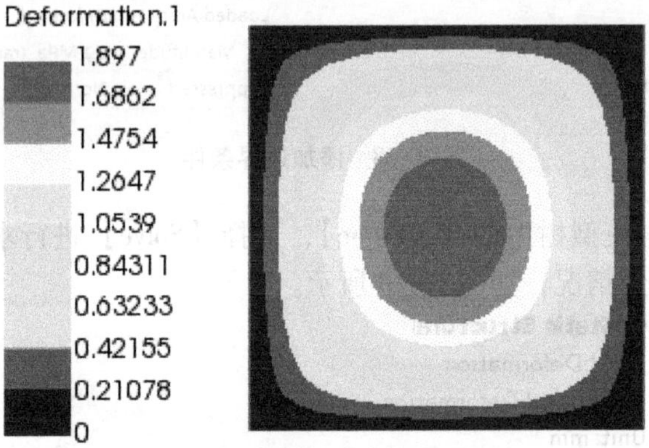

图 10-31 变形结果

步骤 25：右键单击左侧模型树中 Solutions 下的【Solution1】，在弹出的快捷菜单中选择【Create Stress】，在弹出的对话框中取消 Ply-Wise 框的勾选，单击【OK】按钮，再单击工具栏中的更新【Update】按钮 便可以看到应力结果，如图 10-32 所示。

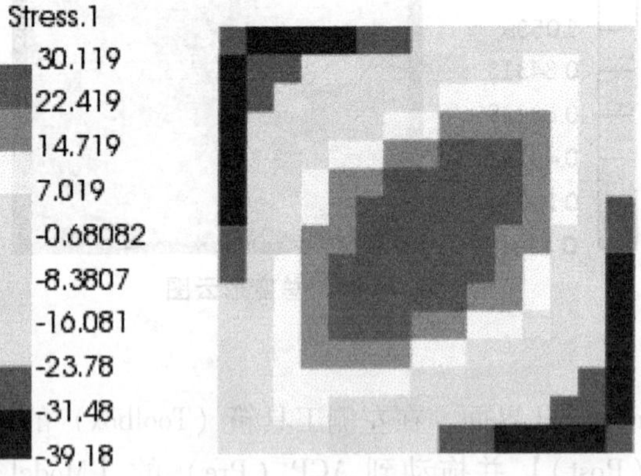

图 10-32 应力结果

步骤 26：右键单击左侧模型树中 Solutions 下的【Solution1】，在弹出的快捷菜单中选择【Create Stress】，然后在弹出的对话框中直接单击【OK】按钮，再单击工具栏中的更新【Update】按钮 进行更新，单击模型树中 Modeling Groups 下最底层的任一铺层即可在显示窗口显示出该层的应力图，如图 10-33 所示。

步骤 27：右键单击左侧模型树中 Solutions 下的【Solution1】，在弹出的快捷菜单中选择【Create Strain】，然后在弹出的对话框中直接单击【OK】按钮，再单击工具栏中的更新

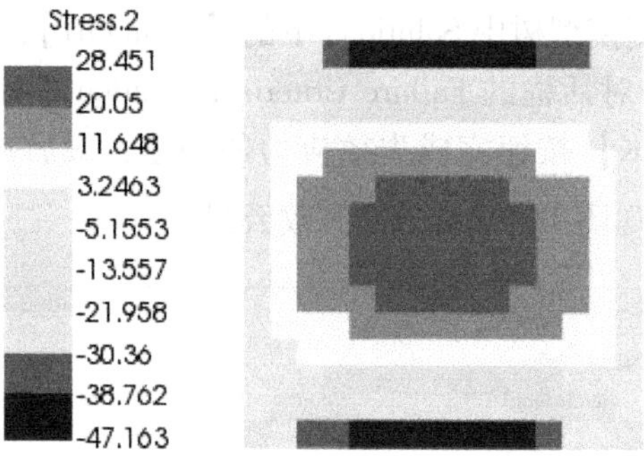

图 10-33　铺层应力结果

【Update】按钮 进行更新，单击模型树中 Modeling Groups 下最底层的任一铺层即可在显示窗口显示出该层的应变图，如图 10-34 所示。

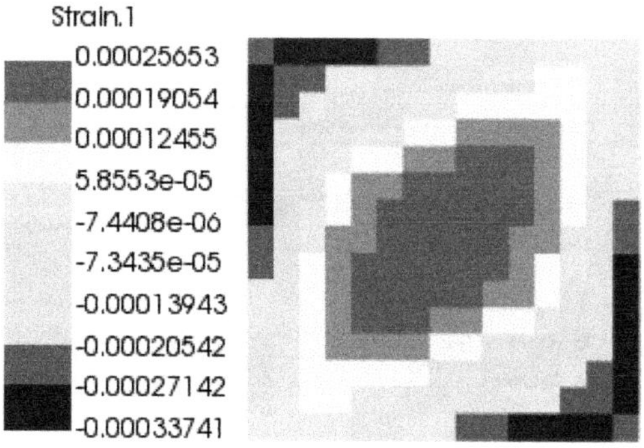

图 10-34　铺层应变结果

步骤 28：右键单击左侧模型树中的定义【Definitions】，在弹出的快捷菜单中单击【Create Failure Criteria】，在弹出的对话框中勾选【Max Stress】，如图 10-35 所示，单击【OK】按钮完成应力失效准则 FailureCriteria. 1 的输入，最后单击工具栏中的【Update】按钮 进行更新。

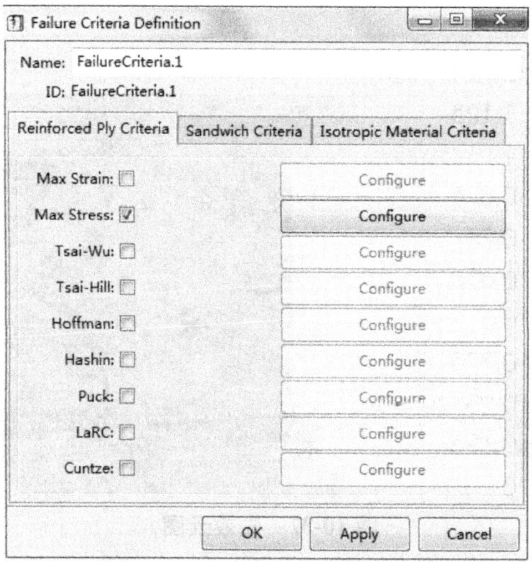

图 10-35　创建应力失效准则

步骤 29：右键单击左侧模型树中 Solutions 下的【Solution1】，在弹出的快捷菜单中单击【Create Failure】，在弹出的对话框的 Failure Criteria Definition 栏中选择【FailureCriteria. 1】，如图 10-36 所示，单击【OK】按钮完成失效应力的创建，最后单击工具栏中的【Update】按钮 进行更新，便会出现图 10-37 所示的失效云图。

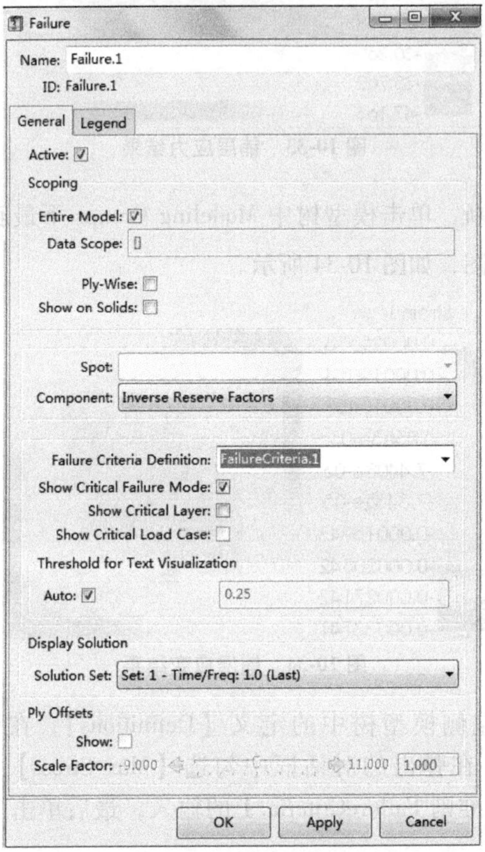

图 10-36 创建失效应力

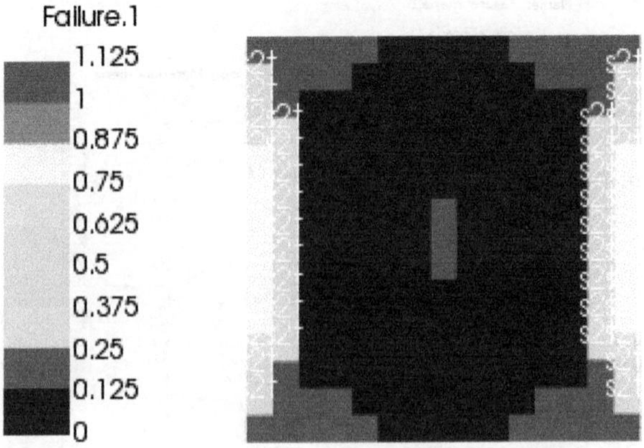

图 10-37 失效云图

10.3.2　复合材料的瞬态动力学分析

1. 问题描述

针对图 10-7 所示的复合材料板，分析表 10-1 所列载荷下复合材料板的受力情况，同时查看各层计算应力和失效云图。

表 10-1　载荷

时间/s	压强/MPa
0	0
0.5	0.1
1	0

2. 分析流程

（1）前处理

首先按照 10.3.1 节复合材料静力学分析的步骤 1~步骤 19 进行前处理操作。

步骤 1：在左侧工具箱（Toolbox）的分析系统（Analysis Systems）中找到【Transient Structural】并拖动到 ACP（Pre）工程项目的右侧，同时拖动 ACP（Pre）工程项目的【Setup】单元与瞬态动力学分析工程项目的【Model】单元连接，同时右键单击 Transient Structural 分析工程项目中的【Model】单元，选择【Update】进行更新，如图 10-38 所示。

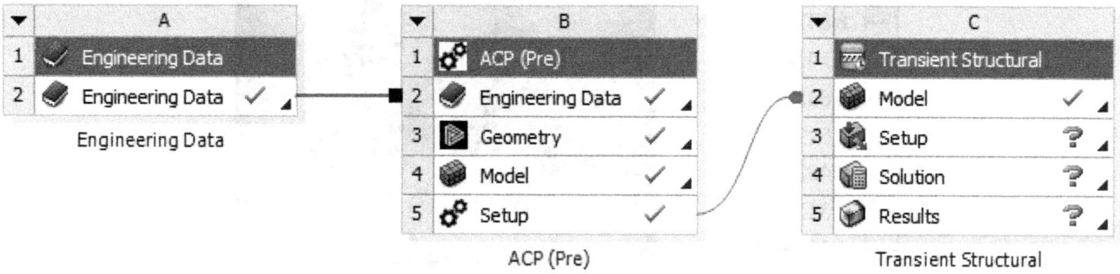

图 10-38　瞬态动力学分析数据传递

（2）求解

步骤 2：采用和静力学分析相同的方式，双击 Transient Structural 工程项目中的【Model】单元进入 Mechanical 界面，对板的四条边进行固定，并按照表 10-1 对板的表面施加载荷，如图 10-39 所示。

Tabular Data

	Steps	Time [s]	✔ Pressure [MPa]
1	1	0.	0.
2	1	0.5	0.1
3	1	1.	0.
*			

图 10-39　载荷数表

步骤 3：单击模型树中的分析设置【Analysis Settings】，在左下方的参数设置窗口中将步长控制 Step Controls 下的 Auto Time Stepping 修改为【Off】；Define By 修改为【Substeps】，同时【Number Of Substeps】输入 25，如图 10-40 所示。

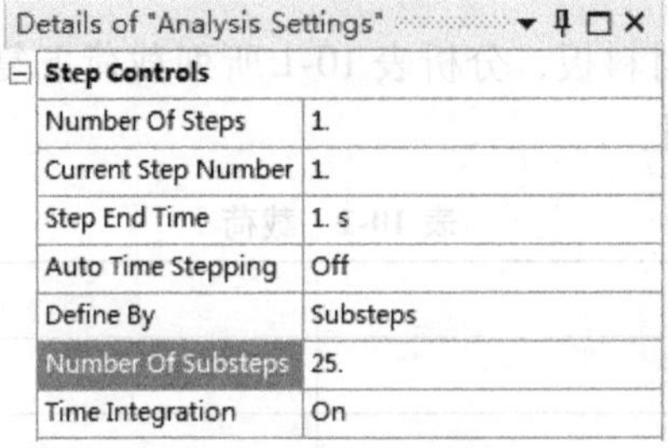

图 10-40　分析设置

步骤 4：单击主页（Home）菜单下的【Solve】进行求解，求解后的总变形云图如图 10-41 所示。

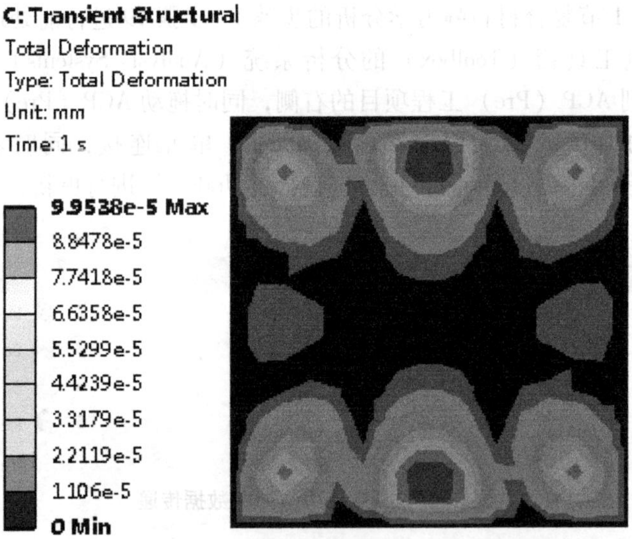

图 10-41　瞬态动力学分析总变形云图

（3）后处理

步骤 5：退出 Mechanical 界面，在主界面左侧工具箱（Toolbox）的组件系统（Component Systems）中找到【ACP（Post）】并拖动到 ACP（Pre）的【Model】单元，同时拖动 Transient Structural 工程项目的【Solution】单元与 ACP（Post）工程项目的【Results】单元连接，最后右键单击 ACP（Post）分析工程项目中的【Results】单元，选择【Update】进行更新，如图 10-42 所示。

步骤 6：双击 ACP（Post）分析工程项目中的【Results】单元进入复合材料后处理界面，右键单击左侧模型树中 Solutions 下的【Solution1】，在弹出的快捷菜单中选择【Create Deformation】，在弹出的对话框中将 Solution Set 栏修改为【Set：13-Time/Freq：0. 52】查看第 0. 52s 的结果，单击【OK】按钮，最后再单击工具栏中的【Update】按钮进行更新，便可以看到 0. 52s 下的总变形，如图 10-43 所示。

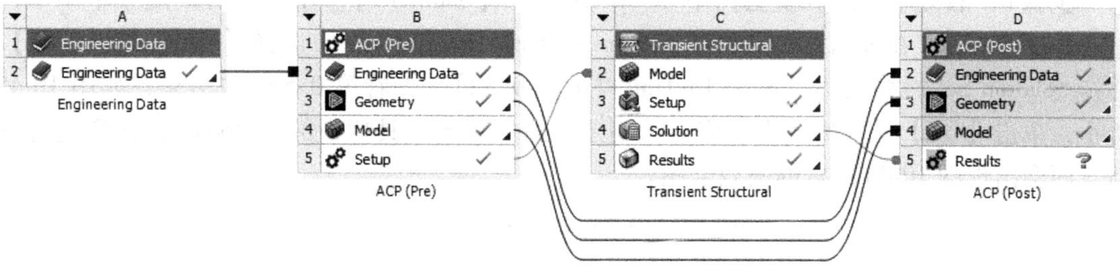

图 10-42　复合材料后处理数据传递

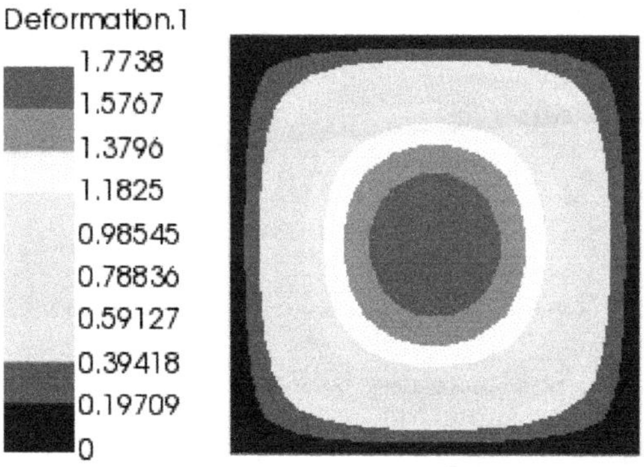

图 10-43　0.52s 下的总变形云图

步骤 7：右键单击左侧模型树中的定义【Definitions】，在弹出的快捷菜单中单击【Create Failure Criteria】，在弹出的对话框中勾选【Max Stress】，如图 10-44 所示，单击【OK】按钮完成应力失效准则 FailureCriteria. 1 的输入，最后单击工具栏中的【Update】按钮进行更新。

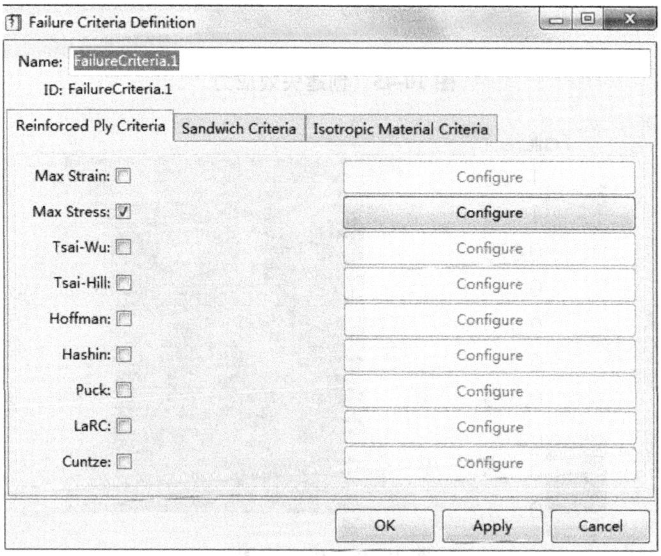

图 10-44　创建应力失效准则

步骤 8：右键单击左侧模型树中 Solutions 下的【Solution1】，在弹出的快捷菜单中单击【Create Failure】，在弹出的对话框的 Failure Criteria Definition 栏中选择【FailureCriteria. 1】，并将 Solution Set 栏修改为【Set：13-Time/Freq：0. 52】，查看第 0. 52s 的结果，如图 10-45 所示，单击【OK】按钮完成失效应力的创建，最后单击工具栏中的【Update】按钮进行更新，便会出现图 10-46 所示的失效云图。

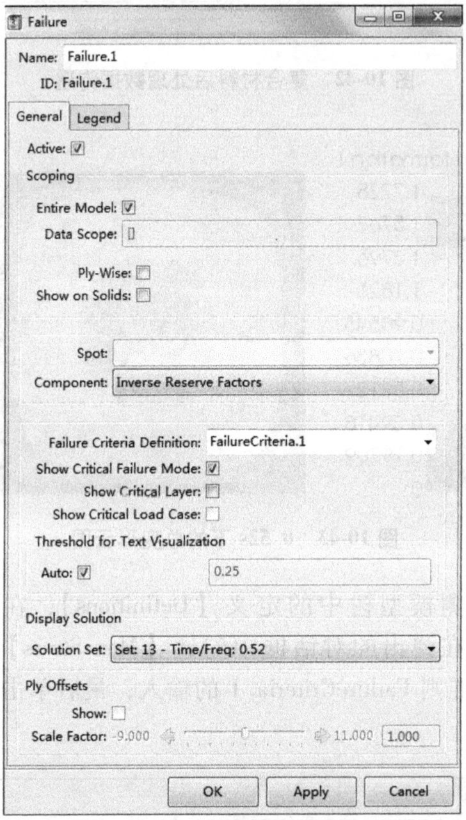

图 10-45　创建失效应力

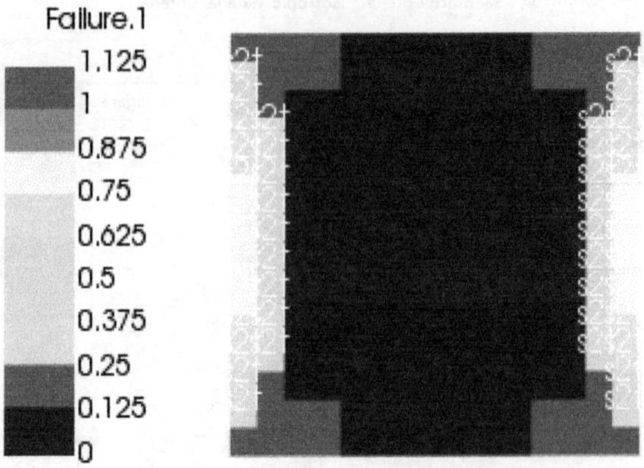

图 10-46　失效云图

第 11 章 ANSYS Workbench 结构显式动力学分析

结构显式动力学分析用于计算结构应力波的传播、冲击和快速时变载荷下的结构动态响应，通常求解的是几百赫兹以上的中高频问题。Workbench 结构显式动力学分析采用的是 Autodyn 求解器，本章主要介绍 ANSYS Workbench 2022 R1 结构显式动力学分析的方法及相关实例。

11.1 结构显式动力学分析简介

按照求解方法的不同，求解可以分成隐式求解和显式求解。隐式求解的优点是求解精度高，但求解时间长，效率低，收敛困难；显式求解的优点是求解时间短，效率高，但是求解精度不如隐式求解，其结果还需自行评判。因此用户在选择使用显式求解或隐式求解时，应该根据实际问题结合求解精度和求解效率进行选择，用最低的成本去完成最多的事情。

ANSYS Workbench 2022 R1 结构显式动力学分析默认采用的是 Autodyn 求解器，其计算时间通常在 1s 以内，针对几百赫兹以上的高频问题进行求解，低频问题通常采用的是隐式求解。在进行碰撞问题分析时，碰撞是能量的一种转换过程，该过程通常只有几毫秒，属于高频问题，因此碰撞问题的分析通常使用结构显式动力学方法进行求解。

同时，结构显式动力学方法也可以用于求解高度非线性问题，如材料非线性中的超弹性、弹性流动、失效等；接触非线性中的碰撞、冲击等；几何非线性中的失稳、崩溃倒塌等。

采用结构显式动力学方法计算时，步长的大小与柔性体网格的最小尺寸及声波在材料中的传播速度有关，并且当柔性体网格的最小尺寸越小，声波在材料中的传播速度越快，其计算步长越小。在给定模型中，其材料参数是不变的，因此声波在材料中的传播速度也是固定的，所以通常情况下都是通过控制柔性体的最小网格尺寸对求解步长进行控制。

11.2 结构显式动力学分析流程

下面通过一个简单的实例介绍 ANSYS Workbench 2022 R1 结构显式动力学分析流程和方法。

1. 问题描述

已知直径为 30mm 的实心小球从距离钢板 100mm 的高度撞击钢板，钢板厚度为 10mm，设置求解时间为 0.1ms，实心小球为刚性体，钢板为柔性体，查看计算并查看撞击之后能量的变化、变形及应力等结果。

由已知条件可知，实心小球需要以一个非常高的速度在很短的时间内完成碰撞，形成能量的传递，该过程属于高频问题，因此应该通过结构显式动力学方法进行求解。

2. 分析流程

（1）前处理

步骤 1：启动 ANSYS Workbench 2022 R1，在左侧工具箱（Toolbox）的分析系统（Analysis Systems）中双击显式动力学分析（Explicit Dynamics）创建一个显式动力学分析工程项目。双击几何建模【Geometry】单元进入 DesignModeler 界面，在菜单栏处将单位（Units）换成毫米（Millimeter），开始进行模型的建立。

步骤 2：单击模型树中的【XYPlane】，然后单击工具栏中的按钮，使 XY 平面正视于操作窗口，单击工具栏中的【New Sketch】创建一个草图，单击模型树左下角的【Sketching】（见图 11-1）进入草图绘制面板。

步骤 3：单击【Circle】，在图形操作窗口中，选择 XY 轴坐标原点作为圆的圆心，创建一个圆，选择【Line】，沿 Y 轴创建一条线，该线的长度应超过圆的直径，如图 11-2 所示。

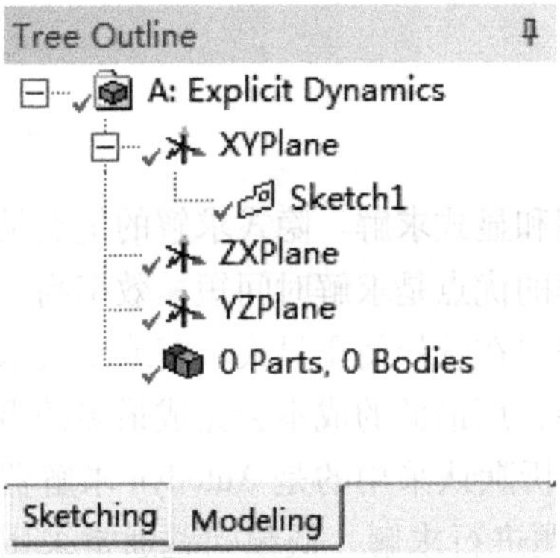

图 11-1 创建草图

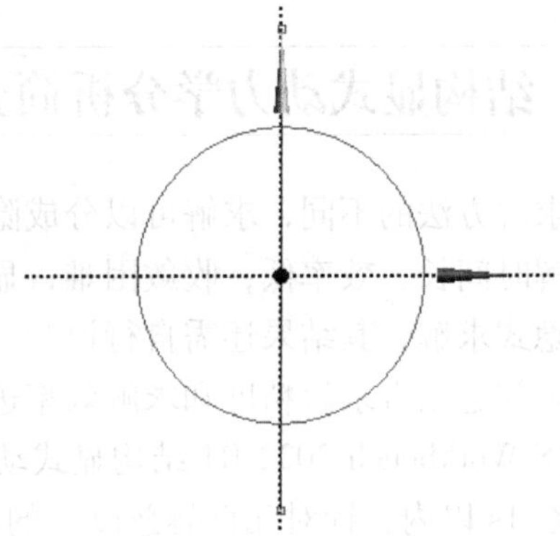

图 11-2 草图 1 的绘制

步骤 4：单击草图绘制面板中的【Constraints】进入约束界面，如图 11-3 所示，单击重合【Coincident】，选中线的上端点，再选中圆，便可以把线的上端点与圆重合在一起，如图 11-4 所示，同样的操作对线的下端点进行约束，如图 11-5 所示。

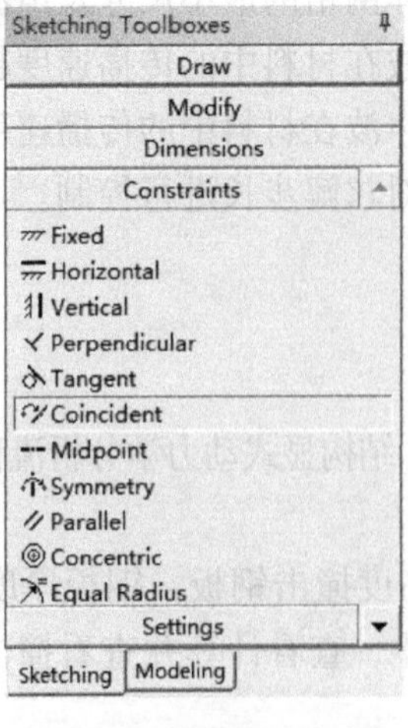

图 11-3 进入约束界面

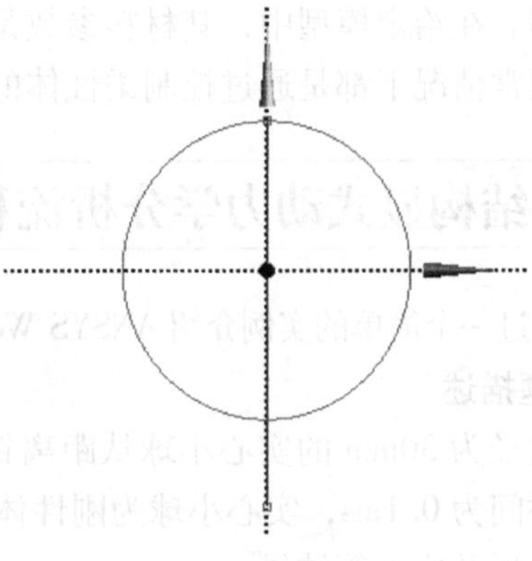

图 11-4 草图约束 1

步骤 5：单击草图绘制面板中的【Modify】进入修改界面，如图 11-6 所示，单击修整【Trim】，选择圆左侧的圆弧进行删除，如图 11-7 所示；选择【Dimensions】进入尺寸界面，选择【General】测量工具，单击圆弧创建尺寸，如图 11-8 所示，并设置圆弧的半径为 15mm。

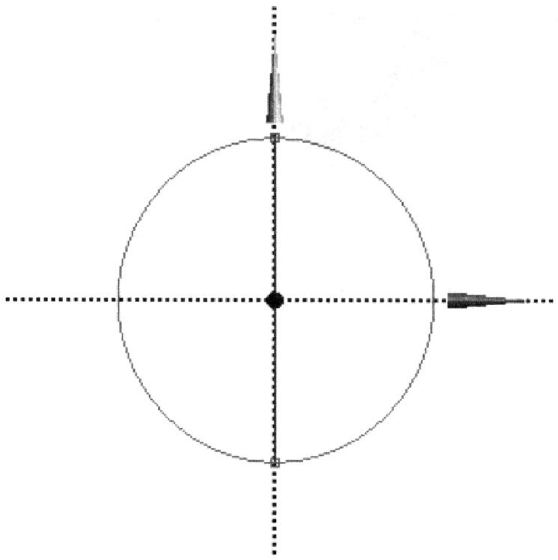

图 11-5　草图约束 2

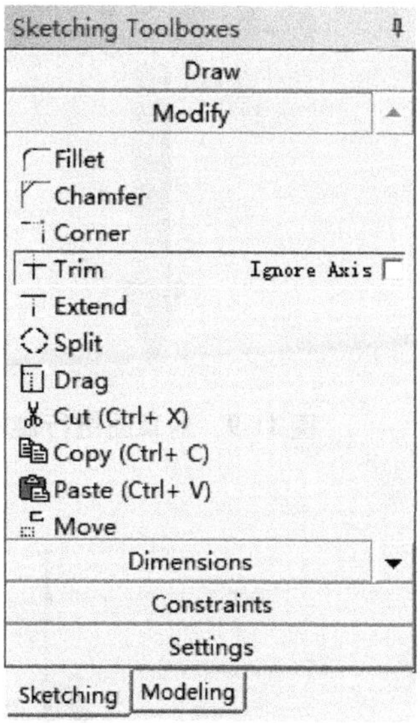

图 11-6　进入修改界面

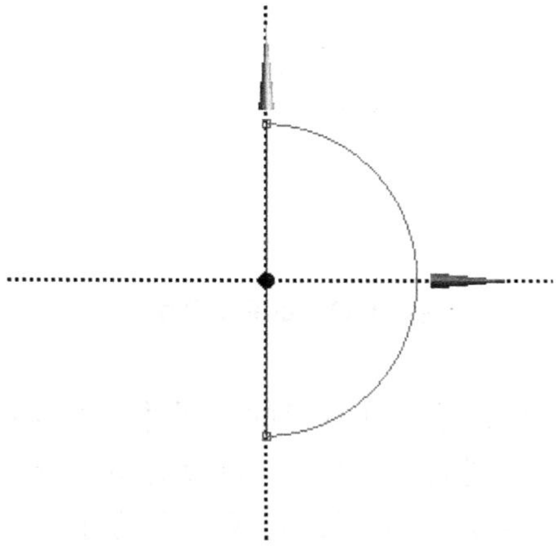

图 11-7　修剪圆弧

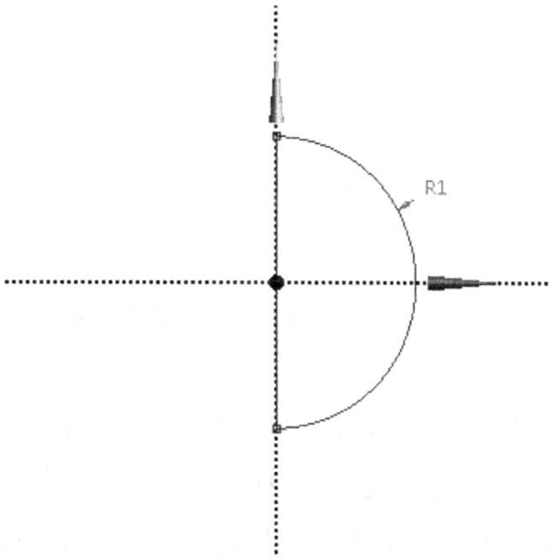

图 11-8　标注尺寸

步骤 6：单击工具栏中的【Revolve】按钮对草图进行旋转，在参数设置窗口中的 Geometry 栏单击【Apply】，Axis 栏选择图形操作窗口中的 Y 轴，如图 11-9 所示，单击【Apply】，单击工具栏中的【Generate】生成实心小球，如图 11-10 所示。

步骤 7：单击工具栏中的【New Sketch】创建草图，进入草图绘制面板选择【Rectangle】在图形操作窗口创建一个矩形。单击草图绘制面板中的【Dimensions】进入尺寸界面，对创建的矩形进行尺寸约束，如图 11-11 所示，并且对每个尺寸进行参数赋予，具体的数值如图 11-12 所示。

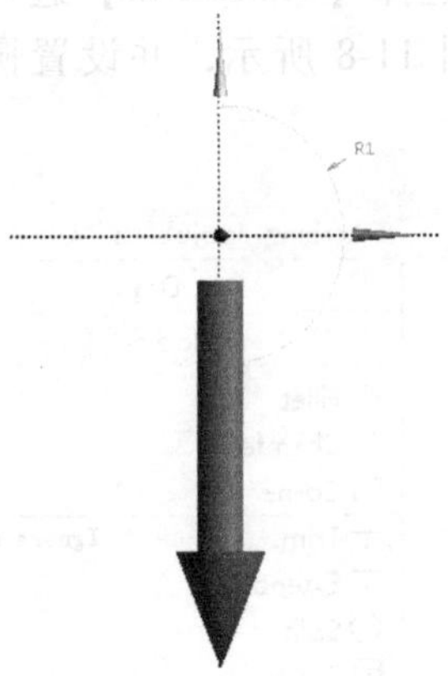

图 11-9 对草图进行旋转

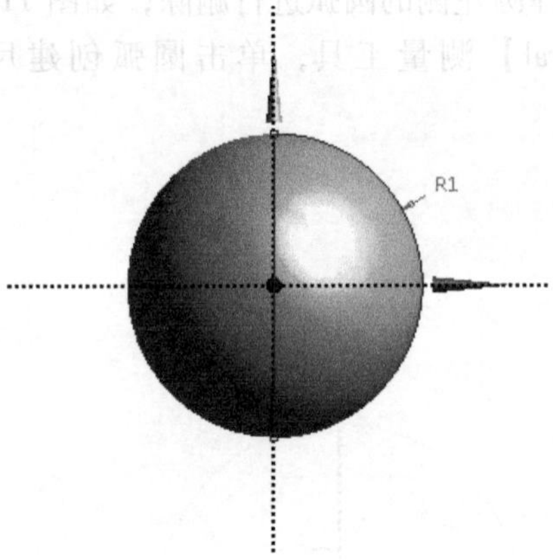

图 11-10 生成实心小球

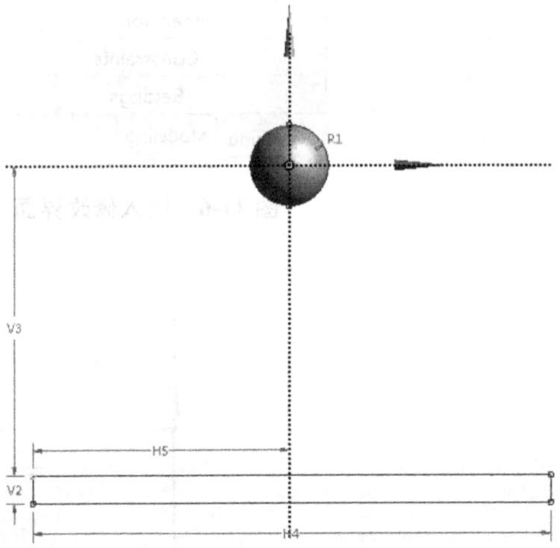

图 11-11 草图 2 的创建

Details View	
Details of Sketch2	
Sketch	Sketch2
Sketch Visibility	Show Sketch
Show Constraints?	No
Dimensions: 4	
H4	200 mm
H5	100 mm
V2	10 mm
V3	115 mm

图 11-12 草图 2 尺寸参数

步骤 8：单击工具栏中的【Extrude】按钮进行拉伸，选择新创建的草图并在 Geometry 处单击【Apply】，将 Direction 栏改成【Both-Symmetric】进行两侧拉伸，深度为 100mm，如图 11-13 所示，单击工具栏中的【Generate】生成一个矩形钢板，完成模型的建立，如图 11-14 所示。

步骤 9：退出 DesignModeler 界面，双击工程数据【Engineering Data】进行材料的定义。需要对默认的结构钢（Structural Steel）材料添加材料属性，双击工具箱（Toolbox）中【Plasticity】下的【Johnson Cook Strength】，按图 11-15 所示赋予材料相关属性。

步骤 10：退出 Engineering Data 界面，双击【Model】进入 Mechanical 界面。单击选中模型树中 Geometry 下的小球，在参数设置窗口中把 Stiffness Behavior 更改为【Rigid】，即把小球更改为刚体，如图 11-16 所示。

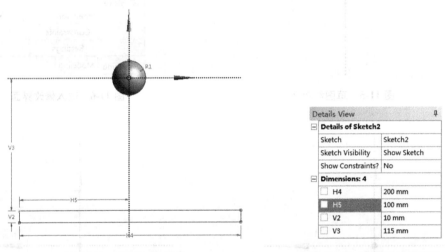

步骤 11：鼠标右键单击模型树中的【Mesh】，选择【Generate Mesh】进行第一次网格划

分，划分的结果如图 11-17 所示。

Details View	
Details of Extrude1	
Extrude	Extrude1
Geometry	Sketch2
Operation	Add Material
Direction Vector	None (Normal)
Direction	Both - Symmetric
Extent Type	Fixed
FD1, Depth (>0)	100 mm
As Thin/Surface?	No
Merge Topology?	Yes
Geometry Selection: 1	
Sketch	Sketch2

图 11-13　矩形板拉伸设置

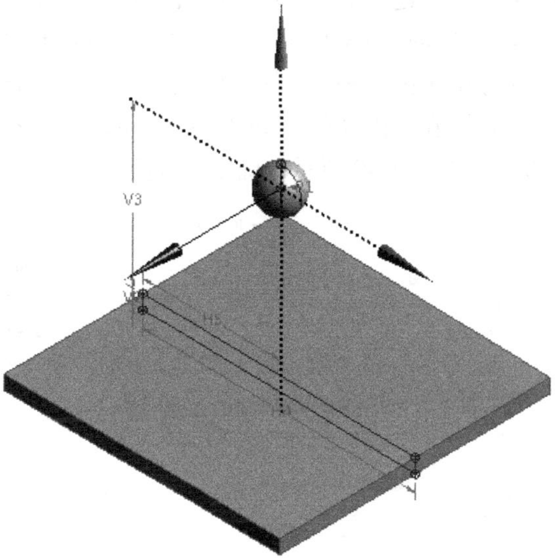

图 11-14　模型创建完成

11	Johnson Cook Strength			
12	Strain Rate Correction	First-Order		
13	Initial Yield Stress	2E+08	Pa	
14	Hardening Constant	2E+08	Pa	
15	Hardening Exponent	0.5		
16	Strain Rate Constant	0.001		
17	Thermal Softening Exponent	1		
18	Melting Temperature	2000	C	
19	Reference Strain Rate (/sec)	1		

图 11-15　材料属性

Details of "Solid"	
Graphics Properties	
Definition	
Suppressed	No
Stiffness Behavior	Rigid
Reference Temperature	By Environment
Reference Frame	Lagrangian
Material	
Assignment	Structural Steel
Bounding Box	
Properties	
Statistics	

图 11-16　把小球改为刚体

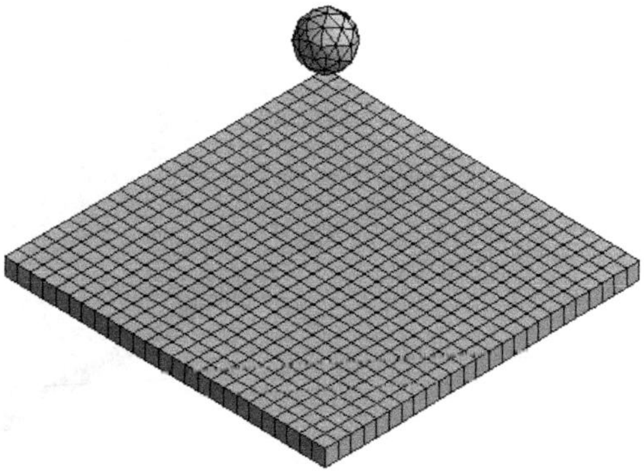

图 11-17　第一次网格划分

（2）一次求解

步骤 12：右键单击模型树中的【Initial Conditions】，选择【Insert】-【Velocity】插入一个初始速度，在 Geometry 栏中选择小球，Define By 修改为【Components】，即通过 X、Y、Z 三个方向的分量输入速度，在 Y Component 中输入-1×10^{6}，如图 11-18 所示。

步骤 13：在分析设置（Analysis Settings）的参数设置窗口中的最终时间 End Time 栏输入 1×10^{-4}，如图 11-19 所示，确定总计算时间。

Details of "Velocity"

Scope	
Scoping Method	Geometry Selection
Geometry	1 Body
Definition	
Input Type	Velocity
Pre-Stress Environment	None Available
Define By	Components
Coordinate System	Global Coordinate System
X Component	0. mm/s
Y Component	-1.e+006 mm/s
Z Component	0. mm/s
Suppressed	No

图 11-18　添加初始速度

Details of "Analysis Settings"

Analysis Settings Preference	
Type	Program Controlled
Step Controls	
Number Of Steps	1
Current Step Number	1
Load Step Type	Explicit Time Integration
End Time	1.e-004 s
Resume From Cycle	0
Maximum Number of Cycles	1e+07

图 11-19　求解设置

步骤 14：选中模型树中的【Explicit Dynamics】，选择菜单栏中的【Environment】-【Fixed】命令，如图 11-20 所示；选择钢板厚度方向的两个侧面对钢板进行固定，如图 11-21 所示。

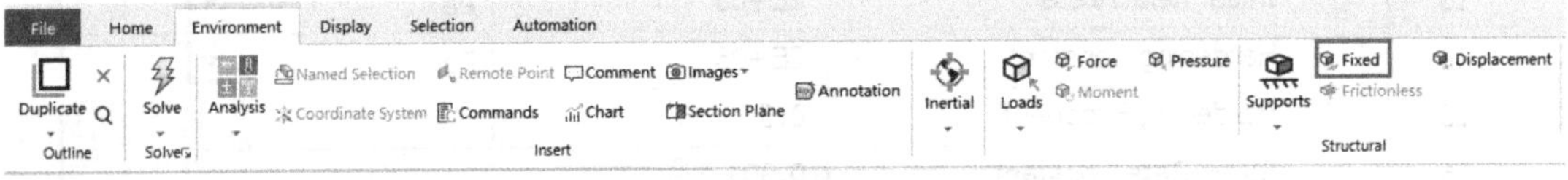

图 11-20　选择固定约束

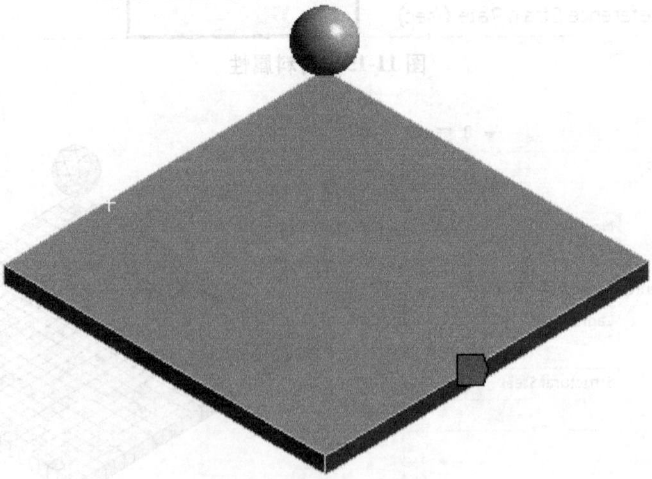

图 11-21　固定下侧钢板

（3）后处理

步骤 15：右键单击模型树中的【Solution Information】，选择【Insert】-【Total Energy】，同时选中小球和钢板；再插入两个【Total Energy】，分别选中钢板和小球查看其能量变化；选择【Insert】-【External Force】查看钢板在 Y 轴方向的外力，如图 11-22 所示。同时在后处理中插入整体变形、小球变形、钢板变形、整体应力和钢板应力进行查看。右键单击模型树中的【Solution】，选择【Solve】进行第一次求解。

步骤 16：计算得到结果之后，查看小球的位移如图 11-23 所示，由于给定小球的速度为 1×10^6mm/s，计算时间为 0.1ms，通过理论计算小球位移是 100mm（$=1\times10^6$mm/s$\times1\times10^{-4}$s），但通过 Workbench 计算得出的小球位移是 100.86mm，该结果误差较大，因此需要细化网格重新求解。

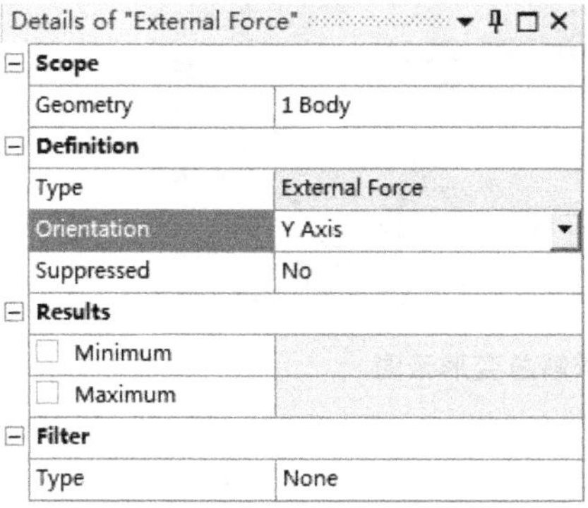

图 11-22　插入钢板外力

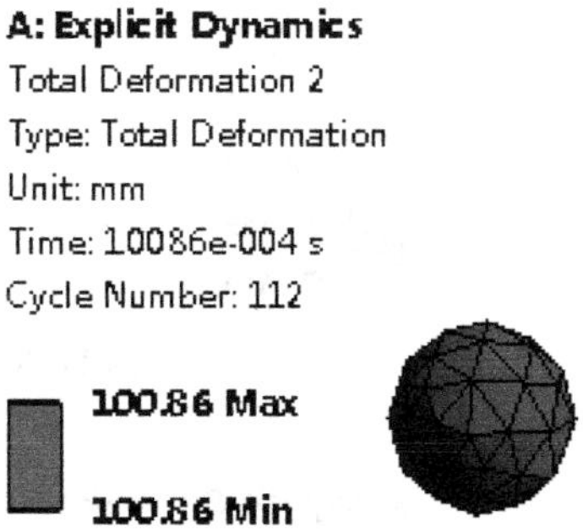

图 11-23　第一次求解小球位移

（4）二次求解

步骤 17：单击模型树的网格【Mesh】，选择【Insert】-【Sizing】，在 Geometry 栏中选中整个体，在 Element Size 栏中输入 2mm，重新生成网格，如图 11-24 所示。

步骤 18：右键单击【Solution】，选择【Solve】重新进行求解，查看小球位移如图 11-25 所示，小球的最大位移为 100.02mm，误差为万分之二，可以接受。

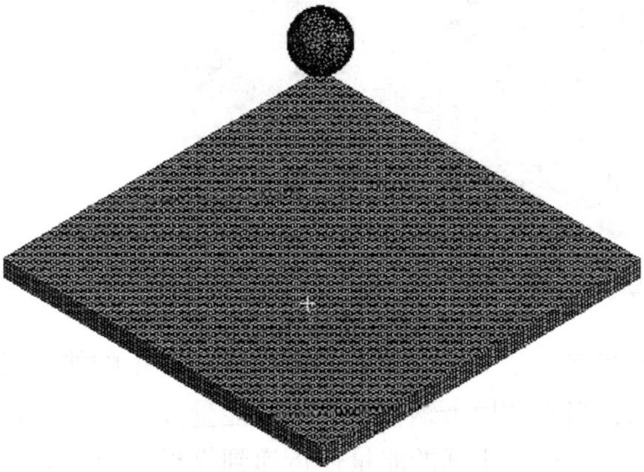

图 11-24　第二次网格划分

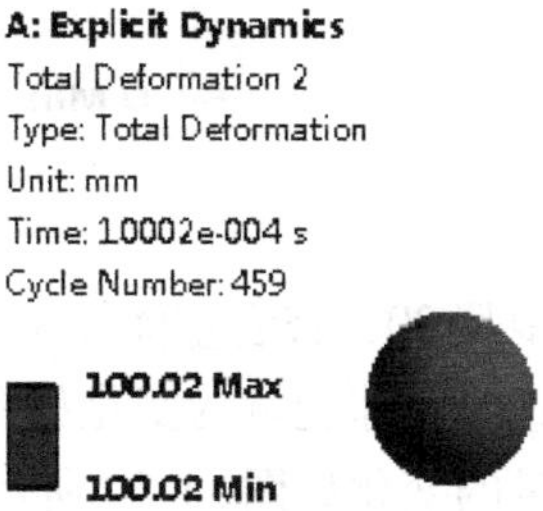

图 11-25　第二次求解小球位移

步骤 19：将小球的初始速度改成-1.02×10^6mm/s，重新进行计算求解，其总变形云图和等效应力云图如图 11-26和图 11-27 所示。

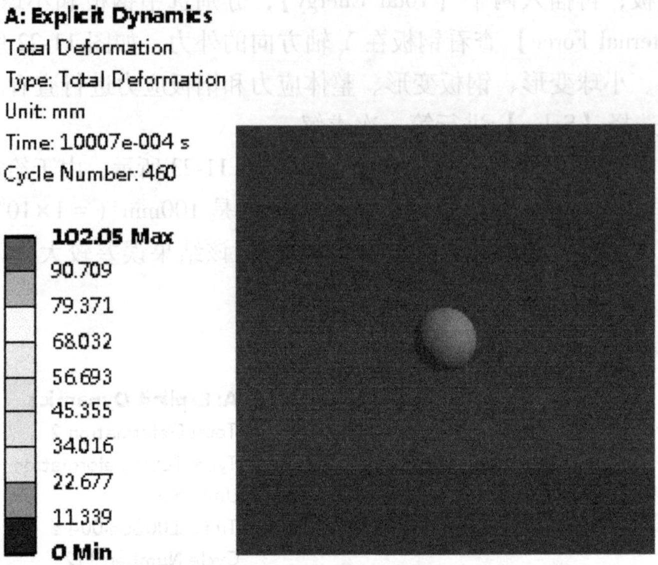

图 11-26 第三次求解总变形云图

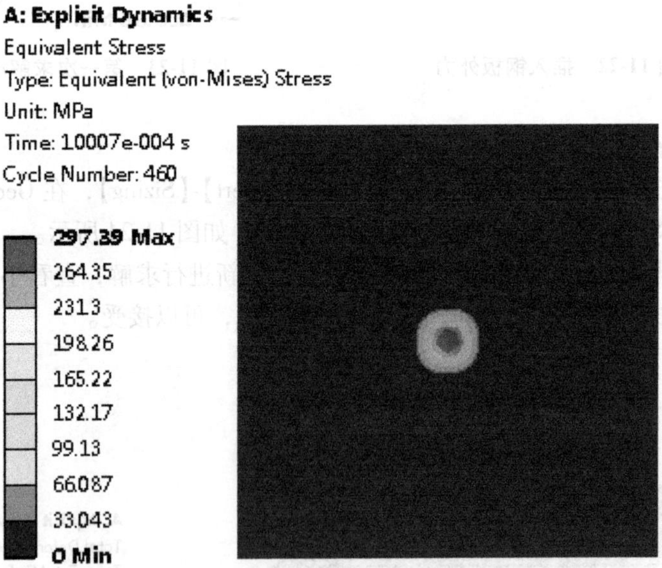

图 11-27 第三次求解等效应力云图

步骤 20：查看整体能量变化如图 11-28 所示，可以明显地看到碰撞过程中的能量损耗过程；查看小球能量的变化如图 11-29 所示，当小球撞击钢板后小球的能量开始减少；查看钢板能量的变化如图 11-30 所示，当小球撞到钢板后小球的能量便传递到钢板上面，导致钢板的能量增加，该趋势符合实际情况。

步骤 21：查看钢板在 Y 轴所受外力的结果，如图 11-31 所示，小球撞击到钢板之后，钢板所受的外力应沿着 Y 轴的负方向，该趋势符合实际情况。

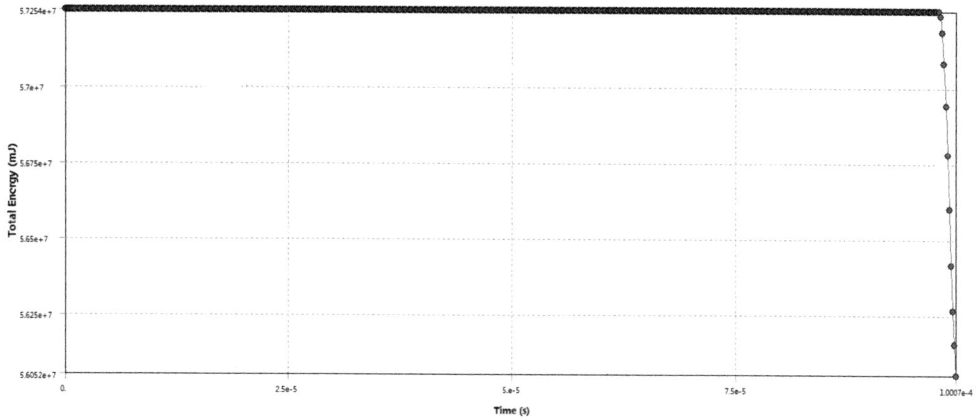

图 11-28　整体能量变化

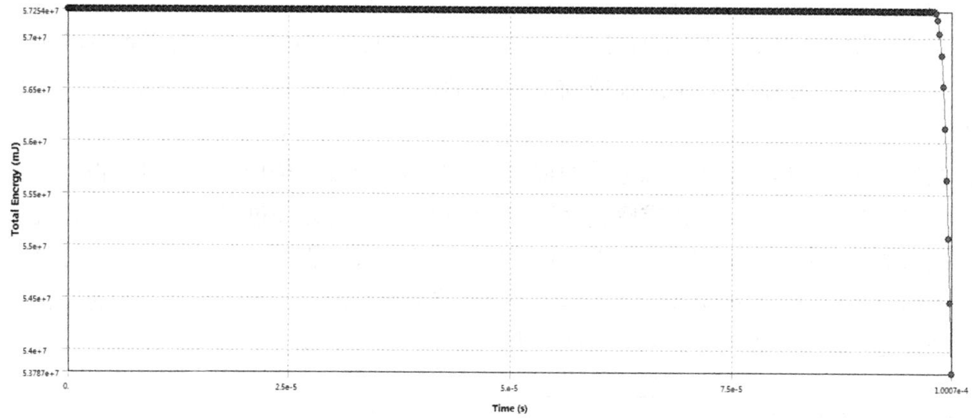

图 11-29　小球能量变化

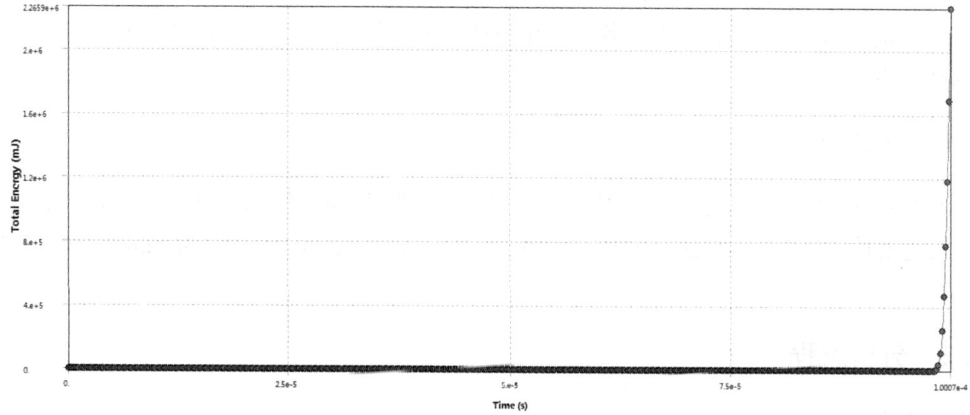

图 11-30　钢板能量变化

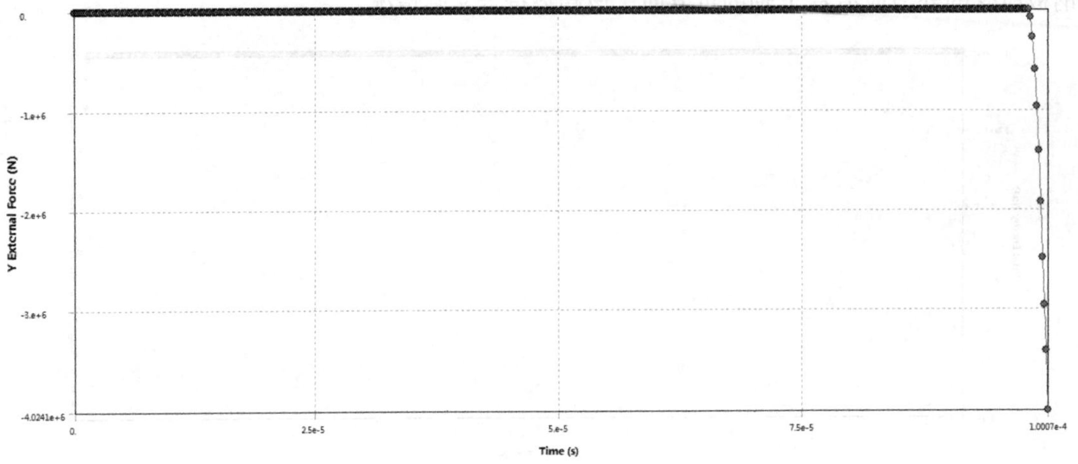

图 11-31　钢板外力结果

结论：求解得到结果后，首先查看小球撞击钢板动画，动画的趋势若不符合实际情况，可以直接判定结果不正确，需要通过三大步、三小步进行逐步排错；然后再查看碰撞前后能量的变化，基于能量守恒定律，碰撞前后整体的能量损失不能过大，其能量损耗不应超过 10%。

由结果可知，小球在发生碰撞之前的很长一段时间没有发生碰撞，因此可以得出结论，未发生碰撞之前的迭代计算对碰撞求解过程没有任何意义，并且碰撞过程只迭代计算很短的一个过程，该求解精度存在一定的问题。因此在采用 Autodyn 求解器对该类问题进行求解时应让小球离钢板的距离小一些，该距离通常为钢板一层网格的厚度即可，再赋予其初始速度，让更多的步长进行迭代碰撞过程，让结果的精度更为可靠，有兴趣的读者可以自行尝试。

11.3　结构显式动力学分析实例：小球跌落

11.1 节通过实心球撞击钢板的实例介绍了结构显式动力学的分析流程，了解分析流程之后可开始进一步深入练习。尝试将钢板和小球改成壳体后进行结构显式动力学分析，查看会出现什么效果。

11.3.1　问题描述

空心小球和钢板均为壳体，其中空心小球壁厚为 5mm，钢板厚度为 2mm，让小球以 55m/s 的速度撞击钢板，球心与钢板之间的距离是 51mm，求解时间为 5ms，模拟该撞击过程。

11.3.2　分析流程

1. 前处理

步骤 1：启动 ANSYS Workbench 2022 R1，在左侧工具箱（Toolbox）的分析系统（Analysis Systems）中双击显式动力学分析【Explicit Dynamics】，创建显式动力学分析工程项目。

双击几何建模【Geometry】单元进入 DesignModeler 界面，单击文件（File）菜单中的【Import External Geometry File】命令，如图 11-32 所示，导入几何模型文件“11. 3. x_t”，单击生成【Generate】按钮，便得到图 11-33 所示模型。

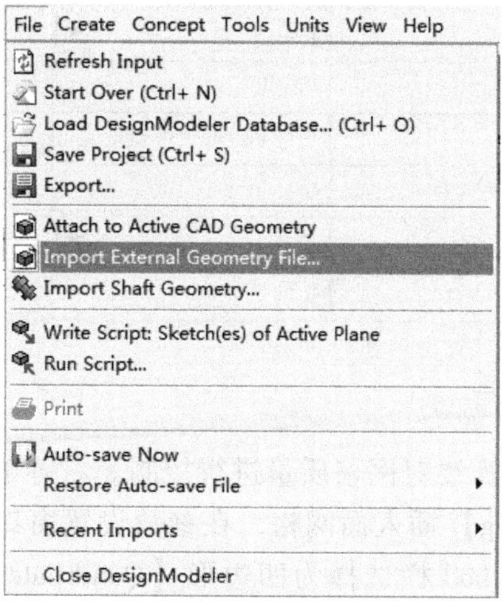

图 11-32　导入模型

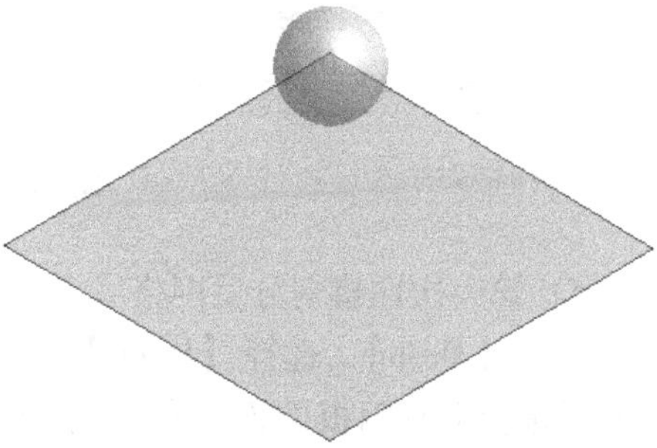

图 11-33　完成几何模型的导入

步骤 2：单击模型树中【2Parts，2Bodies】下的小球【ball】，在参数设置窗口中把厚度模式（Thickness Mode）改成【User Defined】进行用户自定义，在 Thickness 栏中输入 5，设置小球的壁厚为 5mm，如图 11-34 所示。相同方法定义钢板厚度为 2mm，如图 11-35 所示。

Details View

Details of Surface Body	
Body	Surface Body
Thickness Mode	User Defined
Thickness (>=0)	5 mm
Surface Area	4536.5 mm²
Faces	1
Edges	0
Vertices	0
Fluid/Solid	Solid
Shared Topology Method	Automatic
Geometry Type	DesignModeler

图 11-34　小球厚度参数设置

Details View

Details of Surface Body	
Body	Surface Body
Thickness Mode	User Defined
Thickness (>=0)	2 mm
Surface Area	22500 mm²
Faces	1
Edges	4
Vertices	4
Fluid/Solid	Solid
Shared Topology Method	Automatic
Geometry Type	DesignModeler

图 11-35　钢板厚度参数设置

步骤 3：退出 DesignModeler，进入 Engineering Data 进行材料的定义，需要对默认的结构钢（Structural Steel）材料添加材料属性，双击选择工具箱（Toolbox）中的【Plasticity】-【Johnson Cook Strength】，按图 11-36 所示赋予相关材料属性。

步骤 4：退出 Engineering Data，进入 Mechanical 界面，鼠标右键单击模型树中的【Mesh】，选择【Generate Mesh】进行第一次网格划分，划分的结果如图 11-37 所示。

11	⊟ Johnson Cook Strength			☐	
12	Strain Rate Correction	First-Order ▾			
13	Initial Yield Stress	2E+08	Pa ▾		☐
14	Hardening Constant	2E+08	Pa ▾		☐
15	Hardening Exponent	0.5			☐
16	Strain Rate Constant	0.001			☐
17	Thermal Softening Exponent	1			☐
18	Melting Temperature	2000	C ▾		☐
19	Reference Strain Rate (/sec)	1			☐

图 11-36　材料属性

步骤 5：第一次网格划分后网格质量较差，因此需要对网格质量进行控制。右键单击模型树中的网格【Mesh】，选择【Insert】-【Face Meshing】插入面网格，在参数设置窗口中的 Geometry 栏选择下侧钢板的面并单击【Apply】，Method 栏选择为四边形【Quadrilaterals】；选择【Insert】-【Sizing】插入尺寸，对钢板的面尺寸和小球网格尺寸进行控制，Element Size 栏输入 4；选择【Insert】-【Method】插入网格控制方法，选择小球，将 Method 栏改成【MultiZone Quad/Tri】，再次进行网格划分，划分结果如图 11-38 所示。

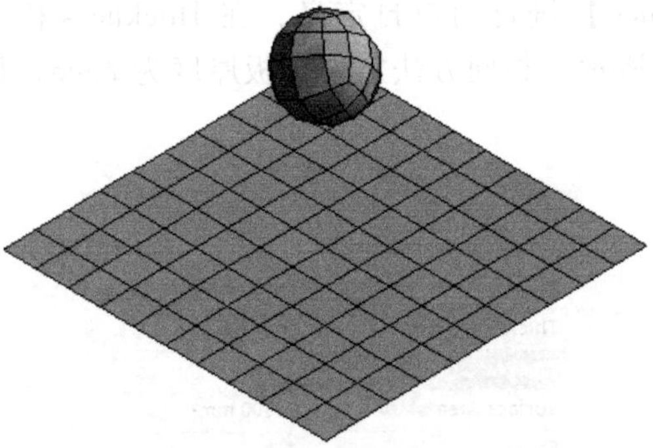

图 11-37　第一次网格划分

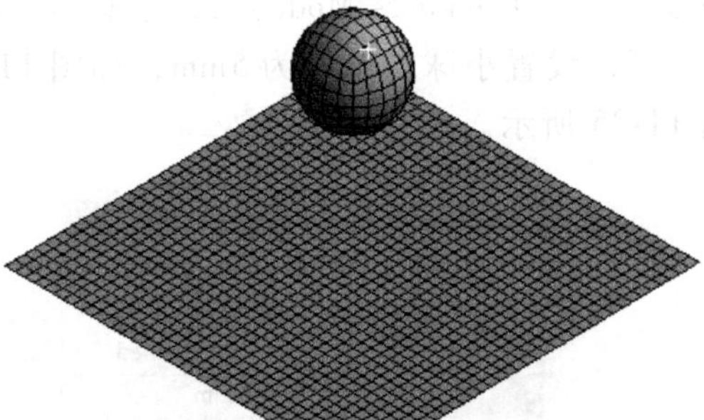

图 11-38　第二次网格划分

2. 求解

步骤 6：选择模型树中的【Initial Conditions】，右键单击选择【Insert】-【Velocity】插入一个初始速度，在 Geometry 栏中选中小球，Define By 修改为【Components】，通过全局坐标系各个方向的分量输入速度，在 Y Component 栏中输入 -5.5×10^4，如图 11-39 所示。

步骤 7：单击模型树中的【Analysis Settings】，在参数设置窗口中的 End Time 栏输入 0.005，如图 11-40 所示，确定总计算时间。

步骤 8：右键单击模型树中的【Explicit Dynamics】，选择【Insert】-【Fixed Support】，选择钢板的四条边进行固定，如图 11-41 所示。

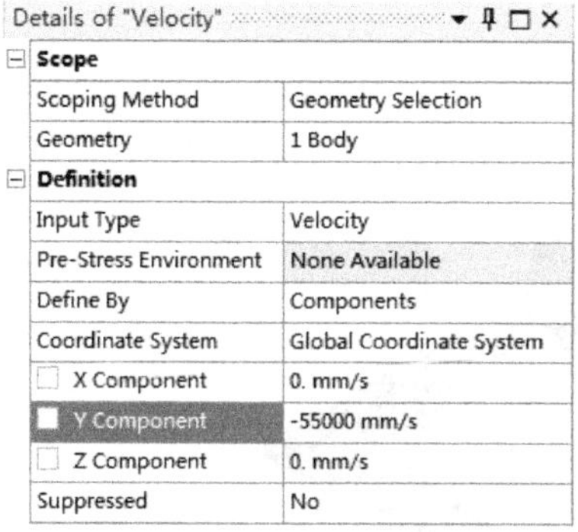

Details of "Velocity"	
Scope	
Scoping Method	Geometry Selection
Geometry	1 Body
Definition	
Input Type	Velocity
Pre-Stress Environment	None Available
Define By	Components
Coordinate System	Global Coordinate System
X Component	0. mm/s
Y Component	-55000 mm/s
Z Component	0. mm/s
Suppressed	No

图 11-39　添加初始速度

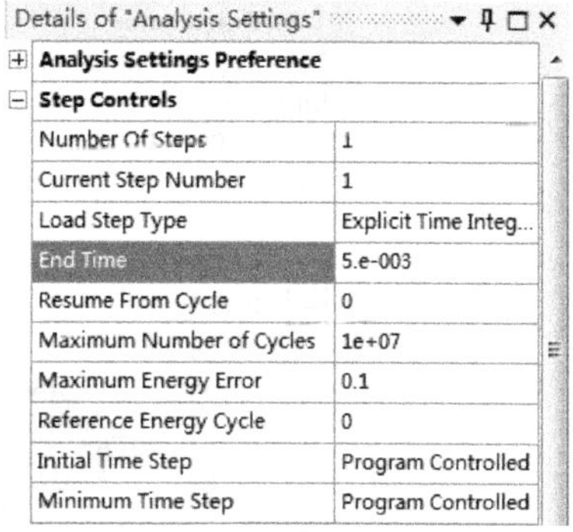

Details of "Analysis Settings"	
Analysis Settings Preference	
Step Controls	
Number Of Steps	1
Current Step Number	1
Load Step Type	Explicit Time Integ...
End Time	5.e-003
Resume From Cycle	0
Maximum Number of Cycles	1e+07
Maximum Energy Error	0.1
Reference Energy Cycle	0
Initial Time Step	Program Controlled
Minimum Time Step	Program Controlled

图 11-40　求解设置

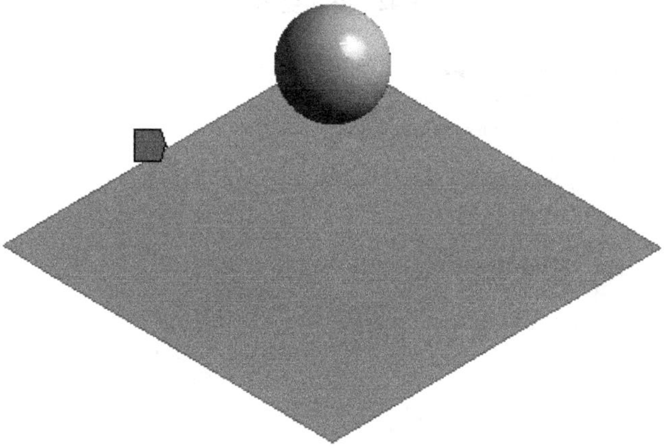

图 11-41　固定钢板

3. 后处理

步骤 9：右键单击模型树中的【Solution Information】，选择【Insert】-【Total Energy】插入整体能量变化，在 Geomerty 栏同时选中小球和钢板，单击【Apply】；再插入两个【Total Energy】分别对小球和钢板的整体能量变化进行查看；插入【External Force】查看钢板的在 Y 轴方向的外力。同时在后处理中插入整体的变形、小球变形、钢板变形、整体应力、小球应力和钢板应力进行查看。右键单击【Solution】，选择【Solve】进行求解。

步骤 10：查看整体的变形结果如图 11-42 所示，或者查看动画，可以明显地观察到小球撞击钢板之后回弹的效果，通过动画可以判断小球撞击钢板的过程整体趋势上是正确的。

步骤 11：固定钢板的四条边，小球撞击钢板的中心，理论上钢板的应力结果趋势应该呈现出完全对称的情况，再查看钢板的应力结果如图 11-43 所示，钢板上的应力云图正好呈现出四角对称的分布情况。

步骤 12：查看总体能量的变化如图 11-44 所示，其初始总能量为 2.6531×10^5mJ，碰撞之后的总能量大约为 2.6429×10^5mJ，通过计算得出其前后能量损失约为 0.4%，远小于 10%，可以判定该能量的损耗在允许范围之内。

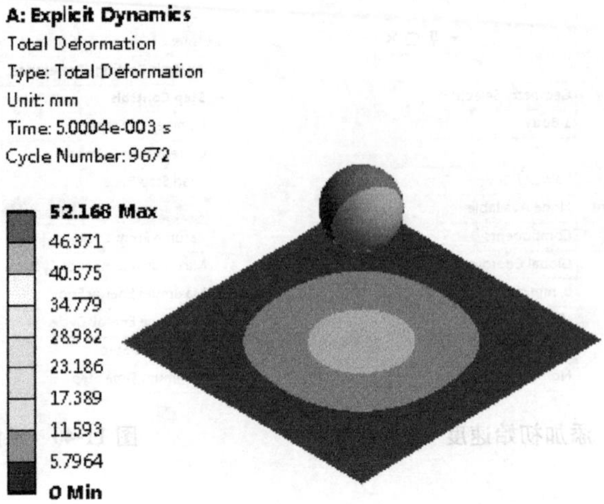

图 11-42 整体变形云图

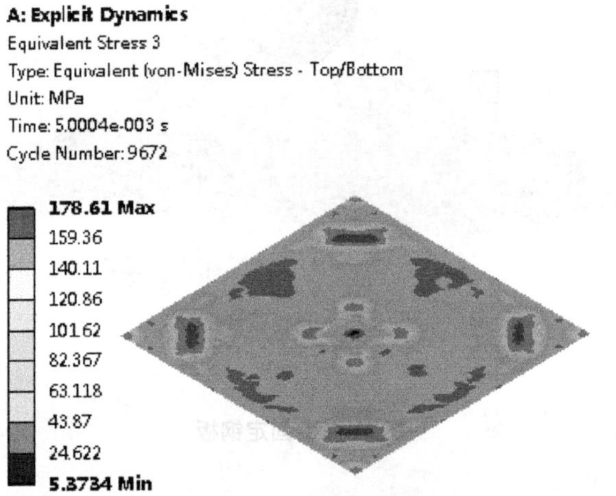

图 11-43 钢板应力云图

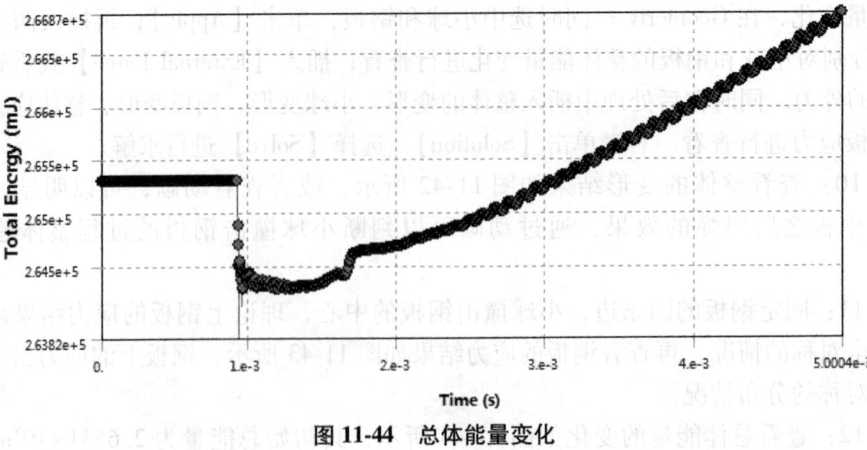

图 11-44 总体能量变化

步骤 13：分别查看小球整体能量变化和钢板整体能量变化如图 11-45 和图 11-46 所示。

先看小球整体能量变化，当小球和钢板发生碰撞时，小球的能量急剧下降，下降到最低点时又有一个上升的过程，由于此时小球下压钢板已经到了极限，此时钢板给小球一个反力让小球反弹，因此小球便出现了一个能量增加的趋势。同样，钢板受到小球的撞击后能量开始急剧上升，当钢板被压到极限位置给小球一个反力让小球弹出，钢板的能量便出现了一个小幅度减小的趋势。

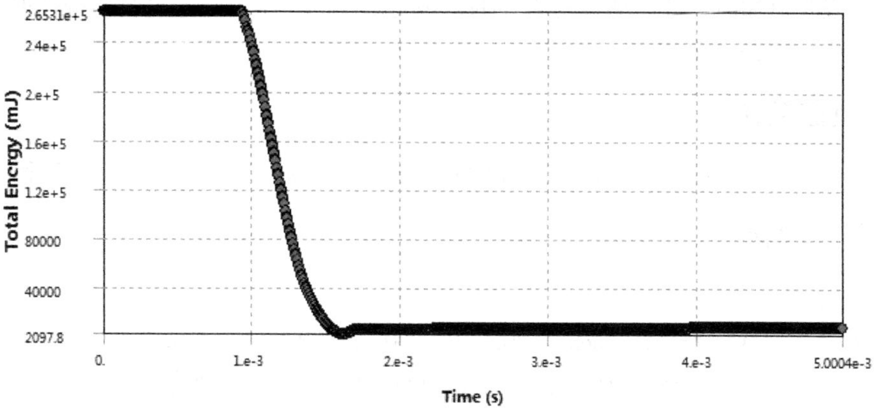

图 11-45　小球整体能量变化

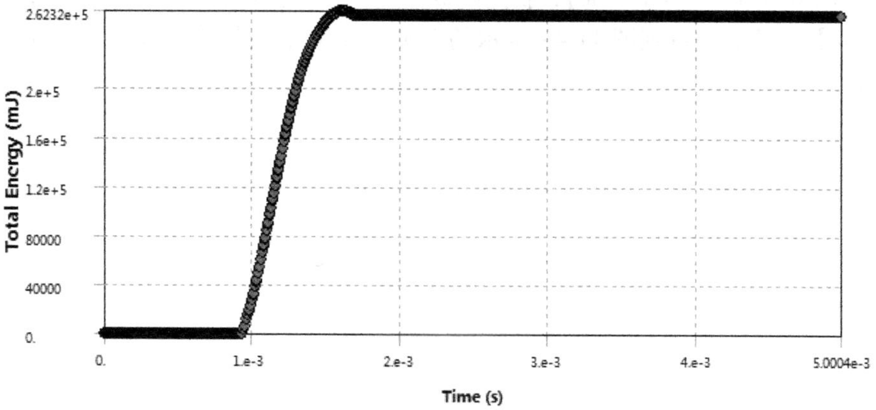

图 11-46　钢板整体能量变化

步骤 14：查看钢板在 Y 轴方向的外力变化如图 11-47 所示，当小球撞击钢板时刻钢板

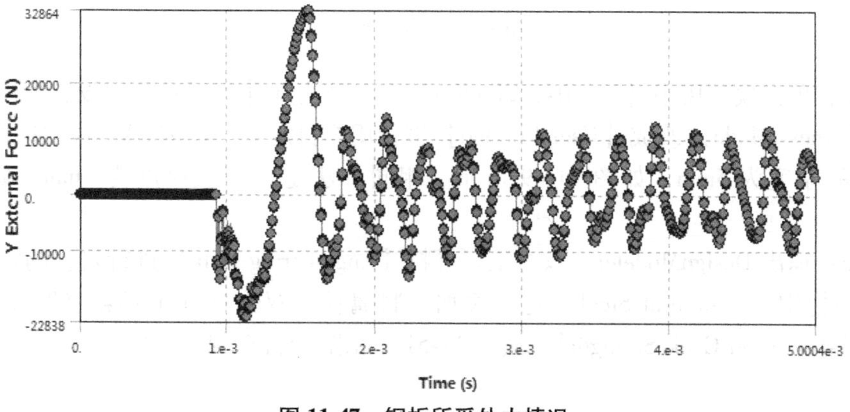

图 11-47　钢板所受外力情况

在Y 轴方向所受的外力沿 Y 轴负方向，当小球弹离钢板，钢板的外力便出现了往复振荡的情况。若给钢板阻尼，其外力的值便会逐渐衰减（读者可自行尝试）。

11.4 结构显式动力学分析实例：物体碰撞

当汽车发生碰撞时，二次碰撞对人体的伤害是最大的。本节将通过物体碰撞的实例对两次碰撞过程进行简要介绍。

11.4.1 问题描述

某吸能盒以 100m/s 的速度撞击 2mm 钢板，求解时间为 1ms，模拟该撞击过程。

11.4.2 分析流程

1. 前处理

步骤 1：启动 ANSYS Workbench 2022 R1，在左侧工具箱（Toolbox）中的分析系统（Analysis Systems）中双击显式动力学分析【Explicit Dynamics】，创建显式动力学分析工程项目。双击几何建模【Geometry】单元进入 DesignModeler 界面，单击菜单栏中的文件【File】，选择【Import External Geometry File】，找到模型所在路径，导入几何模型文件“11.4.stp”，单击【Generate】生成，便得到图 11-48 所示的模型，在菜单栏处将单位（Units）换成毫米（Millimeter）。

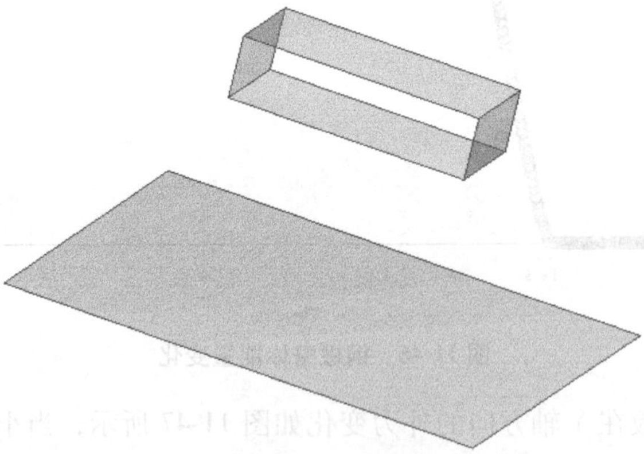

图 11-48 几何模型

步骤 2：单击模型树中【2 Parts，2Bodies】下的吸能盒【1】，在参数设置窗口中把厚度模式（Thickness Mode）改成【User Defined】进行用户自定义，在 Thickness 栏中输入 5，设置吸能盒的厚度为 5mm，如图 11-49 所示。相同方法定义钢板厚度为 2mm，如图 11-50 所示。

步骤 3：退出 DesignModeler，双击工程材料【Engineering Data】进行材料的定义，需要对默认的结构钢（Structural Steel）材料添加材料属性。双击选择工具箱（Toolbox）中的【Plasticity】-【Johnson Cook Strength】，按图 11-51 所示赋予材料相关属性。

Details View	ꭡ
Details of Surface Body	
Body	1
Thickness Mode	User Defined
Thickness (> =0)	5 mm
Surface Area	12500 mm²
Faces	4
Edges	12
Vertices	8
Fluid/Solid	Solid
Shared Topology Method	Automatic
Geometry Type	DesignModeler

图 11-49　吸能盒厚度设置

Details View	ꭡ
Details of Surface Body	
Body	rigid
Thickness Mode	User Defined
Thickness (> =0)	2 mm
Surface Area	40000 mm²
Faces	1
Edges	4
Vertices	4
Fluid/Solid	Solid
Shared Topology Method	Automatic
Geometry Type	DesignModeler

图 11-50　钢板厚度设置

11	⊟	Johnson Cook Strength			☐	
12		Strain Rate Correction	First-Order			
13		Initial Yield Stress	2E+08	Pa		☐
14		Hardening Constant	2E+08	Pa		☐
15		Hardening Exponent	0.5			☐
16		Strain Rate Constant	0.001			☐
17		Thermal Softening Exponent	1			☐
18		Melting Temperature	2000	C		☐
19		Reference Strain Rate (/sec)	1			☐

图 11-51　材料属性

步骤 4：退出 Engineering Data，双击模型【Model】进入 Mechanical 界面，鼠标右键单击模型树中的【Mesh】-【Generate Mesh】进行第一次网格划分，划分的结果如图 11-52 所示。

步骤 5：第一次网格划分后精度不够，因此需要对网格质量进行控制。右键单击模型树中的网格【Mesh】，选择【Insert】-【Face Meshing】插入面网格，在 Geometry 栏选择下侧钢板的面，然后单击【Apply】；Method 栏选择【Quadrilaterals】；右键单击模型树中的网格【Mesh】，选择【Insert】-【Sizing】对钢板的面尺寸和吸能盒网格尺寸进行控制，Element Size 栏输入 5，再次进行网格划分，如图 11-53 所示。

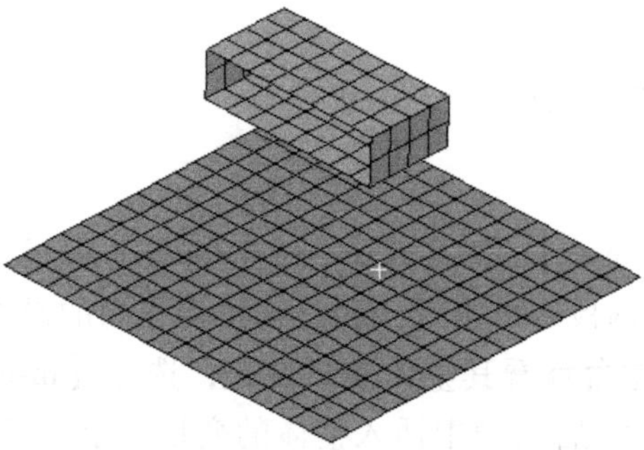

图 11-52　第一次网格划分

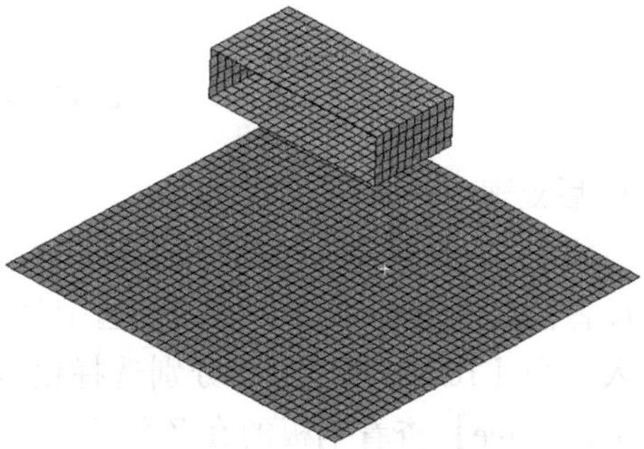

图 11-53　第二次网格划分

2. 求解

步骤 6：右键单击模型树中的【Initial Conditions】，选择【Insert】-【Velocity】插入一个初始速度，在 Geometry 栏选中吸能盒，Define By 栏修改为【Components】，即通过全局坐标系各个方向的分量输入速度，在 Z Component 栏输入 1×10^5，如图 11-54 所示。

步骤 7：单击模型树中的【Analysis Settings】，在参数设置窗口中的 End Time 栏输入 0.001，如图 11-55 所示，确定总计算时间。

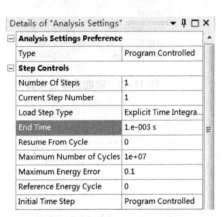

Details of "Velocity"

Scope	
Scoping Method	Geometry Selection
Geometry	1 Body
Definition	
Input Type	Velocity
Pre-Stress Environment	None Available
Define By	Components
Coordinate System	Global Coordinate System
X Component	0. mm/s
Y Component	0. mm/s
Z Component	1.e+005 mm/s
Suppressed	No

图 11-54 添加初始速度

Details of "Analysis Settings"

Analysis Settings Preference	
Type	Program Controlled
Step Controls	
Number Of Steps	1
Current Step Number	1
Load Step Type	Explicit Time Integra...
End Time	1.e-003 s
Resume From Cycle	0
Maximum Number of Cycles	1e+07
Maximum Energy Error	0.1
Reference Energy Cycle	0
Initial Time Step	Program Controlled

图 11-55 求解时间设置

步骤 8：单击模型树中的【Explicit Dynamics】，在上方 Environment 菜单中单击 Fixed 插入固定约束，选择下侧钢板四条边对钢板进行固定，如图 11-56 所示。

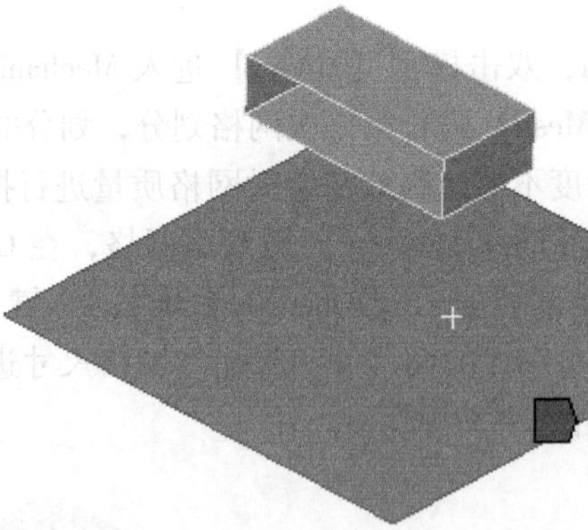

图 11-56 固定下侧钢板

3. 后处理

步骤 9：右键单击模型树中的【Solution Information】，选择【Insert】-【Total Energy】，在参数设置窗口中的 Geometry 栏同时选中吸能盒和钢板，单击【Apply】；执行相同的操作再次插入两个【Total Energy】，分别选择钢板和吸能盒查看其整体能量变化；选择【Insert】-【External Force】查看钢板的在 Z 轴方向的外力。在后处理中插入整体的变形、小球变形、钢板变形、整体应力、小球应力和钢板应力进行查看。右键单击【Solution】，选择【Evaluate All Results】进行求解。

步骤 10：查看其整体的总变形云图如图 11-57 所示，也可以查看吸能盒和钢板发生碰撞的动画效果。

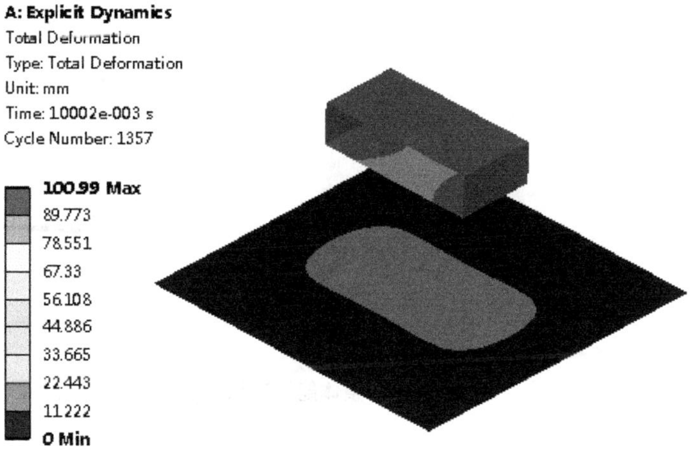

图 11-57　整体的总变形云图

步骤 11：查看钢板的应力云图如图 11-58 所示，其整体应力均上下对称、左右对称，应力分布符合实际情况。

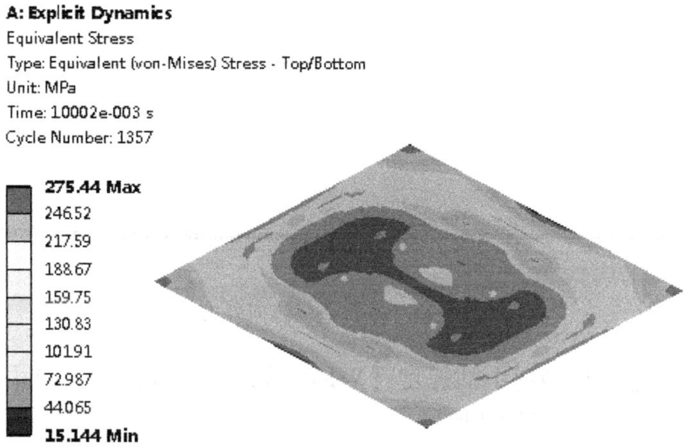

图 11-58　钢板应力云图

步骤 12：查看整体能量的变化如图 11-59 所示，其初始总能量为 2.4531×10^6mJ，碰撞之后的能量大约为 2.21×10^6mJ，通过计算得出其前后能量损失为 9.9%，该能量损失已经接近 10%，因此该结果的可靠性有待评判。

步骤 13：查看钢板在 Z 轴方向的外力如图 11-60 所示，吸能盒和钢板撞击的一瞬间外力过大导致撞击后的值较难辨别，但从趋势上其方向均为 Z 轴正向，符合实际情况。

在碰撞过程中，由于时间较短只看见了吸能盒与钢板之间的碰撞，还未观察到吸能盒自身的相互碰撞，因此可更改相应的参数，查看吸能盒自身发生碰撞之后的变化。

步骤 14：选中模型树中的钢板【rigid】部件，在参数设置窗口中将钢板的厚度（Thick-

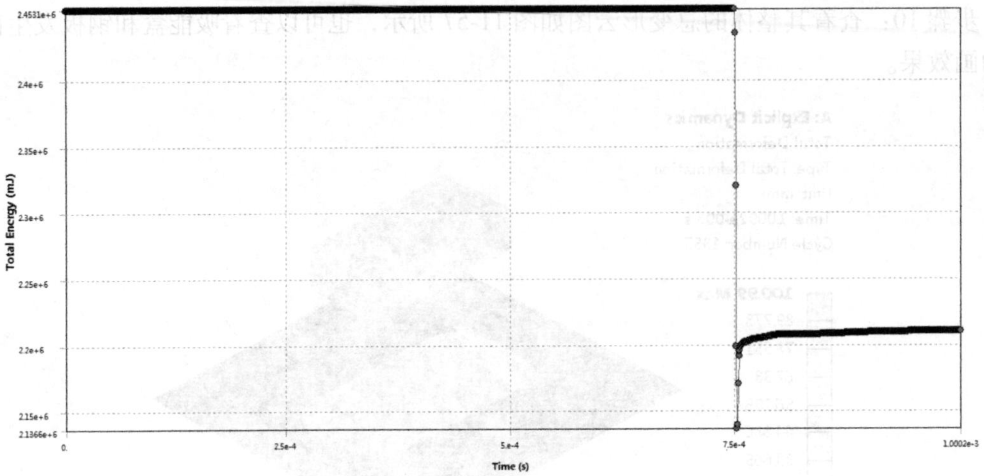

图 11-59 整体能量变化

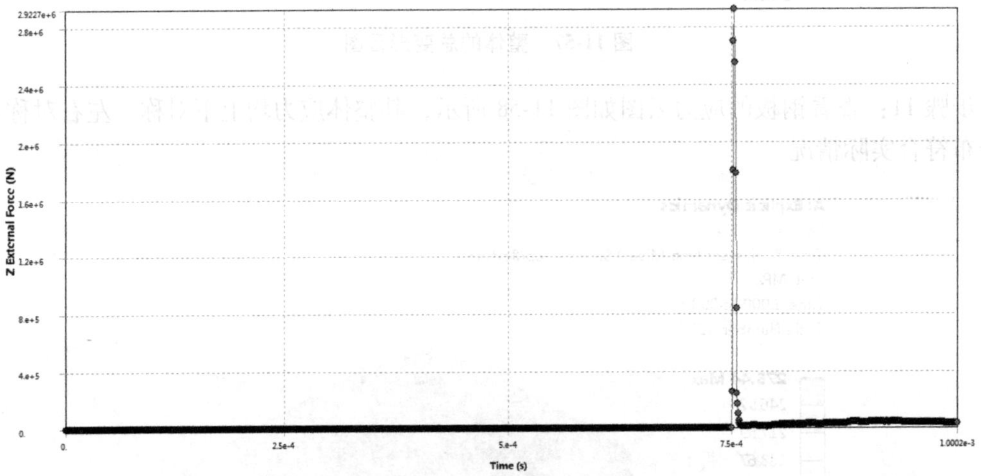

图 11-60 钢板 Z 轴方向外力

ness）修改为 5mm；选中模型树中的速度【Velocity】，在参数设置窗口中将初速度修改为 300m/s，分别如图 11-61、图 11-62 所示。

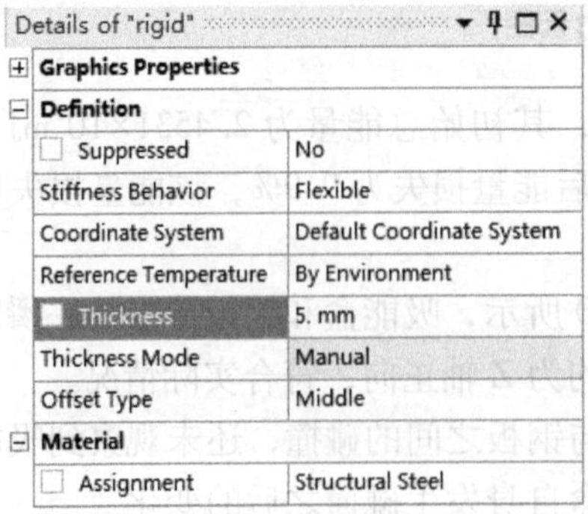

图 11-61 钢板厚度修改

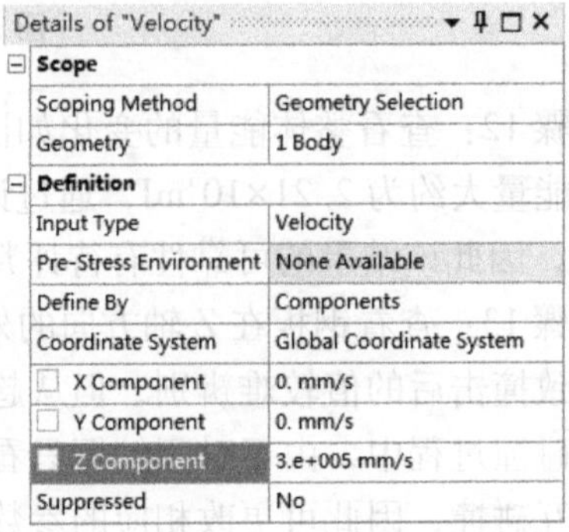

图 11-62 初速度修改

步骤 15：查看整体能量变化如图 11-63 所示，整体能量第一次减少是由于吸能盒和钢板发生了碰撞，第二次能量的减少是由于吸能盒自身发生了碰撞，可以通过动画效果查看两次碰撞过程。

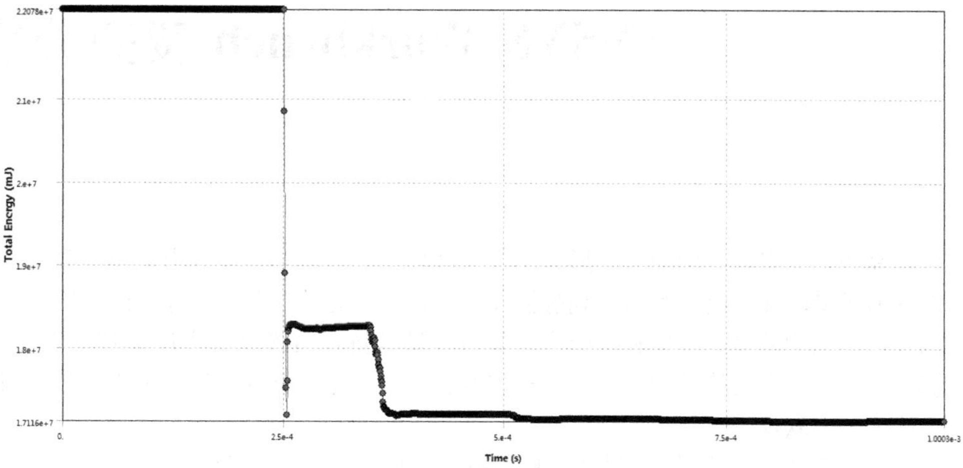

图 11-63　整体能量变化

第 12 章 ANSYS Workbench 疲劳分析

工业产品中，大多数结构的失效形式是疲劳破坏。疲劳破坏是零件由于交变载荷的反复作用，在它所承受的交变应力尚未达到静强度设计许用应力的情况下，零件的局部位置发生破坏，因此产品结构的疲劳强度和疲劳寿命是进行结构抗疲劳设计、强度校核的重要内容。随着计算机技术和有限元技术的发展，结构疲劳分析方法在各个行业得到了广泛的应用，出现了多种疲劳分析软件。

Fatigue Tool 是专门为设计工程师定制的疲劳快速分析工具，提供了易学易用的疲劳分析界面环境。Fatigue Tool 采用广泛使用的应力-寿命方法，综合考虑平均应力、载荷条件与疲劳强度系数等疲劳影响因素，并按线性累积损伤理论进行疲劳计算。本章首先介绍 ANSYS Workbench 2022 R1 疲劳分析相关理论，其次介绍在静力学分析基础上利用自带的 Fatigue Tool 工具对相关实例进行疲劳分析的流程和方法。

12.1 疲劳分析简介

1. 疲劳概述

疲劳失效是结构或零件的一种常见失效形式，其中结构的疲劳破坏是主要的失效形式，疲劳失效与重复加载有关。对于工业产品，零件会出现不同程度的疲劳破坏，轻则零件或产品自身发生损坏，重则会危及人员安全。因此，在产品设计阶段通过有限元方式进行疲劳分析，或者通过疲劳分析研究产品的剩余寿命，已经成为产品强度分析的重要内容。

2. 疲劳分类

疲劳按失效周次的不同可分为高周疲劳和低周疲劳。高周疲劳是作用于零件的应力水平较低，一般载荷的循环周次高于 $10^4 \sim 10^9$ 次的情况下产生的疲劳；低周疲劳是作用于零件的应力水平较高，一般载荷的循环周次低于 10^4 次的情况下产生的疲劳。

疲劳按应力状态的不同可分为单轴疲劳和多轴疲劳。单轴疲劳由单向应力作用引起，例如单轴拉伸、纯剪切；多轴疲劳由多向应力作用引起，例如弯扭组合、双轴拉伸。

疲劳按载荷变化形式的不同可分为恒定振幅载荷疲劳、变幅载荷疲劳和随机载荷疲劳。恒定振幅疲劳是载荷的所有峰值和谷值均相等；变幅载荷疲劳是载荷的所有峰值和谷值不等；随机载荷疲劳是载荷的峰值和谷值随机出现，这里所说的载荷可以是力、应力、应变和位移等。

3. 应力的定义

考虑在最大最小应力值 σ_{max} 和 σ_{min} 作用下的比例载荷、恒定振幅的情况。

应力范围

$$\Delta\sigma=\sigma_{max}-\sigma_{min} \tag{12-1}$$

平均应力

$$\sigma_m=(\sigma_{max}+\sigma_{min})/2 \tag{12-2}$$

应力幅

$$\sigma_a=(\sigma_{max}-\sigma_{min})/2 \tag{12-3}$$

应力比

$$R=\sigma_{min}/\sigma_{max} \tag{12-4}$$

应力比用最小应力 σ_{min} 与最大应力 σ_{max} 的比值 R 表示，R 也称为循环特征。对应不同循环特征，有不同的 S-N 曲线、疲劳极限和条件疲劳极限。对不同方向的应力，可用正负值加以区分，如拉应力用正值表示，压应力用负值表示。

当 $R=-1$，即 $\sigma_{max}=-\sigma_{min}$ 时，称为对称循环应力。

当 $R=0$，即 $\sigma_{min}=0$ 时，称为脉动循环应力。

当 $R=1$，即 $\sigma_{max}=\sigma_{min}$ 时，应力不随时间变化，称为静应力。

当 R 为其他值时，统称为不对称循环应力。

4. 应力-寿命曲线

零件的疲劳寿命与零件的应力、应变水平有关，它们之间的关系可以用应力-寿命曲线和应变-寿命曲线表示，应力-寿命曲线和应变-寿命曲线统称为 S-N 曲线。

S-N 曲线是通过对试件做疲劳测试得到的。影响 S-N 曲线的因素很多，在计算寿命时需要注意材料的延展性、材料的加工工艺、几何形状信息（包括表面粗糙度、残余应力及存在的应力集中）和载荷环境（包括平均应力、温度和化学环境，例如，压缩平均应力比零平均应力的疲劳寿命长，相反，拉伸平均应力比零平均应力的疲劳寿命短）。

一个部件通常会经受多向应力，如果 S-N 曲线是从反映单向应力状态的测试中得到的，那么在计算寿命时需要注意：

1）设计仿真为用户提供了如何把结果和 S-N 曲线进行关联的选择，包括多轴应力的选择等。

2）双轴应力结果有助于计算在给定位置的情况。

鉴于不同的平均应力形式会影响疲劳寿命：

1）对于不同的平均应力或应力比，设计仿真允许输入多重 S-N 曲线（实验数据）。

2）如果没有太多的多重 S-N 曲线（实验数据），那么设计仿真也允许采用多种不同的平均应力修正理论。

影响疲劳寿命的其他因素，也可以在设计仿真中用一个修正因子来修正。

5. 疲劳强度的影响因素

实际零件的形状、尺寸、表面状态、工作环境和工作载荷的特点都可能大不相同，这些因素都会对零件的疲劳强度产生很大的影响。疲劳强度的影响因素可分为力学、冶金学和环境三方面的因素。

一般情况下主要考虑力学和冶金学两类因素，包括缺口形状因素、尺寸因素、表面状态因素和平均应力因素等。

1）缺口形状因素：缺口处的应力集中使缺口根部的最大实际应力远大于零件所承受的

名义应力，是造成零件疲劳强度大幅度下降的最主要因素。

2）尺寸因素：由于材料本身组织的不均匀性及内部缺陷的存在，尺寸增加造成材料破坏概率增加，从而降低了材料的疲劳极限。

3）表面状态因素：包括表面粗糙度、表面应力状态、表面塑性变形程度和表面缺陷等因素。表面越粗糙，对疲劳强度的降低影响就越大。

4）平均应力因素：产生疲劳破坏的根本原因是动应力分量，但静应力分量即平均应力对疲劳极限也有一定的影响。在一定的静应力范围内，压缩的静应力可提高疲劳极限，拉伸的静应力会降低疲劳极限。

12.2 疲劳分析实例：恒定振幅载荷疲劳分析

本节通过简易龙门吊实例介绍 ANSYS Workbench 2022 R1 在静力学分析的基础上，利用自带的 Fatigue Tool 工具进行恒定振幅载荷疲劳分析的流程和方法。

12.2.1 问题描述

已知简易龙门吊如图 12-1 所示，包括 2 个支撑和 1 个吊梁，其材料均为钢，密度为 $7850kg/m^3$，杨氏模量为 2.1×10^{11}Pa，泊松比为 0.3，吊梁上表面作用垂直向下的载荷 1×10^8N，试对简易龙门吊进行恒定振幅载荷疲劳分析。

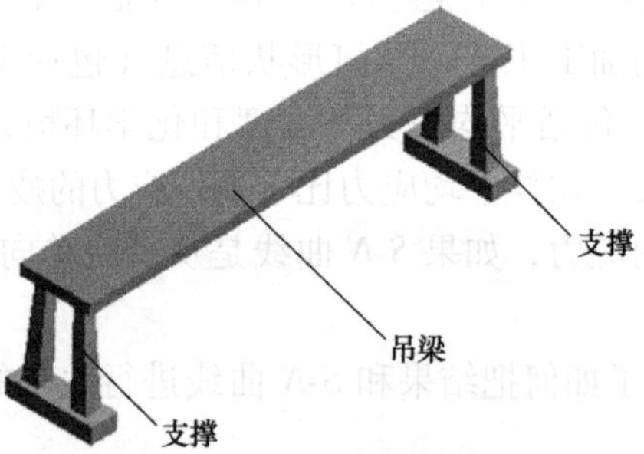

图 12-1 简易龙门吊

12.2.2 分析流程

1. 前处理

步骤 1：启动 ANSYS Workbench 2022 R1，在左侧工具箱（Toolbox）的分析系统（Analysis Systems）中双击【Static Structural】建立静力学分析项目。

步骤 2：右键单击几何建模【Geometry】，在弹出的快捷菜单中选择【Import Geometry】-【Browse】命令，如图 12-2 所示，在弹出的对话框中，单击选择几何模型文件“12.2.stp”，然后单击【打开】按钮，完成几何模型的导入。

步骤 3：静力学分析项目 A 中 Geometry 后的?变为✓，表示几何模型已经导入项目 A 中，双击【Geometry】进入 DesignModeler 界面，这时 Import1 和 Static Structural 前面为⚡，图形操作窗口无模型，如图 12-3 所示，表示几何模型还未生成。

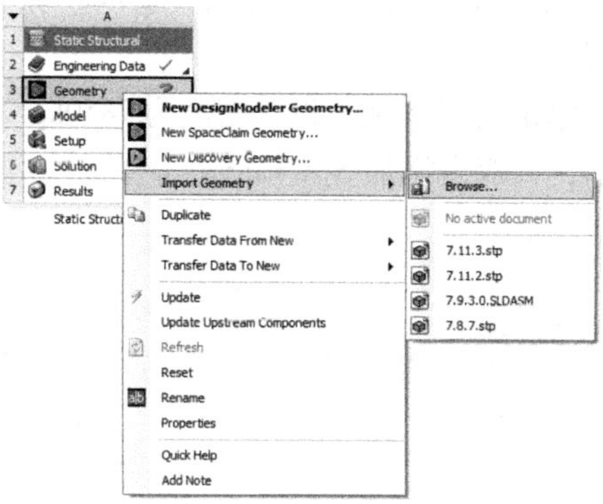

图 12-2　导入几何模型

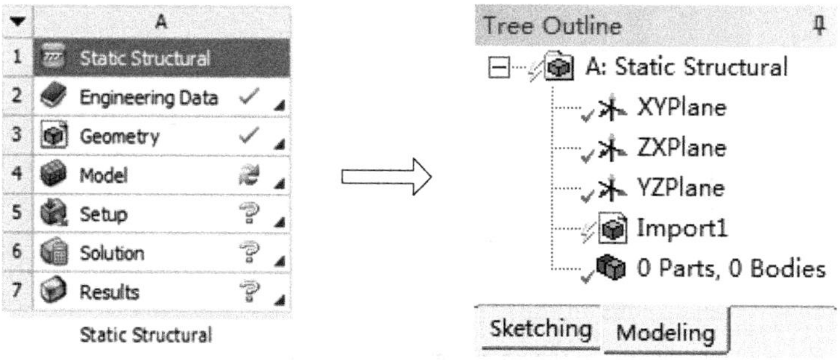

图 12-3　几何模型已导入

步骤 4：单击工具栏中的生成【Generate】按钮，这时 Import1 和 Static Structural 前面的变为✓，同时图形操作窗口中出现简易龙门吊几何模型，如图 12-4 所示，表示模型已经生成。

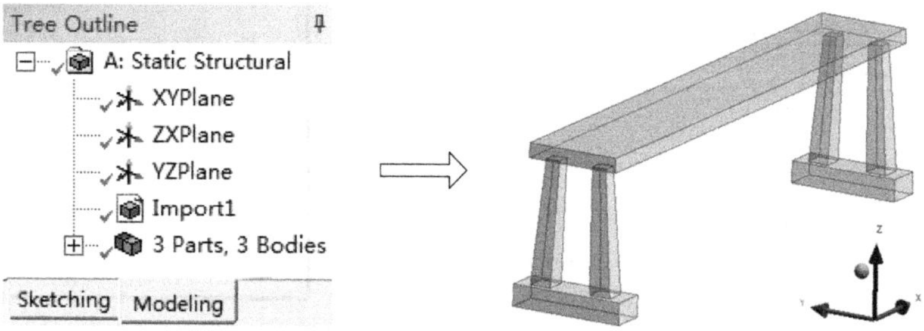

图 12-4　生成几何模型

步骤 5：在 DesignModeler 界面中，可以对模型进行简化处理，本例模型已为简化模型，不需要进行简化处理。另外，在 DesignModeler 界面中，可对模型进行删减、布尔运算，或者利用 Form New Part 处理模型，划分网格时可实现共节点，从而减少连接关系。

步骤 6：单击 DesignModeler 界面右上角的关闭按钮，退出 DesignModeler，返回 Workbench 主界面。

步骤 7：双击静力学分析项目 A 中的工程数据【Engineering Data】，进入 Outline of Schematic A2：Engineering Data 界面。

步骤 8：新建材料 steel 并添加材料属性，设置密度为 7850kg/m^3，杨氏模量为 2.1×10^{11}Pa，泊松比为 0.3，如图 12-5 所示，并双击添加 *S-N* Curve。

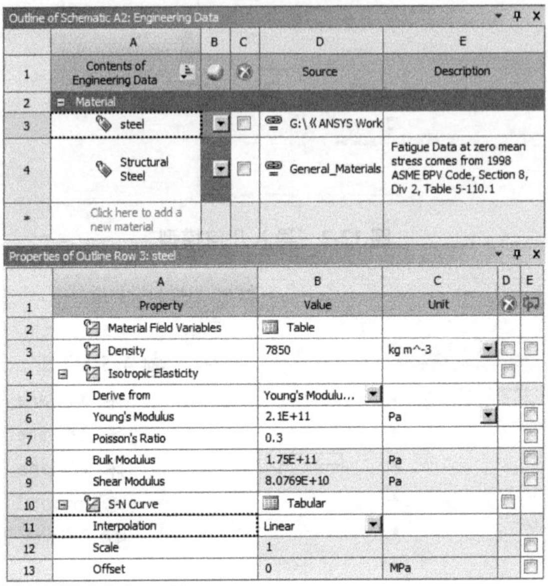

图 12-5 新建材料参数

步骤 9：在 *S-N* Curve 数表中，输入材料的循环次数与循环应力数据，如图 12-6 所示（此数据为实例操作演示用，并非材料的真实参数），此时会生成材料的 *S-N* 曲线，如图 12-7 所示。

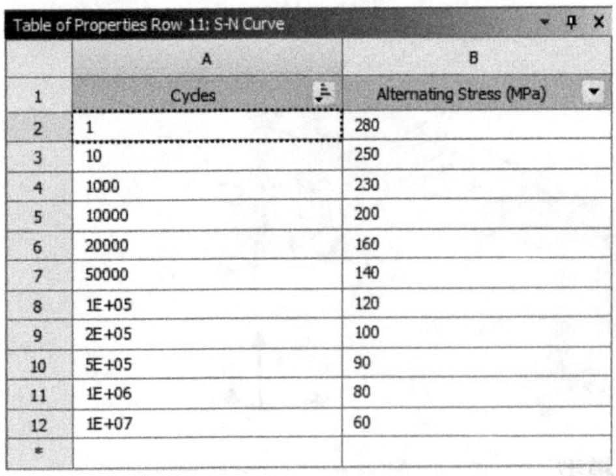
Table of Properties Row 11: S-N Curve

	A	B
1	Cycles	Alternating Stress (MPa)
2	1	280
3	10	250
4	1000	230
5	10000	200
6	20000	160
7	50000	140
8	1E+05	120
9	2E+05	100
10	5E+05	90
11	1E+06	80
12	1E+07	60
*		

图 12-6 *S-N* 曲线数表

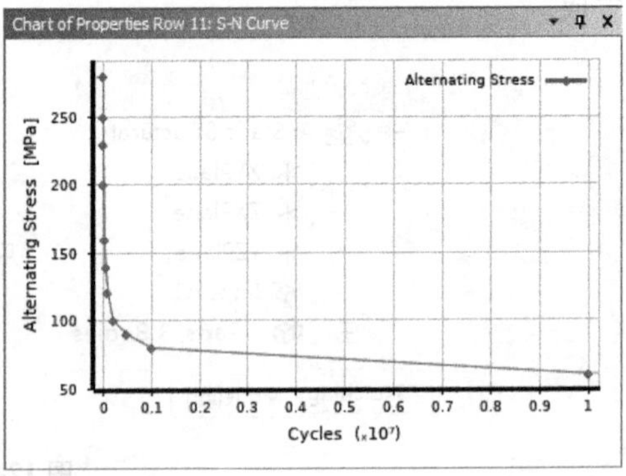

图 12-7 *S-N* 曲线

S-N 曲线的输入类型可以是线性（Linear）、半对数（Semi-Log）或者双对数（Log-Log）。批量输入有规律的 *S-N* 曲线数据时，可在 Excel 中先建立数据表，然后复制所有数据，单击选择数表中的 A2 单元格进行粘贴，可一次性将所有数据复制到此数表中。

步骤 10：单击上侧工具栏中的【Project】，返回主界面。双击静力学分析项目 A 中的模型【Model】，此时进入 Mechanical 界面，如图 12-8 所示。

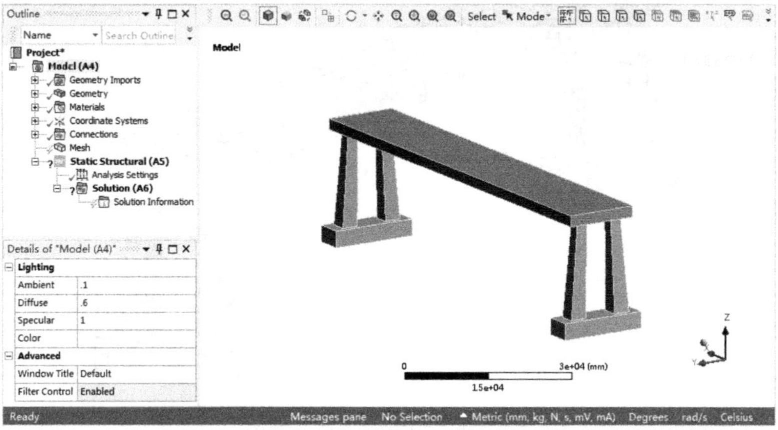

图 12-8　Mechanical 界面

步骤 11：单击模型树中 Geometry 前的加号，单击选择零件，此时出现材料赋予窗口，如图 12-9 所示，单击 Assignment 栏后面的三角符号，此时出现材料选择窗口，选择前面新建的材料 steel，此零件材料赋予完成。

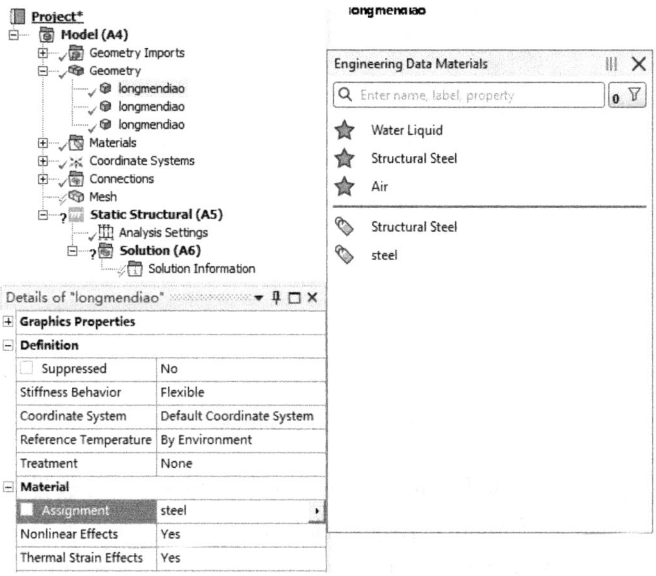

图 12-9　材料赋予

步骤 12：重复步骤 11 操作，对模型中其他零件赋予材料。对具有相同材料的零件，在材料赋予时可按住【Ctrl】键，同时单击选择多个零件，然后松开【Ctrl】键，选择新建的材料【steel】，批量进行材料赋予。

步骤 13：右键单击模型树中的网格【Mesh】，选择【Generate Mesh】命令，进行初次网格划分。此时界面左下角会出现网格划分进度显示条，表示网格正在划分，当网格划分完成后，进度条自动消失。初次网格划分效果如图 12-10 所示。

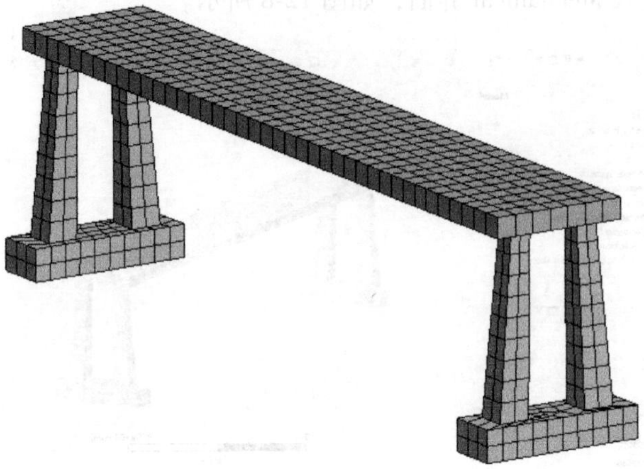

图 12-10　初次网格划分效果

步骤 14：右键单击模型树中的网格【Mesh】，在弹出的快捷菜单中选择【Insert】-【Method】，如图 12-11 所示，在 Mesh 选项下会生成 Automatic Method。

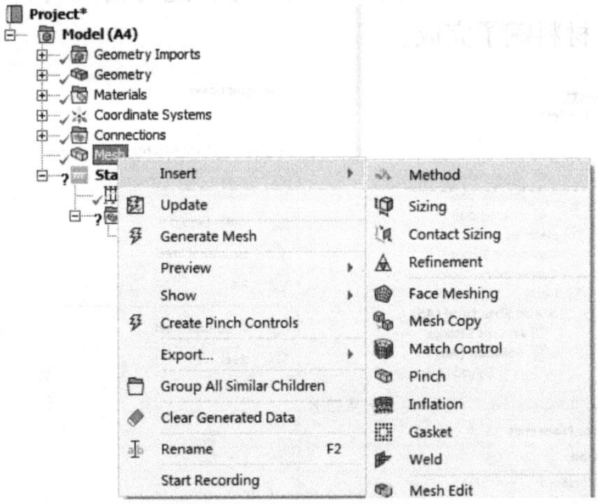

图 12-11　插入 Method

步骤 15：单击上一步生成的【Automatic Method】，在弹出的参数设置窗口中，Geometry 栏选择所有零件，然后单击【Apply】添加实体几何模型。另外，若要选择所有实体模型，也可在图形操作窗口空白处单击右键，在弹出的快捷菜单中选择【Cursor Mode】-【Body】，然后再次在空白处右键单击选择【Select All】，可选中所有实体。

参数设置窗口中的 Method 栏选择【MultiZone】，根据需要可对其他参数进行修改，本实例中其他参数保持默认。

步骤 16：单击模型树中的网格【Mesh】，在参数设置窗口中，Element Size 栏输入 2000；右键单击模型树中 Model（A4）下的网格【Mesh】，选择【Generate Mesh】命令，进行网格划分，最终的划分网格效果，如图 12-12 所示。

步骤 17：单击模型树中的【Connections】，单击 Connections 前的加号，出现 Contacts 选

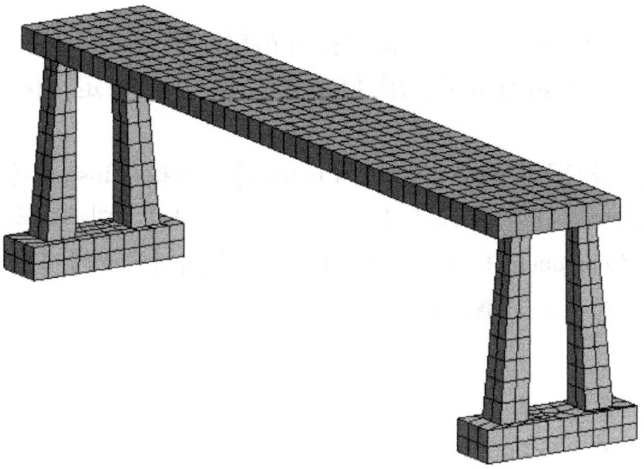

图 12-12　划分网格效果

项，再单击 Contacts 前面的加号，会出现系统自动生成的 Contact，删除所有自动生成的接触关系。

步骤 18：单击模型树中 Connections 下的【Contacts】选项，然后单击菜单栏中的【Connections】-【Contact】，选择【Bonded】，此时在模型树中的 Contacts 下会生成 Bonded-No Selection To No Selection，如图 12-13 所示。单击【Bonded-No Selection To No Selection】，在左下方参数设置窗口中，Contact 栏选择左侧支撑的两个上表面，单击【Apply】完成接触面的选择；Target 栏选择吊梁下表面，单击【Apply】完成目标面的选择，其他参数保持默认，如图 12-13 所示。

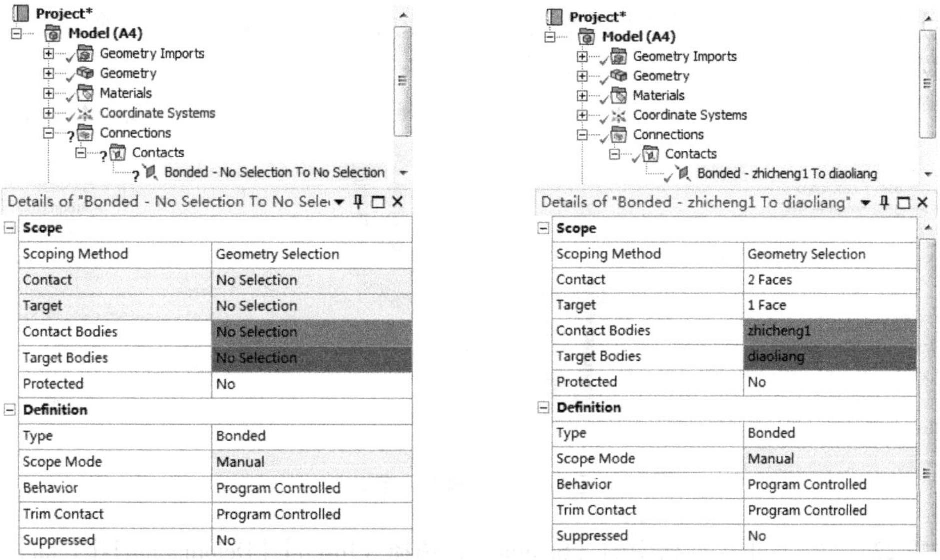

图 12-13　接触关系定义

对恒定振幅、成比例载荷工况进行疲劳分析时，只能包含绑定（Bonded）和不分离（No-Separation）的线性接触，在非线性接触情况下，会出现不满足成比例载荷要求的现象，需要谨慎判别。

步骤 19：重复上一步操作，建立右侧支撑和吊梁之间的接触关系。对于接触关系参数相同的接触，在设置接触参数时也可利用【Ctrl】键多选，批量定义接触关系参数。

2. 求解

步骤 20：右键单击模型树中的【Static Structural】，选择【Insert】-【Force】，在左下方参数设置窗口中的 Geometry 栏选择吊梁上表面，单击【Apply】添加选择的面；Define By 栏选择【Components】，Z Component 栏输入载荷 -1×10^{8}，单击【Enter】键，此时 Force 前面的?变为✓，表示此载荷已经定义完整，如图 12-14 所示。

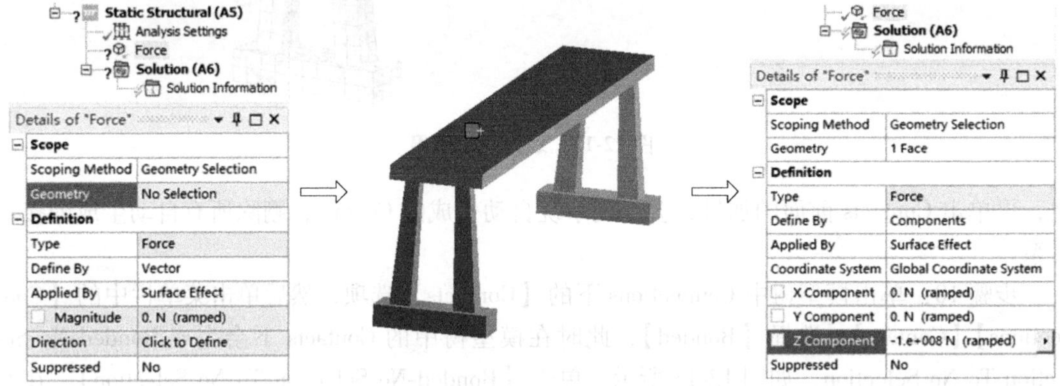

图 12-14　载荷定义

步骤 21：右键单击模型树中的【Static Structural】，选择【Insert】-【Fixed Support】，在左下方参数设置窗口中的 Geometry 栏选择左侧支撑的下表面和右侧支撑的下表面，单击【Apply】添加选择的面，完成支撑与地面间的固定约束，此时 Fixed Support 前面的?变为✓，表示固定约束条件已经定义完整，如图 12-15 所示。

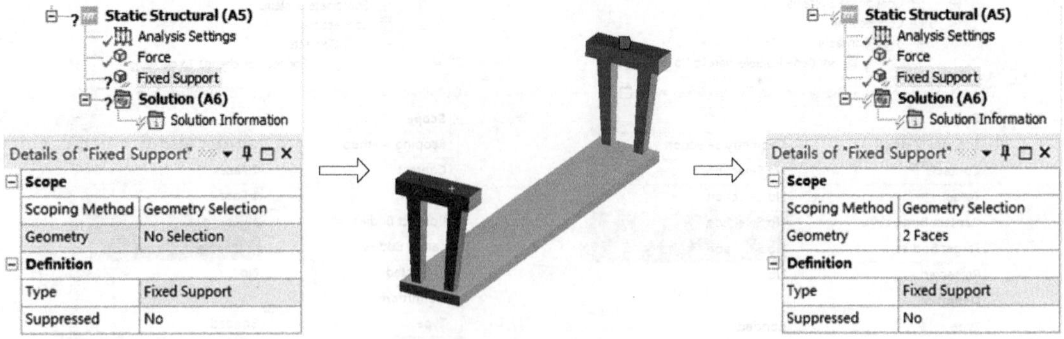

图 12-15　边界条件定义

步骤 22：右键单击模型树中的【Solution】，选择【Insert】-【Deformation】-【Total】，插入总变形；重复上述操作，依次选择【Insert】-【Stress】-【Equivalent（von-Mises）】，插入等效应力。

步骤 23：右键单击模型树中的【Solution】，选择【Insert】-【Fatigue】-【Fatigue Tool】，右

键单击【Fatigue Tool】，选择【Insert】-【Life】，重复上述操作，依次选择【Damage】、【Safety Factor】和【Equivalent Alternating Stress】，Fatigue Tool 参数设置如图 12-16 所示。

步骤 24：单击模型树中的【Analysis Settings】，在左下方参数设置窗口中进行求解参数设置，如图 12-16 所示。

Details of "Fatigue Tool"

Domain	
Domain Type	Time
Materials	
Fatigue Strength Fa...	1.
Loading	
Type	Fully Reversed
Scale Factor	1.
Definition	
Display Time	End Time
Options	
Analysis Type	Stress Life
Mean Stress Theory	None
Stress Component	Equivalent (von-Mises)
Life Units	
Units Name	cycles
1 cycle is equal to	1. cycles

Details of "Analysis Settings"

Step Controls	
Number Of Steps	1.
Current Step Number	1.
Step End Time	1. s
Auto Time Stepping	Program Controlled
Solver Controls	
Solver Type	Program Controlled
Weak Springs	Off
Solver Pivot Checking	Program Controlled
Large Deflection	Off
Inertia Relief	Off
Quasi-Static Solution	Off
Rotordynamics Controls	
Restart Controls	
Nonlinear Controls	
Advanced	

图 12-16 Fatigue Tool 和 Analysis Settings 参数设置

步骤 25：右键单击模型树中的【Static Structural】，选择【Solve】进行求解，此时界面左下角会出现求解进度显示条，表示求解正在进行，当求解完成后，进度条自动消失。

3. 后处理

步骤 26：单击模型树中 Solution 下的【Total Deformation】和【Equivalent Stress】，查看总变形和等效应力云图，如图 12-17 所示。注意不同版本的软件或不同的网格划分数量和质量，会使变形值和应力值略有差异。

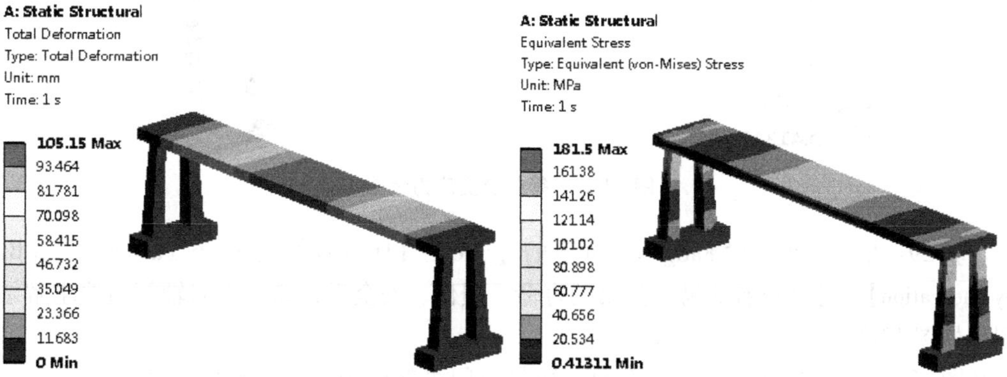

图 12-17 静力学云图

步骤 27：单击模型树中 Solution 下的【Fatigue Tool】，会在左下方和图形操作窗口中分别弹出参数设置窗口和参数曲线图，如图 12-18 所示。

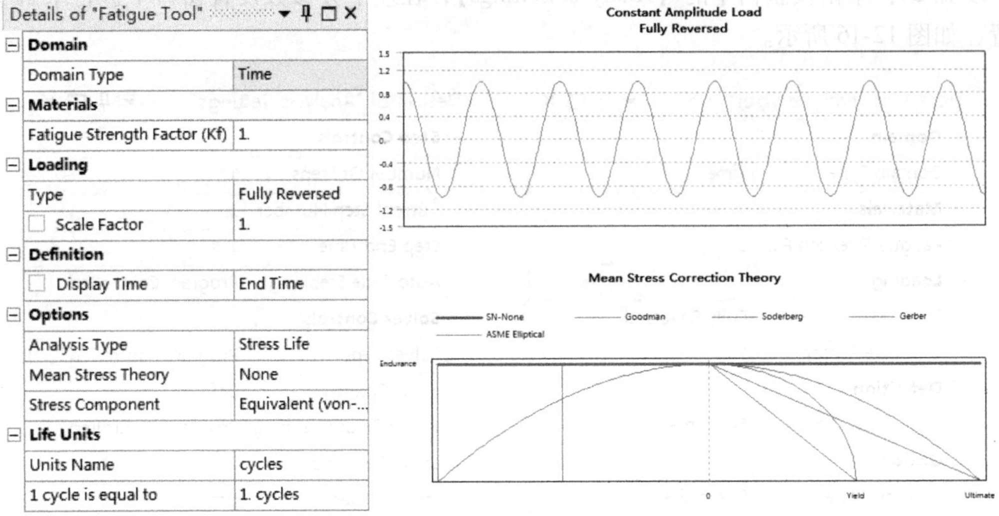

图 12-18　Fatigue Tool 求解参数曲线图

步骤 28：单击模型树中 Fatigue Tool 下的【Equivalent Alternating Stress】，查看简易龙门吊的等效交变应力云图，如图 12-19 所示。

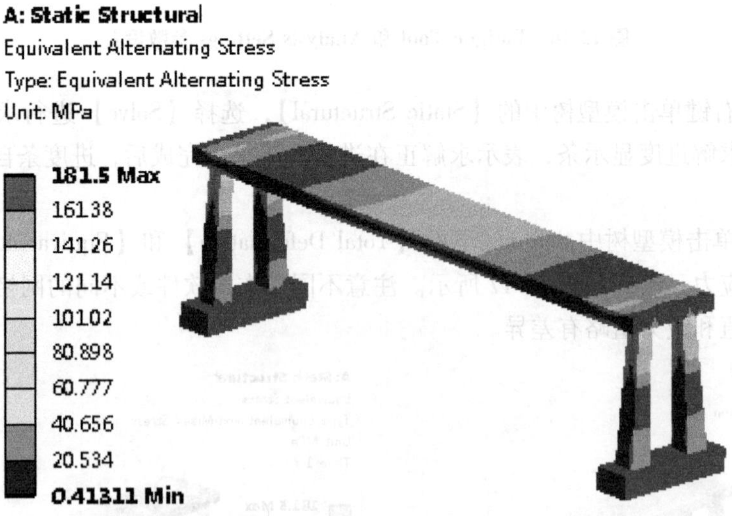

图 12-19　等效交变应力云图

步骤 29：单击模型树中 Fatigue Tool 下的【Life】、【Damage】、【Safety Factor】和【Biaxiality Indication】，分别查看简易龙门吊的寿命、损伤、安全系数和应力双轴等值线求解结果云图，如图 12-20 所示。

从图 12-17 求解结果云图可以看出，简易龙门吊的应力和应变在纵向和横向均对称分布，中部应力和应变最大，符合模型结构特点。

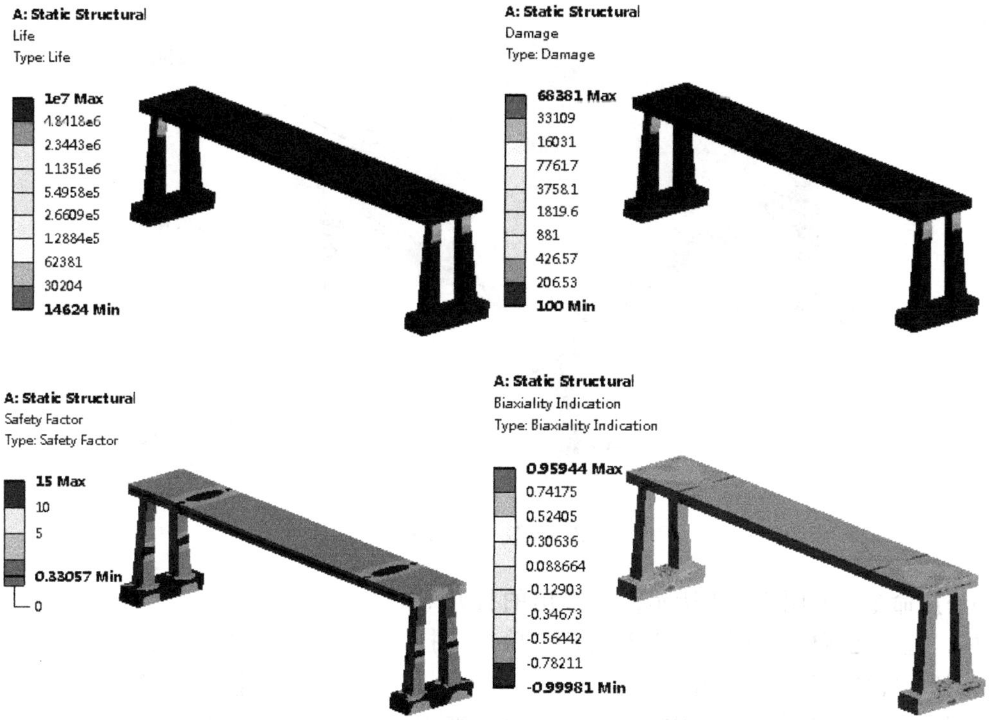

图 12-20　寿命、损伤、安全系数和应力双轴等值线求解结果云图

从图 12-19 和图 12-20 求解结果云图可以看出，简易龙门吊的交变应力在纵向和横向均对称分布，简易龙门吊的寿命、损伤、安全系数、应力双轴等值线分布符合模型结构特点。

12.3　疲劳分析实例：成比例载荷疲劳分析

本节通过支撑座实例具体介绍 ANSYS Workbench 2022 R1 在静力学分析的基础上，利用自带的 Fatigue tool 工具进行成比例载荷疲劳分析的流程和方法，以及疲劳分析求解参数的设置与分析。

12.3.1　问题描述

已知支撑座模型如图 12-21 所示，包括支撑面、支撑腿和支撑底板，其材料均为钢，密度为 7850kg/m^3，杨氏模量为 $2.1\times10^{11}\text{Pa}$，泊松比为 0.3，支撑面上作用垂直向下的载荷 $2\times10^5\text{N}$，试对支撑座进行成比例载荷疲劳分析。

12.3.2　分析流程

1. 前处理

步骤 1：启动 ANSYS Workbench 2022 R1，在主界面工具箱（Toolbox）的分析系统（Analysis Systems）中双击静力学分析【Static Structural】建立静力学分析项目。

步骤 2：右键单击几何建模【Geometry】，在弹出的快捷菜单中选择【Import Geometry】-

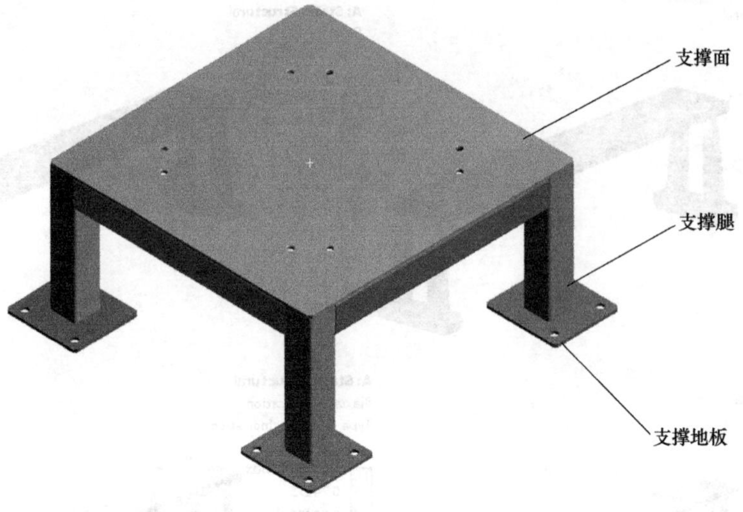

图 12-21 支撑座

【Browse】命令，如图 12-22 所示，在弹出的打开对话框中，选择几何模型文件“12.3.x_t”，单击【打开】按钮，完成几何模型的导入。

步骤 3：静力学分析项目中 Geometry 后的?变为✓表示几何模型已经导入项目中，双击几何建模【Geometry】，此时会进入 DesignModeler 界面，这时 Import1 和 Static Structural 前面为⚡，如图 12-23 所示，且图形操作窗口中无模型，表示几何模型还未生成。

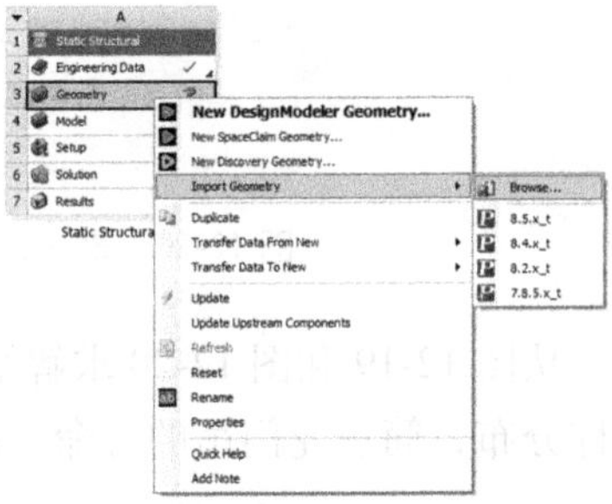

图 12-22 导入几何模型

步骤 4：单击工具栏中的生成【Generate】按钮，

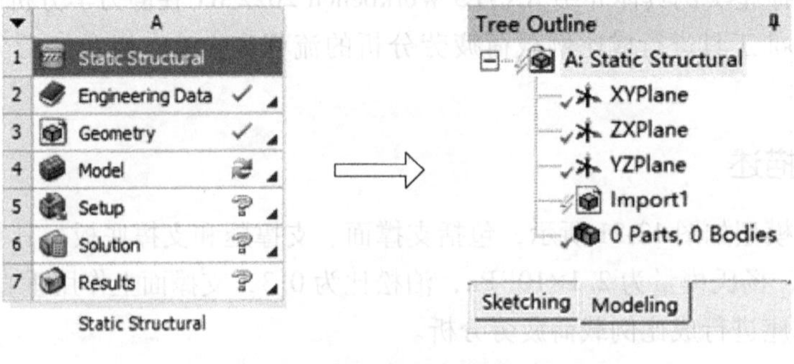

图 12-23 几何模型已导入

这时 Import1 和 Static Structural 前面的⚡变为✓，同时图形操作窗口出现支撑座几何模型，如图 12-24 所示，表示模型已经生成。

步骤 5：在 DesignModeler 界面中，单击 13 Parts，13 Bodies 前的加号，这时展开支撑座的所有实体 Solid，单击第一个【Solid】，按住【Shift】键，同时单击最后一个【Solid】，此

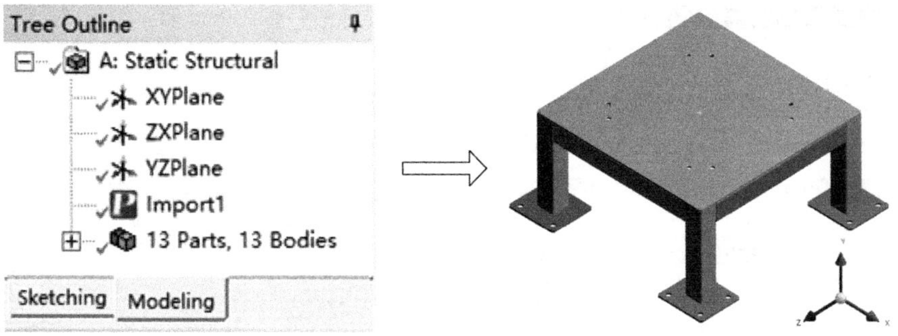

图 12-24　生成几何模型

时选中所有的实体 Solid 并呈现蓝色，鼠标保持在蓝色区域，单击右键选择【Form New Part】，此时生成一个 Part 组件，如图 12-25 所示。

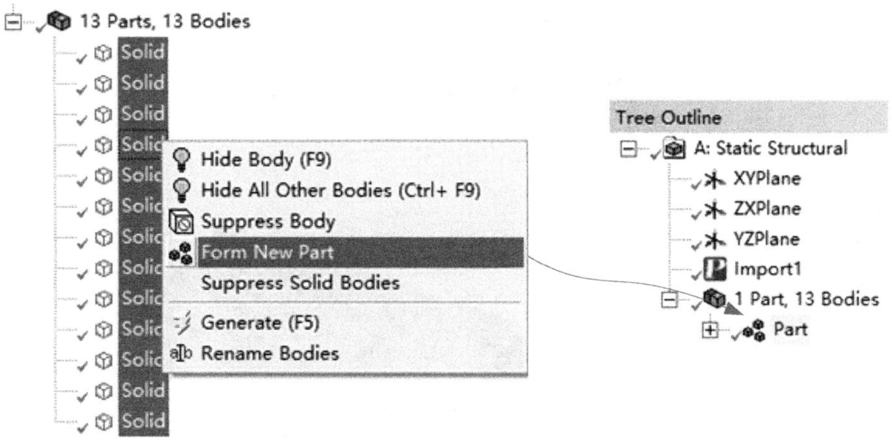

图 12-25　生成 Part 组件

步骤 6：单击 DesignModeler 界面右上角的关闭按钮，退出 DesignModeler，返回 Workbench 主界面。

步骤 7：双击静力学分析项目中的工程数据【Engineering Data】，进入工程数据界面。

步骤 8：本实例中，材料使用系统自带的 Structural Steel，其密度为 $7850kg/m^3$，杨氏模量为 2.1×10^{11}Pa，泊松比为 0.3，如图 12-26 所示。

步骤 9：单击上侧工具栏中的【Project】，返回主界面。双击静力学分析项目 A 中的模型【Model】，此时进入 Mechanical 界面，如图 12-27 所示。

步骤 10：单击模型树中 Geometry 前的加号，再单击 Part 前面的加号，单击选择零件【Solid】，此时出现材料赋予窗口，如图 12-28 所示。单击 Assignment 栏后面的三角符号，此时出现材料选择窗口，选择默认的材料【Structural Steel】。

步骤 11：重复步骤 10 操作，对模型中其他零件 Solid 赋予材料，直至完成所有 Solid 材料的赋予。对具有相同材料的零件，在材料赋予时可按住【Ctrl】键，同时单击选择多个零件 Solid，然后松开【Ctrl】键，选择默认的材料【Structural Steel】，批量进行材料赋予。

步骤 12：单击模型树中 Connections 前的加号，出现 Contacts 选项，再单击 Contacts 前的

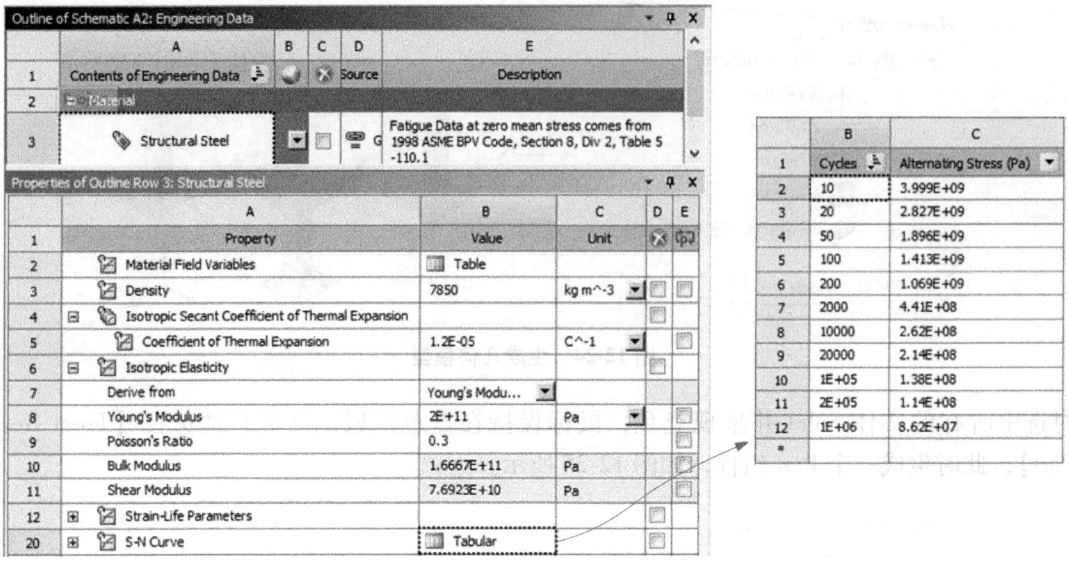

Outline of Schematic A2: Engineering Data

	A	B	C	D	E
1	Contents of Engineering Data			Source	Description
2	Material				
3	Structural Steel			G	Fatigue Data at zero mean stress comes from 1998 ASME BPV Code, Section 8, Div 2, Table 5-110.1

Properties of Outline Row 3: Structural Steel

	A	B	C	D	E
1	Property	Value	Unit		
2	Material Field Variables	Table			
3	Density	7850	kg m^-3		
4	Isotropic Secant Coefficient of Thermal Expansion				
5	Coefficient of Thermal Expansion	1.2E-05	C^-1		
6	Isotropic Elasticity				
7	Derive from	Young's Modu...			
8	Young's Modulus	2E+11	Pa		
9	Poisson's Ratio	0.3			
10	Bulk Modulus	1.6667E+11	Pa		
11	Shear Modulus	7.6923E+10	Pa		
12	Strain-Life Parameters				
20	S-N Curve	Tabular			

	B	C
1	Cycles	Alternating Stress (Pa)
2	10	3.999E+09
3	20	2.827E+09
4	50	1.896E+09
5	100	1.413E+09
6	200	1.069E+09
7	2000	4.41E+08
8	10000	2.62E+08
9	20000	2.14E+08
10	1E+05	1.38E+08
11	2E+05	1.14E+08
12	1E+06	8.62E+07
*		

图 12-26　Structural Steel 材料参数

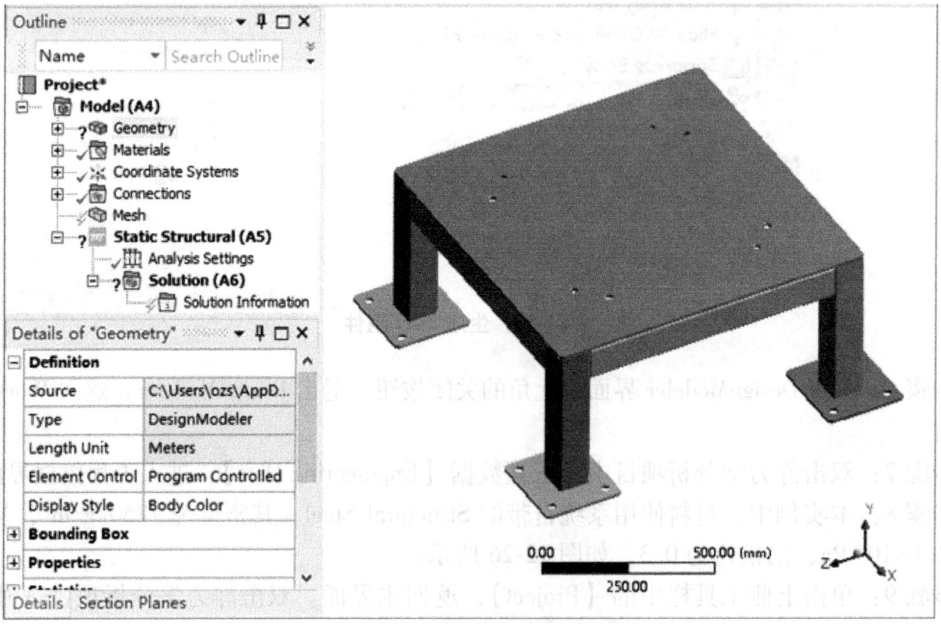

图 12-27　Mechanical 界面

加号，会出现系统自动生成的 Contact，删除所有自动生成的接触关系。根据项目经验，系统虽然能自动生成接触关系，但是其接触关系有时不正确，这样在调试中若出现异常，很难定位出现错误的位置，所以尽量手动定义接触关系。

步骤 13：右键单击模型树中的网格【Mesh】，选择【Generate Mesh】命令，进行网格划分。此时界面左下角会出现网格划分进度显示条，表示网格正在划分，当网格划分完成后，进度条自动消失。网格划分效果如图 12-29 所示。

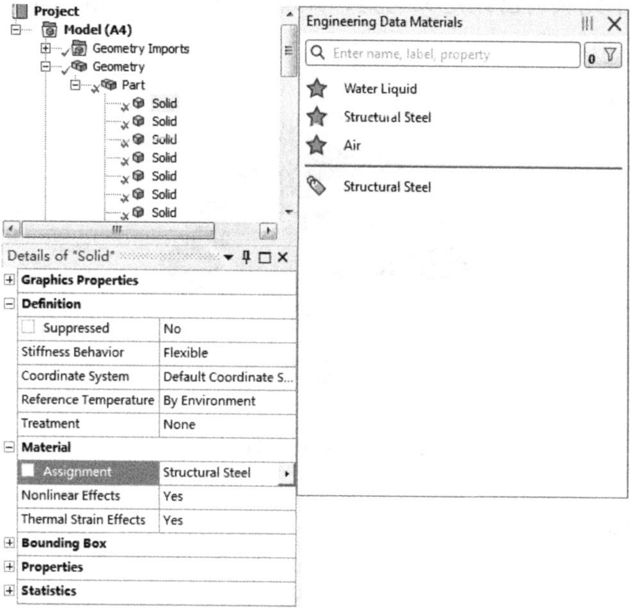

图 12-28　材料赋予

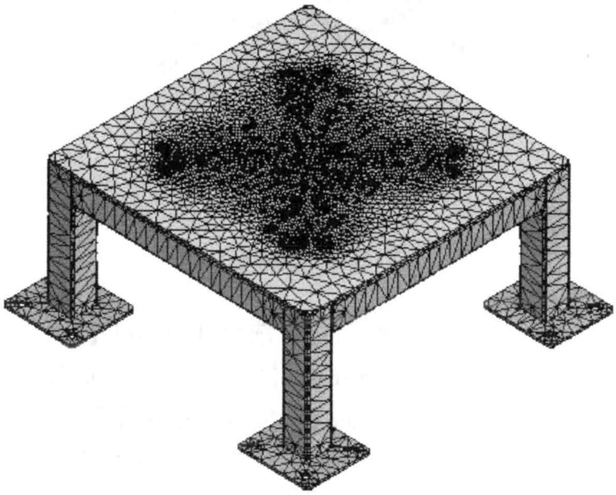

图 12-29　网格划分效果

2. 求解

步骤 14：右键单击模型树中的【Static Structural】，选择【Insert】-【Fixed Support】，在左下方参数设置窗口中的 Geometry 栏选择 4 个支撑底板的底面，单击【Apply】添加选择的面，完成支撑座与地面间的固定约束设置，此时 Fixed Support 前面的?变为✓，表示固定约束条件已经定义完整，如图 12-30 所示。

步骤 15：右键单击模型树中的【Static Structural】，选择【Insert】-【Force】，在左下方参数设置窗口中的 Geometry 栏选择支撑座的上支撑面，单击【Apply】添加选择的面；Define By 栏选择【Components】，Y Component 栏输入载荷 -2×10^5，单击【Enter】键，此时 Force

前面的?变为✓，表示此载荷已经定义完整，如图 12-31 所示，输入载荷数值为负数，表示与当前载荷的默认方向相反。

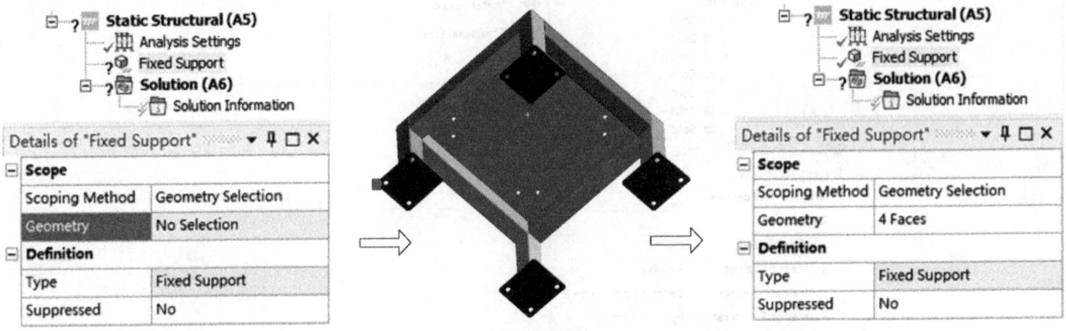

图 12-30 边界条件定义

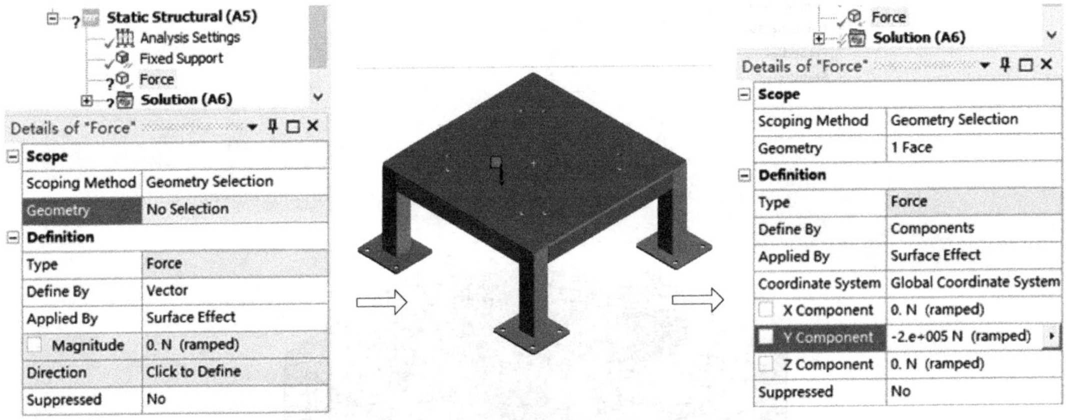

图 12-31 载荷定义

步骤 16：右键单击模型树中的【Solution】，选择【Insert】-【Deformation】-【Total】，插入总变形；重复上述操作，选择【Insert】-【Stress】-【Equivalent（von-Mises）】，插入等效应力。

步骤 17：右键单击模型树中的【Solution】，选择【Insert】-【Fatigue】-【Fatigue Tool】，右键单击【Fatigue Tool】，选择【Insert】-【Life】，重复上述操作，依次选择【Damage】、【Safety Factor】和【Equivalent Alternating Stress】。

步骤 18：单击模型树中 Static Structural 中 Solution 下的【Fatigue Tool】，左下方会弹出参数设置窗口，如图 12-32 所示。

1）疲劳强度因子（Fatigue Strength Factor）：其默认值为 1，数值可在 0~1 之间选择，一般取值小于 1，用来修正实际零件与实验 *S-N* 曲线工件的误差，所计算的交变应力将被这个修正因子分开，而平均应力却保持不变。修正因子取值越小，求解的寿命值越小，即越偏向于保守修正。

2）加载类型（Type）：包括脉动载荷（Zero-Based）、对称载荷（Fully Reversed），比例载荷（Ratio）和非比例载荷（History Data），这些加载类型的加载型式如图 12-33 所示，加载系数越大，其寿命越低。

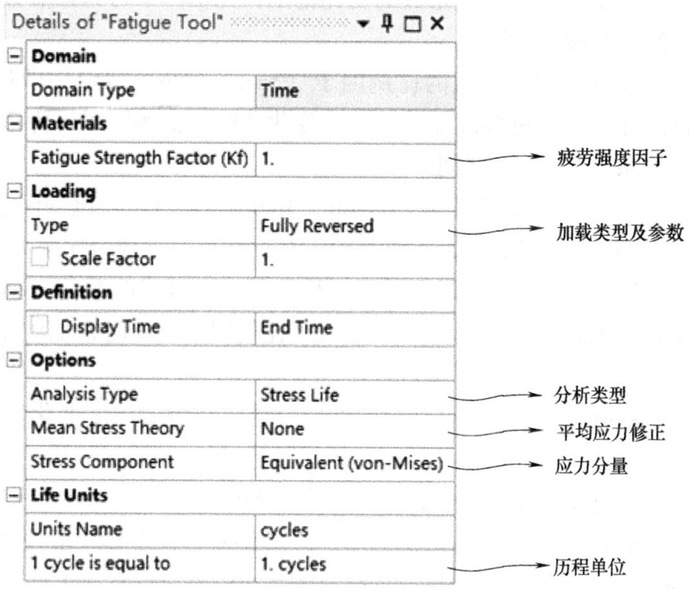

图 12-32　Fatigue Tool 参数设置窗口

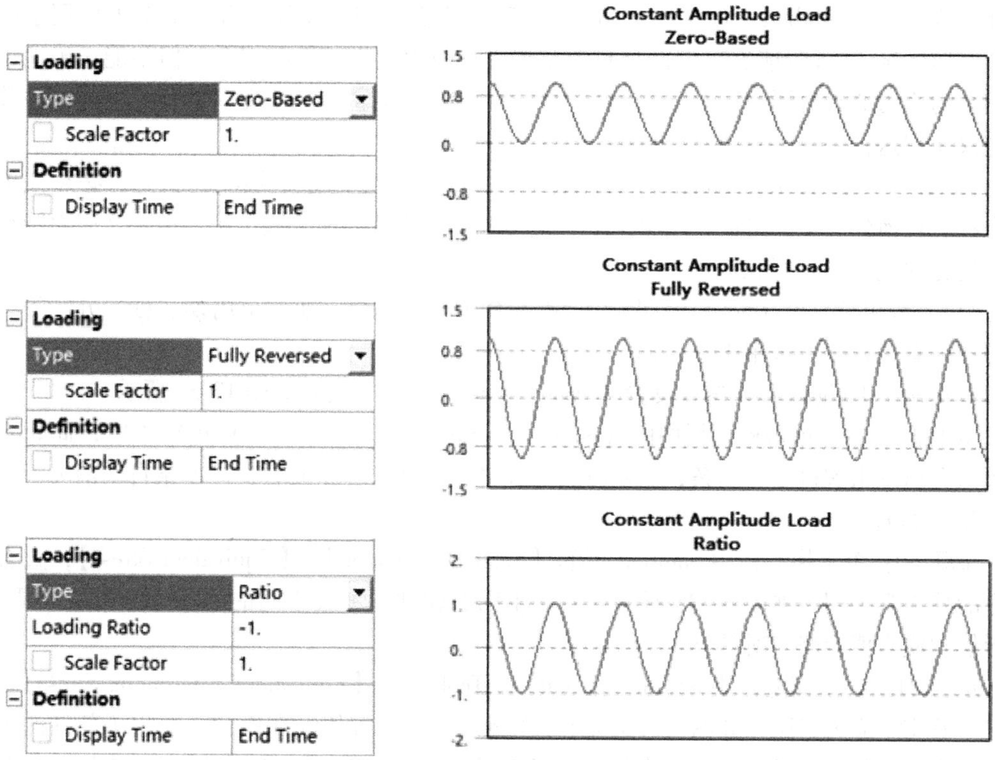

图 12-33　加载类型的加载型式

脉动载荷（Zero-Based）默认的比例因子（Scale Factor）为 1，即加载系数在 0~1 之间变化，通过修改比例因子可修改加载系数的变化范围，比例因子可为任意数值，例如比例因子为 2 时，加载系数在 0~2 之间。

对称载荷（Fully Reversed）默认的比例因子（Scale Factor）为 1，即加载系数在-1~1 之间变化，通过修改比例因子可修改加载系数的变化范围，比例因子可为任意数值，例如比例因子为 2 时，加载系数在-2~2 之间。

比例载荷（Ratio）默认的载荷比率（Loading Ratio）为-1，当比例因子（Scale Factor）为 1 时，加载系数在-1~1 之间变化，此时等同于对称载荷。当载荷比率为 0，比例因子为 1 时，加载系数在-1~1 之间变化，此时等同于对称载荷。通过修改载荷比率和比例因子，可修改加载系数的变化范围，例如当载荷比率为-2，比例因子为 2 时，加载系数在-4~2 之间变化。

非比例载荷（History Data），当有历史数据时可导入载荷的历史变化值来加载，一般用于非比例载荷情况。

3）分析类型（Analysis Type）：包括应力疲劳（Stress Life）和应变疲劳（Strain Life），前者用于高周疲劳计算，后者用于低周疲劳计算，Fatigue Tool 工具一般使用应力疲劳。

4）平均应力修正（Mean Stress Theory）：考虑平均应力对材料 *S-N* 曲线的影响，提供的平均应力修正方法主要包括 None、Goodman、Soderberg、Gerber 和 Mean Stress Curves 等。其中，“None”忽略平均应力的影响；“Goodman”理论适用于低韧性材料，对压缩平均应力不能做修正；“Soderberg”理论比“Goodman”理论更保守，并且在有些情况下可用于脆性材料。“Gerber”理论能够对韧性材料的拉伸平均应力提供很好的拟合，但不能正确地预测压缩平均应力的有害影响；“Mean Stress Curves”使用多重 *S-N* 曲线，当有可用的试验数据时建议使用这种方法。

5）应力分量（Stress Component）：疲劳试验通常测定的是单轴应力状态，必须把单轴应力状态转换到一个标量值，以决定某一应力幅下的疲劳循环次数。用户可定义应力结果如何与疲劳曲线 *S-N* 进行比较。

6）历程单位（1 cycle is equal to）：指一个历程的单位，如一个周期、秒、分钟等，单位与加载有关，一般采用工作周期。

本实例中 Fatigue Tool 参数设置和 Analysis Settings 参数设置如图 12-34 所示。

步骤 19：右键单击模型树中的【Static Structural】，选择【Solve】进行求解，此时界面左下角会出现求解进度显示条，表示求解正在进行，当求解完成后，进度条自动消失。

3. 后处理

步骤 20：单击模型树中 Solution 下的【Total Deformation】、【Equivalent Stress】，查看支撑座的静力学云图，如图 12-35 所示。注意不同的软件版本或不同的网格划分数量和质量，变形值和应力值会略有所差异。

步骤 21：单击模型树中 Solution 下 Fatigue Tool 中的【Equivalent Alternating Stress】，查看其等效交变应力云图，如图 12-36 所示。等效交变应力等值线在模型上绘出了部件的等效交变应力，它是基于所选择的应力类型，考虑了载荷类型和平均应力影响后，查询 *S-N* 曲线得到的应力值，等效交变应力在数值上等于循环应力幅值。

步骤 22：单击模型树中 Solution 下 Fatigue Tool 中的【Life】、【Damage】、【Safety Factor】和【Biaxiality Indication】，分别查看寿命、损伤、安全系数和应力双轴等值线云图，如

图 12-37 所示。

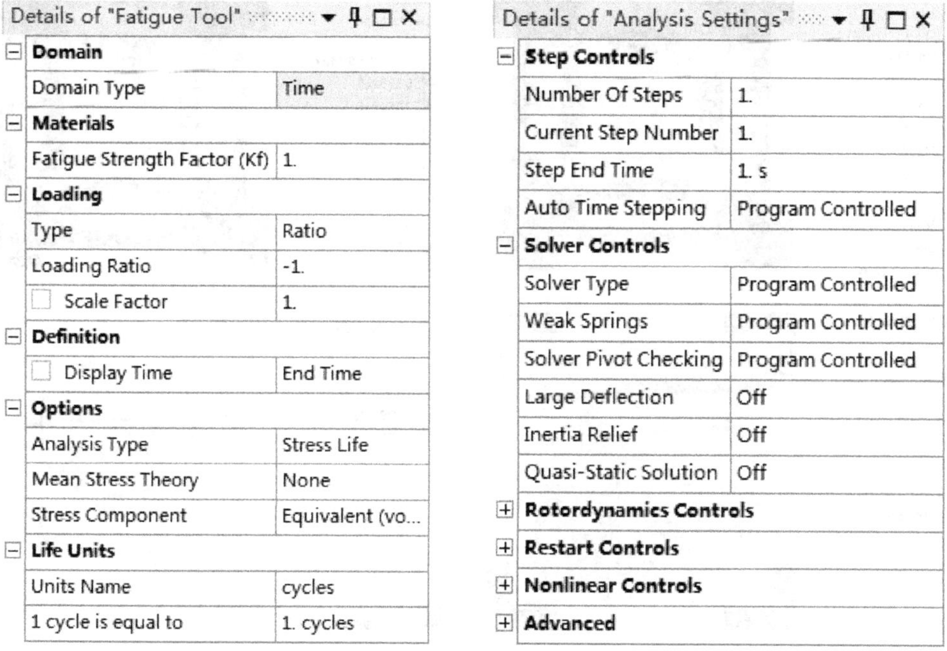

Details of "Fatigue Tool"

Domain	
Domain Type	Time
Materials	
Fatigue Strength Factor (Kf)	1.
Loading	
Type	Ratio
Loading Ratio	-1.
Scale Factor	1.
Definition	
Display Time	End Time
Options	
Analysis Type	Stress Life
Mean Stress Theory	None
Stress Component	Equivalent (vo...
Life Units	
Units Name	cycles
1 cycle is equal to	1. cycles

Details of "Analysis Settings"

Step Controls	
Number Of Steps	1.
Current Step Number	1.
Step End Time	1. s
Auto Time Stepping	Program Controlled
Solver Controls	
Solver Type	Program Controlled
Weak Springs	Program Controlled
Solver Pivot Checking	Program Controlled
Large Deflection	Off
Inertia Relief	Off
Quasi-Static Solution	Off
Rotordynamics Controls	
Restart Controls	
Nonlinear Controls	
Advanced	

图 12-34　Fatigue Tool 和 Analysis Settings 参数设置

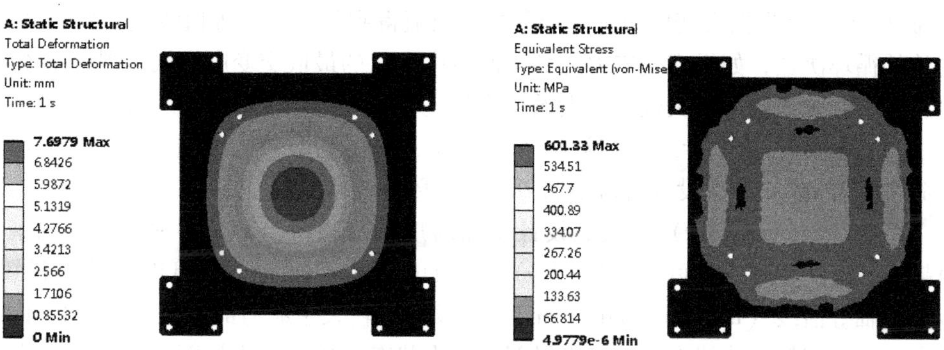

图 12-35　静力学云图

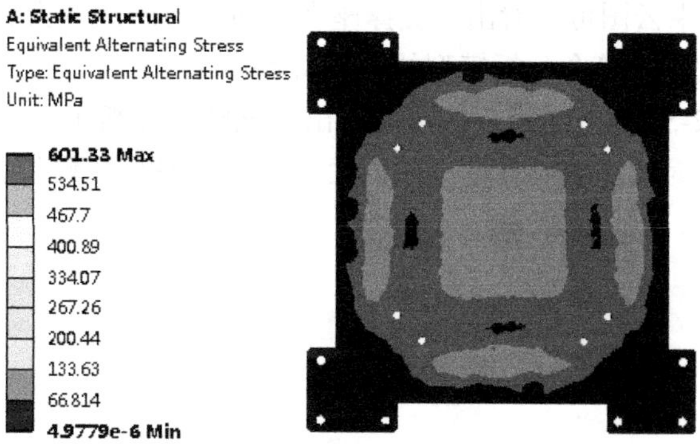

图 12-36　等效交变应力云图

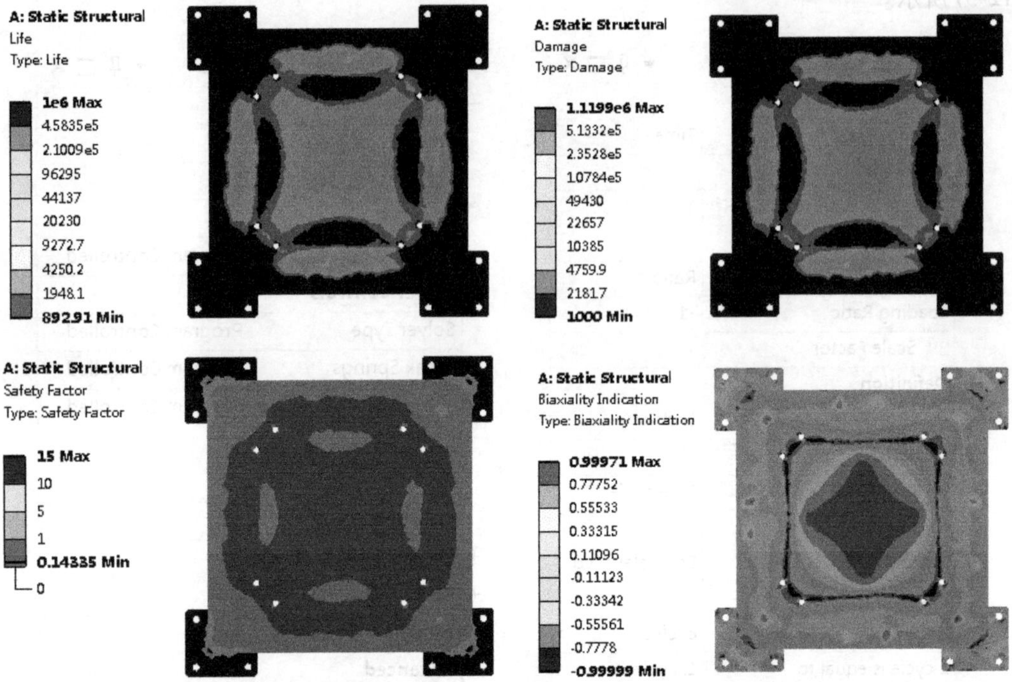

图 12-37 寿命、损伤、安全系数和应力双轴等值线云图

寿命（Life）是根据交变应力查询寿命曲线插值得到的寿命。等值线显示由于疲劳作用直到失效的循环次数，如果交变应力比 *S-N* 曲线中定义的最低交变应力低，则使用该寿命循环次数。本实例 *S-N* 曲线中失效的最大循环次数是 1×10^6 次，即为无限寿命。

损伤（Damage）是设计寿命与评估寿命之比，损伤系数越大，损伤值越大，越危险。设计寿命可在 Damage 参数设置窗口中的 Design Life 栏进行设置。

安全系数（Safety Factor）是某点设计寿命对应的应力值与评估寿命对应应力值之比，该比值越大越好。设计寿命可在 Safety Factor 参数设置窗口中的 Design Life 栏进行设置。

应力双轴等值线（Biaxiality Indication），是较小与较大主应力的比值，反映物体整体的受力状态，应力双轴等值线有助于确定局部的应力状态，单轴应力局部区域的该值为 0，纯剪切为-1，双轴为 1。

从图 12-35 求解结果云图可以看出，支撑座在纵向和横向的应力和应变均对称分布，中间部分应力和应变最大，这符合分析模型的结构特点。

从图 12-36 和图 12-37 求解结果云图可以看出，该疲劳分析下，支撑座的交变应力在纵向和横向的交变应力均对称分布，支撑座的寿命、损伤、安全系数和应力双轴等值线分布均符合分析模型特点。

第 13 章 ANSYS Workbench 刚体动力学分析

瞬态结构的刚体动力学分析采用的是 ANSYS 刚体动力求解器，通过 Rigid Dynamics 模块进行分析。本章主要介绍 ANSYS Workbench 2022 R1 刚体动力学分析流程及相关实例。

13.1 刚体动力学分析简介

刚体动力学分析可以用于分析各类机构运动及弹簧系统的运动。刚体动力学求解方法可分为显式求解方法和隐式求解方法，显示求解方法即龙格库塔法，在求解运动学方程时比较便捷，也可以通过穷举法对运动学方程进行求解，得到时间与结果之间的关系。

多刚体动力学求解得到的刚体运动表征的是质心位置相对于全局坐标系或原始坐标系的位置状态，通过零件的六个自由度（X、Y、Z、UX、UY、UZ）表征刚体运动的位置状态。刚体上的任意一点均可以用质心坐标系表征，通过质心坐标系和任意一点在质心坐标系的位置便可计算出该点的运动状态。同时，后处理输出的内容均和质心坐标系相关。进行刚体动力学求解只需定义材料的密度，软件会通过密度和零件的体积自动计算质心位置。

刚体动力学求解仅支持实体、面体和壳体的几何模型，不支持线体。

ANSYS Workbench 2022 R1 中采用 Rigid Dynamics 模块进行刚体动力学分析。在 ANSYS Workbench 2022 R1 中，运动学方程的求解采用的是欧拉法，即针对坐标系构建质心位置并进行坐标描述，对时间一阶偏导后得到速度，二阶偏导后得到加速度，通过力平衡、力矩平衡构建出一系列的运动学方程。

ANSYS Workbench 刚体动力学分析和 ADAMS 分析有以下相同点和不同点。

（1）相同点

1）ANSYS Workbench 刚体动力学模块和 ADAMS 平台均可以输出力、力矩、位移、速度和加速度。

2）可以通过添加弹簧进行阻尼设置，起到振动衰减的作用。

3）均为刚体分析，无应力和应变结果，步长求解器可自行设置，不需要手工设置。

（2）不同点

1）在 ANSYS Workbench 中进行刚体动力学求解时，其转动副的转角只能在 0°～360°范围内往复运动，无法看出随着周期变化转动副的总转角，而在 ADAMS 中可以得到转角累加的结果。同样，位移结果在 ANSYS Workbench 中也无法得到累加的结果。

2）当要查看一些特殊结果时，在 ADAMS 中可以基于创建 Marker 点直接进行测量，在

ANSYS Workbench 中则需要通过一系列的转换，甚至有时还需要自行罗列运动学方程，效率较低。

13.2 Workbench 刚体动力学分析流程

下面通过一个简单的配重块模型对刚体动力学分析流程进行介绍。

1. 问题描述

已知一圆盘直径为 10m，厚度为 1m，在圆心处开了一个直径为 2m 的孔，同时在距离圆心 3m 的位置开一个直径为 2m 的孔，采用刚体动力学分析，查看其质心的运动状况。

2. 分析流程

（1）前处理

步骤 1：启动 ANSYS Workbench 2022 R1，在左侧工具箱（Toolbox）的分析系统（Analysis Systems）中双击刚体动力学【Rigid Dynamics】创建刚体动力学分析工程项目。双击几何建模【Geometry】单元进入 DesignModeler 界面，在菜单栏处将单位（Units）设置为米（Meter），开始进行模型的建立。

步骤 2：单击模型树中的【XYPlane】，然后单击工具栏中的按钮，使 XY 平面正视于操作窗口，单击工具栏中的【New Sketch】创建一个草图，单击模型树左下角的【Sketching】，如图 13-1 所示，进入草图绘制界面。

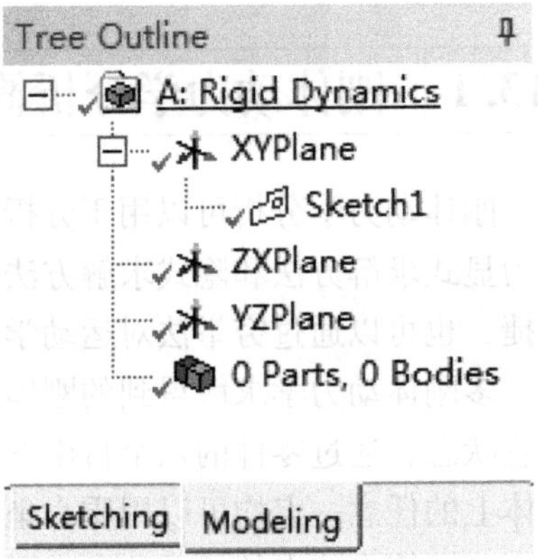

图 13-1 进入 Sketching 界面

步骤 3：如图 13-2 所示绘制草图，并且创建相应的尺寸约束，尺寸值如图 13-3 所示。

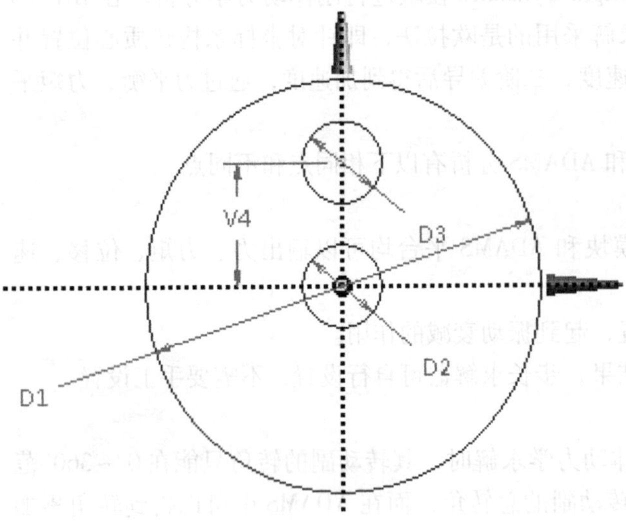
V4
D3
D2
D1

图 13-2 绘制草图

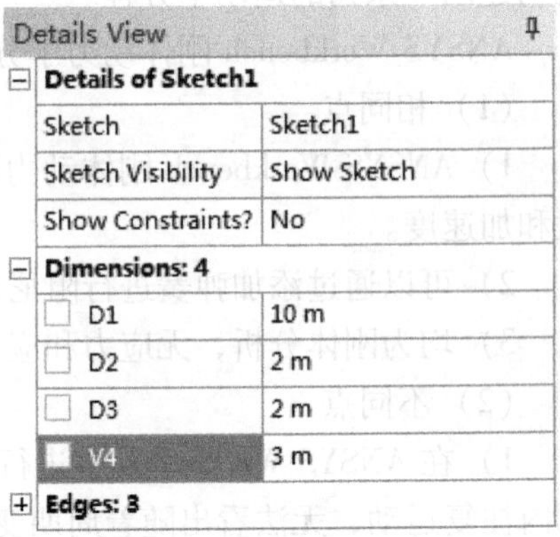
Details View
Details of Sketch1
Sketch
Sketch1
Sketch Visibility
Show Sketch
Show Constraints?
No
Dimensions: 4
D1
10 m
D2
2 m
D3
2 m
V4
3 m
Edges: 3

图 13-3 尺寸值设置

步骤 4：选择工具栏中的拉伸【Extrude】按钮对草图进行拉伸，在参数设置窗口的 Geometry 中选择 Sketch1 并单击【Apply】拉伸深度设置为 1m，最后单击工具栏中的【Generate】按钮生成圆盘，如图 13-4 所示。

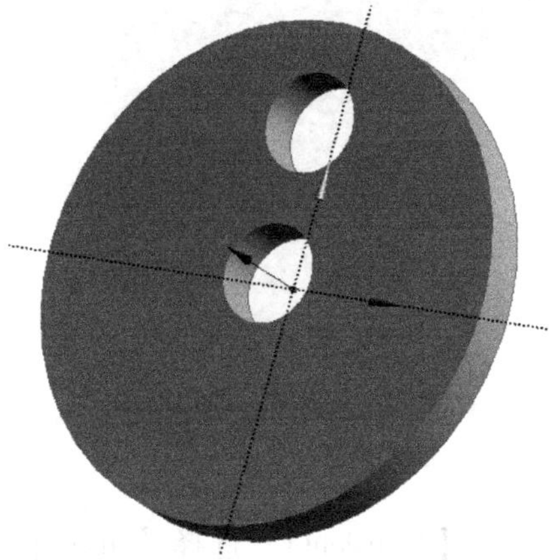

图 13-4　几何模型

步骤 5：退出 DesignModeler，双击模型【Model】进入 Mechanical 界面，若在模型树中没有 Connections，单击菜单栏【Model】-【Connections】命令，便在模型树中生成 Connections，如图 13-5 所示。

步骤 6：如图 13-6 所示，单击菜单栏【Connections】-【Joint】-【Body-Ground】-【Revolute】命令，对圆盘的中心内孔面创建对地转动副，如图 13-7 所示。

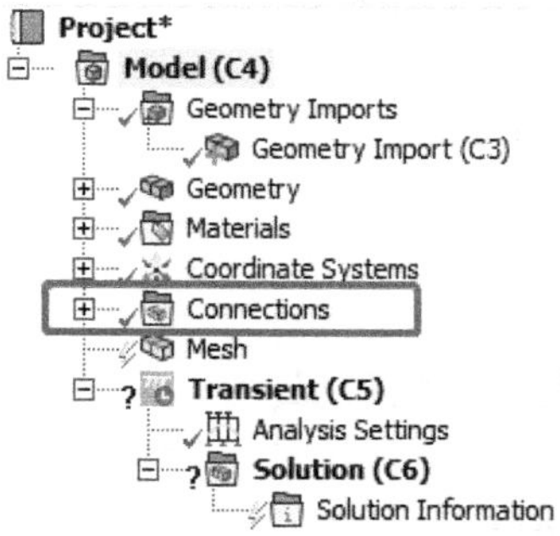

图 13-5　连接关系创建完成

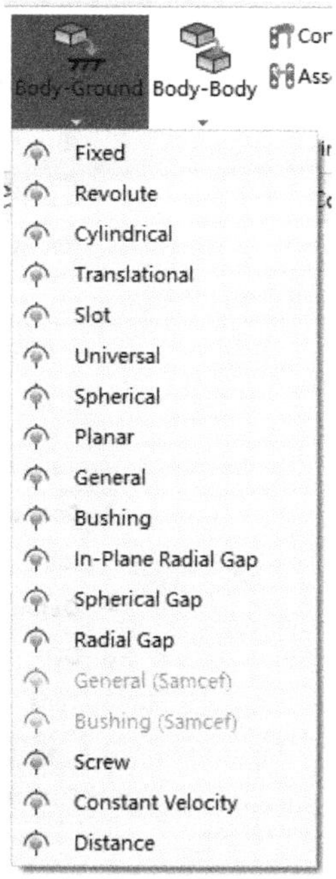

图 13-6　选择对地转动副

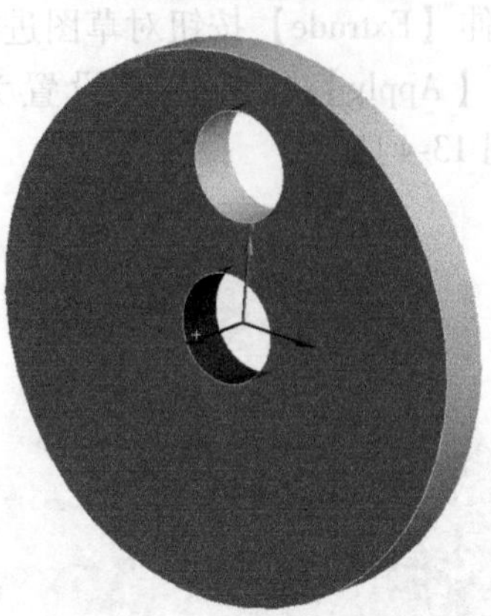

图 13-7　创建对地转动副

（2）求解

步骤 7：右键单击模型树中的【Transient】，选择【Insert】-【Joint Load】插入关节载荷，如图 13-8 所示。在左下方参数设置窗口中，关节（Joint）栏选择【Revolute-Ground To Solid】，类型（Type）选择【Rotational Velocity】，大小（Magnitude）输入 18. 84，如图 13-9 所示。

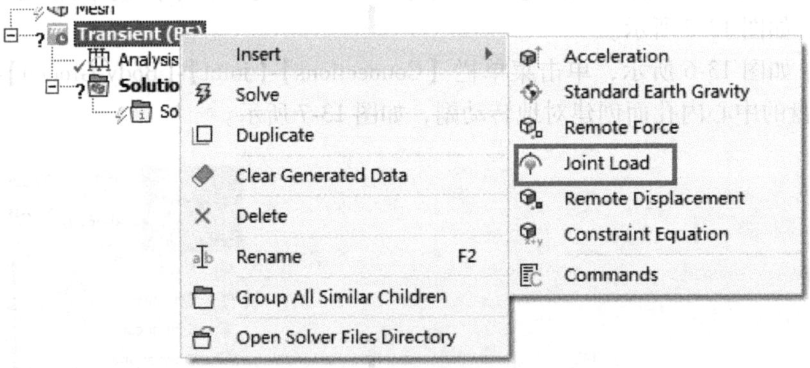

图 13-8　插入关节载荷

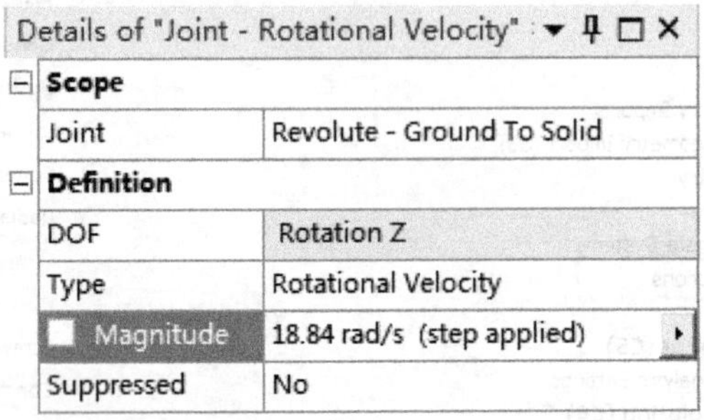

图 13-9　关节载荷设置

步骤 8：右键单击模型树中的【Solution】，选择【Solve】进行求解。

（3）后处理

步骤 9：鼠标右键单击模型树中的【Solution】，选择【Insert】-【Deformation】-【Total】，查看圆盘质心位置，如图 13-10 所示；执行两次【Insert】-【Deformation】【Directional】命令，分别选择 X 轴和 Y 轴查看圆盘质心在 X 轴和 Y 轴方向的位移，分别如图 13-11、图 13-12 所示。

步骤 10：在图 13-10 中，由于圆盘的质心没有和圆盘中心重合，因此在转动过程中质心的位置也会随时间发生变化。

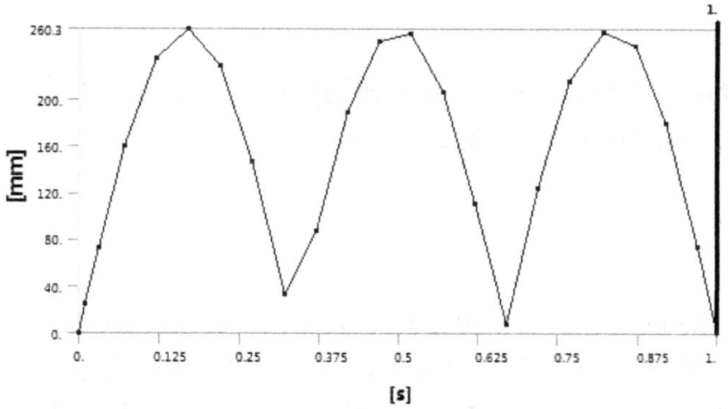

图 13-10　圆盘质心位置

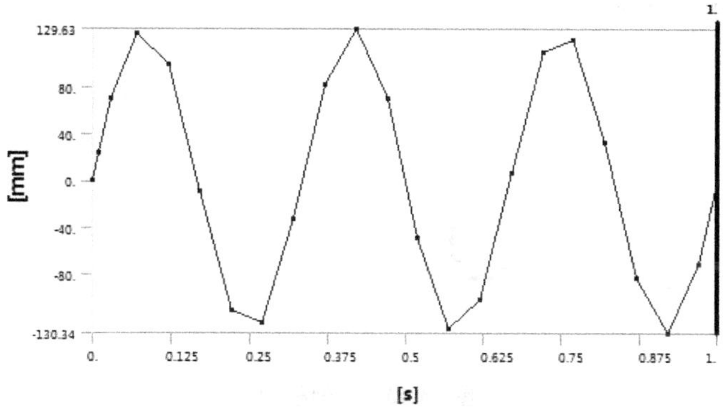

图 13-11　圆盘质心 X 轴方向位置

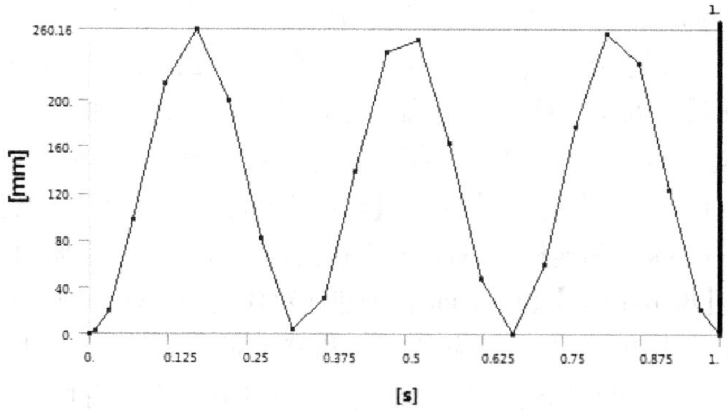

图 13-12　圆盘质心 Y 轴方向位置

13.3 刚体动力学分析实例：曲柄滑块机构

曲柄滑块机构广泛应用于往复活塞式发动机、压缩机、冲床等机构中。曲柄滑块机构以曲柄为主动件，滑块为从动件，将曲柄的转动转换为滑块的往复运动，在实际工程中应用非常广泛。本节通过曲柄滑块机构具体介绍 ANSYS Workbench 2022 R1 刚体动力学分析流程及方法。

13.3.1 问题描述

已知曲柄长 20mm，连杆长 40mm，试对曲柄滑块机构进行刚体动力学分析，查看连杆质心位移变化情况，并将仿真解与理论解进行对比。

13.3.2 分析流程

1. 前处理

步骤 1：启动 ANSYS Workbench 2022 R1，在左侧工具箱（Toolbox）的分析系统（Analysis Systems）中双击刚体动力学【Rigid Dynamics】创建刚体动力学分析工程项目。双击几何模型【Geometry】单元进入 DesignModeler 界面，单击文件【File】菜单，选择【Import External Geometry File】，导入几何模型文件“13.3.stp”，单击生成【Generate】按钮，便得到图 13-13 所示的几何模型。

图 13-13　几何模型

步骤 2：退出 DesignModeler，双击模型【Model】进入 Mechanical 界面，单击并展开模型树的连接关系（Connections），将系统默认生成的接触关系删除，如图 13-14 所示。

步骤 3：单击模型树中的【Connections】，在上方出现的 Connections 菜单中选择【Joint】-【Body-Ground】-【Revolute】命令添加对地的转动副，选择曲柄（Crank）左侧的内孔面作为移动面创建对地的转动副，坐标系统可通过参数设置窗口中的 Coordinate System 栏进行修改，如图 13-15 所示；继续选择【Joint】-【Body-Body】-【Revolute】创建体对体之间的转动副，分别选择曲柄（crank）和连杆（rod）相连接的内孔面作为参考面和移动面，如图 13-16 所示；选择【Joint】-【Body-Body】-【Revolute】创建体对体之间的转动副，分别选择连杆（rod）和滑块（sliding）相连接的内孔面作为参考面和移动面，如图 13-17 所示；选择【Joint】-【Body-Ground】-【Translational】创建体对地面之间的移动副，选择滑块的右端面作为移动面，如图 13-18 所示。由于零件均为刚性体，所以不需要进行网格划分，直接进入求解设置。

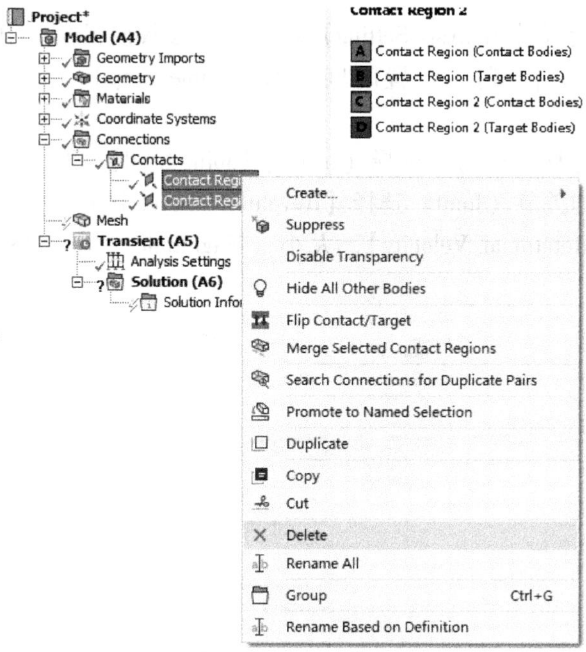

图 13-14　删除默认接触

图 13-15　创建曲柄对地的转动副

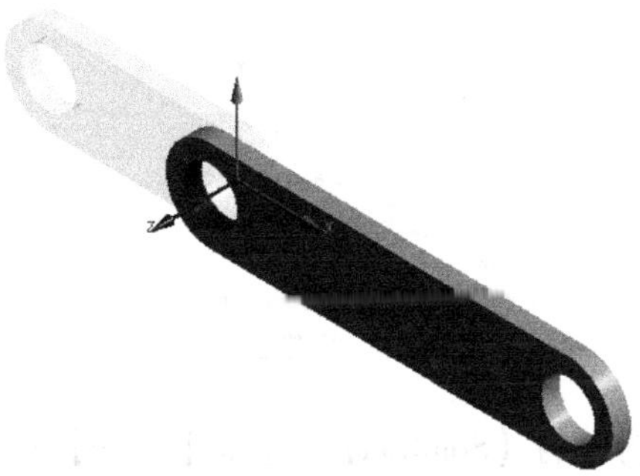

图 13-16　创建曲柄与连杆之间的转动副

图 13-17　创建连杆与滑块之间的转动副

图 13-18　创建滑块对地的移动副

2. 求解

步骤 4：单击模型树中的求解设置【Analysis Setting】在左下方参数设置窗口中将自动时间步（Auto Time Stepping）改为【Off】，设置时间步长（Time Step）为 0.01s，如图 13-19 所示。

步骤 5：右键单击模型树中的【Transient】，选择【Insert】-【Joint Load】插入关节载荷，如图 13-20 所示，参数设置窗口中的关节（Joint）选择【Revolute-Ground To crank】，对曲柄创建驱动，类型（Type）选择【Rotational Velocity】，大小（Magnitude）输入 18.84，如图 13-21 所示。

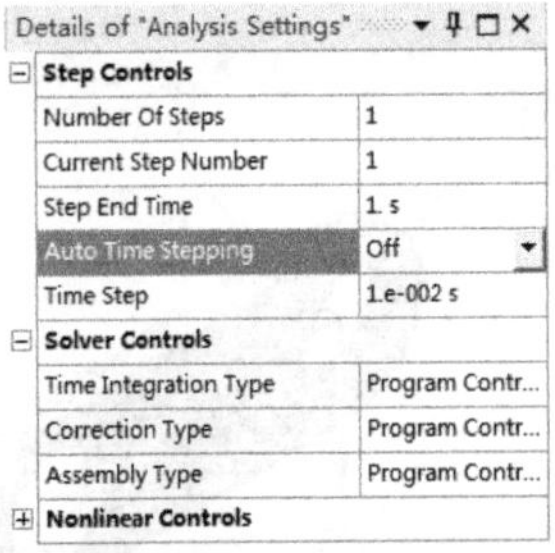

图 13-19　求解设置

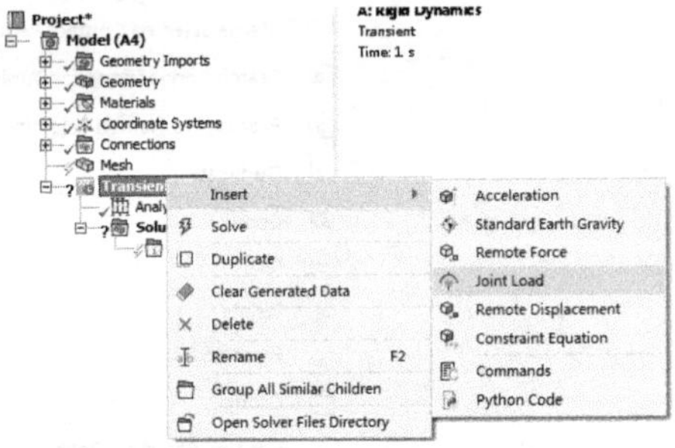

图 13-20　插入关节载荷

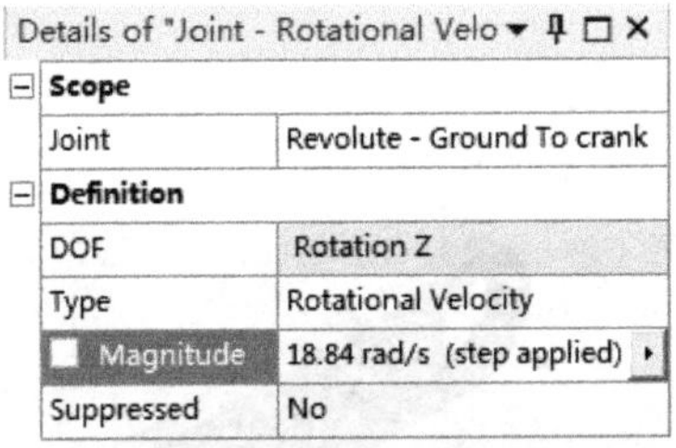

图 13-21　关节载荷设置

步骤 6：右键单击模型树中的【Solution】，选择【Solve】进行求解。

3. 后处理

步骤 7：右键单击模型树中的【Solution】，两次选择【Insert】-【Deformation】-【Total】，分别查看曲柄滑块机构整体和滑块的运动状况；单击两次【Insert】-【Deformation】-【Directional】命令，分别选择 X 轴和 Y 轴查看连杆质心在 X 轴和 Y 轴方向的位移，右键单击【Solution】，选择【Evaluate All Results】对后处理结果进行计算，通过整体位移可以查看整个曲柄滑块机构整周期的运动情况，此处不予演示。

步骤 8：理论计算。如图 13-22 所示，设曲柄与水平方向的夹角为 θ_1，连杆与水平方向的夹角为 θ_2，曲柄长度 L_1，连杆长度 L_2，曲柄固定点与滑块之间的距离为 S_c，将各个构件表示为矢量，可写出曲柄、连杆所构成的封闭矢量方程，下面是滑块的矢量方程。

$$\boldsymbol{l}_1+\boldsymbol{l}_2=\boldsymbol{S}_c \tag{13-1}$$

将各矢量分别向 X 轴和 Y 轴进行投影，得

$$l_1\cos\theta_1+l_2\cos\theta_2=S_c \tag{13-2}$$

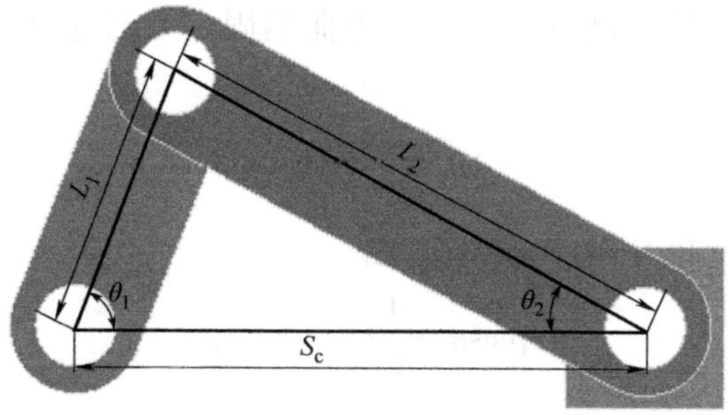

图 13-22 曲柄滑块模型

$$l_1\sin\theta_1 - l_2\sin\theta_2 = 0 \tag{13-3}$$

由上式可得

$$\theta_2 = \arcsin\frac{l_1\sin\theta_1}{l_2} \tag{13-4}$$

$$S_c = l_1\cos\theta_1 + l_2\cos\left(\arcsin\frac{l_1\sin\theta_1}{l_2}\right) \tag{13-5}$$

通过式（13-5）可以计算出滑块的位置，通过 MATLAB 计算出滑块的运动轨迹如图 13-23 所示，从 Workbench 中计算得到的仿真解如图 13-24 所示。通过对比可知仿真求解和理论求解得到的值是一致的，可以确定仿真计算结果的准确性。

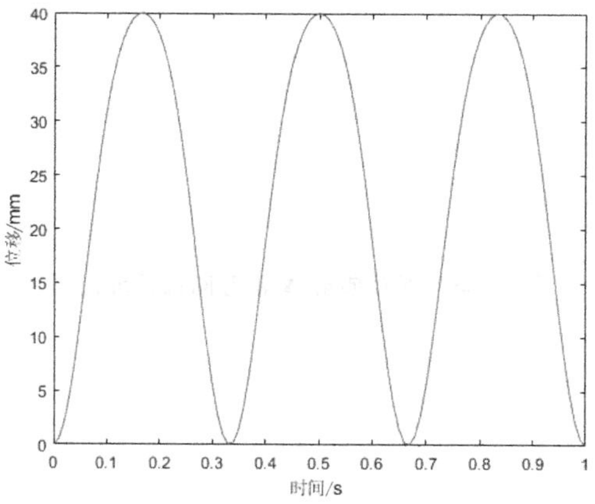

图 13-23 滑块位移理论解

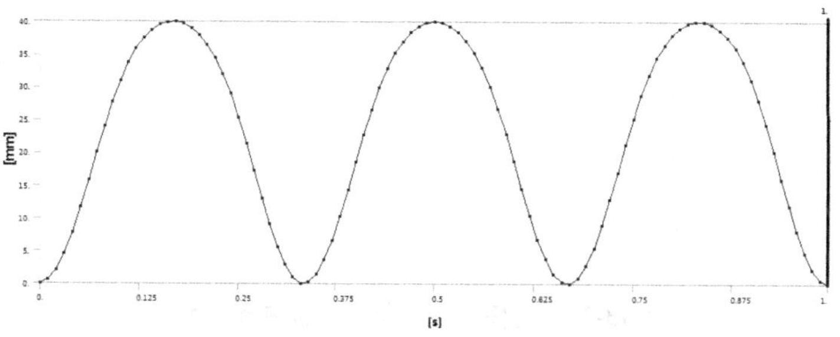

图 13-24 滑块位移仿真解

同理，对连杆的质心位置进行求解，S_r 为曲柄固定点与连杆质心的距离，其矢量方程为

$$\boldsymbol{l}_1+\frac{1}{2}\boldsymbol{l}_2=\boldsymbol{S}_r \tag{13-6}$$

将各矢量分别向 X 轴和 Y 轴进行投影，得

$$l_1\cos\theta_1+\frac{1}{2}l_2\cos\theta_2=S_{rx} \tag{13-7}$$

$$l_1\sin\theta_1-\frac{1}{2}l_2\sin\theta_2=S_{ry} \tag{13-8}$$

通过式（13-7）和式（13-8）可以分别计算出连杆质心在 X 轴和 Y 轴方向的位移，通过 MATLAB 计算出连杆的运动轨迹分别如图 13-25 和图 13-26 所示，从 Workbench 中计算得到的仿真解如图 13-27 和图 13-28 所示，通过对比可知理论求解和仿真求解得到的值是一致的。

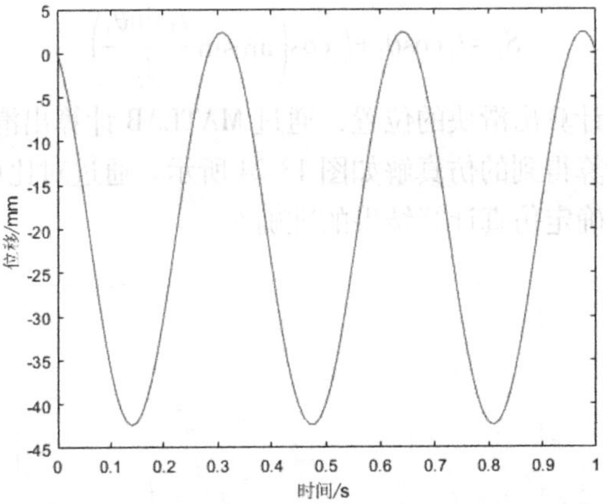

图 13-25 连杆质心 X 轴方向位移理论解

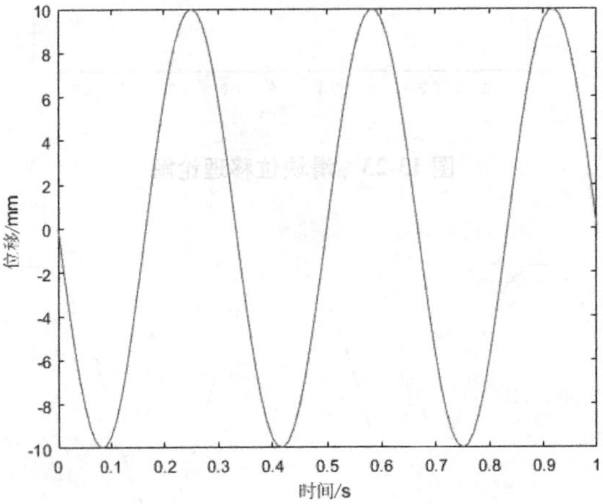

图 13-26 连杆质心 Y 轴方向位移理论解

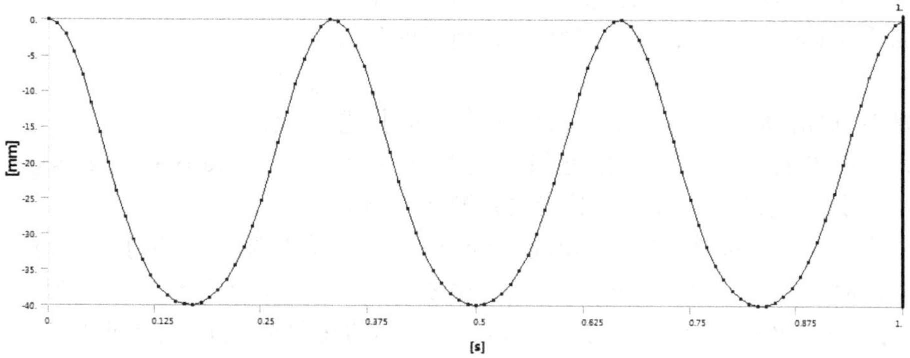

图 13-27 连杆质心 X 轴方向位移仿真解

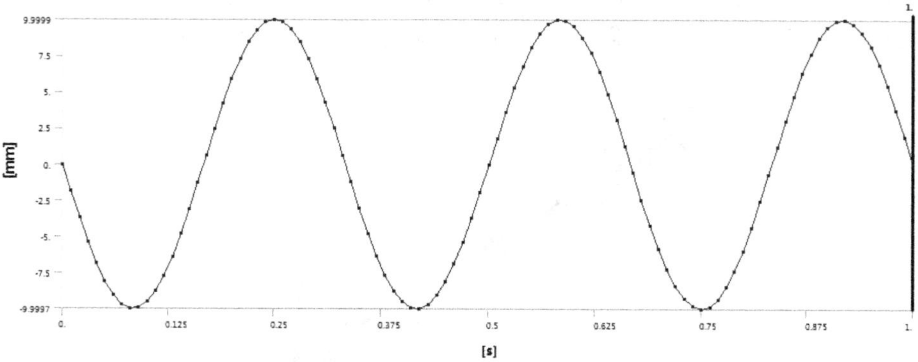

图 13-28 连杆质心 Y 轴方向位移仿真解

13.4 刚体动力学分析实例：运动载荷导入静力学分析

刚体动力学分析求解无法得到零件的变形和应力，因此便无法对机构的强度进行评估。若想对曲柄滑块机构中的连杆进行优化或精确设计，需要确定连杆的受力状况。本节主要通过将刚体动力学计算得到的运动载荷导入静力学分析模块中进行求解，查看其应力情况。

13.4.1 问题描述

对曲柄滑块机构进行刚体动力学分析，将某一时刻的运动载荷导入静力学分析模块进行求解，查看其应力情况；将同一时刻下不同的运动载荷和不同时刻下相同的运动载荷导入静力学分析模块求解，对比结果差异。

13.4.2 分析流程

1. 刚体动力学分析

步骤 1：启动 ANSYS Workbench 2022 R1，在左侧工具箱（Toolbox）的分析系统（Analysis Systems）中双击刚体动力学分析【Rigid Dynamics】创建刚体动力学分析工程项目。双击几何建模【Geometry】单元进入 DesignModeler 界面，单击菜单栏中的【File】，选择【Import

External Geometry File】，导入几何模型文件“13.4. stp”，单击生成【Generate】按钮，便得到图 13-29 所示的几何模型。

图 13-29 几何模型

步骤 2：退出 DesignModeler，双击模型【Model】进入 Mechanical 界面，单击展开模型树中的连接关系【Connections】，将系统默认生成的接触关系删除。单击模型树中的【Connections】，在上方出现的 Connections 菜单中选择【Joint】-【Body-Ground】-【Revolute】命令，选择曲柄（Crank）左侧的内孔面作为移动面创建对地的转动副；继续选择【Joint】-【Body-Body】-【Revolute】创建体对体之间的转动副，分别选择曲柄（crank）和连杆（rod）相连接的内孔面作为参考面和移动面；选择【Joint】-【Body-Body】-【Revolute】创建体对体之间的转动副，分别选择连杆（rod）和滑块（sliding）相连接的内孔面作为参考面和移动面；选择【Joint】-【Body-Body】-【Translational】创建体对地面之间的移动副，选择滑块的右端面作为移动面，便创建好所需的运动副，如图 13-30 所示。

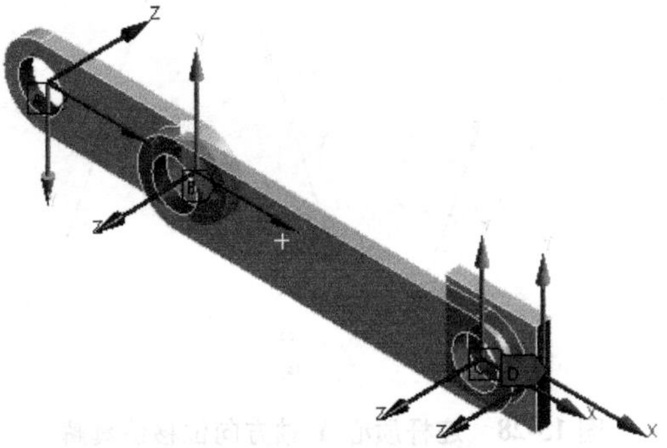

图 13-30 创建运动副

步骤 3：单击模型树中的求解设置【Analysis Setting】，在左下方参数设置窗口中将自动时间步（Auto Time Stepping）改为【Off】，设置时间步长（Time Step）为 0.01s，如图 13-31 所示。

步骤 4：右键单击模型树中的【Transient】，选择【Insert】-【Joint Load】插入关节载荷，参数设置窗口中的关节（Joint）选择【Revolute-Ground To crank】，对曲柄创建驱动，类型（Type）选择【Rotational Velocity】，大小（Magnitude）输入 18.84，如图 13-32 所示。

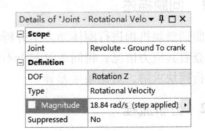

Details of "Analysis Settings"

Step Controls	
Number Of Steps	1
Current Step Number	1
Step End Time	1. s
Auto Time Stepping	Off
Time Step	1.e-002 s
Solver Controls	

图 13-31 求解设置

Details of "Joint - Rotational Velo

Scope	
Joint	Revolute - Ground To crank
Definition	
DOF	Rotation Z
Type	Rotational Velocity
Magnitude	18.84 rad/s (step applied)
Suppressed	No

图 13-32 关节载荷设置

步骤 5：右键单击模型树中的【Solution】，选择【Solve】进行求解。

步骤 6：右键单击模型树中的【Solution】，选择【Insert】-【Deformation】-【Total】，查看

曲柄滑块机构整体的运动状况；继续选择【Insert】-【Deformation】-【Total】，选择连杆，查看连杆单个零件的运动状况；选择【Insert】-【Deformation】-【Total Velocity】，查看整体的转速；选择【Insert】-【Deformation】-【Total Acceleration】，查看整体的加速度，右键单击【Solution】，选择【Evaluate All Results】对后处理结果进行计算。

2. 运动载荷数据导出

步骤 7：求解完成后，右键单击后处理中的【Total Deformation】，选择【Export Motion Loads】，如图 13-33 所示，选择指定路径，便会将相关的数据导出到指定路径下，在保存路径下便可以找到图 13-34 所示的两个文件。采用同样的方法将【Total Deformation2】、【Total Velocity】和【Total Acceleration】的运动载荷数据导出，并分别命名为 MotionLoads2、MotionLoads3、MotionLoads4。

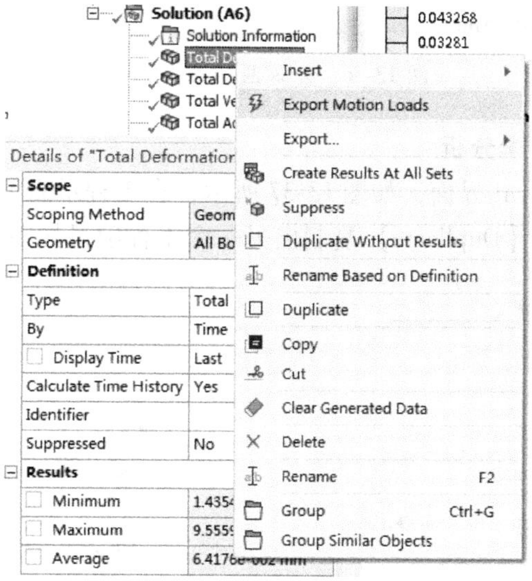

图 13-33　导出运动载荷

步骤 8：右键单击模型树中的【Solution】，选择【Insert】-【Deformation】-【Total】，在参数设置窗口中的 Display Time 输入 0.2s，如图 13-35 所示，右键单击【Solution】，选择【Evaluate All Results】对后处理结果进行计算，其结果如图 13-36 所示。同样，使用步骤 7 的方法将 0.2s 时刻的运动载荷导出，并命名为 MotionLoads 5。

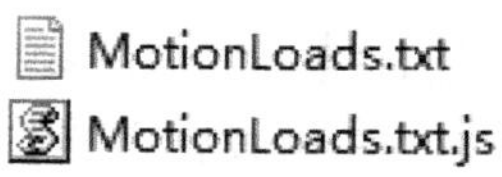

图 13-34　导出文件

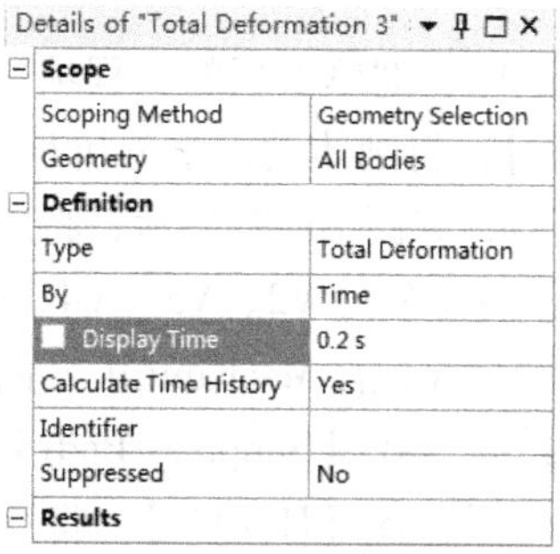

图 13-35　后处理时刻设置

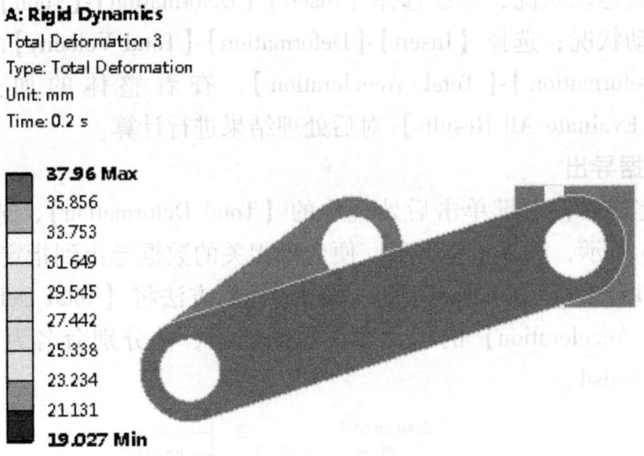

图 13-36 0. 2s 曲柄滑块机构

3. 运动载荷导入静力学分析

步骤 9：退出 Mechanical 界面，如图 13-37 所示，在工程示意窗口单击 Rigid Dynamics 项目左上角的倒三角，选择【Duplicate】复制出另一个工程项目如图 13-38 所示。

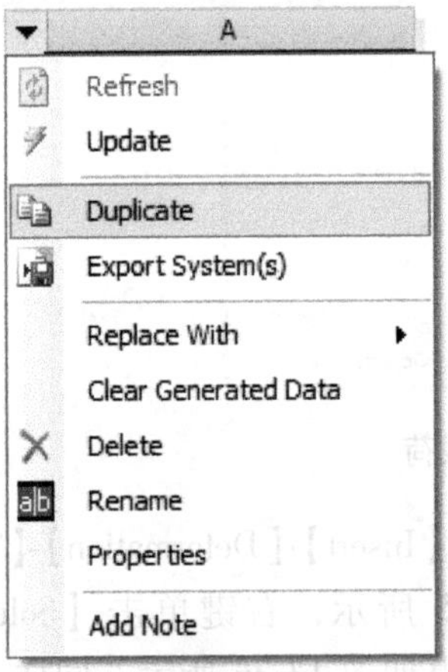

图 13-37 复制工程项目

图 13-38 工程项目复制完成

步骤 10：鼠标右键单击新的工程项目中的 B1【Rigid Dynamics】，选择【Replace With】-【Static Structural】，将刚体动力学分析项目更改为静力学分析项目，如图 13-39 所示，并将其重新命名为 V1，如图 13-40 所示，将新创建的 V1 静力学分析工程项目复制出四个新的工程项目，并且分别命名为 V2、V3、V4、V5。

步骤 11：进入 V1 的 Mechanical 界面，右键单击模型树中 Geometry 下的曲柄【crank】和滑块【sliding】，选择【Suppress Body】将其抑制；单击连杆【rod】，在参数设置窗口中，Stiffness Behavior 栏选择【Flexible】，将连杆改成柔性体。删除求解设置中的关节载荷和后处理结果，如图 13-41 和图 13-42 所示。

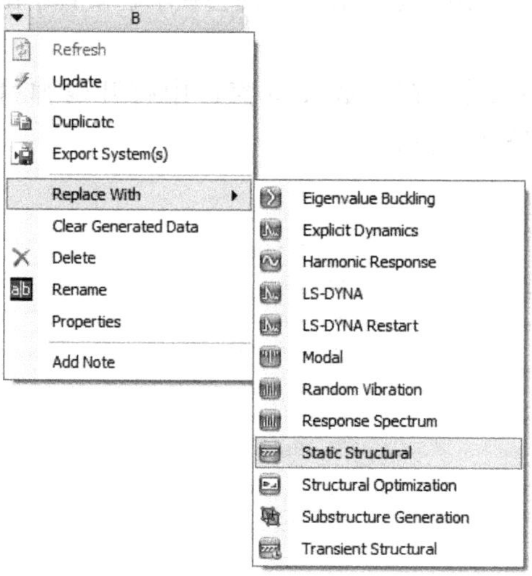

图 13-39 更改工程项目分析类型

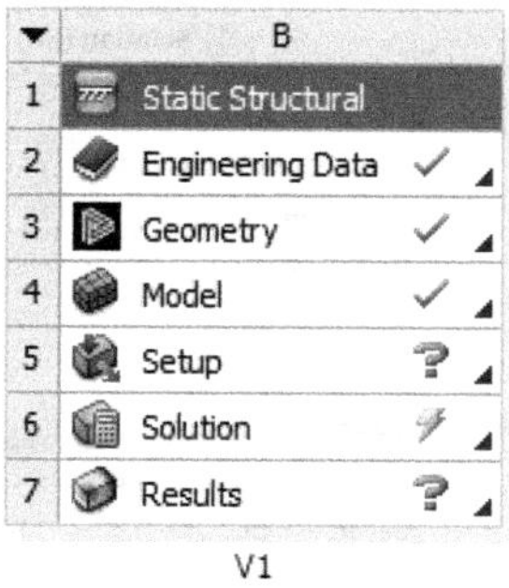

图 13-40 完成工程项目分析类型的更换

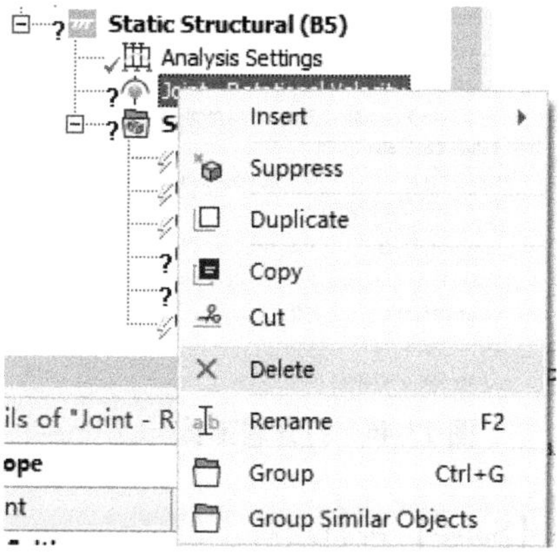

图 13-41 删除关节载荷

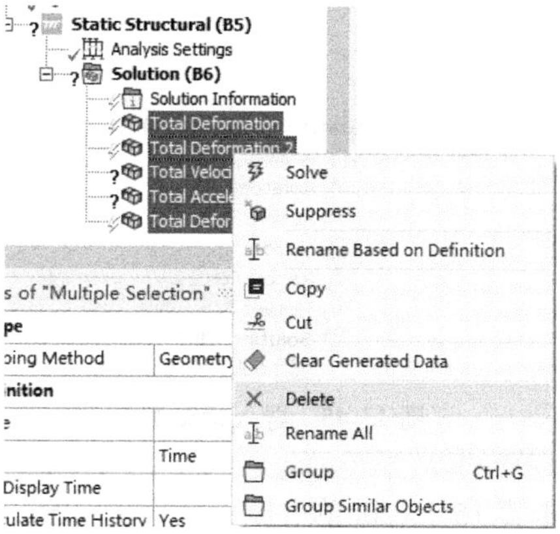

图 13-42 删除后处理结果

步骤 12：单击模型树中的网格【Mesh】，在参数设置窗口中的 Sizing 项下，把 Resolution 更改为 4，右键单击模型树【Mesh】，选择【Generate Mesh】划分网格，网格模型如图 13-43 所示。

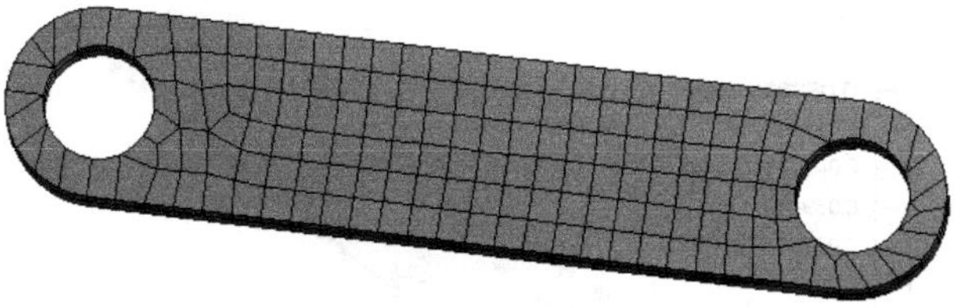

图 13-43 网格模型

步骤 13：如图 13-44 所示，鼠标右键单击模型树中的【Static Structural】，选择【Insert】-

【Motion Loads】，导入由曲柄滑块机构整体变形导出的运动载荷，便会在求解设置中出现转速、远程力和力矩，如图 13-45 所示。

步骤 14：单击分析设置【Analysis Settings】，在参数设置窗口中打开弱弹簧（Weak Springs），即把【Off】修改为【On】，如图 13-46 所示。

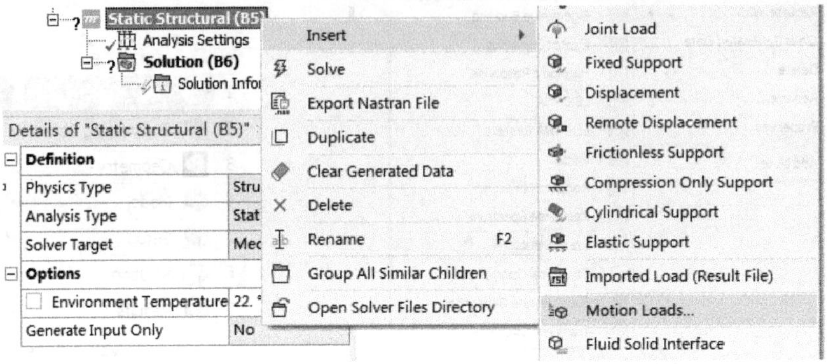

图 13-44　导入运动载荷

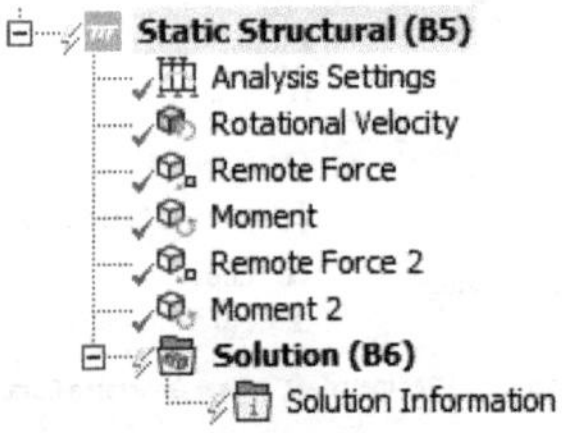

图 13-45　导入运动载荷

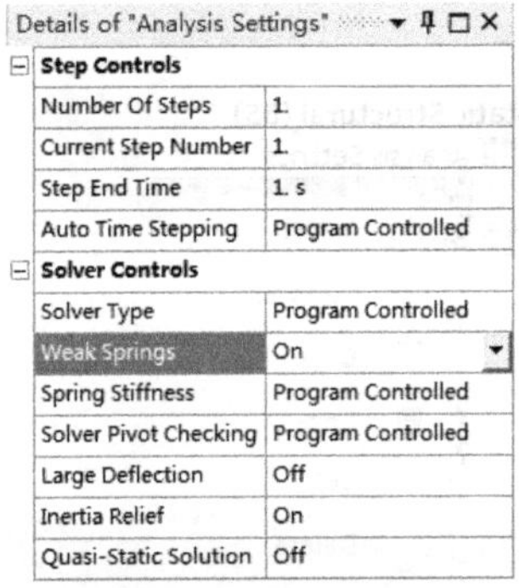

图 13-46　打开弱弹簧

步骤 15：右键单击模型树中的【Solution】，选择【Solve】进行求解。

步骤 16：右键单击模型树中的【Solution】，选择【Insert】-【Stress】-【Equivalent（von-Mises）】，查看连杆的应力状况，右键单击【Solution】，选择【Evaluate All Results】，得到的应力结果如图 13-47 所示，其应力最大值为 0. 058958MPa。

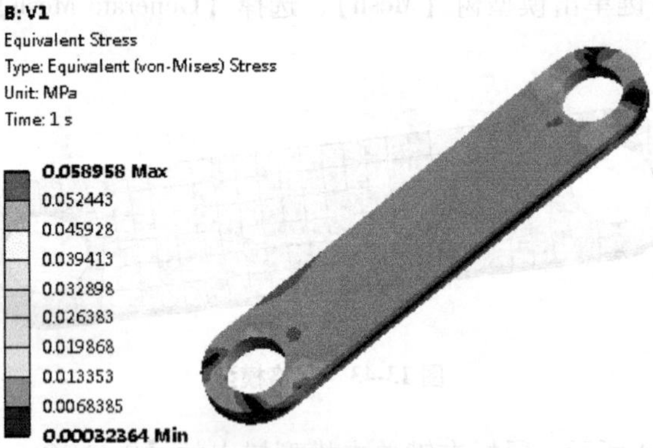

图 13-47　V1 应力云图

步骤 17：分别在 V2、V3、V4、V5 工程项目中导入连杆的位移载荷数据、整体的转速载荷数据、整体的加速度载荷数据及 0.2s 时刻整体的位移载荷数据，重复操作步骤 11~步骤 16，分别得到相应的应力云图如图 13-48~图 13-51 所示。

图 13-48　V2 应力云图

图 13-49　V3 应力云图

图 13-50　V4 应力云图

图 13-51 V5 应力云图

结论：通过计算得出的应力云图结果可以观察到，只要导入的是同一时刻的运动载荷，不论是单个零件还是多个零件的位移、速度或加速度，其应力值均不变。当导入不同时刻的运动载荷时，得到的应力结果不同，并且 0.2s 时刻的位移比 1s 时刻的位移大，其应力反而更小，所以无法通过位移的大小来判断其应力值的大小，只能通过完整状况下的运动状态才能评判具体时刻应力值的大小。

采用运动载荷导入静力学分析的方法主要存在以下两个弊端：

1）每次只能分析一个零件，不能同时对多个零件进行分析（超过一个零件便会报错）。

2）只能把某时刻的求解结果作为加载输入静力学分析项目进行求解，只能看到该时刻的结果，无法直接看到危险时刻的受力情况。

13.5 刚柔耦合动力学分析实例：曲柄滑块机构

13.4 节介绍的方法只能查看某个零件在某个时刻下的受力状态，无法精确判断危险时刻，本节将介绍通过刚柔耦合动力学分析的方法查看关键部件在整周期下的变化情况。

13.5.1 问题描述

对曲柄滑块机构进行整个周期的强度分析，先将连杆作为柔性体，再将曲柄和连杆一起作为柔性体，最后将滑块也作为柔性体，查看其受力情况及求解时间。

13.5.2 分析流程

1. 前处理

步骤 1：启动 ANSYS Workbench 2022 R1，在左侧工具箱（Toolbox）的分析系统（Analysis Systems）中双击瞬态动力学分析【Transient Structural】创建瞬态动力学分析工程项目。双击【Geometry】单元进入 DesignModeler 界面，单击菜单栏中的【File】，选择【Import External Geometry File】，导入几何模型文件“13. 5. stp”，单击生成【Generate】按钮，便得到图 13-52 所示的几何模型。

图 13-52 几何模型

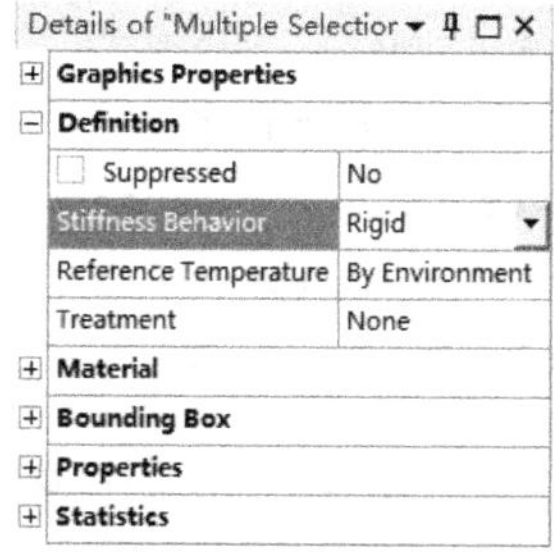

图 13-53 将曲柄和滑块设置为刚性体

步骤 2：退出 DesignModeler，双击模型【Model】进入 Mechanical 界面，单击展开模型树中的几何模型【Geometry】，按住【Ctrl】键同时选中曲柄【crank】和滑块【sliding】，在图 13-53 所示参数设置窗口中把刚度行为（Stiffness Behavior）更改为【Rigid】，同时单击展开连接关系【Connections】，将系统默认生成的接触关系删除。

步骤 3：单击模型树中的【Connections】，在上方出现的 Connections 菜单中选择【Joint】-【Body-Ground】-【Revolute】命令，选择曲柄（Crank）左侧的内孔面创建对地的转动副；继续选择【Joint】-【Body-Body】-【Revolute】创建体对体之间的转动副，分别选择曲柄（crank）和连杆（rod）相连接的内孔面作为参考面和移动面；选择【Joint】-【Body-Body】-【Revolute】创建体对体之间的转动副，分别选择连杆（rod）和滑块（sliding）相连接的内孔面作为参考面和移动面；选择【Joint】-【Body-Ground】-【Translational】创建体对地面之间的移动副，选择滑块的右端面作为移动面，便创建好所需的运动副，如图 13-54 所示。

步骤 4：单击模型树中的网格【Mesh】，在参数设置窗口中的 Sizing 项下，把 Resolution 更改为 4，右键单击模型树中的网格【Mesh】，选择【Generate Mesh】划分网格，网格模型如图 13-55 所示。

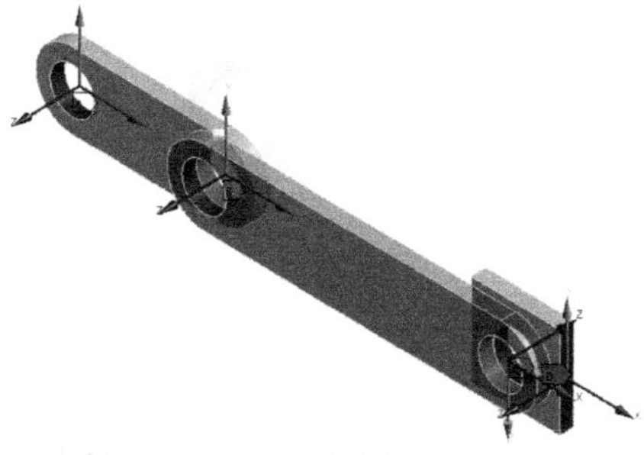

图 13-54 创建运动副

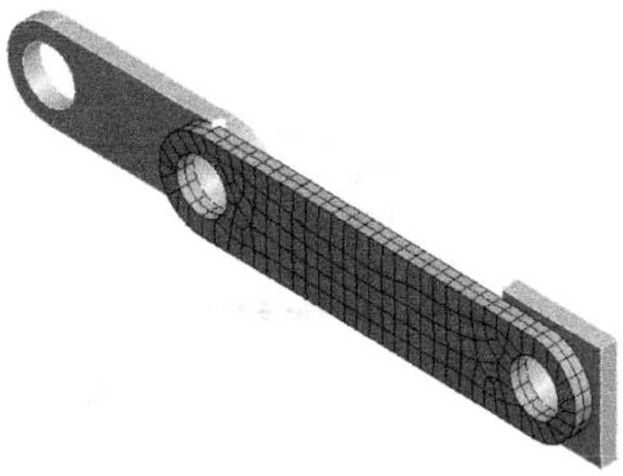

图 13-55 网格模型

2. 求解

步骤 5：单击模型树中的分析设置【Analysis Settings】，如图 13-56 所示在参数设置窗口中把 Auto Time Stepping 改为【Off】，Define By 改为【Substeps】，Number Of Substeps 中输

入 100。

步骤 6：右键单击模型树中的【Transient】，选择【Insert】-【Joint Load】插入关节载荷，关节（Joint）选择【Revolute-Ground To crank】，对曲柄创建驱动，类型（Type）选择【Rotational Velocity】，大小（Magnitude）输入 18. 84，如图 13-57 所示。

Details of "Analysis Settings"

Step Controls	
Number Of Steps	1.
Current Step Number	1.
Step End Time	1. s
Auto Time Stepping	Off
Define By	Substeps
Number Of Substeps	100.
Time Integration	On

图 13-56 分析设置

Details of "Joint - Rotational Velo

Scope	
Joint	Revolute - Ground To crank
Definition	
DOF	Rotation Z
Type	Rotational Velocity
Magnitude	18.84 rad/s (step applied)
Lock at Load Step	Never
Suppressed	No

图 13-57 创建关节载荷

步骤 7：右键单击模型树中的【Solution】，选择【Solve】进行求解。

3. 后处理

步骤 8：右键单击模型树中的【Solution】，选择【Insert】-【Deformation】-【Total】，查看曲柄滑块机构的运动情况，选择【Insert】-【Stress】-【Equivalent（von-Mises）】，查看连杆应力情况，右键单击【Solution】，选择【Evaluate All Results】，其应力云图如 13-58 所示，应力值随时间的变化曲线如图 13-59 所示。

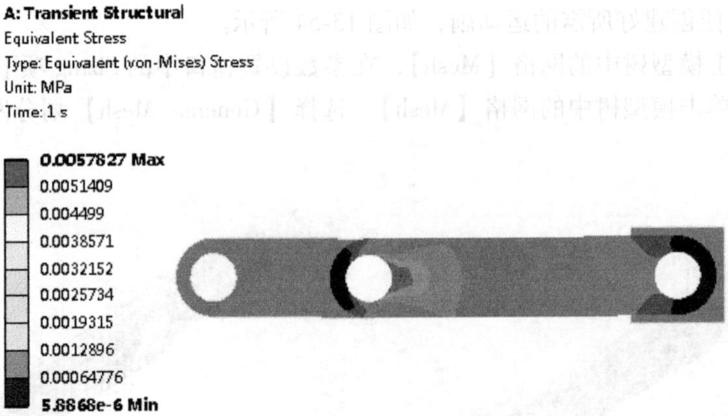

图 13-58 连杆柔性化应力云图

通过应力曲线可以看出连杆在第一个周期内应力值较大，从第二个周期开始保持平稳，因此第一周期又被称为迭代区域，该区域内的应力值不稳定，不具有参考意义；第一周期之后称为稳定区域，进入稳定区域后应力值趋于平稳，实际情况下通常参考稳定区域内的应力值。因此，通常需要计算三到四个周期。

步骤 9：单击模型树中的【Solution Information】，在图形操作窗口中出现相关的求解信息，如图 13-60 所示，将窗口拉到最下面便可以看到相应的求解时间为 124. 6s。

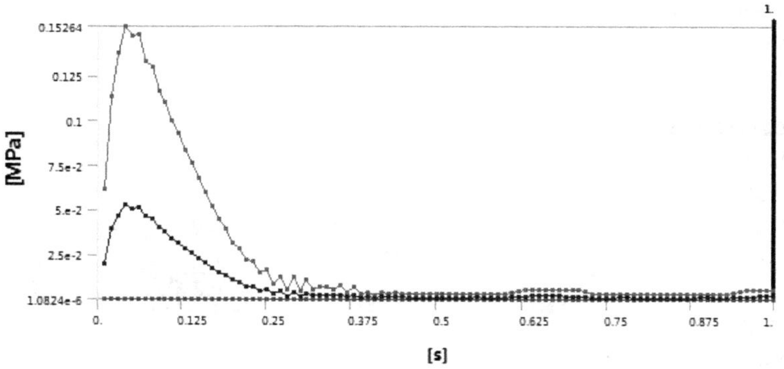

图 13-59　连杆柔性化应力曲线

```
Total CPU time for main thread                    :     124.4 seconds
Total CPU time summed for all threads             :     124.6 seconds
```

图 13-60　求解时间

4. 求解时间对比

步骤 10：在模型树的几何模型（Geometry）中找到并选择曲柄【crank】，如图 13-61 所示，在参数设置窗口中把刚度行为（Stiffness Behavior）更改为【Flexible】。右键单击模型树中的【Solution】，选择【Solve】进行求解，得到其应力云图如图 13-62 所示。

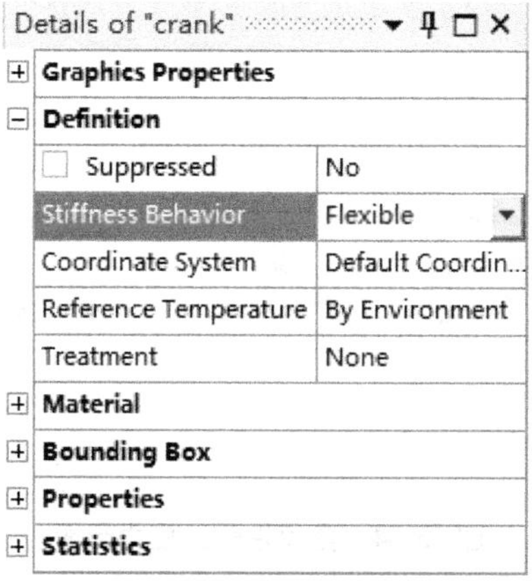

图 13-61　把曲柄改成柔性体

步骤 11：单击模型树中的【Solution Information】，在图形操作窗口中出现相关的求解信息，如图 13-63 所示，将窗口拉到最下面便可以看到相应的求解时间为 434. 8s。

步骤 12：采用同样的方法将滑块（sliding）改为柔性体，右键单击模型树中的【Solution】，选择【Solve】进行求解，得到全柔性化应力云图，如图 13-64 所示。

步骤 13：单击模型树中的【Solution Information】，在图形操作窗口中出现相关的求解信息，如图 13-65 所示，将窗口拉到最下面便可以看到相应的求解时间为 1142. 2s。

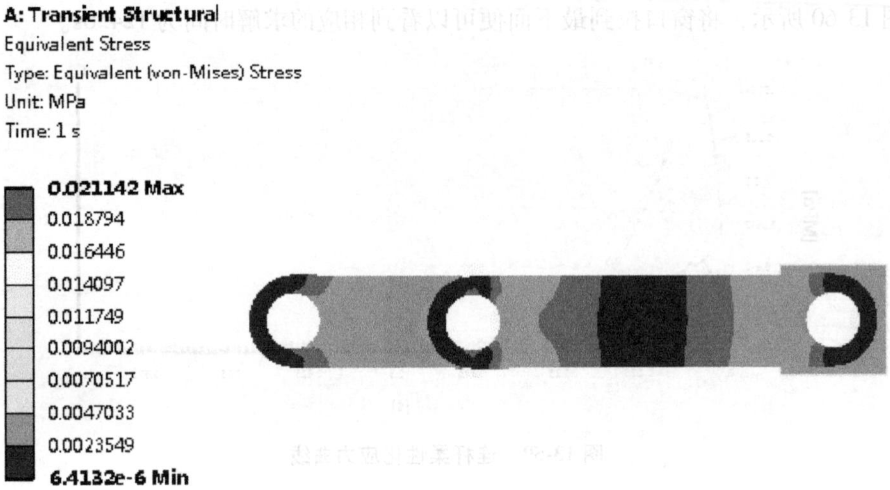

图 13-62 曲柄和连杆均柔性化的应力云图

```
Total CPU time for main thread                  :       434.6 seconds
Total CPU time summed for all threads           :       434.8 seconds
```

图 13-63 求解时间

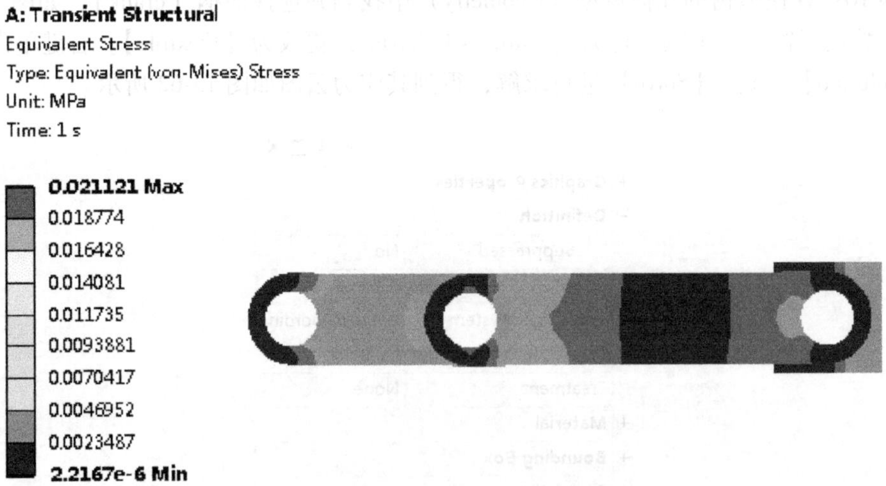

图 13-64 全柔性化的应力云图

```
Total CPU time for main thread                  :      1141.9 seconds
Total CPU time summed for all threads           :      1142.2 seconds
```

图 13-65 求解时间

结论：通过刚柔耦合的方法可以看出连杆或多个体整周期的受力状态，判断零件的危险位置。求解时间随着柔性体数量的增多而增长，当柔性体的成分越高，计算量越大，计算精度越高。由于全柔性体计算量较大，全刚性体计算精度不足，因此有时采用刚柔耦合进行求解。

第 14 章

ANSYS Workbench LS-DYNA 动力学分析

LS-DYNA 模块已经集成在高版本 Ansys Workbench 工具箱中，不需要额外安装 ACT 插件。随着版本的迭代，LS-DYNA 不仅可以采用显式算法进行高频、高度非线性问题的求解，还可以采用隐式算法进行低频、线性问题的求解。本章主要介绍 ANSYS Workbench 2022 R1 LS-DYNA 分析流程及相关实例。

14.1 Workbench LS-DYNA 简介

LS-DYNA 程序是功能齐全的几何非线性、材料非线性和接触非线性分析程序。它以 Lagrange 算法为主，兼有 ALE 和 Euler 算法；以显式求解为主，兼有隐式求解功能；以结构分析为主，兼有热分析、流体-结构耦合分析功能；以非线性动力学分析为主，兼有静力学分析功能（如动力学分析前的预应力计算和薄板冲压成型后的回弹计算）。

后 LS-DYNA 逐步被 ANSYS 公司收购，现已直至被集成在 Workbench 工具箱中，可以直接调用，如图 14-1 所示。

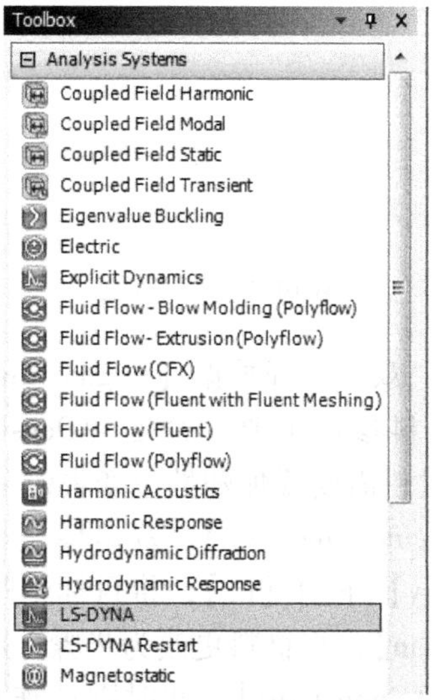

图 14-1　Workbench LS-DYNA

LS-DYNA 的具体使用方式可以参照 Workbench 其他分析模块，可以与其他模块进行数据交互，也可独立进行使用。

14.2 LS-DYNA 分析实例：子弹打靶

本节通过子弹打靶实例，给大家介绍 LS-DYNA 的使用流程。子弹打靶瞬间属于短时刻高频冲击问题，建议采用显式算法进行计算，本节实例也可以通过第 11 章介绍的结构显式动力学方法进行求解。

14.2.1 问题描述

子弹以 330m/s 的初速冲击目标靶，在评估时子弹采用初速，目标靶定义材料失效，即获取目标靶破坏效果。

14.2.2 分析流程

1. 前处理

步骤 1：启动 ANSYS Workbench 2022 R1，在左侧工具箱（Toolbox）的分析系统（Analysis Systems）中双击【LS-DYNA】创建分析工程项目。双击几何模型【Geometry】单元进入 DesignModeler 界面，单击文件【File】菜单，选择【Import External Geometry File】，导入几何模型文件“bullet. x_t”，单击生成【Generate】按钮，便得到图 14-2 所示的模型。

图 14-2 几何模型

步骤 2：退出 DesignModeler，双击工程数据【Engineering Data】进入材料定义界面，在此定义子弹与靶的材料。子弹材料参数主要为密度（Density）和各向同性弹性（Isotropic Elasticity），如图 14-3 所示；靶材料需要添加塑性应变失效参数，如图 14-4 所示。

步骤 3：退出工程数据【Engineering Data】，双击模型【Model】进入 Mechanical 界面。单击模型树中几何模型【Geometry】下的【ba】，将目标靶厚度定义为 2mm，同时更改材料为步骤 2 定义的 steel；单击【zidan】，将材料更改为步骤 2 定义的 cu，如图 14-5 所示。

步骤 4：单击模型树中的【Connections】，此时默认连接关系为体交互【Body Interactions】，此连接关系隶属于接触，对应关键字 * CONTACT_AUTOMATIC_SINGLE_SURFACE，可用于后续接触状态不明的接触，由软件自行搜索接触，此处可以保留，注意此时体交互默认接触行为是无摩擦，本案例选择默认即可，用户可以根据需求进行修改，如图 14-6 所示。

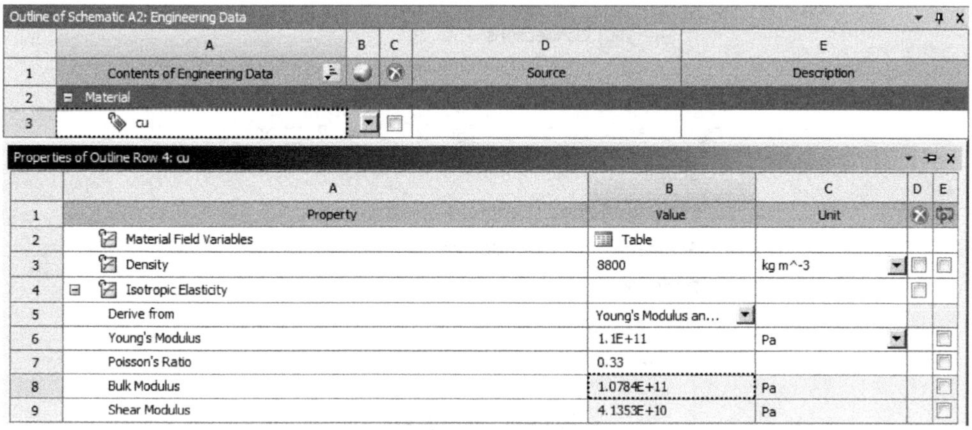

Outline of Schematic A2: Engineering Data
A B C D E
1 Contents of Engineering Data Source Description
2 Material
3 cu
Properties of Outline Row 4: cu
A B C D E
1 Property Value Unit
2 Material Field Variables Table
3 Density 8800 kg m^-3
4 Isotropic Elasticity
5 Derive from Young's Modulus an...
6 Young's Modulus 1.1E+11 Pa
7 Poisson's Ratio 0.33
8 Bulk Modulus 1.0784E+11 Pa
9 Shear Modulus 4.1353E+10 Pa

图 14-3　子弹材料

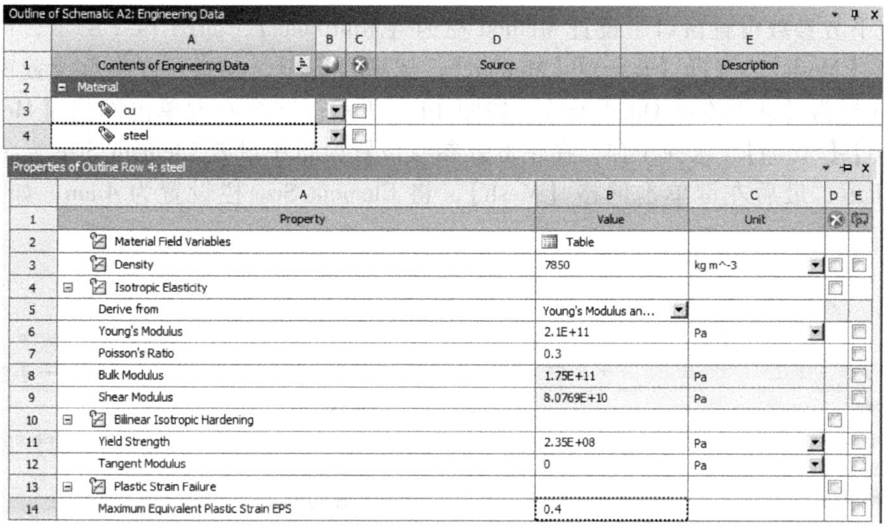

Outline of Schematic A2: Engineering Data
A B C D E
1 Contents of Engineering Data Source Description
2 Material
3 cu
4 steel
Properties of Outline Row 4: steel
A B C D E
1 Property Value Unit
2 Material Field Variables Table
3 Density 7850 kg m^-3
4 Isotropic Elasticity
5 Derive from Young's Modulus an...
6 Young's Modulus 2.1E+11 Pa
7 Poisson's Ratio 0.3
8 Bulk Modulus 1.75E+11 Pa
9 Shear Modulus 8.0769E+10 Pa
10 Bilinear Isotropic Hardening
11 Yield Strength 2.35E+08 Pa
12 Tangent Modulus 0 Pa
13 Plastic Strain Failure
14 Maximum Equivalent Plastic Strain EPS 0.4

图 14-4　目标靶材料

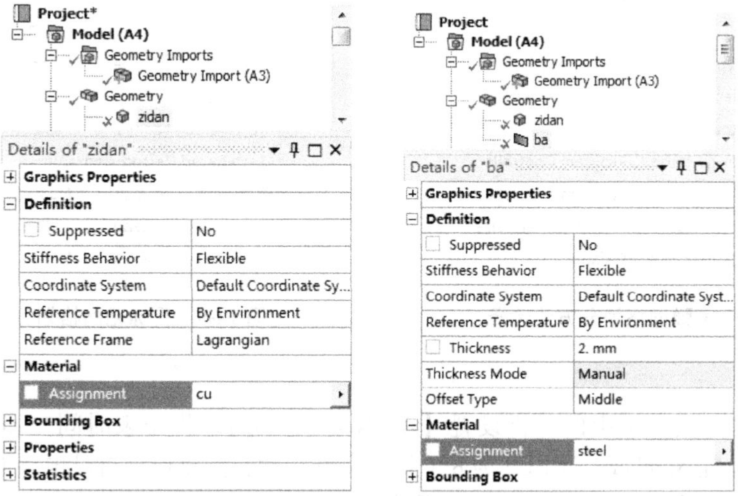

图 14-5　赋予材料

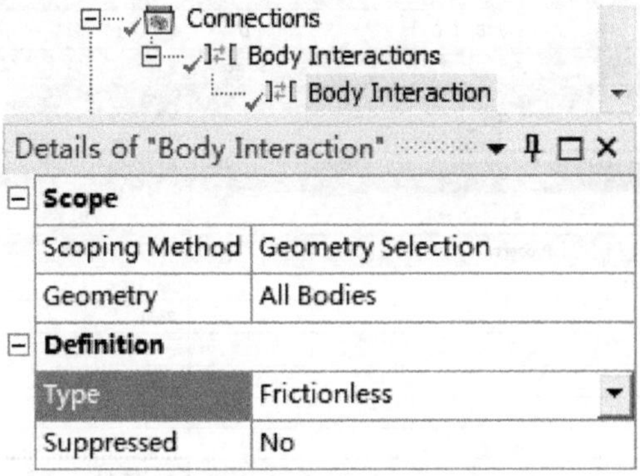

图 14-6　连接关系

步骤 5：右键单击模型树中的网格【Mesh】，选择【Insert】-【Method】，选择子弹模型，在左下方参数设置窗口中设置 Method 栏为【MultiZone】，如图 14-7 所示，再次右键单击网格【Mesh】，选择【Insert】-【Method】，选择目标靶，在左下方参数设置窗口中设置 Method 栏为【MultiZone Quad/Tri】，如图 14-8 所示；继续右键单击网格【Mesh】，选择【Insert】-【Sizing】，选择子弹，在左下方参数设置窗口中设置 Element Size 为 2mm，如图 14-9 所示；最后左键单击网格【Mesh】，将 Element Size 栏设置为 4mm，如图 14-10 所示。

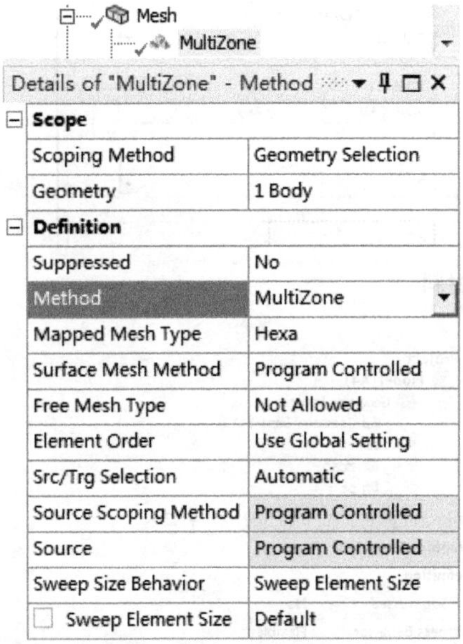

图 14-7　子弹网格划分方法选择

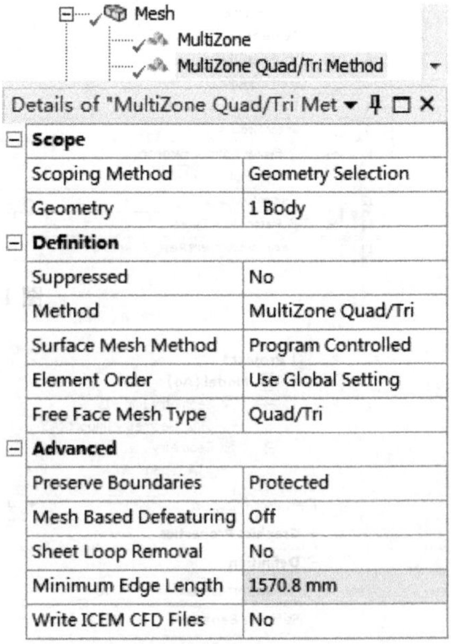

图 14-8　目标靶网格划分方法选择

2. 求解

步骤 6：单击模型树中的分析设置【Analysis Setting】，将结束时间（End Time）改为 0.005s，同时设置 Number Of CPUS 为 8（此处注意，读者需要根据自己电脑 CPU 数量设置，不必与本例设置完全一致），如图 14-11 所示。

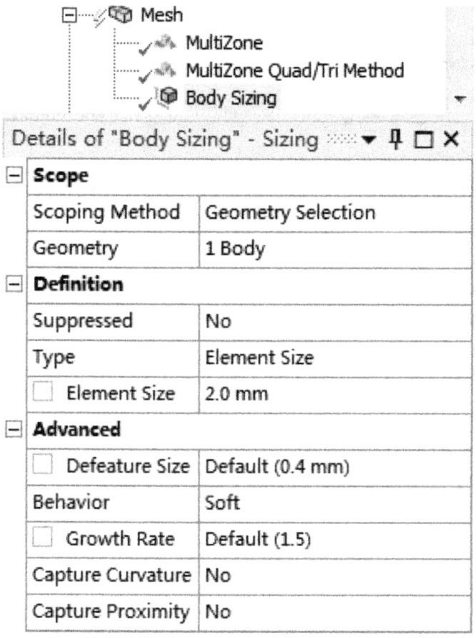

图 14-9　子弹网格尺寸控制

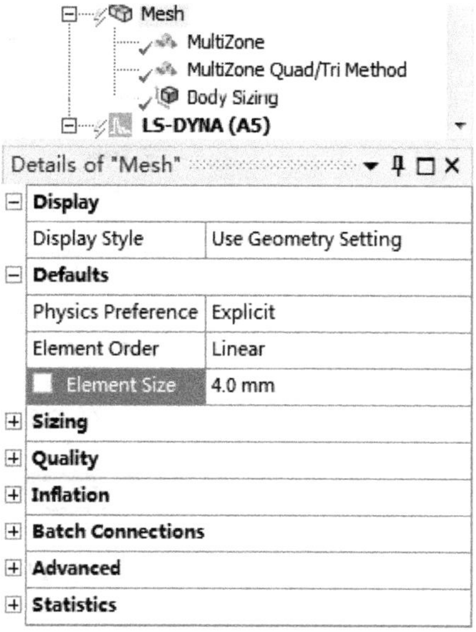

图 14-10　全局网格控制

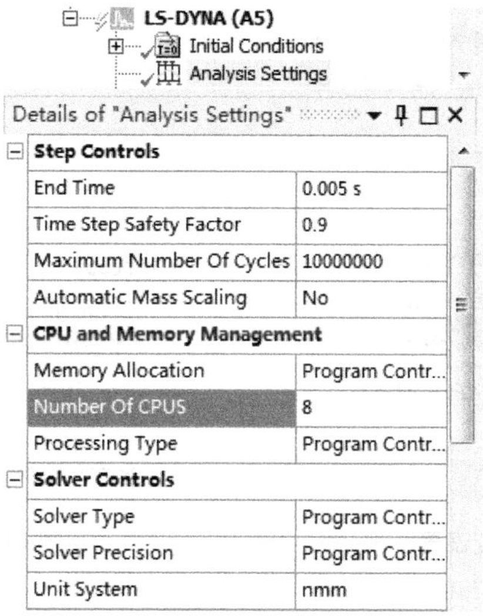

图 14-11　分析设置

步骤 7：右键单击模型树中的【Initial Conditions】，选择【Insert】-【Velocity】插入子弹初速，设置为分量【Components】加载，Z 轴方向速度设置为 3.3×10^5mm/s，如图 14-12 所示；单击模型树中的【LS-DYNA】，在界面上方【Environment】菜单中选择【Inertial】-【Standard Earth Gravity】，设置方向为 Y 轴正方向，如图 14-13 所示；单击模型树中的【LS-DYNA】，在界面上方【Environment】菜单中选择【Structural】-【Fixed】，约束目标靶的圆周边，如图 14-14 所示。

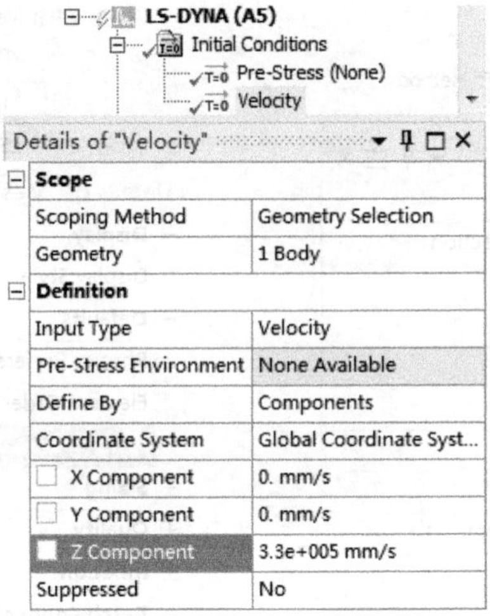

图 14-12 子弹初速设置

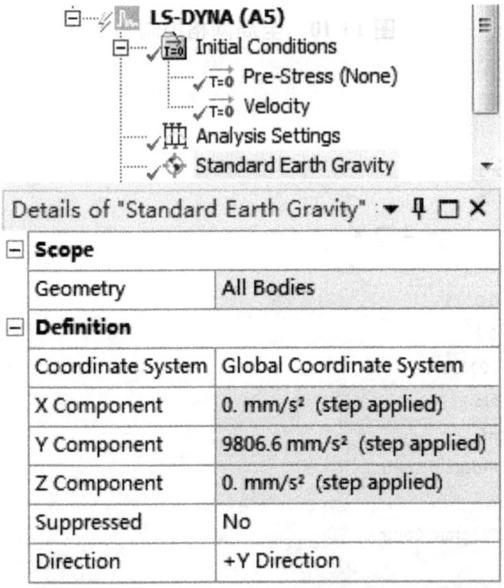

图 14-13 重力加速度设置

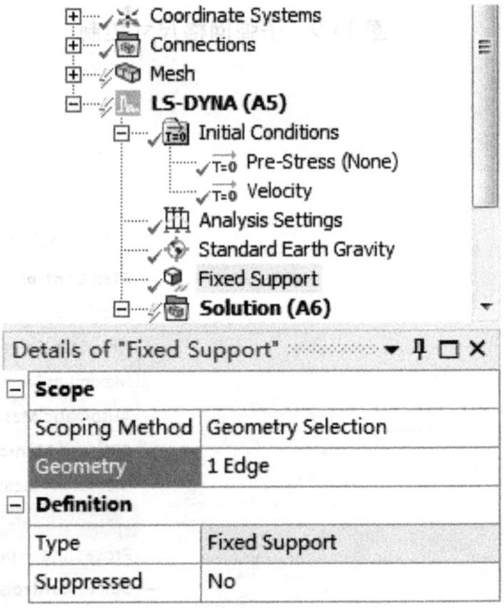

图 14-14 目标靶约束设置

步骤 8：右键单击模型树中的【Solution】，选择【Solve】进行求解。

3. 后处理

步骤 9：右键单击模型树中的【Solution】，选择【Insert】-【Deformation】-【Total】，插入子弹和靶的总变形结果；再次右键单击【Solution】，选择【Insert】-【Stress】-【Equivalent (von-Mises)】，插入靶等效应力情况；右键单击【Solution Information】，选择【Kinetic Energy】，选择子弹作为查看对象，查看子弹的动能变化，右键单击【Solution】，选择【Evaluate All Results】对后处理结果进行评估。子弹和靶的总变形云图、靶等效应力云图、子弹动能变化曲线分别如图 14-15～图 14-17 所示，读者可以自行进行动画播放结果查看，此处不予演示。

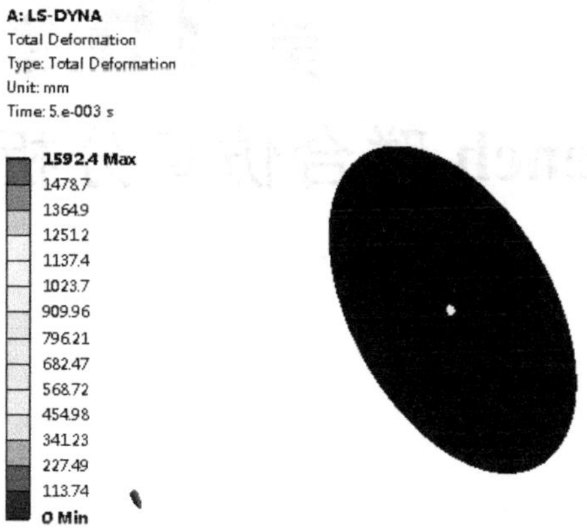

图 14-15　子弹和靶的总变形云图

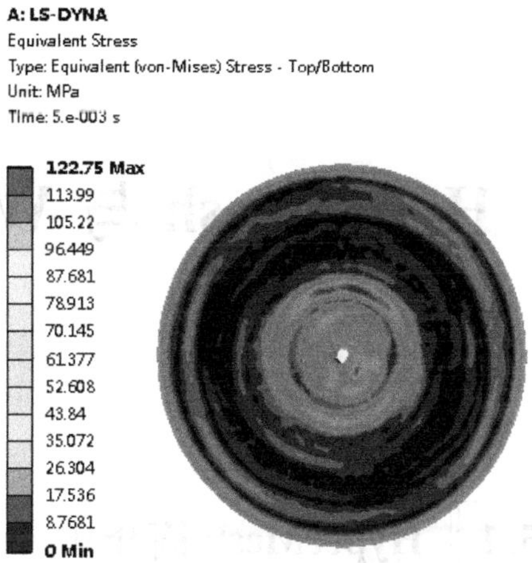

图 14-16　靶等效应力云图

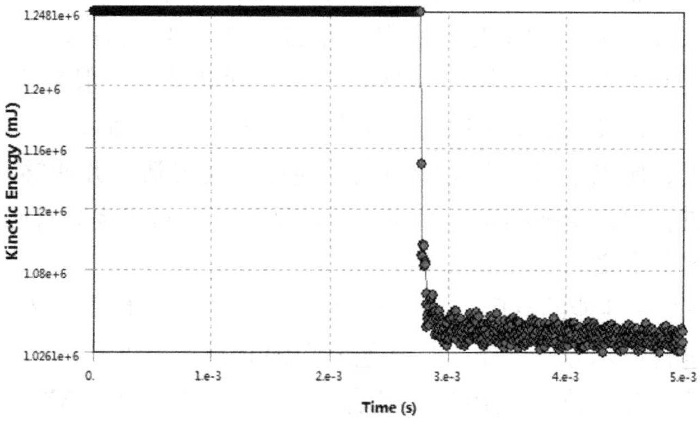

图 14-17　子弹动能变化曲线

第 15 章 HyperMesh 与 Workbench 联合仿真分析

15.1 HyperMesh 简介

HyperMesh 软件是美国 Altair 公司的产品，是世界领先、功能强大的 CAE 应用软件包，也是一个创新、开放的企业级 CAE 平台，它集成了设计与分析所需的各种工具，具有强大的性能、高度的开放性与灵活性及友好的用户界面。在 CAE 工程技术领域，HyperMesh 最显著的特点是它所具有的强大的有限元网格划分前处理功能。一般来说，CAE 分析工程师 80%的时间都花费在了有限元模型的建立、修改和网格划分上，而真正的分析求解时间是消耗在计算机工组站上，所以采用一个功能强大、使用方便灵活、并能够与众多 CAD 系统和有限元求解器方便进行数据交换的有限元前、后处理工具，对于提高有限元分析工作的质量和效率具有十分重要的意义。

HyperMesh 是一个高性能的有限元前、后处理器，它能让 CAE 分析工程师在高度交互及可视化的环境下进行仿真分析工作。与其他的有限元前、后处理器相比，HyperMesh 的用户界面易于学习，特别是它支持直接输入已有的三维 CAD 软件（NX、Pro/E、CATIA 等）几何模型，并且导入的效率和模型质量都很高，可以大大减少重复性的工作，使得 CAE 分析工程师能够投入更多的精力和时间到分析计算工作中去。同样，HyperMesh 也具有先进的后处理功能，可以形象地表现各种各样复杂的仿真结果，如云图、曲线标和动画等。本章主要介绍如何使用 HyperMesh 与 Workbench 进行联合仿真分析，以解决结构化高精度网格下的结构求解。

15.2 HyperMesh 与 Workbench 联合仿真分析实例

15.2.1 问题描述

图 15-1 所示为一个电脑机箱中的硬盘支架钣金件，结构为 U 形，两侧四处内凹孔位为固定螺钉处，上方长圆形内凹处向内连接硬盘，此处受垂直向内的力作用，大小 10N，材料为普通碳钢，试用 HyperMesh 与 Workbench 联合仿真的方式对其进行结构评估。

15.2.2 分析流程

1. 前处理

(1) 几何模型的构建

几何模型已在 SolidWorks 中进行创建，并已转为 Parasolid 的通用格式文件。

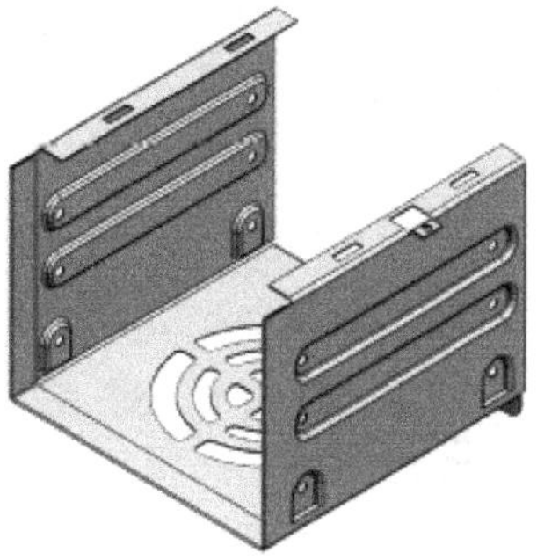

图 15-1 硬盘支架几何模型

(2) 网格系统的构建

1) 导入几何模型。

步骤 1：通过开始菜单，找到 HyperMesh2021 启动程序，单击打开软件。

步骤 2：在 HyperMesh 的启动界面选择求解器接口为 Ansys，如图 15-2 所示，并单击【OK】按钮进入软件。

步骤 3：单击【File】菜单，选择【Import】-【Geometry】，找到对应的 x_t 文件并单击【Import】按钮完成模型导入，如图 15-3 所示。

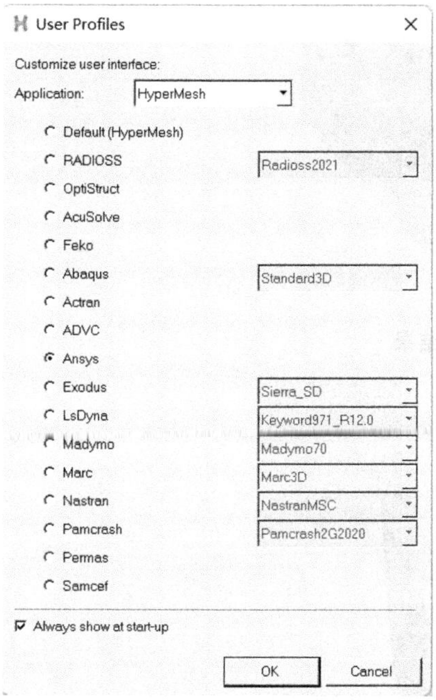

图 15-2 HyperMesh 求解器接口的选择

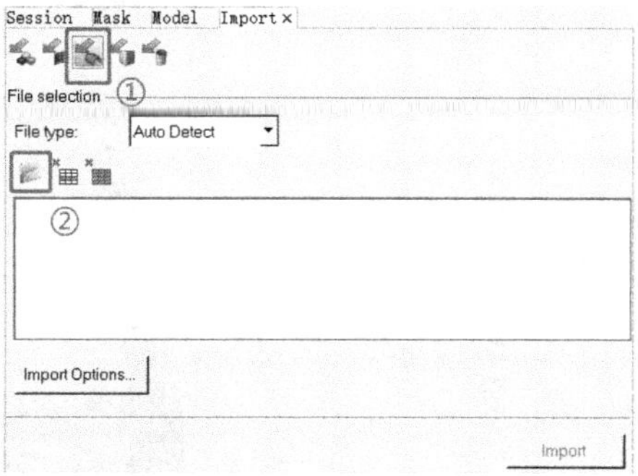

图 15-3 导入几何模型

2) 几何模型处理。

步骤 4：通过 Geom 面板（见图 15-4）下的 midsurface 命令（见图 15-5），单击选中图形操作区域的几何模型，对该钣金件模型抽取中面如图 15-6 所示。

步骤 5：在 Geom 面板下通过【quick edit】-【add point on line】命令，单击图 15-7 所示边线，在对应边线位置插入一个中点。

步骤 6：单击 Geom 面板下的【surface edit】-【trim with surfs/plane】命令，surfs 选择所

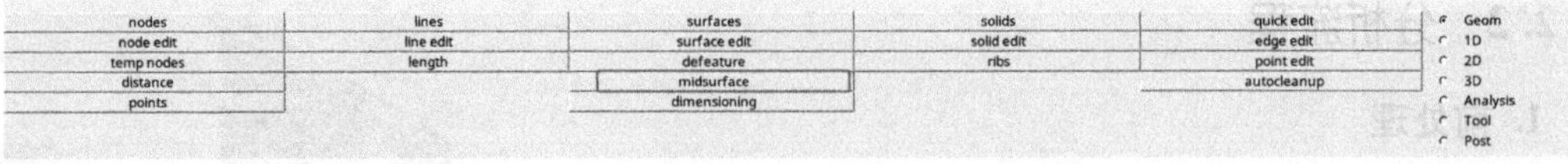

图 15-4　Geom 面板

图 15-5　midsurface 命令

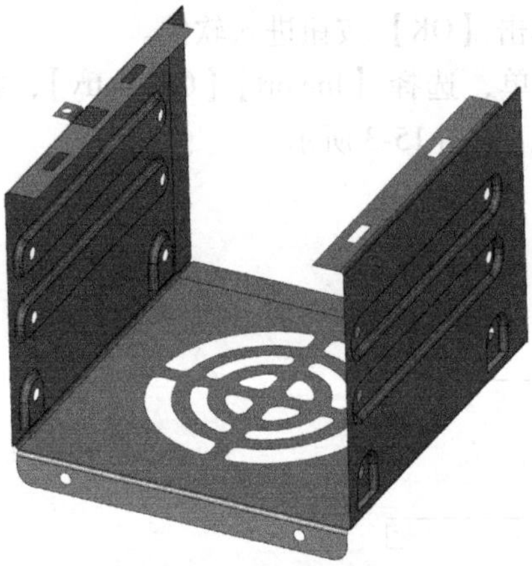

图 15-6　中面抽取结果

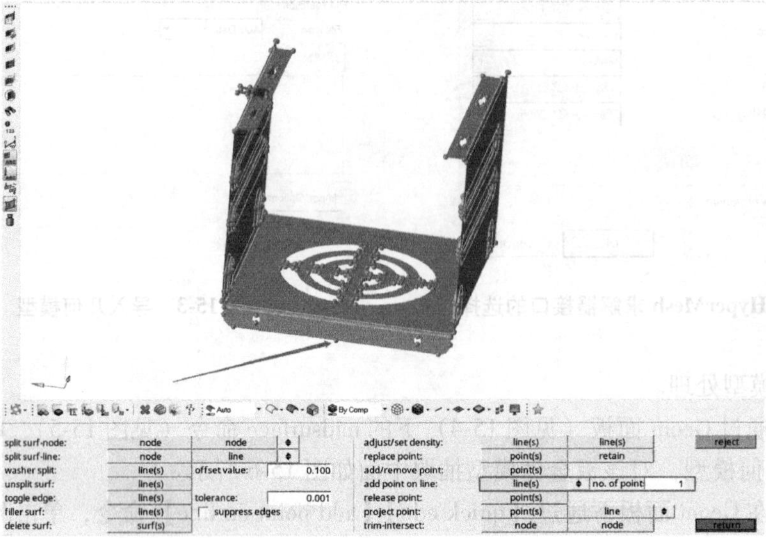

图 15-7　插入中点

有底部表面，轴线选择 x-axis，B 点选择上一步创建的中点，然后单击【trim】按钮完成表面切分，如图 15-8 所示。

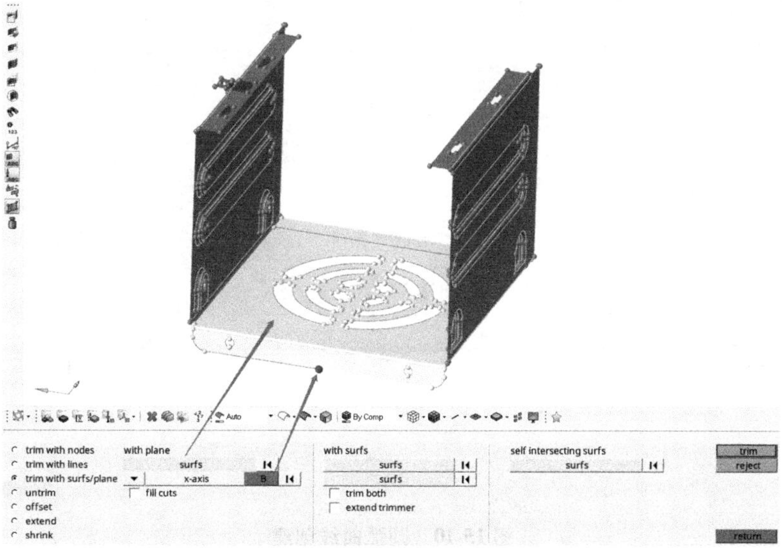

图 15-8　表面切分

步骤 7：通过 Geom 面板下的【nodes】-【Arc Center】命令，选择图 15-9 所示边线，在圆心位置生成节点。

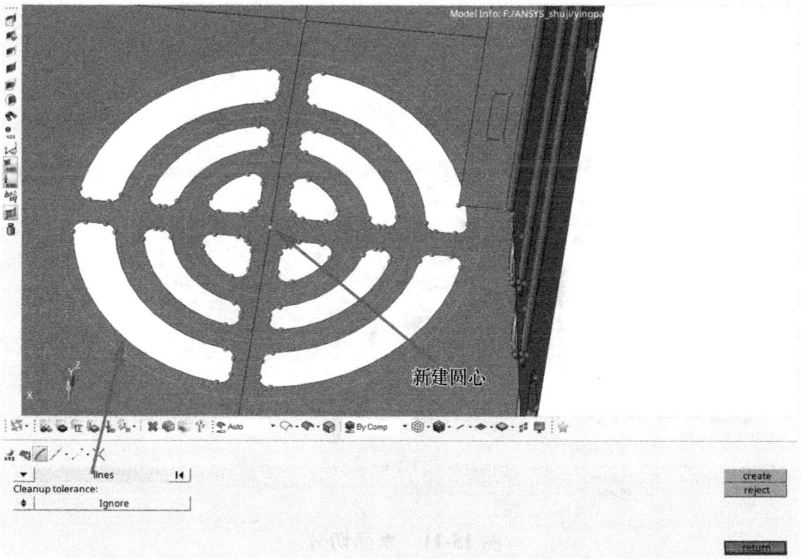

图 15-9　新建圆心

步骤 8：通过 Geom 面板下的【lines】-【Circle nodes and vector】命令，选择图 15-10 所示三点作为 node list，轴线为 y-axis，圆心选择上一步创建的节点，并单击【create】按钮完成圆弧曲线创建。

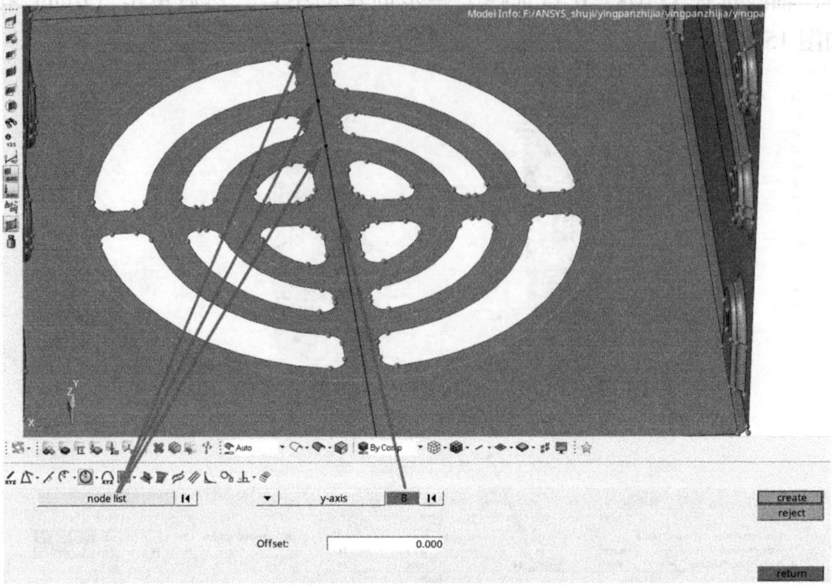

图 15-10 圆弧曲线创建

步骤 9：在 Geom 面板下，通过【surface edit】-【trim with lines】命令，按照图 15-11 所示进行选择，最后单击【trim】按钮进行表面切分。

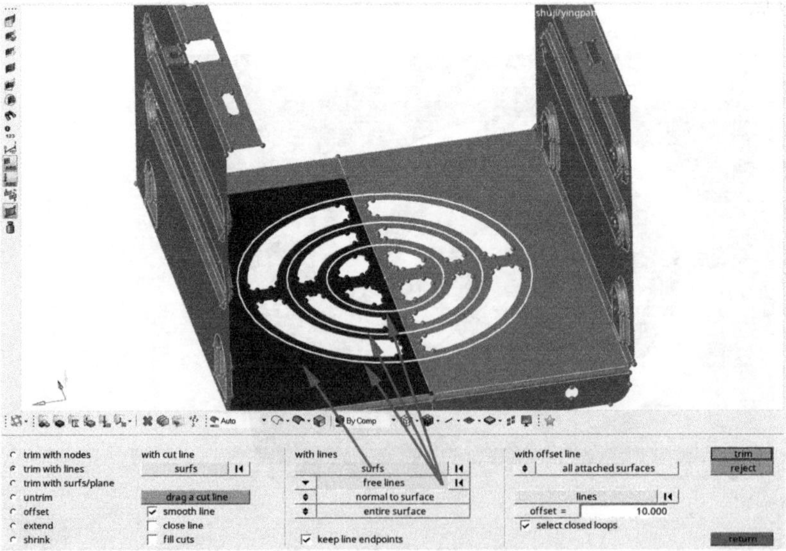

图 15-11 表面切分

步骤 10：在 Geom 面板下，通过【quick edit】-【split surf-node】命令，对底面进行切分，如图 15-12 所示，方便做网格控制。

3）网格划分。

步骤 11：在 2D 面板下，通过【auto mesh】命令，选中底部表面，合理控制网格大小，

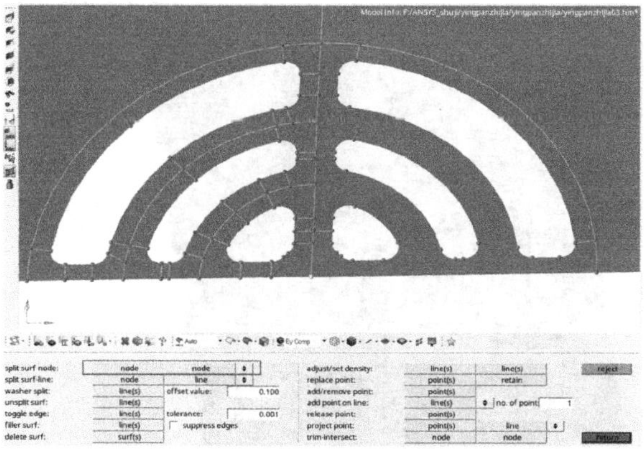

图 15-12 底面切分

得到图 15-13 所示的网格结果。

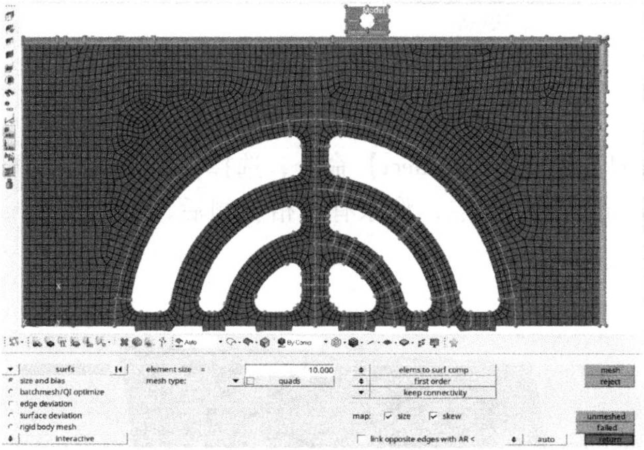

图 15-13 底部表面网格划分

步骤 12：采用同样的方式，对其他表面进行切分如图 15-14 所示，并得到最终单侧区域的网格如图 15-15 所示。

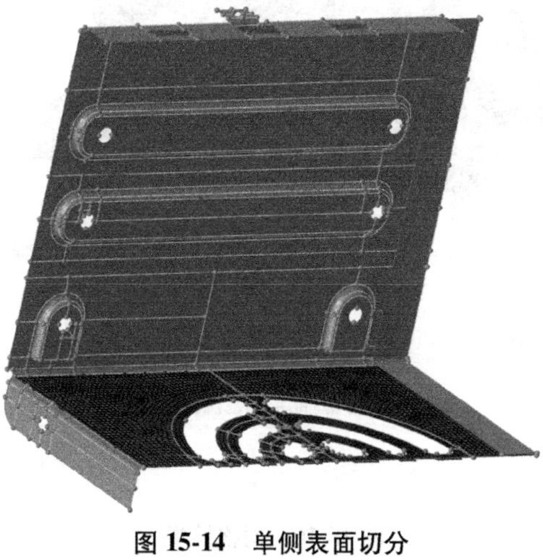

图 15-14 单侧表面切分

图 15-15 单侧表面网格

步骤 13：通过 tool 面板下的【reflect】命令，选择视图中显示的网格，将轴线选择为 x-axis，基准点选择创建的圆心节点，将原有网格复制后，进行镜像，得到完整网格，如图 15-16 所示。

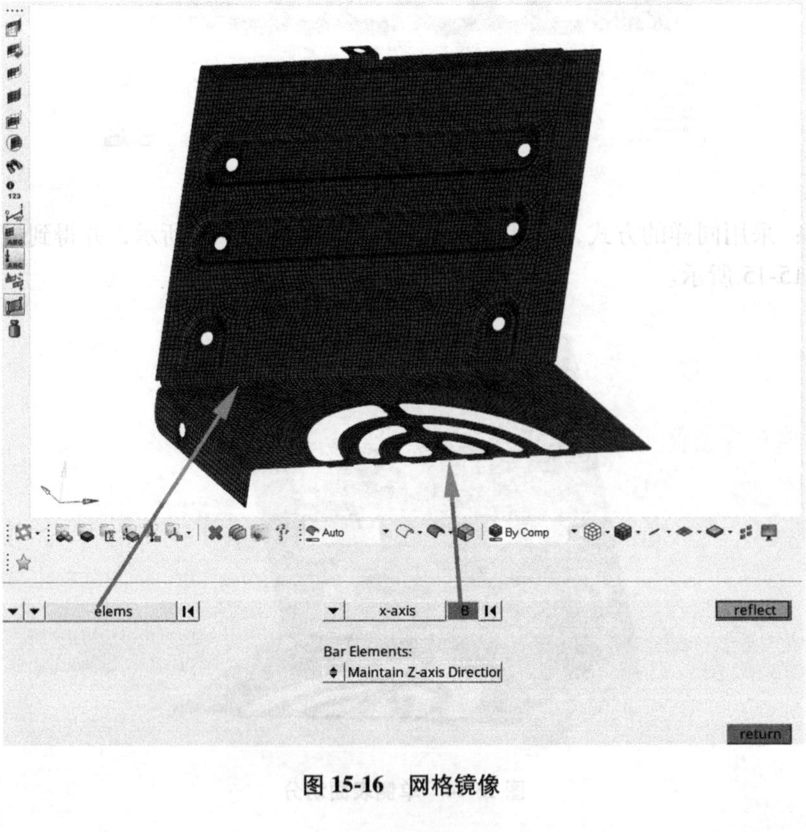

图 15-16 网格镜像

步骤 14：通过 tool 面板下的【edges】命令，选择视图区所有网格，单击【preview equiv】，查看共节点位置，检查无误后单击【equivalence】完成共节点操作，如图 15-17 所示。

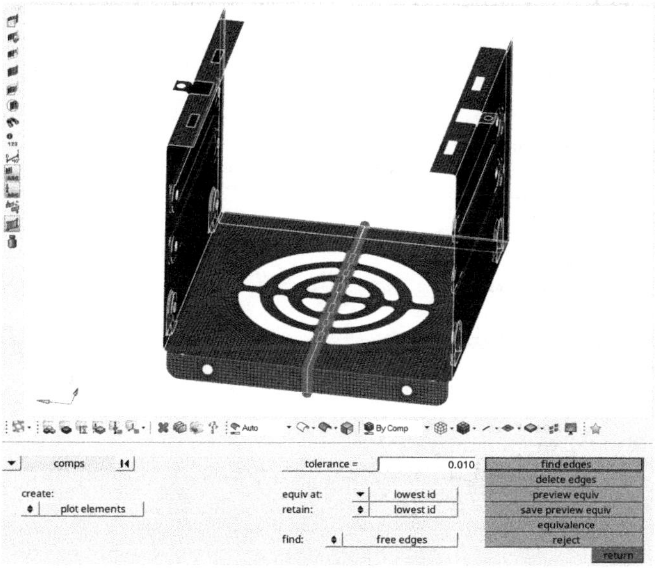

图 15-17　网格共节点

步骤 15：通过与原始模型检查对比，完成细节网格的重新调整，得到最终网格如图 15-18 所示。

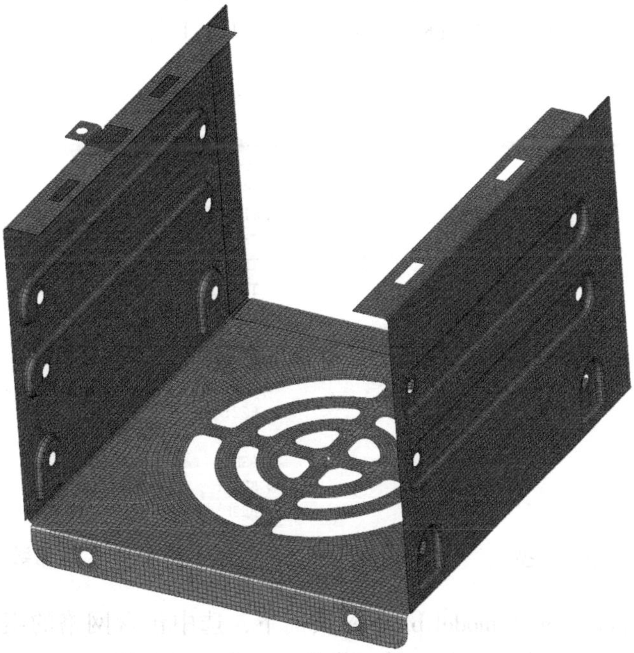

图 15-18　硬盘支架完整网格模型

（3）有限元系统模型构建

步骤 16：在 HyperMesh 的 model browser 页面下，右键单击，选择【Create】-【Material】，输入杨氏模量 EX 为 2.1×10^5，泊松比 NUXY 为 0.3，如图 15-19 所示。

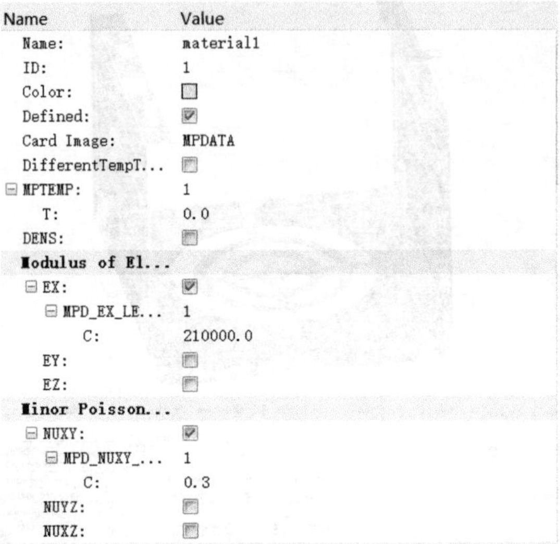

图 15-19 材料定义

步骤 17：在 HyperMesh 的 model browser 页面下，右键单击，选择【Create】-【Sensor】，Element Type 保持默认的 SHELL181，如图 15-20 所示。

步骤 18：在 HyperMesh 的 model browser 页面下，右键单击，选择【Create】-【Property】，Card Image 选择 SHELL181p，设置 TKI 为 0.5，如图 15-21 所示。

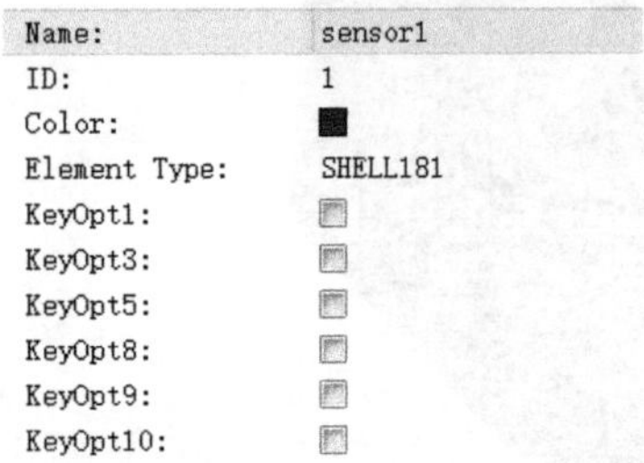

图 15-20 单元类型

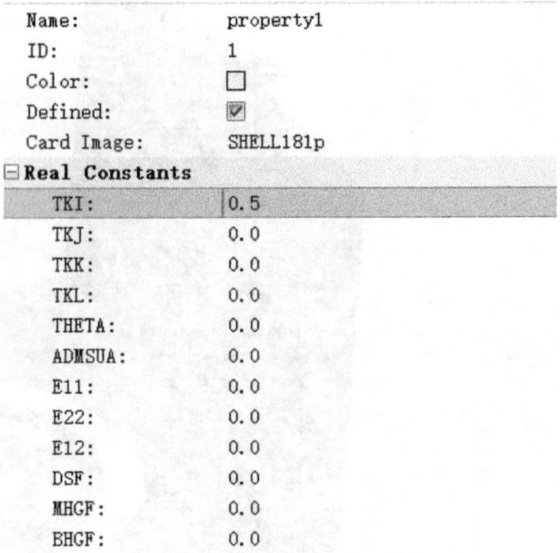

图 15-21 实常数设置

步骤 19：在 HyperMesh 的 model browser 页面下，选中包含网格的组件，并在左下方参数设置窗口中参照图 15-22 完成材料、单元类型、实常数的设置。

步骤 20：单击【File】菜单，选择【Export】-【Solver Deck】，对显示网格导出 cdb 文件，如图 15-23 所示。

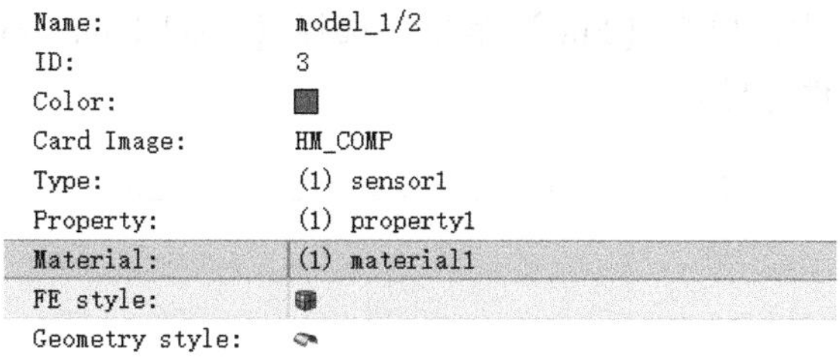

图 15-22 属性设置

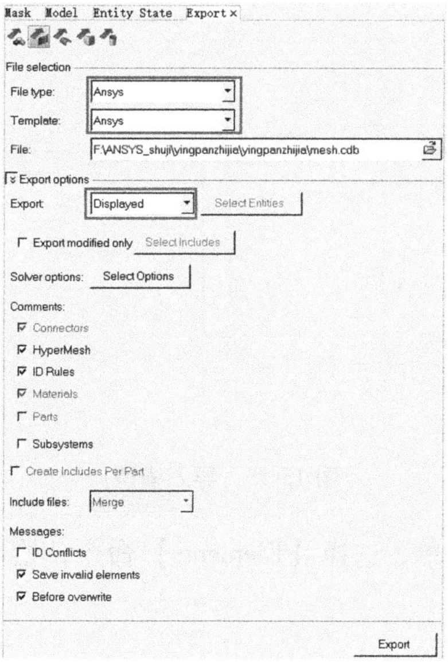

图 15-23 网格模型导出

步骤 21：通过开始程序，找到 Mechanical APDL Product Launcher，参照图 15-24 进行设置，单击【Run】按钮，进入 APDL 界面。

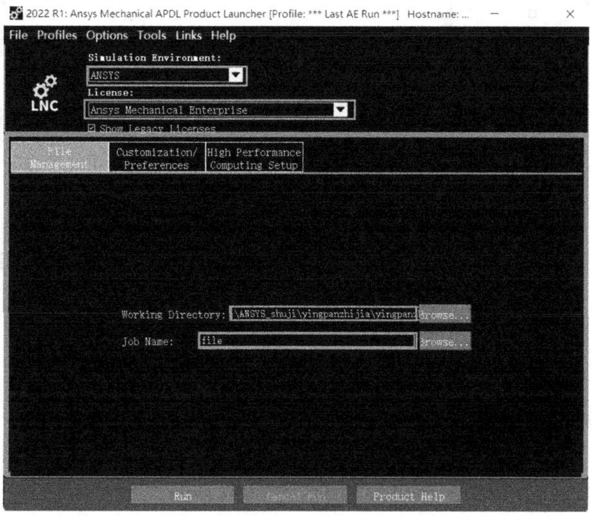

图 15-24 APDL 启动界面

步骤 22：在 APDL 中，单击【File】菜单，选择【Read Input from】命令，如图 15-25 所示，找到对应 cdb 文件并导入。

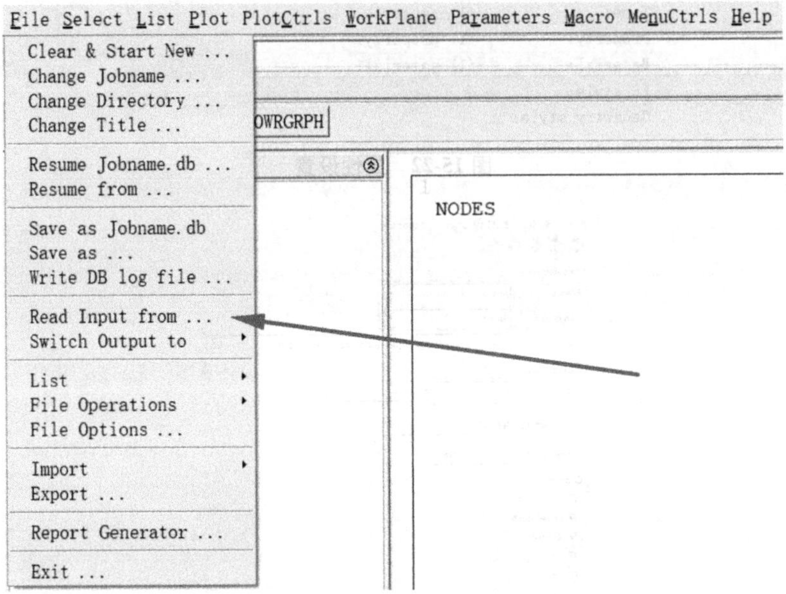

图 15-25　导入模型

步骤 23：单击【Plot】菜单，选择【Elements】命令，绘制导入的网格模型，如图 15-26 所示。

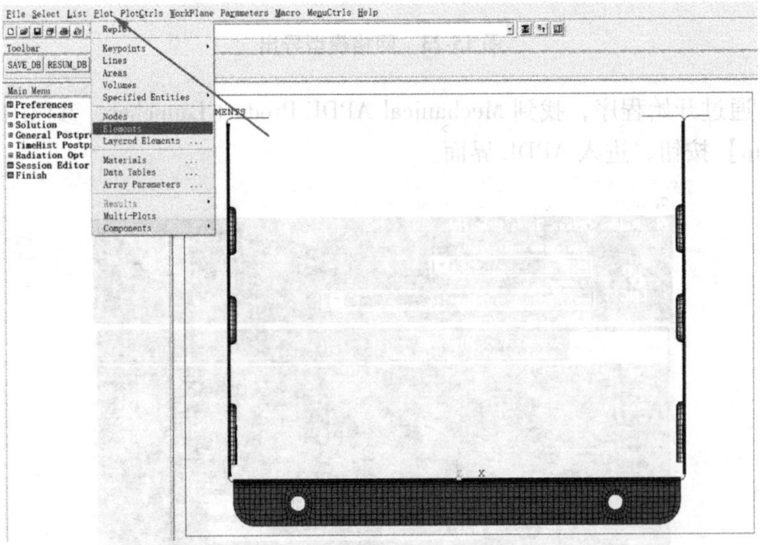

图 15-26　绘制导入的网格模型

步骤 24：通过【Main_Menu】-【Preprocessor】-【Archive Model】-【Write】进行 cdb 文件的导出，所有设置保持默认即可，如图 15-27 所示。

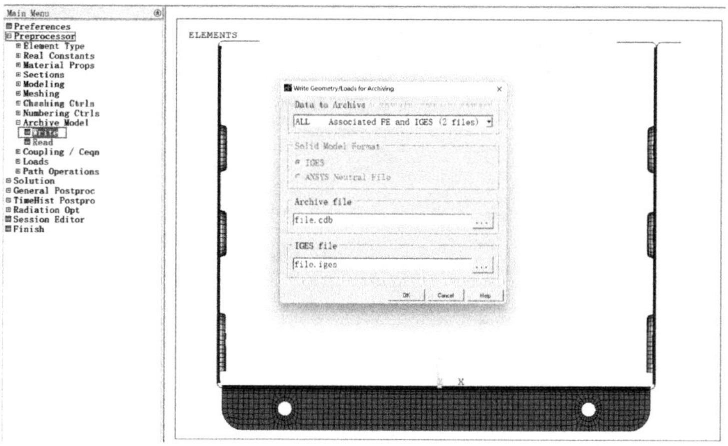

图 15-27　网格模型导出

步骤 25：打开 ANSYS Workbench 2022 R1，参照图 15-28 所示搭建仿真分析流程。鼠标左键双击【External Model】，导入上一步导出的 cdb 文件，如图 15-29 所示。更新流程，如图 15-30 所示。

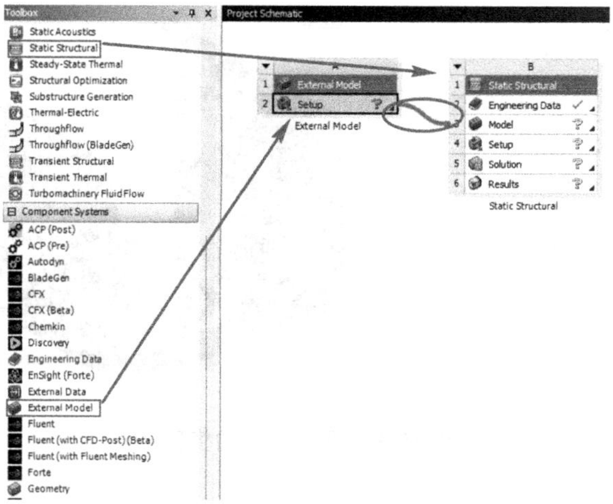

图 15-28　联合仿真分析流程搭建

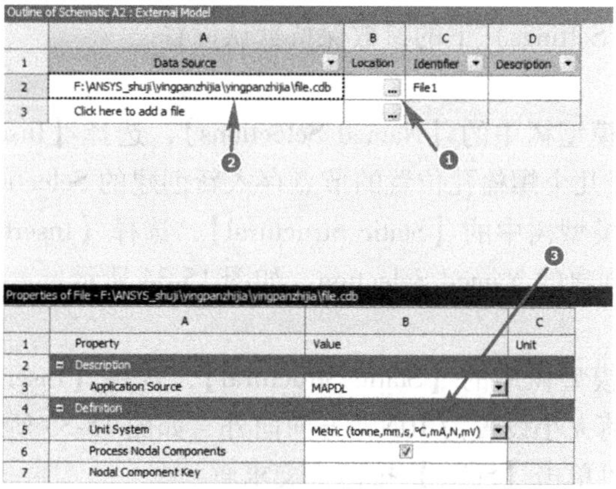

图 15-29　导入 cdb 文件

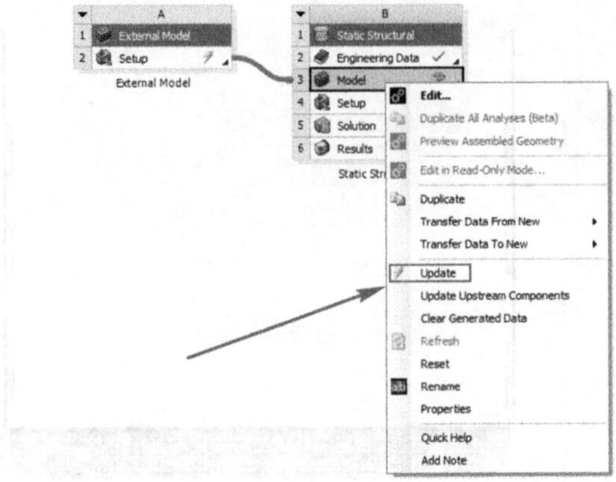

图 15-30　更新模型

步骤 26：双击 B3 模型【Model】，进入 Mechanical 界面，查看导入的网格模型，如图 15-31 所示。

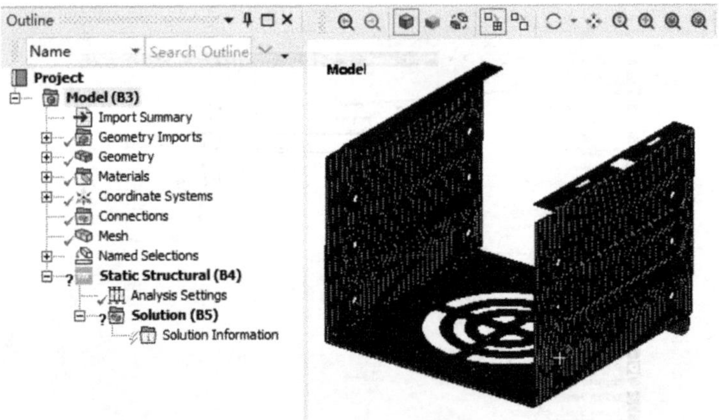

图 15-31　导入完成的模型

2. 求解

（1）求解器设置

分析设置（Analysis Settings）下的参数保持默认设置。

（2）边界条件设置

步骤 27：右键单击模型树中的【Named Selections】，选择【Insert】-【Named Selection】，如图 15-32 所示，并选择几个螺栓孔位置的节点存入新创建的 Selection，如图 15-33 所示

步骤 28：右键单击模型树中的【Static Structural】，选择【Insert】-【Fixed Support】插入固定约束，选择上一步创建的 Named Selection，如图 15-34 所示。

（3）载荷条件设置

步骤 29：右键单击模型树中的【Static Structural】，选择【Insert】-【Force】插入力，分别选择两侧小平面，载荷大小设置为 10N，方向向外，如图 15-35 所示。

所有设置完成后即可单击【Solve】按钮提交求解。

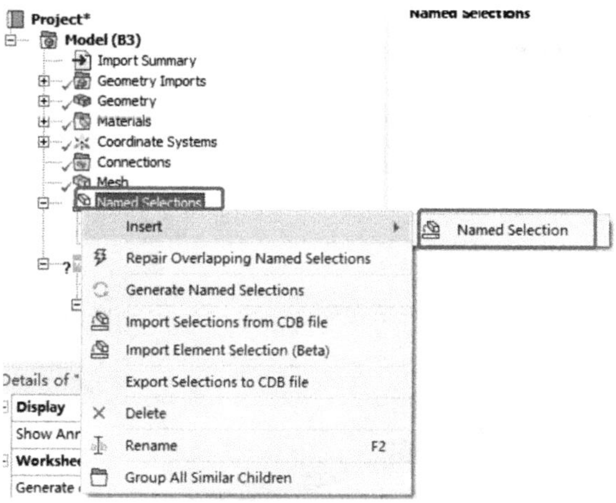

图 15-32　创建 Named Selection

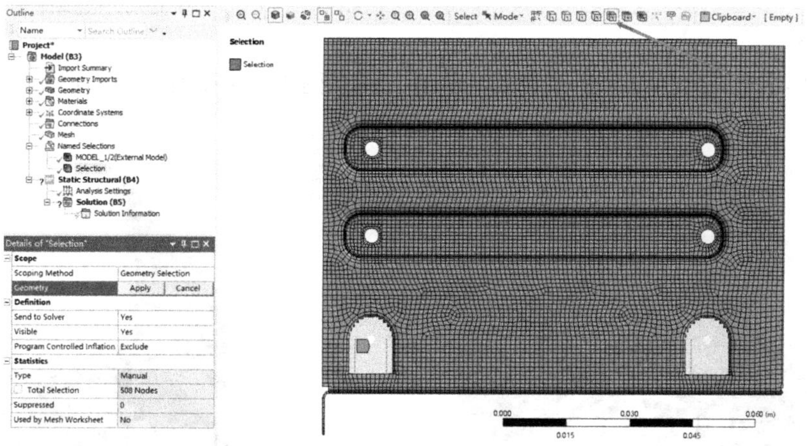

图 15-33　完成 Selection 定义

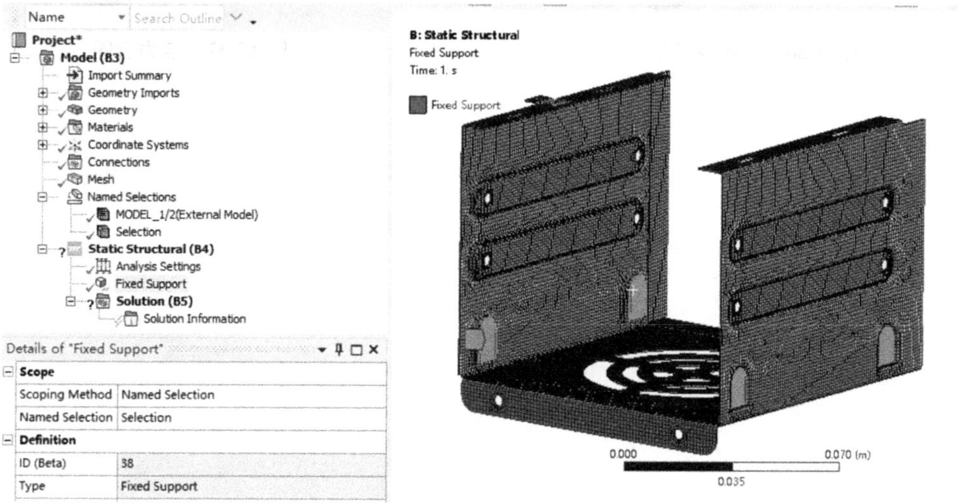

图 15-34　创建固定约束

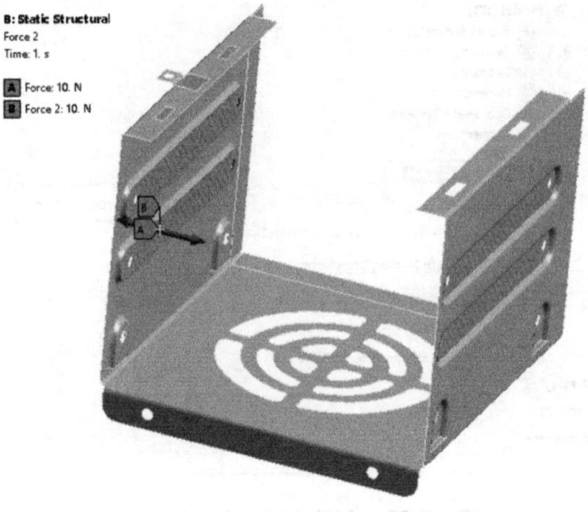

图 15-35 载荷设置

3. 后处理

插入变形结果及应力结果进行评估，得到云图如图 15-36 和图 15-37 所示。

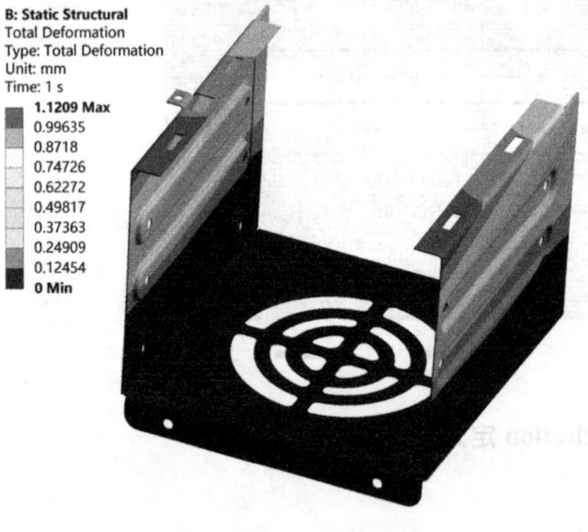

图 15-36 总变形云图

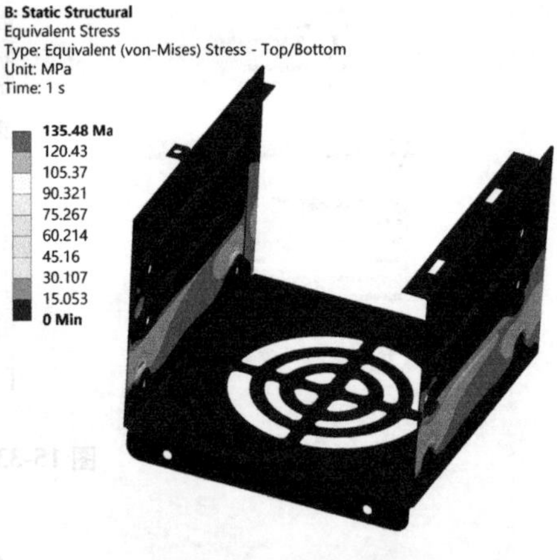

图 15-37 应力云图

参 考 文 献

［1］许京荆．ANSYS 13.0 Workbench 数值模拟技术［M］．北京：中国水利水电出版社，2012.
［2］黄志新．ANSYS Workbench 16.0 超级学习手册［M］．北京：人民邮电出版社，2016.